生物化学与分子生物学原理及应用研究

主　编　秦立金　夏　宁　罗晓霞

副主编　夏占峰　张　科　刘瑞娟　宋青山

中国原子能出版社

图书在版编目(CIP)数据

生物化学与分子生物学原理及应用研究 / 秦立金，夏宁，罗晓霞主编. --北京：中国原子能出版社，2018.1

ISBN 978-7-5022-8826-6

Ⅰ. ①生… Ⅱ. ①秦… ②夏… ③罗… Ⅲ. ①生物化学一研究②分子生物学一研究 Ⅳ. ①Q5②Q7

中国版本图书馆 CIP 数据核字(2018)第 024011 号

内 容 简 介

随着科学技术的发展，生物化学与分子生物学已成为现代生命科学的基础和前沿。本书对生物化学与分子生物学原理及应用进行了研究，主要内容包括：蛋白质、核酸、酶、生物氧化、营养物质代谢、核苷酸代谢、物质代谢的调节、DNA 的生物合成(复制)、RNA 的生物合成(转录)、蛋白质生物合成(翻译)、基因表达及其调控、细胞信号转导、肝的生物化学、血液的生物化学、癌基因与抑癌基因、常用分子生物学技术、组学与医学等。本书结构合理，条理清晰，内容丰富新颖，是一本值得学习研究的著作。

生物化学与分子生物学原理及应用研究

出版发行 中国原子能出版社(北京市海淀区阜成路 43 号 100048)
责任编辑 张 琳
责任校对 冯莲凤
印 刷 三河市铭浩彩色印装有限公司
经 销 全国新华书店
开 本 787mm×1092mm 1/16
印 张 26.75
字 数 684 千字
版 次 2018 年 4 月第 1 版 2024 年 9 月第 2 次印刷
书 号 ISBN 978-7-5022-8826-6 定 价 98.00 元

网址：http://www.aep.com.cn E-mail:atomep123@126.com
发行电话：010－68452845

前　言

生命体是十分复杂和精细的，组成生命的每一个细胞都复杂和精细得多。生命科学突飞猛进的发展，激发着人们试图从物理学和化学两个紧密相关学科的不同角度，来理解生命现象，认识生命活动。生物化学即“生命的化学”，是研究生物机体的化学组成和生命过程中的化学变化及其规律的学科。生物化学历经了百余年的发展，其基础作用越来越明显。1943 年青霉素工业化研发成功，1947 年前后出现生物化学工程，显示了生物学、化学和工程学结合形成的技术科学对社会经济效益所产生的巨大作用。

20 世纪 50 年代，生物化学发展进入了分子生物学（molecular biology）时期。通常将研究核酸、蛋白质等生物大分子的结构、功能及基因结构、表达与调控的内容，称为分子生物学。分子生物学的发展揭示了生命本质的高度有序性和一致性，是人类在认识论上的重大飞跃。伴随着生物技术的突飞猛进，分子生物学的理论也得以迅速发展与不断完善，并以极为强势的姿态渗透和影响着生理学、病理学、发育生物学、神经生物学、免疫学等多个相关学科，以及医药、农林、食品和工程等各个领域。

生物化学与分子生物学是从分子水平研究生命现象，作为一门新兴学科，是其他医学基础学科发展的基石。生物化学与分子生物学专业是生命科学的前沿和最活跃的学科，已深入和覆盖生物学的各个分支，特别是发育生物学、神经生物学和免疫学等学科。从广义上理解，分子生物学是生物化学的重要组成部分，也被视作生物化学的发展和延续，因此，分子生物学的飞速发展，无疑为生物化学的发展注入了生机和活力。它的原理和研究已经广泛应用于医、农和工程各个领域，将完全改变生命科学的面貌，也将深刻影响着人类的生活和社会发展。

为了对生物化学与分子生物学的概念、技术等有一个很好的梳理，帮助人们用最少的时间全面掌握、准确理解生物化学与分子生物学的相关内容，编者结合多年的教学经验与体会，参考相关书籍，编写了《生物化学与分子生物学原理及应用研究》。编写过程中，力求做到概念明确，理论讲述逻辑严密、条理分明，书中内容详尽、详略得当、图文并茂且图文一致，便于阅读，深度和广度适宜，文字通俗流畅，言语简练，注重理论联系实际，极力贯彻基础性、系统性、科学性等原则，保证逻辑性和系统性。本书可供相关专业的人员阅读、参考。

全书共计 18 章。第 1 章对生物化学与分子生物学的发展及研究内容等进行了简单介绍。第一部分为生物大分子结构与功能，包括第 2 章～第 4 章，分别对蛋白质、核酸、酶的结构与功能等进行研究。第二部分为物质代谢及调控，包括第 5 章～第 8 章，首先介绍了生物氧化的有关知识，然后分别对糖代谢、脂类代谢、氨基酸代谢、核苷酸代谢进行研究，并讨论了物质代谢的调节。第三部分为遗传信息传递及调控，包括第 9 章～第 13 章，分别对 DNA、RNA、蛋白质等合成过程进行研究，然后分析了基因表达及其调控、细胞信号转导的有关内容。第四部分为生化专题，包括第 14 章～第 16 章，分别就肝的生物化学、血液的生物化学、癌基因与抑癌基因等展开讨论。第五部分为分子生物学技术及应用，包括第 17 章～第 18 章，包括一些常用分子生物学技术，组学及其在医学上的应用等。

本书在编写的过程中参考了大量的文献资料，已附录在书中的参考文献中，在此对这些作者表示衷心的感谢。但是限于编者水平有限，本书难免疏漏，恳请广大读者批评指正，不吝赐教。

编　者

2017 年 10 月

目　录

第三部分 遗传信息传递及调控

第四部分 生物化学专题

第五部分 分子生物学技术及应用

第1章　生物化学与分子生物学

生物化学是一门在分子水平上研究生物体的化学组成、生命活动过程中的化学变化规律和生命本质的科学。简而言之,生物化学是研究生命化学的科学。分子生物学是从分子水平研究生命本质的一门新兴边缘学科,该学科以核酸和蛋白质等生物大分子的结构及其在遗传信息和细胞信息传递中的作用为研究对象,是当前生命科学中发展最快并正在与其他学科广泛交叉与渗透的重要前沿领域。

20世纪后半叶,在所有自然科学中,生物学的发展是最为迅速的。尤其是生物化学与分子生物学的发展更是突飞猛进,使整个生命科学进入分子时代,开创了从分子水平阐明生命活动本质的新纪元。如果说19世纪中期细胞学说的建立从细胞水平证明了生物界的统一性,那么,在20世纪中期,生物化学与分子生物学则从分子水平上揭示了生命世界的基本结构和基础生命活动方面的高度一致性。生物化学与分子生物学技术的研究具有重要而深远的意义,必将会使21世纪的生命科学研究发生新的突破。

1.1　生物化学与分子生物学发展简史

生物化学是一门既古老又年轻的科学。生物化学的发展,在我国可追溯到公元前21世纪,而在欧洲为200多年前。生物化学研究始于18世纪,作为一门独立学科建立于20世纪初。1903年,Neuberg首先提出了生物化学这一名词。近代生物化学发展人为划分为三个阶段:萌芽时期、蓬勃发展时期和分子生物学时期。

1.1.1　生物化学萌芽时期(18世纪中叶至20世纪初)

在这长达一个多世纪中,一些化学家、生理化学家的主要工作是研究生物体的化学组成,客观描述组成生物体的物质分布、结构、含量、性质与功能,所以又称为叙述生物化学阶段。期间对生物化学发展所作出的重要贡献有:对三大供能营养素(糖、脂、蛋白质或氨基酸)的性质进行了较为系统的研究,证实了肽链中肽键的作用,人工合成简单多肽化合物并可被消化酶水解,淀粉酶、蛋白水解酶的发现,提出了酶催化作用特异性的“锁钥”学说,无细胞提取物中的“可溶性催化剂”的作用证实,核酸的发现并确定了嘌呤和嘧啶环的结构等。实际上,在这一时期,不少的科学家已经在进行物质代谢方面的研究,并有所发现,也取得很多成果。其中,例如,18世纪下半叶,居住瑞典的德国药师K. Scheele首次从动植物材料中,分离出乳酸、柠檬酸、酒石酸、苹果酸、尿酸和甘油等。法国化学家A. L. Lavoisier的实验证明,有机体的呼吸和蜡烛的燃烧同样都是碳氢化合物的氧化。在氧化过程中，氧被消耗而水和二氧化碳被生成，同时放出热能，这一发现被视为生物氧化研究的开端。并在19世纪40年代提出了新陈代谢的概念，认为体内的物质是处于合成与分解的化学变化过程。1868年，瑞士青年医生F. Miescher发现了核素，后来定名为核酸，为后续的研究作出了重要贡献。

1.1.2 生物化学蓬勃发展时期(20世纪初期至20世纪50年代)

这一时期，除了在营养、内分泌及酶学等方面有许多重大发现与进展，如研究了人体对蛋白质的需要及需要量，并发现了营养必需氨基酸、营养必需脂酸、多种维生素及一些不可或缺的微量元素；发现了多种激素并能进行纯化与合成；制备出多种酶的结晶等外，更主要的进展是利用化学分析及放射性核素示踪技术对体内主要物质代谢，尤其是物质的分解代谢途径如脂酸β-氧化、糖酵解、鸟氨酸循环及三羧酸循环等过程均已基本弄清楚。因此，又称此阶段为动态生物化学阶段。

1911年，波兰化学家Casimir Funk发现糙米中能够防治脚气病的物质(维生素B_1)是一种胺，并提出“Vitamine”的概念，意即生命胺。后来由于相继发现的许多维生素并非胺类，又将“Vitamine”改为“Vitamin”。与此同时，人们又认识到另一类数量少而作用重大的物质——激素。它和维生素不同，不依赖外界供给，而由动物自身产生并在体内发挥作用。肾上腺素、胰岛素及肾上腺皮质所含的甾体激素都是在这一时期发现的。

1926年，J. B. Sumner从刀豆种子中分离、纯化得到了脲酶结晶，首次证明酶是具有催化活性的蛋白质。此后四五年间L. H. Northrop等人连续结晶了几种水解蛋白质的酶，如胃蛋白酶、胰蛋白酶等，进一步确证了酶是蛋白质这一概念。

1932年，英国科学家Krebs在前人工作的基础上，用组织切片实验证明了尿素合成反应，提出了鸟氨酸循环，并进一步对生物体内糖氧化的过程进行了研究，于1937年又提出了各种化学物质的中心环节——三羧酸循环的基本代谢途径。

1940年，德国科学家G. Embden和O. Meyerhof提出了糖酵解代谢途径。

1949年，E. Kennedy等证明F. Knoop提出的脂肪酸β-氧化过程是在线粒体中进行的，并指出氧化的产物是乙酰CoA。

1.1.3 分子生物学时期(20世纪50年代至今)

自20世纪50年代以来，生物化学的发展进入了一个新的高潮——分子生物学崛起，即分子生物学时期。分子生物学被视为生物化学的发展与延续。科学家们采用现代的先进技术与方法，更深入地研究物质代谢途径，尤其是对错综复杂的“中间代谢”网络途径的研究，重点是研究物质代谢的调节与合成代谢。焦点是研究蛋白质与核酸之类生物大分子的结构与功能、代谢与调节(调控)，并取得了举世瞩目的成果。

1950年，美国人L. Pauling提出了蛋白质二级结构的α-螺旋形式。

1953年，沃森(Watson)和克里克(Crick)提出的DNA双螺旋结构模型作为现代分子生物学诞生的里程碑，开创了分子遗传学基本理论建立和发展的黄金时代。在此基础上建立了遗传信息传递的中心法则并得到补充与完善；遗传密码的破译揭示mRNA碱基序列与多肽链中氨基酸序列的关系。

1955 年，英国人 F. Sanger 等完成了牛胰岛素一级结构的测定。

1958 年，F. H. Crick 提出了遗传信息传递的中心法则。

1961 年，法国人 F. Jacob 等提出了操纵子模型。同年由英国人 P. Mitchell 提出了氧化磷酸化机制的化学渗透假说。M. W. Nirenberg 等人经过 5 年多的努力，于 1966 年终于破译了 mRNA 分子中的遗传密码，书写了最为激动人心的篇章。

20 世纪 70 年代，以重组 DNA 技术的出现作为新的里程碑，标志着人类深入认识生命本质并能主动改造生命的新时代开始。通过基因工程技术，相继获得了许多基因工程产品，大大推动了医药工业和农业的发展，并且产生了巨大的社会效益和经济效益。转基因动植物和基因剔除动物模型的成功建立以及基因诊断与基因治疗等都是重组 DNA 技术在各个领域中的应用，这些都能足以说明重组 DNA 技术对人类生产、生活和健康的影响是巨大的。

1972 年，Berg 首次将不同的 DNA 片段连接起来，形成重组 DNA 分子，并将其有效地导入细菌细胞进行扩增，获得重组 DNA 克隆。

1973 年，S. Cohen 等首次获得体外重组 DNA 的分子克隆。

1976 年，Kan 等应用 DNA 实验技术用胎儿羊水细胞 DNA 做出 α-地中海贫血产前诊断。

1977 年，人类第一个基因被克隆，用重组 DNA 技术成功地生产出人生长抑素。同年，法国 Chamobon 和 berget 等在研究鸡卵清蛋白基因时发现了“断裂”基因，并于 1993 年获诺贝尔生理学或医学奖。

基因工程的迅速发展与应用得益于许多分子生物学新技术的不断涌现。包括核酸的化学合成从手工发展至全自动合成，以及聚合酶链式反应的特定核酸序列扩增技术的发明和全自动核酸序列测定仪等。

1981 年至 1983 年，T. Cech 和 S. Altman 相继发现某些 RNA 具有酶的催化活性，改变了近百年来酶的化学本质都是蛋白质的传统观念，于 1989 年获诺贝尔化学奖。

1982 年，T. R. Cech 等人发现核酶，表明 RNA 具有催化活性，核酶的发现是人们对生物催化剂认识的补充，也丰富了核酸的生物学功能。同年，Palmiter 将大白鼠生长激素的基因重组后注射入小鼠受精卵，再将卵植入小鼠子宫，发育成的小鼠长得比原小鼠大两倍，证明转入的外源基因改变了生物的性状，从而创立了动物转基因技术。

1984 年，R. Simons 和 R. Kleckner 等发现了反义 RNA，从此揭开了人类向癌症开战的序幕。

1985 年 5 月，美国 R. Sinsheimer 在加州大学 Santa Cruz 分校主持会议，首次讨论将人类基因组全部测序的可行性，2003 年 4 月 14 日，美、中、日、德、法、英 6 国科学家宣布人类基因组图绘制成功，已完成的序列图覆盖人类基因组所含基因的 99%。

1987 年，S. M. Mirkin 等在酸性的质粒中发现了三链 DNA。

1985 年提出，于 1990 年正式启动计划耗资 30 亿美元，用 15 年完成的人类基因组计划是生命科学领域有史以来全球性最庞大的研究计划，它与“曼哈顿”原子弹计划、“阿波罗”登月计划并称自然科学史上的“三大计划”。通过包括中国在内的 6 个成员国 16 个实验室 1 110 余名生物科学家、计算机专家和有关技术人员的不懈努力，提前 5 年于 2000 年 6 月完成第一个基因草图的绘制，并于次年 2 月由 HGP 和 Cerela 基因组学公司共同公布了人类基因组“工作框架图”。2003 年 4 月 14 日，HGP 隆重宣布：人类基因组序列图绘制成功，HGP 的所有目标基本实现，但在 1 号染色体上依然还存在一些漏洞和不精确的地方。2006 年 5 月 18 日，英美科学家宣布完成了人类 1 号染色体的基因测序图，这表明人类最大和最后一个染色体的测序工作已经完成，历时16年的人类基因组计划终于画上了句号。基因组序列图首次在分子层面上为人类提供了一份生命"说明书"，它不仅奠定了人类认识自我的基石，推动了生命与医学科学的革命性进展，而且为全人类的健康带来了福音。

1991年，有人运用转基因技术使绵羊的乳腺表达α-抗胰蛋白酶成功，表明乳腺等动物器官可以作为大量表达特异蛋白的"生物反应器"。

1997年，I. Wilmut成功获得体细胞克隆羊——多莉，这项成果震惊了世界，其潜在的意义难以估计。

到了20世纪80年代后，基因工程产业诞生，分子生物学发展到实用阶段，特别是20世纪90年代后，基因工程产业发展很快，已经可以用工程细胞株或菌株来表达和生产多种产品医药，包括疫苗、抗体、生长因子、细胞因子、激素、治疗用蛋白质或肽、基因治疗产品等。与此同时，转基因动植物的研究方兴未艾。转基因农作物、转基因动物技术已被用于动植物品种改良，转基因农作物使之具有抗虫、抗病、耐旱、耐盐、高产等更优良的品质，如抗虫转基因玉米、番茄、大豆等多种作物大面积的推广种植，投入商品生产。克隆羊、牛的成功已成为家喻户晓的新闻。到20世纪末，产业的年利润增长速度已超过电子和信息产业，正在创造巨大的经济效益。生物技术行业将成为21世纪竞争最激烈的社会支柱产业。

2003年，P. Agre因其发现了细胞膜上的水通道获得诺贝尔化学奖。水通道的发现证明了19世纪中期科学家的猜测"细胞膜有允许水分和盐分进入的孔道"。

2004年，诺贝尔化学奖授予了在揭示蛋白质标记与降解的过程中作出卓越贡献的以色列人A. Ciechanover、A. Hershko和美国人I. Rose，表彰他们找出了蛋白质分解的秘密——泛素调解的蛋白质降解过程。泛素是由76个氨基酸组成的多肽，在蛋白质降解过程中起到了类似标签的作用。

2006年6月2日，对于欧洲患有先天性抗凝血酶缺失症的病人们是一个好日子，世界上第一个利用转基因动物乳腺生物反应器生产的基因工程蛋白药物——重组人抗凝血酶Ⅲ的上市许可申请获得了欧洲医药评价署人用医药产品委员会的批准，据估计该药全球潜在市场每年高达1.5亿美元。

随着人类基因组计划和十余种模式生物的基因组全序列测定的完成，生命科学随之开始了一个新的纪元——后基因组时代。基因组计划的重心已逐渐由结构基因组学研究转移到功能基因组学、蛋白质组学、蛋白质空间结构的分析与预测、基因表达产物的功能分析以及细胞信号转导机制等的研究。后基因组研究将对各种疾病的发生机制做出最终的解释，也将在各个层次和水平上为疾病的诊断和治疗提供新的线索。

1.2 当代生物化学与分子生物学研究的主要内容

1.2.1 生物化学研究的主要内容

生物化学的研究对象及范围涉及整个生物界，依据研究对象的不同，可分为微生物生化、植物生化、动物生化和人体生化（医学生化）等。研究内容可归纳为如下几个方面。

1. 生物体的化学组成、分子结构及其功能

生物体是由许多物质按一定规律构建起来的。人体内含水 55%～67%、蛋白质 15%～18%、脂类 10%～15%、糖类 1%～2%、无机盐 3%～4%。生物体的物质组成看起来似乎比较简单，其实是非常复杂的。除水之外，上述每一类物质又包括很多化合物，如人体蛋白质就有 10 万种以上，各种蛋白质的组成和结构不同，因而生理功能也就不同。

了解生物体的各种分子结构与功能是阐述完整生命现象的基础。已知生物体的结构十分复杂，可逐级分为系统、器官、组织、细胞等，而细胞是组成各种组织和器官的基本单位。每个细胞又由成千上万种化学物质组成。这些化学成分不外乎为无机物、有机小分子和生物大分子等。水和钾、钠、氯、钙、磷、镁等元素以及若干体内含量甚微的微量元素所组成的化合物，均为人体正常结构与功能所必需。有机小分子主要包括各种有机酸、有机胺、氨基酸、核苷酸、单糖、维生素等，参与体内物质代谢、能量代谢等。生物大分子是指由某些基本结构单位按一定顺序和方式连接而形成的多聚体，分子量一般大于 10^4，包括蛋白质、酶、糖蛋白、蛋白聚糖、复合脂类和核酸等。

当代生物化学研究的重点是生物大分子。生物大分子的重要特征之一是具有信息功能，由此也称之为生物信息分子。生物大分子种类繁多，结构复杂，功能各异。除了确定生物大分子的一级结构(基本组成单位的种类、排列顺序和方式)外，更重要的是研究其空间结构及其与功能的关系。结构是功能的基础，而功能则是结构的体现。生物大分子的功能还通过分子之间的相互识别和相互作用来实现。例如：蛋白质与蛋白质、蛋白质与核酸、核酸与核酸的相互作用在基因表达调节中起着决定性作用。由此可见，分子结构、分子识别和分子的相互作用是生物信息分子执行功能的基本要素。这一领域的研究是当今生物化学的热点之一。

2. 生物体的物质代谢及其调控

生物体的基本特征是新陈代谢，即机体与外环境的物质交换及维持其内环境的相对稳定。正常的物质代谢是生命过程的必要条件，推测人的一生中与外界环境进行交换的水约为 60 000 kg、糖类 10 000 kg、蛋白质 1 600 kg、脂类 1 000 kg，其总量约高达人体重量的 1 300 余倍。除此之外，其他小分子物质和无机盐类也在不断交换之中，但其数量要少得多。这些物质进入机体后，一方面可作为机体生长、发育、修补、繁殖等需要的原料，进行合成代谢；另一方面又可作为机体生命活动所需的能源，进行分解代谢。

体内的各种物质代谢途径之间不仅互相协调，而且受到内外环境各种因素的影响，随时进行调节以达到动态平衡，从而适应内外环境的变化。各种物质代谢都能按一定规律有条不紊地进行，这与体内神经、激素等全身性精细准确的调节作用密切相关。生物体内一旦物质代谢发生紊乱，即可导致疾病发生。此外，细胞信息传递参与多种物质代谢的调节。细胞信息传递的机制及网络是近代生物化学研究的重要课题。

3. 遗传信息的储存、传递与表达

生物体在繁衍个体的过程中，其遗传信息代代相传，这是生命现象的又一重要特征。已知 DNA 是遗传信息的携带者。遗传信息传递涉及遗传、变异、生长、分化等生命过程。受精卵增殖分化、胚胎发育、个体成熟等都伴随着无数次细胞分裂增殖过程。每一次细胞分裂增殖都包含着细胞核内遗传物质的复制、遗传信息的传递和表达。

现已确定,DNA是遗传的主要物质基础,基因即DNA分子的功能片段,作为基本遗传单位储存在DNA分子中。因此,基因信息的研究在生命科学中的作用愈显重要。如今,分子生物学除了进一步研究DNA的结构与功能外,更重要的是研究DNA复制、转录及蛋白质生物合成等基因信息传递过程的机制和基因表达调控的规律。随着人类基因组计划的最终完成,将阐明体内约3.5万个基因在染色体上的定位及其核苷酸序列。

20世纪70年代后逐渐发展起来的基因工程技术,加之近年来新基因克隆、转基因、基因敲除和RNA干扰等技术层出不穷,使人们能按照人为设计对基因进行人工操作,使基因得以改造,然后达到基因扩增和表达的目的。运用基因工程技术,人们可以从细菌的数千个基因或哺乳类动物的数万个基因中分离某一个基因,在特定细胞内成功地进行表达,产生有特殊生物学意义的蛋白质。目前许多基因工程产品也已应用于人类疾病的诊断和治疗。应用基因工程技术,也可将某一基因导入患者体内,以纠正错误基因或替代缺失基因,从而达到治疗疾病的目的。这种基因治疗为临床治疗学提供了崭新的途径。总之,经过科学家们近30多年的不懈努力,如今基因工程已成为重要的生物技术,为医学领域乃至工农业生产的发展开辟了广阔的应用前景。

1.2.2 分子生物学研究的主要内容

早期的生物学研究范围很窄,主要是对生物的外部观察与描述,以及对动、植物种类的系统整理,最重要的分支学科与研究领域都是建立在形态学与解剖学基础上的。

分子生物学的研究范围极广,分支学科也很多,几乎涉及生命科学的各个层面以及与生命科学相关的各个领域。现代化学和物理学理论、技术和方法在生命本质和生物遗传研究方面的应用催生了分子生物学,分子生物学理论和技术的发展又促进了化学、物理学、生物学、遗传学等相关学科的进步。这些学科之间既相对独立,又有交叉。不同学科之间的交叉又催生了许多边缘学科。

尽管分子生物学包括的范围很广,但它绝不能包括或代替其他生物学学科,就像细胞学不能包括遗传学和生物化学一样。有人认为生物化学已包括了分子生物学,把分子生物学看成是生物化学的一部分,这种观点也不对。生物化学的本质是“化学”,是生物体内通过酶催化、电子传递进行的化学反应(分解和合成反应)而促使机体内的新陈代谢、能量产生与消耗等,它的表示形式常常类似于化学反应式,涉及物质的转变,而常发生质的变化,如淀粉被水解成葡萄糖,糖的氧化反应等。而分子生物学涉及的是构象改变和大分子的互相作用,根本无法用化学反应式来表示,如调控蛋白识别结合于某基因启动子序列而激活该基因表达,细胞表面受体与配体结合后引起细胞内部分变构而进行信号传递等,所以分子生物学有它自己的内容与范围。

分子生物学产生的初始,有两个主要研究方向:一个方向是以化学家或物理学家为主,可称为构象学派,着重研究生物重要大分子的结构,特别是蛋白质的三维结构或构想;另一个方向是以生物学家为主,研究生物信息的传递和复制,称为信息学派。后来,在20世纪50年代初期,两派汇合并与其他学科领域日益融合,形成了现代分子生物学,它的主要内容如下:基因的精细结构及其表达形式,信号传导,蛋白质的结构、相互作用与功能,遗传变异、进化的分子机制,分子生物技术及其应用。

随着生物的进化,物种的演变以及对生命现象研究的不断深化,分子水平的研究范围越来越大。除了一门以分子生物学理论与生物技术为基础的分子分类学正在悄然形成之外,分子遗传学、分子细胞学等已成为分子生物学的主要研究范围。

分子遗传学是分子生物学的重点研究范围。经典遗传学研究的主要内容包括三大遗传定律：1865 年孟德尔通过豌豆杂交实验建立的遗传学两大定律——分离定律和自由组合定律，以及 1910 年摩尔根通过果蝇遗传实验，建立的遗传学连锁交换定律。经典遗传学的基本单位只是一个不可再分的抽象的基因。分子遗传学与分子生物学的知识体系大面积交叉与融合。可以说没有分子生物学就没有分子遗传学，没有分子遗传学就没有分子生物学。

分子细胞学是分子生物学研究的一个扩大的整体范围。在生命结构层次中，细胞是由生物大分子和其他必要的分子与元素构成的具有严整结构的生命单位。各类生物其基本结构单位都是细胞。无论多么复杂的生物，一切活动都首先在细胞中发生。结构是功能的基础，有什么样的功能必然有相应的结构作为支撑。关于细胞生物学的研究也同步进入了分子细胞生物学研究领域。细胞与亚细胞的结构、细胞的增殖与生长、细胞分化、细胞衰老、细胞死亡（包括凋亡）、细胞迁移、细胞外基质与胞间通讯、细胞信号转导、细胞与组织工程、细胞间相互作用、物质运输以及分子细胞学的新技术与新方法都是研究范围。分子水平的细胞学研究是分子生物学的一个重要的研究领域，应用分子生物学的理论与技术将更清楚地揭示细胞作为生物基本单位的重要功能和不可替代位置。

分子生态学则是分子生物学研究的一个更大的空间范围。分子生态学这一新兴学科的产生同样是分子生物学、生态学与种群生物学交叉、渗透的结果。利用分子生物学的手段与方法，在分子水平上研究生物系统结构与功能，研究生态系统与环境的相互作用及其机制和规律，使分子生物学的研究范围更为扩大。

分子生态学所采用的研究技术包括探针、序列分析、DNA 分子标记等分子生物学技术。其最终达到的目的是从分子水平揭示生物与环境的相互作用及其机制和规律。用于识别物种、分析群体进化、地理起源等方面问题。通过分析种群的遗传变异，确定种内或种间的系统发生和进化；确定生物多样性保护和管理上的价值和规模，鉴别迁移物种中个体的起源，研究种群迁移与有效种群大小的关系等，具有十分重要的科学价值。

因此，分子生物学的研究范围包括自然界的整个空间、生物圈中的一切生物和各种生物的所有生命现象。

概括来讲，分子生物学的主要研究内容包括以下几个方面：生物遗传信息携带者——核酸的化学、生物信息传递相关生物大分子——蛋白质的化学、生物遗传信息的传递规律（传递的中心法则、复制、转录、翻译等）、生物基因的突变与修复、生物基因的重组与转移、生物遗传信息表达与调控的功能单位和调控规律、生物性状遗传过程与生物进化原动力的分子基础等。

1.3　生物化学与分子生物学和医学

1.3.1　生物化学与医学

生物化学是基础医学的一门必修课，它与医学的发展密切相关，相互促进。近年来，生物化学的理论和技术已渗透到医学科学的各个领域。掌握生物化学知识，为进一步学习药物在体内的代谢及作用机制、遗传学、免疫学机制、微生物作用机制、病理学等基础医学打下良好的基础。当前，医学研究已深入到分子水平，并应用生物化学的理论与技术解决各学科的问题。如糖类代谢紊乱导致的糖尿病，脂类代谢紊乱导致的动脉粥样硬化，胺代谢异常与肝性脑病，胆色素代谢异常与黄疸，维生素缺乏与夜盲症和佝偻病等都早已为世人所公认。体液中各类无机盐类、有机化合物和酶类等的检测，早已成为疾病诊断的常规指标。因此，只有掌握生物化学知识，为进一步学习免疫机制、微生物作用机制、基本病理过程、药物体内代谢过程及作用机制、疾病发生发展机制和临床检验诊断、治疗在理论和技术上打下良好的基础，才能有望成为合格的医务工作者。

随着新知识不断涌现，学科间相互渗透，逐步出现一批交叉学科，由此产生了分子遗传学、分子免疫学、分子药理学、分子病理学等新学科。同样，生物化学与临床医学的关系也很密切，现代医学的发展经常运用生物化学的理论和技术来预防、诊断、治疗疾病，而且许多疾病的发病机制也需要从分子水平加以探讨。生物化学学科的发展促进了许多长期危害人类健康的疾病，如肿瘤、遗传性疾病、代谢异常疾病(如糖尿病)、免疫缺陷性疾病等病因、诊断、治疗的研究，同时也取得了不少重大进展。如癌基因的发现，证明它在正常情况下并不引起细胞癌变，只有在某些理化因素或病毒以及情感等因素的作用下，才能被激活而导致细胞癌变，这为最终根治恶性肿瘤奠定了基础。分子病通常是指由于基因突变，导致蛋白质一级结构异常而造成功能障碍的疾病。如镰刀状红细胞性贫血，就是由于血红蛋白 β 链第 6 位谷氨酸被缬氨酸取代所造成。由蛋白质构象改变而导致的疾病称为蛋白质构象病，常见的有老年痴呆症、亨廷顿舞蹈症、疯牛病等。由于基因突变，导致遗传性酶缺陷或酶结构和酶活性异常而造成代谢障碍或紊乱的疾病，称为先天性代谢缺陷病。如Ⅰ型糖原累积病，就是缺乏葡萄糖 6-磷酸酶所致；苯丙酮尿症，是因缺乏苯丙氨酸羟化酶所致；痛风与自毁容貌症，都是由于缺乏次黄嘌呤鸟嘌呤磷酸核糖转移酶而造成的嘌呤代谢病。先天性代谢缺陷和分子病涉及范围广泛，目前已发现有 2 000 余种，成为种类最多的遗传病。以白化病为例，近亲结婚的子代要比非近亲结婚的子代的发病率高达 6 倍之多。表兄妹结婚的痴呆儿发生率更是比非近亲结婚高达 150 倍之多。这是因为近亲结婚，双方携带有相同基因的可能性要明显大于一般群体，随着生物化学的发展，必将对这类疾病的防治产生重要的作用。

基因工程的发展，对临床医学起着极大的促进作用。随着基因探针、PCR 技术等应用于临床，疾病的诊断达到了前所未有的高特异性、高灵敏度和高简便快捷性。基因工程疫苗的产生为解决免疫学难题提供了新的手段。基因治疗目前已成为医学领域的研究热点，随着遗传病基因疗法、传染病基因疗法、肿瘤基因疗法和其他疾病基因疗法的不断完善和广泛应用，基因工程药物的研究开发和大量生产，必将对临床医学、预防医学和军事医学等领域产生重大影响。

生物化学知识应用于中医药学研究也将大大促进中医药学的发展。在中医征候中必然存在着生物化学的变化规律，同时也需要生化指标加以量化。在中药研究方面也是如此，如中药成分对机体代谢及生物大分子的影响等。中医药要面向世界、面向现代化、面向未来，就要与现代科学特别是现代医学相结合，生物化学与分子生物学是实现有机结合的核心。

1.3.2 分子生物学与医学

人类基因组计划之所以深入人心成果辉煌，其根本原因在于它把自然科学最基础的研究，直接转化为社会效益与经济价值，把科学家在实验室埋头从事的科学实验项目直接与人类生活息息相关的大事紧密相连。基因鉴定最能反映人类基因组计划的科学、社会与经济意义，因此它最大地吸引了广大民众的注意，最大限度地动员了民众的参与感，并将产生最大的社会效益与经济效益。

人类大多数疾病，特别是危害较大的疾病，由于发病机制的复杂与多基因相关，目前还不了解哪些组织、哪些蛋白质的变化与疾病有关。而分子生物学中定位克隆的最独特的优点，正是抓住了遗传分析的灵魂，抓住了表现型与基因之间的联系。在对疾病家系的选择与估价中，由于大多数人类重要疾病的发生都是环境与基因共同作用的结果，都涉及好几个，甚至十几个、几十个基因。因此，可称为多基因病或复杂性状。采用分子生物学的理论与技术筛选疾病相关的基因是十分有效的。

基因组学与医学相结合推动了“遗传医学”即“分子医学”的发展。首先，基因组学，特别是 HGP 的实施，使医学家对疾病有了新的认识：从疾病和健康的角度考虑，人类疾病大多数直接或间接与基因相关，称基因病，这一概念的提出和基因组学的发展将改变当前病理学的格局和发展方向，环境基因组学开展的环境因素与基因多态性之间的交互作用研究将使病因学的研究进入一个全新的领域。基因组学还为药理学的发展开辟了新领域，药理基因组学将推动新一代药物开发。这方面的发展推动了疾病发病机制、临床疾病诊断、病因学和治疗学的进步。检测人类基因变异或突变的技术有多种。当前采用最多的就是“单核苷酸多态性”分析。在全基因组 SNP 制图基础上，通过比较病人和对照人群之间 SNP 的差异，鉴定与疾病相关的 SNP，这一研究导致了“遗传医学”的发生。将“基因病”概念与功能基因组学（转录组学）原理、技术相结合，利用 DNA 芯片技术分析、鉴定与某一疾病或综合征相关的多个基因表达水平，这就是平行分子遗传学分析。完成基因组全序列分析后，结合 HGP 发现的大量可利用的序列资料，将会使疾病相关基因的克隆更为快捷、方便。

第一部分 生物大分子结构与功能

第2章 蛋白质

生命是以物质为基础构成的一种特殊形式。现代生物化学和分子生物学的研究与实践表明，蛋白质和核酸是生命活动过程中最重要的物质基础。其中，蛋白质在生命活动中的重要性主要表现在两个方面：第一，蛋白质是构成生物体的基本成分。蛋白质(protein)在生物界的存在具有普遍性，无论是简单的低等生物，还是复杂的高等生物，如病毒、细菌、植物和动物等，都毫无例外地含有蛋白质。第二，蛋白质具有多样性的生物功能，在物质代谢、信号转导、血液凝固、机体防御、肌肉收缩、组织修复、生长发育、繁衍后代等方面发挥关键作用，是生命活动的物质基础。近年来分子生物学研究表明，在高等动物的记忆和识别功能方面，蛋白质也起着十分重要的作用。此外，有些蛋白对人体是有害的，称为毒蛋白，如细菌毒素、蛇毒蛋白、蓖麻子的蓖麻蛋白等，它们侵入人体后可引起各种毒性反应，甚至可危及生命。对蛋白质的结构与功能进行研究具有重要意义。

2.1 蛋白质的分子组成

2.1.1 蛋白质的元素组成

蛋白质的种类繁多，结构各异，尽管如此，其元素组成相似，主要有碳(50%～55%)、氢(6%～8%)、氧(19%～24%)、氮(13%～19%)和硫(0%～4%)。有些蛋白质还含有少量磷、硒或金属元素铁、铜、锌、锰、钴、钼等，个别蛋白质还含有碘。各种蛋白质的含氮量很接近，平均为16%。由于蛋白质是体内的主要含氮物，因此测定生物样品的含氮量就可按下式推算出蛋白质大致含量。

每克样品含氮克数×6.25×100＝100克样品中蛋白质的含量

2.1.2 氨基酸

蛋白质是由氨基酸构成的聚合物，所有生物都是利用这20种氨基酸作为构件组装成各种蛋白质分子的。尽管氨基酸的种类有限，但由于氨基酸在蛋白质中连接的次序以及氨基酸数目的不同，可以组装成几乎无限的、不同种类的蛋白质。

1. 氨基酸的结构

由于氨基酸分子中的 α-碳原子上连接一个氨基和一个羧基，所以 20 种氨基酸均为 α-氨基酸（脯氨酸为 *L*-α-亚氨基酸）。可以用下面的通式表示，R 为氨基酸的侧链基团。

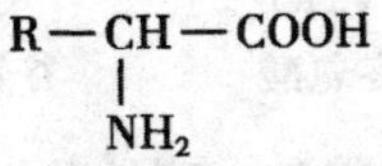

$$\begin{array}{c} R-\underset{\displaystyle NH_2}{\underset{|}{CH}}-COOH \end{array}$$

每一种氨基酸的 R 都是不同的，从 α 碳开始的侧链上的碳依次表示为 α-碳、β-碳、γ-碳、δ-碳和 ε-碳，分别指的是第 2、3、4、5 和 6 位碳。

图 2-1 给出了两种氨基酸通式的表示方法，全质子化形式的氨基酸可以看作一个二元弱酸。如果处于生理条件下，氨基质子化（$-NH_3^+$），而羧基离子化（$-COO^-$），氨基酸是个兼性离子，或称为偶极离子。而如果将一个氨基酸描述成带有$-COOH$ 和$-NH_2$ 基团的形式是不合适的，因为不存在一个保证两个基团都存在的 pH。

$$H_3\overset{+}{N}-\underset{\alpha}{\overset{\overset{\displaystyle R}{|}}{CH}}-COOH \qquad H_3\overset{+}{N}-\underset{\alpha}{\overset{\overset{\displaystyle R}{|}}{CH}}-COO^-$$

（a）氨基酸的全质子化形式　（b）氨基酸的兼性离子形式

图 2-1　氨基酸通式

2. 氨基酸的分类

组成蛋白质的 20 种氨基酸根据其侧链 R 基团结构和理化性质不同，分为 5 类。

(1)带正电荷的碱性氨基酸

生理条件下这类氨基酸带正电荷，包括侧链含 ε-氨基的赖氨酸；R 基团含有一个带正电荷胍基的精氨酸和含有弱碱性咪唑基的组氨酸，是一类碱性氨基酸(图 2-2)。

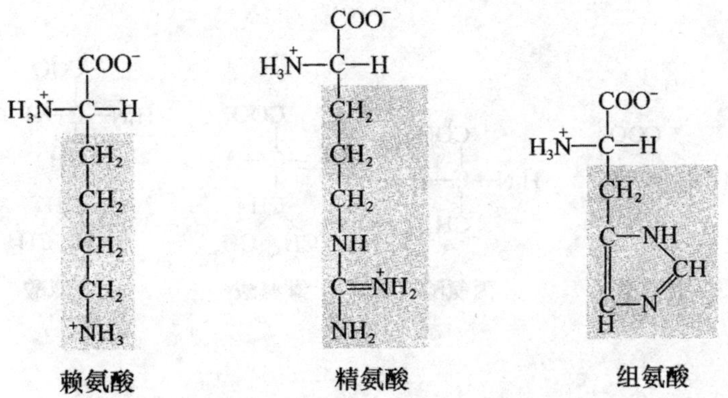

图 2-2　带正电荷的碱性氨基酸

(2)带负电荷的氨基酸

天冬氨酸和谷氨酸都含有两个羧基，在生理条件下带负电荷，为酸性氨基酸(图 2-3)。

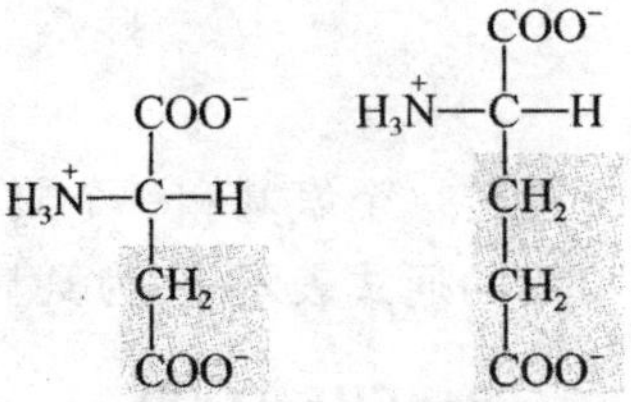

天冬氨酸　　谷氨酸

图 2-3　带负电荷的酸性氨基酸

(3)不带电电荷的极性氨基酸

这类氨基酸由于含有具有一定极性的 R 基团，在水中的溶解度较非极性氨基酸大。包括两种具有羟基的氨基酸(丝氨酸和苏氨酸)；两种具有酰胺基的氨基酸(谷氨酰胺和天冬酰胺)和一种含巯基的氨基酸(半胱氨酸)(图 2-4)。

丝氨酸　　苏氨酸　　半胱氨酸　　天冬酰胺　　谷氨酰胺

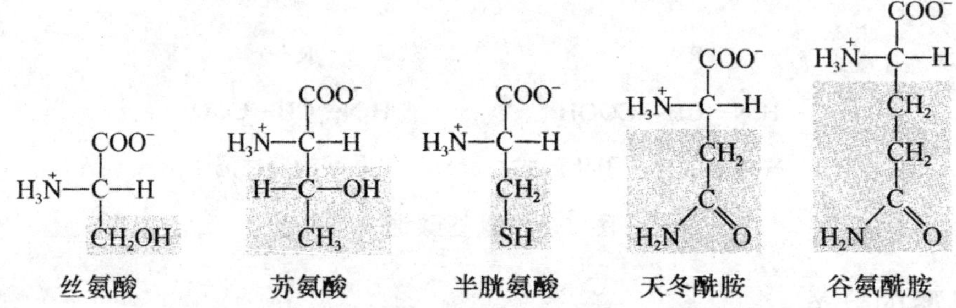

图 2-4　不带电荷的极性氨基酸

(4)非极性氨基酸

包括四种带有脂肪烃侧链的氨基酸(丙氨酸、亮氨酸、异亮氨酸和缬氨酸)；一种含硫氨基酸(甲硫氨酸)和两种亚氨基酸(脯氨酸)。甘氨酸也属于此类。这类氨基酸在水中的溶解度较小(图 2-5)。

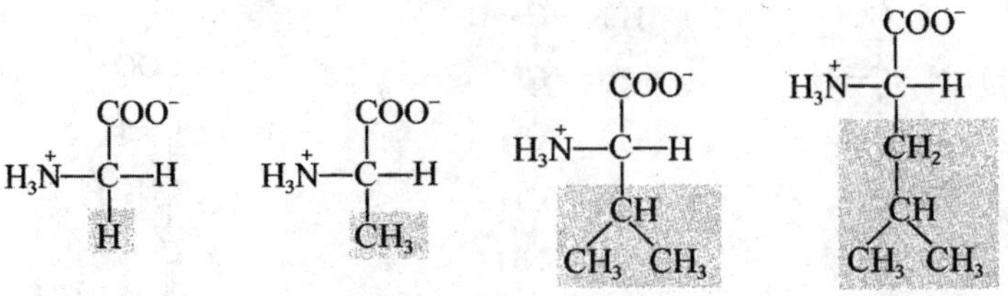

甘氨酸　　丙氨酸　　缬氨酸　　亮氨酸

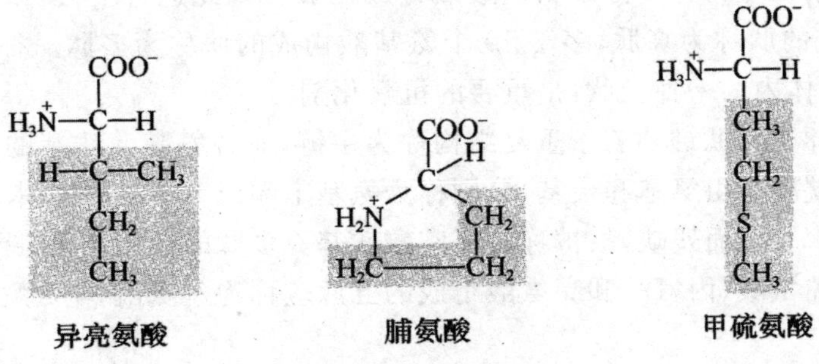

图 2-5　非极性氨基酸

(5)芳香族氨基酸

这些氨基酸包括苯丙氨酸、酪氨酸和色氨酸。苯丙氨酸中的苯基疏水性较强，从 R 基团性质分类来说苯丙氨酸还可属于非极性氨基酸。酪氨酸中的酚基和色氨酸中吲哚基在一定条件下可解离(图 2-6)。

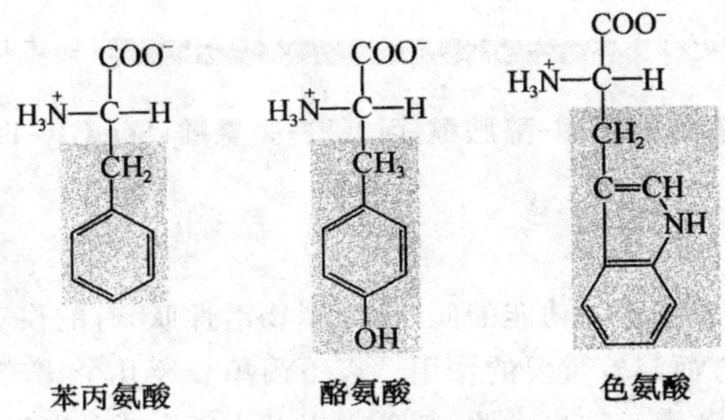

图 2-6　芳香族氨基酸

2.1.3　肽

1. 肽键与肽

肽键是连接氨基酸的主要共价键，是维持其一级结构的主要化学键，此外分子中还可能存在二硫键等其他共价键。

肽键是氨基酸构成蛋白质时形成的主要化学键，由一个氨基酸的 α-羧基与另一个氨基酸的 α-氨基缩合而成。氨基酸通过肽键连接构成的分子称为肽。

$$\underset{\text{氨基酸}}{H_3\overset{+}{N}-\overset{R^1}{\overset{|}{C}H}-\underset{\underset{O}{\|}}{C}-OH} + \underset{\text{氨基酸}}{H-\overset{H}{\overset{|}{N}}-\overset{R^2}{\overset{|}{C}H}-COO^-} \underset{H_2O}{\overset{H_2O}{\rightleftharpoons}} \underset{\text{二肽}}{H_3\overset{+}{N}-\overset{R^1}{\overset{|}{C}H}-\underset{\underset{O}{\|}}{C}-\overset{H}{\overset{|}{N}}-\overset{R^2}{\overset{|}{C}H}-COO^-}$$

两分子氨基酸可借一分子的氨基与另一分子的羧基脱去一分子水，缩合成为最简单的肽，即二肽。二肽同样能借肽键与另一分子氨基酸缩合成三肽。如此进行下去，依此类推。通常把由2～10个氨基酸构成的肽称为寡肽，多于10个氨基酸构成的肽称为多肽。谷胱甘肽(glutathion，GSH)是存在于生物体内的一种三肽，是重要的抗氧化剂。

多肽链中α-碳原子和肽键的若干重复结构称为主链，而各氨基酸残基的侧链基团为多肽链的侧链。多肽链两端有自由氨基和羧基，分别称为氨基末端或N端和羧基末端或C端。肽链中的氨基酸分子因脱水缩合而残缺，故被称为氨基酸残基。多肽的命名从N端开始指向C端。如由丝氨酸、甘氨酸、酪氨酸、丙氨酸和亮氨酸组成的五肽应称为丝氨酰-甘氨酰-酪氨酰-丙氨酰-亮氨酸(图2-7)。

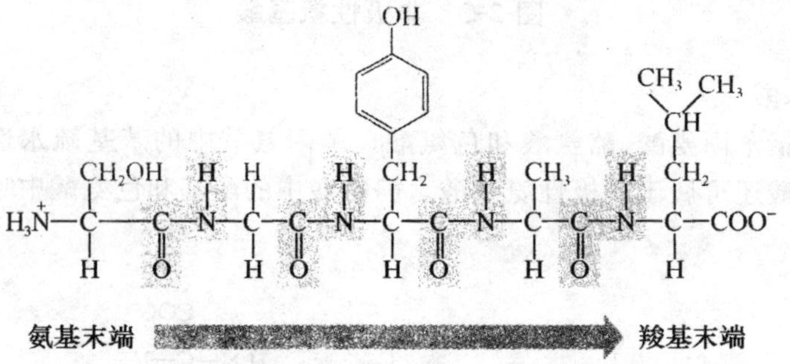

氨基末端 → 羧基末端

图 2-7　丝氨酰-甘氨酰-酪胺酰-丙氨酰-亮氨酸(Ser-Gly-Try-Ala-Leu)

2. 几类典型的肽

人体内存在许多具有重要生物功能的肽，称为生物活性肽，有的仅三肽，有的为寡肽或多肽，在代谢调节、神经传导等方面起着重要的作用。以下简单介绍几个比较熟知的谷胱甘肽、血管升压素(加压素)、缩宫素(催产素)、抗生素肽、胰岛素以及人工合成的二肽阿斯巴甜的结构和功能。

(1)谷胱甘肽

谷胱甘肽(GSH)是最常见的一个三肽，其组成为γ-谷氨酸、半胱氨酸和甘氨酸(图2-8)。第一个肽键是由谷氨酸的γ-羧基与半胱氨酸的氨基脱水缩合而成，称γ-谷氨酰-半胱氨酰-甘氨酸。分子中半胱氨酸的巯基是谷胱甘肽的主要功能基团。GSH的巯基具有还原性，可作为体内重要的还原剂，保护体内蛋白质或酶分子中巯基免遭氧化，使蛋白质或酶处在活性状态。H_2O_2是细胞内产生的重要氧化剂，可氧化蛋白质中的巯基而破坏其功能。在谷胱甘肽过氧化物酶作用下，GSH可还原细胞内产生的H_2O_2，使其变成H_2O，失去氧化性。同时，GSH被氧化成氧化型谷胱甘肽(GSSG)；GSSG在谷胱甘肽还原酶的作用下，再生成GSH[图2-8(b)]。此外，GSH的巯基还有噬核特性，能与外源的噬电子毒物如致癌剂或药物等结合，从而阻断这些化合物与DNA、RNA或蛋白质结合，以保护机体免遭毒物损害。

(2)缩宫素和血管升压素

缩宫素(oxytocin)和血管升压素(vasopressin)都是下丘脑分泌的激素，被储存在垂体后叶(图2-9)。缩宫素与血管升压素都是九肽(由两个半胱氨酸形成一个胱氨酸，所以也称为八肽)，结构也很相似，分子中的两个半胱氨酸残基都形成一个二硫键，但缩宫素3位为异亮氨酸，血管升压素3位为苯丙氨酸，缩宫素8位为亮氨酸，而血管升压素8位为精氨酸。

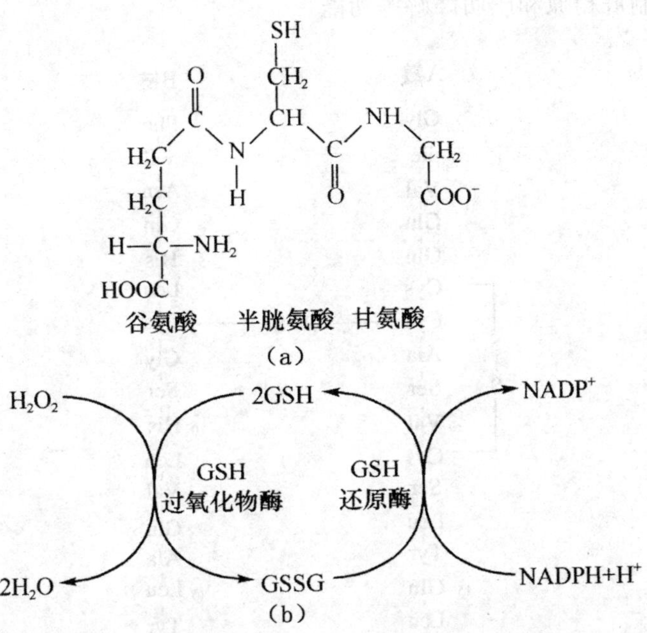

图 2-8　谷胱甘肽(a)和 GSH 与 GSSG 间的转换(b)

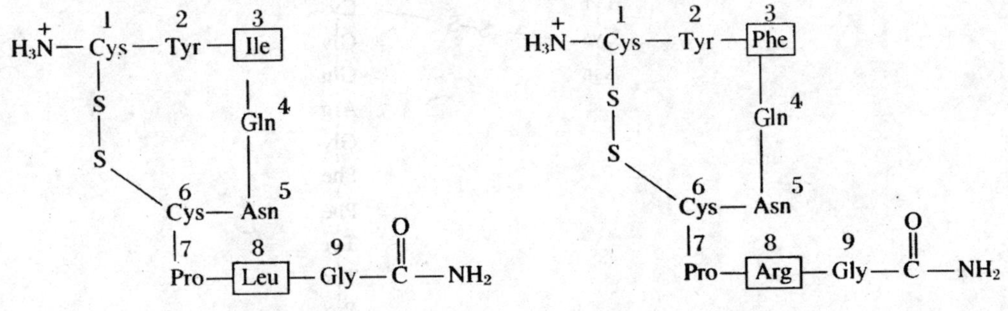

$H_3\overset{+}{N}$—Cys—Tyr—Ile—Gln—Asn—Cys—Pro—Leu—Gly—C(=O)—NH_2（1 Cys 与 6 Cys 间以 S—S 相连）

(a) 缩宫素

$H_3\overset{+}{N}$—Cys—Tyr—Phe—Gln—Asn—Cys—Pro—Arg—Gly—C(=O)—NH_2（1 Cys 与 6 Cys 间以 S—S 相连）

(b) 血管升压素

图 2-9　两个下丘脑激素

缩宫素的主要生理作用是使平滑肌收缩，特别是子宫肌肉，具有催产以及促使乳腺泌乳的作用。血管升压素也称为抗利尿激素(antidiuretic hormone，ADH)，是调解水代谢的重要激素。血管升压素能使小动脉收缩，增高血压，促进水分的重吸收，减少排尿。

(3)抗生素肽

抗生素肽是一类能抑制或杀死细菌的多肽，如短杆菌肽 A、短杆菌素 S、缬氨霉素和博来霉素等。除天然活性多肽，20 世纪 70 年代中期以后，通过重组 DNA 技术获得的多肽类药物、肽类疫苗等越来越多，应用也越来越广泛。

(4)胰岛素

胰岛素由胰脏中胰岛的 β 细胞制造，是一个由 A 链和 B 链构成的含有 51 个氨基酸残基的多肽，A 链含有 21 个氨基酸残基，B 链含有 30 个氨基酸残基，两条链通过二硫键连接，另外在 A 链中还存在一个链内二硫键(图 2-10)。胰岛素具有促进组织吸收葡萄糖，促进肝糖原、肌糖原以及脂肪合成，并抑制肝糖原和脂肪降解等功能。

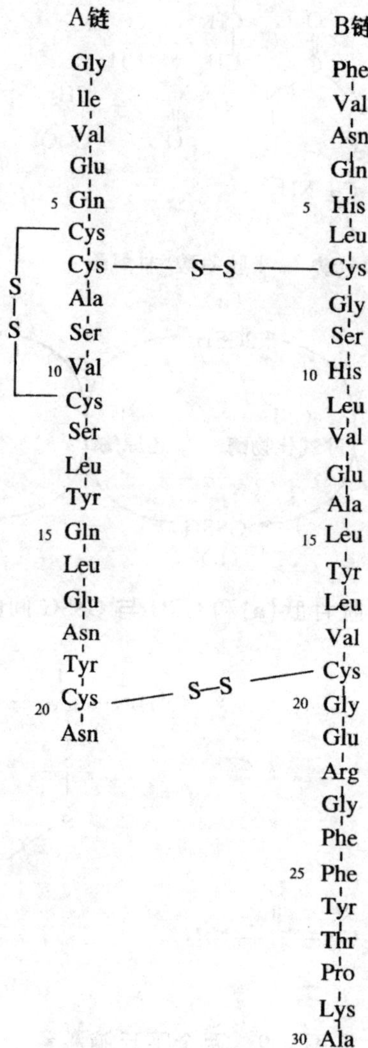

图 2-10　胰岛素结构

(5)阿斯巴甜

阿斯巴甜(Aspartame)不是天然存在的活性肽，它是一个人工合成的二肽——天冬氨酰苯丙氨酸的甲基酯(图 2-11)，常用作食物和饮料的甜味剂，其甜度是蔗糖的 200 倍。

$$H_3\overset{+}{N}-CH(CH_2COO^-)-C(=O)-NH-CH(CH_2C_6H_5)-C(=O)-O-CH_3$$

图 2-11　Aspartame 结构

2.2　蛋白质的分子结构

蛋白质功能的多样性取决于其分子结构的复杂性。蛋白质的分子结构包括一级结构、二级结构、三级结构和四级结构。

2.2.1　蛋白质的一级结构

蛋白质的一级结构是指蛋白质分子中氨基酸的连接方式、排列顺序和二硫键所在的位置。一级结构是蛋白质分子结构的基础，包含了决定蛋白质分子所有空间结构的全部信息。

1953 年，Sanger 报告了胰岛素的一级结构（图 2-12）：牛胰岛素由两条肽链构成，A 链有 21 个氨基酸，包括 4 个半胱氨酸；B 链有 30 个氨基酸，包括两个半胱氨酸。6 个半胱氨酸的巯基形成 3 个二硫键，其中两个在 A、B 链之间，1 个在 A 链内。牛胰岛素是第一种被阐明一级结构的蛋白质，也是第一种人工合成的蛋白质。

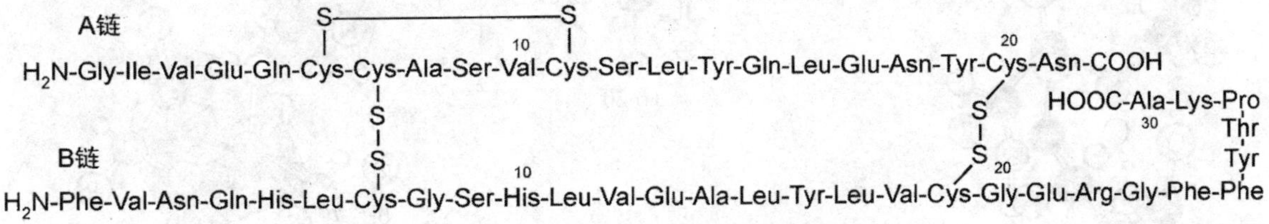

A链
H_2N-Gly-Ile-Val-Glu-Gln-Cys-Cys-Ala-Ser-Val-Cys-Ser-Leu-Tyr-Gln-Leu-Glu-Asn-Tyr-Cys-Asn-COOH
B链
H_2N-Phe-Val-Asn-Gln-His-Leu-Cys-Gly-Ser-His-Leu-Val-Glu-Ala-Leu-Tyr-Leu-Val-Cys-Gly-Glu-Arg-Gly-Phe-Phe-Tyr-Thr-Pro-Lys-Ala-COOH

图 2-12　牛胰岛素的一级结构

研究蛋白质一级结构的意义：一级结构是蛋白质构象的基础，包含了形成特定构象所需的全部信息；一级结构是蛋白质生物活性的分子基础；众多遗传病的分子基础是基因突变，导致其所表达的蛋白质的一级结构发生变化；研究蛋白质的一级结构可以阐明生物进化史，不同物种的同源蛋白质的一级结构越相似，物种之间的进化关系越近。

2.2.2　蛋白质的空间结构

1. 蛋白质的二级结构

蛋白质的二级结构表现为多肽链中有规则重负的构象，它仅限于主链原子的局部空间排列，不包括与肽链其他区段的相互关系及侧链构象。常见的二级结构的元件有 α-螺旋、β-折叠、β-转角和无规卷曲等。

（1）α-螺旋

α-螺旋是美国人 L. Pauling 和 R. B. Corey 于 1951 年，根据对角蛋白的 X 射线结果提取出来的。它是蛋白质中最常见、最典型、含量最丰富的二级结构元件。

氨基酸的组成和排列顺序以及侧链的大小都会影响 α-螺旋形成和稳定。α-螺旋结构的模型具有如下特点：

①α-螺旋是一种重复结构，螺旋中每个α-碳的φ和ψ分别在$-57°$和$-47°$附近。在α-螺旋中，多肽链的主链围绕一个“中心轴”螺旋上升，每3.6个氨基酸残基上升一圈，沿螺旋轴方向上升0.54 nm，称为螺距，每个氨基酸残基绕轴旋转100°，沿轴上升0.15 nm[图2-13(a)]。

②每个氨基酸残基的N-H与其前面第4个氨基酸残基的羰基间形成相邻螺旋圈之间的链内氢键。氢键的取向几乎与螺旋中心轴平行(氢键的4个原子位于一条直线上)，是维系α-螺旋的主要作用力[图2-13(b)]。

③氨基酸残基的侧链在螺旋的外侧。如果侧链不计在内，螺旋的直径约为0.6 nm。

④天然蛋白质中的α-螺旋大多数是右手螺旋。

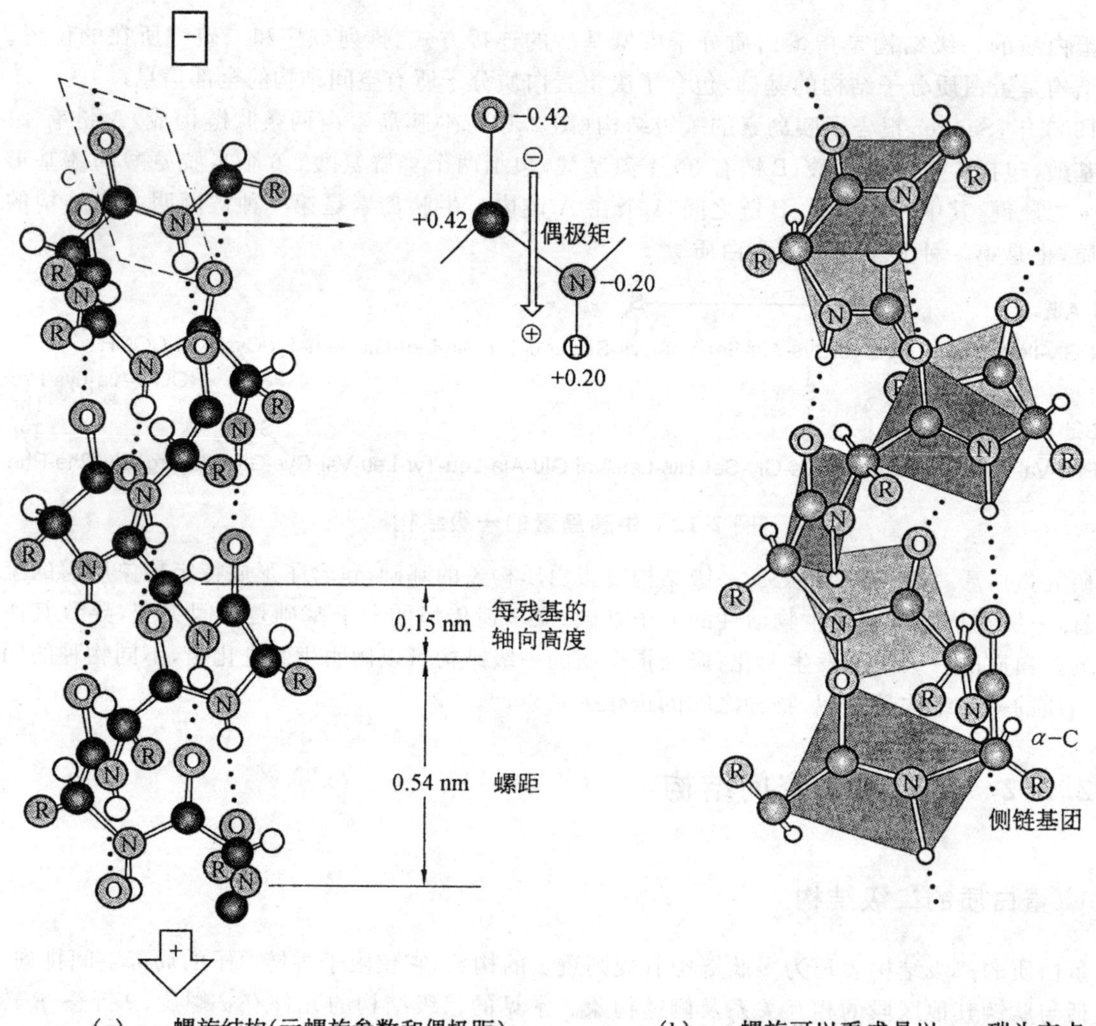

(a) α-螺旋结构(示螺旋参数和偶极距)

(b) α-螺旋可以看成是以α-碳为交点的肽平面堆叠排列而成，肽平面大体平行于螺旋轴

图2-13　α-螺旋

(2)β-折叠

蚕丝、蜘蛛吐出的丝中存在着另一类纤维蛋白，Pauling 和 Corey 经 X 射线分析证实这类纤维蛋白中存在着不同于 α-螺旋的另一种称为 β-折叠的二级结构，它是一种更加伸展的肽链构象。在 β-折叠构象中，肽链骨架呈 Z 字形，而不是螺旋结构(图 2-14)。

同一条肽链或不同肽链上的数段 β-折叠可以平行结合，形成裙褶样结构。结合有同向平行和反向平行两种形式，两种形式构象中折叠单位的长度不同：同向平行的 β 折叠单位为 0.65 nm，反向平行的 β 折叠单位为 0.7 nm(图 2-14)。相邻 β-折叠肽段的肽单元之间形成的氢键是维持 β-折叠稳定性的主要作用力。

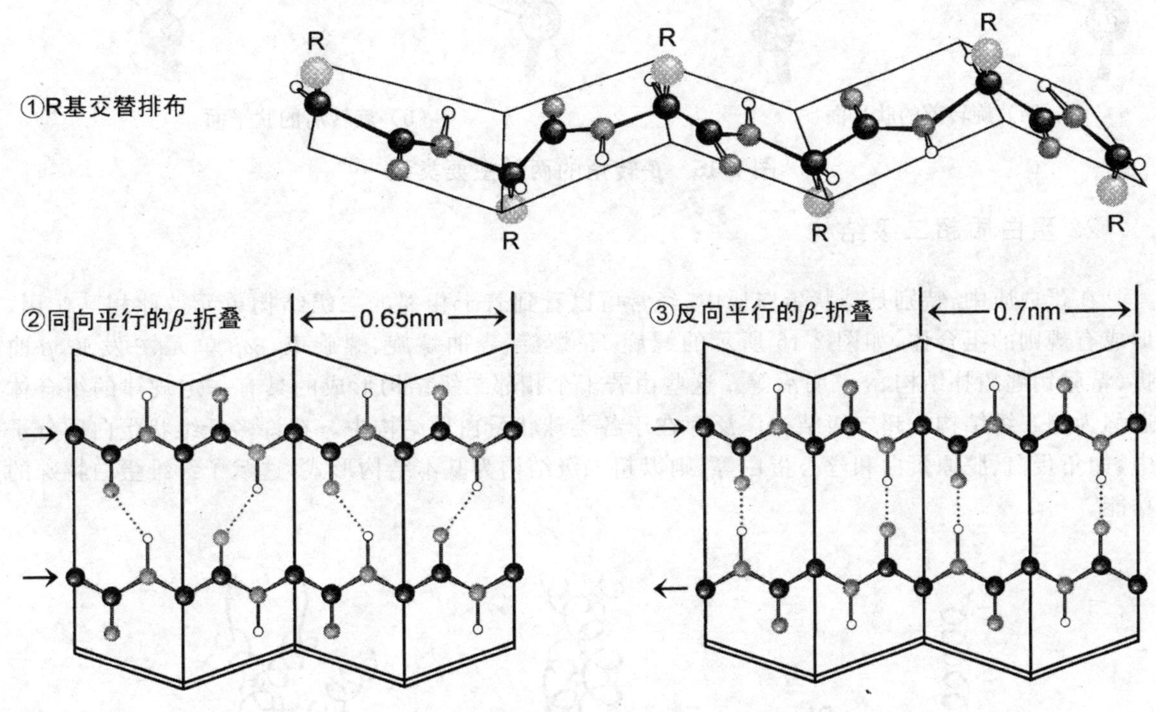

图 2-14　β-折叠

(3)β-转角

在紧凑折叠的球蛋白中，还存在着连接 α-螺旋和(或)β-折叠的使肽链改变走向的连接肽段，它们往往形成有规律的转角(reverse turn)，有时由于连接反平行 β-折叠中相邻肽段末端，也称为 β-转角。

转角主要有Ⅰ型转角和Ⅱ型转角(图 2-15)。两种转角都是由 4 个氨基酸残基组成，第 2 位残基都是 Pro。Ⅱ型转角中第 3 位残基通常是 Gly，而且连接第 2 位残基和第 3 位残基的肽平面相对于Ⅰ型转角翻转了 180°。两种类型转角都是通过第 1 位残基羰基氧与第 4 位残基酰胺氢形成的一个氢键稳定的。

目前发现的 β-转角多数都处在蛋白质分子表面，在这里改变多肽链方向的阻力比较小。β-转角在球状蛋白质中的含量相当丰富，约占全部残基的 1/4。β-转角的构象由第二个残基 α-碳(图 2-15 中的 α_2)和第三个残基 α-碳(图 2-15 中的 α_3)的二面角决定。

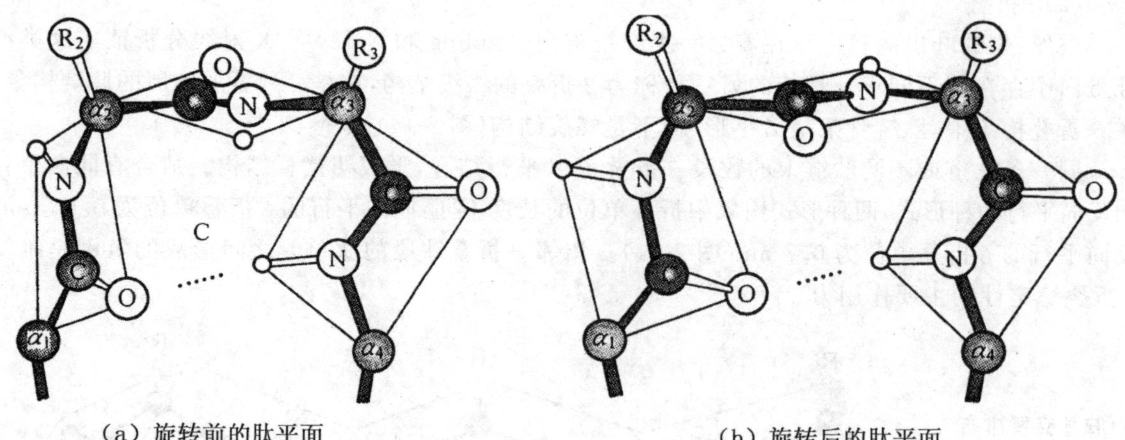

(a) 旋转前的肽平面　　(b) 旋转后的肽平面

图 2-15　*β*-转角的两种主要类型

2. 蛋白质超二级结构

在蛋白质中，特别是球状蛋白质中，经常可以看到若干相邻的二级结构单元彼此相互作用，形成有规则的组合体，如图 2-16 所示的螺旋-环-螺旋、卷曲螺旋、螺旋束、$\beta\alpha\beta$ 单元、β-发夹、β-曲折、希腊钥匙拓扑结构、β-三明治等。这些由若干个相邻二级结构形成的具有一定规律的组合体通称为超二级结构。超二级结构广泛存在于各类球状蛋白质结构中。在许多纤维状蛋白质分子中，如角蛋白、胶原蛋白和丝心蛋白等，则以超二级结构为基本结构形式，这赋予纤维蛋白特殊的功能。

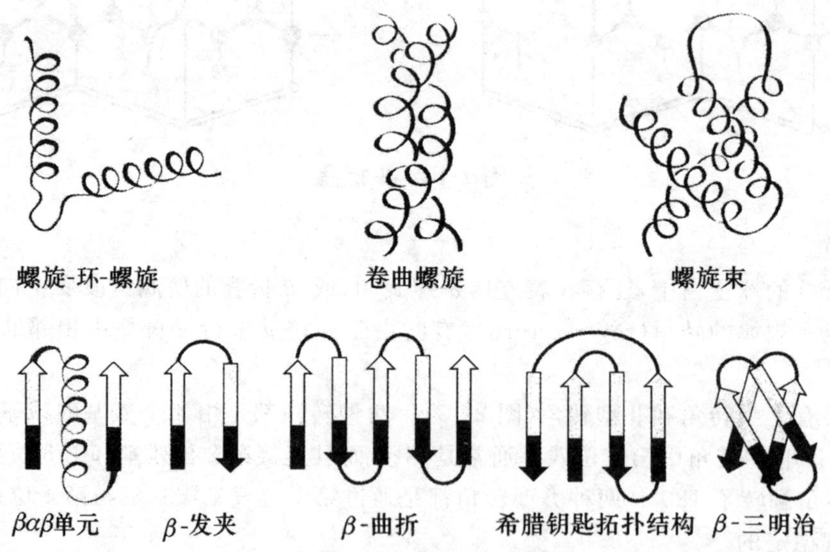

图 2-16　蛋白质超二级结构

3. 蛋白质的三级结构

蛋白质的三级结构指的是单一一条某些局部已经具有了 α-螺旋和(或)β-折叠的多肽链折叠

成一个紧密堆积的三维结构。三级结构的一个重要特征是一级结构上离得很远的氨基酸残基被拉到了一起，而且它们的侧链之间可进行相互作用。二级结构的稳定依靠的是多肽链骨架的酰胺氢和羰基氧之间形成的氢键，而三级结构的稳定基本上靠的是氨基酸残基侧链之间的非共价相互作用，此外某些蛋白质中的共价二硫键对稳定三维构象也起着重要作用。

蛋白质的三级结构是建立在二级结构、超二级结构和结构域基础上的球状蛋白质的高级空间结构。蛋白质三级结构的特点为：含多种二级结构单元；有明显的折叠层次；为紧密的球状或椭球状实体；分子表面有一空穴（活性部位）；疏水侧链埋藏在分子内部，亲水侧链暴露在分子表面。如图 2-17 所示为抹香鲸肌红蛋白的三级结构。

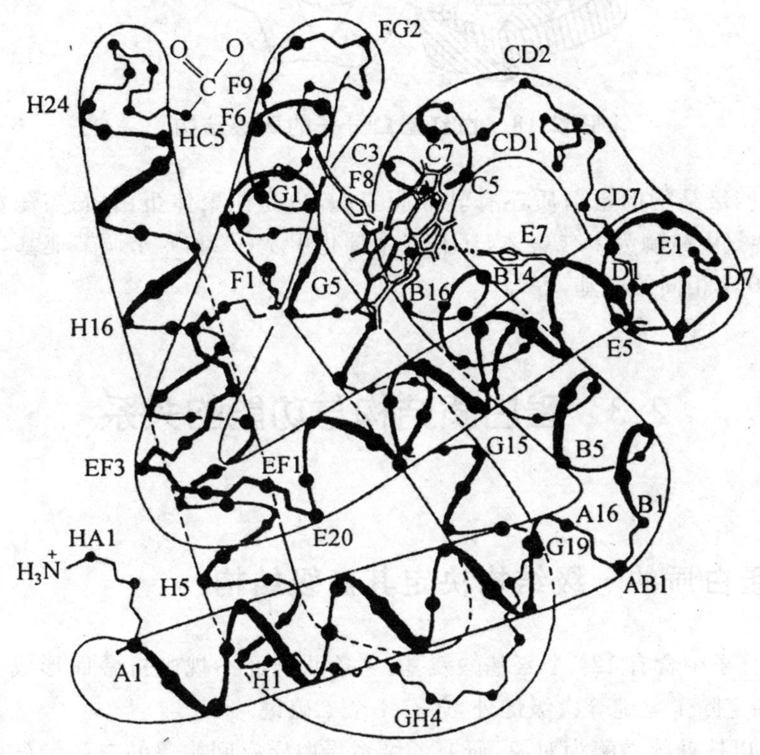

图 2-17 抹香鲸肌红蛋白的三级结构

4. 蛋白质的四级结构

蛋白质分子的二、三级结构，一般只涉及由一条多肽链卷曲而成的蛋白质。体内许多蛋白质分子含有两条或两条以上多肽链，每一条多肽链都有完整的三级结构，称为亚基，亚基与亚基之间呈特定的三维空间排布，并以非共价键相连接。蛋白质的四级结构是指蛋白质分子中各亚基的空间排布及亚基接触部位的相互作用。

在四级结构中，各亚基间的结合力主要是氢键和盐键。亚基的结构可以相同，也可以不同。如血红蛋白为 $\alpha_2\beta_2$ 四聚体，即含两个 α 亚基和两个 β 亚基（图 2-18）。含有四级结构的蛋白质，单独的亚基一般没有生物学功能，只有完整的四级结构才有生物学功能。有些蛋白质虽然由两条或两条以上多肽链组成，但肽链间通过共价键（二硫键）相连，这种结构不属于四级结构，如胰岛素。

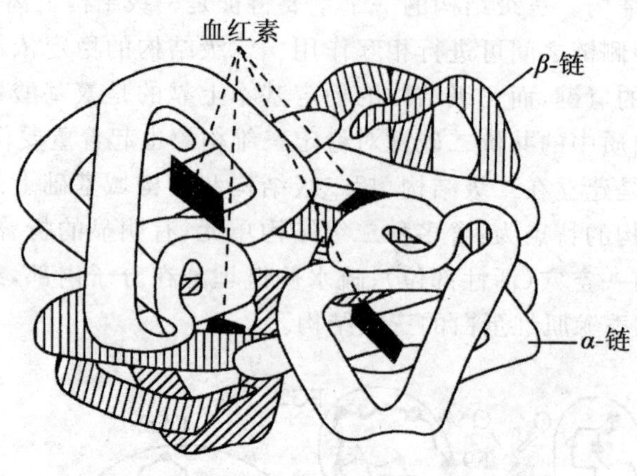

图 2-18 血红蛋白分子的四级结构

重要的具有四级结构的蛋白质还有乳酸脱氢酶，也是四聚体蛋白质；谷氨酸脱氢酶为六聚体；天门冬氨酸转氨甲酰酶为十二聚体，还有 6 个催化甲基(C)和 6 个调节亚基(R)；烟草花叶病毒外壳具有 2 130 个相同的亚基，等等。

2.3 蛋白质结构与功能的关系

2.3.1 蛋白质的一级结构决定其高级结构

核糖核酸酶分子中含有 124 个氨基酸残基，一条肽链经不规则折叠而形成一个近似于球形的分子；构象的稳定除了氢键等次级键外，还有 4 个二硫键。

C. Anfinsen 以核糖核酸酶为对象，研究了维系蛋白质空间构象的二硫键(—S—S—)还原和重氧化对该酶活性的影响，发现在蛋白质变性剂(如尿素和巯基乙醇)存在时，核糖核酸酶分子中的 4 个二硫键全部被还原为硫氢基(SH)，酶的三维结构破坏，肽链完全伸展[图 2-19(a)]，酶活力也全部丧失；当用透析方法慢慢除去变性剂和巯基乙醇后，酶的大部分活性可以恢复，这是因为变性的核糖核酸酶的硫氢基被空气氧化，二硫键重新形成，使多肽链自发折叠成活性形式。若将还原后的核糖核酸酶在 8 mol/L 尿素中重氧化，产物只有 1%的酶活性。这主要是由于硫氢基没有正确的配对。变性核糖核酸酶的 8 个硫氢基相互配对形成二硫键的概率是随机的，但只有一种是正确的；那些不正确配对的产物被称为“错乱”(Scrambled)核糖核酸酶；Anfinsen 向含有“错乱”核糖核酸酶的溶液中加入微量的巯基乙醇，一段时间后发现，“错乱”核糖核酸酶转变成为天然的、有全部酶活性的核糖核酸酶[图 2-19(b)]。

微量的巯基乙醇催化二硫键的重新形成，“错乱”核糖核酸酶转变为稳定的、天然的核糖核酸酶的过程是一个自由能降低的过程。值得注意的是，许多蛋白质的折叠是由酶协助完成的，酶催化这些蛋白质达到它的最低的能量状态。

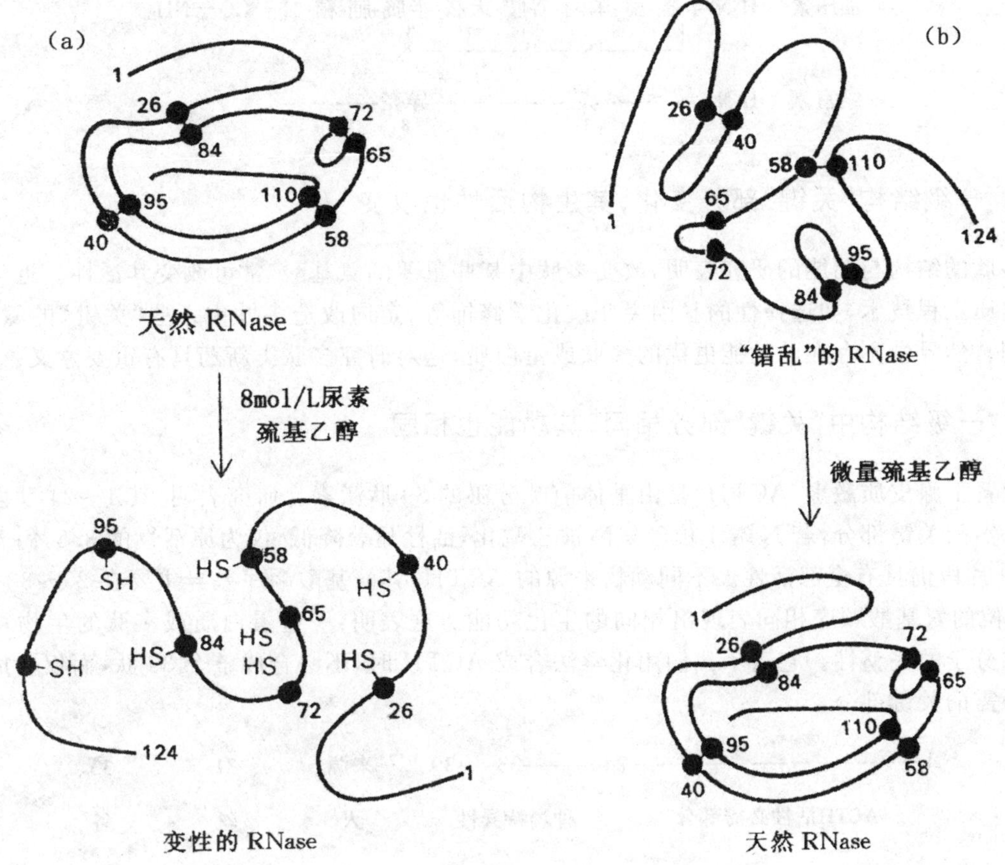

图 2-19　核糖核酸酶的变性与复性

通过这个实验可以得出如下结论：蛋白质的变性是可逆的，也就是说变性蛋白在一定的条件下之所以能自动折叠成天然的构象，是由于形成复杂的三维结构所需的全部信息都包含在它的氨基酸排列顺序上。蛋白质多肽链的氨基酸排列顺序包含了自动形成正确构象所需要的全部信息，即一级结构决定其高级结构。由于蛋白质特定的高级结构的形成，出现了它特有的生物活性。

2.3.2　蛋白质的一级结构与功能

1. 一级结构不同，生物学功能各异

不同蛋白质和多肽具有不同的功能，根本的原因是它们的一级结构各异，有时仅微小的差异就可表现出不同的生物学功能。如加压素与缩宫素都是由垂体后叶分泌的九肽激素，它们分子中仅两个氨基酸差异，但两者的生理功能却有根本的区别。加压素能促进血管收缩，升高血压及促进肾小管对水的重吸收，表现为抗利尿作用；而缩宫素则能刺激平滑肌引起子宫收缩，表现为催产功能。其结构如下：

加压素 H_2N-半胱-酪-苯丙-谷胺-天胺-半胱-脯-精-甘—CO—NH_2
（两个半胱之间 —S—S— 相连）

缩宫素 H_2N------------亮（3）---------------异亮（8）----------

2. 一级结构"关键"部分变化,其生物活性也改变

多肽的结构与功能的研究表明,改变多肽中某些重要的氨基酸,常可改变其活性。近年来应用蛋白质工程技术,如选择性的基因突变或化学修饰等,定向改造多肽中一些"关键"的氨基酸,可得到自然界中不存在的功能更优的多肽或蛋白质,这对研究多肽类新药具有重要意义。

3. 一级结构中"关键"部分相同,其功能也相同

促肾上腺皮质激素(ACTH)是由垂体前叶分泌的39肽激素。研究表明:其1～24肽段是活性所必需的关键部分,若N端1位丝氨酸被乙酰化,活性显著降低,仅为原活性的3.5%;若切去25～39片段仍具有全部活性。不同动物来源的ACTH,其氨基酸顺序差异主要在25～33位,而1～24位的氨基酸顺序相同表现出相同的生化功能。这表明:一些蛋白质或多肽的生物功能并不要求分子的完整性。它启示我们用化学法合成ACTH时,不必合成整个39肽,而仅合成其活性所必需的关键部分。

1------------------------24-------33---39

ACTH活性必需部分　　种属特异性

来源	31	33
人	丝	谷
猪	亮	谷
牛	丝	谷胺

2.3.3 蛋白质的空间构象与功能

蛋白质的特定空间结构与其特殊的功能有着密切的关系。如角蛋白含有大量α-螺旋结构,与富含角蛋白组织的坚韧性和弹性直接相关。又如丝心蛋白含有大量β-折叠结构,致使蚕丝具有伸展和柔软的特性。

1. 朊病毒蛋白空间结构与功能的关系

疯牛病是由朊病毒蛋白(PrP)引起的一组人和动物神经的退行性病变,这类疾病具有传染性、遗传性或散在发病的特点。其在动物间传播是由PrP组成的传染性颗粒(不含核酸)完成的。正常动物和人PrP的分子量为33～35 kD,其水溶性强、对蛋白酶敏感以及二级结构为多个α-螺旋,称为PrP^c。PrP^c在某种未知蛋白质的作用下可转变成对蛋白酶不敏感,水溶性差,且对热稳定,可相互聚集,全为β-折叠的PrP致病分子,称为PrP^{Sc}。但PrP^c和PrP^{Sc}两者的一级结构完全相同。可见,PrPc转变成rp^{Sc}涉及蛋白质分子α-螺旋重新排布成β-折叠的过程。外源性或新生的PrP^{Sc}可以作为模板,通过复杂的机制使含有β-螺旋的PrP^c重新折叠成为仅含β-折叠的

PrP^{Sc}，最终形成淀粉样纤维沉淀而致病。

2. 血红白蛋空间结构与功能的关系

血红蛋白是由两个 α 亚基和两个 β 亚基组成的四聚体($\alpha_2\beta_2$)，其 α 和 β 亚基的一级结构和空间结构与肌红蛋白十分相似，都能结合和运输氧。具有四级结构的血红蛋白是成熟红细胞中的主要功能蛋白。血红蛋白(Hb)的功能是运输 O_2。未结合 O_2 时，Hb 的 4 个亚基之间靠盐键连接，结构较为紧密，称为紧张态。随着 O_2 的结合，4 个亚基之间的盐键断裂，其空间结构发生变化，使 Hb 的结构显得相对松弛，称为松弛态(R 态)(图 2-20)。T 态 Hb 对氧亲和力低，不易与 O_2 结合，R 态对氧亲和力高，是 Hb 结合 O_2 的形式。在肺毛细血管，O_2 分压高，促使 T 态转变成 R 态，在组织毛细血管，O_2 分压低，促使 R 态转变成 T 态。

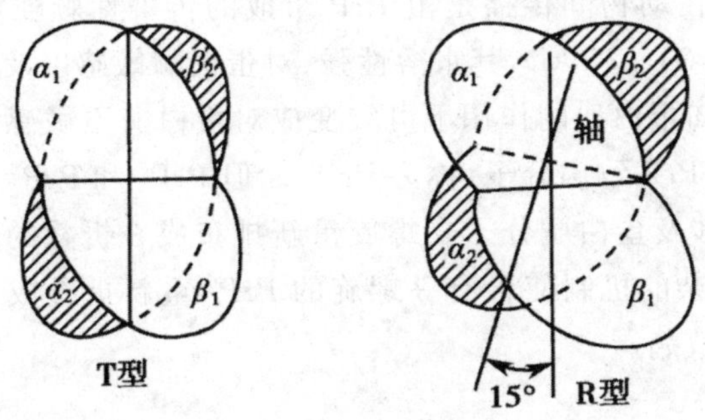

Hb T 态和R态互变

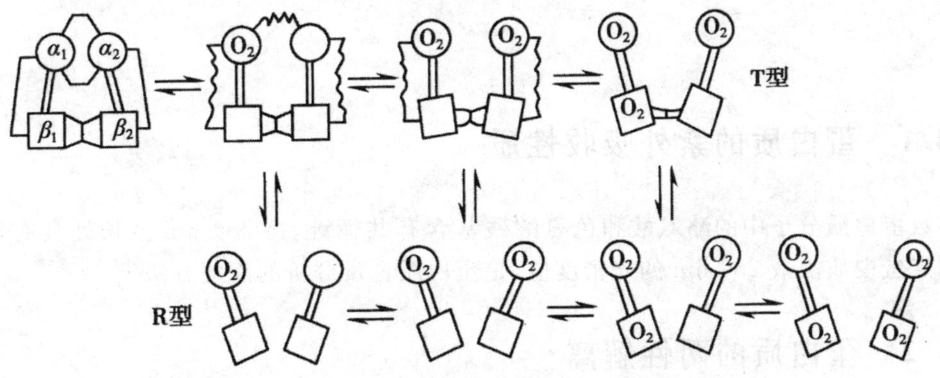

图 2-20 Hb 氧合与脱氧构象转换示意图

2.3.4 蛋白质结构的改变与疾病

无论一级结构还是空间构象的变化，都会引起蛋白质功能的变化。若发生结构改变的蛋白质，其作用重要，且无可替代，直接影响生物体的某一功能时，常可引起疾病。

1. 蛋白质一级结构改变与疾病

镰刀状红细胞贫血是一种血红蛋白分子结构异常的遗传性疾病。由于患者体内血红蛋白 β

链基因的遗传密码发生突变，导致血红蛋白 β 链第 6 个氨基酸残基由正常人的谷氨酸取代为缬氨酸。仅 1 个氨基酸的微小变化，致使患者血中红细胞在氧分压较低的情况下呈镰刀状并极易聚集溶血，严重影响 Hb 携带氧的功能，导致贫血发生。类似这种由遗传物质 DNA 突变或缺失导致某一蛋白质一级结构变化而致病的疾病已发现有数百种，习惯称之为分子病。

2. 蛋白质构象改变与疾病

有些蛋白质错折叠后相互聚集，常形成抗蛋白水解酶的淀粉样纤维沉淀，产生毒性而致病，表现为蛋白质淀粉样纤维沉淀的病理改变，这类疾病包括人纹状体脊髓变性病、老年痴呆症、亨丁顿舞蹈病(Huntington disease)、疯牛病等。

疯牛病是由朊病毒蛋白(PrP)引起的一组人和动物神经的退行性病变，这类疾病具有传染性、遗传性或散在发病的特点。其在动物间传播是由 PrP 组成的传染性颗粒(不含核酸)完成的。正常动物和人 PrP 的分子量为 33～35 kD，其水溶性强、对蛋白酶敏感以及二级结构为多个 α-螺旋，称为 PrP^c。PrP^c 在某种未知蛋白质的作用下可转变成对蛋白酶不敏感，水溶性差，且对热稳定，可相互聚集，全为 β-折叠的 PrP 致病分子，称为 PrP^{Sc}。但 PrP^c 和 PrP^{Sc} 两者的一级结构完全相同。可见，PrPc 转变成 rp^{Sc} 涉及蛋白质分子 α-螺旋重新排布成 β-折叠的过程。外源性或新生的 PrP^{Sc} 可以作为模板，通过复杂的机制使含有 β-螺旋的 PrP^c 重新折叠成为仅含 β-折叠的 PrP^{Sc}，最终形成淀粉样纤维沉淀而致病。

2.4 蛋白质的理化性质

2.4.1 蛋白质的紫外吸收性质

大多数蛋白质分子中的酪氨酸和色氨酸残基含有共轭键，在 280 nm 波长处具有特征性吸收峰。测定蛋白质溶液 280 nm 的光密度值，是蛋白质含量分析的简便方法。

2.4.2 蛋白质的两性解离

蛋白质分子中有许多可解离基团，因此具有两性解离的性质。在酸性溶液中，氨基酸易解离成带正电荷的阳离子，在碱性溶液中，易解离成带负电荷的阴离子。当氨基酸解离成阴、阳离子趋势相等，净电荷为 0 时，此时溶液的 pH 称为氨基酸的等电点(pI)。

$$
{}^{+}H_3N\text{—}\underset{|}{\overset{R}{C}}H\text{—}COOH \underset{+H^+}{\overset{-H^+}{\rightleftharpoons}} {}^{+}H_3N\text{—}\overset{R}{C}H\text{—}COO^- \underset{+H^+}{\overset{-H^+}{\rightleftharpoons}} H_2N\text{—}\overset{R}{C}H\text{—}COO^-
$$

阳离子	两性离子	阴离子
pH < pI	pH = pI	pH > pI

2.4.3 蛋白质的沉降特性

如果溶液中蛋白质分子颗粒的密度大于溶剂的密度，在受到强大的离心力作用时，蛋白质分子就会下沉，称为蛋白质的沉降作用(sedimentation)。沉降速度与蛋白质分子的大小、蛋白质分子的密度、分子形状、溶剂的密度和黏度有关，且在单位离心力下的沉降速度为一常数，该常数称为沉降系数(sedimentation coefficient)。沉降系数的单位为 S，1 S=10^{-13}s。

在同样条件下，大颗粒比小颗粒在离心场中沉降得快，沉降系数也大，因此沉降系数与蛋白质颗粒大小呈正相关。

2.4.4 蛋白质的胶体性质

蛋白质是高分子化合物，分子量多在 10 000～100 000 kD 之间，球状蛋白质的颗粒大小已达胶体颗粒 1～100 nm，故蛋白质具有胶体性质。

存在于溶液内的蛋白质大多能溶于水或稀盐溶液。水溶性蛋白质分子大多呈球状分子中疏水性的 R 基团借疏水键聚合并掩藏在分子内部，亲水性的 R 基团多位于分子表面，与周围水分子产生水合作用，使蛋白质分子表面有多层水分子包围，形成比较稳定的水化膜，将蛋白质颗粒彼此隔开。同时，亲水 R 基团大都能解离，使蛋白质分子表面带有一定量的相同电荷，而且互相排斥，防止了蛋白质颗粒聚沉。因此，蛋白质表面的水化膜和电荷的排斥作用使蛋白质不易聚沉，稳定地分散在水中，成为稳定的亲水胶体。当去掉其水化膜，中和电荷时，蛋白质就可从溶液中沉淀出来(图 2-21)。

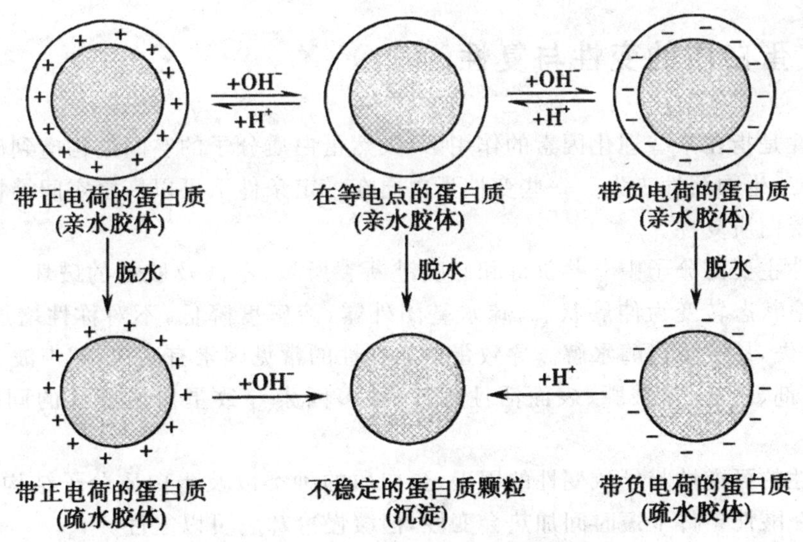

图 2-21 蛋白质胶体颗粒的沉淀

2.4.5 氨基酸呈色反应

蛋白质的呈色反应主要是指蛋白质的某些基团与特定试剂作用而显色。呈色反应可用于蛋白质定性与定量。

例如，氨基酸与水合茚三酮共加热时，氨基酸被氧化分解，生成醛、氨及二氧化碳；水合茚三酮则被还原。在弱酸性溶液中，茚三酮的还原产物还可与氨及另一分子茚三酮缩合成蓝紫色化合物，蓝紫色化合物颜色的深浅与氨基酸释放出的氨量成正比，可用作氨基酸的定性或定量测定。茚三酮反应如下所示：

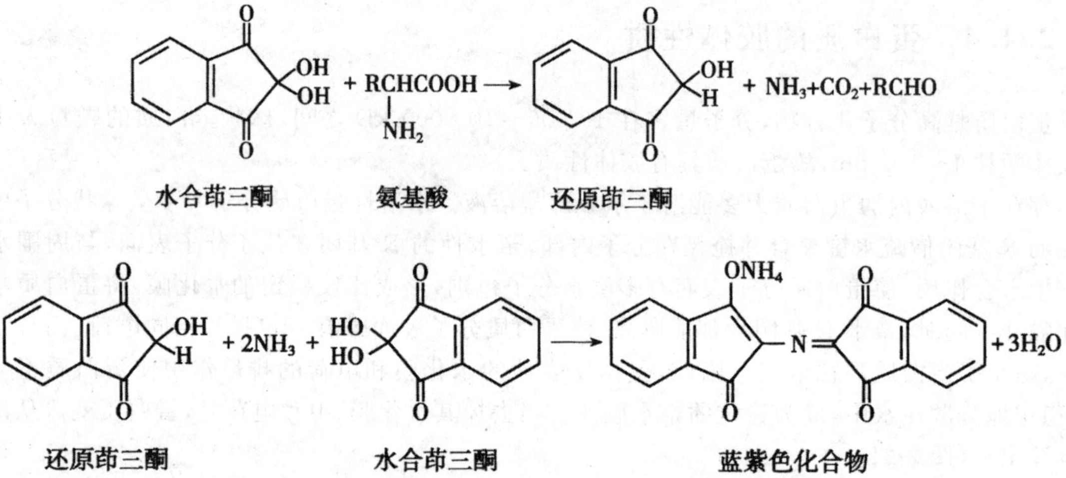

水合茚三酮 + $RCH(NH_2)COOH$ ⟶ 还原茚三酮 + $NH_3 + CO_2 + RCHO$

水合茚三酮　　氨基酸　　还原茚三酮

还原茚三酮 + $2NH_3$ + 水合茚三酮 ⟶ 蓝紫色化合物 + $3H_2O$

还原茚三酮　　水合茚三酮　　蓝紫色化合物

2.4.6 蛋白质的变性与复性

蛋白质变性是指在某些理化因素的作用下，天然蛋白质分子的空间结构遭到破坏，因而其理化性质发生改变，生物活性丧失。一些变性蛋白质在一定条件下可以恢复空间结构及生物活性，这一过程称为蛋白质复性。

蛋白质变性主要由分子中非共价键和二硫键断裂所致，不涉及肽键的破坏。蛋白质变性时肽链从高度折叠状态转变为伸展状态，疏水基团外露，溶解度降低，不对称性增加，失去结晶能力，生物活性丧失，易被蛋白酶水解。导致蛋白质变性的常见因素有高温、超声波、强酸、强碱、重金属盐、有机溶剂、尿素、盐酸胍、表面活性剂等，很多因素导致蛋白质变性的同时也使蛋白质沉淀。

蛋白质变性的可逆性与导致变性的因素、蛋白质的种类以及蛋白质分子结构的破坏程度有关。胰蛋白酶在酸性条件下短时间加热会变性，但缓慢冷却后可以复性。

2.5　蛋白质的分离、纯化与结构分析

蛋白质的分离与纯化是研究蛋白质化学组成、结构及生物学功能等的基础。在生化制药工业中，酶、激素等蛋白质类药物的生产制备也涉及分离和不同程度的纯化问题。蛋白质在自然界是存在于复杂的混合体系中，而许多重要的蛋白质在组织细胞内的量又极低。因此要把所需蛋白质从复杂的体系中提取分离，又要防止其空间构象的改变和生物活性的损失，显然是有相当难度的。目前，蛋白质分离与纯化的发展趋向是精细而多样化技术的综合运用，但基本原理均是以蛋白质的性质为依据。实际工作中应按不同的要求和可能的条件选用不同的方法。

2.5.1　蛋白质分离纯化的一般原理及其步骤

1. 蛋白质分离纯化的一般原理

根据蛋白质的性质来设计分离纯化方法。

分离纯化所用原料的来源要方便，成本要低；目的蛋白质含量、相对活性要高；可溶性和稳定性要好；基因分子背景如何，重组 DNA 的表达系统、表达水平、表达方式都要明确。

破碎细胞的条件要尽可能温和(使用极端条件要以目的蛋白质的活性和功能不受损害为原则)；尽可能多地去除各种杂质、脂类、核酸及毒素，双液相蛋白质萃取技术可同时去除这些杂质。

分离纯化的大部分操作是在溶液中进行的。操作缓冲液中物质成分要慎重考虑，避免随意性；还要考虑蛋白水解酶和核酸酶的抑制剂、抑制微生物生长的杀菌剂、蛋白质构象稳定剂和酶活性的还原剂及金属离子等。

建立灵敏、特异、精确的检测方法。

2. 蛋白质分离纯化的基本步骤

从生物组织中制取蛋白质是一种烦琐的过程，需要许多复杂操作，其基本步骤包括材料的预处理，细胞的破碎、抽提、分离和纯化等。

(1)材料的预处理及细胞破碎

材料的选择要求新鲜，含量高，在提取的过程中，始终要避免引起蛋白质变性的一切因素。除体液外，一般材料都要破碎，使蛋白质从细胞中释放出来。常用的破碎方法有：研磨法；组织捣碎器法；冻融法；超声波法；化学处理法；生物酶降解法。

(2)提取

根据蛋白质的性质选用适当溶剂抽提，如清蛋白可用水抽提，球蛋白可用中性盐抽提，谷蛋白可用稀酸、稀碱抽提，醇溶蛋白可用适当浓度的乙醇抽提。抽提蛋白质必须在低温下进行，此外，溶液 pH、离子强度、有机溶剂的浓度等因子影响抽提效果，这些因子若掌握得当，对蛋白质抽提过程是有益的。

(3)分离

分离是一种粗分,其方法简便,处理量大,既能除去大量杂质又能浓缩蛋白质溶液。

(4)结晶

分离提纯的蛋白质常要制成晶体,结晶也是进一步纯化的步骤。结晶的最佳条件是使溶液略处于过饱和状态,可通过控制温度、加盐盐析、加有机溶剂或调节 pH 等方法来实现。

(5)鉴定、分析

对所制得的蛋白质产品还需进行蛋白质的纯度、含量、相对分子质量等理化性质的鉴定和分析测定,主要方法有电泳法、色谱法、定氮法及分光光度法等。

2.5.2 蛋白质分离与纯化的方法

1. 沉淀技术

在一定条件下,蛋白质溶解度的差异主要取决于它们的分子结构,如氨基酸组成、极性基团和非极性基团的多少等。因此,恰当地改变这些影响因素,可选择性地造成其溶解度的不同而分离。

(1)盐析

大多数蛋白质是水溶性的,其溶解度与它们自身的理化性质、蛋白质的溶剂环境有关。高浓度的盐可降低蛋白质的溶解度,这是因为高浓度的盐即争夺了蛋白质分子中的水膜层,降低了环境中水的含量,又中和了蛋白质表面的电荷。不同蛋白质因所带电荷和水化程度不同而在不同的盐浓度下分别沉淀析出,可达到分级分离的目的。

(2)等电点沉淀

由于蛋白质分子在等电点时净电荷为零,减少了分子间的静电斥力,因而容易聚集而沉淀,此时溶解度最小。当蛋白质混合物的 pH 被调到其中一种成分的等电点时,该蛋白质大部分或全部沉淀下来,其他等电点高于或低于该蛋白质等电点的蛋白质则仍留在溶液中。这样沉淀出来的蛋白质保持着天然构象,能再溶解。

(3)低温有机溶剂沉淀法

有机溶剂的介电常数较水低,如 20℃时,水为 79、乙醇为 26、丙酮为 21。因此,在一定量的有机溶剂中,蛋白质分子间极性基团的静电引力增加,而水化作用降低,促使蛋白质聚集沉淀。此法沉淀蛋白质的选择性较高,且不需脱盐,但温度高时可引起蛋白质变性,故应注意低温条件。如用冷乙醇法从血清分离制备人体清蛋白和球蛋白。

2. 色谱技术

色谱技术是研究生物分子最重要的技术之一,其基本特征是具有一个固定相和一个流动相,可以根据不同物质在两相中分配系数的不同而分离。

(1)凝胶色谱

凝胶色谱,又称为分子筛,是指使样品随流动相经过固定相凝胶,样品中各组分按其分子大小不同而分离。凝胶色谱所用的固定相介质通常是一种不带电荷的具有多孔网状结构的颗粒,大分子物质不能进入网孔，不受固定相的阻滞，只能随流动相沿凝胶颗粒的间隙移动，因此流程短，移动速度快，先流出；小分子物质可以进入网孔，阻滞作用大，因此流程长，移动速度慢，后流出（图 2-22）。

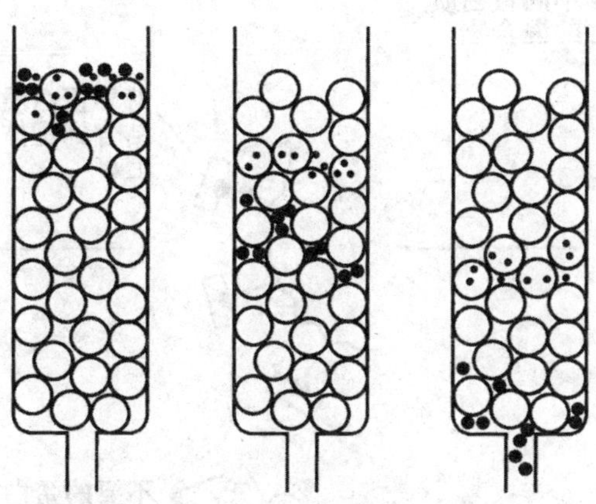

图 2-22　凝胶色谱原理

（2）离子交换色谱

离子交换色谱是指通过在固定相和流动相之间发生可逆的离子交换反应进行蛋白质的分离提纯。离子交换色谱所用的固定相介质称为离子交换剂，其分为阳离子交换剂和阴离子交换剂两大类，其化学本质是一种引入了可解离基团的不溶性高分子化合物，如树脂、纤维素、葡聚糖等，其所含解离基团能与溶液中的其他离子进行交换。

（3）亲和色谱

蛋白质能与其相对应的化合物（称为配体）具有特异结合的能力，即亲和力。这种亲和力具有高度特异性和可逆性。例如，抗原和抗体、酶和底物、激素和受体等。亲和色谱就是以此为基础建立起来的色谱技术。其基本原理是将上述结合体系中的一方（通常是抗体、底物、激素）连接到固定相介质上，当另一方（相应的抗原、酶、受体）随着流动相流过固定相介质时即可与之特异结合，通过淋洗除去其他成分，再进行解离洗脱即可获得提纯物。这种方法具有简单、快速、得率和纯化倍数高等显著优点，是一种具有高度专一性的分离纯化蛋白质的有效方法（图 2-23）。

3. 其他技术

（1）超滤法

利用压力或离心力，使水和其他小的溶质分子通过半透膜，而蛋白质分子留在膜上。此法适于蛋白质和酶的浓缩或脱盐，并具有成本低，操作方便，条件温和，能较好地保持生物大分子的活性，回收率高等优点。应用超滤法关键在于膜的选择，通过选择不同孔径的滤膜截留不同相对分子质量的蛋白质。

（2）离心

离心是将含有微小颗粒的悬浮液置于离心转头中，利用转头旋转所产生的离心力将悬浮颗粒按密度或质量的差异进行分离。随着离心技术的不断发展及离心装置的不断革新，离心机的最大转速不断提高，经历了从低速向高速、超速发展的过程。离心机的结构也加入了冷冻系统、真空系统、自控系统，分析用超速离心机还装有光学分析系统，可以用于样品的定量分析。电子计算机自动控制程序的引入使得样品分子量、沉降系数及扩散系数等的测定自动化，为提高测定速度和测定结果的准确性创造了有利条件。

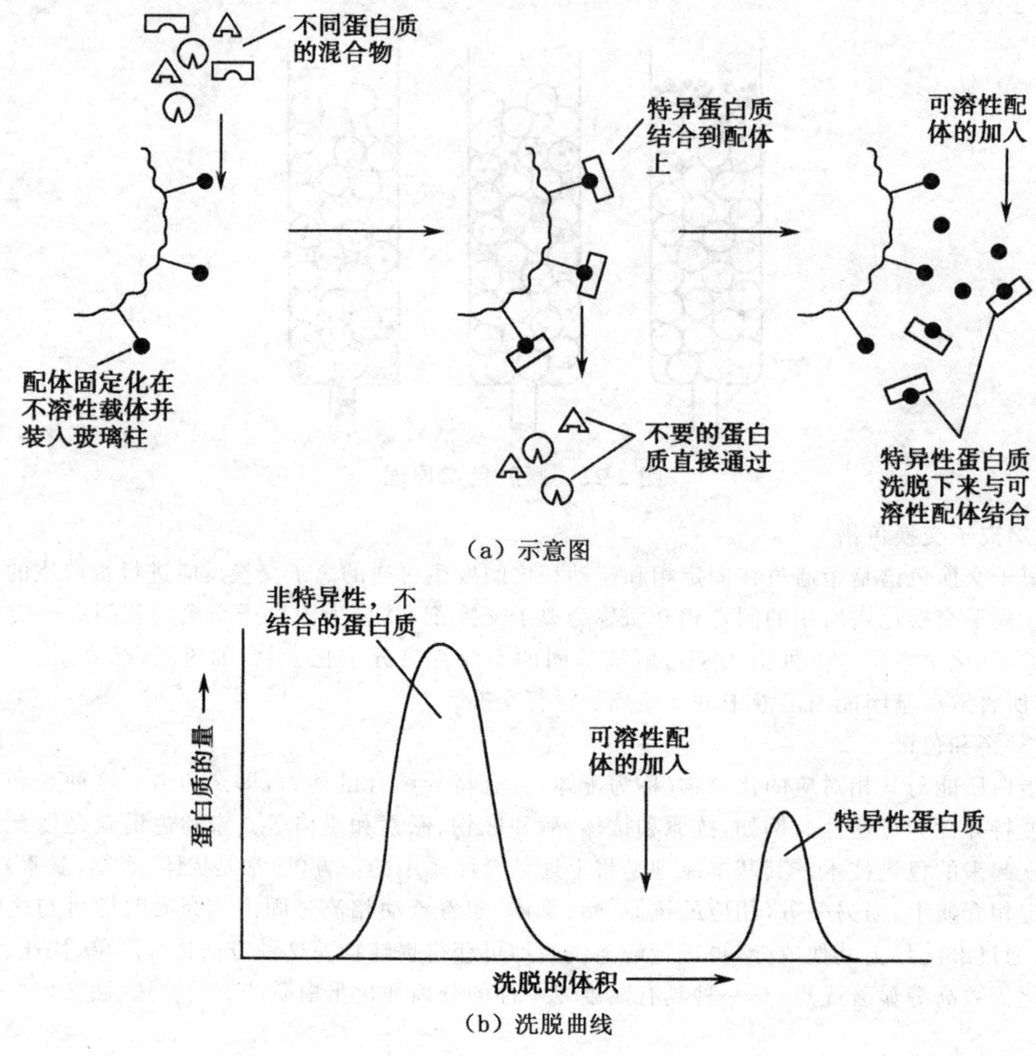

（a）示意图

（b）洗脱曲线

图 2-23　亲和层析

（3）透析

透析是利用半透膜将小分子与大分子分离的方法。透析时将蛋白质溶液装入透析袋内，然后浸入流动的缓冲液中，小分子就会从透析袋内透出，蛋白质因此得到纯化。透析常用于盐析蛋白质脱盐。

2.5.3　蛋白质结构分析

1. 物理分析

质谱法被认为是测定小分子分子量最精确、最灵敏的方法。近年来，随着各项技术发展，使质谱所能测定的分子量范围大大提高。基质辅助的激光解吸电离飞行时间质谱成为测定生物大分子尤其是蛋白质、多肽分子量和二级结构的有效工具。目前质谱主要测定蛋白质一级结构，包括分子量、肽链氨基酸排序及多肽或二硫键数目和位置。

红外光谱法是近年发展起来的一种新型分析测试技术。研究人员利用红外光谱酰胺Ⅲ带测定蛋白质二级结构。

X线晶体衍射法是测定蛋白质结构的主要方法。迄今为止，完整而精细的晶态蛋白质分子三维结构的测定，几乎完全依赖于X线晶体衍射法。这种技术可以测定晶态蛋白质分子的三维结构，但不能测定溶液中蛋白质分子的三维结构。此外，中子衍射法在测定蛋白质分子的三维结构方面，近年来已初露锋芒。它可以测出多肽链上所有原子的空间排布。

多维磁共振波谱技术成为确定蛋白质和核酸等生物分子溶液三维空间结构的唯一有效手段。近几年来异核磁共振方法迅速发展，已可用于确定分子量为15～25 kD蛋白质分子溶液的三维空间结构。

荧光光谱法是研究蛋白质分子构象的一种有效方法，它能提供激光光谱、发射光谱及荧光强度、量子产率等物理参数，这些参数从各个角度反映了分子的成键和结构情况。

激光拉曼光谱是基于拉曼散射和瑞利散射的光谱，当前两个主要发展方向是傅里叶变换拉曼光谱和紫外-共振拉曼光谱。

2. 化学分析

氨基酸分析法是对肽键全部水解后的蛋白质样品进行的，它可给出混合物中各氨基酸的总量，用RP-HPLC对氨基酸衍生物进行分离，色谱柱选用C18硅胶柱。

序列分析是用氨基酸分析并不能得到氨基酸序列信息，因此，用Edman反复降解法对氨基酸进行部分序列分析，再用cDNA的推导来完善该序列。

第3章 核 酸

核酸是生物体内相对分子量很大的重要生物大分子。到目前为止，一切生物的遗传物质都是核酸。核酸分为核糖核酸（Ribonuclecic Acid，RNA）和脱氧核糖核酸（Deoxyribonucleic Acid，DNA），前者是核苷酸的聚合物，后者是脱氧苷酸的聚合物。它们存在于从病毒、细菌到人的所有生物中。现已证明，除少数病毒以RNA为遗传物质外，多数生物体的遗传物质是DNA。在从细胞核内分离的两种核酸中，DNA携带了生物体的遗传信息，细胞以DNA为模板转录RNA，然后以RNA为模板翻译出蛋白质，完成从遗传信息到结构和功能分子的转换。遗传信息的流向是DNA→RNA→蛋白质。这就是最初提出的“中心法则”（图3-1）。

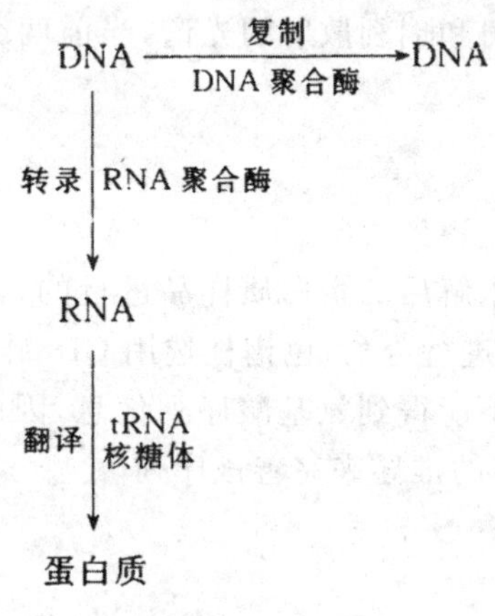

图3-1 最初的中心法则示意图

3.1 核酸的化学组成以及一级结构

3.1.1 核酸的组成成分

根据核酸分子中所含戊糖的不同，核酸分为DNA和RNA两大类。核酸的基本组成单位为核苷酸。核苷酸可水解产生核苷和磷酸，核苷还可进一步水解生成碱基和戊糖。因此，核苷酸是由碱基、戊糖和磷酸组成的。

核酸⟶核苷酸⟶{磷酸；核苷⟶{碱基；戊糖}}

1. 戊糖

RNA 和 DNA 两类核酸是因所含的戊糖不同而分类的，RNA 含 D-核糖，DNA 含 D-2-脱氧核糖。某些 RNA 中含有少量的 D-2-O-甲基核糖，即核糖的第 2 个碳原子上的羟基已被甲基化。所有这三种戊糖与碱基连接都是 β-构型。D-核糖和 D-2-脱氧核糖的结构式如图 3-2 所示。

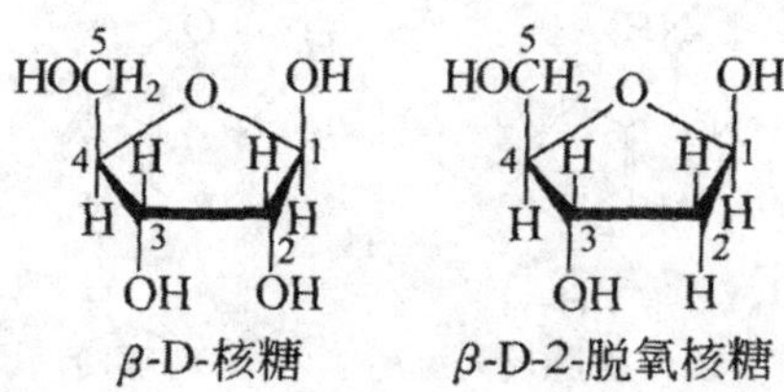

图 3-2　核糖和脱氧核糖的结构

在核酸中，戊糖的第一位与碱基形成糖苷键，形成的化合物称作核苷。在核苷中，戊糖中的原子编号改为 1′，2′，3′，…，以区别于各碱基杂环中的原子编号。核糖和脱氧核糖均为 β-D-型呋喃糖，通常糖环的 4 个原子处于同一平面，另一个原子偏离平面，若突出的原子偏向 C-5′一侧，称为内式（endo），若偏向另一侧则称之为外式（exo）。DNA 中的核糖通常为 C-3′内式或 C-2′内式。如图 3-3 所示。

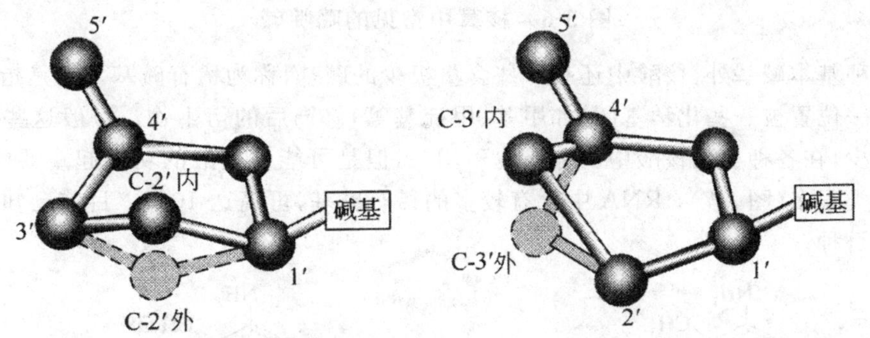

图 3-3　五碳糖的立体结构

2. 含氮碱基

组成核酸的碱基主要是嘌呤和嘧啶的衍生物，如图 3-4 所示。它们分别是腺嘌呤（A）、鸟嘌呤（G）、胞嘧啶（C）、胸腺嘧啶（T）和尿嘧啶（U）（图 3-5、图 3-6）。嘌呤碱主要指腺嘌呤（adenine，A）和鸟嘌呤（guanine，G），嘌呤碱是由母体化合物嘌呤衍生而来的。嘧啶碱是母体化合物嘧啶的衍生物。核酸中常见的嘧啶有胞嘧啶、尿嘧啶和胸腺嘧啶。其中胞嘧啶为 DNA 和 RNA 两类核酸所共有。胸腺嘧啶只存在于 DNA 中，但是 tRNA 中也有少量存在；尿嘧啶只存在于 RNA 中。胸腺嘧啶和尿嘧啶唯一的区别是胸腺嘧啶在 C_5 位上与甲基相连。植物 DNA 中有相当量的 5-甲基胞嘧啶。另外，在一些大肠杆菌噬菌体 DNA 中，5-羟甲基胞嘧啶代替了胞嘧啶。

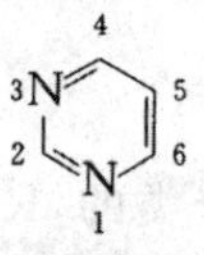

嘧啶环

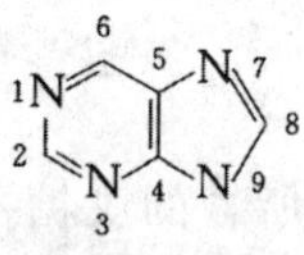

嘌呤环

图 3-4　嘧啶环和嘌呤环的结构图

腺嘌呤

鸟嘌呤

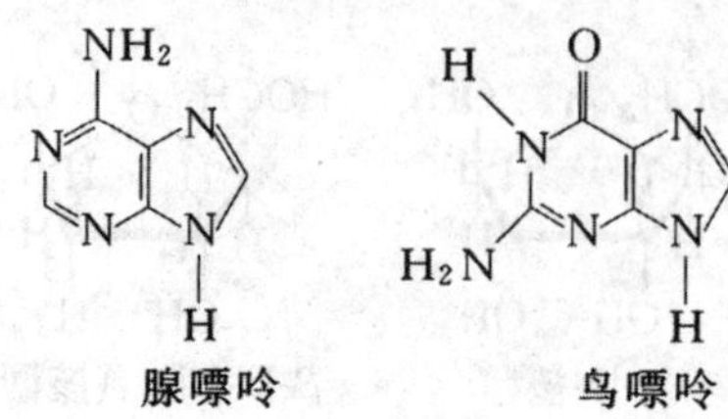

图 3-5　核酸中常见的嘌呤碱

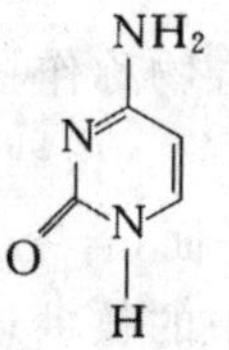

胞嘧啶

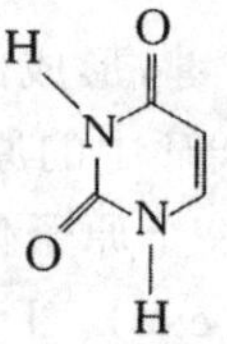

尿嘧啶

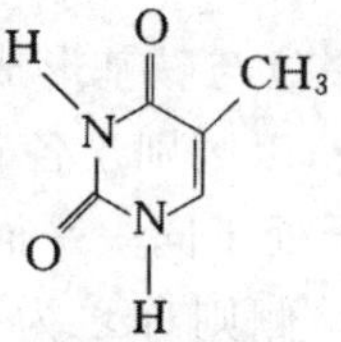

胸腺嘧啶

图 3-6　核算中常见的嘧啶碱

除了五种基本碱基外，核酸中还有一些含量极少的碱基，称为稀有碱基。它是指上述五种碱基环上的某一位置被一些化学基团（如甲基、甲硫基等）修饰后的衍生物。一般这些碱基在核酸中的含量稀少，在各种类型核酸中的分布也不均一，但是可能对核酸的功能起重要的调节作用。稀有碱基种类很多（图 3-7），tRNA 中含有较多的稀有碱基，可高达 10%。目前已知的稀有碱基和核苷达近百种。

5-甲基胞嘧啶（m^5C）

5-羟甲基胞嘧啶（hm^5C）

1-甲基腺嘌呤（m^1A）

2,2-二甲基鸟嘌呤（m_2^2G）

5,6-二氢尿嘧啶（DHU）

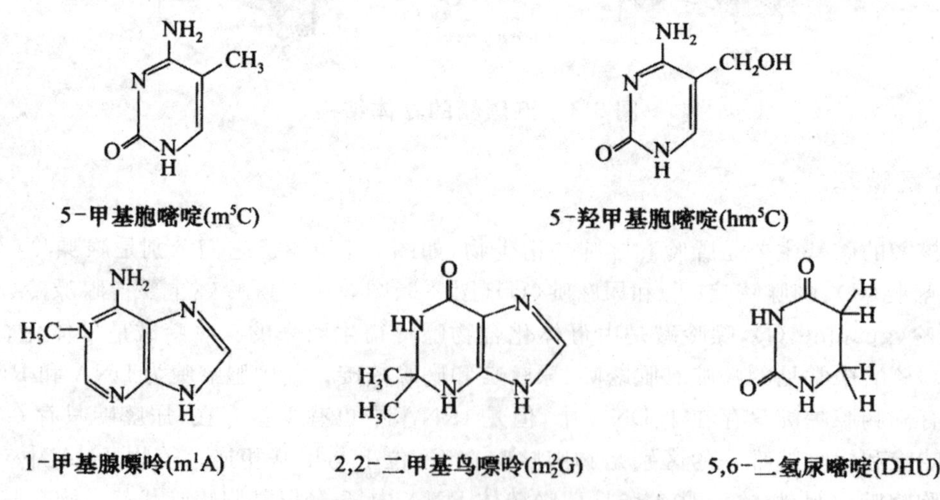

图 3-7　几种稀有碱基的结构（引自王镜岩，2007）

3. 核苷

核苷(nucleoside)是戊糖和含氮碱生成的糖苷,核糖的1′碳原子通常与嘌呤碱的第9位氮原子或嘧啶碱的第1位氮原子相连。嘌呤类核苷是通过嘌呤环上的 N_9 与戊糖的 C_1 连接而成,嘧啶类核苷是通过嘧啶环的 N_1 和戊糖的 C_1 连接而成。由嘌呤形成的核苷可以有顺式和反式两种结构类型,嘧啶形成的核苷只有反式构象是稳定的,在顺式结构中,C_2 位的取代基与糖残基存在空间位阻(图3-8)。

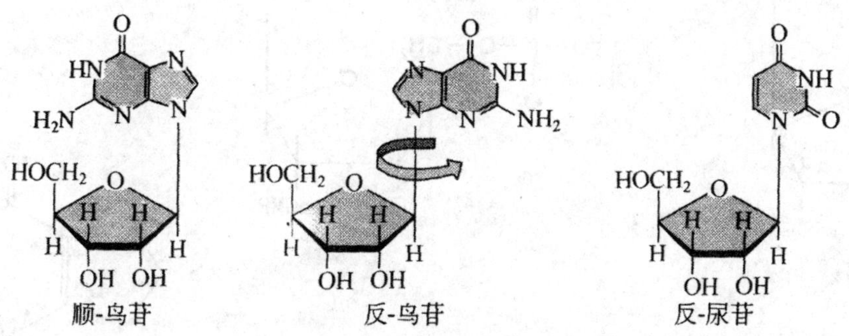

图3-8 核苷的顺式和反式结构

核苷常用单字符号(A,G,C,U)表示,脱氧核苷则在单字符号前加一小写的d(dA,dG,dC,dT)。常见的修饰核苷符号有:次黄苷或肌苷(inosine)为I,黄嘌呤核苷(xanthosine)为X,二氢尿嘧啶核苷(dihydrouridine)为D,假尿嘧啶核苷(pseudouridine)为ψ。取代基团用英文小写字母表示,碱基取代基团的符号写在核苷单字符号的左下角,核糖取代基团的符号写在核苷单字符号的右下角,取代基团的位置写在取代基团符号的右上角,取代基的数量则写在取什基团符号的右下角。如5-甲基脱氧胞苷的符号为 m^5dC,而 N^6,N^6-二甲基腺嘌呤的符号为 m_2^6A。

根据戊糖的不同,核苷可分为核糖核苷和脱氧核糖核苷两类,又可以根据碱基的不同,进一步分为嘌呤核苷、嘧啶核苷、嘌呤脱氧核苷和嘧啶脱氧核苷四类(表3-1)。

表3-1 核酸中常见的核苷

碱基	核糖核苷(RNA中)	脱氧核糖核苷(DNA中)
腺嘌呤	腺嘌呤核苷(腺苷,A)	腺嘌呤脱氧核苷(脱氧腺苷,dA)
鸟嘌呤	鸟嘌呤核苷(鸟苷,G)	鸟嘌呤脱氧核苷(脱氧鸟苷,dG)
胞嘧啶	胞嘧啶核苷(胞苷,C)	胞嘧啶脱氧核苷(脱氧胞苷,dC)
尿嘧啶	尿嘧啶核苷(尿苷,U)	—
胸腺嘧啶	—	胸腺嘧啶脱氧核苷(脱氧胸苷,dT)

4. 核苷酸

核苷与磷酸酯以酯键连接形成核苷酸(nucleotide),如图3-9所示。核苷中的核糖有3个游离羟基(2-、3-、5-羟基),均可以被磷酸酯化,分别生成2′-,3′-和5′-三种核苷酸。脱氧核苷酸的五碳糖上只有2个自由羟基(3-、5-羟基)可以酯化,所以只有3′-和5′-脱氧核苷酸,各种核苷酸的结构已经用有机合成等方法证实。

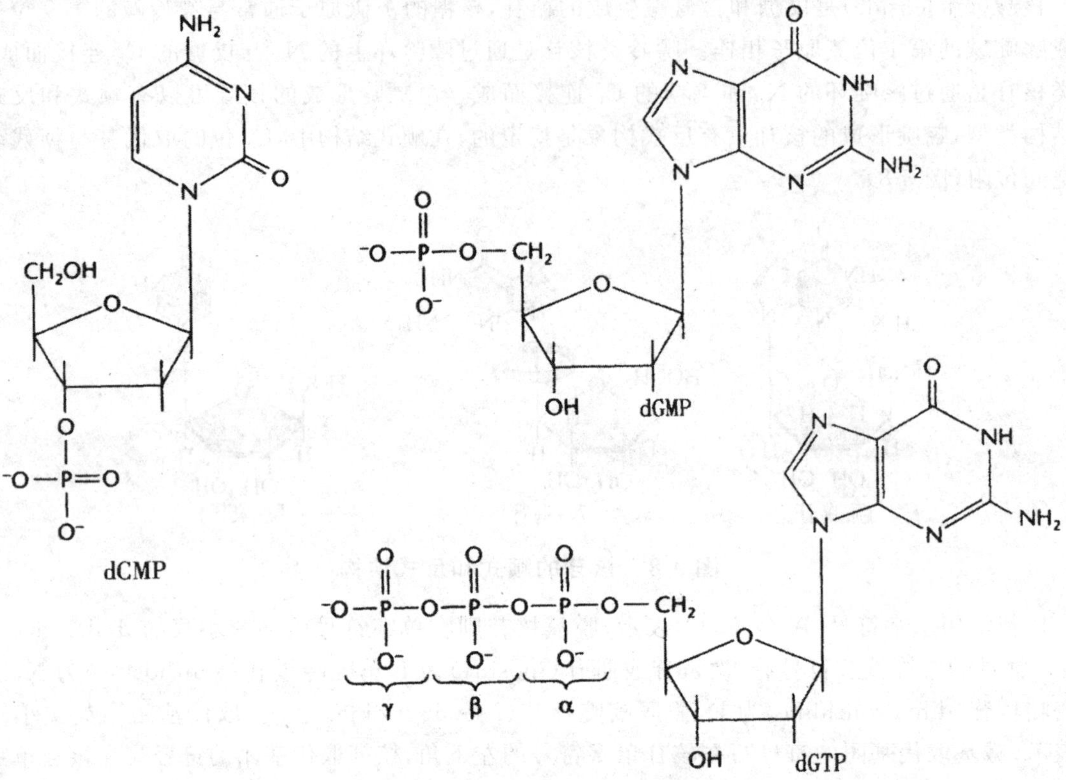

图 3-9 核苷酸的结构

生物体内的游离核苷酸多为5′-核苷酸,所以通常将核苷-5′—磷酸简称为核苷一磷酸或核苷酸。各种核苷酸在文献中通常用英文缩写表示,如腺苷酸为AMP,鸟苷酸为GMP。脱氧核苷酸则在英文缩写前加小写d,如dAMP,dGMP等。

核酸分子是由单核苷酸通过3,5-磷酸二酯键连接而成的高聚物。糖-磷酸相间成为其骨架,核苷酸中的磷酸基决定了核苷酸带较多的负电荷。

用酶水解DNA或RNA,除得到5′-核苷酸外,还可得到3′-核苷酸。现在常用的表示法是在核苷符号的左侧加小写字母p表示5′-磷酸酯,右侧加p表示3′-磷酸酯。如pA表示5′-腺苷酸,Cp表示3′-胞苷酸。若为2′-磷酸酯,则需标明,如Gp2′表示2′-鸟苷酸,游离的2′-核苷酸在生物体内不常见。

生物体内的AMP可与一分子磷酸结合,生成腺苷二磷酸(ADP),ADP再与一分子磷酸结合,生成腺苷三磷酸(Adenosine Triphosphate,ATP),如图3-10所示。

其他单核苷酸也可以产生相应的二磷酸或三磷酸化合物。各种核苷三磷酸(ATP,GTP,CTP,UTP)是体内RNA合成的直接原料,各种脱氧核苷三磷酸(dATP,dGTP,dCTP,dTTP)是DNA合成的直接原料。核苷三磷酸化合物在生物体的能量代谢中起着重要的作用,在所有生物系统化学能的转化和利用中普遍起作用的是ATP。其他核苷三磷酸参与特定的代谢过程,如UTP参与糖的互相转化与合成,CTP参与磷脂的合成,GTP参与蛋白质和嘌呤的合成等。

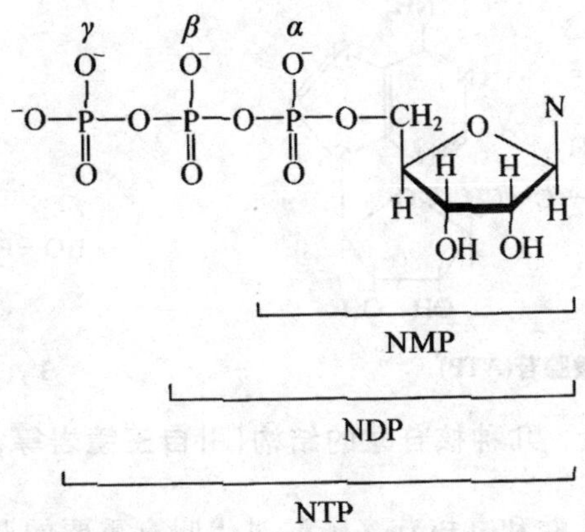

图 3-10　核苷三磷酸的结构

腺苷酸同时是一些辅酶的结构成分，如烟酰胺腺嘌呤二核苷酸（辅酶 Ⅰ，NAD＋）、烟酰胺腺嘌呤二核苷酸磷酸（辅酶 Ⅱ，NADP＋）、黄素腺嘌呤二核苷酸（FAD）等。

哺乳动物细胞中的 3′，5′-环状腺苷酸（3′，5′-cyclic adenosinemonophosphate，cAMP）是一些激素发挥作用的媒介物，被称为这些激素的第二信使。许多药物和神经递质也是通过 cAMP 发挥作用的。cGMP 是 cAMP 的拮抗物，二者共同在细胞的生长发育中起重要的调节作用。某些哺乳动物细胞中还发现了 cUMP 和 cCMP，目前功能不详。

核苷酸还有环化的形式（图 3-11），它们主要是 3′，5′-环化腺苷酸和 3′，5′-环化鸟苷酸。环化核苷酸在细胞代谢调节和跨细胞膜信号传递中起着十分重要的作用。

磷酸　碱基　核糖

尿苷酸(UMP)

磷酸　碱基　脱氧核糖

脱氧腺苷酸(dAMP)

二磷酸腺苷(ADP)

3′，5′-环化腺苷酸(cAMP)

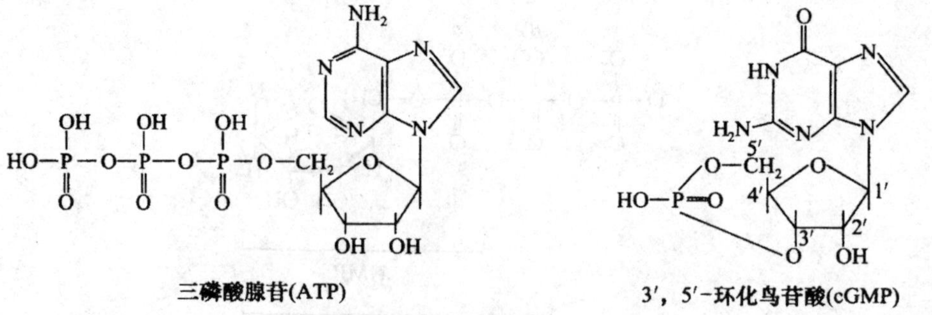

三磷酸腺苷(ATP)　　3′, 5′-环化鸟苷酸(cGMP)

图 3-11　几种核苷酸的结构(引自王镜岩等,2007)

近几年发现一些核苷多磷酸和寡核苷多磷酸对代谢有重要的调控作用。如在细菌的培养基中缺少某种必需氨基酸时,几秒钟内即发生 GTP+ATP→ppGpp 或 pppGpp 的反应。在 ppGpp 或 pppGpp 的作用下,细菌会严格控制代谢活动以减少消耗,加快体内原有蛋白质的水解以获取所缺的氨基酸,并用以合成生命活动必需的蛋白质,从而延续生命。枯草杆菌在营养不利的情况下形成芽孢时,合成 ppApp、pppApp 和 pppAppp,使细菌处于休眠状态度过恶劣时期。很多原核生物(如大肠杆菌)、真核生物(如酵母菌)和哺乳动物都存在 $A^{5'}pppp^{5'}A$(Ap_4A),在哺乳动物中 Ap_4A 含量与细胞生长速度呈正相关。核苷酸及其衍生物在调控方面的作用,已成为生物体调控机制研究方向的一个重要领域。

3.1.2　核酸分子一级结构

和蛋白质一样,在研究核酸时,通常将其结构分成不同层次。核酸的一级结构是指核酸分子的核苷酸序列,由于核酸分子中核苷酸的区别主要在碱基,因此核苷酸序列又称碱基序列;核酸的二级结构是指核酸中规则、稳定的局部空间结构;核酸的三级结构是指核酸在二级结构基础上进一步形成的超级结构,例如超螺旋结构、染色体结构。

1. 核酸中核苷酸的连接方式

核酸是核苷酸通过 3′,5′-磷酸二酯键彼此相连而形成的多聚核苷酸链。即前一位核苷酸的 3′-OH 与下一位核苷酸的 5′位磷酸基之间脱水形成 3′,5′-磷酸二酯键,构成一个无分支的线性大分子,其中磷酸基与戊糖基交替连接构成核酸的主链骨架,碱基相当于侧链。

核酸链的两个末端分别用 5′端和 3′端表示,从 5′端开始到 3′端结束,与核酸的合成方向一致。5′端含游离磷酸基(5′-P),作为多聚核苷酸链的“头”,3′端含游离羟基(3′-OH),作为多聚核苷酸链的“尾”图(3-12)。核酸分子的大小常用碱基数目(用于单链 DNA 和 RNA)或碱基对数目(用于双链 DNA 和 RNA)表示。

2. 核酸链的几种表达形式

表示一个核酸分子结构的方法由繁至简有许多种,图 3-13 分别显示结构式、线条式和字母缩写式的表达方法。如果未特别注明 5′端和 3′端,一般约定碱基序列的书写是由左向右书写,左侧是 5′末端,右侧是 3′末端。

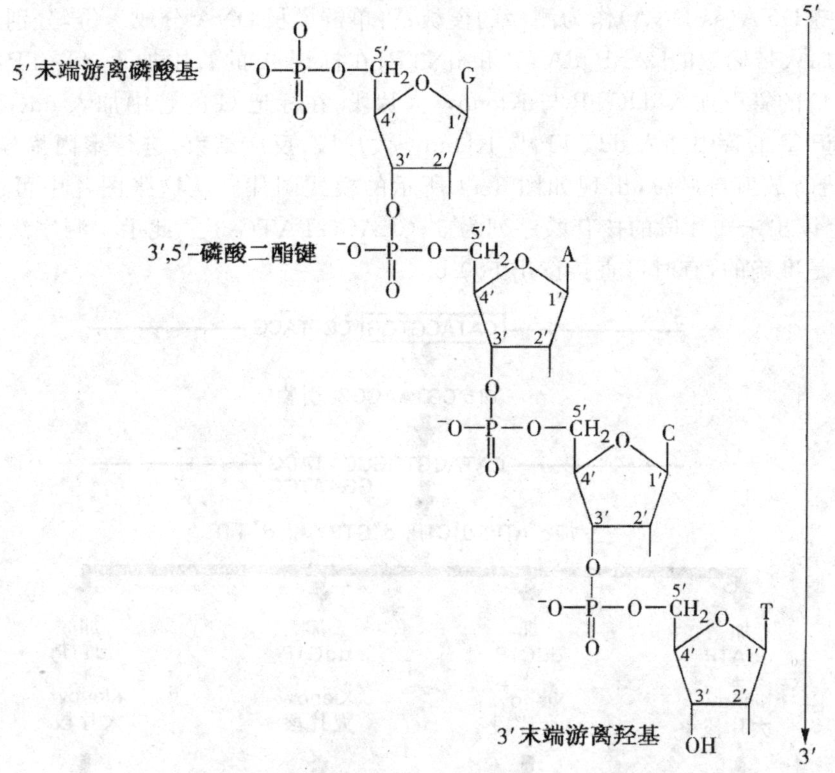

5′末端游离磷酸基

3′,5′-磷酸二酯键

3′末端游离羟基

图 3-12　核苷酸的连接方式和走向

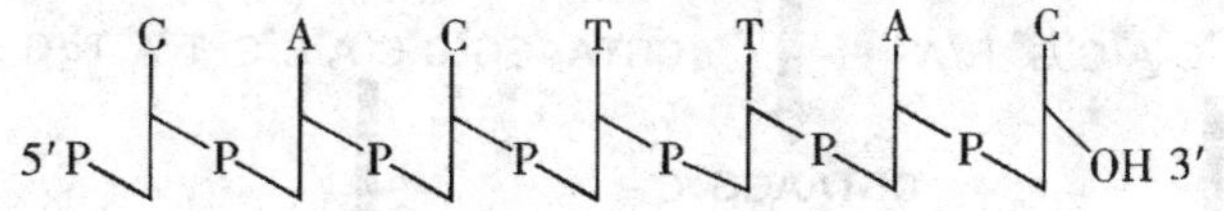

① 5′P C P A P C P T P T P A P C OH 3′

② 5′ -pGpApCpTpTpApC-OH-3′

③ 5′ -GACTTAC-3′

图 3-13　核酸一级结构简写

3. 核酸一级结构的测定

要了解 DNA 双链中所隐藏的遗传信息，就必须知道 DNA 的序列。在核酸一级结构测定中，主要用双脱氧终止法和化学裂解法。

(1)双脱氧终止法

双脱氧终止法是目前广泛采用的一种手工测序方法。原理是以单链 DNA 为模板，在一个合适引物介导下，分为 4 组，由 DNA 聚合酶合成大小不同的片段，每组片段的延伸都终止在加入不同双脱氧核苷三磷酸(ddATP、ddGTP、ddCTP、ddTTP)的位置，通过凝胶电泳分离，即可由凝胶底部向顶部读出 5′-3′的待测 DNA 片段的互补序列。

待测 DNA 序列的单链模板和引物结合位置，可由 M13 噬菌体 DNA 产生。M13 噬菌体是雄性 *E. coli* 的专一性单链 DNA 噬菌体，感染宿主后，会以双链复制型(RF)DNA 扩增，成熟后以单链(ss-DNA)噬菌体的形式分泌到培养液中。从培养细胞中制取 RF 型 DNA 作为载体，克隆外源 DNA 片段，通过这种重组体 DNA 感染大肠杆菌；从培养液中可以分离出成熟的噬菌体颗粒，制备单链 DNA(ss-DNA)作为测序的模板；将单链模板 DNA 分成 4 份，分别加入通用引物并退火，分别加入带标记的[α-^{32}P]dATP 和 dNTP；在标记 A 的管中加入 ddATP 和 Klenow 大片段；在标记 C 的管中加入 ddCTP 与 Klenow 大片段；在标记 G 的管中加入 ddGTP 与 Klenow 大片段；在标记 T 的管中加入 ddTTP 与 Klenow 大片段；反应结束，进行聚丙烯酰胺凝胶电泳，在对 X 线片进行放射自显影，出现如图 3-14 所示的模式图片。从这张图片中可以看到底部以“之”字形向上读出未知片段的核苷酸序列为 5′-CCACGTATG-3′。此手工测序法测得序列长度 300～350 bp 是准确的，有时可直接读出 500 bp。

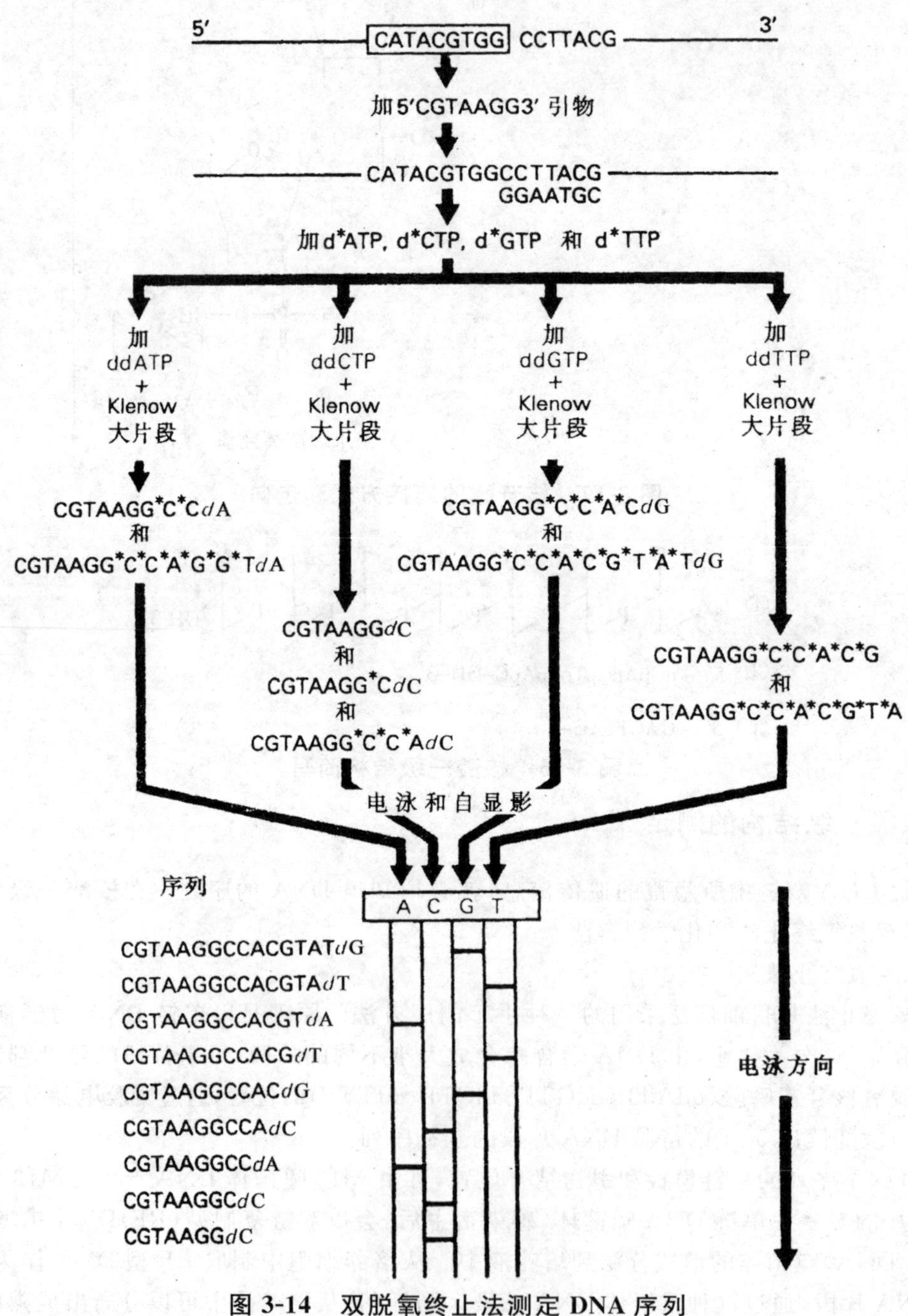

图 3-14 双脱氧终止法测定 DNA 序列

(2)化学裂解法

化学裂解法首先将待测定的 DNA 片段的一端(3′-端或 5′-端)进行放射性标记,然后在适当的条件下,用专一性的化学试剂特异性地修饰 DNA 分子上的某种(类)碱基,并控制反应条件,使每条 DNA 链上平均仅有一个碱基被修饰。然后从 DNA 链上除去已被修饰的碱基,并通过不同的化学处理使 DNA 在这个部位被切断。得到各种长度的带放射性标记的片段并在聚丙烯酰胺凝胶上电泳分离。裂解 DNA 的过程包括:有限的碱基修饰、修饰碱基从核糖上脱离及 5′、3′两侧磷酸二酯键断裂三步反应。

在碱性条件下,肼进攻胸腺嘧啶和胞嘧啶的 C4 位和 C6 位,然后在哌啶甲酸的作用下脱去碱基并进一步导致 DNA 链断裂。在 1.0 mol/L NaCl 存在条件下,肼与胞嘧啶发生专一性反应,这样就可以在 C 和 C+T 两组产物中区分 C 和 T。所有经碱基专一性部分降解后得到的片段均比包含该碱基的片段少了一个核苷酸(图 3-15)。

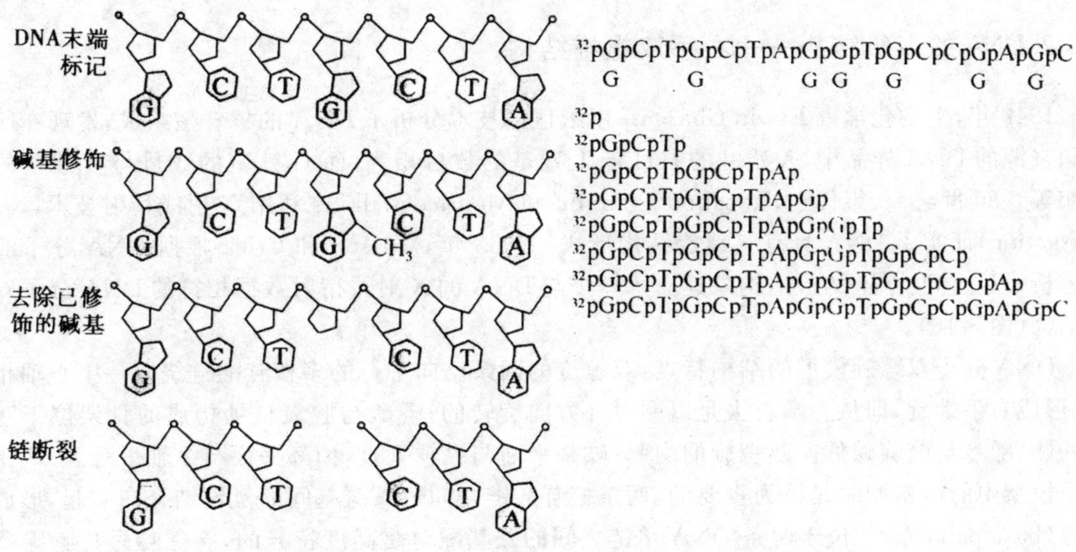

图 3-15　化学裂解法测定核酸序列的原理

3.2　DNA 的空间结构与功能

3.2.1　DNA 的二级结构

DNA 二级结构的基本特征是由 Watson-Crick 在 1953 年建立的 DNA 双螺旋结构模型,是 DNA 的最典型的二级结构形式。这是 20 世纪最伟大的发现之一,也是把生物学推向分子科学时代的奠基石。

1. DNA 的碱基组成——Chargaff 定律

在 DNA 分子中含有四种脱氧核苷酸 A、T、G、C,在核酸结构的早期研究中,测定这四种核苷酸的含量比例对于洞悉 DNA 的分子结构至关重要。20 世纪 50 年代初，Chargaff 用纸层析对多种不同生物的 DNA 分子的碱基组成进行了定量分析，得到了两个重要的结论：

第一，几乎所有生物 DNA 的腺嘌呤(A)和胸腺嘧啶(T)的摩尔数量相等，鸟嘌呤(G)和胞嘧啶(C)的摩尔数相等。因此，嘌呤碱基的总摩尔数等于嘧啶碱基的总摩尔数：$A+G=T+C$，即 $\frac{A+G}{T+C}=1$，这叫做碱基当量定律。

第二，对于不同生物品种的 DNA 分子，其 $\frac{A}{G}$ 和 $\frac{T}{C}$ 比值差别较大。因此，$\frac{A+T}{G+C}$ 比值因物种而异，即随亲缘关系的远近而变化，称做不对称比率。但该比值与生物个体内部的诸因素(如营养、年龄、器官等)的差异无关。因此，DNA 的碱基组成只与物种本身有关。

这两个重要的结论统称为 Chargaff 定律。它暗示着各种不同生物的 DNA 分子虽然具有各自特有的脱氧核苷酸序列，但它们都可能具有相同的二级结构。

2. DNA 的二级结构——右手双螺旋结构

1949 年，生物化学家 Erwin Chargaff 用纸色谱技术分析了 DNA 的核苷酸组成，发现在所有不同来源的 DNA 样品中，A 残基的数目与 T 残基的数目相等，而 G 残基的数目与 C 残基的数目相等。20 世纪 50 年代初，Rosalind Franklin 和 Maurice Wilkins 利用 X 射线衍射技术(X-ray diffraction)证实了 DNA 具有双螺旋结构形式。1953 年，Watson 和 Crick 根据 DNA 分子的理化分析，以立体化学上的最适构象建立了一个与 DNA 的 X 射线衍射数据相符的 DNA 分子双螺旋结构(图 3-16)。

DNA 分子双螺旋模型的结构特点：双螺旋的两条反向平行的多核苷酸链绕同一中心轴相缠绕，形成右手螺旋，即从一端看去是以顺时针方向旋转的；磷酸与脱氧核糖构成的骨架位于双螺旋外侧，嘌呤与嘧啶碱伸向双螺旋的内侧；碱基平面与纵轴垂直，糖环平面与纵轴平行。

模型中的碱基配对是极为重要的：两条核苷酸链之间依靠碱基间的氢键结合在一起，形成碱基对(base pair，bp)。位于两条 DNA 单链之间的碱基配对是高度特异的，腺嘌呤只与胸腺嘧啶配对，而鸟嘌呤总是与胞嘧啶配对(图 3-17)，结果是双螺旋的两条链的碱基序列形成互补关系(complementary)，其中任何一条链的序列都严格决定了其对应链的序列。例如，如果一条链上的序列是 5′-ATGTC-3′，那么另一条链必然是互补序列 3′-TACAG-5′。碱基间的配对除了要求碱基之间形状的互补外，还要求碱基对之间氢供体和氢受体具有互补性。DNA 双链之间 G-C 和 A-T 配对可以保证碱基对之间氢供体和氢受体的互补性。在图 3-4 中，腺嘌呤 C6 上的氨基基团与胸腺嘧啶 C4 上的羰基基团可以形成一个氢键；腺嘌呤 N1 和胸腺嘧啶的 N3 上的 H 也形成一个氢键。鸟嘌呤与胞嘧啶之间可以形成 3 个氢键(图 3-17)。若使腺嘌呤和胞嘧啶配对，这样一个氢键受体(腺嘌呤的 N1)对着另一个氢键受体(胞嘧啶的 N3)。同样，两个氢键供体，腺嘌呤的 C6 和胞嘧啶的 C4 上的氨基基团，也彼此相对。可以得出这样的结论：A：C 碱基配对是不稳定的，它们之间无法形成氢键。如图 3-18 所示。

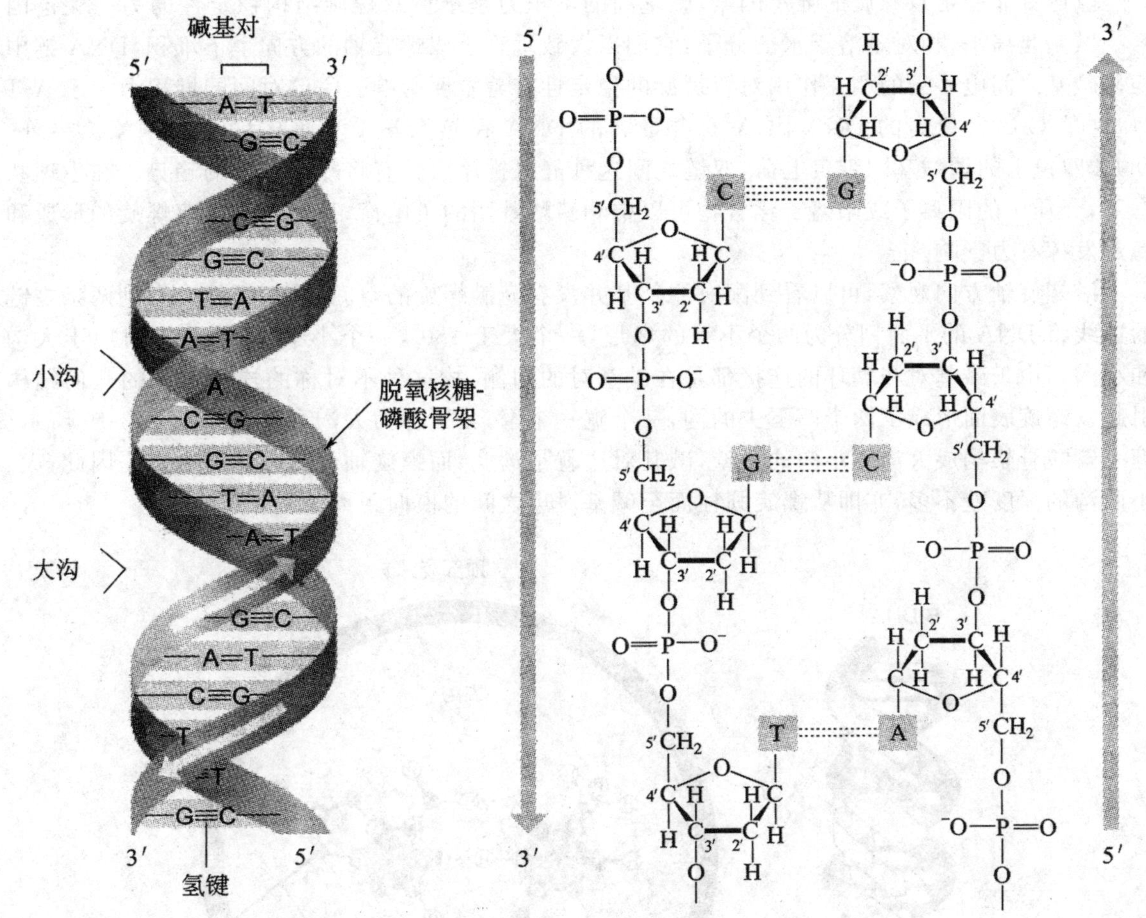

碱基对
5′ 3′
小沟
大沟
脱氧核糖-磷酸骨架
氢键
3′ 5′

图 3-16 DNA 分子双螺旋模型

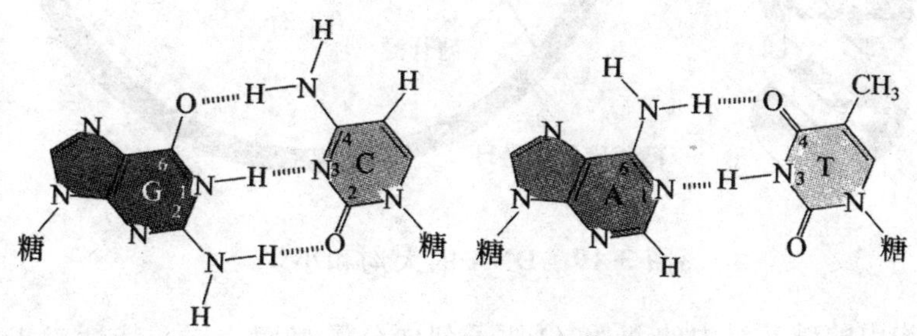

图 3-17 DNA 分子中的碱基配对

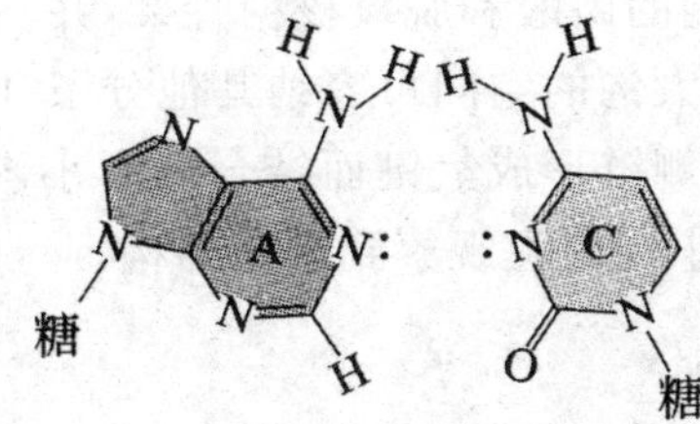

图 3-18 A 和 C 之间不能形成正确的氢键

氢键并非稳定双螺旋的唯一因素，碱基间的堆积力是维持双螺旋结构稳定性的另一关键因素。碱基是扁平、相对难溶于水的分子，它们以大致垂直于双螺旋轴的方向上下堆积，DNA 链中相邻碱基之间电子云的相互作用对双螺旋的稳定性有着重要影响。G-C 对间的堆积力大于 A-T 对，这是 G-C 含量高的 DNA 比 A-T 含量高的 DNA 在热力学上更稳定的主要因素。另外，DNA 双链上的磷酸基团带负电荷，双链之间这种静电排斥力具有将双链推开的趋势。在生理状态下，介质中的阳离子或阳离子化合物可以中和磷酸基团的负电荷，从而能够对双螺旋的形成和稳定发挥有力影响。

沿螺旋轴方向观察，可以看到配对的碱基并没有充满螺旋的空间，从双螺旋中心到两条主链的连线将 DNA 的平面划分为两个不等的扇形，一个大于 180°，一个小于 180°，分别对应于大沟和小沟。由于碱基对与糖环的连接都是在碱基对的同侧，故这种不对称的连接造成的几何结构引起双螺旋表面形成了两个凹下去的沟，一个宽一个窄，分别称为大沟和小沟。如图 3-19 所示。糖—磷酸骨架构成大沟和小沟的两壁，碱基对边就是沟底，而螺旋轴通过碱基对中央。因此，大、小两沟的深度差不多，亦即从螺旋圆柱面至碱基对边之间的横向距离大致相等。

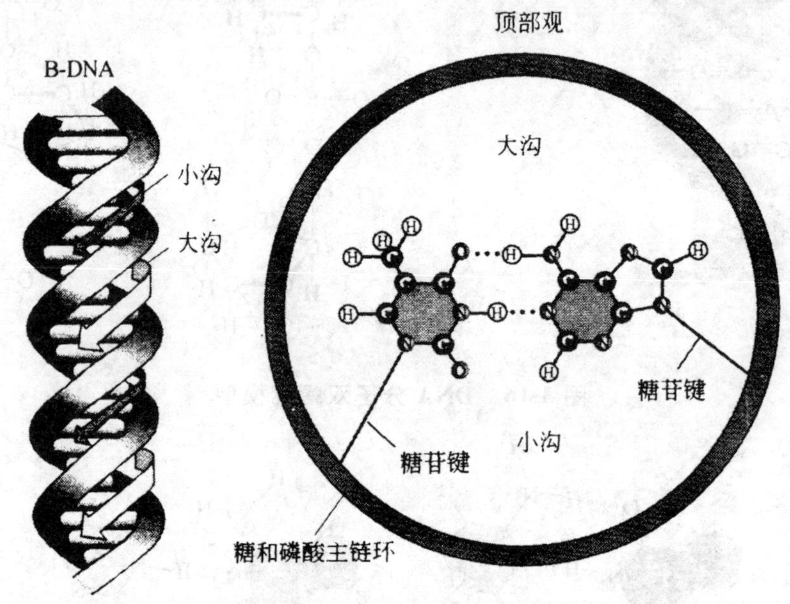

图 3-19　DNA 的大沟和小沟

在大沟和小沟内的碱基对中的 N 和 O 原子朝向分子表面。这些特性对于 DNA 双螺旋结构中遗传信息的识别是非常重要的，因为只有在沟内，非组蛋白才能识别到不同的碱基顺序。在双螺旋结构的表面是没有特异差别的磷酸和脱氧核糖骨架，并不携带任何遗传信息。当然，大沟和小沟之间，存在着明显的差别。大沟的空间可容纳其他分子“阅读”沟内的碱基顺序信息，并可使其氮、氧原子与蛋白质的氨基酸侧链形成氢键而结合。而小沟没有足够大的空间与蛋白质分子识别和结合，但是在 B-DNA 的小沟内可观察到水合结构。

3. DNA 二级结构的多样性

由于自身序列、温度、溶液的离子强度或相对湿度不同，DNA 螺旋结构的沟的深浅、螺距、旋转角等都会发生一些变化。因此,双螺旋结构存在多样性,DNA的右手双螺旋结构不是自然界DNA的唯一存在方式。生理条件下绝大多数DNA均以B构象存在,即Watson和Crick所提出的模型结构。1979年Rich等人发现人工合成DNA片段主链呈"Z"字形左手螺旋,故称*Z*-DNA。后续实验证明这种结构在天然DNA分子中同样存在,另外还有A-DNA的存在(图3-20)。生物体内不同构象的DNA在功能上有所差异,这对基因表达的调节和控制是非常重要的。

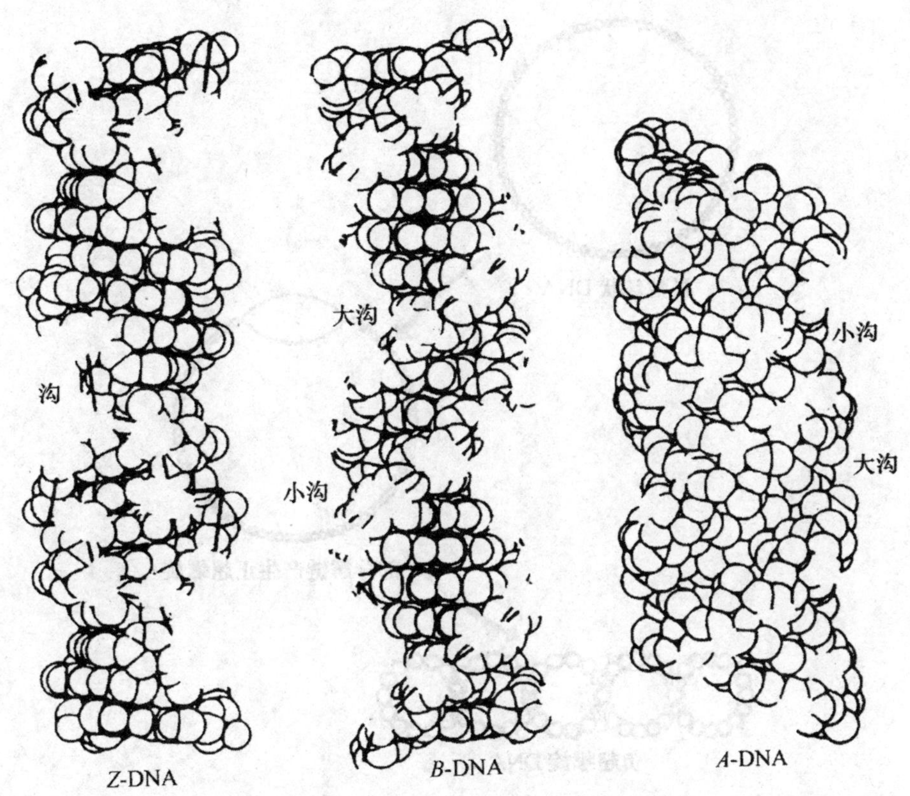

图3-20 不同类型的DNA双螺旋结构

3.2.2 DNA的三级结构

DNA的三级结构是指双螺旋基础上分子的进一步扭曲或再次螺旋所形成的构象。其中,超螺旋是最常见并且研究最多的DNA三级结构。在离体条件下,超螺旋结构也是一种普遍的现象。

1. DNA的超螺旋结构

DNA双螺旋结构可以用一组结构参数来描述。平时DNA分子处于松弛状态,它的轴是一条直线,松弛的环状DNA的轴在一个平面中。但DNA的结构参数会受到周围湿度、离子环境和DNA-结合蛋白的影响。也就是说,其结构是可变的。

若打断DNA分子的长链,使DNA分子额外多转几圈或少转几圈,就会发生双螺旋结构参数的改变,DNA分子中会产生额外的张力。这种张力可以导致DNA分子内部原子空间位置的重排,造成双螺旋 DNA 通过自身轴的多次转动形成螺旋的螺旋,也即形成超螺旋 DNA(supercoiled DNA),释放额外张力。

DNA 分子双螺旋圈数减少,双螺旋结构处于拧松状态,形成负超螺旋,负超螺旋为右旋。DNA 分子双螺旋圈数增加,双螺旋结构处于拧紧状态,形成正超螺旋,正超螺旋为左旋。绝大多数天然存在的 DNA 形成的是负超螺旋(图 3-21)。

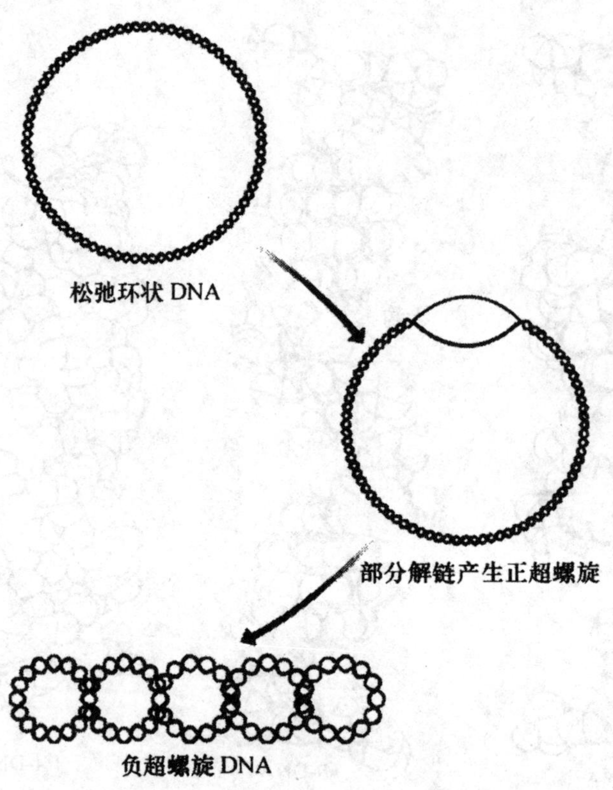

图 3-21　双链环状 DNA 及超螺旋结构示意图

2. 超螺旋结构的拓扑学特性

超螺旋 DNA 可采取两种拓扑学上相当的形式:一种是双螺旋绕分子圆柱体(多数情况下是蛋白质组成)旋转;另一种是双螺旋分子相互盘绕。超螺旋的这两种形式可以互相转变,如图 3-22 所示。应用这种模型,以拓扑学研究 DNA 超螺旋结构的几何性质,以微分几何研究 DNA 超螺旋结构的变形和扭曲。

DNA 超螺旋结构的变化可以用数学式来表述:

$$L = T + W$$

其中,L 为连接数,指 DNA 的一条链绕另一条链盘绕的次数。也就是如果我们想将两条链完全分开时,假设一条链不动,另一条链必须绕另一条链旋转的次数。L 对于特定的 DNA 分子来讲是一常数。T 为盘绕数,指 DNA 的一条链绕双螺旋轴所做的完整旋转数。W 为超盘绕数,即超螺旋数,是代表双螺旋轴在空间的转动数。T 和 W 是可变的。

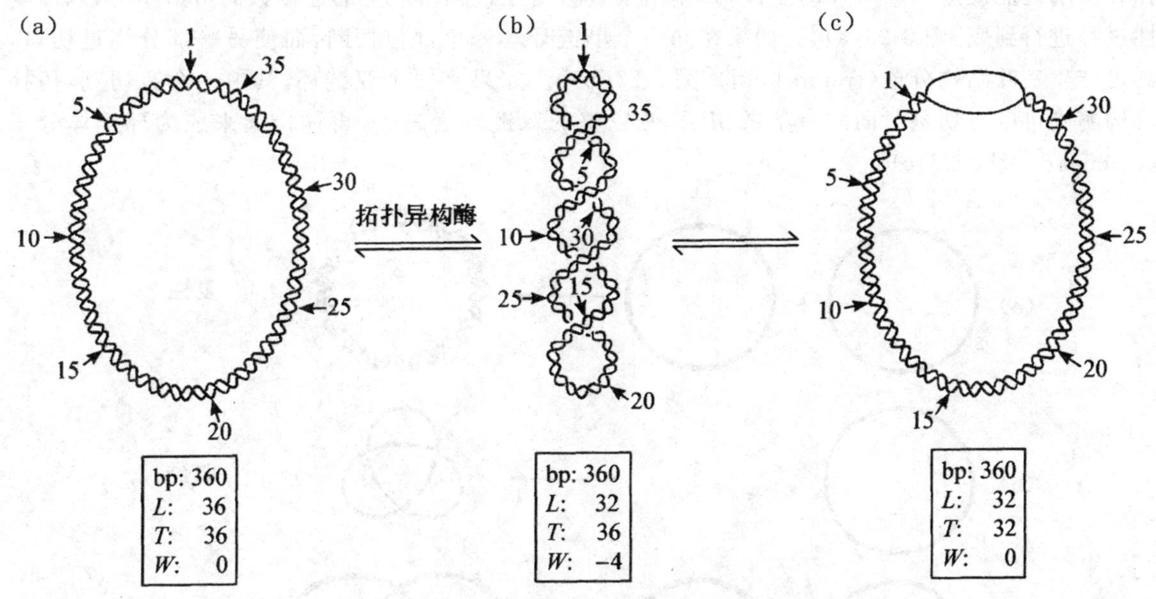

图 3-22　DNA 超螺旋状态的改变

3. 拓扑异构酶

拓扑异构酶能够帮助实现 DNA 拓扑异构体之间的转变。这种酶可以改变 DNA 拓扑异构体的 L。DNA 拓扑异构酶是催化 DNA 拓扑异构体之间转化的酶,可催化一个 DNA 单链或双螺旋链穿过另一个单(双)链。

DNA 拓扑异构酶可以分为以下两类:

①Ⅰ型拓扑异构酶。作用:催化 DNA 链断裂和重新连接,每次只作用于一条链,即催化瞬时的单链断裂与连接,不需要能量辅因子 ATP 或 NAD。肠杆菌 DNA 拓扑异构酶和鼠 DNA 拓扑异构酶为该种类型酶的典型代表。

②Ⅱ型拓扑异构酶。作用:能同时断裂双股 DNA 链,通常需要能量辅因子 ATP,这一类酶在原核生物和真核生物中都有发现。该种类型酶又可以分为两个亚类:一是 DNA 旋转酶(DNA gyrase),其主要功能是引入负超螺旋,在 DNA 复制中起十分重要的作用,至今只有在原核生物中才发现;二是转变超螺旋 DNA(包括正超螺旋和负超螺旋)成为没有超螺旋的松弛形式,该反应在热力学上是有利的方向,但与 DNA 旋转酶一样需要 ATP,这可能与恢复酶的构象有关。

DNA 拓扑异构酶能够催化多种反应。DNA 拓扑异构酶对单链 DNA 的亲和力要比双链高得多,而负超螺旋 DNA 常常会有一定程度的单链区,因此 DNA 拓扑异构酶对它能够很好地识别。负超螺旋越高,DNA 拓扑异构酶作用越快。研究表明,生物体内负超螺旋稳定在 5%左右。生物体通过拓扑异构酶相互作用而使负超螺旋达到一个稳定状态。现已发现,编码 *E. coli* 拓扑异构酶的基因 topA 发生突变,会引起旋转酶基因的代偿性突变;否则,负超螺旋增高,将会导致细胞生活能力降低。拓扑异构酶作用的碱基序列特异性不高,但切点一定在 C 的下游方向 4 个碱基(包括 C 本身)的位置。在将 DNA 单链切断后,Ⅰ型拓扑异构酶连接于切口的 5′端,并储藏了水解磷酸二酯键的能量用以连接切口,因而Ⅰ型拓扑异构酶的作用不需要能量供应。此外,拓扑异构酶还能促进两个单环的复性，其作用是解除复性过程所产生的连接数的负值压力，以使复性过程进行到底[图 3-23(a)]。如果在同一个单链环上一个部位切断，而使另一部分绕过切口，则可产生三叶结构分子(trefoil knot)[图 3-23(b)]。如果有两个双链环，其中一个有切刻，拓扑异构酶则可以将切刻对面的一条链切断，使完整的双链环套进去，再连接起来成为环连体分子(catenane)[图 3-23(c)]。

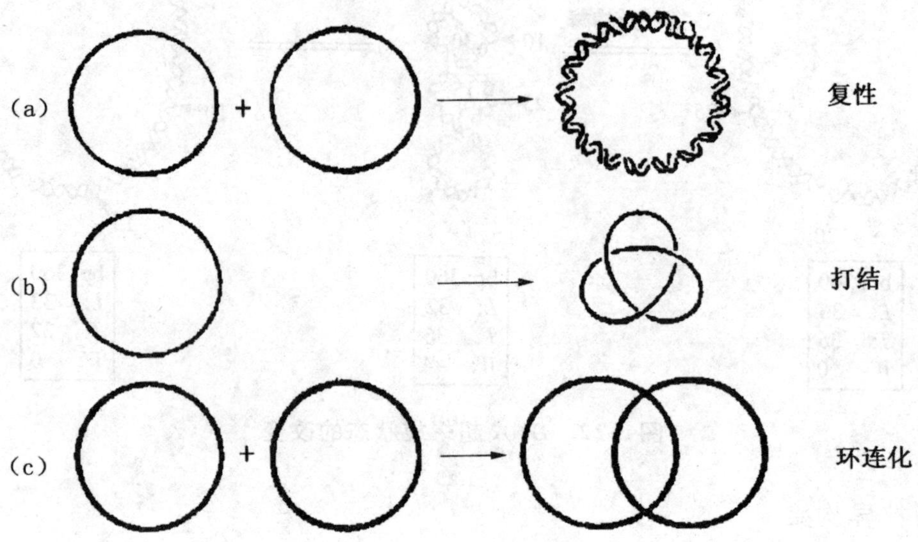

图 3-23　拓扑异构酶的催化反应

DNA 拓扑异构酶催化反应的本质：先切断 DNA 的磷酸二酯键，改变 DNA 的链环数，再连接之。可见，其兼具 DNA 内切酶和 DNA 连接酶的功能。然而其断裂反应和连接反应是相互偶联的，它们并不能连接事先已经存在的断裂 DNA。Ⅰ型拓扑异构酶和Ⅱ型拓扑异构酶的作用机制都可以用符号转化模型进行解释，如图 3-24 所示。

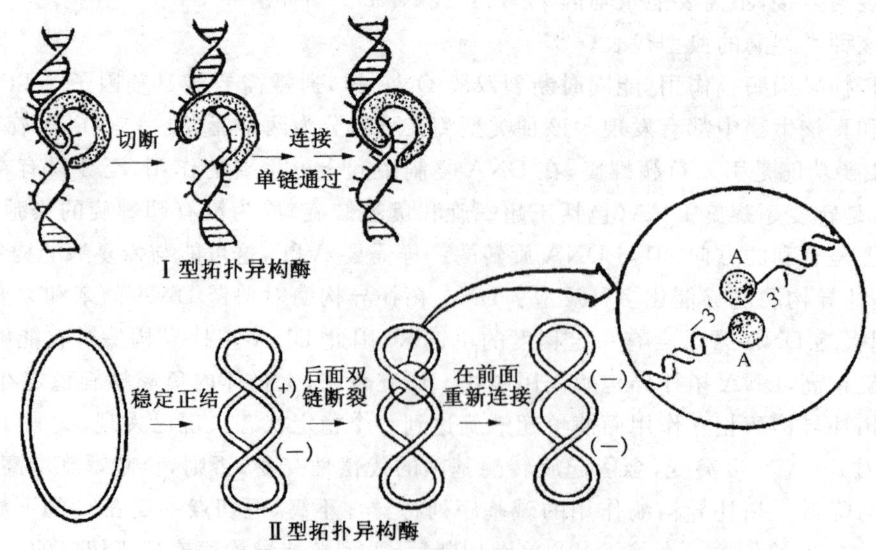

图 3-24　拓扑异构酶作用机制的符号转化模型

实际上,不只是DNA拓扑异构酶可以产生异构变化,其他能改变DNA拓扑状态的还包括许多能够嵌入相邻碱基之间影响碱基堆集作用的试剂,特别是片状的染料分子。以SV40的共价闭合环状分子与溴化乙锭(ethidium bromide)的结合实验为例,当没有染料时,该DNA为负超螺旋,具有较高的沉降常数(21S);当加入染料分子与核苷酸之比为0.05时,沉降数降至16S,此时DNA为没有超螺旋的松弛形式;当染料分子和核苷酸的比值增加到0.09时,沉降常数又上升到大约21S,此时DNA分子为正超螺旋。如图3-25所示。溴化乙锭并没有改变L值,但溴化乙锭分子的嵌入增加了局部DNA二级结构的紧缠状态。可见,随着嵌入染料分子数增多,先是表现为负超螺旋的减少与消失,随后便是正超螺旋的增加。这种情况与单链DNA结合蛋白促进负超螺旋转变为泡状结构是极其相似的。

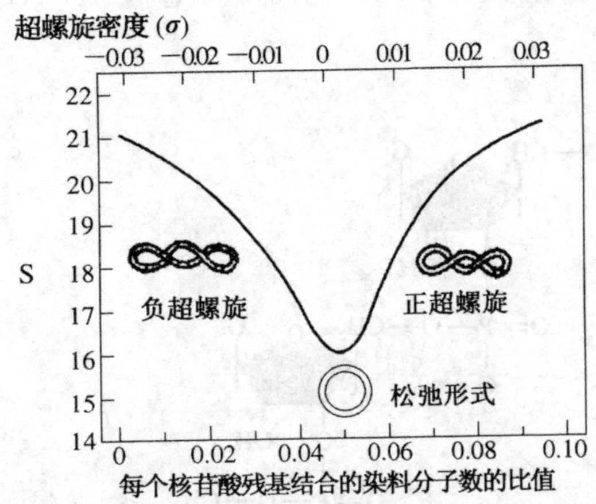

图3-25 SV40 DNA的拓扑结构随着核苷酸与溴化乙锭的比值而改变

拓扑异构酶具有重要的生物学功能,例如,恢复由一些细胞过程产生的DNA超螺旋;防止细胞的DNA过度超螺旋,使细胞内DNA的超螺旋程度保持在一个稳定的状态;解开缠绕的DNA双螺旋等。

3.2.3 DNA的功能

DNA的基本功能是作为生物遗传信息的携带者,是基因复制和转录的模板,并通过DNA碱基对的序列决定蛋白质氨基酸序列。DNA即是生命遗传的物质基础,也是个体生命活动的信息基础。遗传信息是以基因的形式存在的,基因就是DNA分子中的特定区段。一个生物体的全部基因序列称为基因组,有些病毒的基因组是RNA。各种生物基因组的大小、结构、基因的种类和数量都是不同的,高等动物的基因组可高达3×10^9个碱基对。研究生物基因组的组成,基因组内各基因的精确结构、相互关系及表达调控的科学称为基因组学。2001年,人类基因组计划公布了人类基因组草图,为基因组学研究揭开了新的一页。

3.3 RNA的结构与功能

3.3.1 RNA组成和结构

核糖核苷酸是组成RNA的结构单元。与组成DNA分子的2′-脱氧核糖不同的是，组成RNA的核糖2′位碳原子上含有羟基。RNA含有的碱基包括A、U、G、C四种(图3-26)。

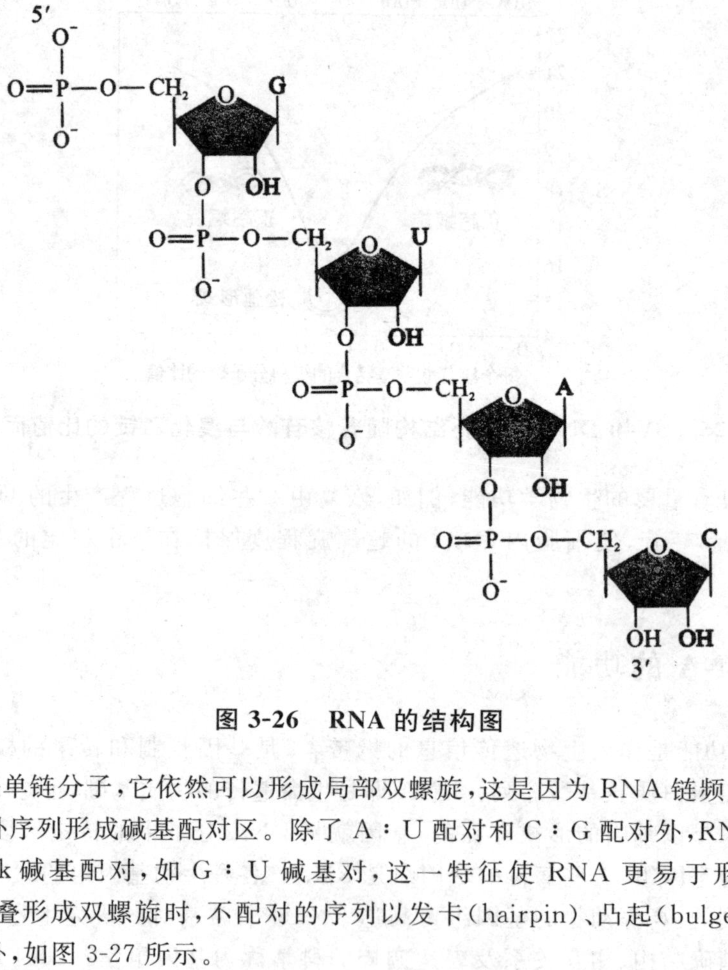

图3-26 RNA的结构图

尽管RNA是单链分子，它依然可以形成局部双螺旋，这是因为RNA链频繁发生自身折叠，从而使链内的互补序列形成碱基配对区。除了A：U配对和C：G配对外，RNA同时具有额外的非Watson-Crick碱基配对，如G：U碱基对，这一特征使RNA更易于形成双螺旋结构。RNA分子自身折叠形成双螺旋时，不配对的序列以发卡(hairpin)、凸起(bulge)、内部环等形式游离于双链区之外，如图3-27所示。

RNA分子的三级结构的元件包括假节结构、三链结构、环-环结合以及螺旋-环结合。假节结构是指茎环结构环区上的碱基与茎环结构外侧的碱基配对形成的由两个茎和两个环构成的假节(图3-28)。环-环结合可以看成是特殊的假节结构。螺旋-环结合可以看成是特殊的三链结构。在三级结构形成时，原来相距很远的两个核苷酸相互接近并形成碱基对。这种碱基配对在三级结构的维系中起重要作用。

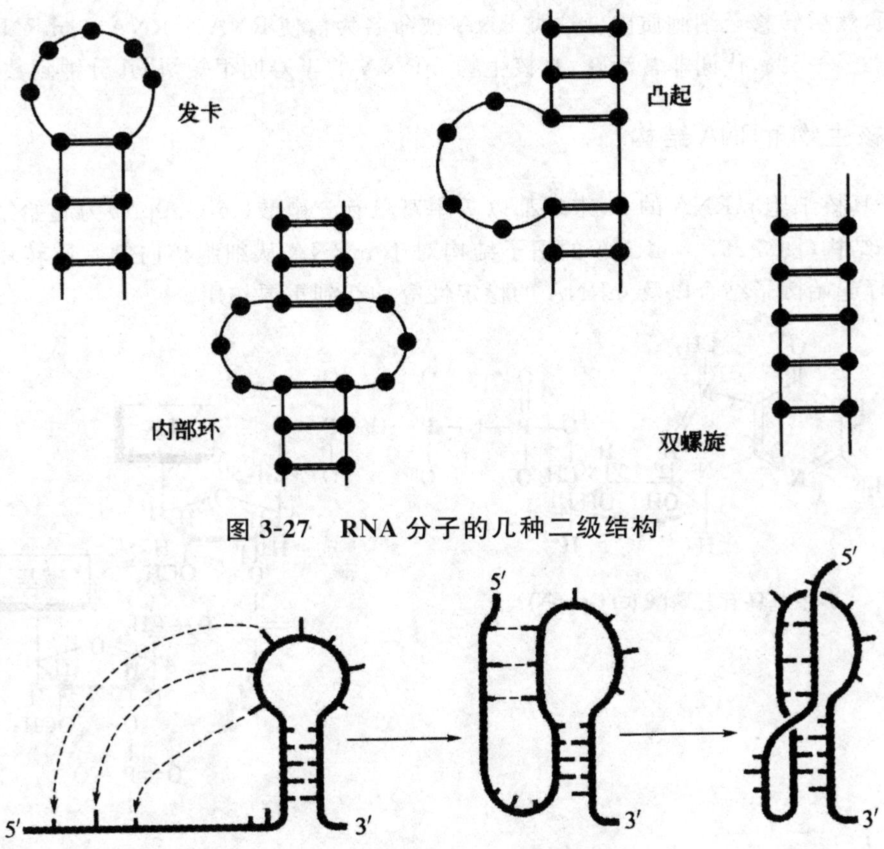

图 3-27　RNA 分子的几种二级结构

图 3-28　RNA 分子的假节结构

与 DNA 相比，RNA 分子较小，仅含数十个至数千个核苷酸，RNA 的功能多样有不同种类（表 3-2）。

表 3-2　动物细胞内主要 RNA 的种类及功能

	细胞核和胞液	线粒体	功能
核糖体 RNA	rRNA	mt rRNA	核糖体组成成分
信使 RNA	mRNA	mt mRNA	蛋白质合成模板
转运 RNA	tRNA	mt tRNA	转运氨基酸
不均一核 RNA	hnRNA	—	成熟 mRNA 的前体
核小 RNA	snRNA	—	参与 hnRNA 的剪接、运转
核仁小 RNA	snoRNA	—	rRNA 的加工和修饰
胞质小 RNA	scRNA	—	蛋白质内质网定位合成的信号识别体的组成成分

3.3.2　信使 RNA

有一类大小不一的 RNA 是在核内以 DNA 为模板合成的，这类 RNA 才是蛋白质在细胞内合成的模板，然后转移至细胞质内。这类 RNA 被命名为信使 RNA(mRNA)。mRNA 约占细胞总 RNA 的 2%～5%，代谢非常活跃，真核生物 mRNA 的半寿期很短，从几分钟到数小时不等。

1. 真核生物 mRNA 结构

大部分真核细胞 mRNA 的 5′-末端都以 7-甲基鸟苷三磷酸(m^7GpppN)为起始结构，这种结构称为帽子结构(图 3-29)。mRNA 的帽子结构对于 mRNA 从细胞核向细胞质转运、与核糖体结合、与翻译起始因子结合以及 mRNA 的稳定性等均起到重要作用。

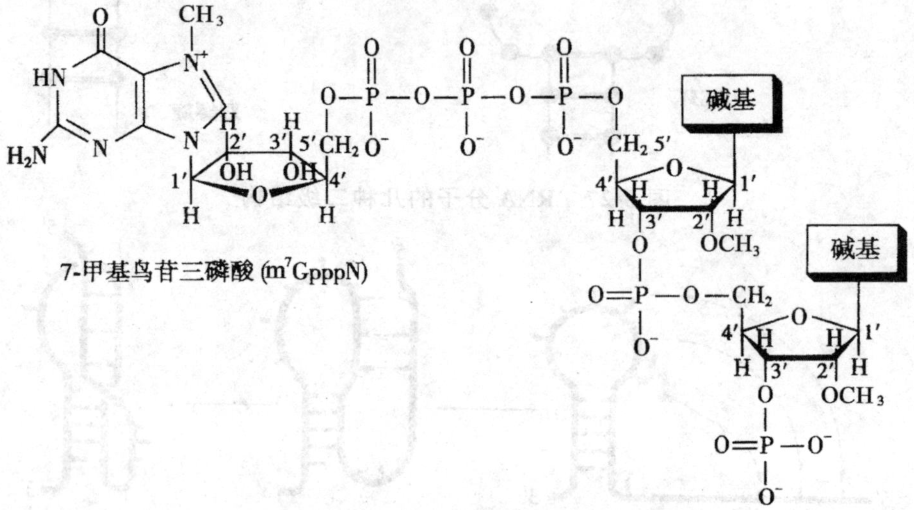

7-甲基鸟苷三磷酸 (m^7GpppN)

碱基

碱基

图 3-29 真核生物 mRNA5′端帽结构

真核生物 mRNA 的 3′末端，有数十至数百个腺苷酸连接而成的多聚腺苷酸结构，称为多聚腺苷酸尾或多聚 A 尾。目前认为 3′多聚 A 尾结构和 5′帽子结构共同负责 mRNA 从核内向细胞质的转移、维系 mRNA 的稳定性以及翻译起始的调控。

mRNA 的功能是把核内 DNA 的碱基顺序(即遗传信息)按照碱基互补原则，抄录并转移到细胞质，再依照自身的碱基顺序指导蛋白质合成过程中的氨基酸顺序，也就是为蛋白质的生物合成提供直接模板，即每 3 个相邻的核苷酸为一组，构成决定肽链上某一个氨基酸的遗传密码子。

2. 原核生物 mRNA 结构

原核生物 mRNA 往往是多顺反子，即每分子 mRNA 带有编码几种蛋白质的遗传信息(来自几个结构基因)。在编码区的序列之间有间隔序列，间隔序列中含有核糖体识别、结合部位。在 5′端和 3′端也有非编码区。

mRNA 5′端无帽子结构，3′端一般无多聚 A 尾。

mRNA 一般没有修饰碱基，其分子链完全不被修饰。

3.3.3 转运 RNA

tRNA 约占真核细胞总 RNA 的 15%，含量相对较多，以自由状态或与氨基酸结合成氨基酰

tRNA(aminoacyl-tRNA,aa-tRNA)的负荷状态存在。一种细胞内 tRNA 的种类为 60～80 种，从不同来源的细胞中还可以分离出更多种类，可见 tRNA 种类的多样性。其分子较小，一般由 73～93 个核苷酸组成，沉降系数为 4S。其很重要的一个特点是富含稀有碱基，这些稀有碱基都是在 tRNA 被转录后，在原来正常碱基的基础上加工修饰形成的。细胞中每一种氨基酸对应一种或几种 tRNA，大量 tRNA 的核苷酸序列已经测定。

1. tRNA 的一级结构特点

tRNA 大小为 73～93 个核苷酸，其中多数为 76 个，是细胞内分子量最小的一类 RNA。每个 tRNA 分子含有 7～15 个稀有碱基，如双氢尿嘧啶核苷酸(D)、假尿嘧啶核苷酸(ψ)等。大多数稀有碱基分布于非互补区。tRNA3′端都含有 CCA-OH 序列，是氨基酸结合的部位；5′端大多是鸟苷酸。

2. tRNA 的二级结构特点

一级结构的 tRNA 单链通过自身反向折叠，根据 A＝U、G≡C 配对原则，形成发夹结构，进而形成链内小双螺旋区。折叠后，有些未配对的碱基部分形成环状凸起，称为突环，这种具有发夹结构及小螺旋区的结构称为 RNA 的二级结构。迄今为止已知 tRNA 几乎都具有三叶草形的二级结构。图 3-30 为酵母丙氨酸 tRNA 的二级结构模式图。

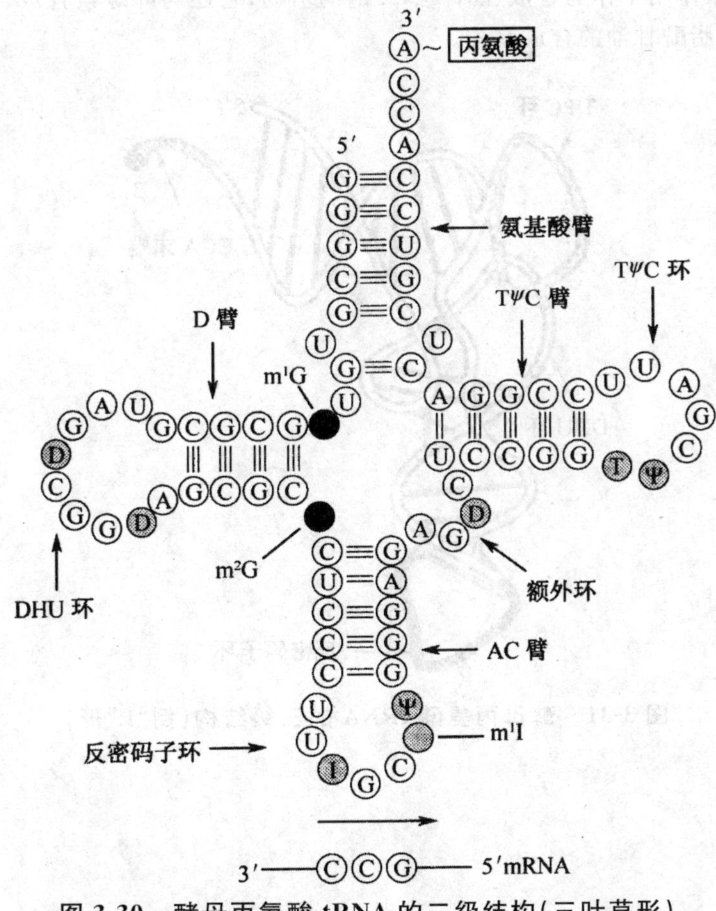

图 3-30 酵母丙氨酸 tRNA 的二级结构(三叶草形)

tRNA二级结构中有四臂四环，即氨基酸臂、反密码子臂和反密码子环，TψC臂和TψC环，双氢尿嘧啶臂（D臂）和双氢尿嘧啶环（D环）以及额外环。其中氨基酸臂由7对碱基组成，可以结合氨基酸。反密码子臂和TψC，C臂各由5对碱基组成。而反密码子环和TψC环则各由7个核苷酸形成，反密码子环中第3、4、5位3个核苷酸组成反密码子。大的tRNA还有第四个环，称为额外环。各种tRNA分子长度的变化主要存在于D环、D臂及额外环的核苷酸数目上。

3. tRNA的三级结构

tRNA的三级结构均呈倒“L”形（图3-31），其氨基酸臂位于一端，反密码子环位于另一端，TψC环和D环虽在三级结构上却相互邻近。tRNA三级结构的维系主要是依赖核苷酸之间形成的各种氢键。各种tRNA分子的核苷酸序列和长度虽然有差异，但其三级结构均相似，tRNA的这种结构有利于其结合氨基酸和识别密码子。

4. tRNA的主要功能

在蛋白质合成过程中特异性地转运氨基酸。除此之外，近年来还发现tRNA有其他的生物学作用，如在逆转录作用中作为合成互补DNA链的引物；它还与叶绿素合成、细菌细胞壁合成、脂多糖和氨基酰磷脂酰甘油的合成有关。

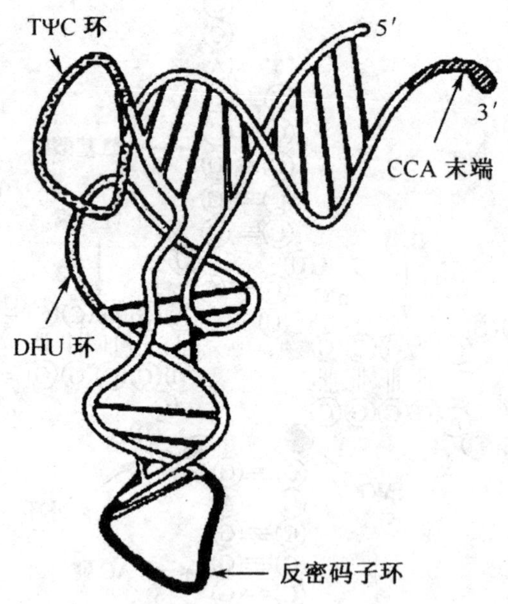

图 3-31　酵母丙氨酸 tRNA 的三级结构(倒“L”形)

3.3.4 核糖体 RNA

在真核和原核细胞中，rRNA 是所有 RNA 中含量最高的一类，达到细胞中总 RNA 的 80%以上。它们在细胞内以与多种小型蛋白质分子结合成的核糖体（ribosome）颗粒的形式存在，在细胞蛋白质生物合成中发挥重要的功能。

核糖体是合成蛋白质的场所，由大量的蛋白质和核糖体 RNA（rRNA）组成，二者的比例在原核细胞中为 2∶1，真核细胞中为 1∶1。

真核细胞中含有 4 种 rRNA（S 表示超离心时的沉降系数）。核糖体的大亚基包含有 28S、5.8S 和 5S rRNA，核糖体的小亚基包含有 18S rRNA。原核生物和真核生物大、小亚甲基的组成如表 3-3 所示。rRNA 的一级结构也是各种单核苷酸通过 3′,5′-磷酸二酯键相连接而成的多核苷酸链。各种 rRNA 有不同的二级结构及三级结构。

表 3-3 核糖体的组成

	大亚基		小亚基	
	rRNA	蛋白质	rRNA	蛋白质
原核生物	5S,23S	34 种	16S	21 种
真核生物	5S,28S,5.8S	49 种	18S	33 种

3.3.5 其他小分子 RNA

1. 核酶

具有催化作用的 RNA 称为核酶。核酶的一级结构没有一定的规律，但是有些二级结构对催化活性很重要。最简单核酶的二级结构呈锤头状，即锤头核酶。锤头核酶由 3 个茎和 1～3 个环组成，其结构中包括催化部分和底物部分。在图 3-32 中，N 代表任意碱基，X 可以是 A、G、C；核酶中有 13 个碱基构成保守的核苷酸序列，带有这些结构就可在锤头右上方产生剪切反应，以 GUC 作靶位点切割活性最高。核酶的发现一方面推动了对生命活动多样性的理解，另一方面在医学上有其特殊的用途。锤头核酶结构的发现促使人们设计并合成出许多种核酶，用以剪切破坏有害基因转录出的 mRNA 或其前体、病毒 RNA，现已被试用于治疗肿瘤、病毒性疾病和基因治疗的研究。

2. 不均一核 RNA

不均一核 RNA（heterogeneous nuclear RNA，hnRNA）实际上是真核细胞 mRNA 的前体。这类 mRNA 前体经过一系列复杂的加工处理，变成有活性的成熟 mRNA，进入细胞质发挥其模板功能。这种加工过程的主要环节包括：①5′-端加帽；②3′-端加尾；③内含子的切除和外显子的拼接；④分子内部的甲基化修饰；⑤核苷酸序列的编辑作用。hnRNA 的代谢极为活跃，其半衰期仅为 0.4 小时。大约仅有 10％的 hnRNA 经过剪切后能够成为成熟的 mRNA，然后被转运至细胞质。

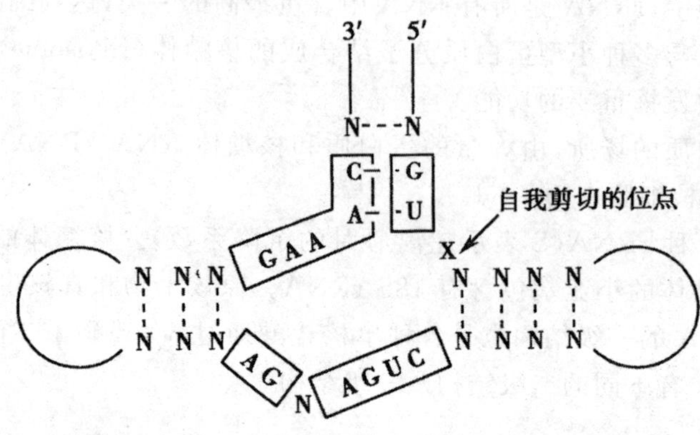

图 3-32　锤头核酶的结构

3. 小分子非编码 RNA

在真核细胞核内和胞浆内有一组小分子 RNA，长度可以在 300 个碱基以下，称为核小 RNA(small nuclear RNA，snRNA)和质内小 RNA(small cytoplasmic RNA，scRNA)。这些 RNA 通常与多种特异的蛋白质结合在一起，形成核小核蛋白颗粒(small nuclear ribonucleoprotein particle，snRNP)和质内小核蛋白颗粒(small cytoplasmic ribonucleoprotein particle，scRNP)。不同的真核生物中同源 snRNA 的序列高度保守。由于序列中尿嘧啶含量较高，因此又用 U 命名，称为 U—RNA。U1、U2、U4、U5 和 U6 位于核质内，以 snRNP 的形式和其他蛋白因子一起参与 mRNA 的剪接、加工。U16 和 U24 主要存在于核仁，又称为核仁小 RNA(small nucleolar RNA，snoRNA)，仅 70～100 核苷酸，与 rRNA 前体的甲基化修饰有关。scRNA 是一组功能比较复杂的小分子 RNA，目前对其功能还不是完全清楚。

还有一些非编码 RNA 被称为微小 RNA(microRNA，miRNA)和小干扰 RNA(smallinterfering RNA，siRNA)。miRNA 是一大家族小分子非编码单链 RNA，长度为 20～25 个碱基，由一段具有发夹环结构、长度为 70～90 个碱基的单链 RNA 前体(pre-miRNA)经 Dicer 酶剪切后形成。成熟的 miRNA 与其他蛋白质一起组成 RNA 诱导的沉默复合体(RNA—induced silencingcomplex，RISC)，通过与其靶 mRNA 分子的 3′端非编码区域(3′-untranslated region，3′-UTR)互补匹配，抑制该 mRNA 分子的翻译。siRNA 是细胞内一类双链 RNA(double—stranded RNA，dsRNA)，在特定情况下通过一定的酶切机制，转变为具有特定长度(21～23 个碱基)和特定序列的小片段 RNA。双链 siRNA 参与 RISC 的组成，与特异的靶 mRNA 完全互补结合，导致靶 mRNA 降解，阻断翻译过程。如果同源程度不高(pre-miRNA 产生的 miRNA 多是这种情形)，则 RISC 与同源 mRNA 识别结合后，对其降解不明显，而主要是抑制其翻译过程，也同样产生 RNAi 现象。这种由 siRNA 介导的基因表达抑制作用被称为 RNA 干扰(RNA interference，RNAi)。RNAi 的分子机理是现代生命科学的前沿研究热点之一，其主要过程如图 3-33 所示。

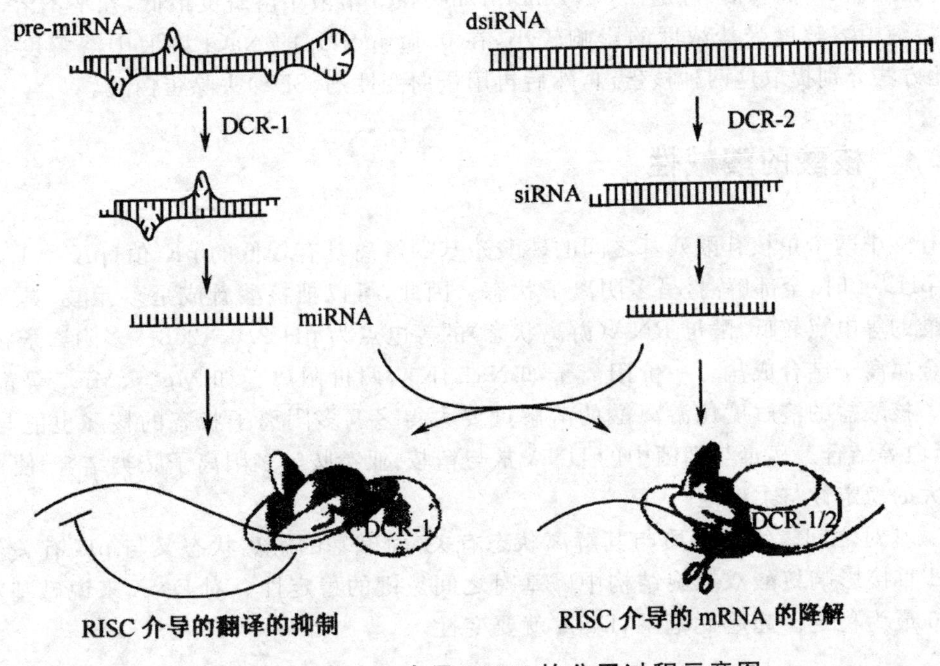

图 3-33 siRNA 介导 RNAi 的分子过程示意图

3.4 核酸的理化性质

3.4.1 核酸分子的大小

采用电子显微镜照相及放射自显影等技术，已能测定许多完整 DNA 的分子量。噬菌体 T_2 DNA 的电镜像显示整个分子是一条连续的细线，直径为 2 nm，长度为(49±4) μm。由此计算其分子量约为 1×10^8。大肠杆菌染色体 DNA 的放射自显影像为一环状结构，其分子量约为 2×10^9。真核细胞染色体中的 DNA 分子量更大。果蝇巨染色体只有一条线形 DNA，长达 4.0 cm，分子量约为 8×10^{10}，为大肠杆菌 DNA 的 40 倍。RNA 分子比 DNA 短得多，其分子量只达 $(2.3\sim11)\times10^4$。

3.4.2 核酸的溶解性

经过纯化的 DNA 为白色纤维状物固体，RNA 的纯品呈白色粉末状或结晶。DNA 和 RNA 都是极性化合物，一般都溶于水，而不溶于乙醇、氯仿、乙醚等有机溶剂。因此，常用浓度为 70% 的乙醇从溶液中沉淀核酸。

DNA 和 RNA 在生物体内大多数与蛋白质结合成核蛋白，它们的溶解度受盐溶液浓度的影响。DNA 蛋白的溶解度在低浓度盐溶液中随盐浓度的增加而增大，在 1 mol/L 的 NaCl 溶液中溶解度要比在纯水中高2倍,可是在0.14 mol/L的NaCl溶液中溶解度最低,几乎不溶;而RNA蛋白在盐溶液中溶解度受盐浓度的影响较小,在0.14 mol/L的NaCl溶液中溶解度较大。因此,常用此方法分别提取这两种核蛋白,然后再用蛋白变性剂(SDS)去除蛋白质。

3.4.3 核酸的酸碱性

多核苷酸中两个单核苷酸残基之间的磷酸残基的解离具有较低的pK'值(pK'=1.5),所以当溶液的pH>4时,全部解离,呈多阴离子状态。因此,可以把核酸看成是多元酸,具有较强的酸性。核酸的等电点较低,酵母RNA(游离状态)的等电点为pH 2.0~2.8。多阴离子状态的核酸可以与金属离子结合成盐。一价阳离子如Na^+、K^+,两价阳离子如Mg^{2+}、Mn^{2+}等都可与核酸形成盐。核酸盐的溶解度比游离酸的溶解度要大得多。多阴离子状态的核酸也能与碱性蛋白,如组蛋白等结合。病毒与细菌中的DNA常与精胺、亚精胺等多阳离子胺类结合,使DNA分子具有更大的稳定性与柔韧性。

由于碱基对之间氢键的性质与其解离状态有关,而碱基的解离状态又与pH有关,所以溶液中的pH直接影响核酸双螺旋结构中碱基对之间氢键的稳定性。对DNA来说碱基对在pH 4.0~11.0最为稳定。超越此范围,DNA就要变性。

3.4.4 核酸的紫外吸收

核酸分子中的嘌呤碱和嘧啶碱具有共轭双键,可强烈吸收260~290 nm的紫外光,最大吸收峰波长大约在260 nm处,而蛋白质的最大吸收峰波长大约在280 nm处。不同的核苷酸具有不同的吸收特性,利用这一特性可用紫外分光光度计对核酸加以定量测定,另外还可以鉴别核酸样品有无杂质蛋白质。DNA的紫外吸收光谱如图3-34所示。

3.4.5 核酸的变性、复性与杂交

1. 核酸的变性

所谓核酸的变性,是指核酸在化学和/或物理因素的影响下,维系核酸双螺旋结构的氢键和碱基堆集力受到破坏,分子由稳定的双螺旋结构松解为无规则线性结构甚至解旋成单链的现象。变性时维持双螺旋稳定性的氢键断裂,碱基间的堆积力遭到破坏,但不涉及核苷酸链中共价键的断裂,如图3-35所示。

DNA变性后的表现:分子由具有一定刚性变为无规则线团,DNA溶液的黏度降低,沉降速度加快;藏在内部的碱基全部暴露出来,DNA的A_{260}增大,即表现出增色效应。在活细胞内,DNA在表现其生物活性时,要解开双螺旋链,实质上也是一个变性的过程。因此,DNA变性也是实现其生物功能所必需的。

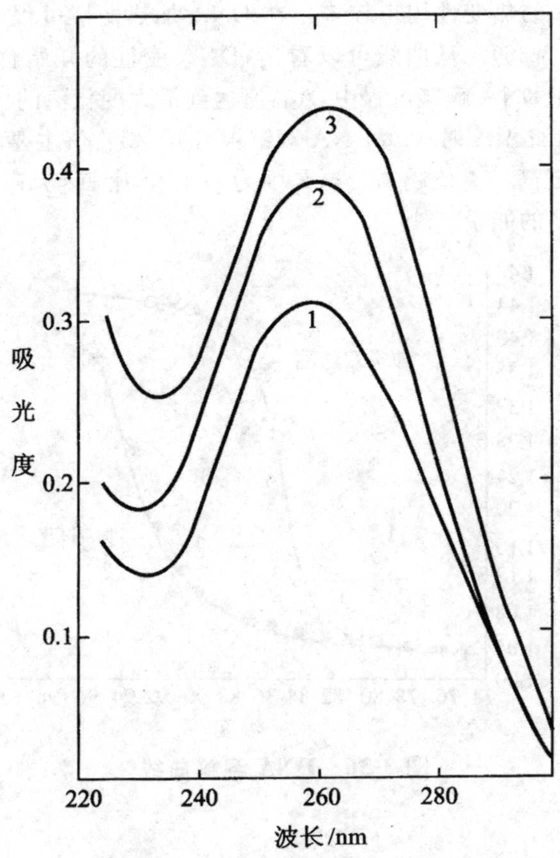

图 3-34 DNA 的紫外吸收光谱

1—天然 DNA；2—变性 DNA；3—核苷酸总吸收值

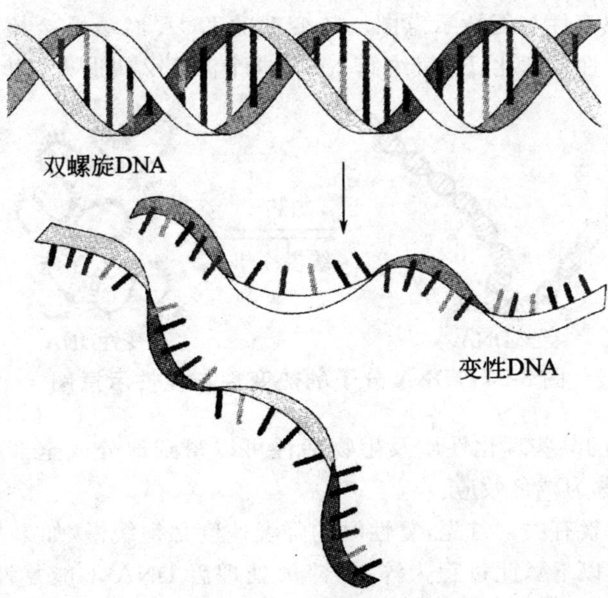

图 3-35 DNA 变性示意图

在实际应用时,DNA 的热变性用得较多。在 DNA 加热变性过程中,A_{260} 对温度作图,可得到一条 S 形熔解曲线(图 3-36)。从曲线可以看出,DNA 变性的开始解链与完全解链是在一定的温度范围内完成的。在 DNA 解链过程中,A_{260} 值达到最大变化值的一半时所对应的温度称为解链温度或溶解温度。在此温度时 50%DNA 双链被打开。T_m 值主要与 DNA 长度以及碱基的 GC 含量有关。GC 含量越高,T_m 值越高。这是因为 G 与 C 比 A 与 T 之间多一个氢键,解开 G 与 C 之间的氢键需要更多的能量。

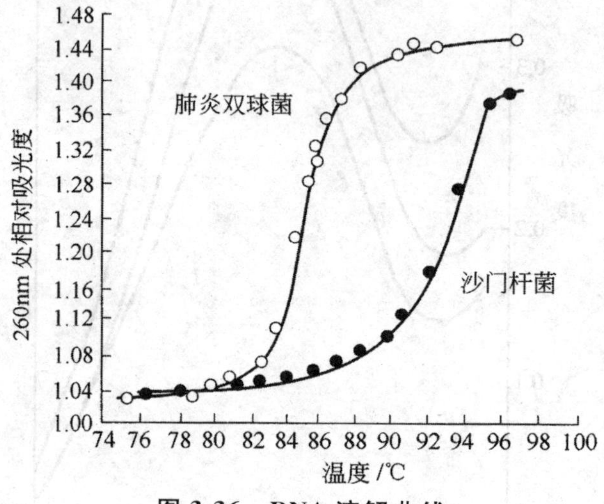

图 3-36 DNA 溶解曲线

2. DNA 的复性

所谓复性,是指已经变性的 DNA 在适当条件下,两条互补链全部或部分恢复到天然双螺旋结构的现象。热变性的 DNA 一般经缓慢冷却后即可复性,这个过程也称"退火"(annealing)。图 3-37 为 DNA 分子热变性与复性示意图。热变性的 DNA 经缓慢冷却即可复性,这一过程也称为退火。最适宜的复性温度比 T_m 值约低 25℃,这个温度又叫退火温度。

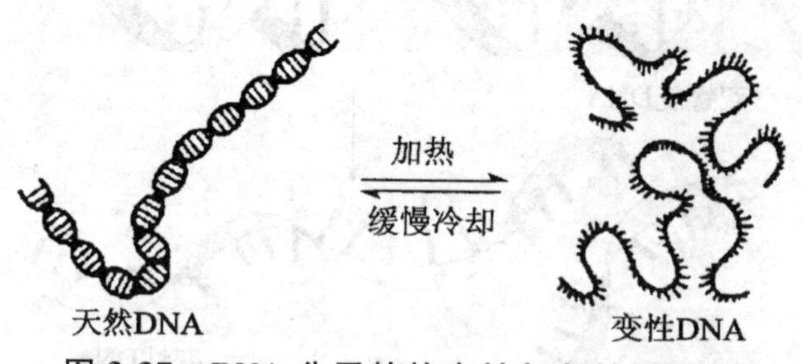

图 3-37 DNA 分子的热变性与复性示意图

复性后 DNA 分子的某些理化性质及生物活性可以得到部分或全部恢复。复性过程中,紫外吸收值降低,此现象称为减色效应。

复性反应与许多因素有关。首先,复性时的降温速度必须缓慢,如果热变性 DNA 从变性高温迅速冷却至低温(4℃以下),此过程为淬火,淬火处理后 DNA 不能复性。此外,DNA 溶液的浓度越大,互补 DNA 片段碰撞机会越多,也就容易复性。DNA 片段长度越大,DNA 内部的顺序复杂,互补碱基相遇的机会也越小,复性也越难。

3. 核酸杂交

分子杂交(hybridization)是依据 DNA 复性原理发展的一种分子生物学实验技术。两条来源不同,但含有互补序列的单链核酸分子形成杂合双链(heteroduplex)的过程就叫作分子杂交。在进行分子杂交时,首先在一定条件下使核酸变性(通常是升高温度),然后再在适当的条件下复性。杂交可以发生于 DNA 与 DNA 之间,也可以发生在 RNA 与 RNA 之间以及 DNA 与 RNA 之间,如图 3-38 所示。

利用分子杂交可以判断 DNA 之间的同源性程度。DNA 与 RNA 杂交可以了解特定基因的存在和转录强度(如图 3-39 所示,显示了 DNA 与 RNA 的杂交)。分子杂交是分子生物学最常用的技术之一,常常被用来检测特定的核酸序列的存在。

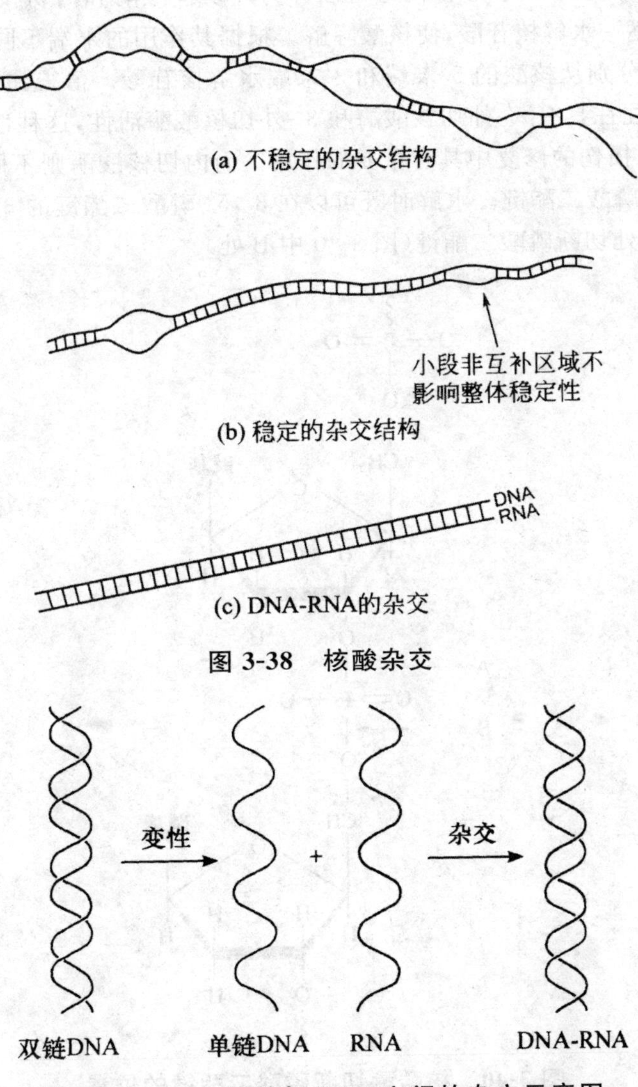

图 3-38 核酸杂交

图 3-39 DNA 单链与 RNA 之间的杂交示意图

3.5 核酸酶

核酸酶是所有可以水解核酸的酶的总称。在人体内,核酸酶能够参与食物中核酸的消化,还能在细胞内催化核酸的降解。细菌中还有一类核酸酶与生物的自我保护有关。在分子生物学和医学生物学中,有些核酸酶作为工具酶得到广泛的应用。

根据催化作用物的不同,核酸酶可以分为核糖核酸酶(RNA 酶)和脱氧核糖核酸酶(DNA 酶)。RNA 酶只水解 RNA,不水解 DNA;DNA 酶只水解 DNA,不水解 RNA。有的核酸酶只水解单链核酸,有的只水解双链核酸,还有的只水解 DNA:RNA 杂合双链核酸。

根据催化作用物部位的不同,核酸酶还可以分为外切核酸酶和内切核酸酶。外切核酸酶是从核酸的末端开始,逐一水解核苷酸,使核酸降解。根据其作用的末端不同,又分为 5′-外切核酸酶和 3′-外切核酸酶,分别从核酸的 5′末端和 3′末端水解核苷酸。值得注意的是,与 DNA 复制有关的 DNA 聚合酶往往具有 5′-外切核酸酶和 3′-外切核酸酶活性,这种性质保证了 DNA 复制的准确性,并在 DNA 损伤的修复中具有重要的作用。而内切核酸酶则不同,它可以在多核苷酸链内的不同位置水解磷酸二酯键。水解时既可以在 3′,5′-磷酸二酯键的 3′酯键处(图 3-40 中 A 处),也可以在 5′酯键处切断磷酸二酯键(图 3-40 中 B 处)。

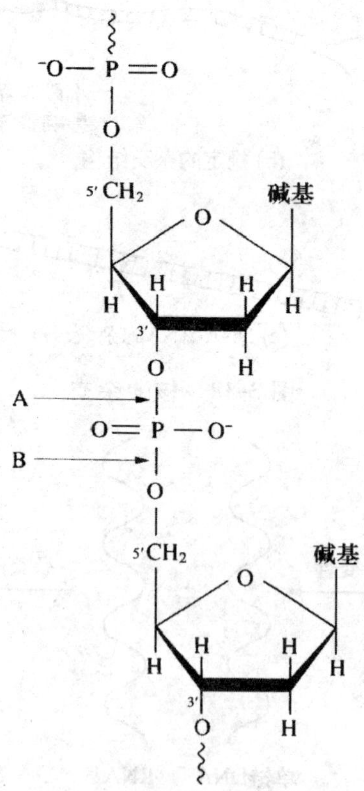

图 3-40 核酸酶切断磷酸二酯键的位置

在 A 点切可形成一个带有 3′羟基的片段和带有游离 5′-磷酸的片段,

在 B 点切可形成一个带有游离 3′-磷酸的片段和 5′带有羟基的片段。

第 4 章　酶

酶(Enzyme)是由生物活细胞产生的具有催化生物化学反应活性的物质,它存在于活细胞中控制各种代谢过程,将营养物质转化成能量和细胞构成材料。迄今为止,从生物材料中分离、鉴定出的两千多种酶都是蛋白质,仅少数几种酶为核酸分子。目前在食品工业应用的酶也都是蛋白质。

4.1　酶的分子结构与酶促反应的特点

4.1.1　酶的分子组成

根据酶的组成成分,可将酶分成单纯酶和结合酶。单纯酶属于单纯蛋白质,仅由蛋白质多肽链构成的酶分子,含一条多肽链的酶称为单体酶,如脲酶、核糖核酸酶等;含多条肽链则为寡聚酶,如 RNA 聚合酶,由 4 种亚基构成五聚体。结合酶则属于结合蛋白质,由酶蛋白和辅助因子结合形成全酶,只有全酶才具有催化活性。辅助因子可以是金属离子,也可以是一类被称为辅酶的小分子有机化合物。

常见的金属离子有 Na^+、K^+、Mg^{2+}、Mn^{2+}、Cu^{2+}、Zn^{2+}、Fe^{2+} 等,有些金属离子与酶的结合不紧密,甚至不与酶结合而与底物结合参与反应,在提取过程中极易丢失,此种酶称为金属激活酶;还有些金属离子与酶的结合紧密,在提取过程中不易丢失,此种酶称为金属酶。金属离子的作用是多方面的,除了可作为酶活性中心的催化基团参与底物的催化之外,还有传递电子、起桥梁作用连接酶与底物、稳定酶的空间构象等作用。

4.1.2　酶促反应的特点

酶是生物催化剂,具有与一般催化剂相同的催化性质,如酶与一般催化剂一样,只能催化热力学允许的化学反应;只能缩短达到化学平衡的时间,而不改变平衡点;在化学反应的前后没有质和量的改变等。同时又具有一般催化剂所没有的生物大分子的特征。

1. 酶的高效催化性

酶具有高效的催化性。一般而言,少量的酶就可以起到很强的催化作用,酶的催化反应速度比一般催化剂的催化反应速度高 $10^8 \sim 10^{20}$ 倍。例如,1 份淀粉酶就能够催化 100 万份的淀粉,使淀粉水解成麦芽糖;1 mol Fe^{3+} 在 0℃时,每秒钟只能催化 10^{-5} mol 过氧化氢分解,但在同样条件下,过氧化氢酶则能催化 10^5 mol 过氧化氢分解;酵母蔗糖酶催化蔗糖水解的速度是 H^+ 催化此反应速度的 2.5×10^{12} 倍。酶的高效的催化性有赖于酶蛋白分子与底物分子之间独特的作用机制。

与一般催化剂一样,酶加速反应的作用也是通过降低反应所需的活化能(activation energy)而实现的。

分子从初态达到活化态所需要的能量称为活化能。活化能的高低决定反应体系活化分子的多少,活化能越低,能达到活化态的分子就越多,反应速率就越快。酶通过其特有的作用机制,比一般催化剂更有效地降低反应的活化能,使底物只需较少的能量便可进入活化状态,因此具有极高的催化效率(图 4-1)。

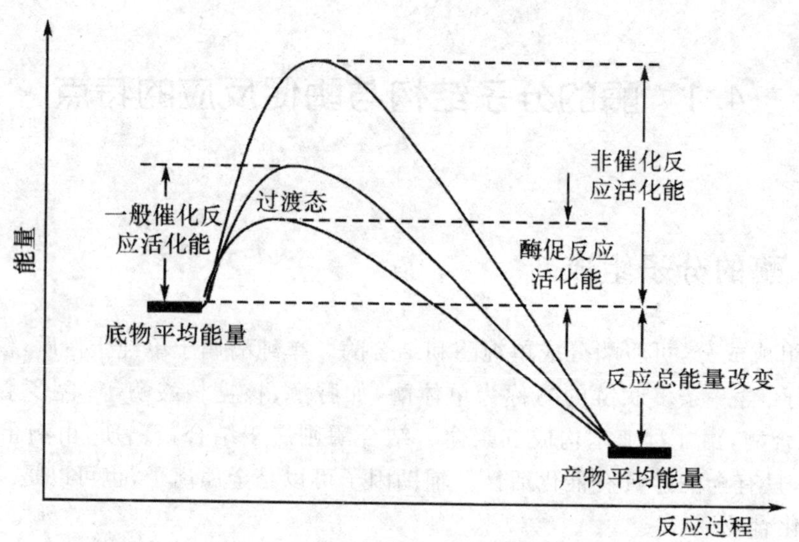

图 4-1 酶与一般化学催化剂降低反应活化能示意图

2. 酶的高度特异性

酶对其所催化的底物具有较严格的选择性,常将这种选择性称为酶的特异性、专一性。根据程度不同,酶的特异性通常分为以下三种:

①立体异构特异性。酶对底物的立体构型的特异要求,称为立体异构特异性。如 L-乳酸脱氢酶的底物只能是 L-乳酸,而不能是 D-乳酸。

②绝对特异性。有的酶只能催化一种底物发生反应,这种特异性称为绝对特异性。如脲酶只能催化尿素(脲)水解成 NH_3 和 CO_2,而不能催化甲基尿素水解。

③相对特异性。一种酶可作用于一类化合物或一种化学键,这种特异性称为相对特异性。如脂蛋白脂酶不仅水解脂肪(三酰甘油),也能水解二酰甘油、一酰甘油等。

相对专一性又可分为键专一性和基团专一性。

键专一性能够作用于具有相同化学键的一类底物。如酯酶可催化所有含酯键的酯类,物质水解生成醇和酸:

$$R-\overset{\overset{\displaystyle O}{\|}}{C}-O-R' + H_2O \xrightarrow{\text{酯酶}} R-COOH + R'-OH$$

（酯）　　（水）　　　（酸）　（醇）

基团专一性要求底物含有某一相同的基团。如胰蛋白酶[EC3.4.31.4]选择性地水解含有赖氨酰或精氨酰的羰基的肽键。

3. 酶活性的不稳定性

酶是蛋白质，酶促反应要求一定的 pH、温度等温和的条件，任何使蛋白质变性的理化因素，如高温、紫外线、剧烈震荡、强酸、强碱、有机溶剂、重金属离子等都可使酶变性失活。

酶促反应要求一定的 pH、温度和压力条件，如人体内的酶在正常体温下才可发挥最佳的催化效果。

酶之所以能加快化学反应，具有高效性，主要是其降低了反应的活化能，使化学反应在活化能较低的水平上进行，从而加速了化学反应。那么，酶是如何来降低反应的活化能呢？目前得到大家公认的学说之一是中间产物学说。这种理论认为，酶催化某一反应时，酶总是先与底物结合，形成不稳定的中间产物，此中间产物极为活泼，很容易转变分解成一种或数种产物，同时使酶重新游离出来。

4. 酶促反应的可调节性

与化学催化剂相比，酶催化作用的另一个重要特征是其催化活性受到调节和控制。生物体内进行的化学反应，虽然种类繁多，但非常协调有序。底物浓度、产物浓度以及环境条件的改变，都有可能影响酶催化活性，从而控制生化反应协调有序地进行。如果生物机体中生化反应的有序性产生错乱，必将导致生物体代谢紊乱与失调，产生疾病，严重时甚至死亡。生物体为适应环境的变化，保持正常的生命活动，在漫长的进化过程中，形成了自动调控酶活性的系统。酶的调控方式很多，包括酶原激活、共价修饰调节、反馈调节、激素调节、抑制剂调节及激活剂调节、变构调控、同工酶调节等。

4.2　酶的工作原理

4.2.1　酶的活性中心

酶是生物大分子，其分子体积比底物分子体积要大得多。在反应过程中酶与底物接触结合时，只限于酶分子的少数基团或较小的部位。酶分子中直接与底物结合，并催化底物发生化学反应的部位，称为酶的活性中心。

在酶分子的氨基酸残基侧链上含有许多不同的化学基团。一般将与酶活性有关的化学基团称作酶的必需基团。有些必需基团虽然在一级结构上可能相距很远，但在空间结构上彼此靠近，集中在一起形成具有一定空间结构的区域，该区域与底物相结合并将底物转化为产物，这一区域就称为酶的活性中心或活性部位。对于结合酶来说，辅酶或辅基上的一部分结构往往是活性中心的组成成分。

构成酶活性中心的必需基团可分为两类：①结合基团直接与底物和辅酶结合，形成酶-底物复合物，决定酶的专一性；②催化基团，催化底物敏感键发生化学变化，并将其转变为产物，决定酶的催化能力。常见的必需基团有组氨酸的咪唑基、丝氨酸的羟基、半胱氨酸的巯基，以及谷氨酸的羧基。活性中心内有的必需基团同时具有结合和催化两方面功能。还有些必需基团不参与酶活性中心组成，但却为维持酶活性中心应有的空间构象所必需，这些基团称为酶活性中心外的必需基团[图 4-2(a)]。

酶的活性中心是酶分子多肽链折叠成型如裂隙或凹陷的三维结构区域，常常深入到酶分子的内部，多为氨基酸残基的疏水基团组成的疏水环境，形成疏水“口袋”。这种疏水环境有利于底物与酶形成复合物[图 4-2(b)]。

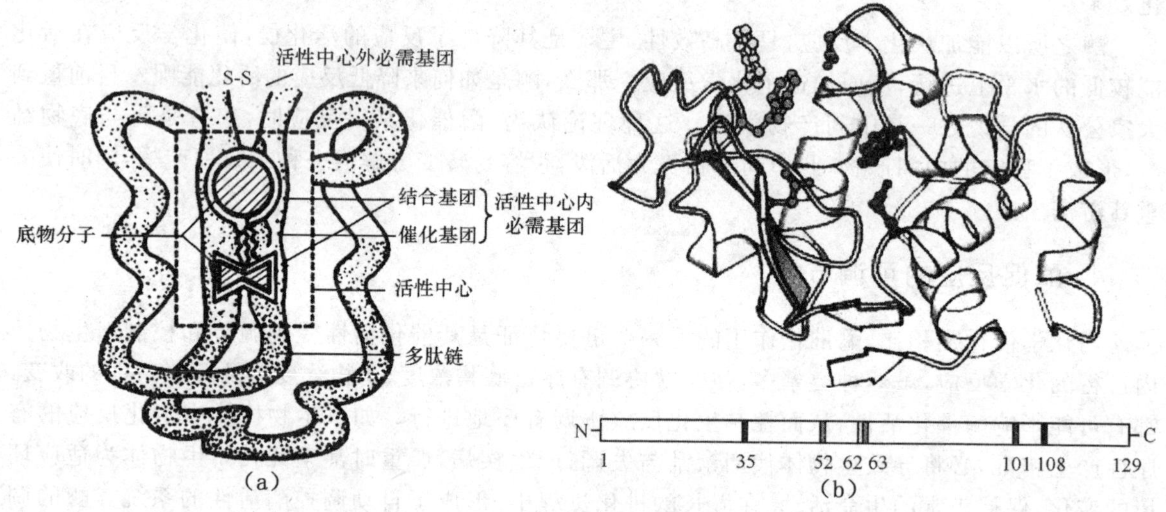

图 4-2 活性中心

(a)酶活性中心示意图；(b)溶酶菌的活性中心

4.2.2 酶的作用机理

1. 酶与底物的结合

(1)锁钥学说

酶的活性部位又是如何与底物结合的呢？1894 年 Emil Fischer 提出一种直接契合(direct fit)模式，酶和底物的关系就像锁与钥匙那样结合在一起[图 4-3(a)]。就是说酶分子的活性部位的形状刚好与底物形状互补的所谓一种几何互补(geometric complementarity)，或者是活性部位的氨基酸残基与底物一些基团通过所谓的电性互补(electronic complementarity)的专一吸引作用方式结合。

锁钥学说在理解某些酶的催化特征时仍然有意义，但 X 射线研究证明大多数酶的活性部位在底物结合时都会发生构象改变。所以现在有关酶与底物结合的解释普遍被人们所接受的是 1958 年由 Daniel Koshland 提出的诱导契合(induced fit)学说。按照该学说，酶与底物相互作用，酶和底物都发生变形，底物的结合诱导酶的构象发生了变化，转变为更有利于与底物过渡态结合的能增强酶催化能力的构象，酶与底物真正互补［图 4-3(b)］。

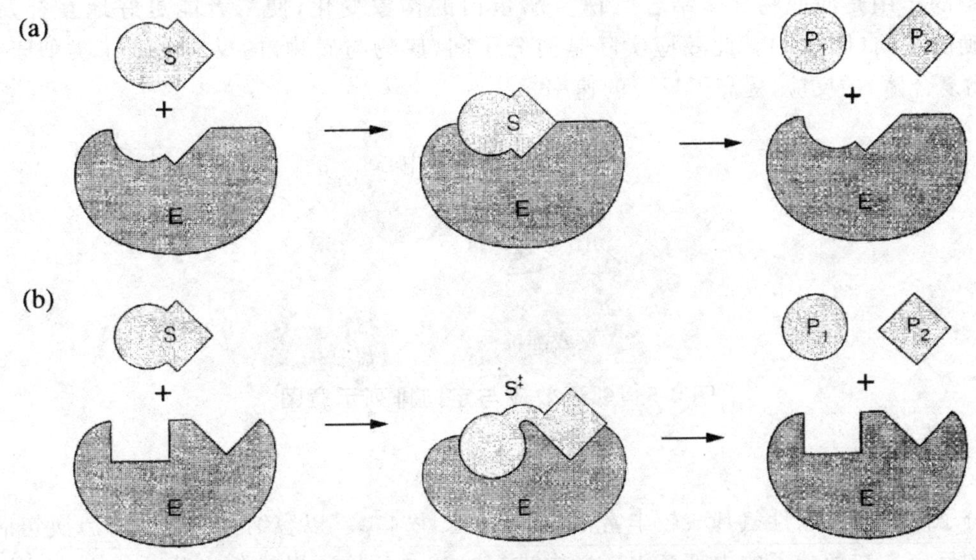

图 4-3　酶与底物结合的两种模式

(a)直接契合模式；(b)诱导契合模式

E 为酶，S 为底物，S‡ 为过渡态，P_1 和 P_2 为产物

(2)诱导契合学说

1958 年，Koshland 提出了诱导契合学说。该学说认为酶表面并没有一种与底物互补的固定形状，而只是由于底物的诱导才形成了互补形状。即当酶与底物相互接近时，其结构相互诱导、相互变形和相互适应，酶分子的活性部位构象发生了改变，并与底物易受结合部位结合，底物处于不稳定的过渡态，从而使底物转化为产物。这一过程称为酶-底物结合的诱导契合学说(图 4-4)。

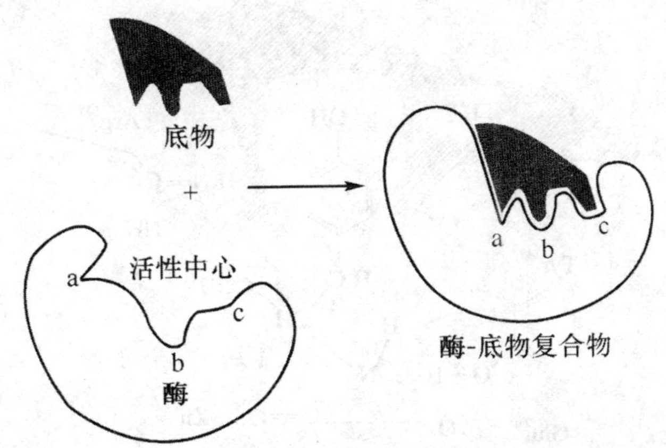

图 4-4　酶-底物复合物的形成与诱导契合假说示意图

2. 邻近效应

在有两个以上的底物参加的反应中，底物之间必须以正确的方向相互碰撞才有可能发生反

应。邻近效应(proximity effect)使底物和酶结合在一个有限的区域内互相接近,底物在此特定区域的局部浓度提高数千倍至数万倍,大大增加底物互相碰撞的机会。而定向排列(orientation arranges)的作用是使底物和酶结合时诱导酶蛋白的构象变化,使二者能更好地互补,并使底物有正确的定向(图 4-5)。此效应实际是使分子间(底物与底物)的反应变成了类似于分子内(酶-底物复合体)的反应,提高了反应的速率。

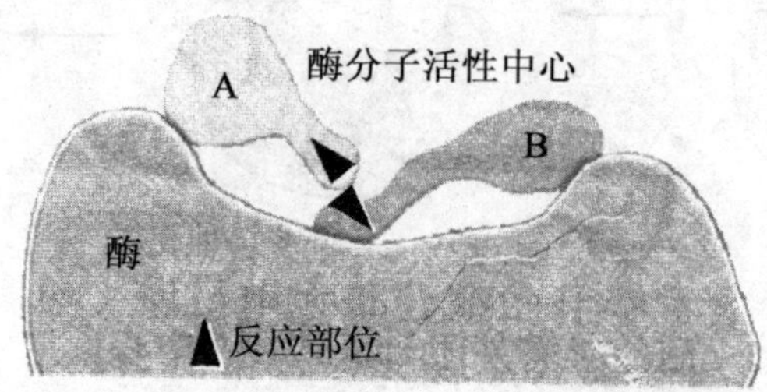

图 4-5　邻近效应与定向排列示意图

3. 表面效应

酶分子的内部疏水性氨基酸较丰富,常形成疏水性“口袋”以容纳并结合底物。换句话说,底物与酶的反应常在酶分子的内部疏水环境中进行。疏水环境可以排除水分子的干扰,因为疏水环境排斥了介于底物与酶分子之间的水膜,有利于底物和酶分子间的直接密切接触;同时也消除了周围大量水分子(水是极性分子)对底物和酶的功能基团的干扰性吸引或排斥,使酶的活性基团对底物的催化反应更为有效和强烈。以羧肽酶 A 为例(图 4-6),羧肽酶 A 为一种含 Zn^{2+} 蛋白质,可自羧基端开始水解蛋白质的肽键,对以疏水性氨基酸为羧基末端者尤为特异。如图 4-6 所示,底物的羧基末端为酪氨酸,正好容纳于酶的疏水口袋中;其相应的肽键中的羰基氧被酶分子中的 Zn^{2+} 及 Arg^{145} 所吸引,使羰基碳成正碳离子,而受 Glu^{270} 的羧基氧的亲核攻击;此肽键中的亚氨基部分则接受 Tyr^{248} 所提供的 H^+,使肽键断裂。上述的四种酶作用机制中,在羧肽酶 A 的催化作用中均可得到体现。

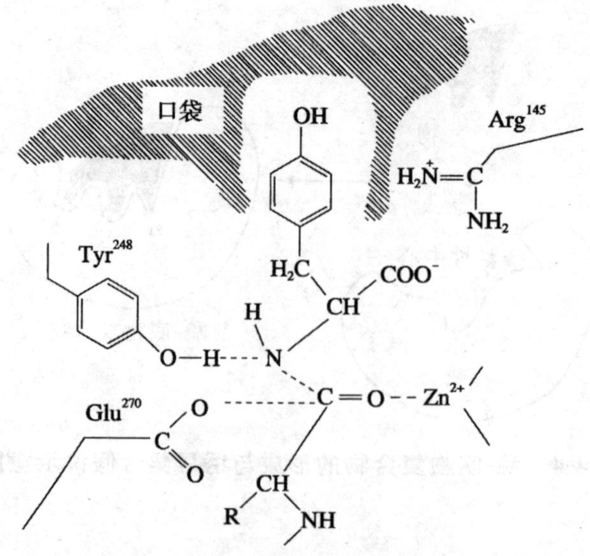

图 4-6　羧肽酶 A 的催化作用

4. 酶的多元催化

(1)酶的酸碱催化

酶的活性中心具有某些氨基酸残基的R基团,这些基团往往是良好的质子供体或受体,在水溶液中这些广义的酸性基团或广义的碱性基团对许多化学反应是有利的催化剂。

广义酸碱催化,就是一种质子转移的催化机制,给出质子为酸,接受质子为碱,所以酸碱催化总是同时发生的。

酶活性部位的一些氨基酸残基同样可作为质子供体或受体,参与质子转移,使反应速度提高$10^2 \sim 10^5$倍。就是说酶活性部位提供了一个相当于酸或碱溶液的生物环境,实际上酸碱催化普遍存在于酶促反应中。

(2)酶的共价催化

某些酶能与底物形成极不稳定的、共价结合的ES复合物,这些复合物极易变成过渡态,从而降低反应的活化能,加速化学反应速度。

(3)酶的亲核催化

酶活性中心中的亲核基团可以提供电子对带有正电荷底物进行亲核攻击,提高反应的速率,称为亲核催化作用(nucleophilic catalysis)。

许多酶促反应常常有多种催化机制同时介入,共同完成催化反应,保证酶促反应高效进行。

(4)酶的金属离子催化

除少数酶的金属离子可能只起一种使酶蛋白构象稳定的作用外,大多数金属离子都参与酶的催化作用,而且还作为酶活性中心的一个必需组分,参与底物的结合或催化底物的改变。金属离子能参与酶和底物的结合,形成酶(E)、金属离子(M)和底物(S)的三元络合物,可能有下列四种组合形式:

E—S—M、M—E—S、E—M—S、 E—M(E、M均与S相连,呈三角形)

金属离子在三元络合物中的作用包括:金属桥的形成使底物趋近酶活性中心,还可过三维的配位键促进酶活性中心及底物的反应基团有正确的空间定向。金属离子和活性中心的催化基团一样能改变底物中敏感键的电子云,产生“电子张力”效应。金属离子和质子相似,可对底物中相应电子密度较高的原子进行“亲电子攻击”,以弥补酶活性中心上催化基团(主要是亲核基团)的不足。两价金属离子所带的正电荷可大于质子,也可像酸基团一样获取底物的电子,而且效率可高于一般的质子供体,故有人把金属离子称为“超酸催化剂”。铁、铜等离子还可以在氧化还原中传递电子。

4.3 酶促反应动力学

酶反应动力学是研究各种反应条件对酶反应速度影响的关系,影响酶反应速度的因素很复杂,每一个酶都有各自的特性,使用时必须具体研究。下面讨论一些共同的规律。

4.3.1 底物浓度对酶反应速度的影响

1. 酶促反应的级数及反应速率与底物浓度的关系

在酶促反应中，尽管酶必须参加反应，但就反应始末来看，酶在反应中并不被消耗，而只起循环作用，酶浓度(用[E]表示)可作为一恒定值。因此，反应速率只依赖于反应物。

在其他条件不变，酶浓度[E]恒定条件下，酶促反应速率与底物浓度(用[S]表示)关系，不是简单的单一反应级数，而是呈双曲线关系(rectangular hyperbola)(图 4-7)反应速率(V)随底物浓度[S]的变化表现出三个性质不同的动力学区域。在底物浓度较低时，酶促反应的速率随底物浓度的增加而急剧上升，两者成正比关系，反应呈一级反应。随着底物浓度的进一步提高，反应速率的增加不再成正比关系，反应速率增加的幅度在不断下降，反应为混合级反应。在底物浓度足够大时继续增加底物浓度，反应速率不再增加，表现为零级反应。说明此时酶的活性中心已经被底物饱和，反应速率达到最大速率(V_{max})

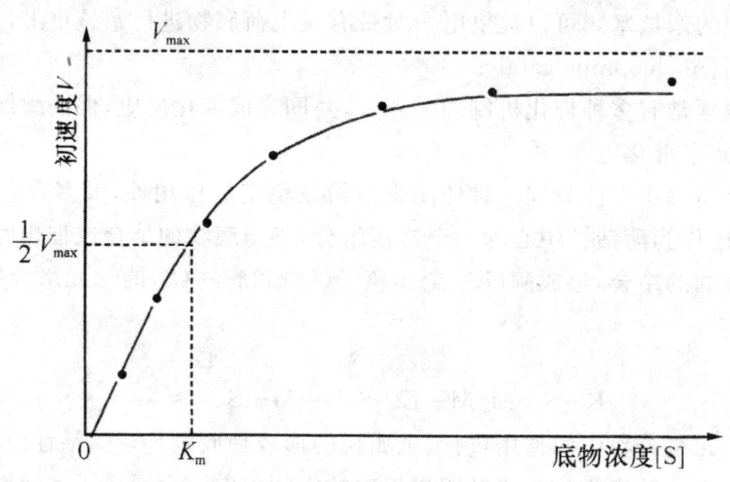

图 4-7 底物浓度对酶促反应速率的影响

K_m 值等于酶促反应速率为最大速率一半时的底物浓度

2. 米氏方程

酶作为生物催化剂，与其他催化剂一样，其催化反应的速度直接取决于酶的浓度。在过量底物存在时，反应速度随酶浓度的增加而增加，如图 4-8 所示。

当酶浓度一定而增加底物浓度时，可以看出底物浓度增加，反应速度上升极快。然而，当底物浓度不断增加时，反应速度的增加逐渐变慢，底物浓度增加到相当大时，反应速度达到最大，而不再进一步改变，如图 4-9 所示。

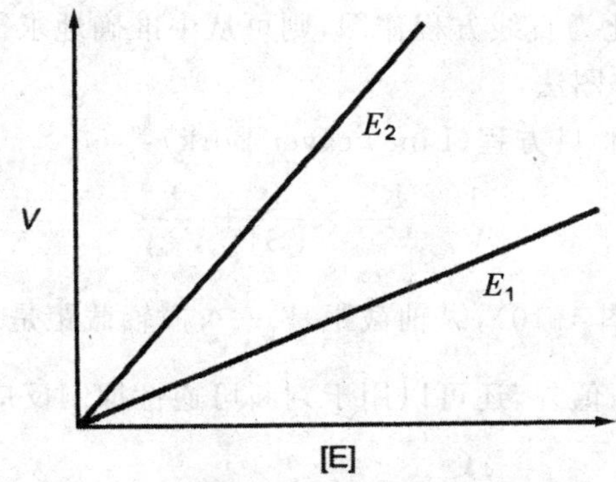

图 4-8　酶浓度对反应速度的影响

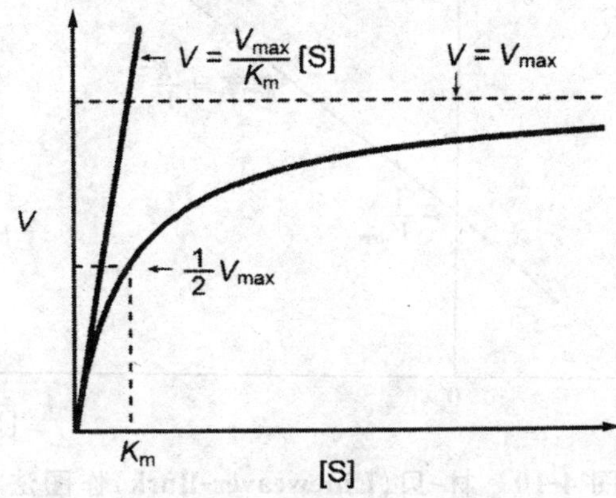

图 4-9　底物浓度对反应速度的影响

早在 20 世纪初，Michaelis 和 Menten 就对这种实验现象进行了研究，并提出了酶的中间产物理论学说，酶先和底物结合形成中间体 ES 后，酶催化底物转化为产物，其过程表示为：

$$E+S \underset{k_2}{\overset{k_1}{\rightleftharpoons}} ES \xrightarrow{k_3} P+E$$

反应式中，E 代表酶，S 代表底物，ES 代表酶和底物两者形成的中间体复合物，P 代表产物，k_1、k_2、k_3 表示各反应的速度常数。据此提出了即米-曼氏方程式，简称米氏方程式：

$$v=\frac{V_{max}[S]}{K_m+[S]}$$

式中，v 是在一定底物浓度[S]时测得的反应初速度，V_{max} 在底物浓度饱和时的最大值，K_m 称为米氏常数，mol/L，$K_m=\frac{k_2+k_3}{k_1}$。

当底物浓度[S]较低时，[S]相对于 K_m 很小，[S]忽略不计，则 $v=\frac{V_{max}}{K_m}[S]$，初速度 v 与[S]成正比，属一级反应。$[S]\gg K_m$ 时，K_m 可忽略不计，则 $v=V_{max}$，构成零级反应。如果[S]与 K_m 值差别不大，则构成一级与零级反应之间的混合级反应。当 $v=\frac{1}{2}V_{max}$时，$K_m=[S]$，即 K_m 等于最大反应速度一半时的底物浓反应速度。

3. K_m 与 V_{max}值的测定

通过米氏方程作图，底物浓度曲线是矩形双曲线，其图形属于渐近线，很难准确地得出 K_m

和 V_{max} 的值。将米氏方程转化为直线方程作图，则可从中准确地求得 K_m 和 V_{max} 值。

(1)林-贝方程及双倒数作图法

米氏方程两边取倒数得林-贝方程(Lineweaver-Burk)：

$$\frac{1}{V}=\frac{K_m}{V_{max}}\times\frac{1}{[S]}+\frac{1}{V_{max}}$$

以 $\frac{1}{V}$ 对 $\frac{1}{[S]}$ 作图得直线(图 4-10)，纵轴截距是 $\frac{1}{V_{max}}$；横轴截距是 $-1/K_m$；斜率为 K_m/V_{max}，此作图法除用于求取 K_m 和 V_{max} 值外，还可以用于判断可逆性抑制反应的性质。

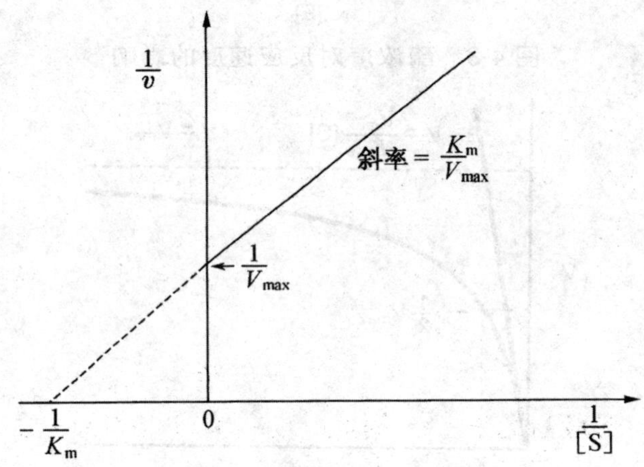

图 4-10 林-贝(Lineweaver-Burk)作图法

(2)Hanes-Woolf 方程及其作图法

将林-贝方程两边乘以[S]得 Hanes-Woolf 方程：

$$\frac{[S]}{V}=\frac{K_m}{V_{max}}+\frac{[S]}{V_{max}}$$

以[S]对[S]/V 作图得直线(图 4-11)，横轴截距 $-K_m$；纵轴截距为 K_m/V_{max}；斜率为 $1/V_{max}$，此作图法也用于求取 K_m 值和 V_{max} 值。

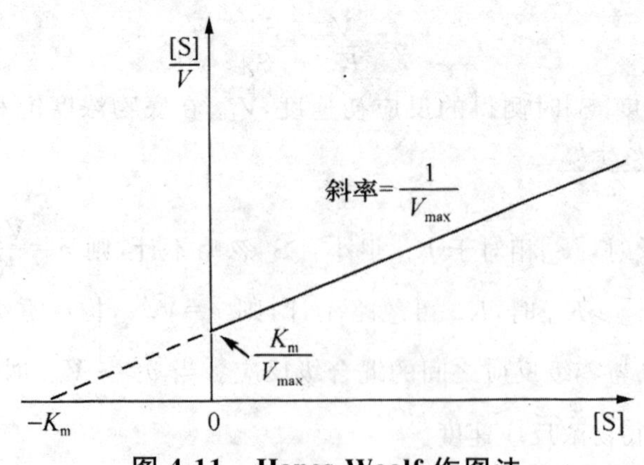

图 4-11 Hanes-Woolf 作图法

(3)Eadie-Hofstee 作图法

将米氏方程两边同时乘以 V、K_m 然后重排方程：

$$V=-k_{m}\frac{V}{[S]}+V_{max}$$

以 V 对 $V/[S]$ 作图(图 4-12),横轴截距为 V_{max}/K_m;纵截距为 V_{max};斜率为 K_m。

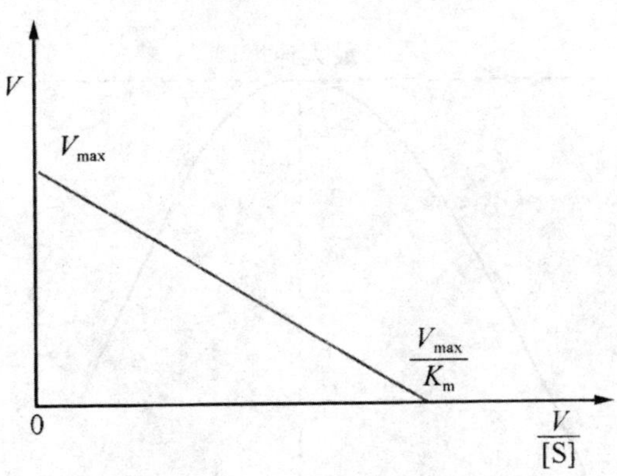

图 4-12　Eadie-Hofstee 作图法

4.3.2　酶浓度对酶活力的影响

所有的酶促反应,如果其他条件恒定,则反应速度决定于酶浓度。在正常情况下,酶反应速率与酶浓度之间存在如图 4-13 所示的线性关系。但有时会出现直线向横坐标弯曲的现象。随着反应的进行,反应速度下降的原因可能很多,其中最主要的是底物浓度下降和终产物对酶的抑制。在实际生产中,酶的用量要根据具体情况和要求确定。酶的浓度太低,反应时间长;酶的浓度过高,既造成浪费,又可能影响产品质量,因此,通过前期准备工作可找出最佳用酶量。

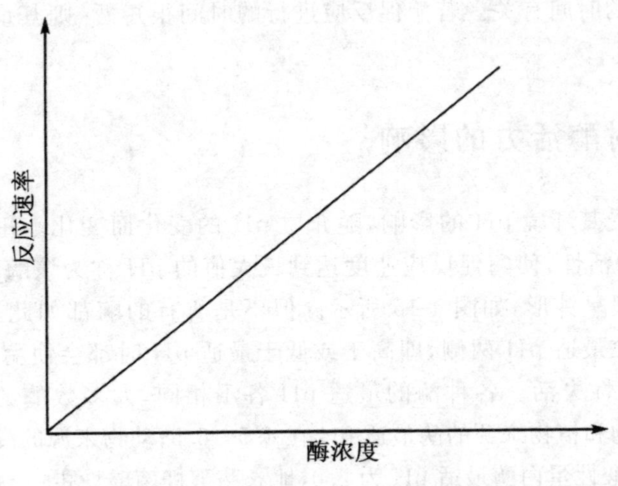

图 4-13　酶浓度对酶活力的影响

4.3.3　温度对酶促反应速度的影响

酶对温度的变化极为敏感。若自低温开始,逐渐增高温度,则酶促反应速度也随之增加。但达到一定限度后,继续增加温度,酶促反应速度反而下降。这是因为温度对酶促反应速度有双重影响(图 4-14)。

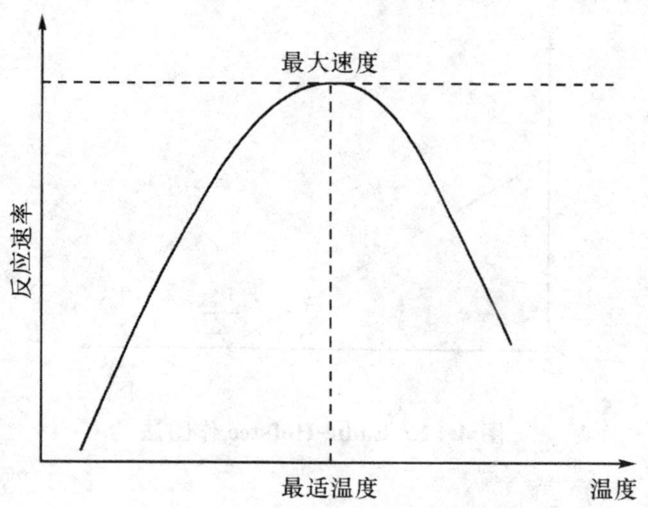

图 4-14　温度对酶促反应速度的影响

升高温度一方面可加速反应的进行,另一方面则能加速酶变性而减少有活性的酶的数量,从而降低催化作用。当此两种影响适当的相互平衡时,即温度既不过高以引起酶的损害,也不过低以延缓反应的进行时,反应进行的速度最快,此时的温度为酶的最适温度。温血动物组织中,酶的最适温度一般在 37～40℃,仅有极少数的酶能耐稍高的温度。大多数酶加热到 60℃即已不可逆地变性失活。例外的是,如胰蛋白酶在加热到 100℃后,再恢复至室温,仍有活性。酶的最适温度与酶促反应进行的时间有关。若酶促反应进行的时间很短暂,则其最适温度可能比反应进行时间较长者高。

4.3.4　pH 对酶活力的影响

大部分酶的活性受其环境 pH 的影响,随介质 pH 的变化而变化。每一种酶只能在特定的 pH 范围内表现出它的活性,使酶促反应速度达到最大值的 pH 称为该酶的最适 pH。酶促反应随 pH 的变化曲线一般呈钟形,如图 4-15 所示。但不是所有的酶都如此,有的酶曲线只有钟形的一半。溶液的 pH 在最适 pH 两侧,即高于或低于最适 pH 时都会使酶的活性降低,远离最适 pH 时甚至导致酶的变性失活。各种酶的最适 pH 各不相同,大多数酶的最适 pH 接近中性在 4.5～8.0。其中微生物和植物来源的酶最适 pH 在 4.5～6.5;动物来源的酶最适 pH 在 6.5～8.0。但有不少例外,如霉菌酸性蛋白酶最适 pH 为 2.0,地衣芽孢杆菌碱性蛋白酶则为 11.0,胃蛋白酶为 1.5～2.0。酶的最适 pH 不是酶的特征性常数,受底物游度、缓冲液种类和浓度以及酶的纯度影响。

pH 对酶作用的影响是复杂的,过酸、过碱会影响酶蛋白的构象,甚至变性而失活;当 pH 改变不很剧烈时,酶虽不变性,但活力受到影响。pH 影响底物分子的解离状态,也影响酶分子的解离状态,也影响中间产物的解离状态;还会影响反应分子中的另一些基团的解离状态。这些基团与酶的专一性和酶分子的活性中心的构象都有关。

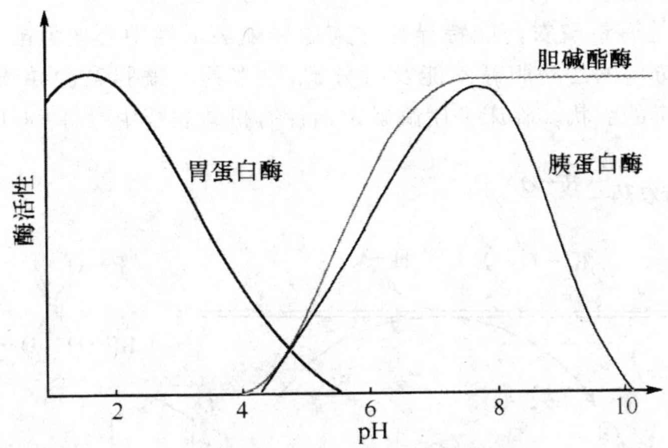

图 4-15　pH 对酶促反应速率的影响

酶除了最适 pH 可能各不相同之外，酶分子的酸碱稳定性也不同。在一定条件下，能够使酶分子空间结构保持稳定，酶活性不损失或极少损失的 pH 范围，称为酶的稳定 pH 范围。在实际工作中，应按照酶的稳定 pH 范围控制食品工艺条件。例如，测定酶活性和使用酶时，必须加入适宜的缓冲溶液，以维持适宜的 pH，保持酶活性的相对稳定，避免因产物生成而发生变化。在酸性范围内酶会部分地变性，活性降低，这一特性也被用于食品保藏，如利用醋酸保藏蔬菜。

4.3.5　抑制剂对酶促反应速度的影响

酶的抑制剂（Inhibitor）是与酶分子结合后使酶活性降低或完全丧失而不引起酶变性的物质。抑制剂多与酶的必需基团结合，可以是在活性中心内或活性中心外。酶抑制与酶失活是两个不同的概念。抑制剂虽然可使酶失活，但它并不明显改变酶的结构，也就是说酶尚未变性，去除抑制剂后酶活性又可恢复；酶失活可以是一时的抑制或是永久性的变性失活。

根据抑制剂与酶结合紧密程度的特点，可将抑制作用分为不可逆性与可逆性两种类型。

1. 不可逆抑制作用

不可逆抑制作用（irreversible inhibition）的特点是抑制剂通常与酶分子活性中心的必需基团共价结合，一经结合就很难自发解离，不能用透析或超滤等物理方法解除抑制，必须通过化学等方法解除抑制作用。其实际效应是降低系统中有效酶浓度，抑制程度决定于抑制剂浓度及酶与抑制剂的接触时间。最常见的不可逆性抑制剂包括有机砷（汞）化合物、有机磷农药、烷化剂、重金属离子等。

（1）有机砷化物

有机砷化合物如路易斯气、有机汞化合物如对氯汞苯甲酸能与许多巯基酶的活性巯基结合使酶活性丧失。这类抑制剂对巯基酶引起的抑制作用可通过加入过量的巯基化合物如二巯基丙醇（BAL）、还原型谷胱甘肽等使酶恢复活性。这些化合物常被称为巯基酶保护剂，可用作砷、汞等中毒的解毒剂。

(2)有机磷农药

敌敌畏、敌百虫等有机磷农药能特异性地与胆碱酯酶活性中心丝氨酸的羟基结合,使酶失活,胆碱能神经末梢分泌的乙酰胆碱不能及时分解,过多的乙酰胆碱会导致胆碱能神经过度兴奋,表现为一系列中毒的症状。临床上用解磷定治疗有机磷农药中毒(图 4-16)。

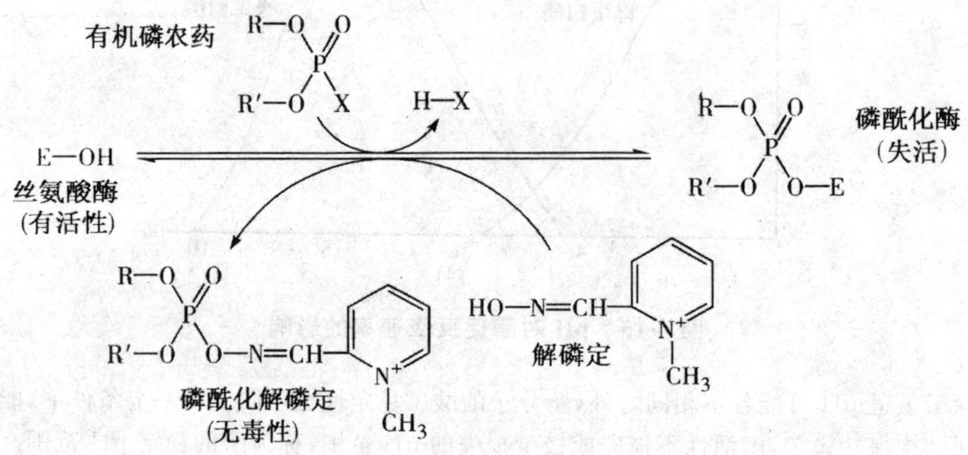

图 4-16　有机磷农药对丝氨酸酶的抑制和解磷定的解抑制

(3)烷化剂

碘乙酸、碘乙酰胺等含卤素的化合物可使酶分子中的巯基、氨基、羧基等烷化而失活。例如,碘乙酰胺作用于巯基酶:

$$E-CH_2-SH+ICH_2CONH_2 \rightarrow E-CH_2-S-CH_2-CONH_2+HI$$

巯基酶　　　　碘乙酰胺　　　　失活的酶

(4)重金属离子

Ag^{+}、Hg^{2+}、Pb^{2+}、Cu^{2+}、Fe^{2+}、Fe^{3+} 等重金属离子对大多数酶活性都有强烈的抑制作用,在低浓度时可与酶蛋白的巯基、羧基和咪唑基作用而抑制酶活性;在高浓度时可使酶蛋白变性失活。应用金属离子螯合剂如 EDTA、半胱氨酸或焦磷酸盐等将金属离子螯合,可解除其对酶的抑制,恢复酶活性。

$$Cl_2As-CH{=}CHCl + E(SH)_2 \longrightarrow E(S)_2As-CH{=}CHCl + 2HCl$$

路易斯气　　**巯基酶**　　**失活的酶**

$$E(S)_2As-CH{=}CHCl + \begin{matrix} CH_2-SH \\ | \\ CH-SH \\ | \\ CH_2-OH \end{matrix} \longrightarrow E(SH)_2 + \begin{matrix} CH_2-S \\ | \\ CH-S \\ | \\ CH_2-OH \end{matrix}{>}As-CH{=}CHCl$$

失活的酶　　BAL　　**巯基酶**

2. 可逆抑制作用

可逆性抑制(reversible inhibition)的抑制剂通过非共价键与酶或酶-底物复合物可逆性结合。可采用透析、超滤等方法除去抑制剂而恢复酶的活性。在酶促反应动力学的研究中,可逆性抑制的意义更大。可逆性抑制作用主要分为下列三种类型,每种类型的抑制剂与脱辅酶结合的特点不同,故其动力学参数变化各异(图 4-17)。

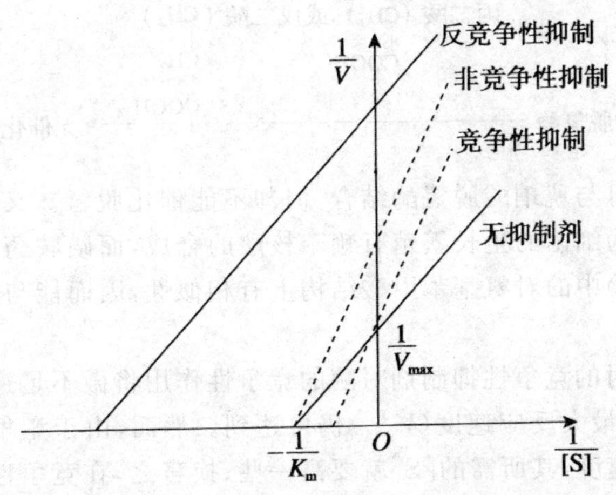

图 4-17　各种抑制剂对底物浓度与酶促反应速度的影响

(1)竞争性抑制剂

竞争性抑制是最常见的一种可逆性抑制作用。抑制剂(I)和底物(S)结构相似,共同竞争酶活性中心,从而影响酶与底物的正常结合。因为酶活性中心一旦与抑制剂结合则不能再与底物结合,因而底物与抑制剂为竞争关系,故称为竞争性抑制。其抑制程度取决于底物及抑制剂的相对浓度(图 4-18)。

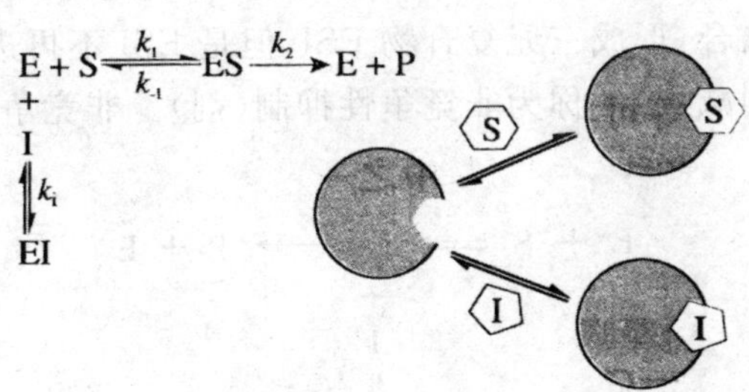

图 4-18　竞争性抑制剂与酶结合位点

在竞争性抑制过程中,若增加底物的相对浓度,则竞争时底物占优势,抑制作用可以降低,甚至解除,这是竞争性抑制的特点。例如,琥珀酸脱氢酶可催化琥珀酸的脱氢反应;与琥珀酸结构类似的丙二酸或戊二酸则均为琥珀酸脱氢酶的竞争性抑制剂。

$$
\begin{array}{l} COOH \\ | \\ CH_2 \\ | \\ CH_3 \\ | \\ COOH \end{array} \xrightleftharpoons[FAD \quad FADH_2]{\text{琥珀酸脱氢酶}} HOOC-CH=CH-COOH
$$

（琥珀酸）

$$
\text{丙二酸}\left(\begin{array}{l} COOH \\ | \\ CH_3 \\ | \\ COOH \end{array}\right)\text{或戊二酸}\left(\begin{array}{l} COOH \\ | \\ CH_3 \\ | \\ CH_2 \\ | \\ CH_2 \\ | \\ COOH \end{array}\right)
$$

$$
\text{琥珀酸脱氢酶} \longrightarrow \text{无催化作用}
$$

丙二酸与戊二酸均可与琥珀酸脱氢酶结合，但却不能催化脱氢。又如磺胺类药物对多种细菌有抑制作用。这是因为细菌的生长繁殖有赖于核酸的合成，而磺胺药的结构与核酸合成时所需的四氢叶酸（一种辅酶）中的对氨基苯甲酸结构上有相似性，因而能与相应的酶竞争结合而抑制之。

当[S]足够高时，相对的竞争性抑制剂对酶的竞争性作用将微不足道，此时几乎所有的酶分子均可与底物相作用，故最大反应速度（V_{max}）仍可达到。然而，由于竞争性抑制剂的干扰，为达到无抑制剂存在的反应速度，其所需的[S]就要高一些；换言之，在竞争性抑制剂存在的情况下，酶与底物的亲和力下降，即表观 K_m（有抑制剂时横轴截距所代表的 K_m 称为表观 K_m）相应提高了。

根据米氏方程的推导，在有竞争性抑制剂存在时：$V=\dfrac{V_{max}[S]}{K_m(1+\dfrac{[I]}{k_i})+[S]}$。式中，[I]为抑制剂浓度，$k_i$ 为抑制剂与酶结合的解离常数。

(2)非竞争性抑制

抑制剂在分子结构和形状上与底物不相似，抑制剂和底物分别结合于酶的不同部位。酶可以和底物再加上抑制剂相结合，形成三元复合物 ESI，但是 ESI 不再进一步分解为产物。增加底物浓度并不能使抑制作用削减，因此称为非竞争性抑制（剂）。非竞争性抑制剂、酶和底物三者关系如下：

$$
\begin{array}{ccccc}
E + S & \rightleftharpoons & ES & \longrightarrow & P + E \\
+ & & + & & \\
I & & I & & \\
\upharpoonleft\downharpoonright & & \upharpoonleft\downharpoonright & & \\
EI + S & \rightleftharpoons & EIS & &
\end{array}
$$

在有非竞争性抑制剂存在时的米氏方程为：$V=\dfrac{[S]\left\{\dfrac{V_{max}}{(1+\dfrac{[I]}{k_i})}\right\}}{K_m+[S]}$。

(3)反竞争性抑制作用

抑制剂只与酶-底物复合物结合,使反应中酶-底物复合物减少,即减少了从酶-底物复合物转化为产物的量。也同时减少从酶-底物复合物解离出游离酶和底物的量,这种抑制作用称为反竞争性抑制。

其抑制作用的反应式如下:

$$\begin{array}{c} E + S \rightleftharpoons ES \longrightarrow P + E \\ + \\ I \\ \Updownarrow \\ EIS \end{array}$$

按米氏方程式的推导,得出反竞争性抑制剂、底物浓度和反应速率之间的动力学关系,其双倒数方程式是:

$$\frac{1}{V}=\frac{K_m}{V_{max}}\frac{1}{[S]}+\frac{1}{V_{max}}\left(1+\frac{[I]}{K_i}\right)$$

上述三种可逆抑制剂的差别,可以参考图 4-19 所示。对于竞争性抑制剂来说,只能形成 ES 复合物或 EI 复合物;对于非竞争性抑制剂或反竞争性抑制剂,可能形成 EIS 复合物。

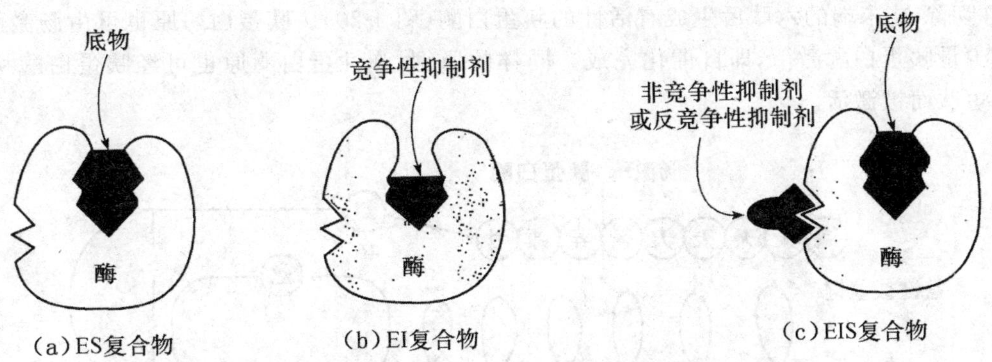

图 4-19　竞争性抑制剂和非竞争性抑制剂结合酶的不同部位

4.3.6　激活剂对酶活力的影响

凡能使酶由无活性变为有活性或使酶活性增加的物质称为酶的激活剂。大多数激活剂是无机离子和小分子有机化合物,前者如:Na^+、K^+、Ca^{2+}、Mg^{2+}、Mn^{2+}、Zn^{2+}、Cl^-、I^-、CN^-等,后者如:半胱氨酸、乙二胺四乙酸(EDTA)等。这些离子可与酶分子活性部位上的氨基酸侧链基团结合,也可能与底物或中间产物结合,也可能作为辅酶或辅基的一个组成部分起作用。

根据激活剂作用方式的不同分为必需激活剂和非必需激活剂。

必需激活剂是酶催化作用所必需的,缺乏时酶将丧失活性。常见的是金属离子,与底物结合后再参与酶促反应。

非必需激活剂虽有促进酶促反应的效应,但在缺乏时,该酶仍有催化效应,不过催化效率较低。如许多有机化合物类的激活剂。

4.4 酶的调节

4.4.1 酶原与酶原的激活

多数酶一旦合成即具活性，但有少部分酶在细胞内刚合成时并无活性，这类无活性的酶的前体，为酶原(proenzyme，亦称 zymogen)。当酶原被分泌出细胞时，在蛋白酶等的作用下，经过一定的加工剪切，肽链重新盘绕，形成或暴露酶的活性中心。这种由无活性的酶前体转变成有活性的酶的过程称为酶原激活。

消化道中的酶如胃蛋白酶、胰蛋白酶、胰凝乳蛋白酶、羧基肽酶、弹性蛋白酶等及血液中凝血与纤维蛋白溶解系统中的酶类通常都以酶原的形式存在，在一定条件下水解掉 1 个或几个短肽，转变成相应的酶。如胰蛋白酶原进入小肠后，在 Ca^{2+} 存在下受肠激酶的激活，第 6 位赖氨酸残基与第 7 位异亮氨酸残基之间的肽键被切断，催化切断胰蛋白酶原中的 Lys-15 和 Ile-16 之间的肽键，并切除 N 末端的六肽后生成有活性的胰蛋白酶(图 4-20)。胰蛋白酶原也可由肠激酶催化生成的少量胰蛋白酶激活，即自催化完成。同样的原理，弹性蛋白酶原也可经胰蛋白酶从 N 末端切除短肽而被激活。

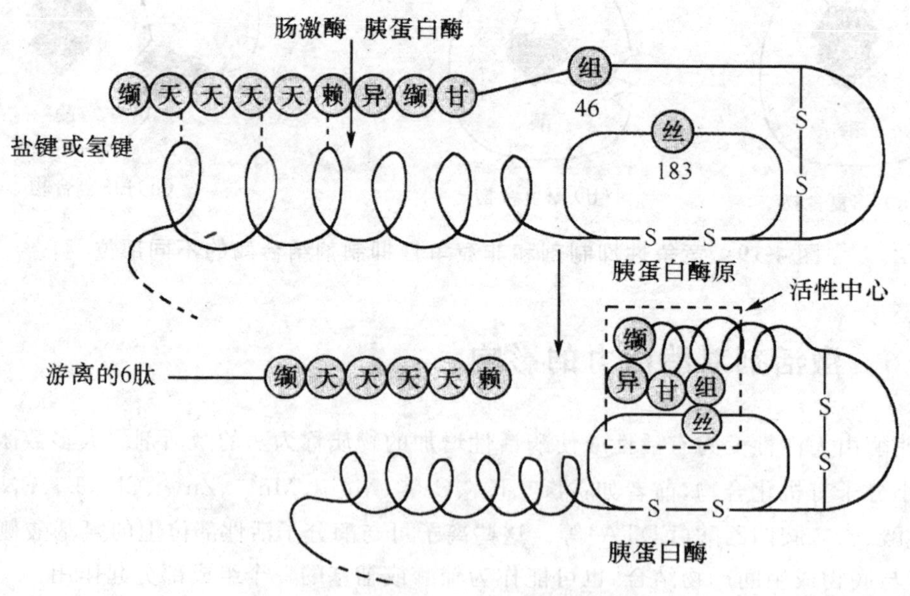

图 4-20 胰蛋白酶原激活示意图

酶原激活具有重要的生理意义，一方面保证合成酶的细胞本身的蛋白质不受蛋白酶的水解破坏，另一方面保证合成的酶在特定部位和环境中发挥其生理作用。例如，胰合成胰凝乳蛋白酶是为了帮助肠中食物蛋白质的消化水解，设想在胰细胞中胰凝乳蛋白酶刚合成时就具有活性，则将使胰本身的组织蛋白均遭破坏。急性胰腺炎就是因为存在于胰腺中的胰凝乳蛋白酶原及胰蛋白酶原等被不恰当地激活所致。又如，正常生理情况下，血管内虽有凝血酶原，但不被激活，不发生血液凝固，可保证血流畅通。一旦血管破裂，血管内皮损伤暴露的胶原纤维所含的负电荷，活化了凝血因子Ⅻ，进而将凝血酶原激活成凝血酶，后者催化纤维蛋白原转变成纤维蛋白，产生血凝块以防止大量出血。

4.4.2 酶活性的调节

酶催化活性的高低，可受多种因素调节，其中主要是对代谢途径中关键酶的调节，这种调节主要通过改变酶的活性和含量来实现，以此来调节细胞内外活动。细胞内物质代谢是由一系列酶组成多酶体系连续催化完成，而反应总速度的改变往往并不需要全部酶活性改变，它仅限于个别关键酶活性的变化，就能达到控制物质代谢的目的。这些催化各种反应途径限速步骤的、并能影响和调节该途径反应速率的酶称为关键酶。而该多酶体系中催化活性最低的关键酶被称为限速酶。

通过这些酶的调节，可以经济而有效地改变整个反应体系的代谢速度。调节限速酶活性的方式有变构调节和化学修饰调节两种方式。

1. 变构调节

变构酶也称为别构酶，其酶分子活性中心外的某一部位可以与体内一些代谢物可逆地结合，使酶发生变构而改变其催化活性。这种调节酶活性的方式称为变构调节。受变构调节的酶称变构酶。引起变构效应的代谢物称变构效应剂。有时底物本身就是变构效应剂。变构效应剂引起酶活性的增强或减弱，分别称变构激活作用或变构抑制作用。

变构酶分子包括含有催化部位的催化亚基和含有调节部位的调节亚基。催化部位和调节部位有的在同一亚基内，也有的不在同一亚基内。多亚基变构酶与血红蛋白一样，存在协同效应，包括正协同效应和负协同效应。如果效应剂与酶的一个亚基结合引起的变构效应使相邻亚基也发生变构，并增加对此效应剂的亲和力，此协同效应为正协同效应。如果相邻亚基的变构降低对此效应剂的亲和力，则此效应为负协同效应。如果效应剂是底物本身，以变构酶反应速率对底物浓度作图，其动力学曲线为 S 形曲线(图 4-21)，与血红蛋白的氧解离曲线类似。可见，变构酶不遵守米氏动力学原则。这种 S 形曲线体现为，当底物浓度发生较小变化时，变构酶可以极大程度地控制反应速率，这是变构酶可以灵活调节反应速率的原因。

2. 化学修饰调节

共价修饰调节又叫化学修饰，是指酶蛋白的某些氨基酸残基在另一种酶的催化下发生可逆的共价修饰，从而引起酶活性的变化。化学修饰调节是体内又一种重要的快速调节方式，主要有磷酸化和脱磷酸化、乙酰化和脱乙酰化、甲基化和脱甲基化等，以磷酸化和脱磷酸化为主。通过化学修饰，酶在有活性和无活性之间互变。

图 4-22 给出了通过共价修饰调节丙酮酸脱氢酶活性的过程。丙酮酸脱氢酶是柠檬酸循环丙酮酸脱氢酶复合物的成员，催化丙酮酸脱羧生成乙酰辅酶 A 和二氧化碳的反应。丙酮酸脱氢

酶在丙酮酸脱氢酶激酶催化下因磷酸化而失活；而磷酸化的丙酮酸脱氢酶在丙酮酸脱氢酶磷酸酶催化下去磷酸又可恢复活性。

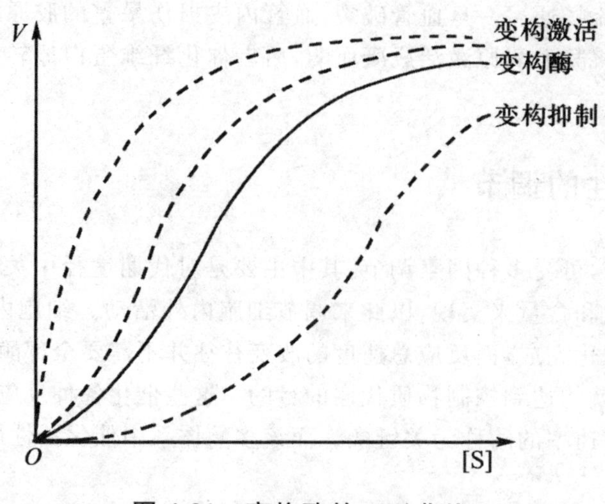

图 4-21 变构酶的 S 形曲线

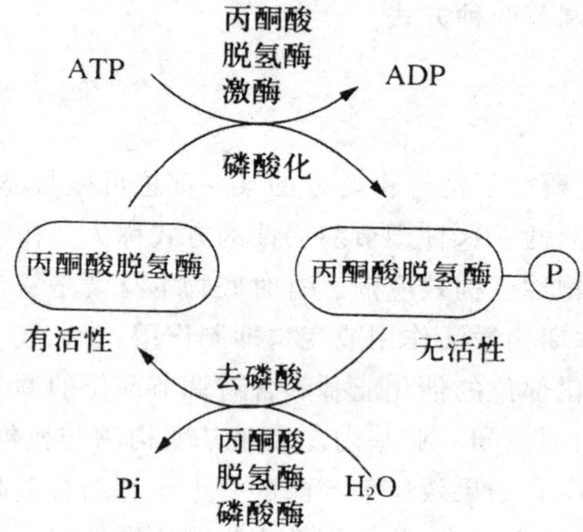

图 4-22 丙酮酸脱氢酶的共价修饰

酶促化学修饰是体内快速调节的另一种重要方式，磷酸化是常见的修饰方式。脱辅酶分子中丝氨酸、苏氨酸及酪氨酸的羟基是磷酸化修饰的位点。酶蛋白的磷酸化是在蛋白激酶的催化下，由 ATP 提供磷酸基及能量完成的，而脱磷酸则是由蛋白磷酸酶催化的水解反应。磷酸化与脱磷酸反应均不可逆(图 4-23)。

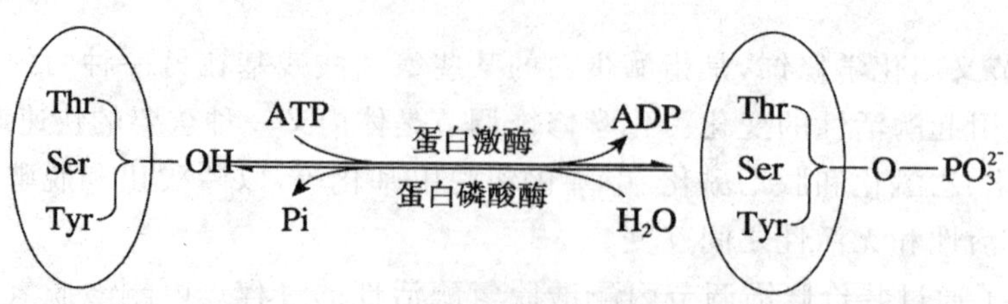

图 4-23 酶的磷酸化与脱磷酸化

促进糖原分解的磷酸化酶的非磷酸化形式，称为磷酸化酶 b。磷酸化酶 b 无催化活性，它可在一种丝氨酸/苏氨酸蛋白激酶，即磷酸化酶 b 激酶的催化下，被磷酸化成为有催化活性的磷酸化酶 a。磷酸化酶 a 在另一种酶，即磷酸化酶磷酸酶的催化下，将磷酸基水解下来，重新转变为非磷酸化形式的磷酸化酶 b，具体过程如图 4-24 所示。

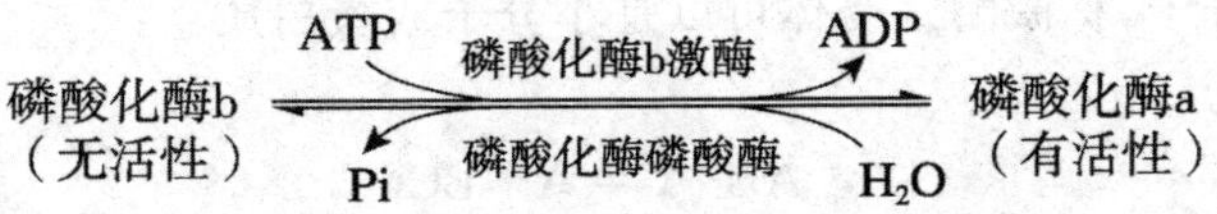

磷酸化酶b（无活性） ⇌ 磷酸化酶a（有活性）

正向：ATP → ADP，磷酸化酶b激酶

逆向：H_2O → Pi，磷酸化酶磷酸酶

图 4-24 磷酸化酶的激活与失活

化学修饰调节和变构调节相辅相成，共同维持代谢正常进行，稳定内环境。其意义主要体现在以下几个方面：

第一，当变构剂太少、不能独立完成调节时，化学修饰调节可以迅速发挥作用。

第二，许多关键酶可以受变构和化学修饰双重调节，例如，糖原磷酸化酶 b，一方面受变构调节，被 AMP 变构激活，被 ATP 或葡萄糖变构抑制；另一方面受化学修饰调节，被磷酸化激活，被去磷酸化抑制。

第三，化学修饰不只发生于酶活性的调节，也发生于其他蛋白质的调节。真核生物有 1/3～1/2 的蛋白质都会发生磷酸化修饰，例如，转录调节因子、翻译起始因子的化学修饰。

4.5 酶的分类与命名

4.5.1 酶的分类

国际酶学委员会规定，按酶催化反应的性质，酶分为六大类。即第一大类，氧化还原酶类；第二大类，转移酶类；第三大类，水解酶类；第四大类，裂合酶类；第五大类，异构酶类；第六大类，合成酶类（或称连接酶类）。每个大类中，按照酶作用的底物、化学键或基团的不同，分为若干亚类；每一亚类中再分为若干小类；每一小类中包含若干个具体的酶。

1. 氧化还原酶类（Oxidoreductases）

催化氧化还原反应的一类酶。例如，琥珀酸脱氢酶、异柠檬酸脱氢酶、细胞色素氧化酶、过氧化氢酶、过氧化物酶等。

其催化反应通式为：

$$AH_2 + B = A + BH_2$$

被氧化的底物（AH_2）为氢或电子供体，被还原的底物（B）为氢或电子受体。如乳酸脱氢酶（其系统名称是：乳酸：NAD^+ 氧化还原酶），其催化的反应是：

$$乳酸 + NAD^+ = 丙酮酸 + NADH + H^+$$

2. 转移酶类(Transferases)

催化底物之间的某些化学基团转移或交换的一类酶。例如,氨基转移酶、甲基转移酶、磷酸化酶等。将一种分子的某一基团转移到另一种分子上。当酶以三磷酸核苷酸为供体,把一个磷酸基团转移到另一个分子,称激酶。受体可以是小分子或蛋白质。

其催化反应通式为:

$$AB+C=A+BC$$

如丙氨酸氨基转移酶(其系统名称是:L-丙氨酸:2-酮戊二酸氨基转移酶),其催化的反应是:

L-丙氨酸+2-酮戊二酸=丙酮酸+L-谷氨酸

3. 水解酶类(Hydrolases)

催化底物发生水解反应的一类酶,例如,淀粉酶、糖苷酶、蛋白酶、脂肪酶、磷酸酶等。

其催化反应通式为:

$$AB+H_2O=AOH+BH$$

如蔗糖酶(其系统名称是:蔗糖(:水)水解酶),其催化的反应是:

蔗糖$+H_2O=$葡萄糖+果糖

4. 裂合酶类(Lyases)

催化从底物移去一个基团并留下双键的反应或其逆反应的一类酶。例如,碳酸酐酶、脱羧酶、柠檬酸合酶等。如脱羧酶,断C—C键,生成CO_2;碳酸酐酶,断C—O键,生成CO_2。

其催化反应通式为:

$$AB=A+B$$

如谷氨酸脱羧酶(其系统名称为:L-谷氨酸 1-羧基-裂合酶,该酶催化 L-谷氨酸 1-羧基位置发生裂解反应),其催化的反应是:

L-谷氨酸$=\gamma$-氨基丁酸$+CO_2$

5. 异构酶类(Isomerases)

催化各种同分异构体之间相互转化的酶类。例如,磷酸丙糖异构酶、磷酸甘油酸变位酶、消旋酶、差向异构酶、顺反异构酶等。

其催化反应通式为:

$$A=B$$

如葡萄糖异构酶,其催化的反应是:

D-葡萄糖=D-果糖

6. 连接酶类(Ligases)或合成酶类(Synthetases)

催化两分子底物合成为一分子化合物,同时伴有ATP的磷酸键断裂释能的酶类。例如,谷氨酰胺合成酶、腺苷酸代琥珀酸合成酶等。如果在新键形成中不需三磷酸核苷参与的酶称为合酶。

其反应通式为：

A＋B＋ATP＝AB＋ADP＋Pi（或 AB＋AMP＋PPi）

如谷氨酰胺连接酶（其系统名称为：谷氨酸：氨连接酶），其催化反应式为：

L-谷氨酸＋氨＋ATP＝L-谷氨酰胺＋ADP＋Pi

4.5.2 酶的命名

酶的命名有习惯命名和系统命名两种。

从 1878 年提出"酶"这个名称开始，人们对酶的命名一般都是根据一个酶所作用的底物，或者所催化的反应性质，再加上酶的来源和酶反应特征等因素，给这个酶定一个名字。例如，催化淀粉水解的酶称为淀粉酶，催化蛋白质水解的酶称为蛋白酶，催化一种化合物的氨基转移到另外一种化合物上的酶称为转氨酶。有时将底物和反应性质两方面结合起来对酶命名，例如，琥珀酸脱氢酶是催化琥珀酸的脱氢反应的酶。有时还在酶的命名中加上酶的来源或酶的其他特点，如唾液淀粉酶和胰淀粉酶，碱性磷酸酶和酸性磷酸酶等。这样的命名方法，一般称为习惯命名法。

习惯命名法有时不能完全说明酶促反应的本质，缺乏统一标准，甚至出现一酶多名或一名多酶的混乱情况。鉴于此，国际生物化学与分子生物学学会（IUBMB）以酶的国际系统分类为依据，于 1961 年提出系统命名法。图 4-25 给出两个酶的系统命名例子，并解析两个酶的系统命名的内容。

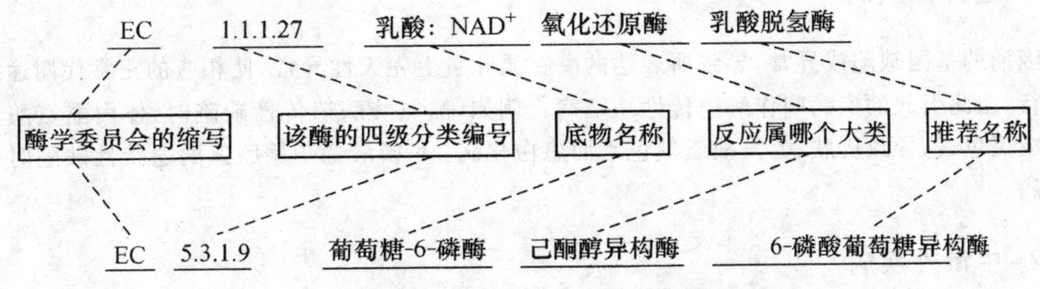

图 4-25 酶的系统命名法及各组成部分的含义

酶的系统命名法，通常给每个酶一个特定的编号。编号中的"EC"是酶学委员会的缩写。编号由四组数字组成，分别是"该酶属于哪个大类"、"这个大类中哪个亚类"、"这个亚类中哪个亚—亚类"、"这个亚—亚类中给定这个酶的号码"。编号后面的系统名称，包含两个必要部分：酶的底物的名称和酶促反应所属大类的名称。若该酶所催化的反应涉及两个底物，两个底物均应列出，中间用"："隔开。

由于许多酶促反应是双底物甚至是多底物参加的反应，且许多底物的名称很长，使得许多酶的系统名称过长，为了克服这一弊端，国际酶学委员会又从酶的习惯命名中选定一个简便实用的推荐命名（recommended name）。一些酶的编号及命令如表 4-1 所示。

表 4-1　一些酶的编号及命名

编号	推荐名	系统命名
EC 1.4.1.3	谷氨酸脱氢酶	*L*-谷氨酸:NAD^+ 氧化还原酶
EC 2.6.1.1	天冬氨酸氨基转移酶	*L*-天冬氨酸:α-酮戊二酸氨基转移酶
EC 3.5.3.1	精氨酸酶	*L*-精氨酸脒基水解酶
EC 4.1.2.13	果糖二磷酸醛缩酶	*D*-果糖-1,6-二磷酸:*D*-甘油醛-3-磷酸裂合酶
EC 5.3.1.9	磷酸葡萄糖异构酶	*D*-葡萄糖-6-磷酸酮醇异构酶
EC 6.3.1.2	谷氨酰胺合成酶	*L*-谷氨酸:氨连接酶

4.6　酶与医学的关系

4.6.1　酶与疾病的发生

1. 遗传性疾病

因酶的基因缺陷或异常,导致所表达的酶在质和量上先天性异常,使相应的正常代谢途径不能进行,由此引起的疾病叫作酶遗传性缺陷病。例如,酪氨酸酶遗传性缺陷时,体内酪氨酸不能转化成黑色素,导致皮肤、毛发缺乏黑色素而患白化病。6-磷酸葡萄糖脱氢酶遗传性缺陷时导致蚕豆病。

2. 中毒性疾病

临床上有些疾病是由于酶活性受到抑制引起的。例如,有机磷农药中毒是由于抑制了 ChE 活性,重金属盐中毒是由于抑制了巯基酶活性,氰化物中毒是由于抑制了细胞色素氧化酶的活性等。

3. 继发性疾病

许多疾病可引起酶的异常,这种异常又使病情进一步加重。例如,急性胰腺炎时,胰蛋白酶原在胰腺中被激活,造成胰腺组织被水解破坏。

4. 代谢障碍性或营养缺乏性疾病

激素代谢障碍或维生素缺乏可引起某些酶的异常。例如,维生素 K 缺乏时,凝血因子Ⅱ、

Ⅶ、Ⅸ、Ⅹ的前体不能在肝内进一步羧化为成熟的凝血因子，病人表现出凝血时间延长，皮下、胃肠道及肌肉等易出血的临床征象。

4.6.2 酶与疾病的诊断

许多遗传性疾患是由于先天性缺乏某种有活性的酶所致，故在出生前，可从羊水或绒毛中，检出该酶的缺陷或其基因表达的缺失，从而可采取早期流产，防患于未然。

当某些器官组织发生病变时，由于细胞的坏死或破损，或细胞膜通透性增加，可使原存在于细胞内的某些酶进入体液中，使体液中该酶的含量增加。通过对血、尿等体液和分泌液中某些酶活性的测定，可以反映某些组织器官的病损情况，而有助于疾病的诊断。血中某些酶活性的增加还可见于：①细胞的转换率增加，或细胞的增殖加快。当恶性肿瘤疯狂增长时，其标志酶的释出也增多，如前列腺癌患者，将会大量释出其标志酶——酸性磷酸酶。②酶的合成或诱导增加。如胆道堵塞时，胆汁反流，可诱导肝合成大量碱性磷酸酶。肝中的γ-谷氨酰转移酶可被巴比妥盐类（一类镇静安眠药）或乙醇等诱导而生成增加。③酶的清除率降低或分泌受阻等。血清中酶的清除，主要通过受体介导的内吞作用。如肝细胞上存在有以半乳糖苷基为末端的糖蛋白受体，它可结合循环中末端含半乳糖苷基的糖蛋白；来自小肠的碱性磷酸酶属于这类糖蛋白，因而可被清除。在肝硬变时，具有此类受体的细胞减少，血中碱性磷酸酶的活性增高。肿瘤标志性碱性磷酸酶的末端糖基为唾液酸（而非半乳糖苷基），故不被上述机制所清除，其在血中存在的持续时间长，活性高。临床上通过测定血中一些酶的活性以诊断某些疾病，具有重要的诊断价值。例如，测定血及尿中的淀粉酶活性，是急性胰腺炎的有力佐证；测定血中谷丙转氨酶的活性，可判断肝炎的活动情况；测定血中肌酸激酶和谷草转氨酶的活性，是诊断急性心肌梗死的重要指征。在某些疾病时，血中某些酶的活性又可显著降低，如在肝功能不良和有机磷农药中毒时，血中胆碱酯酶的活性减弱。

4.6.3 酶与疾病的治疗

1. 有些酶可作为助消化的药物

酶作为药物最早用于帮助消化。如胃蛋白酶、胰蛋白酶、胰淀粉酶、胰脂肪酶等可用于帮助纠正因为消化腺功能下降所致的消化不良。

2. 有些酶可用于清洁伤口和消炎

溶菌酶、胰蛋白酶、胰凝乳蛋白酶、木瓜蛋白酶、链激酶、尿激酶和纤溶酶等用于进行外科扩创、化脓伤口的净化、浆膜黏连的防治和某些炎症治疗。

3. 有些酶具有溶解血栓的疗效

链激酶、尿激酶和纤溶酶等均可溶解血栓，防止血栓形成，可用于脑血栓、心肌梗死等疾病的防治。

4. 有些酶能促进白血病细胞生长

利用天门冬酰胺酶分解天门冬酰胺可抑制血癌细胞的生长；甲氨蝶呤、6-巯基嘌呤、5-氟尿嘧啶等药物是肿瘤细胞核酸代谢途径中相关酶的竞争性抑制剂。

4.6.4 酶与医学研究

1. 作为临床检验的试剂

酶法分析利用酶作为分析试剂，对一些酶的活性、底物浓度、激活剂、抑制剂等进行定量分析的一种方法。其原理是利用指示酶催化的反应可以直接检测（底物或产物），将该酶偶联到直接测定待测酶促反应中，间接测定待测反应。

例如，将不能直接测定的转氨（酶）反应与可以直接测定的脱氢（酶）反应偶联，其中 NADH 的减少（代表指示酶的活性）可以直接检测，间接测定转氨酶的活性（图 4-26）。

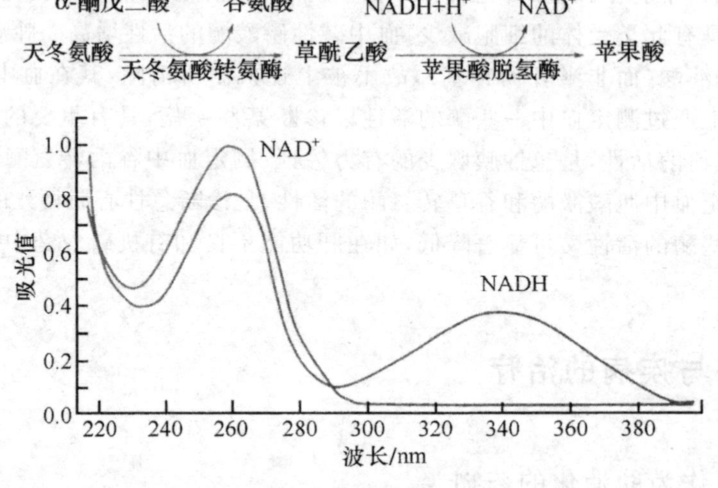

图 4-26 酶偶联测定法

临床上用来测定血液葡萄糖浓度的己糖激酶法就是常用的一种酶偶联测定法。己糖激酶催化葡萄糖和 ATP 发生磷酸化反应，生成葡萄糖-6-磷酸与 ADP。前者在葡萄糖-6-磷酸脱氢酶催化下脱氢，生成 6-磷酸葡萄糖酸内酯，同时使 $NADP^+$ 还原成 NADPH（图 4-27）。

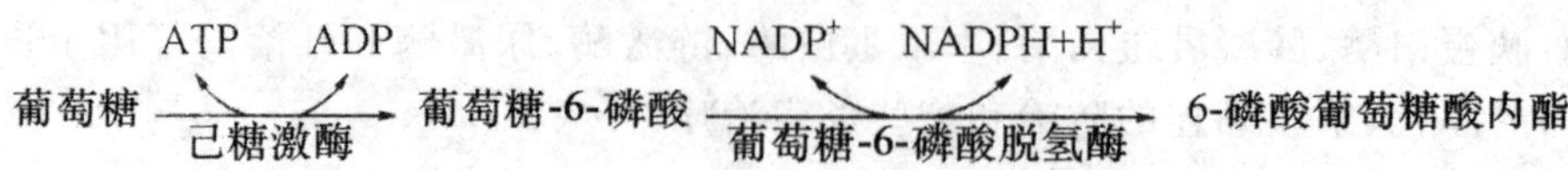

图 4-27 己糖激酶法测定血液葡萄糖浓度

根据反应方程式，NADPH 的生成速率与葡萄糖浓度成正比，在波长 340 nm 监测吸光度升高速率，计算血清中葡萄糖浓度。

2. 酶作为工具用于科研与生产

在分子生物学研究领域中，利用酶具有高度特异性的特点，将酶作为工具，在分子水平上对某些生物大分子进行定向的分割与连接，被广泛地应用于分子克隆领域。常用的工具酶包括限制性核酸内切酶、DNA 连接酶、热稳定的 DNA 聚合酶（Taq DNA 聚合酶）等。

酶可以代替同位素与某些物质相结合而标记该物质，通过测定酶的活性来判断被标记物质或与其定量结合的物质的存在和含量。

酶联免疫吸附测定（enzyme-linked immunosorbent assay，ELISA）是一种酶学与免疫学相结合的一种测定方法，该法将蛋白质的抗体共价连接于报告酶（reporter enzyme）形成抗体-酶复合物，再与样品中的抗原结合成抗原-抗体-酶三元复合物，检测报告酶的底物生成产物的量来代表样品中的抗原的量。

3. 酶分子工程

固化酶又名固相酶是将水溶性的酶经物理或化学方法处理后得到的不溶于水但仍具有酶活性的一种固相的酶的衍生物。固定化酶在催化反应中以固相状态作用于底物，并保持酶的高效性和特异性。

抗体酶指的是将底物的过渡态类似物作为抗原注入动物体内产生的具有催化功能的抗体分子。抗体酶途径是人工制造一些特异性强的、药效高的药物和自然界不存在的新酶的一种捷径。

模拟酶是根据酶的作用原理，利用有机化学合成方法，人工合成的具有底物结合部位和催化部位的非蛋白质有机化合物。

第二部分　物质代谢及调控

第 5 章　生物氧化

生命活动需要能量供应，所需的能量来自生物氧化。生物氧化是指糖类、脂类和蛋白质等营养物质在体内氧化分解、最终生成 CO_2 和 H_2O，并释放能量满足生命活动需要的过程。由于这一过程是在组织细胞内进行的，而且通过肺吸入的 O_2 主要用于生物氧化，呼出的 CO_2 也主要来自生物氧化，所以生物氧化又称为组织呼吸或细胞呼吸。生物氧化的意义就在于提供生命活动所需的能量。

5.1　生物氧化概述

5.1.1　生物氧化的特点

同一物质在体内、外氧化时所消耗的氧量、终产物（CO_2、H_2O）及释放的能量相同，但二者所进行的方式却大不一样。与物质在体外氧化过程相比，体内的氧化反应有以下特点：

①生物氧化过程是在细胞内进行，环境温和（体温、pH 近似中性）。

②CO_2 的产生方式为有机酸脱羧，H_2O 的产生是由底物脱氢经电子传递过程最后与氧结合而生成。

③生物氧化是在一系列酶的催化下逐步进行的，能量逐步释放。释放的能量一部分以化学能的形式使 ADP 磷酸化生成 ATP，作为机体各种生理活动需要的直接能源。

④生物氧化的速率受体内多种因素的调节。

5.1.2　生物氧化的过程

生物体内生物氧化的过程大致包括以下 3 个阶段，如图 5-1 所示。第一个阶段：多糖、脂类、蛋白质降解为其基本组成单位——葡萄糖、脂肪酸、甘油、氨基酸。此阶段放能较少，不到总能量的 1，且多以热能形式散失。第二个阶段：葡萄糖、脂肪酸、甘油、氨基酸经一系列酶促反应生成活泼的二碳化合物——乙酰 CoA。此阶段释放出的能量约占总能量的 1/3，其中部分能量储存在高能化合物中。第三个阶段：乙酰 CoA 进入三羧酸循环被彻底氧化生成 CO_2，同时进行四次脱氢，脱下的氢经呼吸链传递给氧生成 H_2O，同时释放出大量能量，其中相当一部分储存在 ATP 中供机体利用。

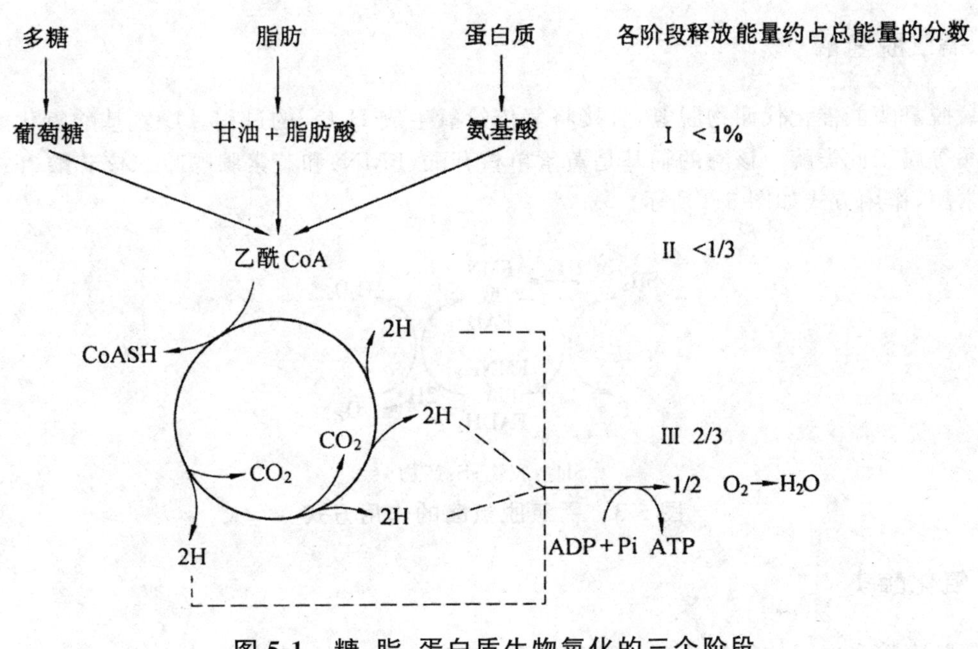

图 5-1 糖、脂、蛋白质生物氧化的三个阶段

5.1.3 参与生物氧化的酶

体内参与生物氧化的酶类可分为不需氧脱氢酶类、需氧脱氢酶类、氧化酶类以及加氧酶类等。代谢物脱下的氢不以氧为直接受氢体，而以某些酶的辅酶作为直接受氢体。这些辅酶既可以接受氢被还原，又可以释放出氢被氧化，起递氢或递电子的作用，称为递氢体或递电子体。

1. 不需氧脱氢酶

不需氧脱氢酶指能催化代谢物脱氢，但不以氧为直接受氢体，而是将底物脱下的氢经一系列传递体的传递后，将氢交给氧生成 H_2O 的过程。不需氧脱氢酶是体内最重要的脱氢酶，依据辅助因子不同可分为两类：一是以 NAD^+（或 $NADP^+$）为辅酶的不需氧脱氢酶，如乳酸脱氢酶、苹果酸脱氢酶等；二是以 FAD(或 FMN)为辅基的不需氧脱氢酶，如琥珀酸脱氢酶、脂肪酰辅酶 A 脱氢酶等。不需氧脱氢酶类作用方式如图 5-2 所示。

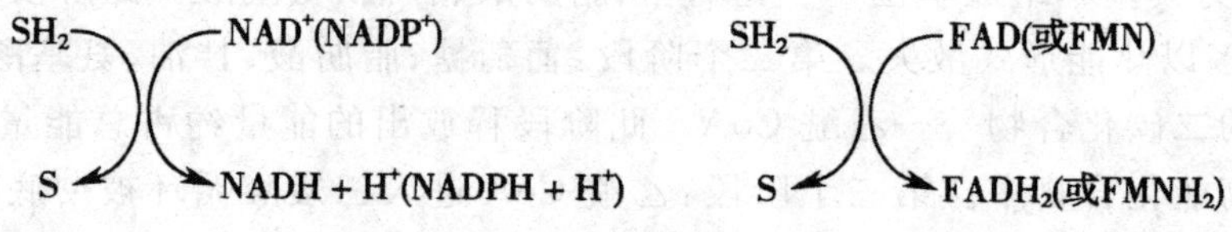

SH_2:底物;S:产物

图 5-2 不需氧脱氢酶的作用方式

2. 需氧脱氢酶

需氧脱氢酶能催化代谢物脱氢,直接将氢传给氧生成 H_2O_2 的过程。L-氨基酸氧化酶、黄嘌呤氧化酶等属于此类酶。该酶的辅基是黄素单核苷酸(FMN)和黄素腺嘌呤二核苷酸(FAD),故又称黄素酶,作用方式如图 5-3 所示。

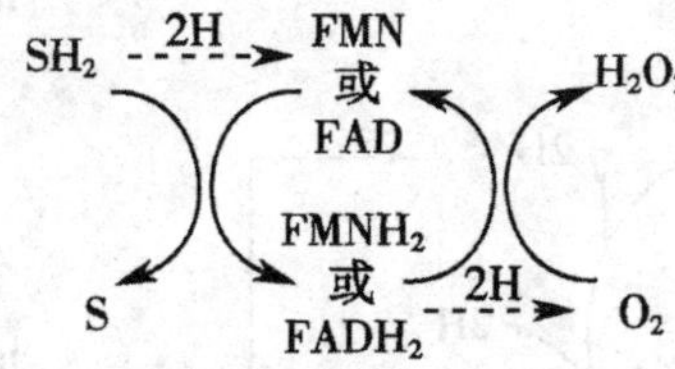

SH_2:底物;S:产物

图 5-3 需氧脱氢酶的作用方式

3. 氧化酶类

以氧为直接受电子体的氧化还原酶称为氧化酶(oxidase)。有些氧化酶含 Cu^{2+} 或 Fe^{3+},通过 Cu^{2+} 或 Fe^{3+} 氧化还原互变,将代谢物或传递体的 2e 传给氧,直接利用氧为受氢体,产物为 H_2O,如抗坏血酸氧化酶(植物中多见)、细胞色素氧化酶(aa_3)等。催化反应如下。

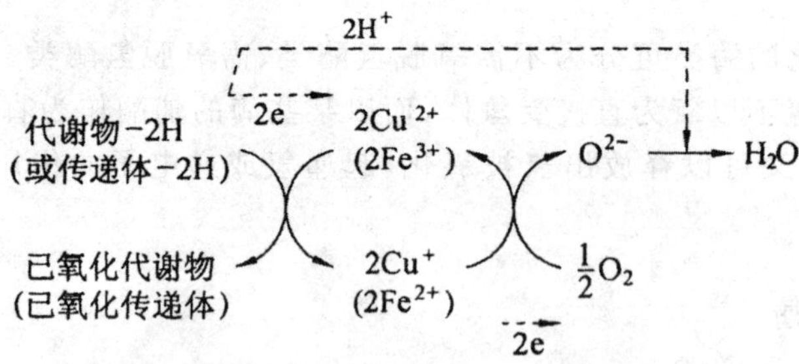

另外,前面提到过的需氧黄素酶也属于氧化酶范畴,产物为 H_2O_2 而不是 H_2O,如黄嘌呤氧化酶、氨基酸氧化酶等。

4. 其他酶类

除上述酶类外,体内还有一些氧化还原酶类,如加单氧酶、加双氧酶、过氧化氢酶和过氧化物酶等。

5.1.4 代谢物氧化方式

生物氧化与物质在体外的氧化方式在化学本质上是相同的，生物氧化的方式有加氧、脱氢和失电子反应。

(1)脱氢

这是生物氧化的主要方式，由脱氢酶或氧化酶催化，例如，琥珀酸脱氢。

$$\underset{\text{琥珀酸}}{HOOC\text{-}CH_2\text{-}CH_2\text{-}COOH} + FAD \xrightarrow[\text{琥珀酸脱氢酶}]{} \underset{\text{延胡索酸}}{HOOC\text{-}CH{=}CH\text{-}COOH} + FADH_2$$

另一类型是加水脱氢反应，即物质分子中加入 H_2O，同时脱去两个氢原子，其总结果是底物分子中加入了一个来自水分子的氧原子，实际上是脱氢反应。如乙醛氧化为乙酸：

$$CH_3CHO + H_2O \rightarrow CH_3COOH + 2H$$

(2)加氧

①在底物中加入一个氧原子，由单加氧酶(又称羟化酶)催化，例如，苯丙氨酸羟化。

②在底物中加入两个氧原子，由双加氧酶催化，例如，尿黑酸氧化。

$$\underset{\text{苯丙氨酸}}{C_6H_5\text{-}CH_2\text{-}CH(NH_2)\text{-}COOH} \xrightarrow[\text{苯丙氨酸羟化酶}]{NADPH + H^+ + O_2 \;\rightarrow\; NADP^+ + H_2O} \underset{\text{酪氨酸}}{HO\text{-}C_6H_4\text{-}CH_2\text{-}CH(NH_2)\text{-}COOH}$$

(3)失电子

原子或离子在反应中失去电子，化合价升高。如细胞色素中 Fe^{2+} 氧化。

$$Fe^{2+} \longrightarrow Fe^{3+} + e^-$$

实际上脱氢过程也包括电子转移，因为一个氢原子是由一个质子(H^+)和一个电子(e^-)组成，脱去一个氢原子也就是失去一个质子(H^+)和一个电子(e^-)，所以脱氢反应也可写为：

$$\underset{\text{醇}}{RCH_2OH} \xrightarrow{-2H^+ \; -2e^-} \underset{\text{醛}}{RCHO}$$

5.1.5 生物氧化中 CO_2 的形成

生物氧化的特点之一是有机酸通过脱羧基反应生成 CO_2。脱羧基反应既可以根据是否伴有氧化反应分为单纯脱羧和氧化脱羧，又可以根据脱掉的羧基在底物分子结构中的位置分为 α-脱羧和 β-脱羧，所以有机酸有以下四种脱羧方式(图 5-4)。

①α-单纯脱羟

$$\underset{\text{氨基酸}}{R\text{-}CH(COOH)\text{-}NH_2} \xrightarrow[\text{氨基酸氧化酶}]{} \underset{\text{胺}}{R\text{-}CH_2\text{-}NH_2} + CO_2$$

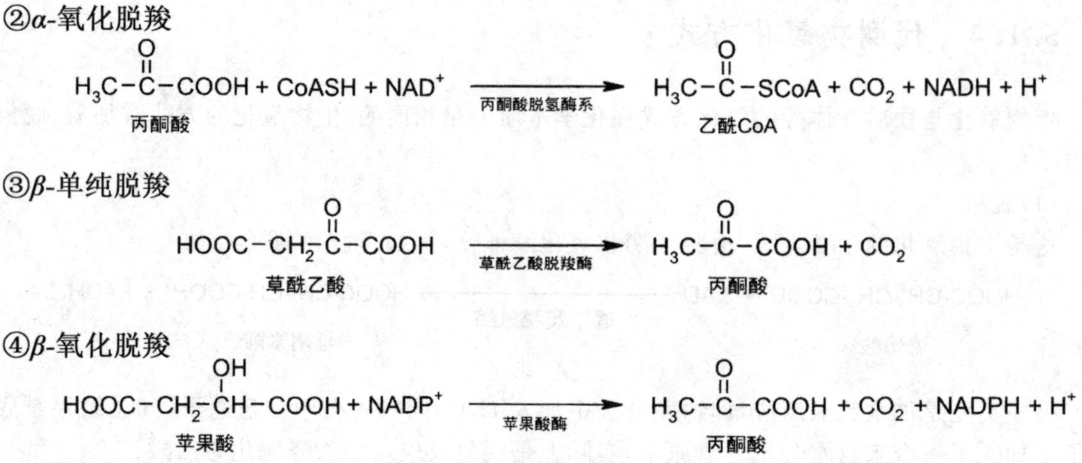

②α-氧化脱羧
H3C−C(=O)−COOH + CoASH + NAD+
丙酮酸
丙酮酸脱氢酶系
H3C−C(=O)−SCoA + CO2 + NADH + H+
乙酰CoA
③β-单纯脱羧
HOOC−CH2−C(=O)−COOH
草酰乙酸
草酰乙酸脱羧酶
H3C−C(=O)−COOH + CO2
丙酮酸
④β-氧化脱羧
HOOC−CH2−CH(OH)−COOH + NADP+
苹果酸
苹果酸酶
H3C−C(=O)−COOH + CO2 + NADPH + H+
丙酮酸

图 5-4 CO_2 的生成方式

5.2 呼吸链

5.2.1 呼吸链的组成成分及其作用

线粒体的生物氧化有赖于多种酶和辅酶的作用，代谢物脱下的成对氢原子(2H)通过多种酶和辅酶所催化的连锁反应逐步传递，最终与氧结合生成水。由于此过程与细胞呼吸有关，所以将这一含多种氧化还原组分的传递链称为氧化呼吸链(oxidative respiratory chain)。在氧化呼吸链中，酶和辅酶按一定顺序排列在线粒体内膜上，其中传递氢的酶或辅酶称之为递氢体，传递电子的酶或辅酶称之为电子传递体。不论传递氢体还是电子传递体都起传递电子的作用，所以氧化呼吸链又称电子传递链。

用胆酸类物质反复处理线粒体内膜，可以分离到呼吸链的组成成分，包括泛醌、Cyt c 和四种具有传递电子功能的呼吸链复合体。它们与泛醌、Cyt c 构成的呼吸链如图 5-5 所示。

FMN Fe-S
复合体I
NADH
~Ⓟ
ADP
ATP
FAD Fe-S
复合体II
琥珀酸
Q
Cyt b
Fe-S
Cyt c1
复合体III
~Ⓟ
ADP
ATP
Cyt c
Cyt aa3
Cu
复合体IV
~Ⓟ
O2
ADP
ATP

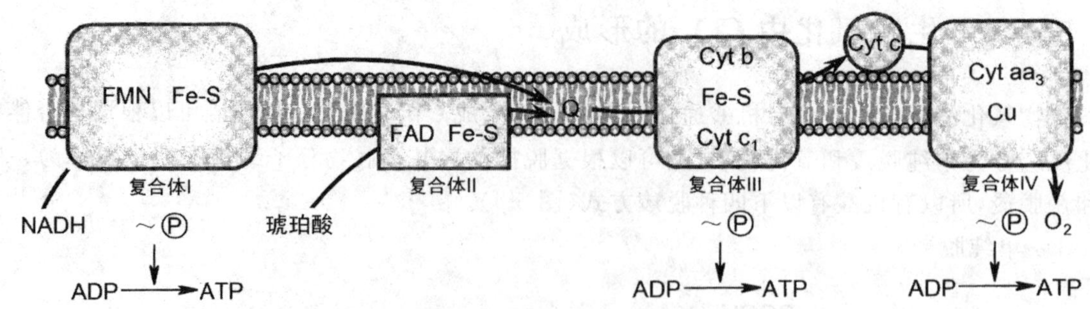

图 5-5 呼吸链复合体的组成及合成 ATP 的偶联部位

进一步分析呼吸链复合体组成得到黄素蛋白、铁硫蛋白、细胞色素和铜原子等，如表 5-1 所示。

表 5-1　呼吸链复合体

成分	名称	蛋白组成(含辅基)	肽链数
复合体Ⅰ	NADH 脱氢酶	黄素蛋白(FMN)、铁硫蛋白(Fe-S)	43
复合体Ⅱ	琥珀酸脱氢酶	黄素蛋白(FAD)、铁硫蛋白(Fe-S)、细胞色素 *b*(血红素)	4
复合体Ⅲ	泛醌-细胞色素 c 还原酶	铁硫蛋白(Fe-S)、细胞色素(血红素)b、细胞色素 c_1(血红素)	11
复合体Ⅳ	细胞色素 c 氧化酶	细胞色素 aa_3(血红素、Cu_A、Cu_B)	13

1. 泛醌

泛醌(Q)是广泛存在于生物界的一种脂溶性醌类化合物，带有聚异戊二烯侧链。凭借该侧链的疏水性，泛醌可以在线粒体内膜中自由扩散。不同泛醌侧链异戊二烯单位的数目不同，人的泛醌侧链有 10 个异戊二烯单位，用 Q_{10} 表示。

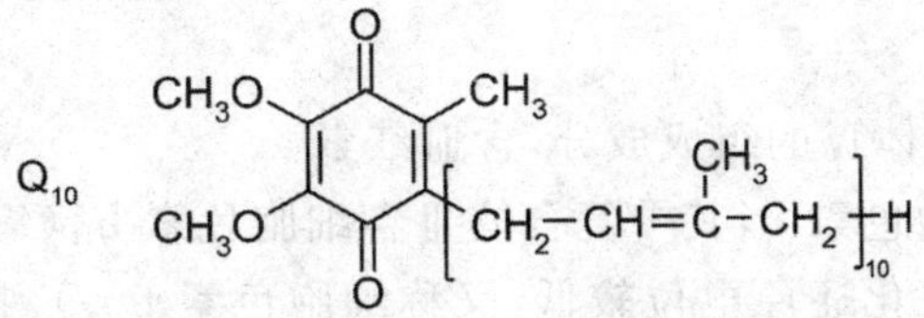

Q_{10} [结构式：2,3-二甲氧基-5-甲基-苯醌，侧链 $\left[CH_2-CH=\overset{CH_3}{C}-CH_2\right]_{10}H$]

泛醌接受 1 个电子和 1 个质子还原成泛醌自由基，再接受 1 个电子和 1 个质子还原成二氢泛醌(QH_2)。二氢泛醌可以给出电子和质子，氧化成泛醌。

泛醌（全氧化型） $\underset{-H^+-e}{\overset{+H^++e}{\rightleftharpoons}}$ 泛醌自由基 $\underset{-H^+-e}{\overset{+H^++e}{\rightleftharpoons}}$ 二氢泛醌（全还原型）

泛醌在呼吸链中通过两个连续步骤在黄素蛋白和细胞色素 c_1 之间传递氢和电子。泛醌接受黄素蛋白与铁硫蛋白传递来的电子和 H^+，先形成半醌式(泛醌自由基)，再形成二氢泛醌(QH_2)。生成的 QH_2 通过逆反应去掉氢和电子恢复为 Q，但是进行逆反应时两个电子传递给细胞色素 c_1，两个 H^+ 游离到介质中。二氢泛醌和细胞色素 c_1 之间传递电子时需要细胞色素 b 和铁硫蛋白的参与。

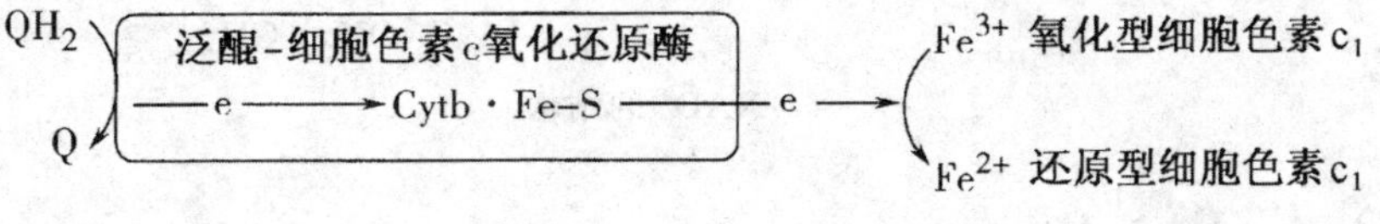

QH_2 → Q：泛醌-细胞色素c氧化还原酶 —e→ Cytb · Fe-S —e→ Fe^{3+} 氧化型细胞色素 c_1 → Fe^{2+} 还原型细胞色素 c_1

2. 细胞色素(Cyt)

细胞色素是一类血红素蛋白(又称血红素蛋白质),参与呼吸链电子传递及其他氧化还原过程。其血红素又称为铁卟啉,铁通过以下反应传递电子:

$$Fe^{2+} \rightleftharpoons Fe^{3+} + e^{-}$$

细胞色素可以根据性质及血红素辅基结合方式的不同分为细胞色素 a、b、c 等,所含血红素辅基相应分为血红素 a、b、c 等。氧化呼吸链中至少含六种细胞色素。

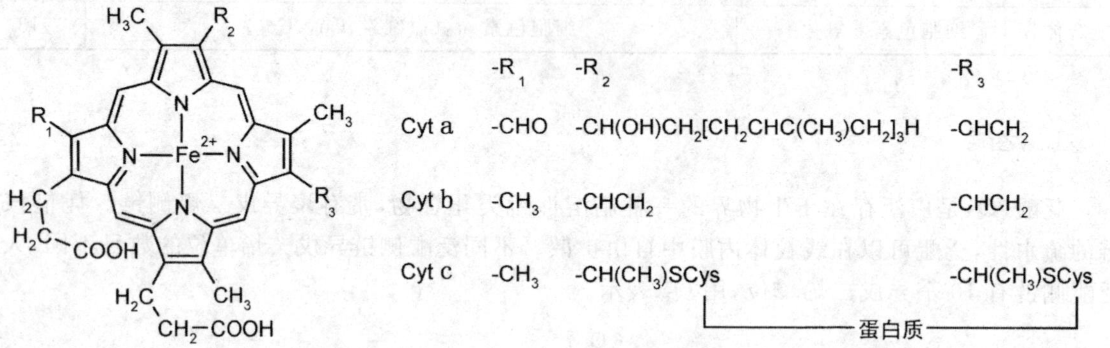

	$-R_1$	$-R_2$	$-R_3$
Cyt a	-CHO	$-CH(OH)CH_2[CH_2CHC(CH_3)CH_2]_3H$	$-CHCH_2$
Cyt b	$-CH_3$	$-CHCH_2$	$-CHCH_2$
Cyt c	$-CH_3$	$-CH(CH_3)SCys$	$-CH(CH_3)SCys$

蛋白质

①细胞色素 aa_3 是复合体Ⅳ的组成成分,含血红素 a。

②呼吸链中有三种细胞色素 b,其中复合体Ⅲ含细胞色素 b_H(氧化还原电位较高,又称细胞色素 b_{562})和细胞色素 b_L(氧化还原电位较低,又称细胞色素 b_{566}),它们都参与电子从泛醌向细胞色素 c 的传递;复合体Ⅱ含细胞色素 b_{560},它不直接参与电子传递。

③细胞色素 c 是一种周边蛋白质,能够在线粒体内膜上游动,从复合体Ⅲ的细胞色素 c_1 获得电子,向复合体Ⅳ传递。细胞色素 c 在两方面不同于细胞色素 a 和细胞色素 b,一是其所含血红素 c 与蛋白质以共价键结合,二是通过离子键结合于线粒体内膜外表面。

3. NAD^+ 和 $NADP^+$

NAD^+ 是多种不需氧脱氢酶的辅酶,是连接代谢物与呼吸链的重要环节。分子中除含烟酰胺(维生素 PP)外,还含有核糖、磷酸及一分子腺苷酸(AMP),其结构如图 5-6 所示。

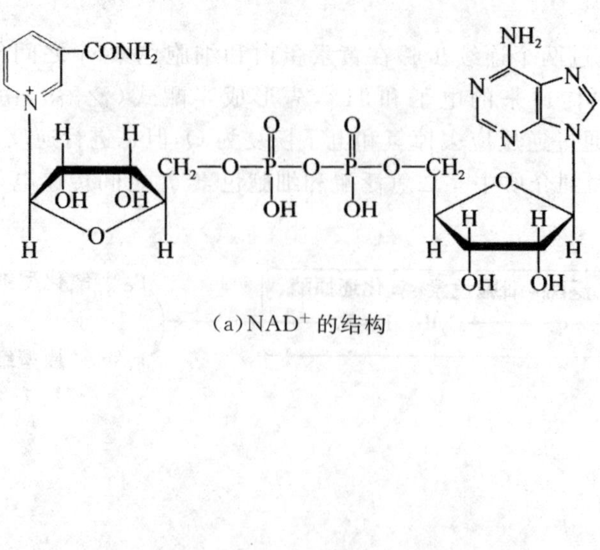

(a)NAD^+ 的结构

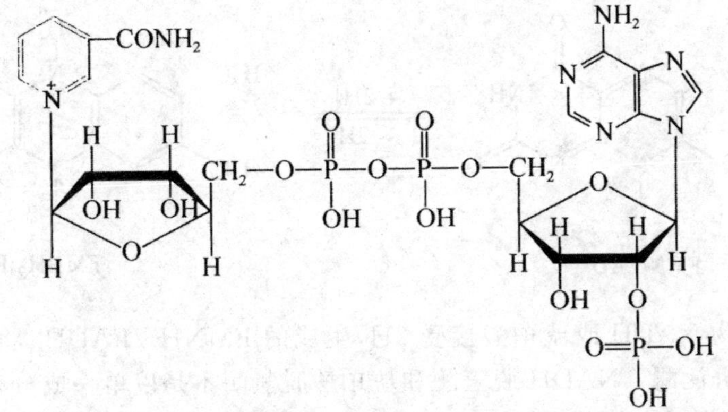

(b) $NADP^+$ 的结构

图 5-6 NAD^+ 和 $NADP^+$ 的结构图

NAD^+ 的主要功能是接受从代谢物上脱下的 2H($2H^+ + 2e$)。在生理条件下，烟酰胺中的吡啶氮为五价氮，它能可逆地接受电子而成为三价氮，与氮对位的碳也较活泼，能可逆地加氢还原，故可将 NAD^+ 视为递氢体。反应时，NAD^+ 中的烟酰胺部分可接受一个氢原子及一个电子，尚有一个质子(H^+)留在介质中，如图 5-7 所示。

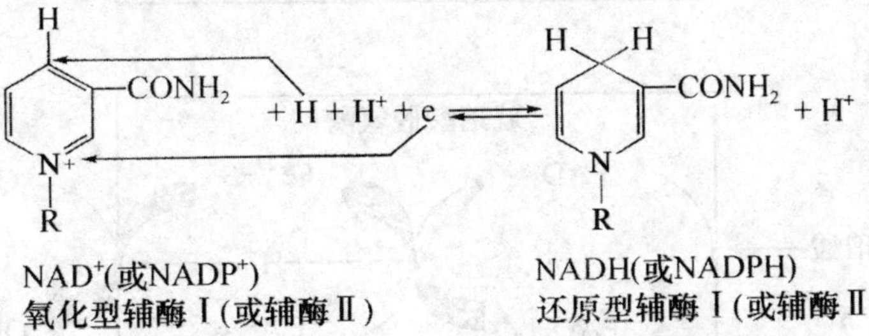

NAD^+(或$NADP^+$)
氧化型辅酶Ⅰ(或辅酶Ⅱ)

NADH(或NADPH)
还原型辅酶Ⅰ(或辅酶Ⅱ)

R代表NAD(或NADP)$^+$中除烟酰胺以外的其他部分

图 5-7 NAD^+ 或 $NADP^+$ 的作用机制

此外，亦有不少脱氢酶的辅酶为烟酰胺腺嘌呤二核苷酸磷酸($NADP^+$)，又称辅酶Ⅱ(CoⅡ)，它与 NAD^+ 不同之处是在腺苷酸部分中核糖的 2′位碳上羟基的氢被磷酸基取代而成，如图 5-7 所示。当此类酶催化代谢物脱氢后，其辅酶 $NADP^+$ 接受氢而被还原生成 $NADPH + H^+$，再经吡啶核苷酸转氢酶作用将氢转移给 NAD^+，然后再经呼吸链传递。但 $NADPH + H^+$ 一般是为合成代谢或羟化反应提供氢。

4. 黄素蛋白

以黄素单核苷酸(FMN)或黄素腺嘌呤二核苷酸(FAD)为辅基的蛋白称为黄素蛋白。呼吸链中有两种黄素蛋白，黄素单核苷酸(FMN)为辅基的黄素蛋白称为 NADH 脱氢酶，参与 NADH 脱氢和黄素腺嘌呤二核苷酸(FAD)为辅基的黄素蛋白称为琥珀酸脱氢酶，两种酶均通过辅基中的异咯嗪环可逆地加氢、脱氢而传递氢。

$$\text{FMN/FAD} \underset{-2H}{\overset{+2H}{\rightleftharpoons}} \text{FMNH}_2\text{/FADH}_2$$

黄素蛋白从底物 NADH 或琥珀酸接受 2H，生成的 $FMNH_2/FADH_2$ 将 2H 再转移给呼吸链的下一个组成成分泛醌。NADH 脱氢酶和琥珀酸脱氢酶不是以单一成分存在，其结构中都含有铁硫蛋白，所以又分别称之为复合体Ⅰ和复合体Ⅱ。借助铁硫蛋白将 $FMNH_2/FADH_2$ 的电子传递给泛醌，其传递过程如图 5-8 所示。

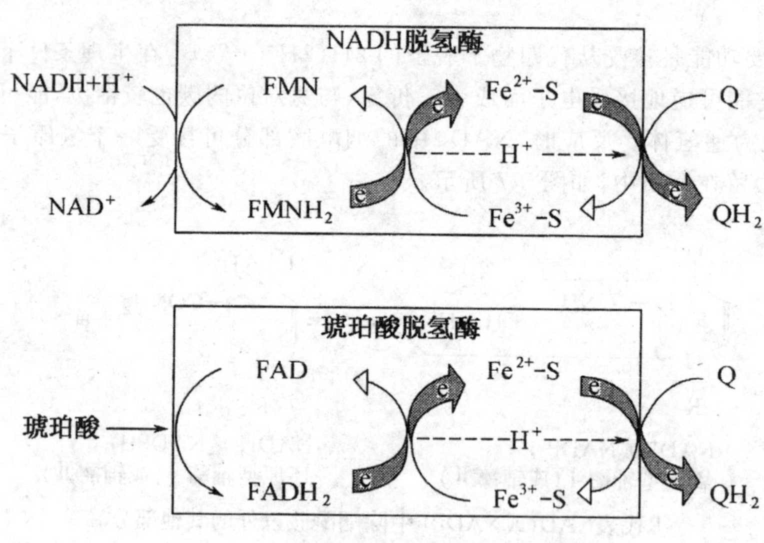

图 5-8　黄素蛋白传递电子的过程

5. 铁硫蛋白(Fe-S)

铁硫蛋白又称铁硫中心，是含铁原子和硫原子的一类金属蛋白质。铁与无机硫原子或蛋白质肽链上半胱氨酸残基的硫相结合，用酸处理可释放出 H_2S 和铁。常见的 Fe-S 有 3 种组合方式：单个铁原子与 4 个半胱氨酸残基硫相结合；两个铁原子、两个无机硫原子组成(2Fe-2S)；四个铁原子、四个无机硫原子(4Fe-4S)，如图 5-9 所示。

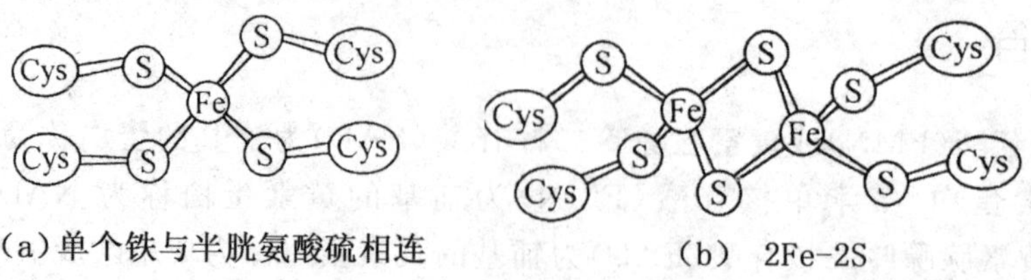

(a)单个铁与半胱氨酸硫相连　　(b)　2Fe-2S

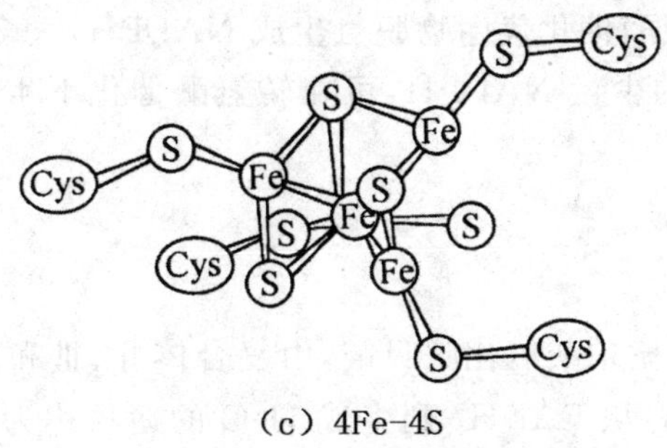

（c）4Fe-4S

图 5-9　铁硫蛋白结构

铁硫蛋白通过铁硫簇中二价铁、三价铁互变而传递电子。

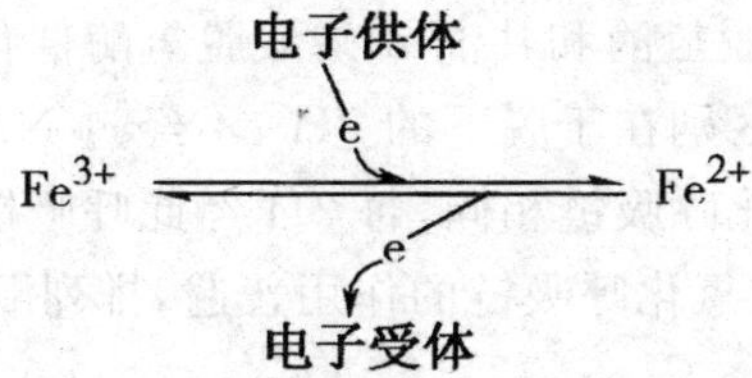

5.2.2　体内两条重要的呼吸链及其组成成分的排列

线粒体内存在两条呼吸链，即 NADH 氧化呼吸链和 $FADH_2$ 氧化呼吸链。呼吸链中氢和电子的传递有着严格的顺序和方向。这些顺序和方向是根据各种电子传递体标准氧化还原电位（E^{θ}）的数值测定的，并利用某种特异的抑制剂切断其中的电子流后，再测定电子传递链中各组分的氧化还原状态，以及在体外将电子传递体重新组成呼吸链等实验而得到的结论。

1. NADH 氧化呼吸链

NADH 氧化呼吸链由复合体Ⅰ、Ⅲ和Ⅳ组成。人体内大多数脱氢酶如乳酸脱氢酶、苹果酸脱氢酶等都以 NAD^+ 作辅酶，在脱氢酶催化下将底物 SH_2 脱下的氢交给 NAD^+ 生成 $NADH+H^+$，然后通过 NADH 氧化呼吸链将其携带的两个电子逐步传递给氧。在 NADH 脱氢酶作用下，$NADH+H^+$ 将两个氢原子经复合体Ⅰ传给 CoQ 生成 $CoQH_2$，此时两个氢原子解离成 $2H^+ + 2e^-$，$2H^+$ 游离于介质中，$2e^-$ 再经复合体Ⅲ传给 Cytc，然后传至复合体Ⅳ，最后将 $2e^-$ 传递给 O_2。其电子传递模式如下：

NADH ⟶ 复合体Ⅰ ⟶ Q ⟶ 复合体Ⅱ ⟶ Cytc ⟶ 复合体Ⅳ ⟶ Q_2

NADH 氧化呼吸链为体内最重要的呼吸链，排列顺序如图 5-10 所示。

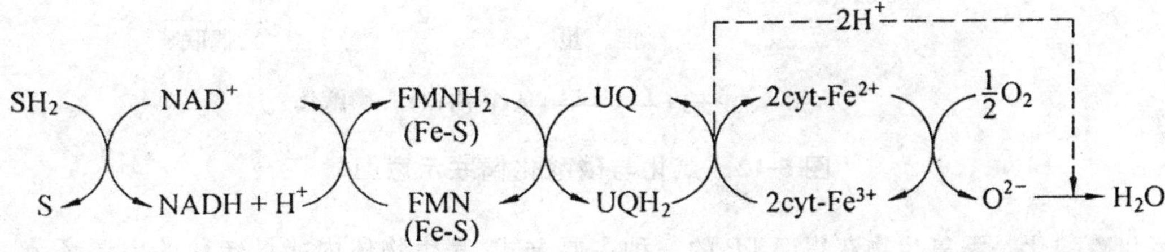

图 5-10　NADH 氧化呼吸链

以 $NADP^+$ 为辅酶的脱氢酶催化代谢物脱氢生成 NADPH，大多数存在于线粒体外，主要参与合成代谢。线粒体内生成的少量 NADPH，可在转氢酶催化下生成 NADH，再进入呼吸链被氧化。

2. $FADH_2$ 氧化呼吸链

$FADH_2$ 氧化呼吸链又叫琥珀酸氧化呼吸链，由复合体Ⅱ、Ⅲ和Ⅳ组成。底物脱下的氢交给 FAD，使 FAD 还原为 $FADH_2$，从 $FADH_2$ 到生成 H_2O 的途径称为 $FADH_2$ 氧化呼吸链。此呼吸链最早发现于琥珀酸生成 FADH。参与的电子传递，因此又称为琥珀酸氧化呼吸链。其电子传递顺序是：

琥珀酸⟶复合体Ⅱ⟶Q⟶复合体Ⅱ⟶Cytc⟶复合体Ⅳ⟶Q_2

琥珀酸脱氢酶、脂酰辅酶 A 脱氢酶和甘油-3-磷酸脱氢酶催化底物脱下的氢均通过此呼吸链氧化。与 NADH 氧化呼吸链的区别在于脱下的 $2H^+$ 不经过 NAD^+ 这一环节。除此之外，其氢和电子传递过程均与 NADH 氧化呼吸链相同，每 2H 经此呼吸链氧化生成 1.5 分子 ATP。

$FADH_2$ 呼吸链不如 NADH 氧化呼吸链的作用普遍，排列顺序，如图 5-11 所示。

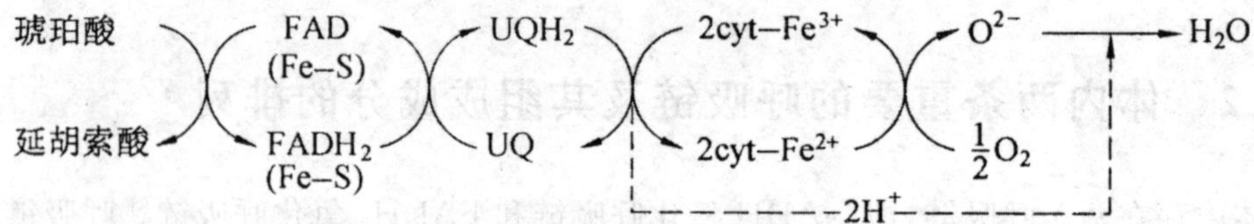

图 5-11　$FADH_2$ 氧化呼吸链

5.3　氧化磷酸化

氧化磷酸化是指利用代谢物脱下的 2H（$NADH+H^+$ 或 $FADH_2$）经过电子传递链（呼吸链）传递到分子氧形成水的过程中所释放出的能量，使 ADP 磷酸化生成 ATP 的作用。简言之，H 经呼吸链氧化与 ADP 磷酸化为 ATP 反应的偶联，就是氧化磷酸化（图 5-12）。

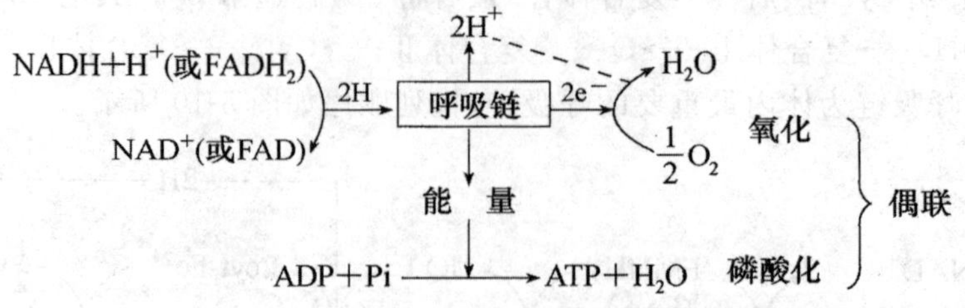

图 5-12　氧化与磷酸化偶联示意图

氧化磷酸化是需氧生物获得 ATP 的一种主要方式，是生物体内能量转移的主要环节，需要氧分子的参与。真核生物氧化磷酸化过程在线粒体内膜进行，原核生物在细胞质膜上进行。

5.3.1 氧化磷酸化的偶联部位

根据电化学的计算结果，$NAD^+ \rightarrow UQ$、$UQ \rightarrow Cyt\ c$、$Cyt\ aa_3 \rightarrow O_2$ 这 3 个反应均足够提供合成 1moi ATP 所需的能量。呼吸链氧化磷酸化偶联部位如图 5-13 所示。

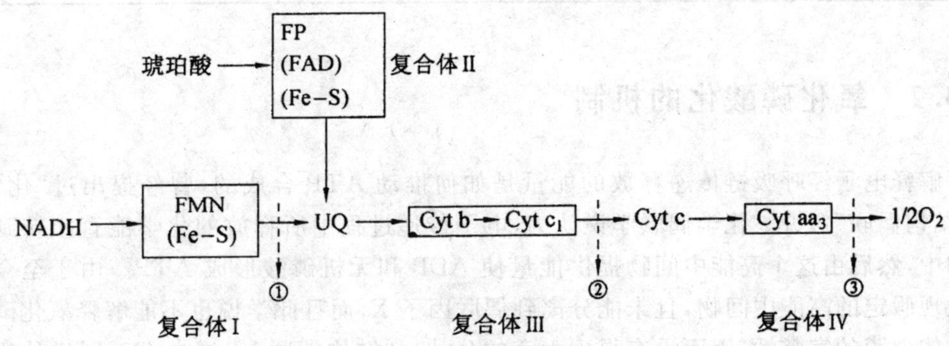

图 5-13 氧化磷酸化的偶联部位

偶联部位即呼吸链中电子传递与 ATP 合成相偶联的部位，主要依据以下研究结果确定：

①磷/氧比值。在含有底物、氧分子、ADP、磷酸和 Mg^{2+} 等的反应体系中加入线粒体，可以观察到反应体系在消耗氧分子的同时也消耗磷酸。磷/氧比值(P/O 比值)是指每消耗 1 摩尔氧原子(即 0.5 摩尔氧分子)所消耗磷酸的摩尔数或合成 ATP 的摩尔数。在反应体系中加入不同底物并测定磷/氧比值，可以大致确定氧化磷酸化的偶联部位。标准条件下 NADH 氧化呼吸链的磷/氧比值约为 2.5，即其传递一对电子可以推动生成 2.5 个 ATP；琥珀酸氧化呼吸链的 P/O 比值约为 1.5，即其传递一对电子可以推动生成 1.5 个 ATP。因此，复合体 I 是偶联部位。抗坏血酸能将一对电子经细胞色素 c 送入呼吸链，磷/氧比值约为 1，所以复合体Ⅲ、Ⅳ也是偶联部位。临床上测定能量代谢时，为了简捷，只需测定一定时间内的氧耗量。如表 5-2 所示为线粒体离体实验测得的一些底物的 P/O 比值。

表 5-2 线粒体离体实验测得的一些底物 P/O 比值

底物	呼吸链的组成	P/O 比值
B-羟丁酸	NAD^+→复合体 I→CoQ→复合体 III→Cyt c→复合体 IV→O_2	2.4～2.8
琥珀酸	复合体 II→CoQ→复合体 III→Cyt c→复合体 IV→O_2	1.7
抗坏血酸	Cyt c→复合体 IV→O_2	0.88
细胞色素 c	复合体 IV→O_2	0.61～0.68

②标准自由能变。呼吸链中有三个阶段有较大的标准自由能变($\Delta G^{\circ\prime}$)和标准氧化还原电位差($E^{\circ\prime}$)。因为 ADP 合成 ATP 的标准自由能变为 30.5 kJ/mol，所以这三个阶段释放的自由能均足以推动合成 ATP，如表 5-3 所示。

表 5-3 呼吸链标准氧化还原电位差和自由能变

三个阶段	NADH→Q	细胞色素 b→细胞色素 c	细胞色素 aa_3→O_2
标准氧化还原电位差/V	0.36	0.18	0.53
标准自由能变/(kJ/mol)	−69.5	−34.7	−102.3

5.3.2 氧化磷酸化的机制

为了解释电子经呼吸链传递释放的能量是如何推动 ATP 合成的，曾经提出过“化学偶联”假说和“结构偶联”假说。化学偶联学说认为，电子传递过程中所释放的化学能直接转到某种高能中间物中，然后由这个高能中间物提供能量使 ADP 和无机磷酸形成 ATP。由于至今未在线粒体中发现假定的高能中间物，且未能分离到偶联因子 X，而且此学说也不能解释氧化磷酸化依赖于线粒体内膜的完整性，因而没有得到大家的公认。“结构偶联”假说也由于同样的原因而没有被人们接受。

1961 年，英国生物化学家 Peter Mitchell 提出“化学渗透”假说(ehemiosmotic hypothesis)，目前已被普遍接受用于解释氧化磷酸化的机制。

“化学渗透”假说认为，在线粒体内膜是完整、封闭的前提下，呼吸链的电子传递是一个主动转移 H^+ 泵(质子泵，proton pump)，将线粒体基质中的 H^+ 转运到线粒体内膜外，线粒体内膜不允许 H^+ 自由回流，形成线粒体内膜外高内低的电化学梯度，这里既有 H^+ 浓度梯度，又有跨膜电位差作为能量储备，当 H^+ 顺梯度回流时则驱动 ATP 合酶催化 ADP 与 Pi 合成 ATP(图 5-14)。

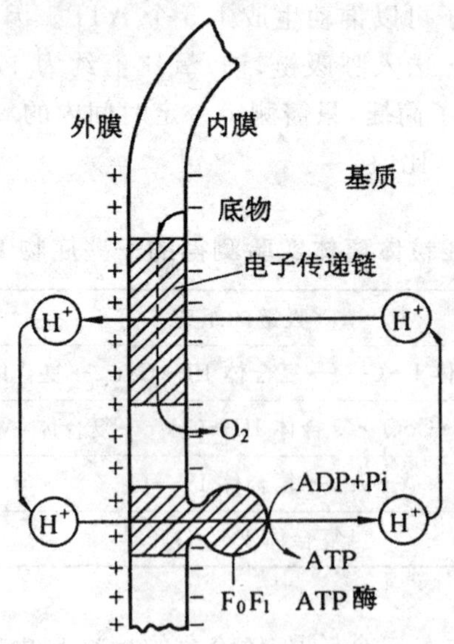

图 5-14 “化学渗透”假说示意图

ATP合酶也称为复合体V,是一个大的膜蛋白复合体,主要由疏水的F_0和亲水的F_1构成,又称为F_0F_1-ATP酶。在电子显微镜下观察,线粒体内膜和嵴的基质侧有许多球状颗粒突起,称为ATP合酶,其球状的头是F_1部分,起催化ATP合成的作用,组分为$\alpha_3\beta_3\gamma\delta\varepsilon$,其中$\beta$亚基可以催化ATP合成,$\delta$亚基是连接$F_0$和$F_1$所必需的;$F_0$部分起质子通道作用,由3～4个大小不一的亚基组成,其中有一个亚基称为寡霉素敏感蛋白质(oligomycin sensitivity conferring protein, OSCP),寡霉素干扰对H^+浓度梯度的利用从而抑制ATP的合成(图5-15)。

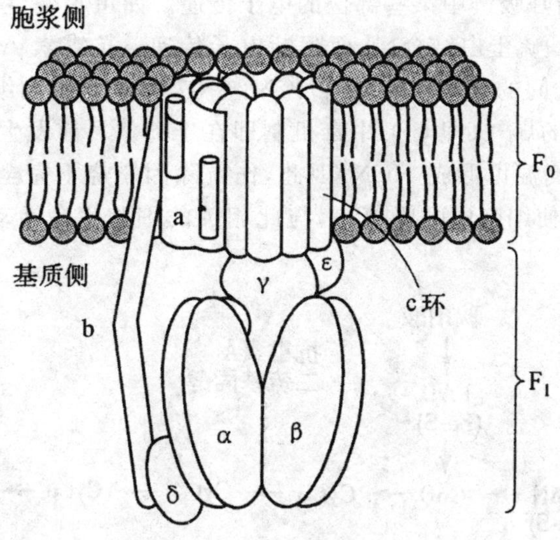

图5-15 ATP合酶结构示意图

5.4 氧化磷酸化的影响因素

氧化磷酸化的过程可受到许多化学因素的影响,不同化学因素多氧化磷酸化过程的影响方式不同。

5.4.1 ADP/ATP的调节

正常机体氧化磷酸化速度主要受ADP/ATP比例的调节。ATP较多,ADP不足,则氧化磷酸化速度减慢;机体消耗ATP增加,使ADP浓度上升时,ADP转运进入线粒体后促进氧化磷酸化。通过这样的调节适应机体对ATP的需要。

5.4.2 甲状腺激素的调节

甲状腺激素能诱导细胞膜上Na^+-K^+-ATP酶的生成,加速ATP分解为ADP和Pi,使ADP增多促进氧化磷酸化;甲状腺素还能使解耦联蛋白表达增加,从而引起机体耗氧和产热均增加,故甲状腺功能亢进患者基础代谢率增高。

5.4.3 三类抑制剂的调节

氧化磷酸化为机体提供各种生命活动所需 ATP,抑制氧化磷酸化会对机体造成严重后果。

1. 呼吸链抑制剂

呼吸链抑制剂能阻断呼吸链中某些部位的电子传递。如鱼藤酮、粉蝶霉素 A 及异戊巴比妥等,它们与复合体 I 中的铁硫蛋白结合,从而阻断电子传递。抗霉素 A、二巯丙醇(BAL)抑制复合体Ⅲ中 Cyt b 与 Cyt c_1 间的电子传递。CO、CN^-、N_3^- 及 H_2S 抑制细胞色素 c 氧化酶,使电子不能传给氧,上述案例中的煤气(即 CO)中毒机制即在于此。目前发生的城市火灾事故中,由于装饰材料中的 N 和 C 经高温可形成 HCN,因此,伤员除因燃烧不完全造成 CO 中毒外,还存在 CN 中毒。此类抑制剂可使细胞内呼吸停止,与此相关的细胞生命活动停止,导致人迅速死亡,如图 5-16 所示。

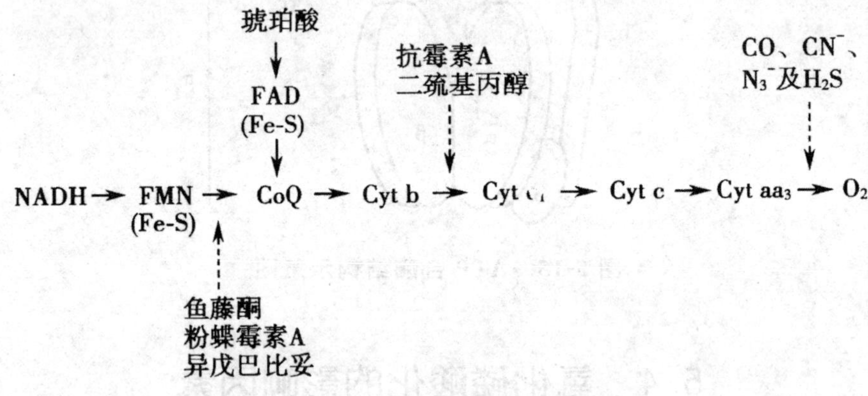

图 5-16 呼吸链抑制剂的作用部位

2. 解偶联剂

某些化合物能够消除跨膜的质子浓度梯度或电位梯度,使 ATP 不能合成,这种既不直接作用于电子传递体也不直接作用于 ATP 合酶复合体,只解除电子传递与 ADP 磷酸化偶联的作用称为解偶联作用,其实质是只有氧化过程(电子照样传递)而没有磷酸化作用。这类化合物被称为解偶联剂。人工的或天然的解偶联剂主要有下列 3 种类型。

(1)离子载体

有一类脂溶性物质能与某些阳离子结合,插入线粒体内膜脂双层,作为阳离子的载体,使这些阳离子能穿过线粒体内膜。它和化学解偶联剂的区别在于它是作为 H^+ 以外的其他一价阳离子的载体。例如,由链霉菌产生的抗菌素缬氨霉素能与 K^+ 配位结合形成脂溶性复合物,穿过线粒体内膜,从而将膜外的 K^+ 转运到膜内。又如,短杆菌肽可使 K^+、Na^+ 及其他一些一价阳离子穿过内膜。这类离子载体由于增加了线粒体内膜对一价阳离子的通透性,消除跨膜的电位梯度,消耗了电子传递过程中产生的自由能,从而破坏了 ADP 的磷酸化过程。

(2)化学解偶联剂

2,4-二硝基苯酚是最早发现的、最典型的化学解偶联剂。其作用在于分裂氧化与磷酸化过程。因二硝基苯酚为脂溶性物质，在线粒体内膜中可自由移动，其进入基质后可释出 H^+，而返回胞液侧后可再结合 H^+，从而破坏了 H^+ 梯度，故不能生成 ATP，导致氧化磷酸化呈现解耦联。图 5-17 为 2，4-二硝基苯酚的作用机理。

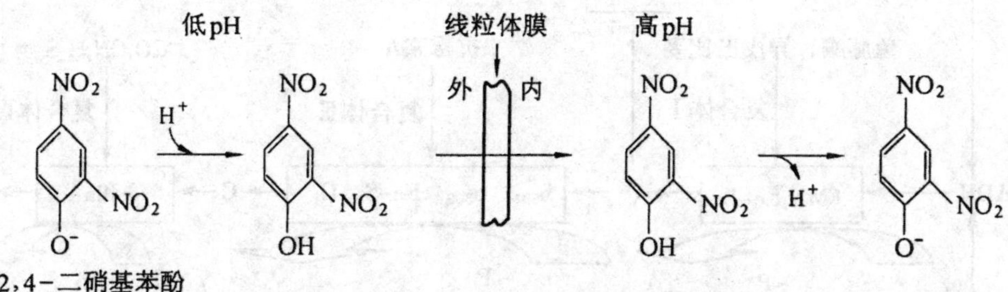

图 5-17 2，4-二硝基苯酚的作用机理

(3)解偶联蛋白

解偶联蛋白是存在于某些生物细胞线粒体内膜上的蛋白质，为天然的解偶联剂。如动物的褐色脂肪组织的线粒体内膜上分布有解偶联蛋白，这种蛋白构成质子通道，让膜外质子经其通道返回膜内而消除跨膜的质子浓度梯度，抑制 ATP 合成而产生热量以增加体温。图 5-18 为解耦联蛋白作用机制。

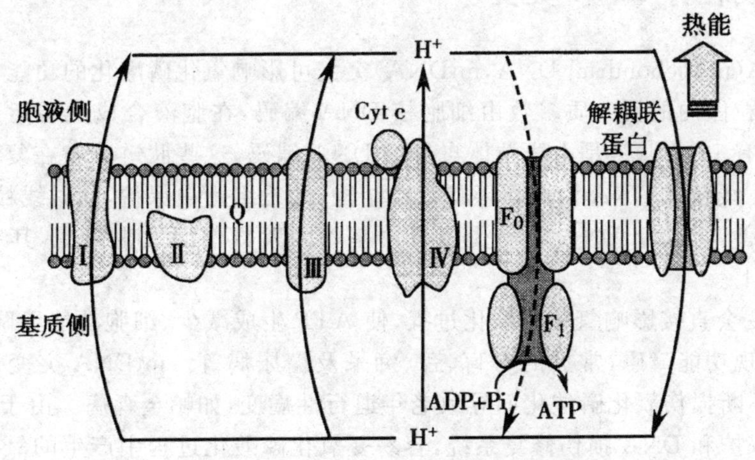

图 5-18 解耦联蛋白作用机制

3. ATP 合酶抑制剂

这类抑制剂对电子传递和 ATP 的合成都有抑制作用。如寡霉素可结合 F_0 单位，阻止质子从 F_0 质子半通道回流，从而抑制 ATP 合成。此时，由于线粒体内膜两侧质子电化学梯度增高，影响呼吸链质子泵的功能，继而抑制电子传递。氧化磷酸化系统及抑制剂的影响归纳，如图 5-19 所示。

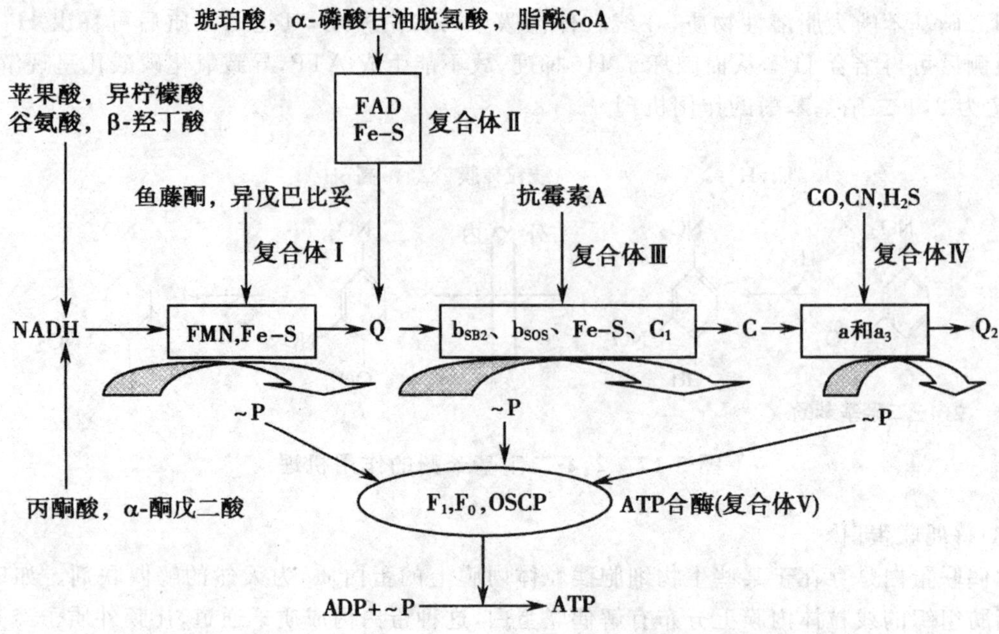

图 5-19　氧化磷酸化系统及抑制剂的影响

5.4.4　线粒体 DNA 突变

线粒体 DNA(mitochondrial DNA,mtDNA)突变可影响氧化磷酸化的功能,使 ATP 的生成减少而致病。线粒体内的蛋白质多数由细胞核 DNA 编码,在胞液合成后转运到线粒体。但是呼吸链复合体中有 13 个肽链是由线粒体自身的 DNA 编码,这些肽链分布在复合体Ⅰ、Ⅲ、Ⅵ以及 ATP 合酶中。线粒体 DNA 为裸露环状双链结构,缺乏组蛋白保护,同时线粒体内 DNA 损伤修复系统也不完善,所以 mtDNA 容易受氧自由基等因素损伤而发生突变,其突变率比细胞核 DNA 高 10 倍以上。

mtDNA 突变会直接影响氧化磷酸化过程,使 ATP 生成减少、细胞功能下降而致病,耗能较多的器官更易出现功能障碍,常见的有盲、聋、痴呆及糖尿病等。mtDNA 突变还随年龄增加而呈渐进性累积,不断损伤氧化磷酸化而导致老年退行性病变,如帕金森病。由于 mtDNA 是裸露的,缺乏蛋白质保护和 DNA 损伤修复系统,容易受氧化磷酸化过程中产生的氧自由基损伤而发生突变,导致线粒体结构与功能的变化,最终影响 ATP 的生成。

5.5　其他氧化和抗氧化体系

5.5.1　微线粒体氧化体系

微粒体氧化体系存在于细胞的光滑内质网上,其组成成分比较复杂,目前尚不完全清楚。在微粒体中存在一类加氧酶(oxygenase),这类加氧酶也参与代谢物的氧化作用。这类酶所催化的氧化反应是将氧直接加到底物的分子上。根据催化底物加氧反应情况不同,可分为单加氧酶和双加氧酶两种。

1. 单加氧酶

单加氧酶(monooxygenase)催化在底物分子中加 1 个氧原子的反应。单加氧酶又称为羟化酶(hydroxylase),或称混合功能氧化酶(mixed function oxidase)。单加氧酶的特点是它催化分子氧中 2 个氧原子分别进行不同的反应,其分子氧中的一个氧原子加到底物分子上,而另一个氧原子则与还原型辅酶Ⅱ上的两个质子作用生成水,其催化反应可表示如下:

$$RH + NADPH + H^+ + O_2 \rightarrow ROH + NADP^+ + H_2O$$

参与该酶催化的电子传递系统比较复杂,其整个反应过程,可以参看图 5-20。

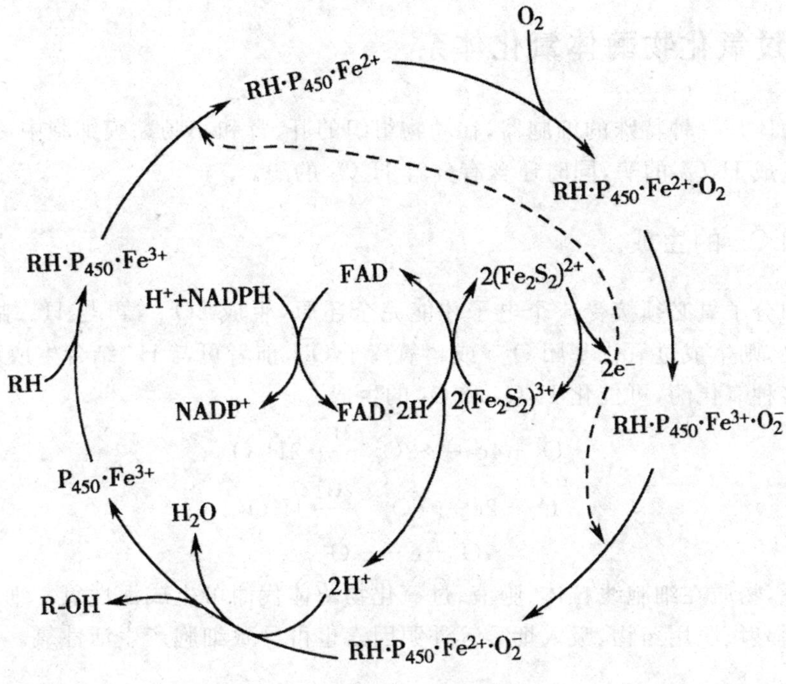

图 5-20　加单氧酶的反应过程

单加氧酶系与 ATP 的生成无关,但也具有多种功能,诸如肾上腺皮质类固醇的羧化、类固醇激素的合成、维生素 D_3 的羟化以及胆酸生成中环核的羧化等反应都与其有关;不饱和脂肪酸生成中双键的引入;药物、致癌物和毒物的氧化解毒等也都需要有单加氧酶催化的羟化反应。应当指出,生物体内某些羟化酶虽也是催化加单氧反应,但与含 P_{450} 的单加氧酶有本质的差别。例如,苯丙氨酸羟化酶的辅因子是二氢生物蝶呤,多巴胺 β-羟化酶的供氢体是还原型维生素 C。

单加氧酶在肝和肾上腺的微粒体中含量最多,参与类固醇激素、胆汁酸及胆色素等的生成,此外,该酶系统对脂溶性药物、毒物等生物转化以促进其排出也起重要作用。

2. 双加氧酶

双加氧酶(dioxygenase)又叫转氨酶,催化两个氧原子直接加到底物分子特定的双键上,使该底物分子分解成两部分。其催化反应的同时可表示为：

$$R=R'+O_2 \rightarrow R=O+R'=O$$

例如，色氨酸双加氧酶、β-胡萝卜素双加氧酶等催化两个氧原子分别加到构成双键的两个碳原子上。

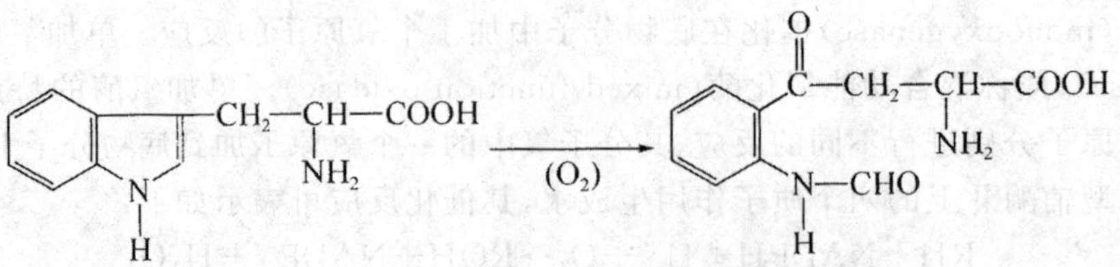

$$\text{色氨酸} \xrightarrow{(O_2)} \text{甲酰犬尿酸原}$$

色氨酸　　甲酰犬尿酸原

5.5.2 过氧化物酶体氧化体系

过氧化物酶体是一种特殊的细胞器，在动物组织的肝、肾和小肠黏膜细胞中可以找到。其中含有多种催化生成 H_2O_2 的酶，同时还含有分解 H_2O_2 的酶。

1. H_2O_2 和 O_2^- 的生成

生物氧化中分子氧必须接受 4 个电子才能完全还原，生成 $2O^{2-}$，再与 H^+ 结合生成水。如果电子供给不足，则生成过氧化基团 O_2^{2-} 或超氧离子 O_2^-，前者可与 H^+ 结合生成 H_2O_2。过氧化物酶体中含有多种氧化酶，可催化 H_2O_2 和 O_2 的生成。

$$O_2+4e \longrightarrow 2O^{2-} \xrightarrow{4H^+} 2H_2O$$

$$O_2+2e \longrightarrow O_2^{2-} \xrightarrow{2H^+} H_2O_2$$

$$O_2+e \longrightarrow O_2^-$$

正常情况下，物质在细胞线粒体、胞液、过氧化物酶体代谢可生成活性氧。细菌感染、组织缺氧等病理情况，辐射、服用药物、吸入烟雾等外源因素也可导致细胞产生活性氧。

2. H_2O_2 和 O_2^- 的生理作用及毒性

H_2O_2 在体内会发挥出一定的生理作用，如中性粒细胞产生的 H_2O_2 可用于杀死吞噬进来的细菌，甲状腺中产生的 H_2O_2 可使酪氨酸碘化生成甲状腺素。但对大多数组织来说，H_2O_2 过多的堆积对细胞会有毒性作用。O_2^- 为带负电的自由基，化学性质活泼，与 H_2O_2 作用可生成性质更活泼的羟基自由基 $OH^·$。

H_2O_2、O_2^- 及 $OH^·$ 等可使 DNA 氧化、修饰，甚至断裂，还可使蛋白质的巯基氧化而改变蛋白质的功能。不但如此，$OH^·$ 还可使细胞膜磷脂分子中高度不饱和脂肪酸氧化生成过氧化脂质而引起生物膜损伤。如红细胞膜损伤就容易发生溶血，线粒体膜损伤，则能量代谢受阻；脂质过氧化物与蛋白质结合成复合物进入溶酶体后不易被酶分解或排出，就可能形成一种棕色的称为脂褐质(lipofuscin)的色素颗粒，这与组织的老化有关。因此，必须及时清除多余的 O_2^-、H_2O_2 及 $OH^·$。

3. H_2O_2 和 O_2^- 的清除

(1)过氧化氢酶

过氧化氢酶(catalase)又称触酶,可催化两分子 H_2O_2 反应生成水,并放出 O_2。

$$H_2O_2 + H_2O_2 \xrightarrow{\text{过氧化氢酶}} 2H_2O + O_2$$

$$RH_2 + H_2O_2 \xrightarrow{\text{过氧化物酶}} R + 2H_2O$$

(2)超氧化物歧化酶(SOD)

SOD是由Fridovich于1969年发现的一种普遍存在于生物体内的酶。它是生物体内的一种重要的天然抗氧化酶。

在真核生物细胞液中,SOD以 Cu^{2+}、Zn^{2+} 为辅基,称为Cu/Zn-SOD;在原核生物细胞液和真核生物线粒体内,SOD以 Mn^{2+} 为辅基,称为Mn-SOD。在原核生物中还有以 Fe^{3+} 为辅基的Fe-SOD,此外动物组织还有一种细胞外SOD,它们均能催化 O_2^- 的氧化与还原而生成 H_2O_2 与氧分子,反应式为

$$2O_2^- + 2H^+ \xrightarrow{\text{SOD}} H_2 + O_2 + O_2$$

某些组织中还有一种含有硒的谷胱甘肽过氧化物酶,利用还原型谷胱甘肽(GSH)使 H_2O_2 或其他过氧化物(ROOH)还原,对组织细胞具有保护作用(图5-21)。

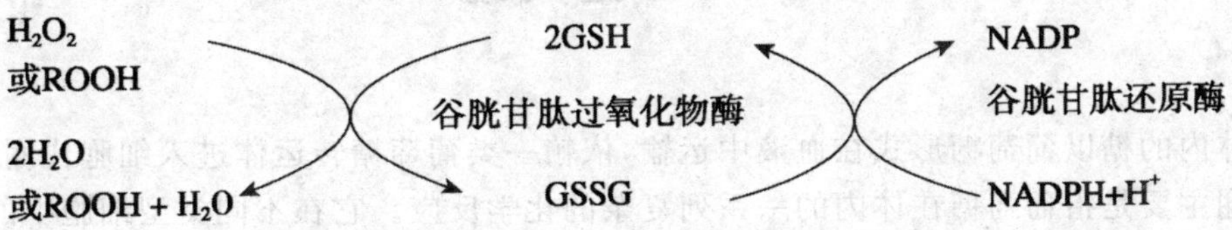

图5-21 谷胱甘肽过氧化物酶的作用机制

第 6 章　营养物质代谢

糖类、脂肪、蛋白质是人和动物体的营养物质。在生物体内，这三类物质的代谢是同时进行的，它们之间既相互联系，又相互制约，形成一个协调统一的过程(图 6-1)。

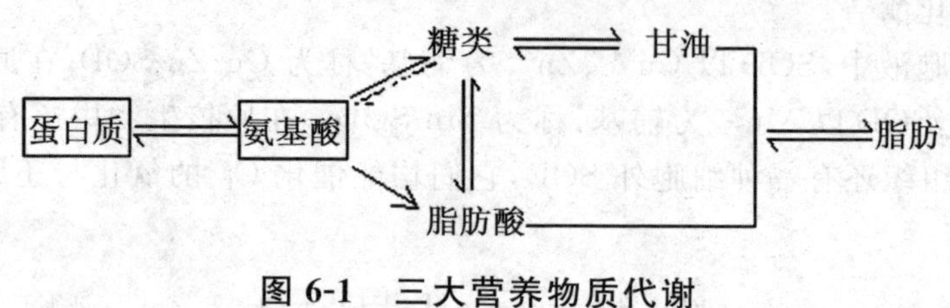

图 6-1　三大营养物质代谢

6.1　糖代谢

进入体内的糖以葡萄糖形式在血液中运输，依赖一类葡萄糖转运体进入细胞代谢。

糖代谢主要是指葡萄糖在体内的一系列复杂的化学反应。它在不同类型细胞中的代谢途径有所不同，其代谢方式很大程度上受氧供状况的影响。在氧供充足时，葡萄糖可彻底氧化分解成 CO_2 和 H_2O，并产生大量 ATP。缺氧时，葡萄糖酵解生成乳酸，生成少量 ATP。此外，葡萄糖也可进入磷酸戊糖途径进行代谢。葡萄糖又可聚合成糖原，储存于肌肉和肝组织，乳酸、甘油、丙氨酸等非糖物质还可经糖异生途径转变成葡萄糖或糖原。

6.1.1　糖原的合成与分解

糖原是以葡萄糖残基为基本单位通过 α-1,4-糖苷键和 α-1,6-糖苷键连接聚合而成的高度分支的大分子多糖(图 6-2)，是体内糖的储存形式。糖原分子有许多非还原性分支末端，是糖原合成和分解作用的位点。

糖原主要储存在肝组织和肌肉组织中。糖原的贮存量不多，但代谢极活跃，既可以迅速被动用以供急需，又不断及时合成储备。肝组织中的糖原称为肝糖原，占肝重的 5%～7%，总量 70～100 g。肌肉组织中的糖原称为肌糖原，总量为 250～400 g。糖原代谢包括糖原的合成代谢和糖原的分解代谢两部分。

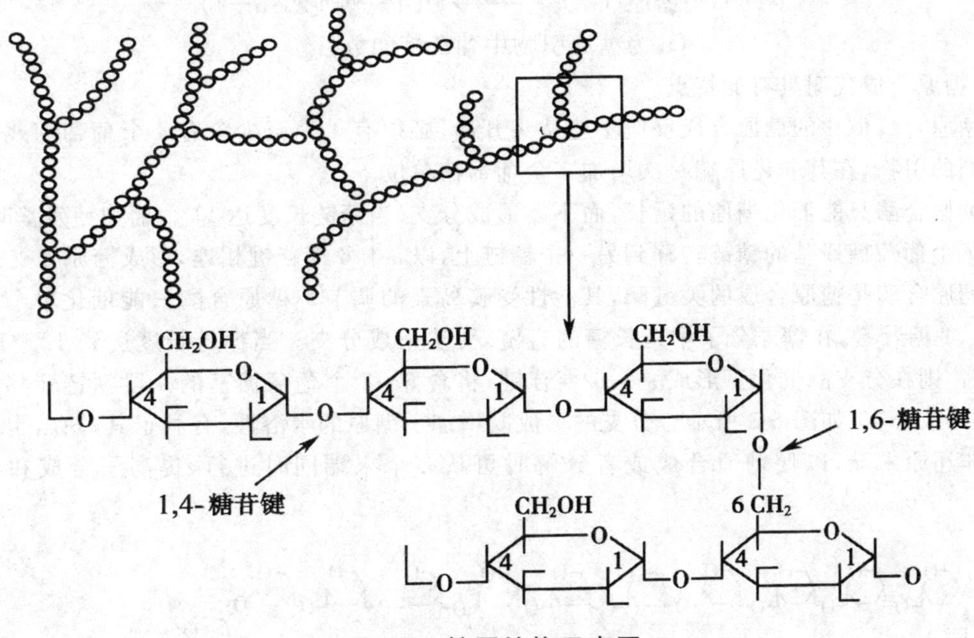

图 6-2 糖原结构示意图

1. 糖原的合成代谢

由单糖(如葡萄糖)合成糖原的过程称为糖原合成。肝糖原可以任何单糖(如葡萄糖、果糖、半乳糖等)为原料进行合成,而肌糖原只能以葡萄糖为其原料。糖原合成在胞液进行,消耗 ATP 和 UTP。

(1)糖原合成代谢的过程

糖原合成的第一步反应是在已糖激酶的催化下,葡萄糖活化成 6-磷酸葡萄糖,反应与糖酵解的第一步反应相同,由 ATP 提供磷酸基团,反应不可逆。

$$\text{葡萄糖}\xrightarrow[\text{ATP}\ \ \text{Mg}^{2+}\ \ \text{ADP}]{\text{己糖激酶(葡萄糖激酶)}}\text{6-磷酸葡萄糖}$$

第二步反应是在磷酸葡萄糖变位酶催化下,6-磷酸葡萄糖分子第六位的磷酸基转移到第一位,生成 1-磷酸葡萄糖,此步为可逆的异构反应。

$$\text{6-磷酸葡萄糖}\xrightleftharpoons{\text{磷酸葡萄糖变位酶}}\text{1-磷酸葡萄糖}$$

第三步反应是在尿苷二磷酸葡萄糖焦磷酸化酶的催化下,1-磷酸葡萄糖与尿苷三磷酸(UTP)反应生成尿苷二磷酸葡萄糖(UDPG),并释放出焦磷酸(PPi)。焦磷酸能被焦磷酸酶水解,促进 UDPG 的形成。UDPG 是葡萄糖在体内的活性形式,充当葡萄糖的供体。此反应耗能,1 mol 葡萄糖生成 UDPG 消耗两个高能键,可视为消耗了 2 mol ATP。

最后一步反应是在糖原合酶的催化下,UDPG 分子上的葡萄糖基通过 α-1,4-糖苷键连接到糖原引物(Gn)的非还原末端,形成糖原分子中直链。

$$\text{1-磷酸葡萄糖}+\text{UTP}\xrightleftharpoons{\text{UDPG 焦磷酸化酶}}\text{UDPG}+\text{PPi}$$

$$UDPG+糖原(Gn)\xrightarrow{糖原合酶}UDP+糖原(Gn+1)$$

(n 为糖原引物中葡萄糖的数目)

(2)糖原合成代谢具有的特点

①糖原合酶催化的糖原合成反应不能从头开始,必须有 1 个至少含有 4 个葡萄糖残基的多聚葡萄糖的引物,在其非还原端每次增加 1 个葡萄糖单位。

②糖原合酶只能催化糖原的延长,而不能形成分支,当糖链长度达 11 个葡萄糖残基时,分支酶就将 7 个葡萄糖残基的糖链转移到另一个糖链上,以 α-1,6 糖苷键相连,形成糖原分支。

③糖原合酶是糖原合成的关键酶,其活性受胰岛素的调节。糖原合酶只能催化单个葡萄糖形成 α-1,4-糖苷键,在糖原分子中延长糖的直链,无法形成分支。当糖链长度达到 12～18 个葡萄糖基时,则在分支酶催化下形成 α-1,6-糖苷键,将含 6～7 个葡萄糖基的一段糖链转移到邻近糖链上,形成分支,如图 6-3 所示。分支的形成既增加了糖原的水溶性,有利于其贮存,也增加了糖原的非还原末端,以便糖原合成或者分解时可从多个末端同时进行,提高了合成和分解的速度。

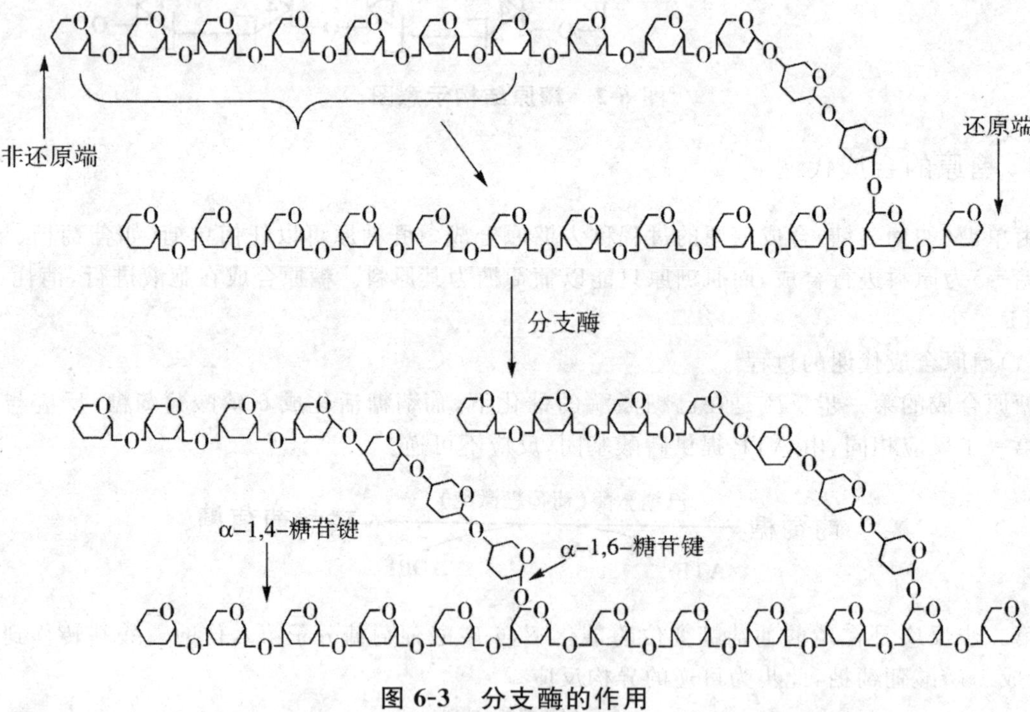

图 6-3 分支酶的作用

④UDPG 是体内葡萄糖的供体,其中的葡萄糖是活性葡萄糖。糖原分子每增加 1 分子葡萄糖,需要消耗 2 个高能磷酸键。

2. 糖原的分解代谢

肝糖原分解为葡萄糖以补充血糖的过程,称为糖原分解。肌糖原不能分解为葡萄糖补充血糖。肝糖原分解反应点位于糖链的非还原末端。

(1)糖原分解代谢的过程

糖原分解的第一步反应是在糖原磷酸化酶的催化下,从糖原分子的非还原端加磷酸分解下一个葡萄糖基,产物是 1-磷酸葡萄糖和少一个葡萄糖基的糖原(Gn-1),该反应是糖原分解的关键不可逆反应。

$$\text{Gn} \xrightarrow[\text{Pi}]{\text{磷酸化酶}} \text{Gn-1} + \text{G-1-P}$$

糖原分解的第二步反应是在磷酸葡萄糖变位酶催化下,1-磷酸葡萄糖转变成 6-磷酸葡萄糖。

$$\text{G-1-P} \xrightleftharpoons{\text{磷酸葡萄糖变位酶}} \text{G-6-P}$$

6-磷酸葡萄糖在肝细胞特有的葡萄糖-6-磷酸酶作用下,水解成游离葡萄糖,释放入血补充血糖。肌肉组织缺乏葡萄糖-6-磷酸酶,故肌糖原只能进行糖酵解和有氧氧化。

$$\text{G-6-P} \xrightarrow[\text{Pi}]{\text{葡萄糖-6-磷酸酶}} \text{G}$$

(2)糖原分解代谢具有的特点

①磷酸化酶催化糖原水解,只能作用于 α-1,4 糖苷键,而对 α-1,6 糖苷键无作用。当催化至距 α-1,6 糖苷键 4 个葡萄糖单位时就不再起作用,而是由脱支酶继续催化糖原的水解。

②脱支酶将 3 个葡萄糖基转移到邻近糖链的末端,仍以 α-1,4 糖苷键连接,剩下 1 个以 α-1,6 糖苷键连接的葡萄糖基被脱支酶水解成游离的葡萄糖。磷酸化酶与脱支酶交替作用,使糖原分子渐渐变小,如图 6-4 所示。

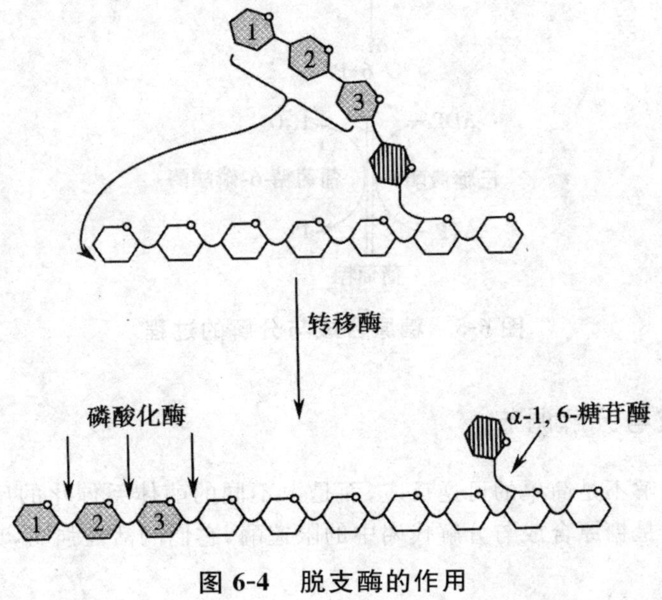

图 6-4　脱支酶的作用

③磷酸化酶是糖原分解的限速酶。

④葡萄糖-6-磷酸酶只存在于肝和肾,肌肉组织中没有,因此肌糖原分解的单糖只能直接进行酵解或氧化,不能转变成葡萄糖。只有肝、肾组织中的糖原才能直接分解为葡萄糖,释放入血。

3. 糖原合成与分解的生理意义

综上所述,糖原合成与分解的过程可总结为如图 6-5 所示。其主要生理意义在于当机体糖供应充足时,肝、肌肉等组织将多余的葡萄糖合成糖原储备起来;而空腹时将机体储存的糖原迅速分解,为组织细胞提供能源。由于酶组织分布的差异,肝糖原与肌糖原的生理意义各不相同。肝糖原的主要生理作用是空腹时能维持血糖浓度恒定。这对依赖葡萄糖作为能源的脑、红细胞等尤其重要。肌肉组织缺乏葡萄糖-6-磷酸酶,肌糖原的作用主要为肌肉收缩提供能量。

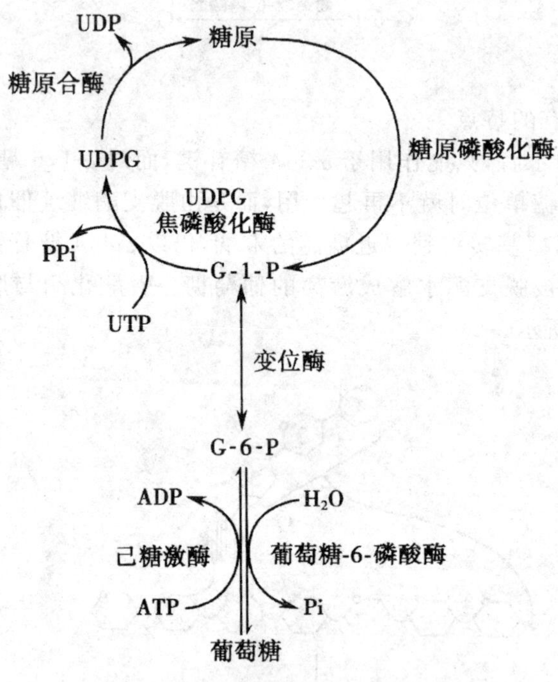

图 6-5 糖原合成与分解的过程

4. 糖原的合成与分解调节

糖原的合成与分解不是简单的可逆反应,而是由不同的酶体系催化的反应过程。糖原合酶和糖原磷酸化酶分别是糖原合成与分解代谢中的限速酶,它们的活性强弱,直接影响着糖原代谢的方向与速度。

(1)变构调节

糖原合酶与糖原磷酸化酶都是变构酶,都可受到代谢物的变构调节。

6-磷酸葡萄糖是糖原合酶 b 的变构激活剂。当血糖浓度增高时,进入组织细胞中的葡萄糖增多，6-磷酸葡萄糖生成增加，可激活糖原合酶 b，使之转变为有活性的糖原合酶 a，加速糖原合成。

AMP 是糖原磷酸化酶 b 的变构激活剂。当细胞内能量供应不足，AMP 浓度升高时，可使糖原磷酸化酶 b 发生变构而受到糖原磷酸化酶 b 激酶的催化，进行磷酸化修饰，形成有活性的糖原磷酸化酶 a，加速糖原分解。反之，ATP 是糖原磷酸化酶 a 的变构抑制剂，使糖原分解减弱。

(2)化学修饰调节

磷酸化酶有 a、b 两种存在形式，磷酸化后转变成有活性的磷酸化酶 a；磷酸化酶 a 去磷酸化后转变成无活性的磷酸化酶 b。

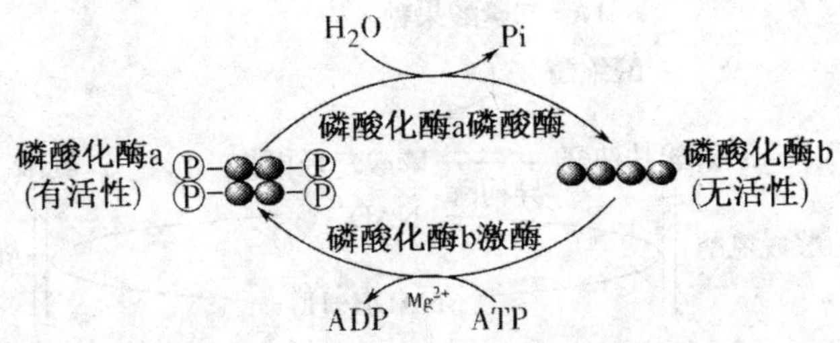

糖原合酶也有磷酸化和去磷酸化两种存在形式。去磷酸化的糖原合酶。有活性，能使糖原合成增加；磷酸化的糖原合酶 b 失去活性，使糖原合成减少。

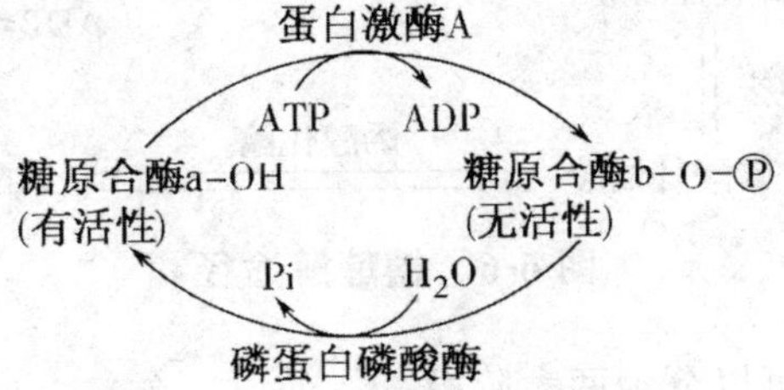

6.1.2　糖的分解代谢

1. 糖的无氧分解

葡萄糖或糖原在无氧或低氧情况下分解生成乳酸和 ATP 的过程与酵母中糖的生醇发酵过程相似，故称为糖酵解(glycolysis)，亦称为糖的无氧氧化(anaerobic oxidation)。全身各组织细胞内均可进行糖酵解，尤其以肌肉组织、红细胞、皮肤和肿瘤组织中进行更活跃。

(1)糖酵解的反应过程

催化糖酵解的酶类存在于细胞液内，所以糖酵解的全部反应在胞液中进行。糖酵解途径的整个反应过程如图 6-6 所示。

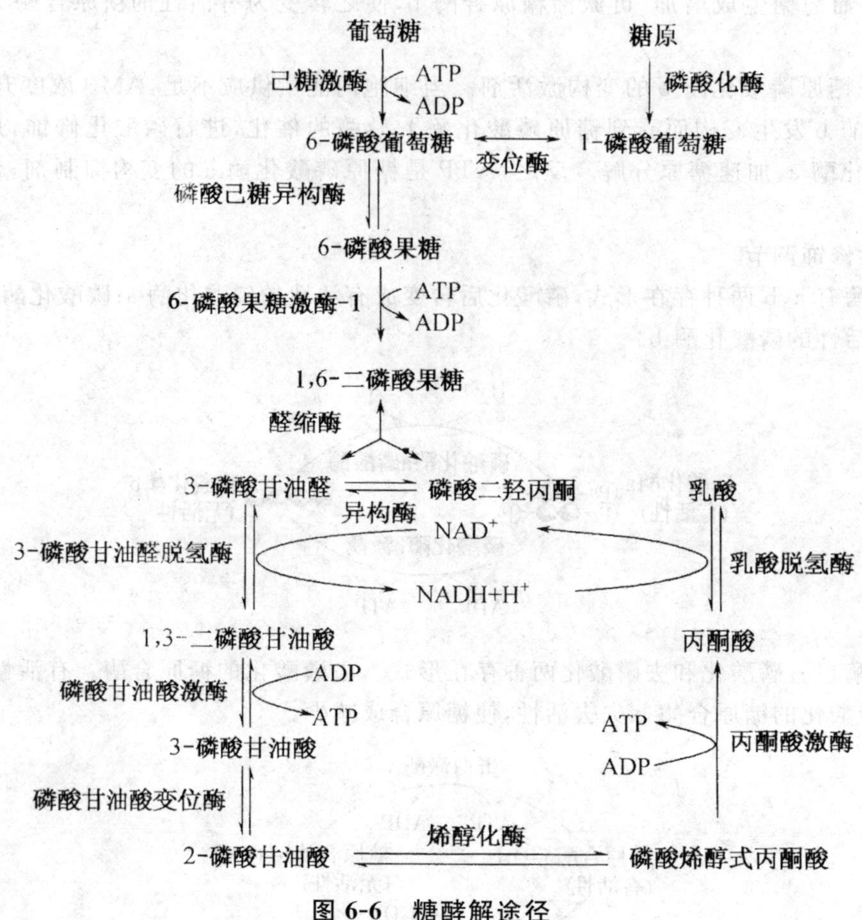

图 6-6 糖酵解途径

糖酵解的代谢反应过程可以分为两大阶段。

第一阶段为磷酸丙糖的生成，该阶段一共包括四步反应：

①葡萄糖磷酸化生成 6-磷酸葡萄糖。葡萄糖进入细胞后第一步反应是磷酸化，经磷酸化的葡萄糖不能自由通过细胞膜，可有效阻止葡萄糖溢出细胞。此反应由 ATP 提供磷酸基团和能量，在肝外的己糖激酶或肝内的葡萄糖激酶的催化下，生成 6-磷酸葡萄糖。反应消耗能量，需 Mg^{2+} 参与。此反应不可逆，催化反应的酶为限速酶。

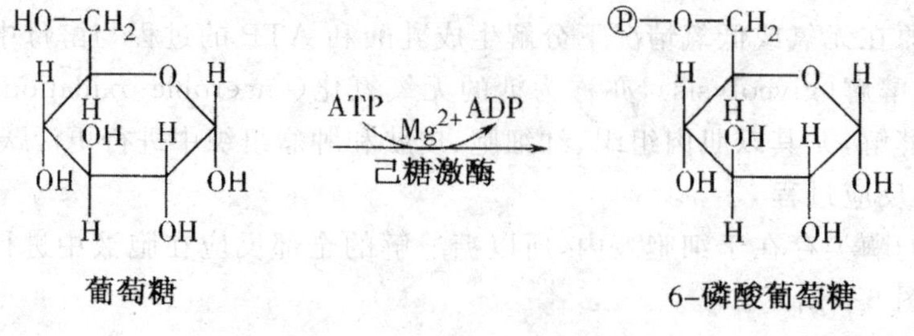

$$\text{葡萄糖} \xrightarrow[\text{己糖激酶}]{ATP\quad Mg^{2+}\quad ADP} \text{6-磷酸葡萄糖}$$

②6-磷酸葡萄糖转变为 6-磷酸果糖。该反应是一个醛糖与酮糖的可逆异构反应，由磷酸己糖异构酶催化。

6-磷酸葡萄糖 ⇌(异构酶) 6-磷酸果糖

③6-磷酸果糖磷酸化成1,6-磷酸果糖。由6-磷酸果糖激酶-1催化的不可逆反应。是糖酵解中消耗ATP的第2个反应,需ATP提供磷酸基和能量,并需Mg^{2+}。

6-磷酸果糖 →(ATP→ADP, Mg^{2+}, 6-磷酸果糖激酶-1) 1,6-二磷酸果糖

④1,6-二磷酸果糖裂解成磷酸丙糖。反应生成2分子磷酸丙糖,即3-磷酸甘油醛和磷酸二羟丙酮。是由醛缩酶催化的可逆反应,有利于己糖的生成。

1,6-二磷酸果糖 ⇌(醛缩酶) 磷酸二羟丙酮 + 3-磷酸甘油醛 (磷酸丙糖异构酶)

上述四步反应中两次磷酸化反应,消耗2分子ATP,因此,糖酵解的第一阶段的反应是耗能的。

第二阶段是丙酮酸转变为乳酸,此阶段的反应分五步进行。

①3-磷酸甘油醛氧化为1,3-二磷酸甘油酸。糖酵解途径中唯一的脱氢步骤,由3-磷酸甘油醛脱氢酶催化,以NAD^+为辅酶接受氢和电子,产生$NADH+H^+$。此反应需无机磷酸参加,当底物的醛基氧化成羧基后即与磷酸形成混合酸酐,该酸酐是一种高能磷酸化合物,其水解后释放的自由能很高,可转移至ADP生成ATP。

3-磷酸甘油醛 ⇌(3-磷酸甘油醛脱氢酶, Pi, NAD^+→$NADH+H^+$) 1,3-二磷酸甘油酸

②1,3-二磷酸甘油酸转变成3-磷酸甘油酸。磷酸甘油酸激酶催化1,3-二磷酸甘油酸的高能磷酸基转移到ADP生成ATP和3-磷酸甘油酸,反应需 Mg^{2+} 参加。这是糖酵解过程中第一个产生ATP的反应。这种与脱氢反应偶联,直接将高能磷酸化合物中的高能磷酸键转移ADP,生成ATP的过程,称为底物水平磷酸化。

O═C—O~Ⓟ | CH—OH | CH_2—O—Ⓟ ⇌(磷酸甘油酸激酶; ADP → ATP) COOH | CH—OH | CH_2—O—Ⓟ

1,3-二磷酸甘油酸　　　　3-磷酸甘油酸

③3-磷酸甘油酸转变为2-磷酸甘油酸。可逆的磷酸基转移过程。反应由磷酸甘油酸变位酶催化,需 Mg^{2+} 参加。

COOH | CH—OH | CH_2—O—Ⓟ ⇌(磷酸甘油酸变位酶) COOH | CH—O—Ⓟ | CH_2—OH

3-磷酸甘油酸　　　　2-磷酸甘油酸

④2-磷酸甘油酸转变成磷酸烯醇式丙酮酸。由烯醇化酶催化2-磷酸甘油酸脱水生成磷酸烯醇式丙酮酸。此反应引起分子内部的电子重排和能量的重新分布,形成一个含高磷酸键的PEP。

COOH | CH—O—Ⓟ | CH_2—OH ⇌(烯醇化酶; → H_2O) COOH | C—O~Ⓟ ‖ CH_2

2-磷酸甘油酸　　　　磷酸烯醇式丙酮酸

⑤丙酮酸激酶(pyruvate kinase)催化磷酸烯醇式丙酮酸转变为烯醇式丙酮酸,同时将分子中的高能磷酸基转移给ADP,生成ATP。这是糖酵解途径中第2次底物水平磷酸化。不稳定的烯醇式丙酮酸进而自发转变为稳定的酮式丙酮酸。丙酮酸激酶为糖酵解途径的又一限速酶,催化的反应不可逆。

COOH | C—O~Ⓟ ‖ CH_2 →(丙酮酸激酶, Mg^{2+}; ADP → ATP) COOH | C—OH ‖ CH_2 → COOH | C═O | CH_3

磷酸烯醇式丙酮酸　　　　烯醇式丙酮酸　　　　丙酮酸

(2)糖酵解的反应特点

①糖酵解反应的全过程在胞浆中进行,没有氧的参与,乳酸是糖酵解的必然产物。

②在糖酵解反应的全过程中,有三步是不可逆的单向反应。催化这三步反应的己糖激酶(葡萄糖激酶)、磷酸果糖激酶-1和丙酮酸激酶是糖酵解途径的关键酶,调节这三个酶的活性,可影响糖酵解的反应速度,其中以磷酸果糖激酶-1的催化活性最低,是最重要的限速酶。

③糖酵解在无氧条件下进行，只能发生不完全的氧化分解，反应中释放能量较少。1分子葡萄糖可净生成2分子ATP。若从糖原开始，则糖原中1分子葡萄糖残基净生成3分子ATP。

④红细胞中的糖酵解存在2,3-二磷酸甘油酸支路。在红细胞中，1,3-二磷酸甘油酸除可直接脱磷酸生成3-磷酸甘油酸外，另一代谢去向是通过磷酸甘油酸变位酶的催化，生成2,3-二磷酸甘油酸(2,3-bisphosphoglycerate,2,3-BPG)，进而在2,3-二磷酸甘油酸磷酸酶催化下生成3-磷酸甘油酸。此代谢通路称为2,3-BPG支路，如图6-7所示。

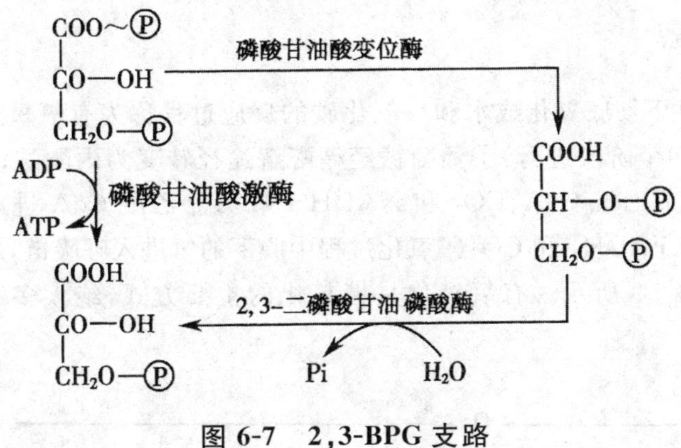

图6-7　2,3-BPG支路

(3)糖酵解的调节

糖酵解途径中的主要限速酶是己糖激酶、6-磷酸果糖激酶-1和丙酮酸激酶反应都是不可逆反应，构成了糖酵解途径的3个调节点，分别受变构调节剂和激素的双重调节。

①边构调节。生物体内有多种代谢物可以调节糖酵解的代谢速度。

6-磷酸果糖激酶-1在糖酵解途径中起决定作用，其催化效率最低。6-磷酸果糖激酶-1是四聚体，不仅具有结合6-磷酸果糖和ATP的部位，而且还有与变构激活剂和抑制剂结合的部位。2,6-二磷酸果糖、ADP和AMP是其变构激活剂，而ATP、柠檬酸等是其变构抑制剂。当细胞内ATP不足时，ATP主要作为反应底物，保证酶促反应进行；当细胞内ATP增多时，ATP则作为抑制剂降低酶对6-磷酸果糖的亲和力。

2,6-二磷酸果糖在体内是由6-磷酸果糖激酶-2催化6-磷酸果糖C_2位磷酸化所形成，可被二磷酸果糖磷酸酶-2去磷酸化生成6-磷酸果糖，失去调节作用。它是6-磷酸果糖激酶-1最强的变构激活剂，其能与AMP一起消除ATP、柠檬酸对6-磷酸果糖激酶-1的变构抑制作用。2,6-二磷酸果糖的合成和分解如图6-8所示。

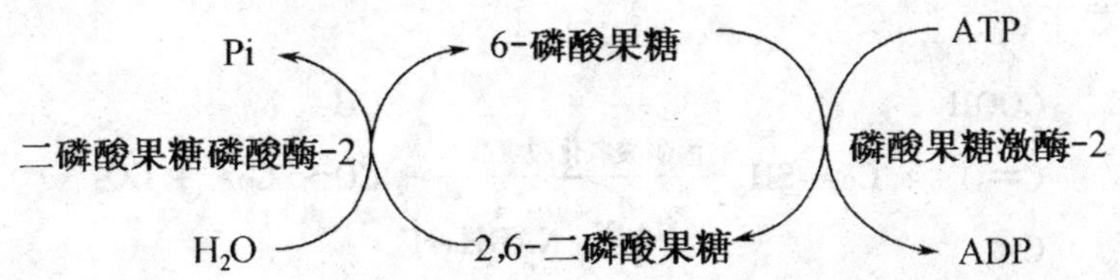

图6-8　2,6-磷酸果糖的合成与分解

糖酵解途径的第二个重要调节点。ATP是变构抑制剂，若在肝内，丙氨酸对其也有变构抑制作用1,6-二磷酸果糖、ADP是其变构激活剂。丙酮酸激酶还受化学修饰调节。依赖cAMP的蛋白激酶和依赖Ca^{2+}、钙调蛋白的蛋白激酶均可使其磷酸化而失去活性。胰岛素可诱导丙酮酸激酶的合成，胰高血糖素可通过 cAMP 抑制丙酮酸激酶活性。

己糖激酶受其反应产物 6-磷酸葡萄糖的反馈抑制；葡萄糖激酶分子内不存在 6-磷酸葡萄糖的变构结合部位，故不受 6-磷酸葡萄糖的反馈影响。葡萄糖和胰岛素能诱导肝细胞合成葡萄糖激酶，加速反应的进行。长链脂酰 CoA 对葡萄糖激酶有变构抑制作用。

②激素的调节。胰岛素能诱导体内葡萄糖激酶、6-磷酸果糖激酶、丙酮酸激酶的合成。一般情况下，激素对限速酶的调节作用比变构调节或化学修饰调节作用更缓慢，但作用时间比较持久。

2. 糖的有氧分解

葡萄糖在有氧条件下彻底氧化成水和二氧化碳的反应过程称为有氧氧化(aerobic oxidation)。葡萄糖的有氧氧化分四个阶段进行：①葡萄糖经糖酵解途径转变为丙酮酸；②丙酮酸从胞浆进入线粒体内，氧化脱羧生成乙酰 CoA、CO_2 和 NADH＋H^+；③乙酰 CoA 进入三羧酸循环彻底氧化，生成 NADH＋H^+、$FADH_2$ 和 CO；④氧化过程中脱下的氢进入呼吸链，进行氧化磷酸化，生成 H_2O 并释放能量，如图 6-9 所示。有氧氧化是糖氧化的主要方式，绝大多数细胞都通过它获得能量。

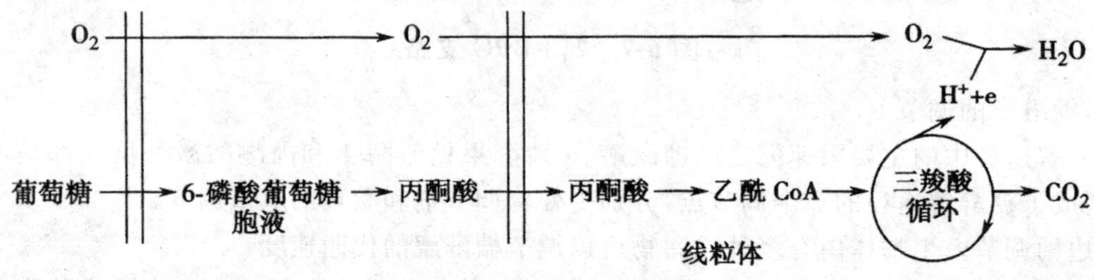

图 6-9 葡萄糖有氧氧化

(1)糖有氧分解的过程

第一阶段为丙酮酸的生成。此阶段的反应步骤与糖酵解基本相同。所不同的是有氧氧化将 3-磷酸甘油醛脱氢产生的 NADH＋H^+ 不再交给丙酮酸使其还原为乳酸，而是进入线粒体，经呼吸链氧化生成水并释放能量，使 ADP 磷酸化生成 ATP。这种生成 ATP 的方式称为氧化磷酸化。

第二阶段为丙酮酸氧化脱羧生成乙酰辅酶 A。在胞浆中生成的丙酮酸进入线粒体内，在丙酮酸氧化脱氢酶系催化下进行氧化脱羧，并与辅酶 A 结合成含有高能键的乙酰辅酶 A。此为不可逆反应，总反应如下：

$$\begin{array}{c}COOH\\|\\C{=}O\\|\\CH_3\end{array} + CoA\text{-}SH \xrightarrow[NAD^+ \quad NADH+H^+]{\text{丙酮酸氧化脱氢酶系}} \begin{array}{c}CH_3\\|\\CO{\sim}SCoA\end{array} + CO_2$$

丙酮酸氧化脱氢酶系为一多酶复合体，由三种酶蛋白和五种辅酶(辅基)组成，如表 6-1 所示。

丙酮酸氧化脱氢酶系的催化作用包括以下 5 个连续进行的反应：丙酮酸脱氢酶催化丙酮酸脱羧，生成的羟乙基衍生物与 TPP 结合；羟乙基衍生物被氧化并与硫辛酸结合形成乙酰二氢硫辛酸；乙酰二氢硫辛酸的乙酰基转移给辅酶 A，生成乙酰辅酶 A，此两步反应由二氢硫辛酸乙酰转移酶催化；二氢硫辛酸脱氢氧化，脱下的 2H 由 FAD 接受，生成 $FADH_2$；NAD^+ 得到 $FADH_2$ 中的 2H，生成 $NADH+H^+$。此两步反应由二氢硫辛酸脱氢酶催化。其反应过程如图 6-10 所示。

表 6-1　丙酮酸氧化脱氢酶系的组成

酶	辅酶(辅基)	所含维生素
丙酮酸脱氢酶(E_1)	TPP	维生素 B_1
二氢硫辛酸乙酰转移酶(E_2)	二氢硫辛酸、辅酶 A	硫辛酸、泛酸
二氢硫辛酸脱氢酶(E_3)	FAD、NAD^+	维生素 B_2，维生素 PP

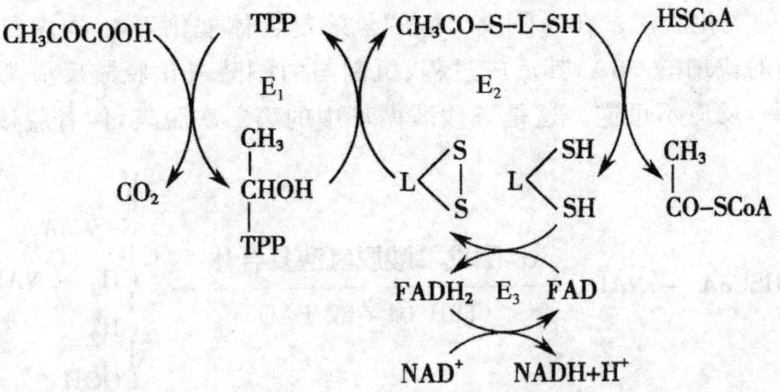

$CH_3COCOOH$　TPP　E_1　CO_2　CH_3—CHOH—TPP　CH_3CO-S-L-SH　E_2　HSCoA　L(S)(S)　L(SH)(SH)　CH_3—CO-SCoA　$FADH_2$　E_3　FAD　NAD^+　$NADH+H^+$

图 6-10　丙酮酸氧化脱氢酶系的作用机制

第三阶段为乙酰 CoA 彻底氧化分解(三羧酸循环)。三羧酸循环从乙酰 CoA 与草酰乙酸缩合生成含 3 个羧基的柠檬酸开始，经 4 次脱氢、2 次脱羧，最后草酰乙酸再生而构成循环代谢途径，称为三羧酸循环。最早由 Krebs 提出，故又称 Krebs 循环。三羧酸循环在线粒体中进行，反应中脱下的氢经呼吸链传递，与氧结合生成水。

①柠檬酸的生成。乙酰 CoA 与草酰乙酸在关键酶柠檬酸合酶的催化下缩合成柠檬酸，释出 COASH。反应所需的能量来源于乙酰 CoA 中高能硫酯键的水解。此反应不可逆。

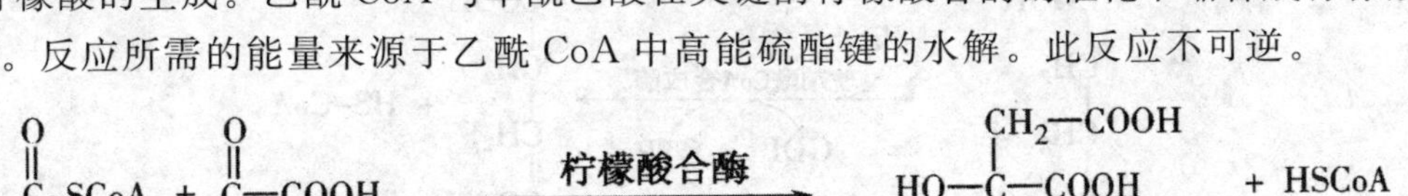

$$\underset{\text{乙酰CoA}}{CH_3-\overset{O}{\overset{\|}{C}}\sim SCoA} + \underset{\text{草酰乙酸}}{HOOC-CH_2-\overset{O}{\overset{\|}{C}}-COOH} \xrightarrow{\text{柠檬酸合酶}} \underset{\text{柠檬酸}}{HO-C(COOH)(CH_2-COOH)_2} + HSCoA$$

②异柠檬酸的生成。柠檬酸在顺乌头酸酶的催化下，经脱水与加水两个反应，变构为异柠檬酸，结果使羟基由 β-碳原子转移到 α-碳原子上，此反应可逆。

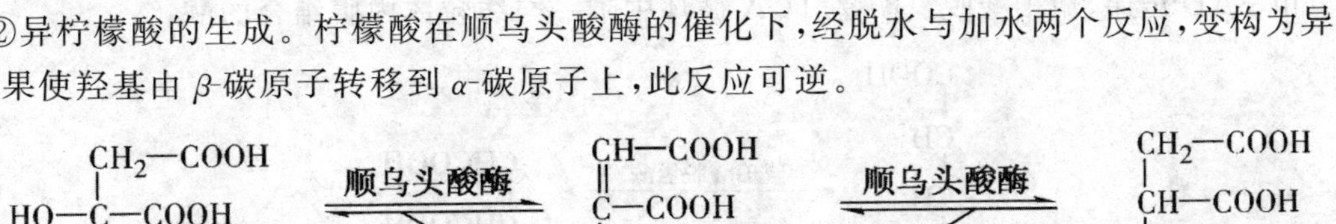

$$\underset{\text{柠檬酸}}{HO-C(COOH)(CH_2-COOH)_2} \underset{}{\overset{\text{顺乌头酸酶}}{\rightleftharpoons}} \underset{\text{顺乌头酸}}{CH(COOH)=C(COOH)-CH_2-COOH} + H_2O \quad \overset{\text{顺乌头酸酶}}{\underset{H_2O}{\rightleftharpoons}} \quad \underset{\text{异柠檬酸}}{HO-CHCOOH-CH(COOH)-CH_2-COOH}$$

③异柠檬酸氧化脱羧生成 α-酮戊二酸。异柠檬酸在异柠檬酸脱氢酶催化下脱氢氧化，脱下的氢交给 NAD^+ 生成 NADH，同时进行脱羧，转变为含 5 个碳原子的 α-酮戊二酸。此反应不可逆，是三羧酸循环的第二个限速反应，异柠檬酸脱氢酶也是三羧酸循环最重要的限速酶许多因素通过调节其活性来控制三羧酸循环的速度。

$$\text{异柠檬酸 (HOOC-CH}_2\text{-CH(COOH)-CH(OH)-COOH)} \xrightarrow[\text{NAD}^+ \to \text{NADH+H}^+,\ \text{CO}_2]{\text{异柠檬酸脱氢酶},\ \text{Mg}^{2+}} \alpha\text{-酮戊二酸 (HOOC-CO-CH}_2\text{-CH}_2\text{-COOH)}$$

④α-酮戊二酸的氧化脱羧。在 α-酮戊二酸脱氢酶复合体催化下，α-酮戊二酸脱氢、脱羧转变为含有高能硫酯键的琥珀酰 CoA，其反应过程、机制与丙酮酸氧化脱羧反应类似，酶系组成也类似，该酶系为关键酶，反应不可逆。这是三羧酸循环中的第二次脱氢，伴有脱羧。

$$\alpha\text{-酮戊二酸 (HOOC-CO-CH}_2\text{-CH}_2\text{-COOH)} + \text{HSCoA} + \text{NAD}^+ \xrightarrow[\text{TPP 硫辛酸 FAD}]{\alpha\text{-酮戊二酸脱氢酶复合体}} \text{琥珀酰CoA (CoAS}\sim\text{CO-CH}_2\text{-CH}_2\text{-COOH)} + \text{NADH} + \text{H}^+$$

⑤琥珀酰 CoA 生成琥珀酸：琥珀酰 CoA 是高能化合物，其分子中的高能硫酯键水解，释放能量，转移给 GDP，使之磷酸化生成 GTP；琥珀酰 CoA 生成琥珀酸(succinate)。生成的 GTP 可直接利用，也可将其高能磷酸基团转移给 ADP 生成 ATP。这是三羧酸循环中唯一的底物水平磷酸化反应。催化此反应的酶称为琥珀酰 CoA 合成酶。

$$\text{琥珀酰 CoA (HOOC-CH}_2\text{-CH}_2\text{-CO}\sim\text{SCoA)} \underset{\text{GDP} \to \text{GTP}}{\overset{\text{Pi},\ \text{琥珀酰CoA合成酶}}{\rightleftharpoons}} \text{琥珀酸 (HOOC-CH}_2\text{-CH}_2\text{-COOH)} + \text{HS-CoA}$$

⑥琥珀酸脱氢生成延胡索酸。在琥珀酸脱氢酶的催化作用下，琥珀酸脱氢生成延胡索酸，脱下的氢由 FAD 传递，琥珀酸脱氢酶是 TCA 循环中唯一与线粒体内膜结合的酶。

$$\text{琥珀酸 (HOOC-CH}_2\text{-CH}_2\text{-COOH)} \underset{\text{FAD} \to \text{FADH}_2}{\overset{\text{琥珀酸脱氢酶}}{\rightleftharpoons}} \text{延胡索酸 (CHCOOH=CHCOOH)}$$

⑦延胡索酸加水生成苹果酸：延胡索酸在延胡索酸酶（fumarate hydratase）催化下，加 H_2O 生成苹果酸。

$$\underset{\text{延胡索酸}}{\begin{matrix}CHCOOH\\ \|\\ CHCOOH\end{matrix}} \underset{H_2O}{\xrightleftharpoons{\text{延胡索酸酶}}} \underset{\text{苹果酸}}{\begin{matrix}CH_2COOH\\ |\\ CHOHCOOH\end{matrix}}$$

⑧草酰乙酸的再生。在苹果酸脱氢酶催化下，苹果酸脱氢转变为草酰乙酸，脱下的氢由 NAD^+ 接受。这是三羧酸循环中的第四次脱氢，此反应可逆。

$$\underset{\text{苹果酸}}{\begin{matrix}CH_2-COOH\\ |\\ HO-CH-COOH\end{matrix}} + NAD^+ \xrightleftharpoons{\text{苹果酸脱氢酶}} \underset{\text{草酰乙酸}}{\begin{matrix}CH_2-COOH\\ |\\ O=C-COOH\end{matrix}} + NADH + H^+$$

三羧酸循环的过程总结如图 6-11 所示。其总反应方程为：

$$CH_3CO-SCoA+3NAD^++FAD+GDP+Pi+2H_2O$$
$$\rightarrow 2CO_2+3NADH+3H^++FADH_2+GTP+CoA-SH$$

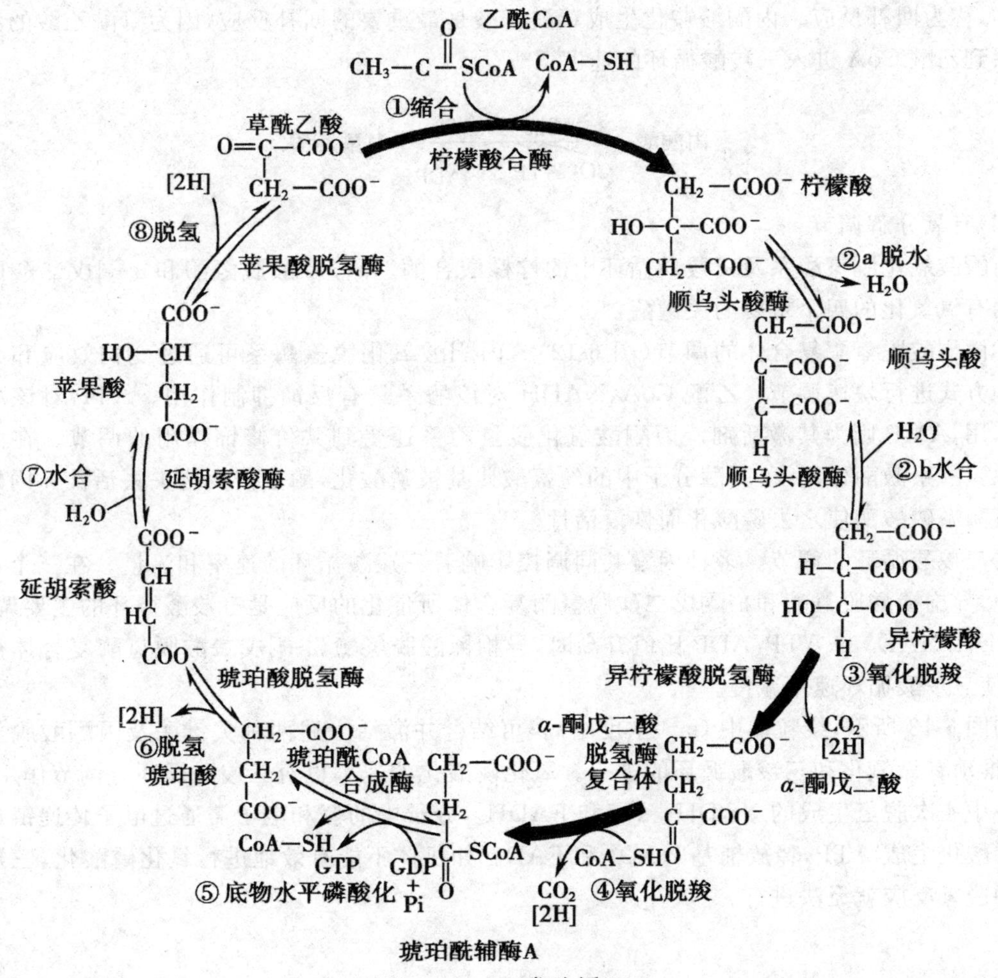

图 6-11　三磷酸循环

(2)三羧酸循环的特点

①单向反应体系。其中柠檬酸合酶、异柠檬酸脱氢酶、α-酮戊二酸脱氢酶系是限速酶,催化单向不可逆反应。另外,循环中脱下的氢进入呼吸链传递也是不可逆的。因此,整个循环是不可逆的。

②机体主要的产能方式。1次三羧酸循环有4次脱氢反应,其中3次以 NAD^+ 为受氢体(1分子 $NADH+H^+$ 经呼吸链氧化可产生2.5分子ATP),1次以FAD为受氢体(1分子 $FADH_2$ 经呼吸链氧化可产生1.5分子ATP),可产生9分子ATP,再加上底物水平磷酸化生成的1个高能化合物GTP(能量等同于ATP),共产生10分子ATP。

③在有氧条件下进行。连续循环的酶促反应过程由草酰乙酸与乙酰CoA缩合成柠檬酸开始,以草酰乙酸的再生结束。循环1周,实际氧化了1分子乙酰CoA。通过两次脱羧,生成2分子 CO_2,4次脱氢,经呼吸链传递,与氧结合生成水并释放出能量。

④中间产物经常更新。尽管三羧酸循环1次只消耗1分子乙酰基,其中间产物可循环使用并无量的变化,然而由于体内各代谢途径相互交汇和转化,中间产物常可移出循环去参加其他代谢,维持三羧酸循环中间产物的一定浓度,保证三羧酸循环的正常运转,必须不断补充消耗的中间产物,称为回补反应。丙酮酸羧化生成草酰乙酸是最重要的回补反应,因为草酰乙酸的浓度直接关系到乙酰CoA进入三羧酸循环的速度。

$$\text{丙酮酸} \xrightarrow[CO_2\ \ ATP\ \ \ \ ADP]{\text{丙酮酸羧化酶}} \text{草酰乙酸}$$

(3)有氧分解调节

丙酮酸氧化脱氢酶系及三羧酸循环中的柠檬酸合酶、异柠檬酸脱氢酶和α-酮戊二酸脱氢酶系是糖有氧氧化的四个重要的关键酶。

①丙酮酸脱氢酶复合体的调节(图6-12)。丙酮酸氧化脱氢酶系可通过变构效应和共价修饰两种方式进行快速调节。乙酰CoA、NADH对该酶系具有反馈抑制作用。ATP对该酶系有抑制作用,AMP则为其激活剂。丙酮酸氧化脱氢酶系还受到共价修饰作用的调节。在丙酮酸氧化脱氢酶系激酶作用下,其酶分子中的丝氨酸残基被磷酸化,酶蛋白变构失去活性。丙酮酸氧化脱氢酶系磷酸酶使之去磷酸化而恢复活性。

②三羧酸循环的调节。多种因素共同调控影响着三羧酸循环的速率和流量。在三个不可逆反应中,异枸橼酸脱氢酶和α-酮戊二酸脱氢酶复合体所催化的反应是三羧酸循环的主要调节点。当 $NADH/NAD^+$ 和ATP/ADP比值升高时,异枸橼酸脱氢酶、α-酮戊二酸脱氢酶复合体被反馈抑制,使三羧酸循环速率减慢。

如图6-13所示,线粒体中 Ca^{2+} 浓度增高,可结合并激活上述两种关键酶及丙酮酸脱氢酶复合体,推动有氧氧化和三羧酸循环的进行。氧化磷酸化的速率也对三羧酸循环有调节作用,三羧酸循环中4次脱氢生成的 $NADH+H^+$ 和 $FADH_2$,分子中的氢和电子需通过电子传递链进行氧化及磷酸化生成ATP,释放辅基 NAD^+ 和FAD。如机体不能有效地进行氧化磷酸化,三羧酸循环中的脱氢反应就无法进行。

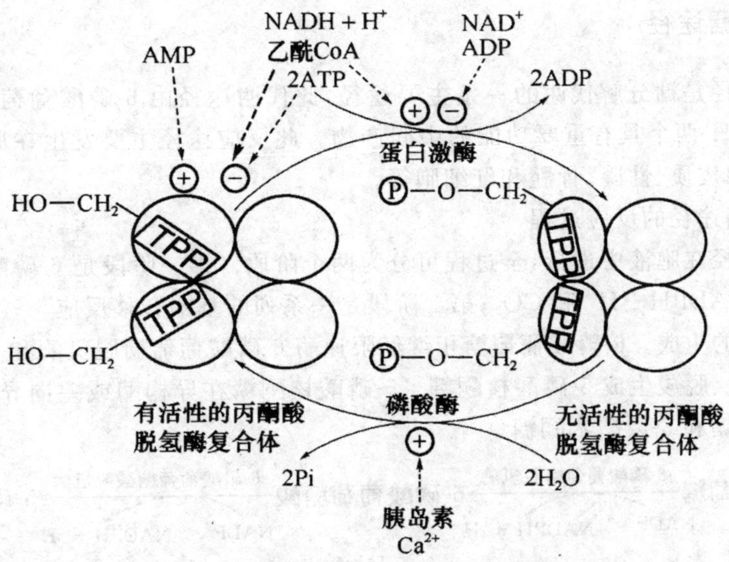

图 6-12 丙酮酸脱氢酶复合体的调节

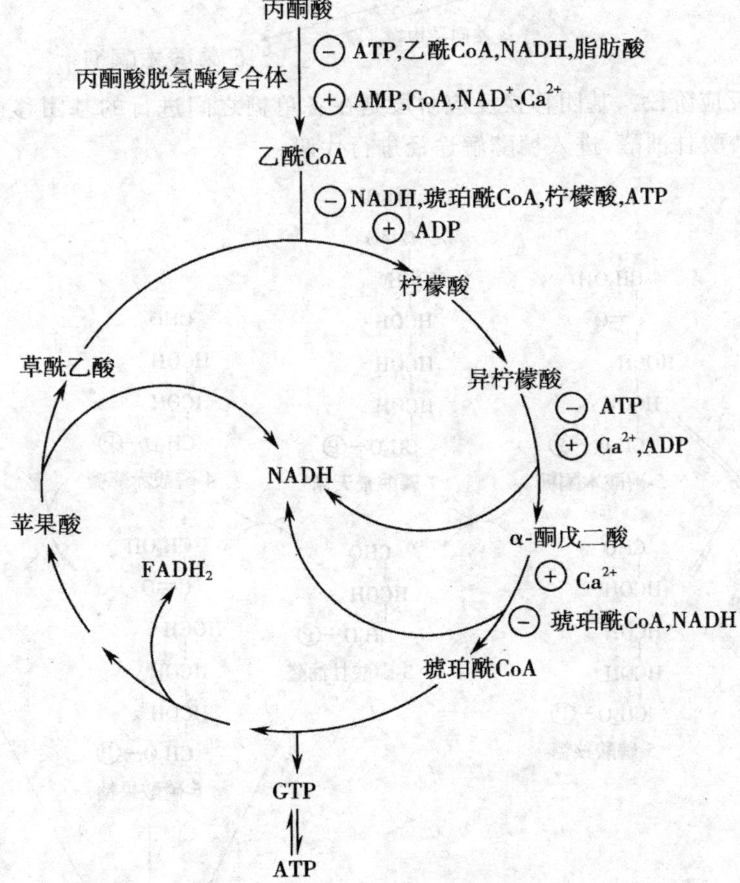

图 6-13 三羧酸循环的调控

3. 磷酸戊糖途径

磷酸戊糖途径是糖分解代谢的一条主要途径，此代谢途径由6-磷酸葡萄糖开始，生成5-磷酸核糖和NADPH两个具有重要功能的中间产物。此反应途径主要发生在肝、脂肪组织、哺乳期的乳腺、肾上腺皮质、性腺、骨髓和红细胞等。

(1)磷酸戊糖途径的反应过程

磷酸戊糖途径在胞液中进行，全过程可分为两个阶段。第一阶段是6-磷酸葡萄糖脱氢氧化生成磷酸戊糖、NADPH＋H^+和CO_2；第二阶段是一系列的基团转移反应。

①磷酸戊糖的生成。6-磷酸葡萄糖相继经限速酶6-磷酸葡萄糖脱氢酶和6-磷酸葡萄糖酸脱氢酶的催化，脱氢、脱羧生成5-磷酸核酮糖。5-磷酸核酮糖在异构酶或差向异构酶的催化下，可互变为5-磷酸核糖和5-磷酸木酮糖。

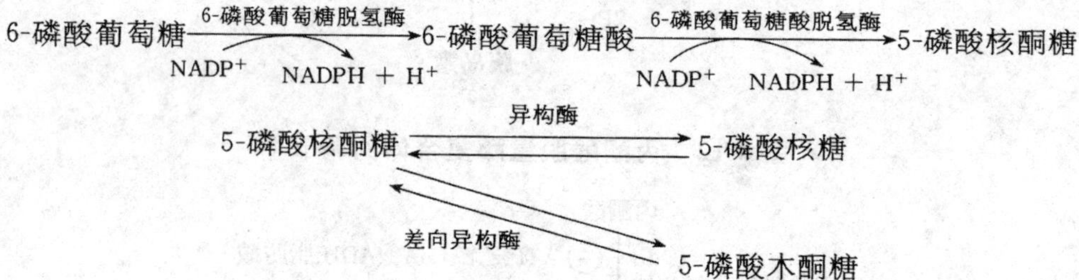

②基团移换反应阶段。基团移换反应阶段是在各单糖之间进行的基团移换反应，最终生成6-磷酸果糖和3-磷酸甘油醛，进入糖酵解途径进行代谢。

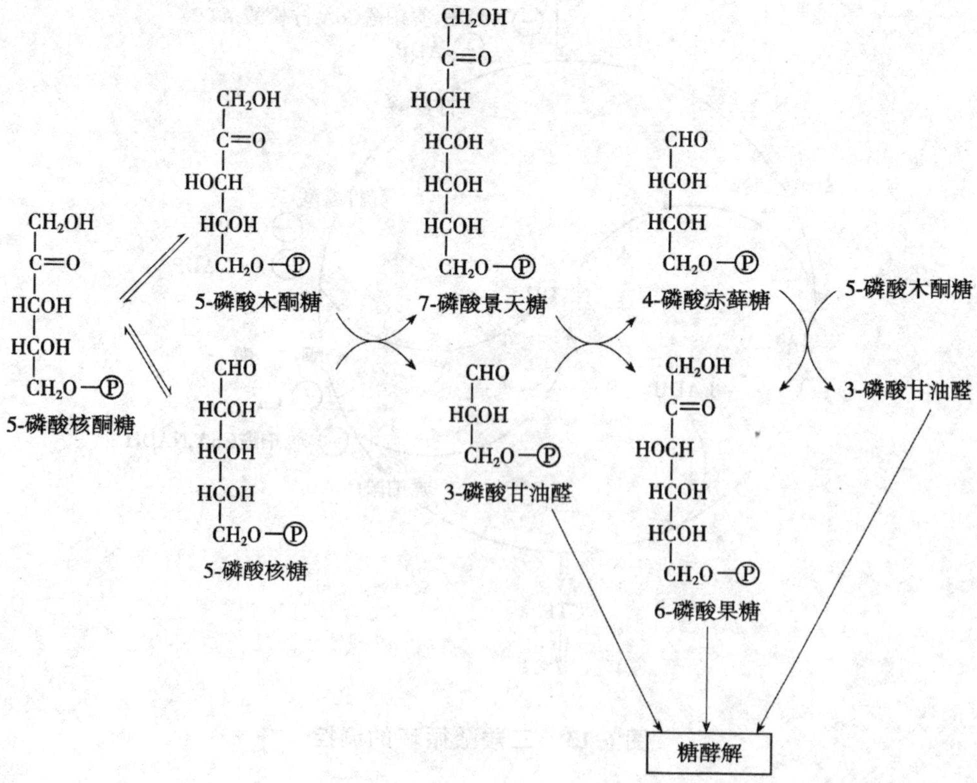

(2)磷酸戊糖途径的调节

6-磷酸葡萄糖脱氢酶是磷酸戊糖途径的第一个酶，又是限速酶，其活性决定 6-磷酸葡萄糖进入此途径的流量。因此磷酸戊糖途径的调节点主要是 6-磷酸葡萄糖脱氢酶，该酶的快速调节主要受 $NADPH/NADP^+$ 比值的影响。$NADH+H^+$ 对 6-磷酸葡萄糖脱氢酶有明显的抑制作用。当 $NADPH/NADP^+$ 大于 10 时，其抑制作用可达 90%。相反，比例降低时激活。因此，磷酸戊糖途径的流量取决于对 $NADH+H^+$ 的需求。若细胞对 $NADH+H^+$ 的需要量多于对 5-磷酸核糖的需要量时，则过多的磷酸戊糖可经该途径的基团移换阶段变为磷酸已糖进行代谢；若 5-磷酸核糖需要量增加时，6-磷酸果糖可以转变为 5-磷酸核糖以供机体之需。

6.1.3 糖异生作用

由非糖物质转变为葡萄糖或者糖原的过程称为糖异生作用。能进行糖异生的非糖物质主要是甘油、乳酸、丙酮酸及生糖氨基酸等。糖异生主要在肝中进行，肾的糖异生能力为肝的十分之一，但是在长期饥饿是可以大大增强。

1. 糖异生的途径

(1)丙酮酸转变为磷酸烯醇式丙酮酸

丙酮酸不能直接转变为磷酸烯醇式丙酮酸，需要由丙酮酸羧化酶和磷酸烯醇式丙酮酸羧激酶催化的两步反应来完成，首先丙酮酸经羧化反应生成草酰乙酸，后者再脱羧生成磷酸烯醇式丙酮酸，此过程称为丙酮酸羧化支路，是一个消耗能量的过程(图 6-14)。

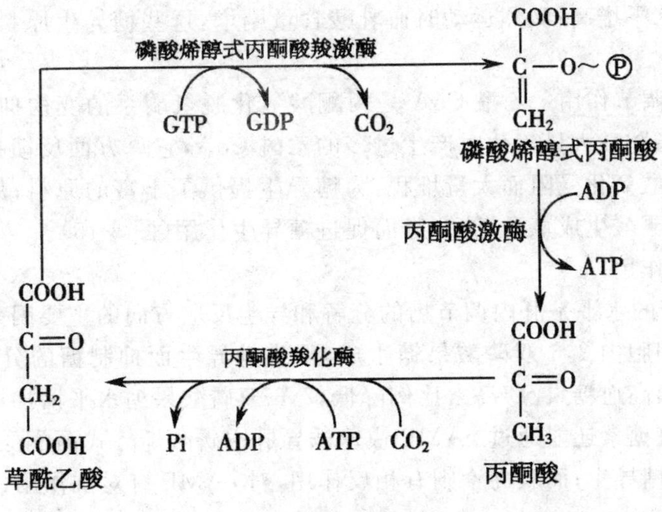

图 6-14　丙酮酸羧化支路

(2)1,6-二磷酸果糖水解生成 6-磷酸果糖

在果糖 1,6-二磷酸酶的催化作用下,1,6-二磷酸果糖水解,脱去 C1 上的磷酸,生成 6-磷酸果糖,完成糖酵解中磷酸果糖激酶-1 催化反应的逆过程。

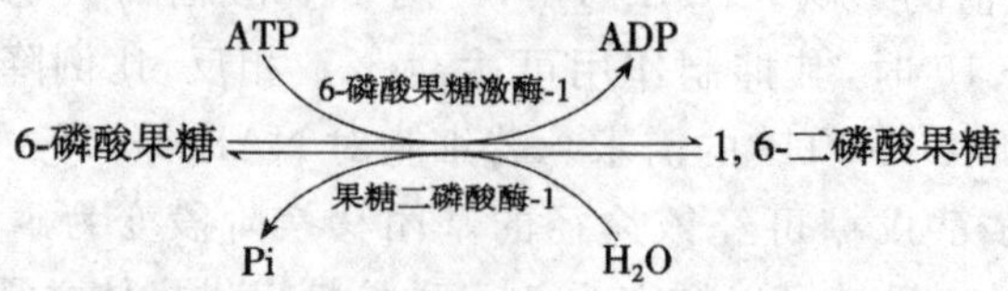

(3)6-磷酸葡萄糖水解为葡萄糖

由葡萄糖-6-磷酸酶催化 6-磷酸葡萄糖水解生成葡萄糖,完成己糖激酶(葡萄糖激酶)催化反应的逆过程。葡萄糖-6-磷酸酶主要存在于肝、肾细胞。

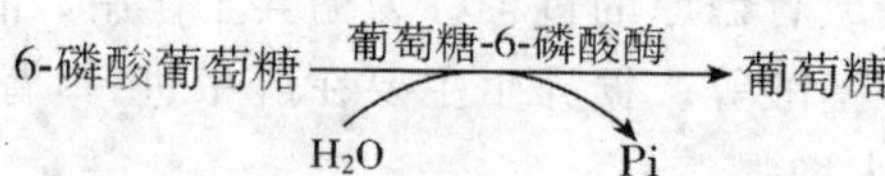

2. 糖异生调节

(1)代谢物对糖异生的调节

①代谢物对糖异生的调节。果糖二磷酸酶是异构酶,AMP、2,6-二磷酸果糖是其强烈抑制剂;而 ATP、柠檬酸则是其激活剂。此外乙酰辅酶 A 与草酰乙酸缩合生成的柠檬酸由线粒体进入细胞液中,可抑制磷酸果糖激酶,使果糖二磷酸酶活性升高,促进糖异生。

②糖异生原料的浓度对糖异生的调节。饥饿情况下,脂肪动员增加,组织蛋白质分解加强,血浆甘油和氨基酸水平增高;激烈运动时血乳酸含量剧增,这些糖异生原料会增加,从而大大促进糖异生作用。

③乙酰 CoA 的调节作用。乙酰 CoA 是丙酮酸氧化脱氢酶系的变构抑制剂,又是丙酮酸羧化酶的激活剂。当脂肪酸大量氧化时产生过多的乙酰 CoA,它一方面反馈抑制丙酮酸氧化脱氢酶系的活性,使丙酮酸氧化受阻而大量堆积,为糖异生提供了丰富的原料;另一方面又可激活丙酮酸羧化酶,加速丙酮酸生成草酰乙酸,进而促进糖异生作用(图 6-15)。

(2)激素的调节作用

2,6-双磷酸果糖的水平是肝内调节糖的分解和异生反应方向的主要因素。胰高血糖素化学修饰相应酶降低肝细胞内 2,6-双磷酸果糖生成,促进糖异生而抑制糖的分解,胰岛素的作用与此相反。如进食后胰高血糖素/胰岛素比例降低,2,6-双磷酸果糖水平增加,糖异生作用抑制,糖的分解增强。胰高血糖素还能通过 cAMP 快速诱导肝中磷酸烯醇式丙酮酸羧激酶的基因表达,增加酶的合成,促进糖异生;而胰岛素则有相反作用,对 cAMP 有对抗作用(图 6-16)。

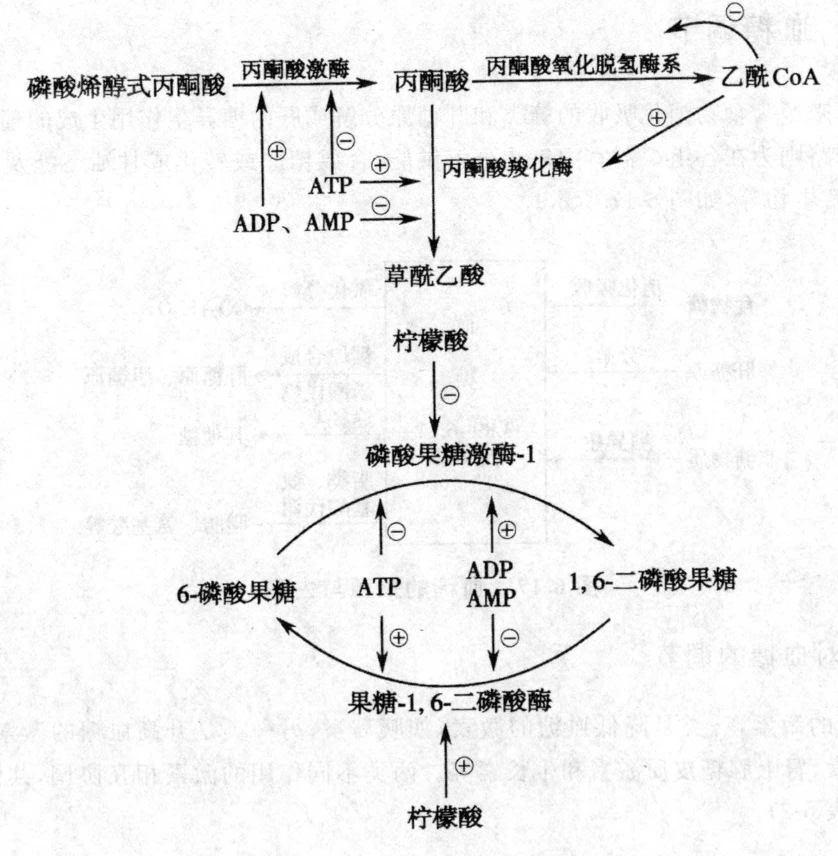

图 6-15　代谢对糖异生的调节作用

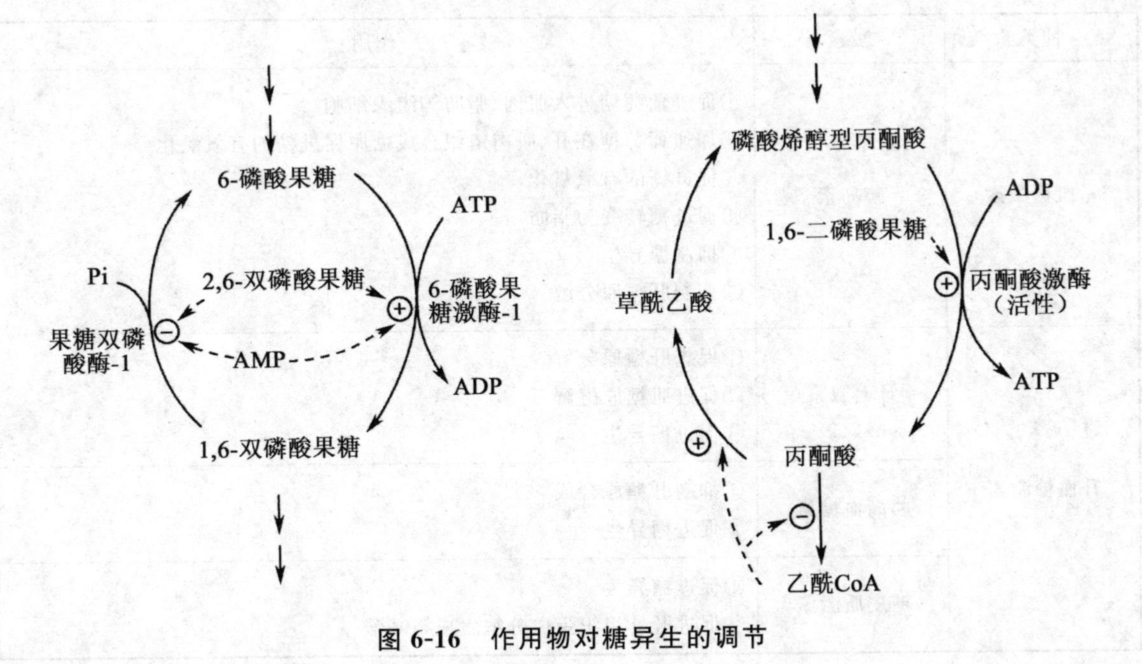

图 6-16　作用物对糖异生的调节

6.1.4 血糖调节

血糖主要来源为食物消化吸收的糖类和肝糖原分解或肝内糖异生作用生成的葡萄糖释放入血。血糖的去路则为在各组织器官中氧化分解供能，合成糖原或转化成甘油三酯及转变为某些氨基酸、糖的衍生物等，如图 6-17 所示。

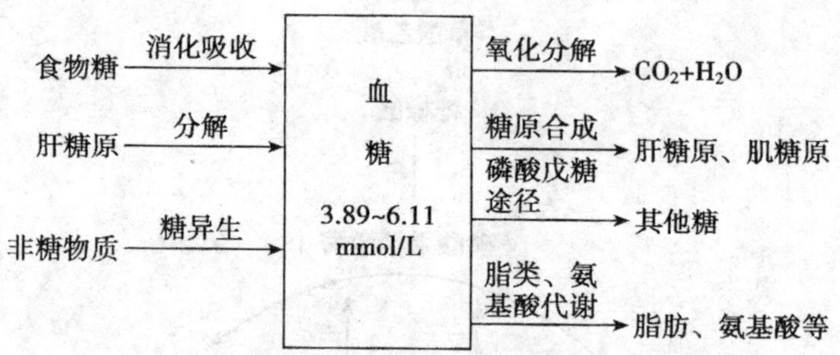

图 6-17 血糖的来源与去路

1. 激素对血糖的调节

调节血糖的激素，一类是降低血糖的激素，如胰岛素；另一类是升高血糖的激素，如肾上腺素、胰高血糖素、肾上腺糖皮质激素和生长素等。两类不同作用的激素相互协调，共同调节血糖的正常水平（表 6-2）。

表 6-2 激素对血糖浓度的调节

种类	激素	作用
降血糖激素	胰岛素	①促进葡萄糖进入肌肉、脂肪等组织细胞 ②加速葡萄糖在肝、肌肉组织合成糖原促进糖的有氧氧化 ③促进糖的有氧氧化 ④促进糖转变为脂肪 ⑤抑制糖异生 ⑥抑制肝糖原分解
升血糖激素	肾上腺素	①促进肝糖原分解 ②促进肌糖原酵解 ③促进糖异生
	胰高血糖素	①抑制肝糖原合成 ②促进糖异生
	糖皮质激素	①促进糖异生 ②促进肝外组织蛋白分解生成氨基酸

2. 器官对血糖的调节

参与调节血糖浓度的组织有肝、肾、肌肉、脂肪等，其中肝是最重要的器官。肝对血糖浓度的稳定具有重要调节作用。空腹时肝糖原分解加强，用以补充血糖浓度；当餐后血糖浓度增高时，肝糖原合成增加，而使血糖水平不致过度升高；饥饿或禁食情况下，肝的糖异生作用加强，以有效地维持血糖浓度。

6.2　脂类代谢

脂肪组织含脂肪细胞，多分布于皮下、腹腔大网膜、肠系膜、肾周围等，这部分脂肪称为储存脂，脂肪组织则称为脂库。脂肪含量因人而异，易受膳食、运动、营养状况、疾病等多种因素的影响而发生变动，故又称可变脂。成年男性的脂肪含量一般占体重的10%～20%，女性稍高。脂肪细胞能分泌大量的激素和细胞因子，如脂联素(Apn)、瘦素(leptin)、抵抗(resistin)、肿瘤坏死因子-α(TNF-α)、白细胞介素-6(IL-6)、Ⅰ型纤溶酶原激活及抑制物-1(PAI-1)等，统称为脂肪细胞因子。脂肪细胞因子在调节机体代谢等方面发挥重要作用。

类脂是生物膜的基本组成成分，约占生物膜总重量的一半以上，在各器官和组织中含量恒定，基本上不受膳食、营养状况和机体活动的影响，故又被称为固定脂或基本脂。不同组织中类脂的含量、种类不同。

6.2.1　脂肪(三酰甘油)的代谢

1. 三酰甘油的分解代谢

当机体需要能量时，储存在脂肪细胞中的脂肪在脂肪酶的作用下，被逐步水解为脂肪酸和甘油并释放入血液，供其他组织氧化利用。这一过程也称为脂肪动员。体内除成熟的红细胞外，都能氧化分解脂肪。

$$\begin{array}{l} CH_2-O-\overset{O}{\overset{\|}{C}}-R_1 \\ | \\ CH-O-\overset{O}{\overset{\|}{C}}-R_2 \\ | \\ CH_2-O-\overset{O}{\overset{\|}{C}}-R_3 \\ \text{脂肪} \end{array} \xrightarrow[3H_2O]{\text{脂肪酶}} \begin{array}{l} CH_2OH \\ | \\ CHOH \\ | \\ CH_2OH \\ \text{甘油} \end{array} + \begin{array}{l} R_1-\overset{O}{\overset{\|}{C}}-OH \\ R_2-\overset{O}{\overset{\|}{C}}-OH \\ R_3-\overset{O}{\overset{\|}{C}}-OH \\ \text{脂肪酸} \end{array}$$

动物的脂肪酶存在于脂肪细胞中，活性受激素调节。例如，在禁食、饥饿或交感神经兴奋时，肾上腺激素、去甲肾上腺素、胰高血糖素等分泌增加，激活腺苷酸环化酶，使细胞内CAMP水平升高，进而依赖CAMP的蛋白激酶活化，后者将脂肪酶磷酸化而激活，促进脂肪动员；而胰岛素和前列腺素等与上述激素作用相反，使脂肪酶活性受到抑制，从而抑制脂肪分解。在人和动物消化道内也存在着脂肪酶，水解食物中的脂肪，这个过程称为脂肪的消化。

$$\underset{\text{甘油}}{\begin{matrix}CH_2OH\\ HO-CH\\ CH_2OH\end{matrix}} \xrightarrow[\text{甘油激酶}]{ATP\quad ADP} \underset{\text{3-磷酸甘油}}{\begin{matrix}CH_2OH\\ HO-CH\\ CH_2O-Ⓟ\end{matrix}} \underset{\text{3-磷酸甘油脱氢酶}}{\overset{NAD^+\quad NADH+H^+}{\rightleftharpoons}} \underset{\text{磷酸二羟丙酮}}{\begin{matrix}CH_2OH\\ O=C\\ CH_2O-Ⓟ\end{matrix}}$$

(1)甘油代谢

脂肪动员释放出的甘油溶于水，可以直接通过血液循环转运。肝脏、肾脏和小肠等富含甘油激酶，可以吸收甘油，并且将其磷酸化生成3-磷酸甘油，然后脱氢生成磷酸二羟丙酮，通过糖代谢途径分解，或合成葡萄糖等其他物质。骨骼肌和脂肪细胞内缺乏甘油激酶，所以它们不能利用甘油。

(2)脂肪酸的β氧化

脂肪动员释放的脂肪酸入血，由清蛋白转运。除了脑组织之外，大多数组织都能氧化脂肪酸，其中肝脏、心脏和骨骼肌的脂肪酸代谢最活跃。脂肪酸氧化有多条途径，其中最主要的是β氧化。

①脂肪酸活化成脂酰CoA：脂肪酸氧化分解前必须先活化，由位于线粒体外膜上的脂酰CoA合成酶催化生成脂酰CoA，产生的焦磷酸(PPi)则由焦磷酸酶水解。

$$RCOOH+ATP+HSCoA\xrightarrow{\text{脂酰 CoA 合成酶}}RCO-SCoA+AMP+PPi$$

②脂酰CoA进入线粒体。催化脂酰CoA氧化分解的酶系存在于线粒体基质内，因此脂酰CoA必须进入线粒体才能进行氧化分解。然而无论长链脂肪酸或脂酰CoA都不能透过线粒体内膜而进入线粒体，必须通过一种特异转运载体——肉毒碱(肉碱)的转运才能进入线粒体。

肉碱通过其羟基与脂酰基连接成酯，生成脂酰基肉碱而透过线粒体内膜。由于线粒体内膜两侧存在肉碱脂酰转移酶(外侧为酶Ⅰ，内侧为酶Ⅱ)，能催化脂酰基在脂酰CoA和肉碱之间转移，最后在膜内侧形成脂酰CoA，完成了脂酰辅酶A进入线粒体的过程。其过程如图6-18所示。

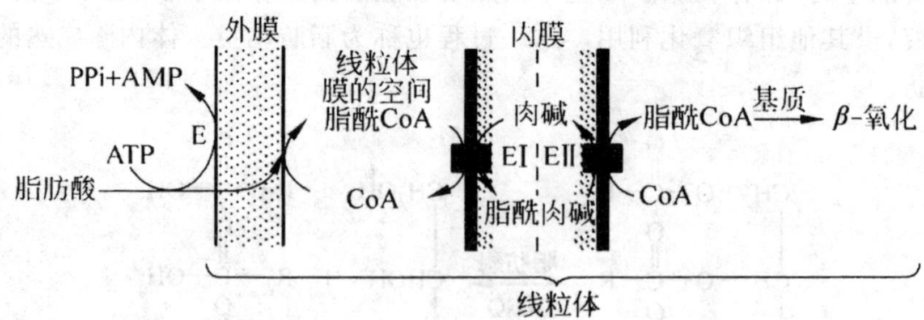

E. 脂酰CoA合成酶；EⅠ. 肉毒脂酰转移酶Ⅰ；EⅡ. 肉毒脂酰转移酶Ⅱ

图6-18　在肉毒碱参与下脂肪酸进入线粒体的过程

③脂酰CoA的β氧化过程。β氧化反应过程包括四个过程：第一，脱氢。脂酰CoA脱氢酶催化脂酰CoA脱氢，生成α,β-烯脂酰CoA，脱下的氢由$FADH_2$送入呼吸链。第二，加水。α,β-烯脂酰CoA水化酶催化α,β-烯脂酰CoA加水，生成β-羟脂酰CoA。第三，再脱氢。β-羟脂酰

CoA 脱氢酶催化 β-羟脂酰 CoA 脱氢，生成酮 β-脂酰 CoA，脱下的氢由 NADH 送入呼吸链。第四，硫解。β-酮脂酰 CoA 硫解酶催化 β-酮脂酰 CoA 硫解，生成一分子乙酰 CoA 和比原来少了两个碳原子的脂酰 CoA（图 6-19）。

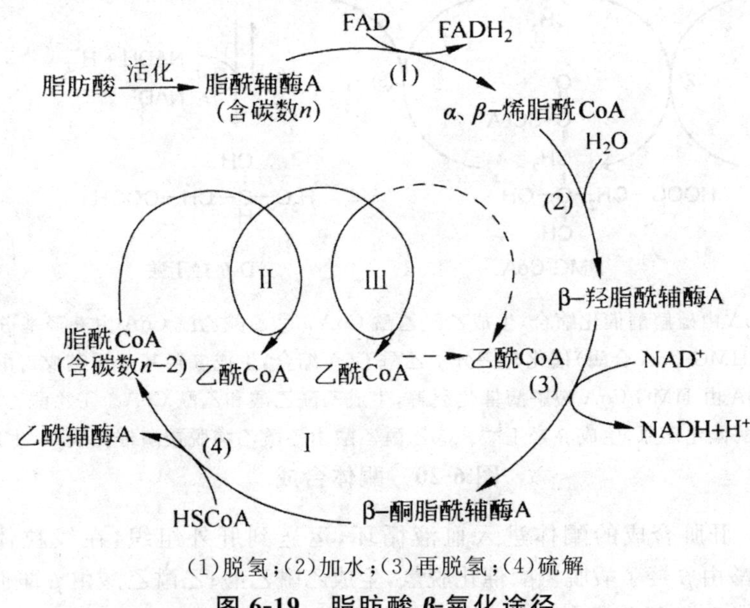

（1）脱氢；（2）加水；（3）再脱氢；（4）硫解

图 6-19 脂肪酸 β-氧化途径

少了两个碳原子的脂酰 CoA 重复进行脱氢、加水、再脱氢和硫解反应，最终完全降解为乙酰 CoA。

β 氧化总反应：以软脂酸为例，1 分子软脂酸经过 7 次 13 氧化生成乙酰 CoA 的化学方程式如下：

$$软脂酸+ATP+7H_2O+7FAD+7NAD+8CoA$$
$$=乙酰\ CoA+7FADH_2+7MADH+7H^+ +AMP+PPi$$

（3）脂肪酸的其他氧化

除了 β 氧化之外，脂肪酸还可以进行 ω 氧化和 α 氧化等。

①脂肪酸的 ω 氧化：在动物肝细胞和肾细胞的内质网中，中长链（C_{10}～C_{12}）脂肪酸的 ω 碳原子由羟化酶、脱氢酶催化氧化成羧基，然后进入线粒体进行 β 氧化。

②脂肪酸的 α 氧化：脂肪酸由羟化酶催化氧化成 α-羟脂酸，然后通过 α-氧化脱羧反应生成比原来少一个碳原子的脂酰 CoA，再进行 β 氧化。

③奇数碳脂肪酸的氧化：奇数碳的脂肪酸可以进行 β 氧化，只是最后生成一分子丙酰 CoA，然后由丙酰 CoA 羧化酶催化羧化，生成甲基丙二酸单酰 CoA，再由差向异构酶、变位酶等催化异构，生成琥珀酰 CoA。

④不饱和脂肪酸的氧化：不饱和脂肪酸也可以通过 β 氧化途径降解，只是其所含的顺式双键要由烯脂酰 CoA 异构酶和二烯脂酰 CoA 还原酶催化异构成 β 氧化所需的反式双键。

（4）酮体代谢

酮体包括乙酰乙酸、D-β-羟丁酸和丙酮，是脂肪酸分解代谢的产物。

①酮体合成。肝脏是分解脂肪酸最活跃的器官之一。肝脏通过 β 氧化分解脂肪酸生成大量乙酰辅酶 A，超过自己的需要，过剩的乙酰辅酶 A 在线粒体内合成酮体（图 6-20）。

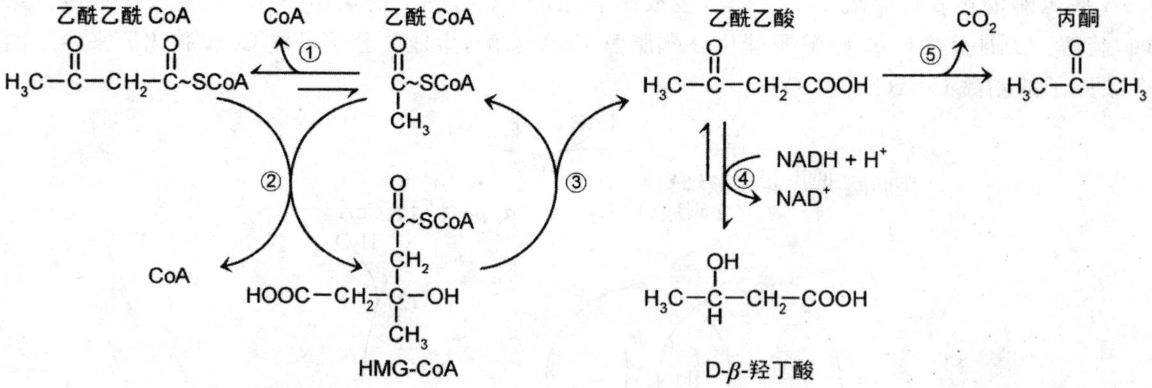

①两分子乙酰 CoA 由硫解酶催化缩合，生成乙酰乙酰 CoA。②乙酰乙酰 CoA 由 β-羟基-β-甲基戊二酸单酰 CoA 合酶(HMG-CoA 合酶)催化与一分子乙酰 CoA 缩合，生成 β-羟基-β-甲基戊二酸单酰 CoA。③HMG-CoA 由 HMG-CoA 裂解酶催化裂解，生成乙酰乙酸和乙酰 CoA。④乙酰乙酸由 β-羟丁酸脱氢酶催化还原，生成 β-羟丁酸。⑤乙酰乙酸由乙酰乙酸脱羧酶催化脱羧，生成丙酮。

图 6-20　酮体合成

②酮体利用。肝脏合成的酮体进入血液循环，运送到肝外组织，在线粒体内被氧化分解(图 6-21)：β-羟丁酸由 β-羟丁酸脱氢酶催化脱氢，生成乙酰乙酸；乙酰乙酸由 β-酮脂酰 CoA 转移酶催化与琥珀酰 CoA 反应，活化成乙酰乙酰 CoA；乙酰乙酰 CoA 由硫解酶催化分解，生成乙酰 CoA。丙酮不能被利用，主要随尿液排出体外。当血中酮体水平异常升高时，丙酮也可以由肺呼出。

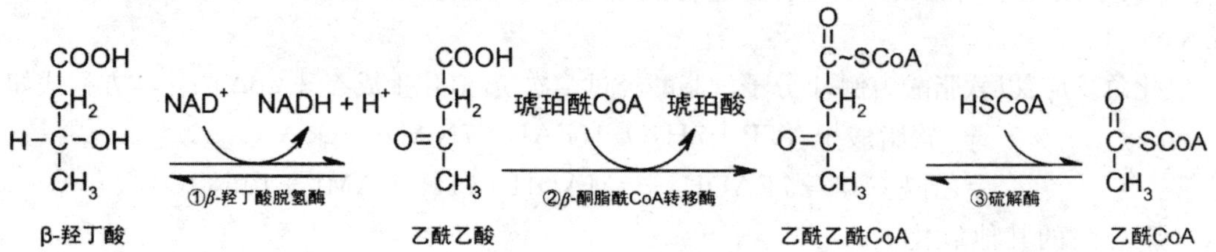

图 6-21　酮体利用

③酮体生成的调节。主要有三个机制：第一，激素的影响。饱食后，胰岛素分泌增加，脂肪动员受到抑制，酮体生成减少。而饥饿时，胰高血糖素等脂解激素分泌增加，脂肪动员加强，血中游离脂酸浓度升高，使肝脏摄取游离脂酸增加，有利于脂酸的 β 氧化和酮体的生成。第二，饱食和饥饿的影响。饱食及糖供应充足时，肝糖原丰富，糖代谢旺盛，3-磷酸甘油及 ATP 充足，此时进入肝细胞的脂酸主要与 3-磷酸甘油反应生成三酰甘油和磷脂，β 氧化减少，酮体生成减少。第三，脂酰 CoA 进入线粒体速度的影响。饱食后糖氧化分解所生成的乙酰 CoA 及柠檬酸能变构激活乙酰 CoA 羧化酶，促进丙二酰 CoA 的合成，后者竞争性地抑制肉碱脂酰转移酶 I 的活性，从而阻止脂酰 CoA 进入线粒体进行 β 氧化。

2. 三酰甘油的合成代谢

脂肪组织和肝脏是体内合成甘油三酯的主要场所。其他组织如肾、脑、肺、乳腺等部位都能合成甘油三酯。

(1)磷酸甘油的合成

合成甘油三酯所需的 3-磷酸甘油主要来自糖代谢，由磷酸二羟丙酮还原生成。

肝脏和肠黏膜富含甘油激酶，能催化甘油磷酸化生成 3-磷酸甘油，所以它们可以利用甘油合成甘油三酯；而脂肪组织缺乏甘油激酶，不能利用甘油合成甘油三酯。

$$\underset{\text{磷酸二羟丙酮}}{\begin{matrix}CH_2OH\\ O=C\\ CH_2O-Ⓟ\end{matrix}} \xrightleftharpoons[\text{3-磷酸甘油脱氢酶}]{NADH+H^+\ \ NAD^+} \underset{\text{3-磷酸甘油}}{\begin{matrix}CH_2OH\\ HO-CH\\ CH_2O-Ⓟ\end{matrix}} \xleftarrow[\text{甘油激酶}]{ADP\ \ ATP} \underset{\text{甘油}}{\begin{matrix}CH_2OH\\ HO-CH\\ CH_2OH\end{matrix}}$$

(2)脂肪酸的合成

脂肪酸是在肝脏、乳腺和脂肪组织等的细胞液中合成的。肝脏是人体内脂肪酸合成最活跃的场所，其合成能力较脂肪组织大 8～9 倍。脂肪组织是甘油三酯的储存场所，它合成甘油三酯所需的脂肪酸主要来自血浆脂蛋白，包括 CM 和 VLDL。

乙酰 CoA 和 NADPH 是脂肪酸的合成原料：糖类、脂类和蛋白质分解代谢均可以生成乙酰 CoA，NADPH 主要来自磷酸戊糖途径。此外，脂肪酸合成还需要 ATP、CO_2 和 Mn^{2+} 或 Mg^{2+}、生物素等。

①乙酰 CoA 转运和活化。乙酰 CoA 在线粒体内生成，而脂肪酸在细胞液中合成。乙酰 CoA 不能自由透过线粒体内膜，必须通过以下穿梭转运到细胞液中，才能用于合成脂肪酸。乙酰 CoA 与草酰乙酸缩合，生成柠檬酸；柠檬酸通过柠檬酸转运体转运到细胞液中，由柠檬酸裂解酶催化裂解，生成乙酰 CoA 和草酰乙酸。草酰乙酸由苹果酸脱氢酶催化还原，生成苹果酸；苹果酸通过苹果酸-α-酮戊二酸转运体转运到线粒体内，脱氢再生草酰乙酸。苹果酸也可以由苹果酸酶催化氧化脱羧，生成丙酮酸；丙酮酸通过丙酮酸转运体转运到线粒体内，羧化再生草酰乙酸，如图 6-22 所示。

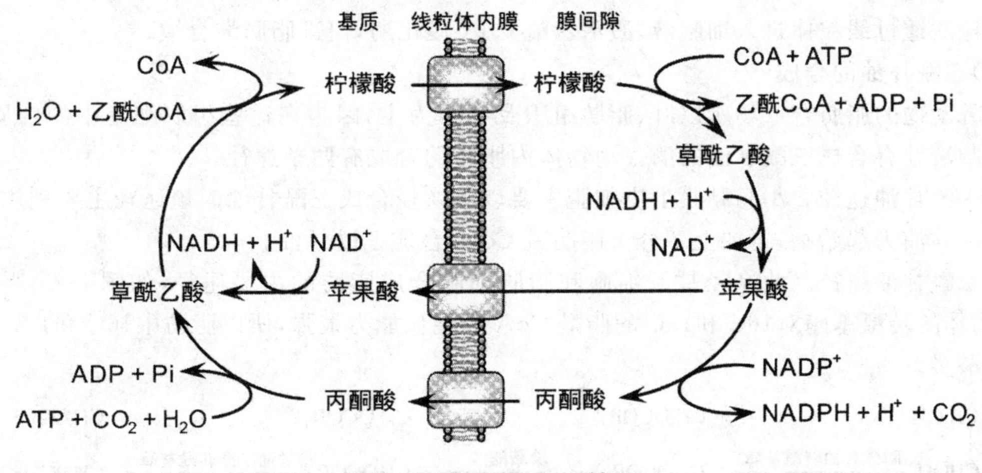

图 6-22　乙酰 CoA 转运

乙酰 CoA 羧化成丙二酸单酰 CoA 是脂肪酸合成的第一步反应，催化该反应的乙酰 CoA 羧化酶以生物素为辅助因子，以 Mn^{2+} 为激活剂，是催化脂肪酸合成的关键酶。

$$CH_3C(=O)\sim SCoA + CO_2 + H_2O + ATP \xrightarrow[\text{乙酰CoA羧化酶}]{\text{生物素, }Mn^{2+}} HOOC\text{—}CH_2\text{—}C(=O)\sim SCoA + ADP + Pi$$

乙酰CoA　　　　　　　　　　　　丙二酸单酰CoA

②软脂酸的合成。从乙酰 CoA 及丙二酸单酰 CoA 合成软脂酸，实际上是一个连续的缩合过程，每次延长两个碳原子。^{16}C 软脂酸的合成，需经过连续的七次缩合反应。各种生物合成脂酸的过程基本相似，大肠杆菌中，此种缩合过程是由七种酶蛋白聚合构成的多酶体系所催化；而在高等动物，这七种酶活性都在由一个基因编码的一条多肽链上，属多功能酶。在这条多肽链上还有一个酰基载体蛋白(acyl carrier protein，ACP)，脂肪酸合成的过程实际上是以 ACP 为核心，完成七种酶催化的反应，重复进行缩合、还原、脱水、再还原等步骤，每重复一次使肽链延长两个碳原子，经七次循环形成 16 碳的软脂酰 ACP，再经硫酯酶催化释放出 1 分子软脂酸。软脂酸合成的总反应式为

$$CH_3CO\sim SCoA + 7HOOCCH_2CO\sim SCoA + 14NADPH + 14H + \rightarrow$$

$$CH_3(CH_2)_{14}COOH + 7CO_2 + 6H_2O + 8HSCoA + 14NADP^+$$

脂酸合成酶系合成的产物是软脂酸，更长碳链的脂肪酸则是在内质网或线粒体中，对软脂酸进行加工，使其碳链延长。在内质网中，以丙二酸单酰 CoA 为 2C 单位的供给体，由 NADPH＋H^+ 供氢。合成过程与软脂酸的合成相似，每次延长两个碳原子，最多可将脂酸碳链延长至24C，但以18C 的硬脂酸为最多。线粒体中则由乙酰 CoA 作为 2C 单位供体，由 NADPH＋H^+ 供氢，合成过程与脂酸 β-氧化的逆反应相似，可产生24C～26C 的脂肪酸，也是以硬脂酸最多。不饱和脂肪酸则是在去饱和酶的催化下生成的，但脂肪酸机体不能合成，必须要由食物供应。

③脂肪酸合成调节。进食高脂肪食物或脂肪动员加强时，肝细胞内的脂酰 CoA 增多，抑制乙酰 CoA 羧化酶，从而抑制脂肪酸合成。进食糖类时，糖代谢加强，NADPH 和乙酰 CoA 增多，促进脂肪酸合成。糖代谢加强时，ATP 增多，抑制异柠檬酸脱氢酶，导致异柠檬酸和柠檬酸积累。柠檬酸透过线粒体进入细胞液，激活乙酰 CoA 羧化酶，促进脂肪酸合成。

(3)三酰甘油的合成

哺乳动物的脂肪合成场所以肝、脂肪组织及小肠为主，因为在这些组织细胞中的内质网、线粒体及胞液处有合成三酰甘油的酶。动物体内脂肪的合成有两条途径。

①一酰甘油途径。小肠黏膜上皮细胞主要以此途径合成三酰甘油。该途径主要利用消化吸收的一酰甘油为起始物，再加上 2 分子脂肪酰 CoA，合成三酰甘油。

②二酰甘油途径。此途径是肝细胞和脂肪细胞合成脂肪的主要途径，如图 6-23 所示。此外，动物体的转酰基酶对16C 和18C 的脂酰 CoA 的催化能力最强，所以脂肪中16C 和18C 脂肪酸的含量最多。

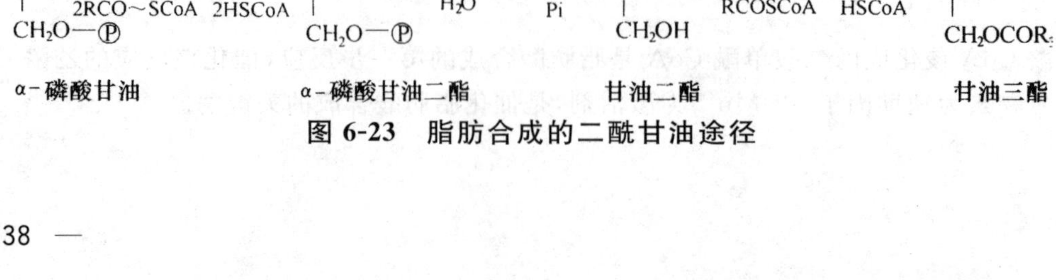

α-磷酸甘油（CH_2OH—CHOH—CH_2O—Ⓟ）$\xrightarrow[\text{2RCO～SCoA → 2HSCoA}]{\text{磷酸甘油转酰基酶}}$ α-磷酸甘油二酯（CH_2OCOR_1—$CHOCOR_2$—CH_2O—Ⓟ）$\xrightarrow[\text{H}_2\text{O → Pi}]{\text{磷酸酶}}$ 甘油二酯（CH_2OCOR_1—$CHOCOR_2$—CH_2OH）$\xrightarrow[\text{RCOSCoA → HSCoA}]{\text{甘油二酯转酰基酶}}$ 甘油三酯（CH_2OCOR—$CHOCOR_2$—CH_2OCOR）

图 6-23　脂肪合成的二酰甘油途径

6.2.2 类脂的代谢

1. 甘油磷脂代谢

(1)甘油磷脂的合成

机体各组织细胞内质网均含有合成甘油磷脂的酶系,以肝脏、肾脏、小肠最为活跃。所需原料包括脂肪酸、甘油、磷酸盐、胆碱、丝氨酸、肌醇等。需要 ATP 提供能量,还需 CTP 参加,CTP 磷脂合成中很重要,不但能供能,而且参与合成 CDP-乙醇胺、CDP-胆碱等主要的活性中间体。

$HOCH_2CN_2NH_2$ 乙醇胺 —(乙醇胺激酶;ATP→ADP)→ $P\text{-}OCH_2CH_2CH_2$ 磷酸乙醇胺 —(CTP-磷酸乙醇胺胞苷转移酶;CTP→PPi)→ $CDP\text{-}OCH_2CH_2NH$ CDP-乙醇胺

$HOCH_2CH_2N^+(CH_3)_3$ 胆碱 —(胆碱激酶;ATP→ADP)→ $P\text{-}OCH_2CH_2N^+(CH_3)_3$ 磷酸胆碱 —(CTP-磷酸胆碱胞苷转移酶;CTP→PPi)→ $CDP\text{-}OCH_2CH_2N^+(CH_3)_3$ CDP-胆碱

以卵磷脂的合成为例,其合成起始于 α-磷酸甘油,反应式为

α-磷酸甘油 (CH_2-OH / $HO-CH$ / $CH_2-O-Ⓟ$) —(酰基CoA→CoA;甘油磷酸酰基转移酶)→ 溶血磷脂酸 ($CH_2-O-C(=O)-R_1$ / $HO-CH$ / $CH_2-O-Ⓟ$) —(酰基CoA→CoA;酰基转移酶)→ 磷脂酸 ($CH_2-O-C(=O)-R_1$ / $R_2-C(=O)-O-CH$ / $CH_2-O-Ⓟ$)

CDP-二酰基甘油(胞苷二磷酸二酰基甘油)是卵磷脂合成的活化中间体,反应式为

磷脂酸 ($CH_2-O-C(=O)-R_1$ / $R_2-C(=O)-O-CH$ / $CH_2-O-Ⓟ$) ⇌(CTP→PPi) CDP-二酰基甘油 ($CH_2-O-C(=O)-R_1$ / $R_2-C(=O)-O-CH$ / $CH_2-O-Ⓟ-Ⓟ-CH_2$-核糖(HO, HO)-胞嘧啶(NH_2))

丝氨酸是合成卵磷脂的原料之一，反应式为

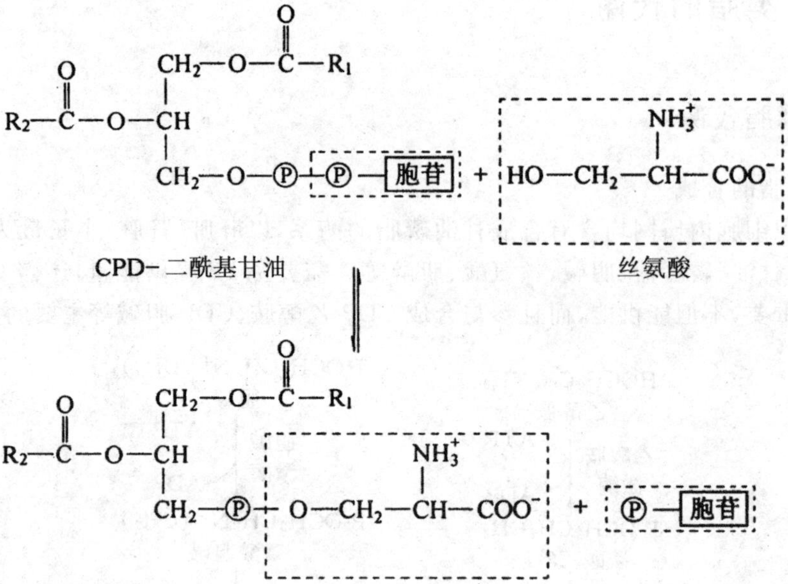

CPD-二酰基甘油 + 丝氨酸 ⇌ 磷脂酰丝氨酸 + CMP

磷脂酰丝氨酸脱羧再甲基化(S-腺苷甲硫氨酸为甲基供体)生成磷脂酰胆碱-卵磷脂，中间物经历磷脂酰乙醇胺—脑磷脂阶段，反应式为

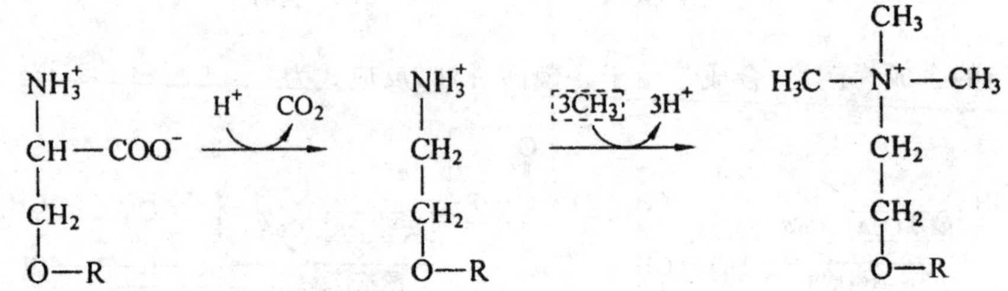

磷脂酰丝氨酸 →(H^+, CO_2) 磷脂酰乙醇胺 →(3CH_3, 3H^+) 磷脂酰胆碱

(2)甘油磷脂的分解

生物体内存在能使甘油磷脂水解的多种磷脂酶，分别作用于甘油磷脂分子中不同的酯键，生成不同的产物，如图 6-24 所示。磷脂酶 A_1，水解磷脂分子 C-1 酯键及脂肪酸。磷脂酶 A_2，专一水解甘油磷脂 C-2 位酯键，水解产物是溶血磷脂 1 及多不饱和脂肪酸。作用于溶血磷脂 1,2 位酯键的酶称为磷脂酶 B_1 及 B_2，水解产物为甘油磷酸胆碱乙醇胺及脂肪酸。磷脂酶 C，作用于磷脂 C-3 位酯键，水解产物为甘油二酯及磷酸胆碱或磷酸乙醇胺等。磷脂酶 D，作用于磷酸取代基间酯键，水解产物为磷脂酸和胆碱或乙醇胺等。溶血磷脂 1 是一类具较强表面活性的物质，能使红细胞膜或其他细胞膜破坏引起溶血或细胞坏死。

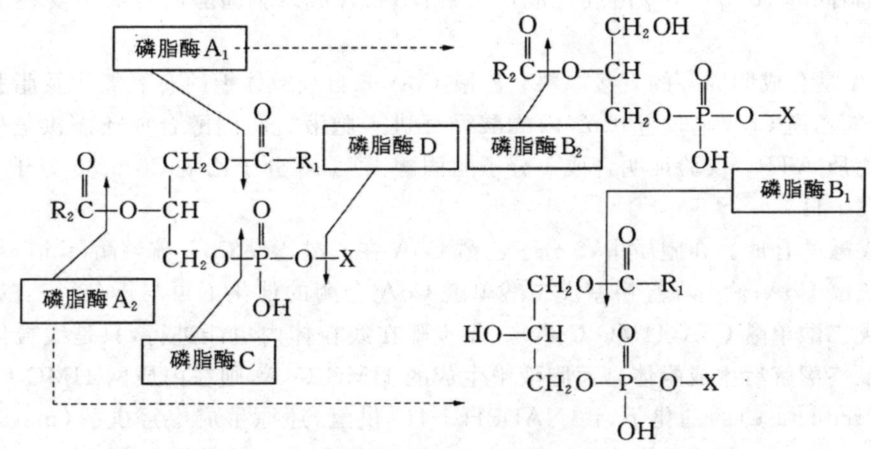

图 6-24　磷脂酶对磷脂的降解

2. 鞘磷脂代谢

(1)鞘磷脂合成

鞘磷脂由鞘氨醇、脂肪酸和磷酸胆碱构成。鞘磷脂的合成场所是各组织的滑面内质网，以脑组织最为活跃，此外还有心、肾、胃、肌肉等。鞘磷脂的合成原料包括软脂酰 CoA、脂酰辅 CoA、丝氨酸、脂酰 CoA 和磷酸胆碱，此外还需要磷酸吡哆醛、NADPH 和 Mn^{2+} 等。

其具体合成步骤为：在脱羧酶的催化下，软脂酰 CoA 与丝氨酸缩合并脱羧，生成 3-酮基二氢鞘氨醇；在还原酶的催化下，3-酮基二氢鞘氨醇被 NADPH 还原，生成二氢鞘氨醇；在酰基转移酶的催化下，二氢鞘氨醇从脂酰 CoA 获得酰基，生成 N-脂酰二氢鞘氨醇；N-脂酰二氢鞘氨醇由脱氢酶催化脱氢，生成 N-脂酰鞘氨醇；N-脂酰鞘氨醇从磷脂酰胆碱获得磷酸胆碱，生成鞘磷脂(图 6-25)。

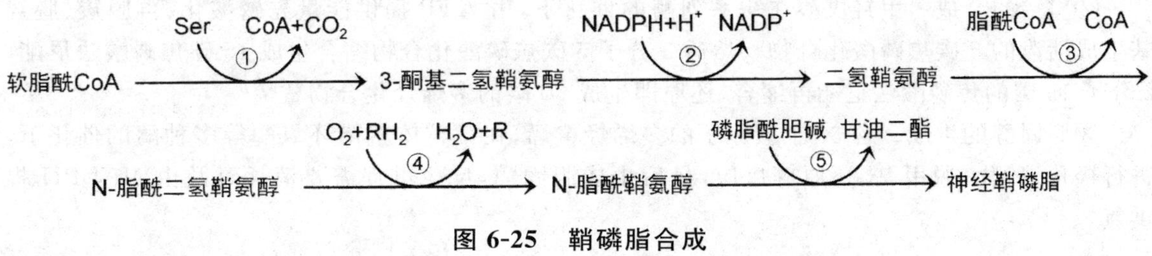

图 6-25　鞘磷脂合成

(2)鞘磷脂分解

神经鞘磷脂的分解是在神经鞘磷脂酶催化下进行的。此酶存在于脑、肝、脾、肾等细胞的溶酶体中，水解磷酸酯键，产物为 N-脂酰鞘氨醇和磷酸胆碱。先天性缺乏此酶的病人，由于神经鞘磷脂不能降解而在细胞内积存，导致鞘脂累积症，可引起肝、脾大及痴呆等。

3. 胆固醇代谢

(1)胆固醇的生物合成

除成年动物脑组织及成熟红细胞外，几乎全身各组织均可合成胆固醇，肝是合成胆固醇的主要场所，体内胆固醇70%～80%由肝合成，10%由小肠合成。胆固醇的合成主要在细胞胞液及内质网中进行。

乙酰CoA是合成胆固醇的直接原料。乙酰CoA来自线粒体糖的有氧氧化及脂肪酸的β-氧化，线粒体内的乙酰CoA通过柠檬酸-丙酮酸循环进入胞液。胆固醇合成还需供氢体NADPH+H^+、供能物质ATP。实验证明合成1分子胆固醇需要18分子乙酰CoA、36分子ATP及16分子NADPH+H^+。

①甲羟戊酸的合成。在胞质中，2分子乙酰CoA在乙酰乙酰CoA硫解酶(thiolas)的催化下缩合成乙酰乙酰CoA；然后在羟甲基戊二酸单酰CoA合酶的催化下再与1分子乙酰CoA缩合生成羟甲基戊二酸单酰CoA(HMG CoA)。此步骤在线粒体内也能进行，只是线粒体内合成的HMG CoA最终裂解后生成酮体。而胞液中生成的HMG CoA，则在内质网HMG CoA还原酶(HMG CoA reductase)的催化下，由NADPH+H^+供氢，还原生成甲羟戊酸(mevalonic acid，MVA)。HMG CoA还原酶是合成胆固醇的限速酶，这步反应是合成胆固醇的限速反应。

$$2CH_3COCoA \xrightarrow[\searrow HSCoA]{\text{乙酰乙酰 CoA 硫解酶}} CH_3COCH_2COCoA \xrightarrow[CH_3COSCoA \nearrow]{\text{HMG 合酶}}$$

$$\underset{\substack{\text{羟甲基戊二酸单酰 CoA} \\ \text{(HMGCoA)}}}{HOOC-CH_2-C(OH)(CH_3)-CH_2-COCoA} \xrightarrow[\substack{2NADPH+2H^+ \quad 2NADP^+ + CoA \\ \uparrow \\ \text{(限速反应)}}]{\text{HMG CoA 还原酶}} \underset{\substack{\text{甲羟戊酸} \\ \text{(MVA)}}}{HOOC-CH_2-C(OH)(CH_3)-CH_2-CH_2OH}$$

②鲨烯的合成。甲羟戊酸在一系列酶的催化下，由ATP提供能量先磷酸化、再脱羧、脱羟基生成活泼的5碳焦磷酸化合物。然后3分子5碳焦磷酸化合物缩合生成15碳焦磷酸法尼酯，2分子15碳的焦磷酸法尼酯再缩合，还原即生成30碳的多烯烃化合物鲨烯。

③胆固醇的生成。含30个碳原子的多烯烃鲨烯，在微粒体鲨烯环氧酶等多种酶的催化下，进行羟化、环化、脱甲基、还原等反应，最后生成胆固醇，反应过程需要消耗氧及由NADPH提供氢。

$$\underset{30C}{\text{鲨烯}} \xrightarrow[O_2]{NADPH \to NADP^+ \quad 3CH_3} \underset{27C}{\text{胆固醇}}$$

(2)胆固醇的酯化

胆固醇酯化是胆固醇的储存形式和运输形式。胆固醇有两种酯化方式(图6-26)：

①在细胞内，胆固醇由脂酰CoA胆固醇酰基转移酶催化从脂酰CoA获得一个酰基，生成胆固醇酯。②在血浆中，胆固醇由磷脂酰胆碱胆固醇酰基转移酶(LCAT)催化从磷脂酰胆碱获得一个酰基，生成胆固醇酯。

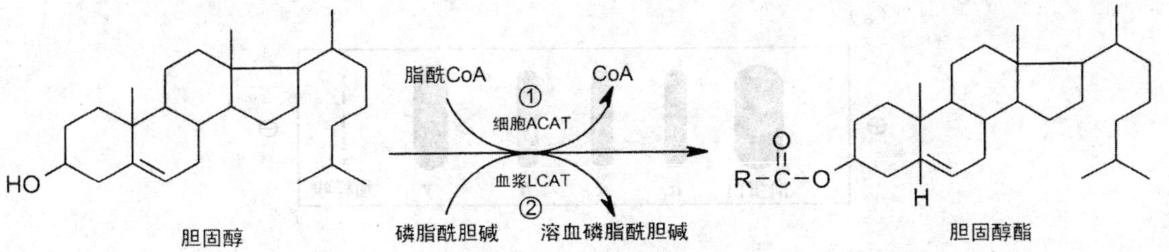

图 6-26　胆固醇酯化

(3)胆固醇生物合成的调节

HMG CoA 还原酶是胆固醇合成的限速酶,各种因素通过影响 HMG CoA 还原酶活性来调节胆固醇合成速度。

①饥饿与饱食的调节。饥饿与禁食可使 HM GCoA 还原酶活性降低,可抑制胆固醇的合成。摄入高糖等饮食后,HMG CoA 还原酶活性增加,胆固醇合成增多。

②胆固醇的负反馈调节。胆固醇以及胆固醇合成过程中的中间产物如甲羟戊酸均能抑制 HMG CoA 还原酶的活性,从而反馈抑制肝胆固醇的合成。HMG CoA 还原酶在肝的半衰期约 4 小时,如酶的合成被阻断,则肝细胞内酶含量在几小时内便降低。胆固醇以及胆固醇的氧化产物(如 7-β-羟胆固醇,25-羟胆固醇)可抑制 HMG CoA 还原酶基因的转录以及翻译过程,降低 HMG CoA 还原酶量,从而抑制肝胆固醇的合成。

③激素的调节。胰高血糖素和糖皮质激素能抑制 HMG CoA 还原酶的活性,使胆固醇的合成减少。胰岛素、甲状腺激素能诱导 HMG CoA 还原酶的合成,从而增加胆固醇的合成。甲状腺激素还可促进胆固醇向胆汁酸的转化,且转化作用大于合成作用,因此,甲状腺功能亢进的病人,血清中胆固醇的含量反而降低。

6.2.3　血浆脂蛋白代谢

血脂是血浆中所含脂类的统称。血浆脂蛋白(lipoprotein)是脂类在血浆中的存在形式和转运形式。

1. 血浆脂蛋白的分类方法

(1)电离分离法

电离分离法是常用的分离蛋白质的方法。根据电泳支持物的不同,可分为醋酸纤维素薄膜电泳、聚丙烯酰胺凝胶电泳等。用醋酯酰胺作支持物,以 pH 8.6 的巴比妥溶液作缓冲液,可将血清蛋白分为清蛋白、α_1 球蛋白、α_2 球蛋白、β球蛋白和 γ 球蛋白 5 种(图 6-27)浓度为 35～55 g/L,约占血浆总蛋白的 50%。肝每天合成 12 g 清蛋白,以前清蛋白形式合成。球蛋白的浓度为 15～30 g/L。正常情况下,清蛋白与球蛋白的浓度比值(A/G)为 1.5～2.5∶1。若用分辨率更高的聚丙烯酰胺凝胶电泳方法,可将血浆蛋白质分成数十条区带。

(a)

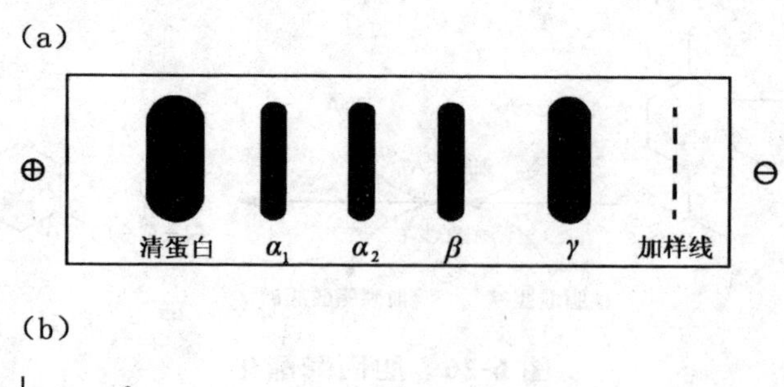

(b)

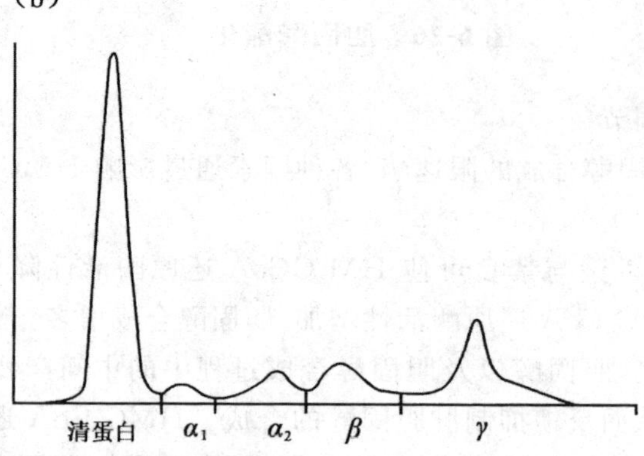

(a)染色后的图谱　(b)光密度扫描后的图谱

图 6-27　血清蛋白质的醋酸纤维薄膜电泳图

(2)超速离心分类法

将血浆在一定密度的盐溶液中进行超速离心，其中所含血浆脂蛋白密度不同，按密度从小到大分为乳糜微粒(CM)、极低密度脂蛋白(VLDL)、低密度脂蛋白(LDL)和高密度脂蛋白(HDL)。另外，还有一种中间密度脂蛋白(IDL)，它是 VLDL 在血浆代谢中产生的，其组成、颗粒大小和密度介于 VLDL 和 LDL 之间。

2. 血浆脂蛋白的组成及结构

4 种脂蛋白都含有三酰甘油、磷脂、胆固醇及其酯、载脂蛋白。但不同的脂蛋白其组成比例不同。乳糜微粒含三酰甘油最多，达 80%～95%，蛋白质含量最少，约占 1%，其密度最小，颗粒最大，几乎不带电。VLDL 以三酰甘油为主要成分，而磷脂、胆固醇、载脂蛋白含量均比乳糜微粒多。LDL 含胆固醇最多，接近 50%。HDL 含蛋白质最多，可达 50%，磷脂含量占 25%，三酰甘油最少，颗粒最小，密度最大。

脂蛋白一般呈球状。各种血浆脂蛋白的基本结构相似，由疏水性较强的甘油三酯和胆固醇酯形成脂核，表面覆盖由磷脂、胆固醇和载脂蛋白形成的单分子层，其疏水基团与脂核结合，亲水基团朝外(图 6-28)。

3. 血浆蛋白的代谢

血浆脂蛋白代谢可分为外源性和内源性代谢途径。前者是指由食物摄入的甘油三酯和胆固醇在小肠中合成 CM 及其代谢过程；而后者则是指由肝合成 VLDL，VLDL 转变为 IDL 和 LDL，LDL 被肝或其他器官代谢及 HDL 的代谢过程。

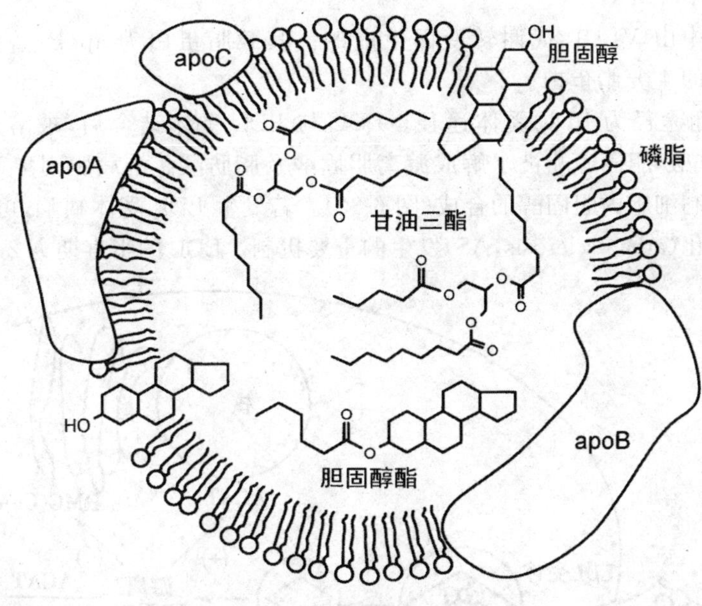

图 6-28 糜烂微粒结构

(1)乳糜微粒(CM)

CM 由小肠黏膜细胞合成。脂肪消化吸收时,由小肠黏膜细胞再合成三酰甘油,连同合成及吸收的磷脂、胆固醇以及载脂蛋白形成新生的 CM。新生 CM 经淋巴进入血液,从 HDL 获得 apoC 及 E,成为成熟的 CM,成熟 CM 中 apoC Ⅱ能够激活毛细血管内皮细胞表面的脂蛋白脂肪酶(lipoprotein lipase)(LPL),CM 中的三酰甘油在 LPL 催化下被水解成脂肪酸和甘油,CM 颗粒逐步脱去三酰甘油变小,转变成残粒 CM,经胞吞作用进入肝细胞(图 6-29)。所以,乳糜微粒是运送外源性三酰甘油的主要形式。

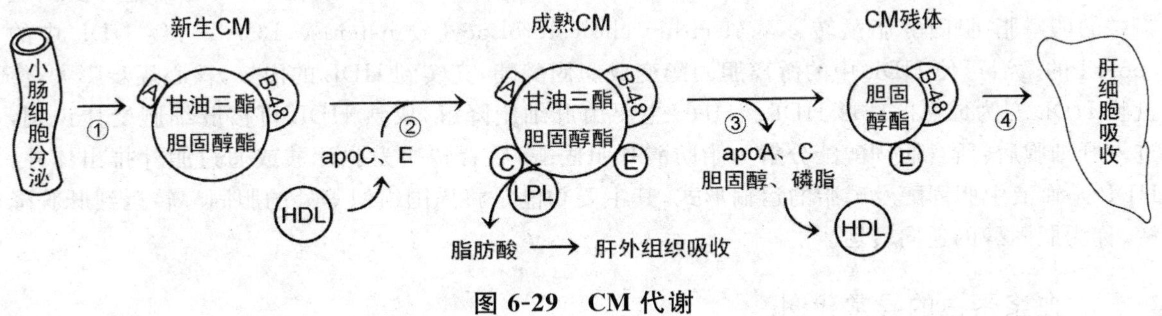

图 6-29 CM 代谢

(2)极低密度脂蛋白(VLDL)

主要形成于肝实质细胞,其形成和代谢经历新生极低密度脂蛋白(含甘油三酯、胆固醇、胆固醇酯、apoB-100、少量 apoC、apoE)→成熟极低密度脂蛋白。极低密度脂蛋白残体即中密度脂蛋白(IDL)转化过程,此代谢过程与乳糜微粒类似。IDL 去路有二:一部分被肝细胞 LDL 受体介导摄取,其余继续被脂蛋白脂肪酶水解所含甘油三酯,最后成为富含胆固醇酯、胆固醇和 apoB-100 的低密度脂蛋白(LDL)。VLDL 的半衰期不到 1 个小时。

(3)低密度脂蛋白(LDL)

LDL 是在血液中由 VLDL 代谢转变而生成的。其载脂蛋白为 $apoB_{100}$，并富含胆固醇酯。LDL 是空腹时血浆的主要脂蛋白。

LDL 的主要代谢途径为 LDL 受体途径。LDL 与 LDL 受体结合后，被溶酶体中的酶水解，$apoB_{100}$ 被水解为氨基酸，胆固醇酯被水解成游离胆固醇及脂肪酸。游离胆固醇可用于类固醇激素的合成，还可反馈抑制细胞内胆固醇的合成(图 6-30)。若发生 LDL 受体缺陷，可导致血浆 LDL 升高，成为动脉粥样硬化(atherosclerosis，AS)发生的重要机制。LDL 的半寿期为 2～4 天。

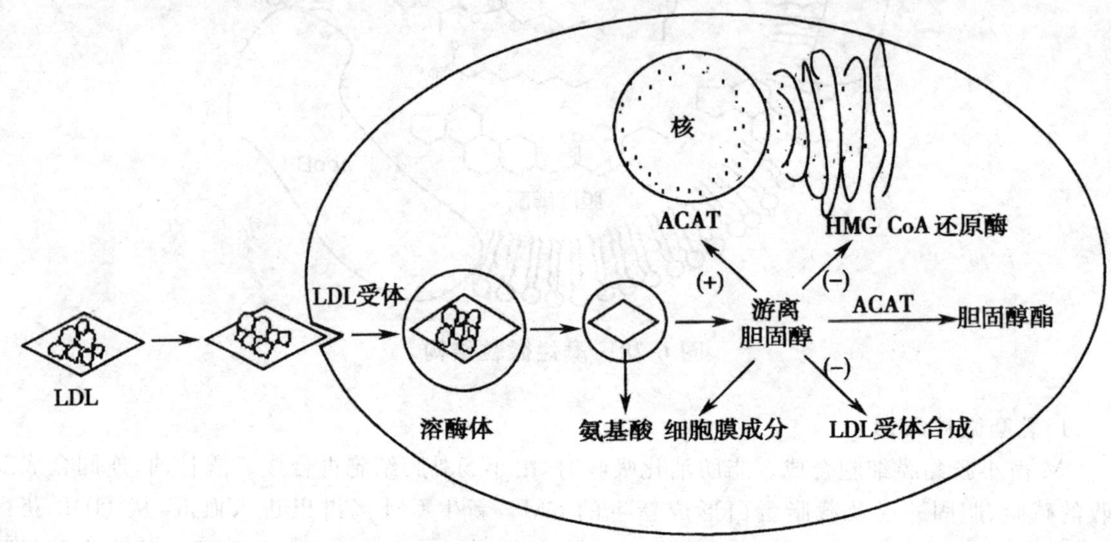

图 6-30　LDL 受体途径

(4)高密度脂蛋白(HDL)

高密度脂蛋白主要由肝合成，小肠黏膜细胞也生成一小部分。新生的 HDL 颗粒呈圆盘状，主要成分是磷脂、游离胆固醇和载脂蛋白等，HDL 入血后从 CM 中获得 apoA，肝细胞分泌到血浆中的卵磷脂-胆固醇脂酰转移酶(lecithin cholesterol acyl transferase，LCAT)，经 HDL 中的 apoA Ⅰ的激活可使 HDL 中的游离胆固醇变成胆固醇酯，充实到 HDL 的内核，核心逐步膨大，使盘状 HDL 变为成熟的球形 HDL。HDL 主要由肝细胞降解，成熟 HDL 可被肝细胞受体识别，进入肝细胞后，所含胆固醇酯分解为脂肪酸和胆固醇，后者转变为胆汁酸或通过胆汁排出体外。HDL 是血液中胆固醇及磷脂的运输形式，其主要功能是将周围组织等处的胆固醇转运到肝脏降解，称为胆固醇的逆向转运。

4. 血浆蛋白的异常代谢

(1)高脂蛋白血症

空腹血脂浓度高于正常参考值上限即称为高脂血症(hyperlipidemia)。临床上常见的有高胆固醇血症、高三酰甘油血症或者两者同时超过正常上限。一般以成人空腹 12～14 小时血浆三酰甘油超过 2.26 mmol/L(200 mg/dL)，胆固醇超过 6.21 mmol/L(240 mg/dL)，儿童胆固醇超过 4.14 mmol/L(160 mg/dL)作为高脂血症的诊断标准。

由于血脂在血浆中以脂蛋白的形式存在，因此高脂血症也可认为是高脂蛋白血症(hyperlipoproteinemia)。高脂蛋白血症按病因分为原发性和继发性两大类。原发性高脂蛋白血症病因不明，可能与脂蛋白代谢中的关键酶、载脂蛋白和脂蛋白受体的遗传缺陷有关，如家族性高胆固醇血症。继发性高脂蛋白血症是继发于糖尿病、肾病、甲状腺功能减退和肝脏病等疾患。

(2)动脉粥样硬化与冠心病

动脉粥样硬化病因复杂，主要是由于血浆中胆固醇浓度过高，沉积于大、中动脉内膜上，形成粥样硬化斑块，从而影响受累器官的血液供应。这些变化如果发生在冠状动脉，会引起心肌缺血，甚至心肌梗死，简称冠心病。LDL 增高可促进动脉粥样硬化的发生，HDL 升高有抗动脉粥样硬化的作用。因此，降低 LDL 水平以及提高 HDL 水平是防治动脉粥样硬化和冠心病的基本原则。

降低血脂可采取控制饮食、适当运动、服用降脂药物等措施。服用降脂药物可降低血中胆固醇、三酰甘油的含量，具有降脂功效的中药有 60 余种，其中以降低三酰甘油为主的有：柴胡、大黄、金银花、冬青子等；以降低胆固醇为主的有：甘草、枸杞、杜仲、银杏叶、人参、首乌、葛根等；对胆固醇和三酰甘油都有降低作用的有：决明子、灵芝、香菇、冬虫夏草、女贞子、丹参、绞股蓝、山楂、虎杖等。

(3)脂肪肝

肝脏是脂类代谢重要的器官。肝中合成的脂类是以脂蛋白的形式转运出肝外的，磷脂是合成脂蛋白所必不可少的原料，当磷脂在肝中合成减少时，肝中脂肪不能顺利地运出，引起脂肪在肝中堆积，称为脂肪肝。脂肪肝患者的肝细胞中三酰甘油占了很大空间，影响肝细胞功能，甚至引起肝细胞坏死，结缔组织增生，造成肝硬化。形成脂肪肝的主要原因有：肝中脂肪来源过多，如高脂及高糖饮食；肝功能障碍，此时肝脏合成脂蛋白的能力降低；磷脂合成障碍，以致脂蛋白合成不足。

(4)胆结石

在胆囊或胆道形成结石称为胆结石。胆结石的产生往往是因血浆胆固醇过高，胆汁浓而淤积或与发病部位感染有关，如炎症、寄生虫、手术等原因造成的感染。胆结石主要由胆固醇、胆色素、胆酸、脂肪酸钙、碳酸钙等无机盐组成。

临床治疗上常采用的利胆药包括去氢胆酸、鹅去氧胆酸、熊去氧胆酸等。去氢胆酸的主要作用是促进胆汁分泌，增加胆汁中的水分，使胆汁稀释而有利于排空胆汁。或用鹅去氧胆酸、熊去氧胆酸等改变胆汁中胆酸的成分，减少胆固醇的合成和分泌，有利于溶解胆结石。

(5)酮血症

酮体是脂肪酸分解的正常中间产物，正常生理情况下，血中酮体含量极少，为 0.03～0.5 mmol/L (0.3～5 mg/dL)。在饥饿、高脂低糖膳食及糖尿病时，脂肪酸动员加强，酮体生成增加，超过肝外组织利用的能力，引起血中酮体升高，称为酮血症，酮体为酸性物质，可导致酮症酸中毒，并随尿排出，引起酮尿，称为酮尿症。

6.3 氨基酸代谢

蛋白质是生命的物质基础，是所有活细胞的重要组成成分，它在体内由氨基酸构成，在水解时分解成氨基酸。氨基酸在代谢中能以各种方式变化，并作为体内其他物质(如血红蛋白)的重要前体。除构成蛋白质的 20 种氨基酸之外，还有一些其他的氨基酸，其中一部分是构成蛋白质的氨基酸的代谢物，一部分有特殊功能。

人体内蛋白质处于不断降解与合成的动态平衡。成人每天有1%～2%的体内蛋白质被降解。不同蛋白质的寿命差异很大，短则数秒钟，长则数月。蛋白质降低其原浓度一半所需要的时间为蛋白质的半寿期，用符号 $t_{\frac{1}{2}}$ 表示，一般用其来计量蛋白质的寿命。

食物蛋白质在消化道经多种酶的催化，最终水解为各种氨基酸，由小肠吸收进入体内；体内组织蛋白质可经溶酶体或胞浆中蛋白酶作用水解成氨基酸，加之其他物质经代谢转变而合成的氨基酸交融在一起分布于全身各组织参与代谢，总称为氨基酸代谢库。由于氨基酸不能自由通过细胞膜，所以各种组织中氨基酸的含量并不相同。例如，肌肉中氨基酸占总代谢库的50%以上，肝约占10%，肾约占4%，但肝、肾体积较小，因此它们所含氨基酸浓度很高，氨基酸的代谢也很旺盛。大多数氨基酸主要在肝中分解代谢，有些氨基酸（如支链氨基酸）则主要在骨骼肌中分解代谢（图6-31）。

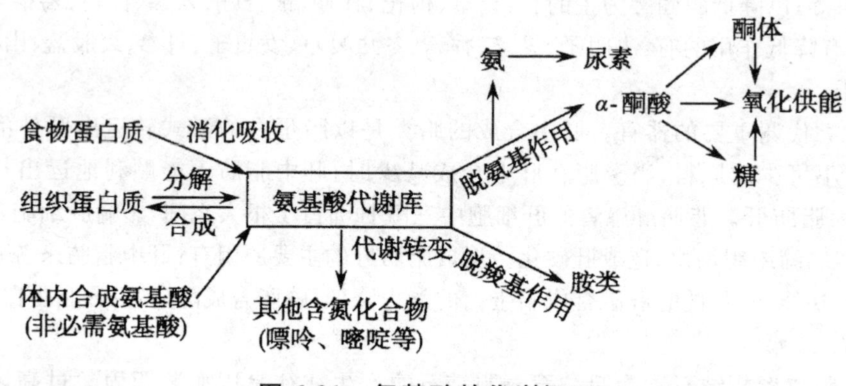

图6-31　氨基酸的代谢概况

氨基酸的分解代谢包括一般代谢和特殊代谢，一般代谢包括脱氨基代谢和脱羧基代谢。这里分别进行阐述。

6.3.1　氨基酸的一般代谢

1. 氨基酸的脱氨基代谢

(1)氧化脱氨基作用

氨基酸在酶的催化下，氧化生成相应的α-酮酸，同时释放出游离氨的过程称为氧化脱氨基作用。氧化脱氨反应分两个步骤进行：第一步，脱氢，形成亚氨基酸，催化这一过程的酶是氨基酸脱氢酶。第二步，加水和脱氨，此步是自发反应，不需要酶催化。

$$\underset{\text{氨基酸}}{\begin{array}{c}R\\|\\CH{-}NH_2\\|\\COOH\end{array}} \xrightarrow[\text{酶}]{-2H} \underset{\text{亚氨基酸}}{\begin{array}{c}R\\|\\CH{=}NH\\|\\COOH\end{array}} \xrightarrow{+H_2O} \underset{\alpha\text{-酮酸}}{\begin{array}{c}R\\|\\CH{=}O\\|\\COOH\end{array}} + NH_3$$

尽管氨基酸脱氢酶的种类很多，但最重要的是 L-谷氨酸脱氢酶，辅酶是 NAD^+ 或 $NADP^+$，该酶在动植物和微生物中广泛存在，且活性很强。它催化谷氨酸氧化脱氨，生成 α-酮戊二酸。它不仅使 L-谷氨酸氧化脱氨，在大多数氨基酸的分解代谢和合成代谢中都具有重要的作用。

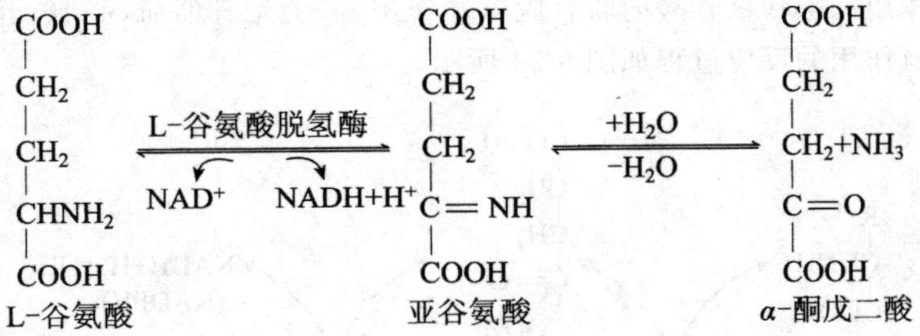

$$\underset{\text{L-谷氨酸}}{HOOC-CH_2-CH_2-CHNH_2-COOH} \xrightleftharpoons[NAD^+ \to NADH+H^+]{\text{L-谷氨酸脱氢酶}} \underset{\text{亚谷氨酸}}{HOOC-CH_2-CH_2-C(=NH)-COOH} \xrightleftharpoons[-H_2O]{+H_2O} \underset{\alpha\text{-酮戊二酸}}{HOOC-CH_2-CH_2-C(=O)-COOH} + NH_3$$

(2)转氨基作用

转氨基是指将氨基酸的 α-氨基转移到一个 α-酮酸的羰基位置上，生成相应的 α-酮酸和一个新的 α-氨基酸，反应由转氨酶催化。

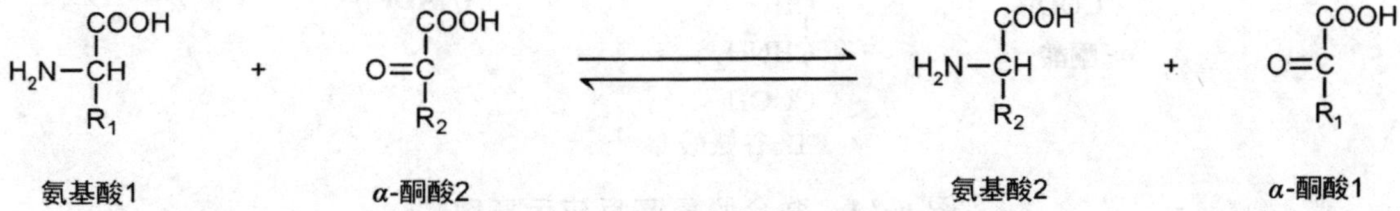

$$\underset{\text{氨基酸1}}{H_2N-CH(R_1)-COOH} + \underset{\alpha\text{-酮酸2}}{O=C(R_2)-COOH} \rightleftharpoons \underset{\text{氨基酸2}}{H_2N-CH(R_2)-COOH} + \underset{\alpha\text{-酮酸1}}{O=C(R_1)-COOH}$$

转氨基反应是可逆的，只要有相应的 α-酮酸存在，就可以通过其逆反应合成非必需氨基酸。反应过程只发生氨基转移，未产生游离氨。作为一个四底物可逆反应，其中有两种底物一定是 α-酮戊二酸和谷氨酸，即转氨基反应都是氨基酸把 α-氨基转移给 α-酮戊二酸，生成谷氨酸和相应的 α-酮酸的反应或其逆反应。

转氨酶种类很多，在动植物及微生物中分布广泛。除赖氨酸、脯氨酸、苏氨酸、甘氨酸外，其余氨基酸均能进行转氨作用，大多以 Q-酮戊二酸作为氨基受体。如最常见、活性最大、分布最广的天冬氨酸氨基转移酶(俗称谷草转氨酶，GOT)和丙氨酸氨基转移酶(俗称谷丙转氨酶，GPT)，它们催化的氨基转移反应如图 6-32 和图 6-33 所示。

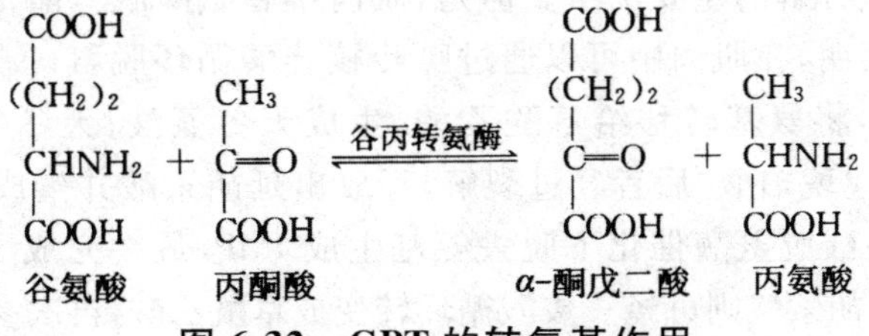

$$\underset{\text{谷氨酸}}{HOOC-(CH_2)_2-CHNH_2-COOH} + \underset{\text{丙酮酸}}{CH_3-C(=O)-COOH} \xrightleftharpoons{\text{谷丙转氨酶}} \underset{\alpha\text{-酮戊二酸}}{HOOC-(CH_2)_2-C(=O)-COOH} + \underset{\text{丙氨酸}}{CH_3-CHNH_2-COOH}$$

图 6-32　GPT 的转氨基作用

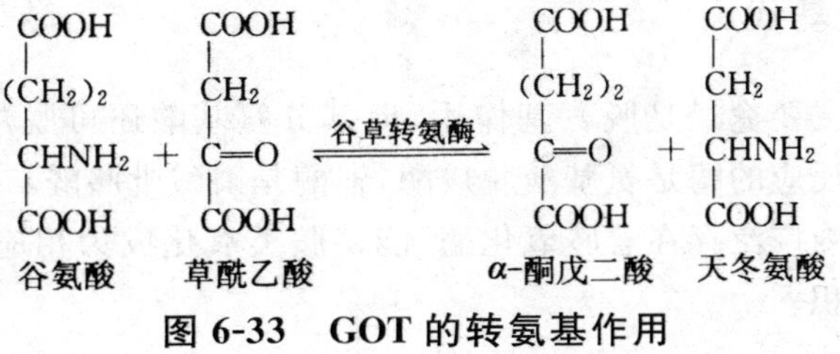

$$\underset{\text{谷氨酸}}{HOOC-(CH_2)_2-CHNH_2-COOH} + \underset{\text{草酰乙酸}}{HOOC-CH_2-C(=O)-COOH} \xrightleftharpoons{\text{谷草转氨酶}} \underset{\alpha\text{-酮戊二酸}}{HOOC-(CH_2)_2-C(=O)-COOH} + \underset{\text{天冬氨酸}}{HOOC-CH_2-CHNH_2-COOH}$$

图 6-33　GOT 的转氨基作用

（3）联合脱氨基作用

联合脱氨基作用（transdeamination）是指在转氨酶和谷氨酸脱氢酶的作用下，将转氨基作用和氧化脱氨基作用联合起来进行的一种脱氨方式。体内氨基酸脱氨基主要靠以谷氨酸脱氢酶为主的联合脱氨基作用和嘌呤核苷酸的联合脱氨基作用，后者是骨骼肌、心脏、肝脏及脑的主要脱氨方式。联合脱氢作用的反应过程如图 6-34 所示。

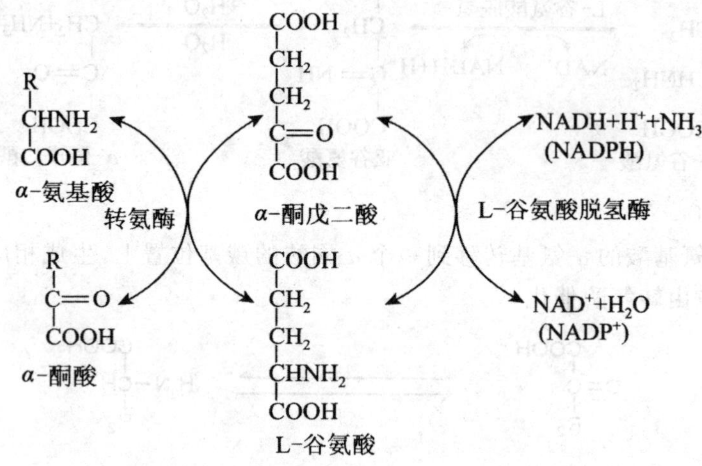

图 6-34　联合脱氨基反应示意图

在联合脱氨基反应中，氨基酸首先在转氨酶的作用下，将氨基转移到 α-酮戊二酸分子上，生成相应的 α-酮酸与谷氨酸；谷氨酸在 L-谷氨酸脱氢酶作用下，经加水脱氢，生成氨和 α-酮戊二酸，后者继续参加转氨基作用。催化此反应的转氨酶与谷氨酸脱氢酶在体内广泛分布，活性较高，因此是体内最主要的脱氨基方式。

（4）嘌呤核苷酸循环

在肌肉组织中氨基酸的脱氨过程虽不如肝、肾活跃，但全身肌肉很多，故其代谢总量很高，尤其是对缬氨酸、亮氨酸及异亮氨酸等支链氨基酸，因肌肉中支链氨基酸转氨酶的活性要比肝高得多，故肌肉是支链氨基酸分解的重要场所。但是，肌肉中谷氨酸脱氢酶活性不高，难以进行上述的联合脱氨方式，研究表明，在肌肉中可以通过嘌呤核苷酸循环脱氨。在此过程中，氨基酸首先通过连续的转氨基作用，将氨基转移给草酰乙酸，生成天冬氨酸；天冬氨酸与次黄嘌呤核苷酸（IMP）反应生成腺苷酸代琥珀酸，后者经过裂解，释放出延胡索酸并生成腺嘌呤核苷酸（AMP）。AMP 在活性较强的腺苷酸脱氨酶催化下脱去氨基生成 IMP，最终完成了氨基酸的脱氨基作用，IMP 可以再参加循环，延胡索酸则可经三羧酸循环转变成草酰乙酸，再次参加转氨反应（图 6-35）。

2. 氨基酸的脱羧基代谢

氨基酸分解代谢的主要途径是脱氨基作用，但部分氨基酸还可脱羧基（decarboxylation）生成相应的胺。催化这一反应的酶是氨基酸脱羧酶，辅酶是磷酸吡哆醛。胺类含量虽然不高，但具有重要的生理作用。体内广泛存在着胺氧化酶，能将胺类氧化成为相应的醛类，再氧化成羧酸，从而避免胺类在体内蓄积。

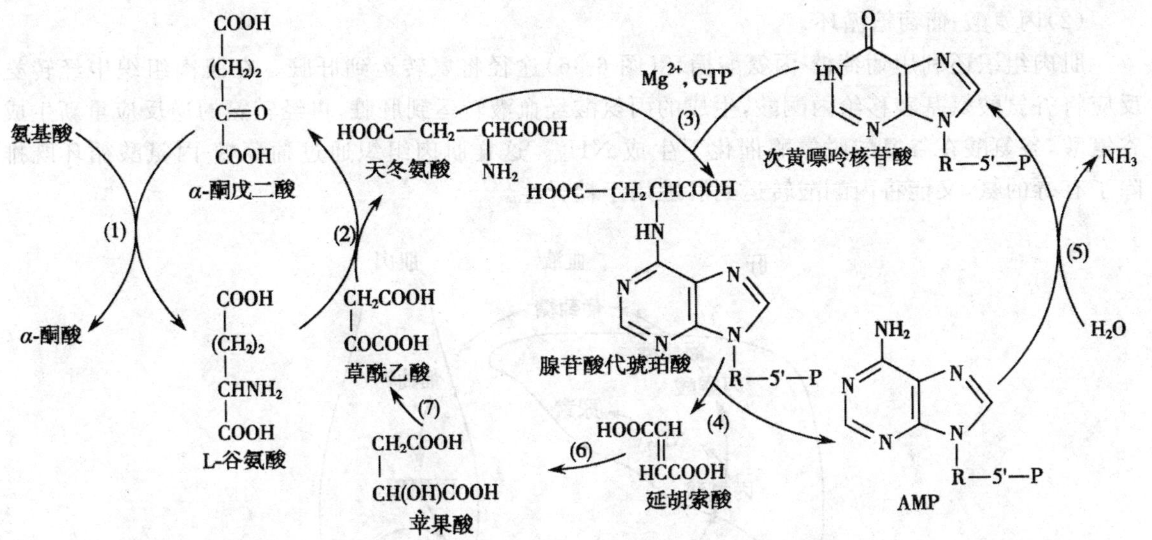

(1)转氨酶;(2)天冬氨酸氨基转移酶;(3)腺苷酸代琥珀酸合成酶;(4)腺苷酸代琥珀酸裂解酶;
(5)腺苷酸脱氨酶;(6)延胡索酸酶;(7)苹果酸脱氢酶

图 6-35 嘌呤核苷酸循环

6.3.2 氨的代谢

1. 体内氨的来源

氨基酸脱氨基作用是氨的主要来源。此外胺类物质的氧化分解也可产生氨;核苷酸及其降解产物嘌呤、嘧啶等化合物分解代谢中也产生氨。此外,肠道吸收的氨和肾小管上皮细胞分泌的氨等也是体内氨来源的途径。

2. 体内氨的转运

肝外组织代谢产生的 NH_3 多数转运至肝脏合成尿素。NH_3 有毒,不能直接通过血液循环转运,而是以谷氨酰胺和丙氨酸的形式来转运。

(1)谷氨酰胺的运氨作用

氨的转运主要通过谷氨酰胺,多数动物细胞内有谷氨酰胺合成酶,能催化谷氨酸与氨结合形成谷氨酰胺。生成的谷氨酰胺由血液运送至肝或肾,经谷氨酰胺酶催化,将氨释放出来。可见,谷氨酰胺是氨的解毒产物,又是氨的储存及运输形式。谷氨酰胺的合成反应和分解反应都是不可逆反应。

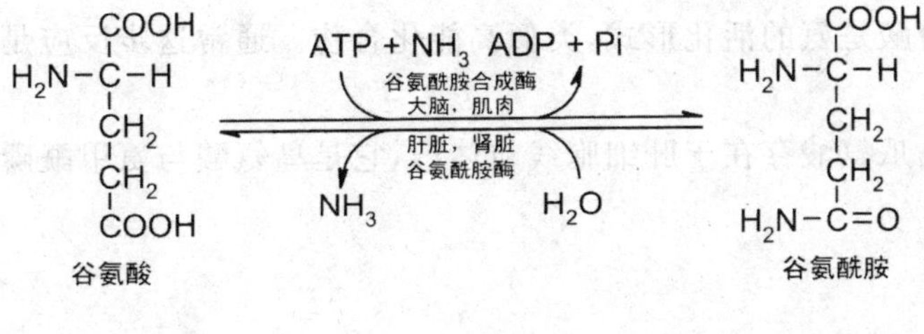

(2)丙氨酸-葡萄糖循环

肌肉组织还利用葡萄糖-丙氨酸循环(图 6-36)途径将氨转运到肝脏。在肌肉组织中经转氨反应将谷氨酸氨基转移给丙酮酸,生成的丙氨酸经血液转运到肝脏,再经转氨的逆反应重新生成谷氨酸,谷氨酸在谷氨酸脱氢酶催化下生成 NH_3。这样肌肉组织通过葡萄糖-丙氨酸循环既排除了有毒的氨,又能将丙酮酸转运到肝脏用于糖异生。

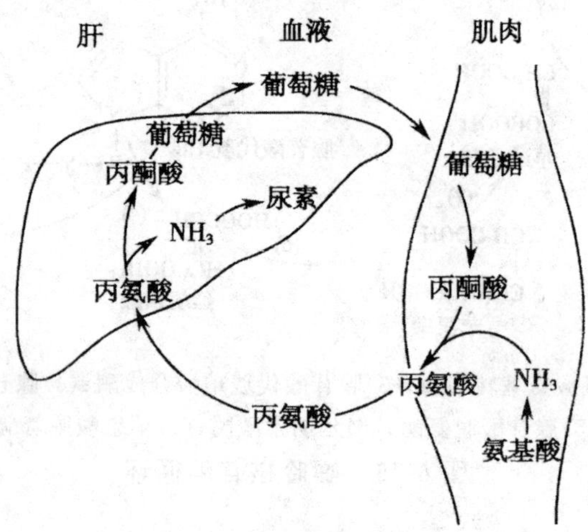

图 6-36 丙氨酸-葡萄糖循环

3. 体内氨的去路

(1)鸟氨酸循环合成尿素

尿素是蛋白质分解代谢的最终无毒产物。尿素的生成也是体内氨代谢的主要途径,约占尿排出总氮量的 80%。实验证明,肝脏是合成尿素的主要器官。尿素合成的途径称为鸟氨酸循环或尿素循环。该循环首先是氨与二氧化碳结合形成氨甲酰磷酸,然后鸟氨酸接受由氨甲酰磷酸提供的氨甲酰基形成瓜氨酸,瓜氨酸与天冬氨酸结合形成精氨酸代琥珀酸分解为精氨酸及延胡索酸。最后,精氨酸水解为尿素和鸟氨酸。其主要反应如下:

①氨甲酰磷酸的生成。在线粒体基质中,氨甲酰磷酸合成酶Ⅰ(carbamoyl phosphate synthetase Ⅰ,CPSI)催化来自联合脱氨基作用产生的 NH_3、CO_2 和 ATP,生成氨甲酰磷酸,反应式如下:

$$2ATP + CO_2 + NH_3 + H_2O \xrightarrow[Mg^{2+}]{\text{氨甲酰磷酸合成酶}} \underset{\text{氨甲酰磷酸}}{H_2N-\overset{}{\underset{\underset{O}{\|}}{C}}-O\sim\overset{\overset{O^-}{|}}{\underset{\underset{O^-}{|}}{P}}=O} + 2ADP + Pi$$

生成的氨甲酰磷酸是氨的活化形式,类似高能化合物。通常这步反应是不可逆的,在尿素循环中是限速步骤。

②瓜氨酸合成。瓜氨酸存在于肝细胞线粒体内,它是鸟氨酸与氨甲酰磷酸作用得到的。

$$\underset{\text{鸟氨酸}}{\begin{array}{l} NH_2 \\ | \\ (CH_2)_3 \\ | \\ CH-NH_2 \\ | \\ COOH \end{array}} + \underset{\text{氨甲酰磷酸}}{\begin{array}{l} NH_2 \\ | \\ C=O \\ | \\ O\sim PO_3H_2 \end{array}} \xrightarrow[\text{氨甲酰酶}]{\text{鸟氨酸转}} \underset{\text{瓜氨酸}}{\begin{array}{l} \quad\quad\ O \\ \quad\quad\ \| \\ NH-C-NH_2 \\ | \\ (CH_2)_3 \\ | \\ CH-NH_2 \\ | \\ COOH \end{array}} + Pi$$

③精氨酸的合成。瓜氨酸与天冬氨酸在细胞质中，由精氨琥珀酸合成酶(argininosuccinnate synthetase)催化合成精氨琥珀酸，反应需 ATP 提供能量，反应式如下：

$$\underset{\text{瓜氨酸}}{\begin{array}{l} NH_2 \\ | \\ C=O \\ | \\ NH \\ | \\ (CH_2)_3 \\ | \\ CHNH_2 \\ | \\ COOH \end{array}} + \underset{\text{天冬氨酸}}{\begin{array}{l} \quad\quad COOH \\ \quad\quad | \\ H_2N-CH_2 \\ \quad\quad | \\ \quad\quad CH \\ \quad\quad | \\ \quad\quad COOH \end{array}} \xrightarrow[ATP \curvearrowright AMP+Pi]{\text{精氨琥珀酸合成酶}} \underset{\text{精氨琥珀酸}}{\begin{array}{l} NH_2 \quad\quad COOH \\ | \quad\quad\quad\ | \\ C=N-CH \\ | \quad\quad\quad\ | \\ NH \quad\quad CH_2 \\ | \quad\quad\quad\ | \\ (CH_2)_3 \quad COOH \\ | \\ CHNH_2 \\ | \\ COOH \end{array}}$$

精氨琥珀酸在精氨琥珀酸裂解酶作用下分解成精氨酸和延胡索酸；延胡索酸可转变成苹果酸、草酰乙酸，草酰乙酸又可转变成天门冬氨酸。

$$\underset{\text{精氨琥珀酸}}{\begin{array}{l} NH_2 \quad\quad COOH \\ | \quad\quad\quad\ | \\ C=N-CH \\ | \quad\quad\quad\ | \\ NH \quad\quad CH_2 \\ | \quad\quad\quad\ | \\ (CH_2)_3 \quad COOH \\ | \\ CHNH_2 \\ | \\ COOH \end{array}} \xrightarrow{\text{精氨琥珀酸裂解酶}} \underset{\text{精氨酸}}{\begin{array}{l} NH_2 \\ | \\ C=NH \\ | \\ NH \\ | \\ (CH_2)_3 \\ | \\ CHNH_2 \\ | \\ COOH \end{array}} + \underset{\text{延胡索酸}}{\begin{array}{l} HOOC-CH \\ \quad\quad\quad\ \| \\ \quad\quad\ HC-COOH \end{array}}$$

④精氨酸水解成尿素。精氨酸在精氨酸酶的作用下水解生成尿素和鸟氨酸，后者经膜载体转运到线粒体，再参与尿素生成循环。

$$\underset{\text{精氨酸}}{\begin{array}{l} NH_2 \\ | \\ C=NH \\ | \\ NH \\ | \\ (CH_2)_3 \\ | \\ CH-NH_2 \\ | \\ COOH \end{array}} + H_2O \xrightarrow{\text{精氨酸酶}} \underset{\text{尿素}}{\begin{array}{l} NH_2 \\ | \\ C=O \\ | \\ NH_2 \end{array}} + \underset{\text{鸟氨酸}}{\begin{array}{l} NH_2 \\ | \\ (CH_2)_3 \\ | \\ CH-NH_2 \\ | \\ COOH \end{array}}$$

鸟氨酸循环总的结果是：通过一次循环，生成 1 分子尿素，用去 2 分子氨，并消耗 3 分子 ATP。

$$2NH_3 + CO_2 + 3ATP \xrightarrow{\text{酶}} \begin{matrix} NH_2 \\ | \\ C{=}O \\ | \\ NH_2 \end{matrix} + 2ADP + AMP + 4Pi$$

尿素的合成过程如图 6-37 所示。

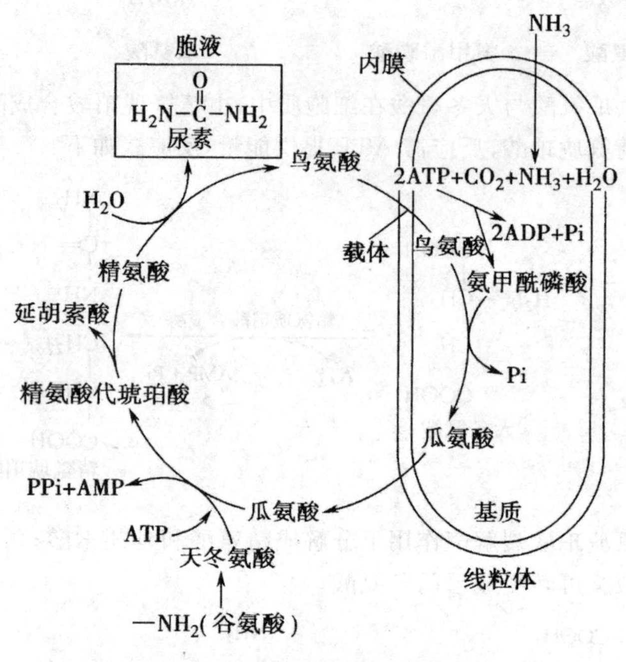

图 6-37 尿素合成过程

(2)鸟氨酸循环的一氧化氮合酶支路

精氨酸除在精氨酸酶作用下,水解为尿素和鸟氨酸外,还可通过一氧化氮合酶(NOS)作用,使精氨酸越过上述通路直接氧化为瓜氨酸,并产生 NO,从而使天冬氨酸携带的氨最终不形成尿素,而是被氧化为 NO(图 6-38)。

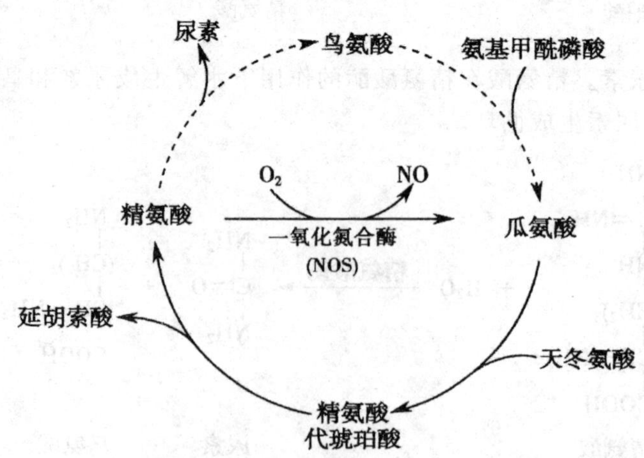

图 6-38 鸟氨酸循环 NOS 支路

NOS 支路处理氨的数量有限，远不如生成尿素大循环那样多，生成的 NO 也不是代谢终产物，而是一种具有重要生物活性的物质。NO 作为细胞信号转导的重要信息分子，对心血管、消化道等平滑肌的松弛，感觉传入和学习记忆等有重要作用。先天性精氨酸代琥珀酸合成酶缺乏或其裂解酶缺乏可出现严重的精神障碍症状。还有研究表明，NO 在抑制肿瘤生长方面发挥重要作用。

(3)合成氨甲酰磷酸

氨对机体是有毒的，可以转变成没有毒性的酰胺储藏于生物体内，此反应需要 ATP 参加。体内重要的酰胺是谷氨酰胺和天冬酰胺，它们不仅是合成蛋白质的原料，而且也是体内解除氨毒的重要方式。

(4)合成新氨基酸

经过还原氨基化反应与 α-酮酸共同合成新的氨基酸。

(5)形成酰胺贮存

氨与 CO_2(来自三羧酸循环)在 ATP 参与下，经酶催化形成氨基甲酰磷酸，反应如下：

$$NH_3 + CO_2 + ATP \xrightarrow{Mg^{2+}} H_2N—\overset{\overset{\displaystyle O}{\|}}{C}—O\text{Ⓟ} + ADP$$

氨甲酰磷酸是合成嘧啶、瓜氨酸、精氨酸和尿素的前体物质，也是生物保存氮的重要方式。

6.3.3　个别氨基酸的代谢

1. 一碳单位代谢

部分氨基酸在分解代谢过程中产生的含一个碳原子的活性基团，其转移或转化过程称为一碳单位代谢或一碳代谢。体内重要的一碳单位有甲酰基(—CHO)、次甲基(—CH＝)、亚胺甲基(—CH＝NH)、亚甲基($—CH_2—$)和甲基($—CH_3$)等(图 6-39)，它们来自甘氨酸、组氨酸、丝氨酸、色氨酸和甲硫氨酸。

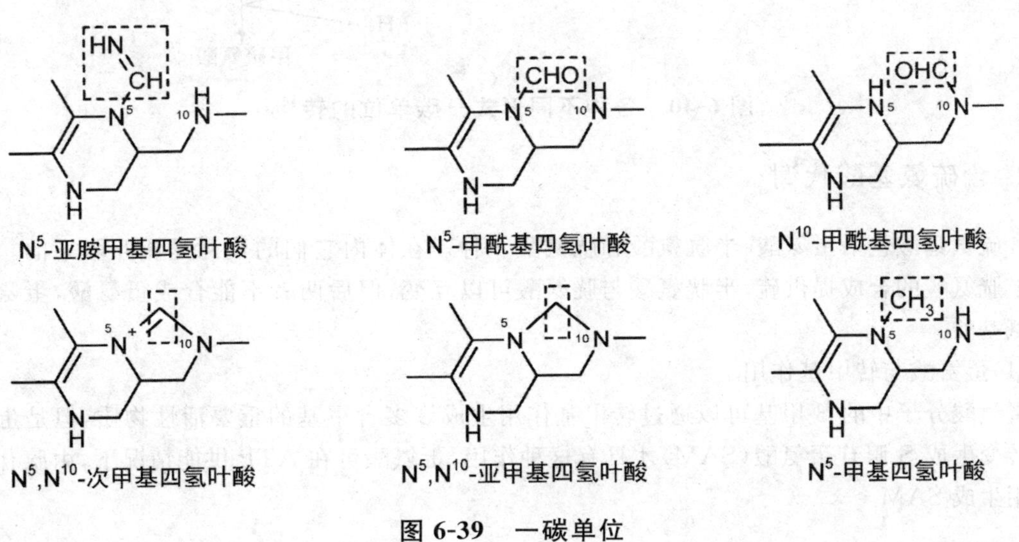

图 6-39　一碳单位

(1)一碳单位的载体和转运形式

四氢叶酸(FH_4)是一碳单位的载体。哺乳动物体内四氢叶酸可由叶酸经二氢叶酸还原酶催化,通过两步还原反应生成。

$$叶酸 \xrightarrow[NADPH+H^+ \quad NADP^+]{二氢叶酸还原酶} 二氢叶酸 \xrightarrow[NADPH+H^+ \quad NADP^+]{二氢叶酸还原酶} 四氢叶酸$$

通常 FH_4 分子上的 N^5 和 N^{10} 是一碳单位的结合位置,如 N^5-甲基四氢叶酸($N^5—CH_3—FH_4$)、N^5,N^{10}－亚甲四氢叶酸(N^5,$N^{10}－CH_2－FH_4$)、N^5,N^{10}－次甲四氢叶酸(N^5,$N^{10}－CH－FH_4$)、N^{10}－甲酰四氢叶酸($N^{10}－CHO－FH_4$)及 N^5-亚氨甲基四氢叶酸($N^5－CH═NH－FH_4$)等。

(2)一碳单位的相互转变

各种不同形式的一碳单位中碳原子的氧化状态不同,如图 6-40 所示。在适当的条件下,它们可通过氧化还原反应而彼此转变。但还原成 N^5－甲基四氢叶酸后,则不易再氧化,即 N^5－甲基四氢叶酸的生成基本是不可逆的。细胞内的 $N^5—CH_3—FH_4$ 可提供甲基,转移到同型半胱氨酸,生成甲硫氨酸。$N^5—CH_3—FH_4$ 可看作是甲基的间接供体。

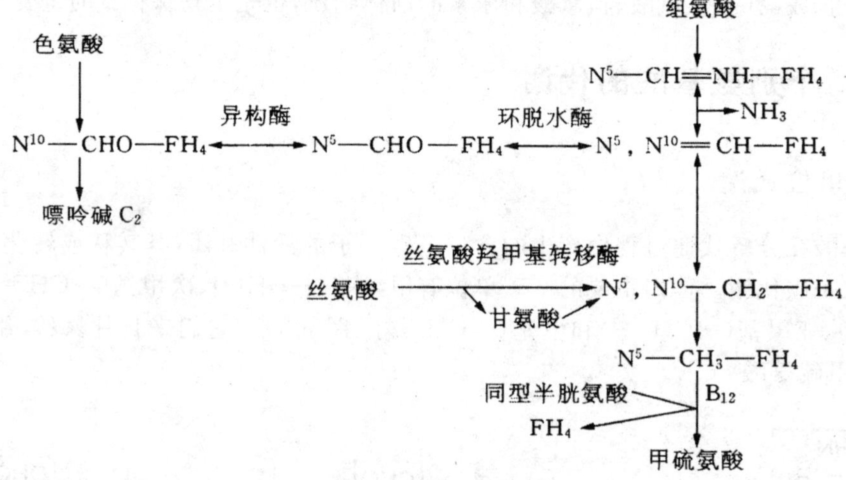

图 6-40　各种不同形式一碳单位的转换

2. 含硫氨基酸代谢

含硫氨基酸包括蛋氨酸、半胱氨酸和胱氨酸 3 种。在体内它们的代谢是相互联系的。蛋氨酸为半胱氨酸的合成提供硫,半胱氨酸与胱氨酸可以互变,但后两者不能合成蛋氨酸,蛋氨酸是必需氨基酸。

(1)蛋氨酸与转甲基作用

蛋氨酸分子中的 S-甲基可以通过转甲基作用生成许多含甲基的重要活性物质,但是蛋氨酸必须转变生成 S-腺苷蛋氨酸(SAM)才具有这种作用,蛋氨酸可在 ATP 供能情况下,由腺苷转移酶作用生成 SAM。

$$\underset{\text{蛋氨酸}}{\begin{array}{l} S-CH_3 \\ | \\ CH_2 \\ | \\ CH_2 \\ | \\ CHNH_2 \\ | \\ COOH \end{array}} + ATP \xrightarrow[\text{腺苷转移酶}]{\nearrow PPi+Pi} \underset{\text{S-腺苷蛋氨酸}}{\begin{array}{l} H_3C-S^+-\text{腺苷} \\ \quad\ \ | \\ \quad\ CH_2 \\ \quad\ \ | \\ \quad\ CH_2 \\ \quad\ \ | \\ \quad\ CHNH_2 \\ \quad\ \ | \\ \quad\ COOH \end{array}}$$

SAM 被称为活性蛋氨酸，其甲基被高度活化。SAM 在甲基转移酶催化下，将甲基转移给某化合物(RH)生成甲基化合(RCH_3)，然后水解除去腺苷生成同型半胱氨酸，后者在蛋氨酸合成酶作用下，从 N^5-甲基四氢叶酸获得甲基再合成蛋氨酸，形成一个循环过程，称为蛋氨酸循环(图 6-41)。

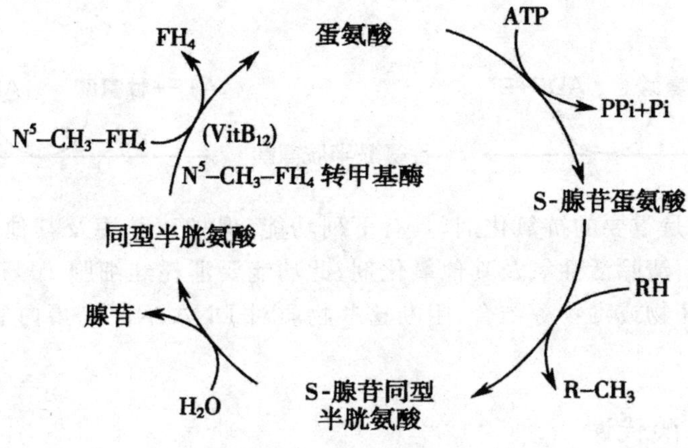

图 6-41　蛋氨酸循环

蛋氨酸循环的意义是 N^5-甲基四氢叶酸供给甲基合成蛋氨酸、再通过 SAM 提供甲基以进行广泛存在的甲基化反应。

(2)半光氨酸与胱氨酸代谢

①半胱氨酸氧化分解产生活性硫酸根。半胱氨酸可以脱硫化氢脱氨基，生成丙酮酸、氨和硫化氢。硫化氢可以氧化生成硫酸，生成的硫酸一部分以无机盐形式随尿液排出，另一部分与 ATP 反应，生成活性硫酸根，即 3′-磷酸腺苷-5′-磷酸硫酸(PAPS)。

3′-磷酸腺苷-5′-磷酸硫酸

3′-磷酸腺苷-5′-磷酸硫酸性质活泼,为各种代谢提供活性硫酸根。它可以参与糖胺聚糖合成,合成硫酸软骨素、硫酸角质素和肝素等,进而合成蛋白聚糖;它可以参与蛋白质硫酸化,例如,结合到蛋白聚糖的酪氨酸羟基上;它可以参与生物转化,与类固醇、酚类物质结合,促使其随尿液排出。

②半胱氨基酸氧化脱酸生成牛磺酸。牛磺酸在肝细胞内参与合成结合胆汁酸及其他生物转化;牛磺酸在脑组织中含量较多,能起抑制性神经递质作用。

$$\underset{\text{半胱氨酸}}{H_2N-\overset{\overset{COOH}{|}}{\underset{\underset{CH_2SH}{|}}{CH}}} \xrightarrow{\text{氧化}} \underset{\text{亚磺丙氨酸}}{H_2N-\overset{\overset{COOH}{|}}{\underset{\underset{CH_2SO_2H}{|}}{CH}}} \xrightarrow{\text{氧化}} \underset{\text{磺基丙氨酸}}{H_2N-\overset{\overset{COOH}{|}}{\underset{\underset{CH_2SO_3H}{|}}{CH}}} \xrightarrow{\text{脱羧}} \underset{\text{牛磺酸}}{H_2N-CH_2-CH_2-SO_3H}$$

③半胱氨酸参与合成谷胱甘肽。还原型谷胱甘肽(GSH)由谷氨酸、半胱氨酸和甘氨酸合成。

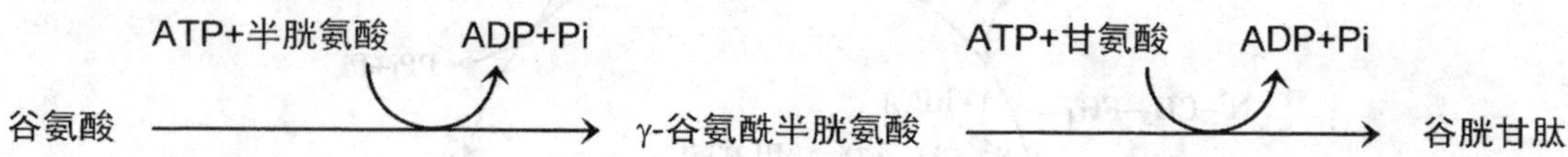

还原型谷胱甘肽是重要的抗氧化剂,具有下列功能:保护巯基酶及其他巯基蛋白,从而维持这些分子的生理功能;清除活性氧及其他氧化剂,此功能要消耗红细胞10%的葡萄糖;参与生物转化第二相反应,与药物或毒物等结合,阻断这些物质对DNA、RNA、蛋白质结构的破坏与功能的干扰。

3. 芳香族氨基酸代谢

芳香族氨基酸包括苯丙氨酸、酪氨酸和色氨酸。苯丙氨酸在结构上与酪氨酸相似,在体内苯丙氨酸可变成酪氨酸。

(1)苯丙氨酸代谢

正常情况下,苯丙氨酸的主要代谢是经羟化作用,生成酪氨酸。催化此反应的酶是苯丙氨酸羟化酶(phenylalanine hydroxylase)。苯丙氨酸羟化酶是一种加单氧酶,其辅酶是四氢生物蝶呤,催化的反应不可逆,因而酪氨酸不能变为苯丙氨酸。

生理情况下,绝大部分苯丙氨酸经此反应生成酪氨酸,仅少量脱氨生成苯丙酮酸。先天性缺乏苯丙氨酸羟化酶时,脱氨作用增强,生成大量苯丙酮酸,苯丙酮酸的堆积对中枢神经系统有强毒性,引起苯丙酮尿症(phenyl ketonuria,PKU),使儿童神经系统发育障碍。

(2)酪氨酸代谢

①合成黑色素。在黑色素细胞中酪氨酸酶的作用下,酪氨酸羟化为多巴、多巴醌,后者经一系列反应转变为吲哚-5,6-醌,黑色素即是吲哚醌的聚合物。酪氨酸酶遗传性缺陷,可导致黑色素合成障碍,皮肤、毛发等变白,称为白化病。

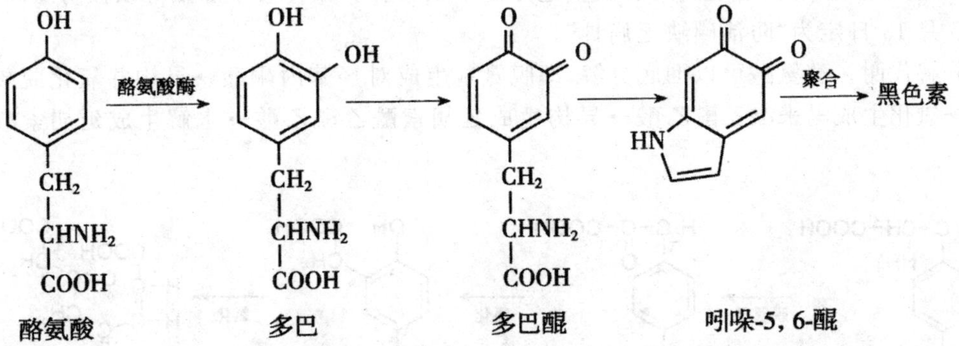

酪氨酸 —酪氨酸酶→ 多巴 → 多巴醌 → 吲哚-5,6-醌 —聚合→ 黑色素

②转化成儿茶酚胺。在神经组织或肾上腺髓质中,酪氨酸由酪氨酸羟化酶(以四氢生物蝶呤作为辅助因子)催化羟化,生成多巴。多巴由多巴脱羧酶催化脱羧基,生成多巴胺。多巴胺由多巴胺 β-羟化酶催化羟化,生成去甲肾上腺素。去甲肾上腺素由 N-甲基转移酶催化从 SAM 获得甲基,生成肾上腺素。

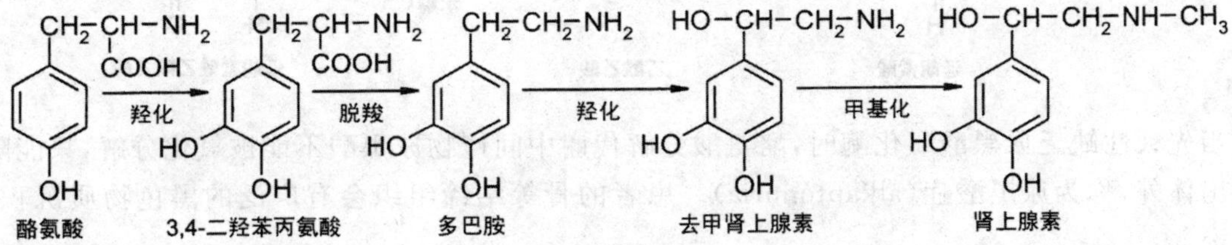

酪氨酸 —羟化→ 3,4-二羟苯丙氨酸 —脱羧→ 多巴胺 —羟化→ 去甲肾上腺素 —甲基化→ 肾上腺素

由酪氨酸代谢生成的多巴胺、去甲肾上腺素和肾上腺素都是具有儿茶酚结构的胺类物质,故统称为儿茶酚胺。酪氨酸羟化酶是催化儿茶酚胺合成的关键酶,其活性受儿茶酚胺的反馈抑制。

儿茶酚胺是重要的生物活性物质,其中,多巴胺和去甲肾上腺素是神经递质,多巴胺生成不足是 Parkinson's 病(又称为震颤麻痹)发生的重要原因;肾上腺素是外周激素。

③合成甲状腺激素。甲状腺激素是甲状腺分泌的激素的统称,包括三碘甲腺原氨酸(T_3)和四碘甲腺原氨酸(T_4),其中 T_4 又称为甲状腺素。它们的合成原料是甲状腺球蛋白中的酪氨酸,首先酪氨酸碘化生成一碘酪氨酸和二碘酪氨酸,然后两分子二碘酪氨酸缩合生成 T_4,或二碘酪氨酸与一碘酪氨酸缩合生成 T_3,最后 T_3 和 T_4 从甲状腺球蛋白上水解下来,并储存于甲状腺滤泡胶质中。T_3 的合成量通常是 T_4 的 1/20,但活性比 T_4 高 3~5 倍。

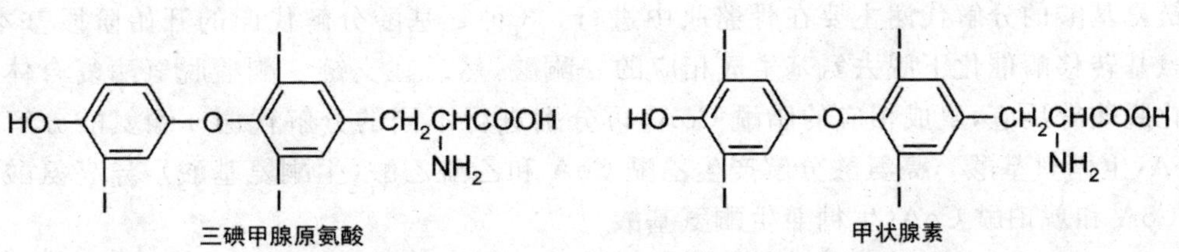

三碘甲腺原氨酸　　甲状腺素

甲状腺激素的作用主要是促进糖类、脂类和蛋白质代谢以及能量代谢,促进机体生长发育,对骨和脑的发育尤为重要。婴幼儿缺乏甲状腺激素时,中枢神经系统发育发生障碍,长骨生长停滞,表现出反应迟钝和身材矮小等特征,称为呆小症,属于碘缺乏病。碘缺乏病是机体缺碘所表现的一组疾病的总称。缺碘多具有地区性,缺碘会影响甲状腺激素的合成,结果 TSH 不断刺激

甲状腺，引起甲状腺组织增生、肿大，发生地方性甲状腺肿。在食盐中加碘可以预防缺碘，我国将每年的 5 月 15 日定为“防治碘缺乏病日”。

④分解代谢。酪氨酸可以彻底分解，即脱氨基生成对羟苯丙酮酸→异构并氧化脱羧基生成尿黑酸→氧化生成马来酰乙酰乙酸→异构生成延胡索酰乙酰乙酸→水解生成延胡索酸和乙酰乙酸。

酪氨酸 —脱氨基→ 对羟苯丙酮酸 —氧化→ 尿黑酸 —氧化→ 马来酰乙酰乙酸 —异构→ 延胡索酰乙酰乙酸 —水解→ 延胡索酸 + 乙酰乙酸

$HOOC-CH=CH-COOH$ + CH_3COCH_2COOH

当先天性缺乏尿黑酸氧化酶时，酪氨酸分解代谢中间产物尿黑酸不能被氧化分解，只能随尿液排出体外，称为尿黑酸症(alkaptonuria)。患者的骨等结缔组织会有广泛的黑色物质沉积，患关节炎。

(4)色氨酸代谢

色氨酸除生成 5-羟色胺外，本身还可分解代谢。在肝中，色氨酸通过色氨酸加氧酶的作用，生成一碳单位。色氨酸分解可产生丙酮酸与乙酰乙酰辅酶 A，所以色氨酸是生糖兼生酮氨基酸。此外，色氨酸分解还可产生尼克酸，即维生素 PP，这是体内合成维生素的特例，但其合成量甚少，很难满足机体的需要。

氨基酸具有重要的生理功能，除作为合成蛋白质的原料外，还可转变成某些激素、神经递质及核苷酸等含氮物质。

4. 支链氨基酸的代谢

支链氨基酸的分解代谢主要在骨骼肌中进行。3 种氨基酸分解代谢的开始阶段基本相同，首先在氨基转移酶催化下脱去氨基生成相应的 α-酮酸，然后在支链 α-酮酸脱氢酶复合体催化下发生氧化脱羧等反应，生成相应的脂酰 CoA，再分别进行不同的分解代谢。缬氨酸分解产生琥珀酰 CoA(生糖氨基酸)，亮氨酸分解产生乙酰 CoA 和乙酰乙酸(生酮氨基酸)，异亮氨酸分解产生乙酰 CoA 和琥珀酰 CoA(生糖兼生酮氨基酸)。

缬氨酸 / 亮氨酸 / 异亮氨酸 —氨基转移酶→ 相应的 α-酮酸 —脱羧基→ 相应的脂酰 CoA —β-氧化→ 琥珀酰 CoA / 乙酰 CoA + 乙酰乙酸 / 乙酰 CoA + 琥珀酰 CoA

如果先天性缺乏支链 α-酮酸脱氢酶系，支链氨基酸脱氨基产生的 α-酮酸会在血液中积累而随尿液排出体外，尿液的臭味类似槭糖浆，故这种先天性代谢异常所引起的症状称为“槭糖尿病(maple syrup urine disease，MSUD)”。

正常血中支链氨基酸/芳香族氨基酸比值为 3.0～3.5，严重肝病时比值下降。血浆支链氨基酸下降可导致芳香族氨基酸进入脑组织增多，从而在脑组织中形成假神经递质，是引起肝性脑病和肝昏迷的原因之一，故临床上治疗肝昏迷时常补充支链氨基酸。运动生化研究证实补充支链氨基酸可以推迟运动性疲劳出现，提高运动耐力。

6.4　糖、脂类、氨基酸代谢的联系

6.4.1　糖与脂类代谢的相互联系

糖类与脂类都是以碳氢元素为主的化合物，它们在代谢上关系十分密切。

我们最常见的是糖转化为脂肪，例如，育肥畜禽，就必须用富含糖类物质的饲料。猪体内的贮存脂肪很丰富，但它们的饲料是以糖为主，而不是脂肪，这充分说明动物体能将糖转化为脂肪。当动物摄入的糖量超过体内能量消耗时，除了合成少量糖原储存在肝及肌外，大量的糖转化成了脂肪。糖变为脂肪的大致步骤为：糖经酵解途径产生磷酸二羟丙酮，磷酸二羟丙酮可以还原为甘油；磷酸二羟丙酮也能继续通过糖酵解途径形成丙酮酸，丙酮酸氧化脱羧后转变成乙酰 CoA，乙酰 CoA 可用来合成脂酸，最后由甘油和脂酸合成脂肪。可见三酰甘油的每个碳原子都可以从糖转变而来。

但是脂肪的主要部分脂酸不能转变为糖，因为丙酮酸生成乙酰 CoA 的反应不可逆，所以脂酸分解产生的乙酰 CoA 不能转变为丙酮酸。虽然脂肪分解产生的甘油可磷酸化生成 3-磷酸甘油，再转变为磷酸二羟丙酮，后者经糖异生作用转化成糖，但甘油占脂肪的量相对于脂酸来说是微不足道的。

由此可见，生物体内糖和脂肪是可以互相转化的。糖可以转化为脂肪及胆固醇，但在动物体内糖只能转化为非必需脂肪酸，不能合成必需脂肪酸。因此，动物摄取的食物中要注意补充脂类物质特别是富含必需脂肪酸的脂类物质。

6.4.2　氨基酸与糖代谢之间的相互联系

已知许多氨基酸是成糖氨基酸，即这些氨基酸脱氨基后生成 α-酮酸在体内可转变为糖，因此蛋白质在体内能转化为糖。α-酮酸是氨基酸代谢与糖代谢的重要结合点。

糖代谢产生的 α-酮酸可以通过转氨基生成非必需氨基酸，如丙酮酸生成丙氨酸、草酰乙酸生成天冬氨酸。除了酪氨酸和组氨酸之外，其他非必需氨基酸的合成都可以由糖代谢提供碳骨架。

除了赖氨酸和亮氨酸之外，其他氨基酸分解代谢生成的 α-酮酸都可以异生成糖，它们是饥饿或进食高蛋白膳食时糖异生的主要原料。

6.4.3 氨基酸与脂代谢之间的相互联系

无论是成糖氨基酸或成酮氨基酸，其对应的α-酮酸在进一步代谢过程中都会产生乙酰CoA，然后转变为脂肪或胆固醇。此外，甘氨酸或丝氨酸等还可以合成胆胺与胆碱，因此氨基酸也是合成磷脂的原料。总之，蛋白质是可以转变成各种脂类的。

脂肪酸β-氧化所产生的乙酰CoA虽然可进入三羧酸循环而生成β-酮戊二酸，后者可通过转氨基作用而成为谷氨酸。实际上单纯依靠脂肪酸来合成氨基酸是极其有限的。至于甘油部分，因其可以转变成糖，故和糖类一样可生成一些与非必需氨基酸相对应的α-酮酸。但是由于脂肪分子中甘油所占的比例较少，所以从甘油转变成氨基酸的量也是很有限的。总之，机体几乎不利用脂肪来合成蛋白质。

6.4.4 糖、脂、氨基酸代谢与核酸之间的相互联系

核酸是细胞中的遗传物质，它控制、参与蛋白质的生物合成，在各种物质代谢中起着重要的作用。例如，ATP是能量和磷酸基团转移的重要物质，GTP参与蛋白质的生物合成，UTP参与多糖的生物合成，CTP参与磷脂的生物合成。体内许多辅酶或辅基含有核苷酸组分，如辅酶Ⅰ、辅酶Ⅱ、辅酶A、FAD、FMN等。反之，核苷酸的嘌呤和嘧啶环是由几种氨基酸作为原料合成的，核苷酸的核糖又是从糖代谢的磷酸戊糖通路而来的。核酸参与了蛋白质生物合成的几乎全过程，而核酸的生物合成又需要许多蛋白质因子参与作用。

总之，糖类、脂类、蛋白质和核酸代谢彼此相互影响、相互联系和相互转化，而这些代谢又以三羧酸循环为枢纽，其成员又是各种代谢的共同中间产物。现将糖类、脂类、蛋白质和核酸代谢的相互关系总结如图6-42所示。

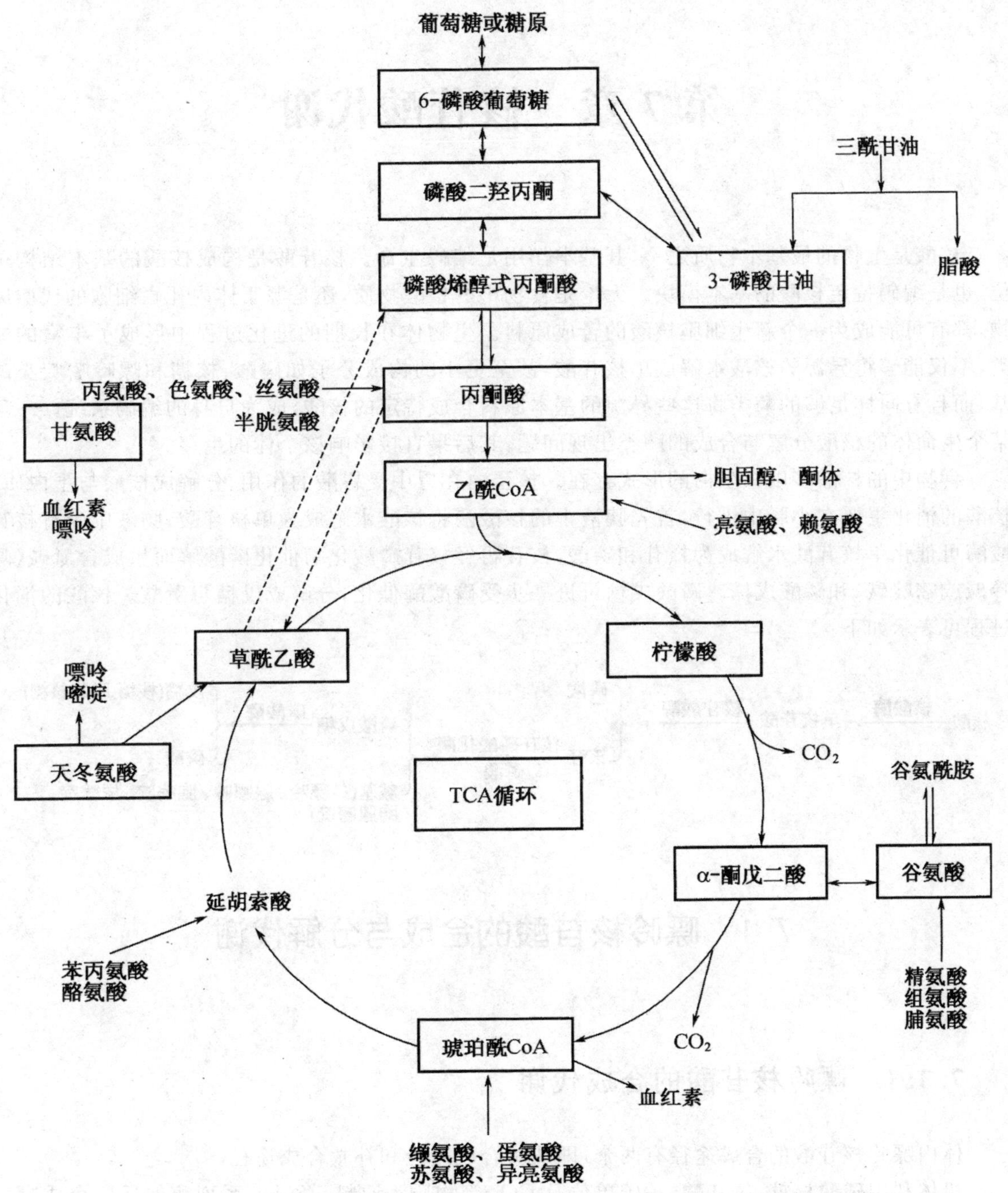

图 6-42　糖、脂、氨基酸代谢的联系

第 7 章 核苷酸代谢

核酸是生物的最基本物质之一，其基本作用是编码生命。核苷酸是构成核酸的基本结构单位，也是编码特定核酸的基本模块。无论是食物中的核酸物质，还是源于体内死亡细胞的代谢废物，都有可能成为一个新生细胞核酸的合成原料。生物体在长期的进化过程中形成了丰富的酶类，不仅能够将异源的核酸水解成单核苷酸，甚至更小的构成分子如磷酸、核糖和嘌呤嘧啶类碱基，而且有同样足够的酶类将这些异源的基本原料合成特定的核酸，成为自身的编码系统。一旦某个生命体的核酸分解与合成的酶类出现问题，其后果直接影响该个体的生存。

食物中的核酸多以核蛋白的形式存在。核蛋白在胃中受胃酸的作用，分解成核酸与蛋白质。核酸的消化主要在小肠中进行，首先胰液中的核酸酶将核酸水解成为单核苷酸，肠液中尚有核苷酸酶可催化单核苷酸水解成为核苷和磷酸，核苷再经核苷磷酸化酶催化磷酸解而生成含氮碱（嘌呤碱或嘧啶碱）和磷酸戊糖。磷酸戊糖可进一步受磷酸酶催化，分解成戊糖与磷酸。核酸的消化过程可表示如下：

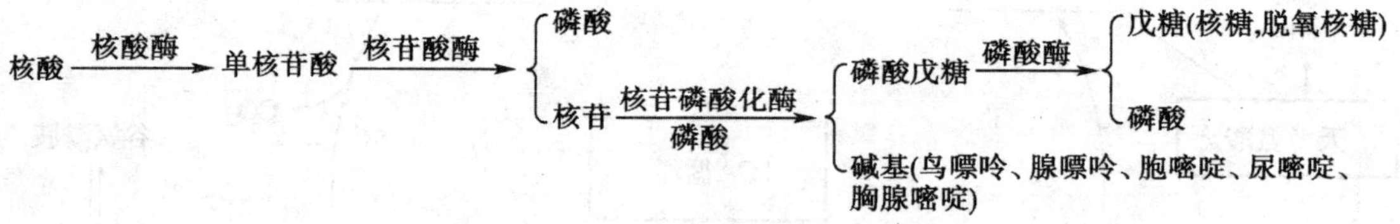

7.1 嘌呤核苷酸的合成与分解代谢

7.1.1 嘌呤核苷酸的合成代谢

体内嘌呤核苷酸的合成途径有两个，即从头合成途径和补救合成途径。

机体利用磷酸核糖、氨基酸、一碳单位及 CO_2 等物质为原料，经过一系列酶促反应合成嘌呤核苷酸的过程，称为从头合成途径。从头合成途径以肝组织为主，其次是小肠和胸腺，补救合成则在脑、骨髓等组织进行。通常情况下这是合成的主要途径。

机体直接利用游离的嘌呤或嘌呤核苷，经简单反应合成嘌呤核苷酸的过程，称补救合成途径。

1. 嘌呤核苷酸的从头合成

(1)从头合成的原料及过程

除某些细菌外，几乎所有的生物都能合成嘌呤核苷酸，合成过程在胞液中进行。经同位素示踪实验证明，合成嘌呤环的原料分别为天冬氨酸、一碳单位、谷氨酰胺、甘氨酸和CO_2；合成腺嘌呤核苷酸还需5-磷酸核糖。

组成嘌呤环各种原子的来源(图7-1)：甘氨酸提供嘌呤环上第4、5位碳原子与第7位氮原子。天冬氨酸提供第1位氮原子。第3位与第9位氮原子由谷氨酰胺侧链的酰胺基供给。一碳基团提供第2位与第8位碳原子，第6位碳原子由二氧化碳提供。通过下面讲述的由小分子简单物合成次黄嘌呤的从头合成过程，可以了解到每一种原始的组分是如何组装成为嘌呤碱基的全部过程。

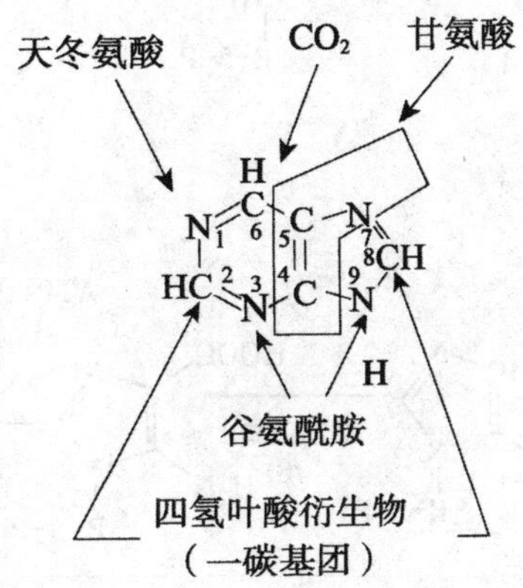

图7-1 嘌呤环的合成原料

嘌呤核苷酸的从头合成途径在胞液中进行，各种生物反应过程基本相同，分两个阶段：首先形成IMP；再由IMP转化为AMP和GMP。

①肌苷-磷酸(IMP)的生成。从头合成IMP的全部反应过程发生在细胞液中，是一个比较复杂的线性反应过程(图7-2)。作为从头合成反应过程的中间产物，IMP进一步分支转化成为腺苷酸(AMP)和鸟苷酸(GMP)。

合成有如下几个要点：

第一，第一个反应是5-磷酸核糖活化为5-磷酸核糖-1-焦磷酸(5-phosphoribosy-1-pyrophosphate，PRPP)，PRPP是核苷酸合成中磷酸核糖的供体。

第二，第二个反应是使PRPP的C_1脱焦磷酸与Gln的氨基结合成5-磷酸核糖胺(PRA)，此氨基的N原子即嘌呤环的N_9，由此开始了嘌呤环在5-磷酸核糖上的合成装配。该反应中，核糖由α构型变为β构型。

第三，在PRA的氨基上依次由甘氨酸、甲酰四氢叶酸提供C、N原子形成甲酰甘氨酰胺核苷酸，再与Gln反应成为甲酰甘氨脒核苷酸，脱水闭环生成5-氨基咪唑核苷酸。

第四，CO_2、天冬氨酸、甲酰四氢叶酸依次提供六元环的其他原子，生成IMP。

第五，此阶段并非先合成次黄嘌呤，再使之与磷酸核糖结合为IMP，而是直接在PRPP上逐步合成咪唑环和嘧啶环，生成 IMP。

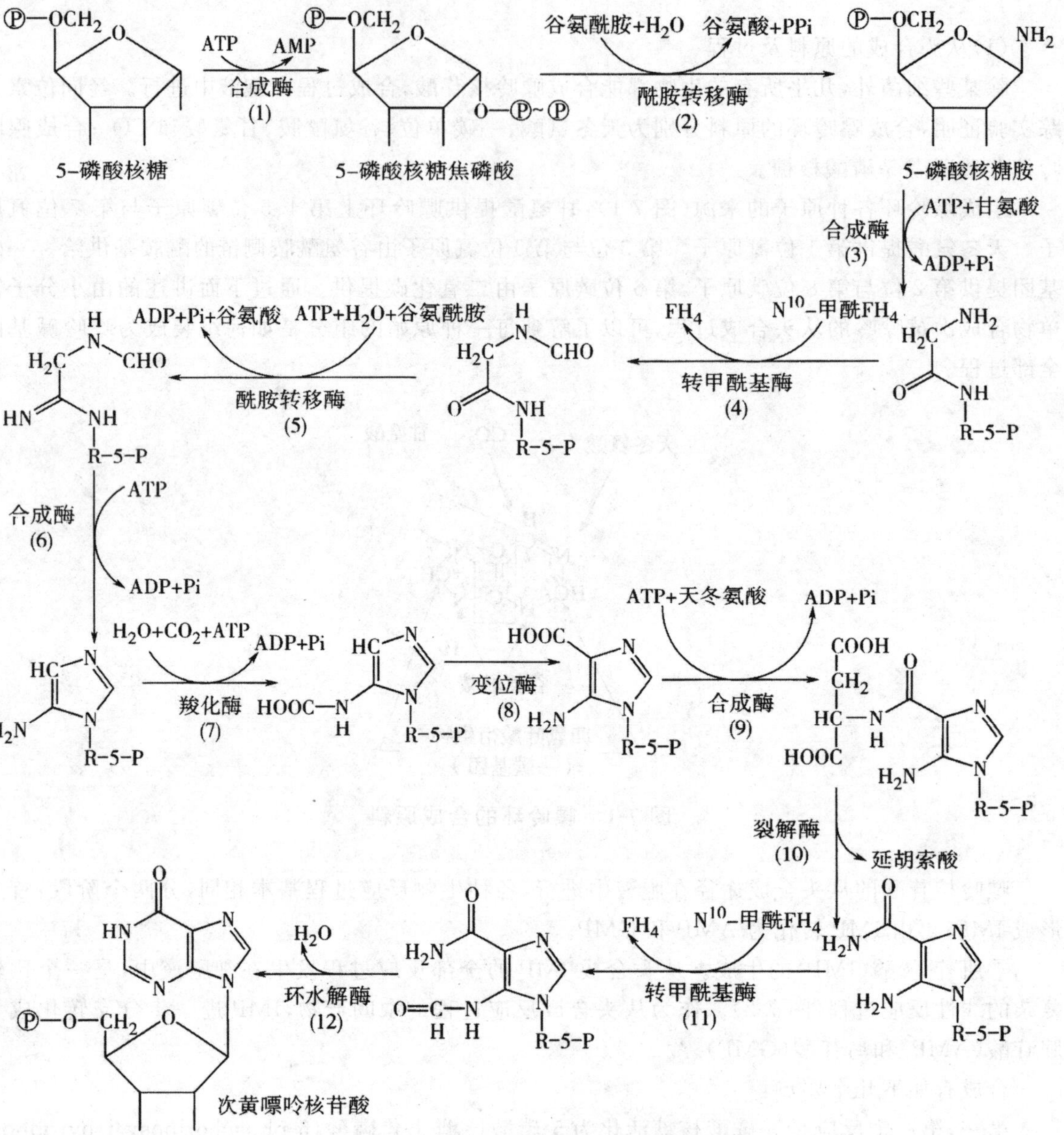

图 7-2 由核酸-5-磷酸从头合成 IMP

②AMP 和 GMP 的生成。该阶段以 IMP 为起点，在合成酶(ASS)催化下，由 GTP 供能，IMP 与天冬氨酸缩合生成腺苷酸代琥珀酸(AS)中间物，然后在裂解酶催化下释放出延胡索酸生成 AMP。IMP 也可在脱氢酶(IMPD)催化下发生加水脱氢反应，使嘌呤环上 C-2 氧化生成黄嘌呤核苷酸(XMP)；后者进一步受 GMP 合成酶(GMPS)催化，接受谷氨酰胺提供的酰胺基生成 GMP(图 7-3)。

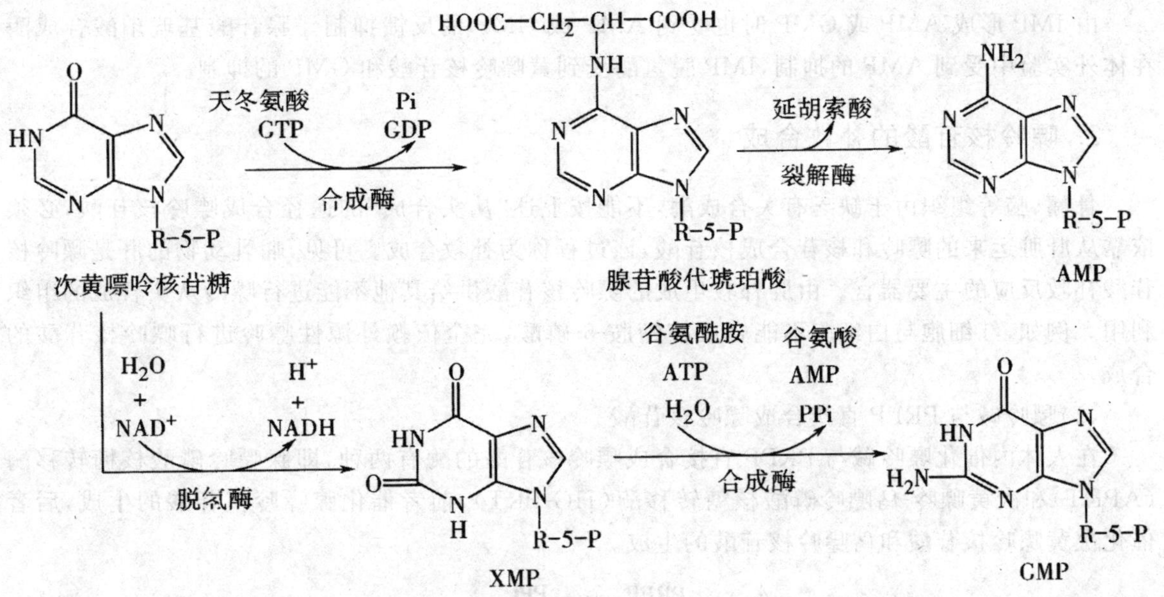

HOOC—CH2—CH—COOH
NH
天冬氨酸
GTP
Pi
GDP
合成酶
延胡索酸
裂解酶
NH2
R-5-P
次黄嘌呤核苷糖
腺苷酸代琥珀酸
AMP
H2O
NAD+
H+
NADH
脱氢酶
谷氨酰胺
ATP
H2O
谷氨酸
AMP
PPi
合成酶
XMP
GMP

图 7-3　AMP 和 GMP 的生成

AMP 和 GMP 可连续发生两次磷酸化进一步生成 ATP 和 GTP,作为合成 RNA 的原料。

(2)嘌呤核苷酸从头合成的调节

细胞内的嘌呤核苷酸合成受到反馈调控。如图 7-4 所示,嘌呤核苷酸生物合成的调控部位之一的 PRPP 合成酶受嘌呤核苷酸 AMP 和 GMP 等几种嘌呤核苷酸的反馈抑制。而另一个调控部位,也是最主要的调控部位是磷酸核糖酰胺基转移酶,它受到 AMP 和 GMP 等核苷酸的变构抑制。

核糖-5-磷酸
PRPP合成酶
PRPP
磷酸核糖酰胺基
转移酶
5-磷酸核糖胺
从头合成途径
(2~10步)
IMP
腺苷酸基
琥珀酸
合成酶
IMP脱氢酶
腺苷酸基琥珀酸
XMP
AMP
GMP

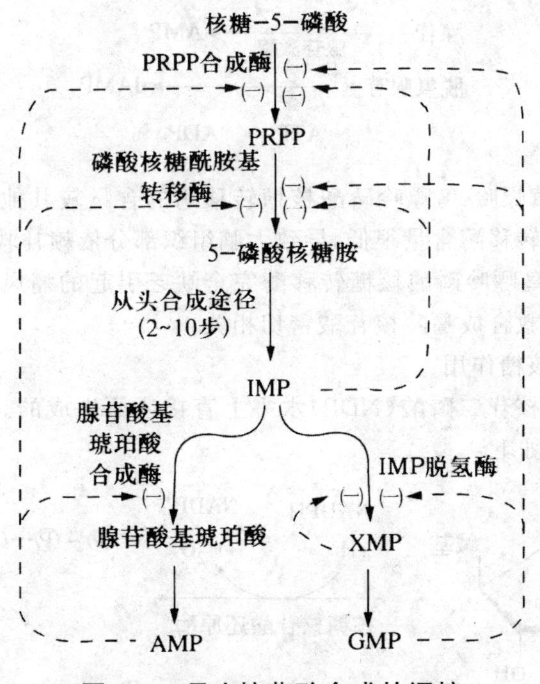

图 7-4　嘌呤核苷酸合成的调控

由 IMP 形成 AMP 或 GMP 时也受到 AMP 或 GMP 的反馈抑制。腺苷酸基琥珀酸合成酶在体外实验中受到 AMP 的抑制，IMP 脱氢酶受到黄嘌呤核苷酸和 GMP 的抑制。

2. 嘌呤核苷酸的补救合成

骨髓、脑等组织由于缺乏有关合成酶，不能按上述“从头合成”的途径合成嘌呤核苷酸，必须依靠从肝脏运来的嘌呤和核苷合成核苷酸，该过程称为补救合成。可见，哺乳动物的肝是嘌呤核苷酸补救反应的主要器官。由肝补救生成的嘌呤核苷酸供给其他不能进行嘌呤从头合成的组织利用。例如，红细胞与白细胞不能合成核糖胺-5-磷酸，完全依赖外源性嘌呤进行嘌呤核苷酸的合成。

(1)嘌呤碱与 PRPP 直接合成嘌呤核苷酸

在人体内催化嘌呤碱与 PRPP 直接合成嘌呤核苷酸的酶有两种，即腺嘌呤磷酸核糖转移酶(APRT)和次黄嘌呤-鸟嘌呤磷酸核糖转移酶(HG-PRT)，前者催化腺嘌呤核苷酸的生成，后者催化次黄嘌呤核苷酸和鸟嘌呤核苷酸的生成。

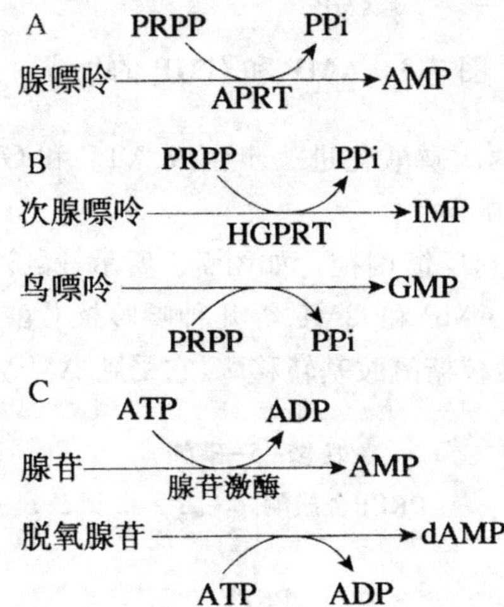

正常条件下，脑中次黄嘌呤-鸟嘌呤磷酸核糖转移酶的含量较其他组织高。与此对照，由于大脑组织中磷酸核糖酰胺转移酶含量很低，导致大脑组织部分依赖补救途径提供 IMP 与 GMP。研究表明，由于次黄嘌呤-鸟嘌呤磷酸核糖转移酶完全缺乏引起的痛风症，伴随严重的神经系统障碍可能与脑组织不能补救合成嘌呤核苷酸密切相关。

(2)腺嘌呤与 1-磷酸核糖作用

体内脱氧核苷酸是在核苷二磷酸(NDP)水平上直接还原生成的。催化此反应的酶是核糖核苷酸还原酶(RR)，反应如下：

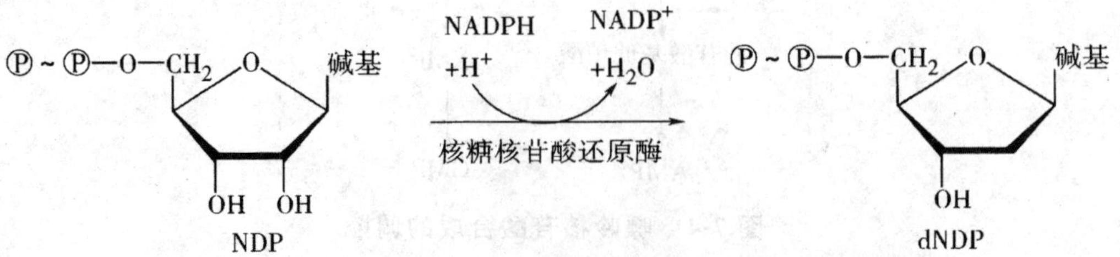

Ⓟ~Ⓟ—O—CH_2 O 碱基 (OH OH) NDP —— NADPH $+H^+$ → $NADP^+$ $+H_2O$，核糖核苷酸还原酶 → Ⓟ~Ⓟ—O—CH_2 O 碱基 (OH) dNDP

dNDP 继续经过激酶的作用，再发生磷酸化生成脱氧核苷三磷酸（dNTP），作为合成 DNA 的原料。

$$\text{dNDP}+\text{ATP}\xrightarrow[\text{激酶}]{}\text{dNTP}+\text{ADP}$$

核糖核苷酸还原酶是一种变构酶。某一种 NDP 转化成 dNDP 时，可以受到其他种类三磷酸核苷的变构调节，以使合成 DNA 所需的 4 种脱氧核苷酸维持恰当比例。

核苷酸的补救合成既是一条非常经济的合成途径，也是脑和骨髓等缺乏从头合成酶系的组织合成嘌呤核苷酸的唯一途径，补救合成途径对这些组织而言具有重要意义。

7.1.2 嘌呤核苷酸的分解代谢

图 7-11 显示了 3 种嘌呤核苷酸（AMP、IMP、GMP）的降解途径。首先，5-核苷酸酶催化 AMP、IMP、GMP 脱磷酸，分别生成腺苷（adenosine）、次黄苷（inosine）、鸟苷（guanosine），如图 7-5 酶 1 所示。随后，嘌呤核苷磷酸化酶催化糖苷键的磷酸解反应，释放出核糖-1-磷酸与嘌呤碱，后者分别为腺嘌呤（adenine）、次黄嘌呤（hypoxanthine）、鸟嘌呤（guanine），如图 7-5 酶 2 所示。腺苷也可以由腺苷脱氨酶催化脱氨反应，同样生成次黄苷，如图 7-5 酶 3 所示。上述反应过程中伴随生成的核糖-1-磷酸由磷酸核糖变位酶异构为核糖-5-磷酸，可再用于合成 PRPP，然后 PRPP 被重新用于核苷酸的从头合成与补救合成。鸟嘌呤脱氨酶（图 7-5 酶 4）催化鸟嘌呤脱氨生成黄嘌呤。最后，次黄嘌呤氧化成黄嘌呤并进一步氧化成尿酸（uric acid）的过程均由黄嘌呤氧化酶催化完成（图 7-5 酶 5）。

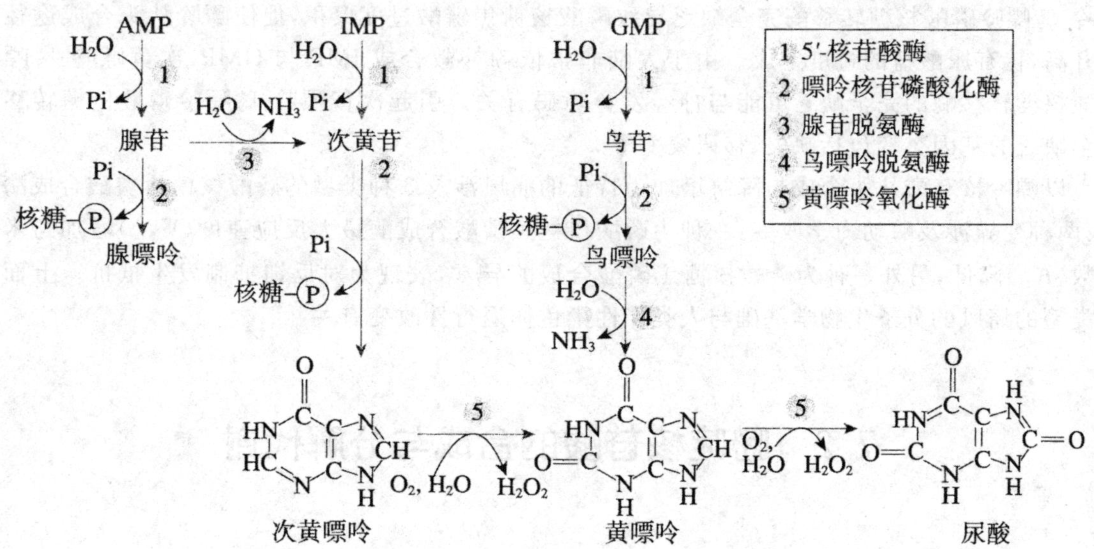

图 7-5 嘌呤核苷酸的分解代谢

痛风是一种核酸代谢障碍的疾病，由于嘌呤分解代谢过盛，尿酸的生成太多或排泄受阻，以致血液中尿酸浓度增高。正常人血浆中尿酸含量为 0.12～0.36 mmol/L。痛风患者血中尿酸的含量升高，当超过 8 mg%时，尿酸盐结晶即可沉积于关节、软组织、软骨甚至肾等处，而导致关节炎、尿路结石和肾疾病等。痛风多见于成年男性，其原因尚不完全清楚，可能与嘌呤核苷酸代谢酶的缺陷有关。此外,当进食高嘌呤饮食、体内核酸大量分解(如白血病、恶性肿瘤等)或肾疾病而尿酸排泄障碍时,均可导致血中尿酸升高。7-碳-8-氮次黄嘌呤(别嘌呤醇)的化学结构与次黄嘌呤相似,是黄嘌呤氧化酶的竞争性抑制剂,可以抑制黄嘌呤的氧化,减少尿酸的生成。同时,别嘌呤醇在体内经代谢转变与5-磷酸核糖-1-焦磷酸盐(PRPP)反应生成别嘌呤醇核苷酸,消耗PRPP,使嘌呤核苷酸的合成减少,故别嘌呤醇是一种治疗痛风的药物。

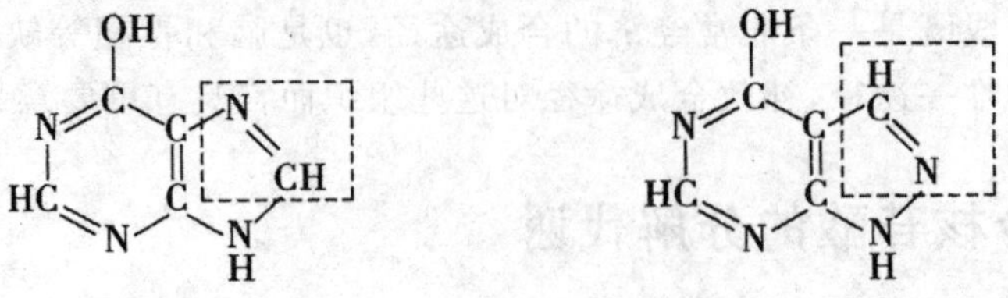

次黄嘌呤　　别嘌呤醇

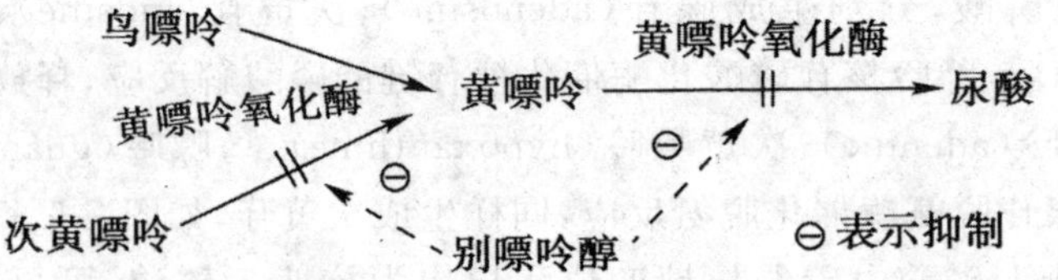

鸟嘌呤 → 黄嘌呤 —黄嘌呤氧化酶→ 尿酸

次黄嘌呤 —黄嘌呤氧化酶→ 黄嘌呤

别嘌呤醇 ⊖　⊖表示抑制

Ieasch-Nyhan是一种由于伴性连锁退行性障碍导致的次黄嘌呤-鸟嘌呤磷酸核糖转移酶(HGPRT)完全缺乏。以强制性自毁行为构成典型的临床特征,即患病儿童(3～4岁)的自毁行为,对他人的攻击性,智力发育缺陷。高尿酸盐血症引起早期肾结石,逐渐出现痛风症状。次黄嘌呤-鸟嘌呤磷酸核糖转移酶完全缺乏导致磷酸核糖焦磷酸过度聚积,促使嘌呤从头合成途径速率升高,伴有尿酸盐的过度生成。由于大脑非常依赖补救合成IMP与GMP,次黄嘌呤-鸟嘌呤磷酸核糖转移酶的完全缺乏可能与神经发育障碍有关。引起次黄嘌呤-鸟嘌呤磷酸核糖转移酶完全缺乏的基因突变包括缺失、移码突变等。

以嘌呤核苷酸从头合成与降解增加为特征的痛风涉及3种类型的磷酸核糖焦磷酸合成酶变异:两种变异涉及酶动力学改变,一种为磷酸核糖焦磷酸合成酶最大反应速度(V_{max})增加与米氏常数(K_m)降低;另外一种为磷酸核糖焦磷酸合成酶异常,表现为对反馈抑制发生抵抗。上面三种类型的痛风的分子生物学基础与人类伴性染色体退行性改变有关。

7.2 嘧啶核苷酸的合成与分解代谢

7.1.1 嘧啶核苷酸的合成代谢

嘧啶核苷酸比嘌呤核苷酸的结构简单。从头合成嘧啶环的前体物是氨基甲酰磷酸(carbamoyl phosphate)与天冬氨酸,如图7-6所示。嘧啶核苷酸与嘌呤核苷酸的从头合成有两点不同:一是进行嘧啶环的合成,然后在较晚的反应阶段完成磷酸核糖部分的转移生成嘧啶核苷酸;二是嘧啶合成路径不进行分支，经过一系列反应直接生成尿苷三磷酸（UTP）。尿苷三磷酸是嘧啶从头合成的最终产物，同时构成了生成胞苷三磷酸（CTP）的底物。下面分别介绍相关内容。

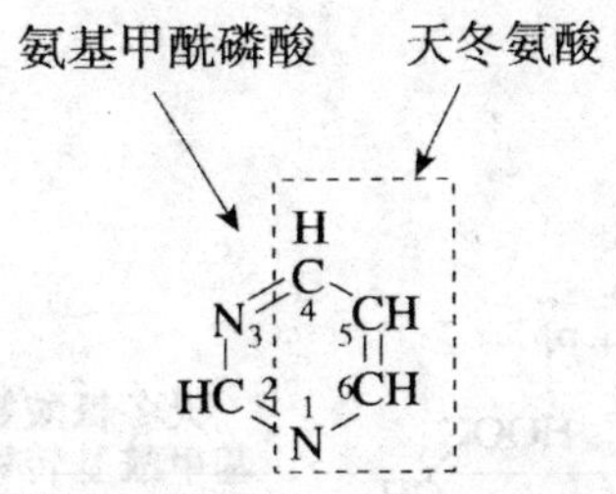

图 7-6　嘧啶环原子的来源

C_2 与 N_3 来源于氨基甲酰磷酸，天冬氨酸提供其他原子

1. 嘧啶核苷酸的从头合成

（1）从头合成途径

据同位素示踪实验，嘧啶环中 N_1、C_4、C_5、C_6 来自天冬氨酸，N_3 来自谷氨酰胺，C_2 来自 CO_2（图 7-7）。嘧啶核苷酸的从头合成是先由谷氨酰胺提供氨基，与 CO_2 和天冬氨酸结合生成嘧啶环；然后再与 PRPP 提供的 R-5-P 结合生成尿嘧啶核苷酸（UMP）；UMP 再进一步转变为 CTP。

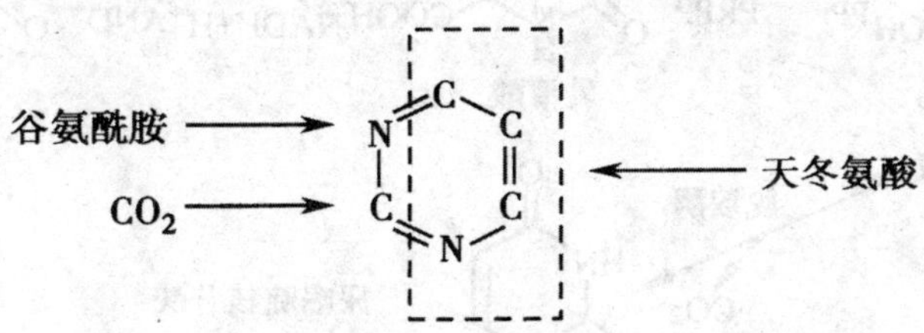

图 7-7　嘧啶环合成的原料

嘧啶核苷酸的从头合成与嘌呤核苷酸不同，它是先合成嘧啶环，再与 PRPP 结合为核苷酸。整个过程分为尿苷酸（UMP）的合成和胞苷酸（CMP）的合成两个阶段（图 7-8）。

①UMP 的合成。在氨基甲酰磷酸合成酶Ⅱ催化下，由谷氨酰胺提供氨基，与 CO_2 结合生成氨基甲酰磷酸。氨基甲酰磷酸也是尿素合成过程中的重要中间物，但是尿素合成受肝细胞线粒体内的氨基甲酰磷酸合成酶Ⅰ催化，并以 NH_3 为氮源，该酶受 N-乙酰谷氨酸变构激活。而氨基甲酰磷酸合成酶Ⅱ存在于细胞液中，该酶无变构激活剂，但受 UMP 的反馈抑制。

氨基甲酰磷酸在转氨甲酰酶作用下，与天冬氨酸缩合，经脱水环化、氧化脱氢形成含有嘧啶环的乳清酸。乳清酸在磷酸核糖转移酶催化下，与 PRPP 提供的 R-5-P 缩合生成乳清酸核苷酸，后者再脱羧生成 UMP。

②CMP 的合成。由 UMP 转化为胞苷酸只能在核苷三磷酸的水平上进行，因此 UMP 需由相应的激酶催化生成尿苷三磷酸（UTP）后，才能氨基化生成胞苷三磷酸（CTP）。反应所需的氨基在细菌中由氨提供，在动物细胞中由谷氨酰胺供给。

$$\text{UMP}+\text{ATP}\xrightarrow{\text{UMP 激酶}}\text{UDP}+\text{ADP}$$

$$\text{UDP}+\text{ATP}\xrightarrow{\text{核苷二磷酸激酶}}\text{UTP}+\text{ADP}$$

$$\text{UTP}+\text{谷氨酰胺}+\text{ATP}+\text{H}_2\text{O}\xrightarrow{\text{CTP 合成酶}}\text{CTP}+\text{谷氨酸}+\text{ADP}+\text{Pi}$$

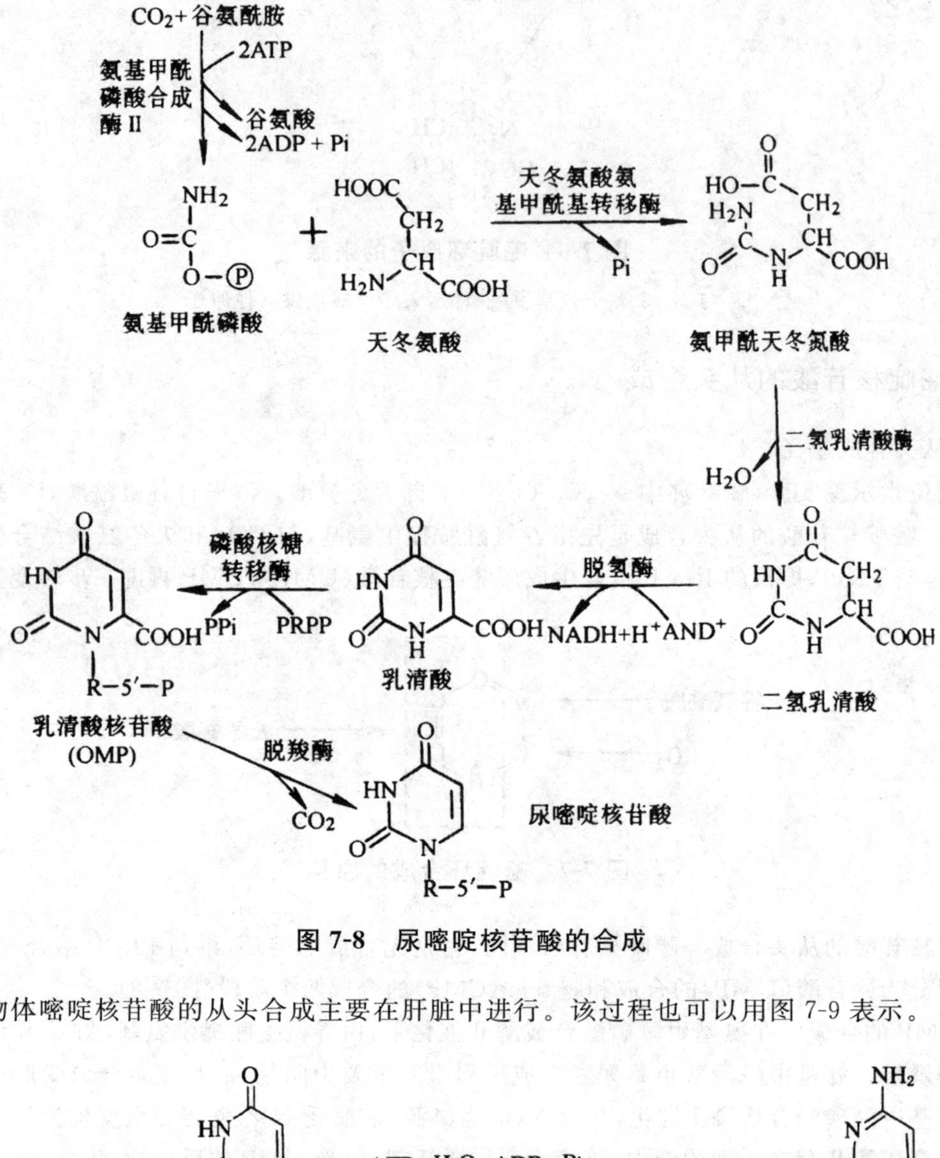

图 7-8　尿嘧啶核苷酸的合成

动物体嘧啶核苷酸的从头合成主要在肝脏中进行。该过程也可以用图 7-9 表示。

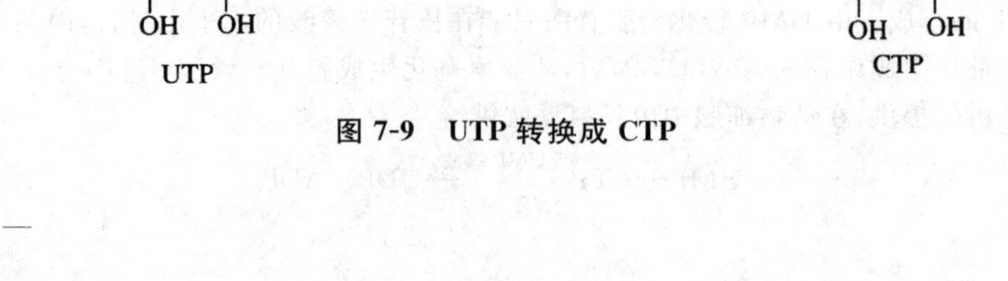

图 7-9　UTP 转换成 CTP

(2)从头合成的调节

催化嘧啶核苷酸从头合成一两步反应的两种酶对变构调节敏感。氨基甲酰磷酸合成酶Ⅱ受UTP、嘌呤核苷酸的负反馈调节,而 PRPP 提高此酶的活性。CTP 负反馈抑制天冬氨酸氨基甲酰转移酶的活性,但是 ATP 激活此酶的活性(图 7-10)。人类嘧啶核苷酸的合成通过氨基甲酰磷酸合成酶控制,而细菌合成嘧啶核苷酸的控制通过天冬氨酸氨基甲酰转移酶完成。

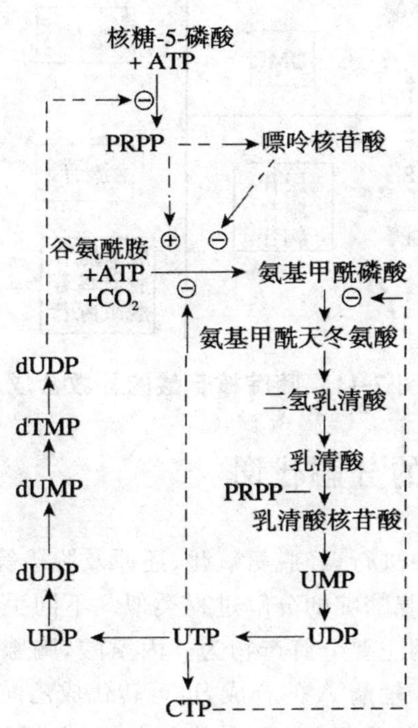

实线表示代谢途径,虚线代表:⊕正反馈;⊖负反馈

图 7-10 嘧啶核苷酸合成的控制

磷酸核糖焦磷酸合成酶催化生成的 PRPP 是合成嘌呤与嘧啶核苷酸共同的前体物质。由于嘌呤核苷酸与嘧啶核苷酸反馈抑制磷酸核糖焦磷酸合成酶的活性,这两类核苷酸构成了对嘧啶核苷酸合成过程的协同调节。另外,多功能酶的协同表达是另一种调节嘧啶从头合成的重要方式。

2. 嘧啶核苷酸的补救合成

嘧啶核苷酸的补救合成与嘌呤核苷酸的补救合成相似,嘧啶磷酸核糖转移酶是其补救合成的主要酶,它能利用尿嘧啶、胸腺嘧啶及乳清酸作为底物,催化生成相应的嘧啶核苷酸,但对胞嘧啶不起作用。实际上,此酶和前述的乳清酸磷酸核糖转移酶是同一种酶。如图 7-11(a)所示。

由核苷磷酸化酶催化嘧啶碱基(或嘌呤碱基)与核糖-1-磷酸形成嘧啶核苷,然后在特异性激酶的作用下将嘧啶核苷转变为对应的嘧啶核苷酸[图 7-11(b)、(c)]。例如,在尿苷/胞苷激酶催化下,哺乳动物细胞通过补救反应将尿苷与胞苷转变成相应的 UMP 与 CMP,胸苷激酶催化的磷酸化反应将胸苷转变为 dTMP。脱氧胞苷激酶不仅补救催化脱氧胞苷的磷酸化反应,同时也催化补救合成脱氧鸟苷与脱氧腺苷的磷酸化反应。

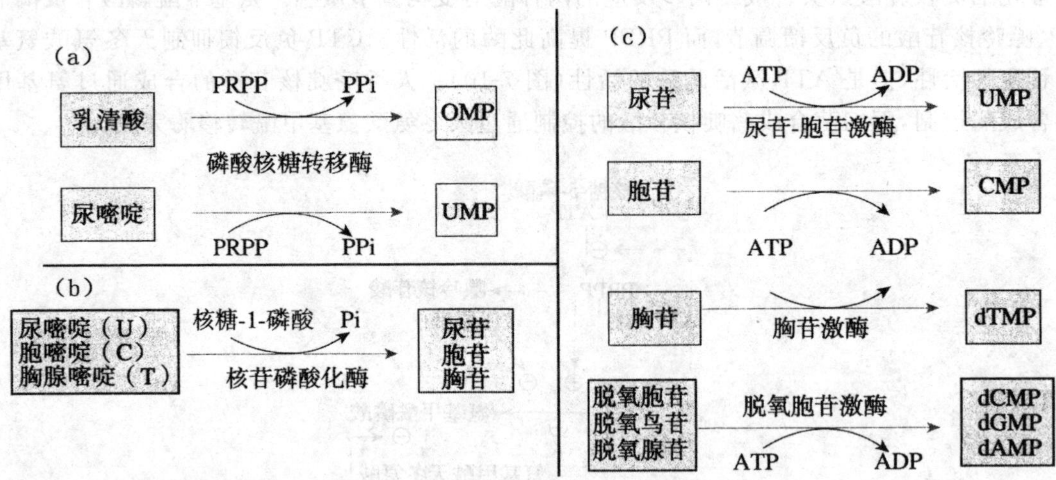

图 7-11　嘧啶核苷酸的补救合成

7.1.2　嘧啶核苷酸的分解代谢

嘧啶碱基的分解主要在肝中进行，经脱氨氧化、还原及脱羧等反应。胞嘧啶需脱氨转变为尿嘧啶才能进行分解，尿嘧啶和胸腺嘧啶的分解过程类似。不同生物中胞嘧啶脱氨生成尿嘧啶的过程不尽相同，胞嘧啶、尿嘧啶的主要分解产物为 β-丙氨酸，胸腺嘧啶的主要分解产物为 β-氨基异丁酸。生成的 β-丙氨酸可用于辅酶 A 的合成，也可转化成乙酸再进入三羧酸循环或转化为脂肪酸。在人体内，β-丙氨酸、β-氨基异丁酸可继续进行分解，但部分 β-氨基异丁酸也可随尿排出体外。嘧啶核苷酸的分解代谢过程如图 7-12 所示。

β-氨基异丁酸的排泄量可反映细胞及其 DNA 的破坏程度。白血病患者以及经放疗或化疗的癌症病人，由于 DNA 破坏过多，往往导致尿中 β-氨基异丁酸的排泄增加。胸腺嘧啶一般只存在于 DNA 中，摄入富含 DNA 的食物也可使其排出量增多。

另外，高尿酸血症患者伴随磷酸核糖焦磷酸(PRPP)的过度生成。PRPP 同时作为嘧啶核苷酸合成的底物促进嘧啶核苷酸的生成，由此导致嘧啶核苷酸分解代谢产物排泄量的增加。

除此之外，别嘌呤醇是临床治疗痛风的常用药物。这种药物同时也是乳清酸磷酸核糖转移酶的底物。在酶的催化下，别嘌呤醇能与天然底物乳清酸竞争磷酸核糖生成别嘌呤醇核苷酸。别嘌呤醇核苷酸抑制乳清酸核苷酸脱羧酶的活性，导致乳清酸聚积、排泄增加。当肝线粒体鸟氨酸氨基甲酰转移酶缺乏时，可以增加乳清酸、尿嘧啶以及尿苷的排泄。生化机制涉及合成尿素过程中氨基甲酰磷酸利用不足，使得这种底物转而刺激嘧啶核苷酸生物合成。

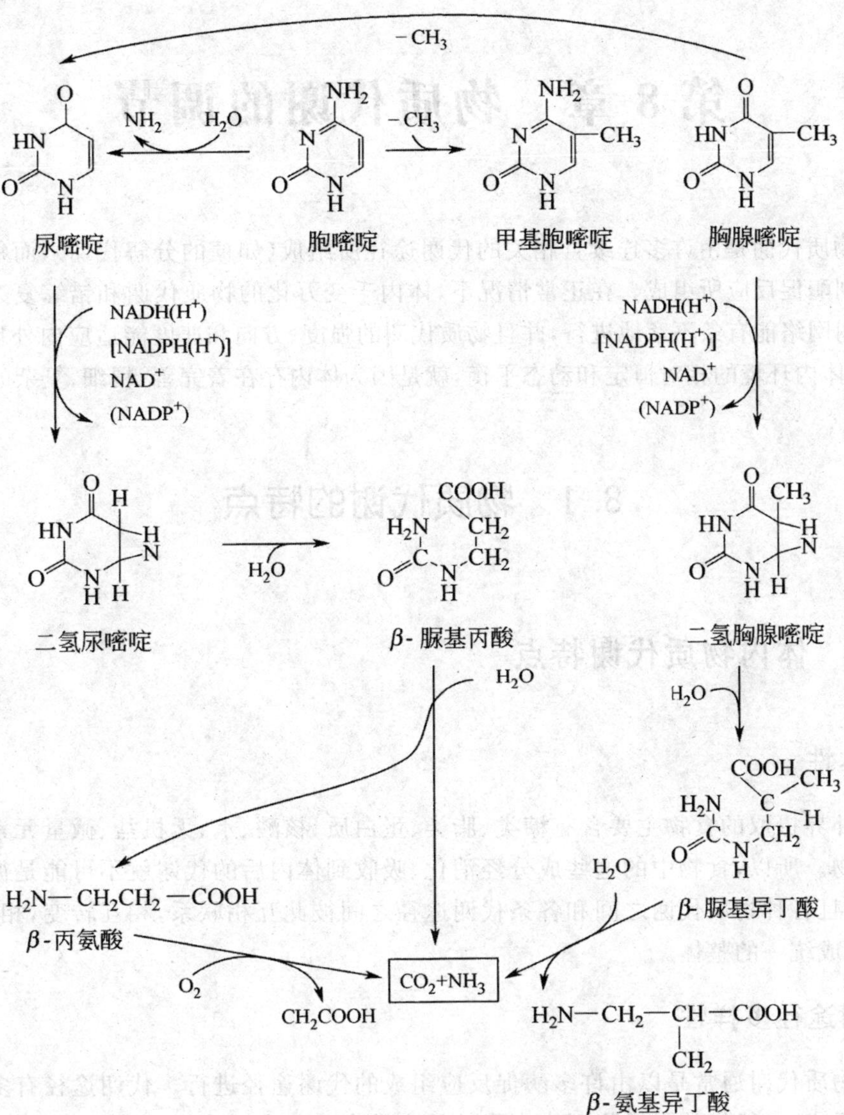

图 7-12　嘧啶核苷酸的分解代谢过程

第 8 章　物质代谢的调节

体内的物质代谢是由许多连续且相关的代谢途径所组成(如糖的分解代谢),而每条代谢途径又是由一系列酶促反应所组成。在正常情况下,体内千变万化的物质代谢和错综复杂的代谢途径所构成的代谢网络能有条不紊地进行,并且物质代谢的强度、方向和速度能适应内外环境的不断变化,以保持机体内环境的相对恒定和动态平衡,就是因为体内存在着完善、精细、复杂的调节机制。

8.1　物质代谢的特点

8.1.1　体内物质代谢特点

1. 整体性

人体从外界摄取的食物主要含有糖类、脂类、蛋白质、核酸、水、无机盐、微量元素及维生素等成分的混合物。所以,食物中的这些成分经消化、吸收到体内后的代谢就不可能是彼此孤立而是同时进行的,且各种物质代谢之间和各条代谢途径之间彼此互相联系,相互转变,相互依存,相互制约,从而构成统一的整体。

2. 代谢途径多样性

体内的物质代谢通常是以由许多酶促反应组成的代谢途径进行。代谢途径有多种。

①直线反应:一般指从起始物到终产物的整个反应过程中无代谢支路。

②分支反应:指代谢物可通过某个共同中间物进行代谢分途,产生两种或更多种产物。如下图所示。

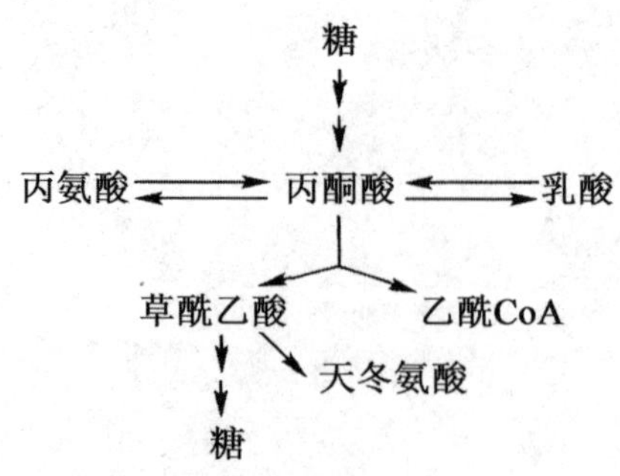

③循环反应循环中的中间产物可反复生成，反复利用，使生物体能既经济又高效地进行代谢变化，而且循环反应可以从任一中间物起始或终止，可大大提高代谢变化的灵活性。

3. 可调节性

体内的各种物质代谢错综复杂，但由于机体存在着一套精细、完善而又复杂的调节机制，从而保证体内各种物质代谢有条不紊，使各种物质代谢的强度、方向和速度适应体内外环境的不断变化，维持机体内环境的相对恒定及动态平衡，保障机体各项生命活动正常。

4. ATP 是“通用高能化合物”

人体能量的直接利用形式是 ATP。体内糖、脂肪、蛋白质分解氧化释放的部分能量，通过氧化磷酸化（主要）和底物水平磷酸化生成 ATP 使能量以高能磷酸键形式储存于 ATP。机体需要能量时，ATP 水解释放出能量，供各种生命活动的需要，例如各种生物合成、肌肉收缩、物质的主动转运、生物电，乃至体温的维持等。并且，在肌组织，ATP 可将其高能磷酸键转移给肌酸，以磷酸肌酸形式储存能量。需要时，将其能量转移给 ADP 生成 ATP 再被利用。

5. 组织特异性

代谢具有组织特异性，主要是由于各组织、器官的分化不同，所含酶类的种类和含量各有差异，形成各组织、器官不同的代谢特点。例如酮体在肝内生成而在肝外组织被利用；又如肝既能进行糖原合成，也能进行糖原分解，还能进行糖异生作用，是维持血糖水平恒定的重要器官等。这种物质代谢的组织特异性，对理解有关疾病的生化机制具有十分重要的意义。

8.1.2　哺乳动物主要器官及组织代谢特点

1. 肝

肝脏的主要功能是为其他组织和器官提供燃料分子，包括葡萄糖、脂肪酸和酮体等；另一个功能是维持血糖稳定。作为物质代谢的中心，肝脏中进行着活跃的糖、脂和蛋白质代谢，它们的代谢为肝脏维持血糖的稳定起到重要的作用。为了维持稳定的血糖浓度，肝脏必须在血液葡萄糖浓度高的时候贮存葡萄糖，而在血液葡萄糖浓度低的时候，通过降解糖原和进行葡萄糖异生作用合成葡萄糖，并将葡萄糖输出到血液中。因此，肝脏能够贮存糖原、三酰甘油，利用葡萄糖、脂肪酸、乳酸、氨基酸、甘油为底物合成葡萄糖，并为肝外组织输出葡萄糖。

营养素在肠道吸收后，多数糖、氨基酸和部分甘油三酯从血液经门静脉进入肝脏，肝脏首先获得消化的营养素，餐后肝脏浸没于富含营养素的血液中，肝脏吸纳了大量的营养素，缓冲了营养素大量进入外周组织可能出现的大幅波动。

肝细胞含有丰富的代谢酶，并且活性高、更新速率快，代谢酶量和活性是其他组织的 5～10 倍。在酶的作用下，各种营养素能够被快速代谢或重新加工，成为其他组织器官需要的能源或前提物质，再根据肝外组织的需要，通过血液输送，分配营养素到肝外各个组织器官。

肝外组织也能根据机体情况调整自身的代谢，参与组织器官间的代谢整合，但没有一个能像肝脏一样，能在多种物质的代谢中起主导和核心作用。

肝脏的物质代谢能适应内外环境的变化，调节自身代谢过程。肝脏的代谢会随摄入食物种类、进餐时间，肝外组织对能量和营养前提物质的需求、机体功能和营养状态而调节代谢过程。例如，当摄入富含蛋白质食物时，肝细胞自身能增加合成用于氨基酸代谢和糖异生的酶，在高糖饮食后，这些酶的合成水平下降，而增加糖代谢和脂肪合成的酶。

2. 脑

脑组织是动物个体的指挥系统，它既不贮存也不输出燃料分子，而是利用血液中葡萄糖的供给实施其功能。当血液中葡萄糖不足时，也可以利用部分酮体物质进行代谢。

脑代谢主要有几方面，正常情况成人脑细胞利用葡萄糖作为能源，脑有非常活跃的呼吸代谢，利用相当恒定的 O_2。在静息时，脑消耗的 O_2 占全身氧耗的 20%。脑含有少量的糖原，主要依赖血液来源的葡萄糖，血糖降低到一定水平，只要很短的时间，就会引起脑功能严重的、不可逆的改变。虽然脑细胞不能直接利用脂肪酸或脂类，但必要时可利用酮体，在持续禁食和饥饿时，肝糖原消耗后，脑氧化酮体的能力变为很重要，因为这使脑能间接利用身体的脂肪作为能源，这节约了蛋白质通过糖异生变为葡萄糖。

3. 心脏

心脏的功能是维持机体血液循环，它既不贮存也不输出燃料分子，能够利用各种燃料分子维持代谢，保持心脏跳动。

4. 脂肪组织

脂肪组织是动物个体的能量贮存组织，当机体需要能量时，能够输出能量。因此，它能够贮存脂肪为燃料库，以脂肪酸和葡萄糖为底物，代谢产生细胞所需要的能量，同时能够输出燃料分子脂肪酸、甘油。

脂肪组织由脂肪细胞组成，广泛分布于全身各部位，主要有皮下、深部血管周围和腹膜腔。青年人的脂肪组织约占体重的 15%，其中甘油三酯占 65%。脂肪组织的代谢非常活跃，对激素的反应非常敏感，与肝脏、骨骼肌、心脏的代谢相互影响。与其他细胞一样，脂肪细胞具有活跃的糖酵解、三羧酸循环途径，能氧化丙酮酸和脂肪酸，进入氧化磷酸化。在高糖饮食时，脂肪组织能将糖转化为脂肪酸，合成甘油三酯，并储存在脂肪滴中。但人体脂肪酸合成主要还是在肝细胞，脂肪组织储存从肝脏和肠道运输来的甘油三酯，特别是富含脂类的饮食后。当体内需要能量时，脂肪细胞的脂肪酶水解储存的甘油三酯，释放出脂肪酸，经血液转运到骨骼肌和心脏。

5. 骨骼肌

骨骼肌的功能是收缩运动，有一定量的肌糖原储备。当骨骼肌处于休息状态时，它利用葡萄糖和脂肪酸维持基础代谢，当骨骼肌处于运动状态时，它利用糖原，甚至酮体分子维持细胞功能，同时排出乳酸和丙氨酸从而维持细胞对葡萄糖的需求。

骨骼肌还含有另一种能快速转变为 ATP 的物质磷酸肌酸，它能快速通过磷酸肌酸激酶使 ADP 生成 ATP。

血糖和肌糖原作为肌肉快速运动的能源受肾上腺素的加强，肾上腺素促进肝糖原葡萄糖的释放和肌糖原的分解。

综上所述，各组织、器官由于酶的组成、含量不同，代谢既有共同之处，又各具特点，如表 8-1 所示。人体内各组织、器官的代谢并非孤立地闭关自守，而是相互联系，将机体构成一整体，其中以肝为调节和联系全身器官代谢的枢纽。如通过乳酸循环将肌肉、肝代谢联系起来。又如脂肪组织分解脂肪产生的甘油运至肝，可生成糖。大量脂肪酸可在肝中生成酮体，酮体又可成为肝外组织很好的能源物质。

表 8-1 重要器官及组织代谢特点

器官组织	特有的酶	功能	主要代谢途径	主要功能物质	代谢和输出产物
肝	葡糖激酶，葡糖-6-磷酸酶，甘油激酶，磷酸烯醇丙酮酸羧激酶	代谢枢纽	糖异生，脂肪酸 β-氧化，糖有氧氧化，糖原代谢，酮体生成等	葡萄糖，脂肪酸，乳酸，甘油，氨基酸	葡萄糖，VLDL，HDL，酮体等
脑		神经中枢	糖有氧氧化，糖酵解，氨基酸代谢	葡萄糖，脂肪酸，酮体，氨基酸等	乳酸，CO_2，H_2O
心	脂蛋白脂肪酶，呼吸链丰富	泵出血液	有氧氧化	脂肪酸，葡萄糖，酮体，VLDL	CO_2，H_2O
脂肪组织	脂蛋白脂肪酶，激素敏感脂肪酶	储存及动员脂肪	酯化脂肪酸，脂解	VLDL，CM	游离脂肪酸，甘油
骨骼肌	脂蛋白脂肪酶呼吸链丰富	收缩	有氧氧化，糖酵解	脂肪酸，葡萄糖，酮体	乳酸，CO_2，H_2O
肾	甘油激酶，磷酸烯醇丙酮酸羧激酶	排泄尿液	糖异生，糖酵解，酮体生成	脂肪酸，葡萄糖，乳酸，甘油	葡萄糖
红细胞	无线粒体	运输氧	糖酵解	葡萄糖	乳酸

8.2 物质代谢调节的主要方式

代谢调节普遍存在于生物界，是生物进化过程中逐步形成的一种适应能力。生物进化程度愈高，其代谢调节愈精细愈复杂。单细胞的生物因直接与外界环境接触，所以主要通过细胞内代谢物浓度的变化，对酶的活性和(或)含量进行调节。这种调节称为原始(基础)调节或细胞水平代谢调节。从单细胞生物进化至高等生物，在细胞水平调节的基础上，又出现了激素水平的调节。这种调节通过内分泌细胞或内分泌器官分泌的激素来影响细胞水平的调节，所以更为精细而复杂。高等动物不仅有完整的内分泌系统，而且还有功能十分复杂的神经系统。在中枢系统的控制下，或通过神经纤维及神经递质对靶细胞直接产生影响，或通过某些激素的分泌来调节某些细胞的代谢与功能，并通过各种激素的互相协调对机体代谢进行综合调节，这种调节称为整体水平的代谢调节。

细胞水平、激素水平和整体水平这三个层次的调节机制相互协作调节代谢，使机体适应内外环境的变化，维持各种代谢物的适宜水平，保证生命活动的能量供求；使整体代谢保持动态平衡。代谢调节是维持细胞功能、保证机体正常生长发育的重要条件。代谢失控是许多疾病的发病原因。研究代谢调节可以阐明代谢失控的病理，认识激素、药物的作用机制，为药物应用、药物研发提供理论支持。

8.2.1 细胞水平调节

细胞水平的代谢调节实质上就是酶的调节。细胞内酶的调节是一切代谢调节的基础。酶的调节包括酶活性调节与酶量的调节。酶活性的调节是改变酶的结构，使已有酶的活性发生变化，由此调节代谢。这类调节方式效应快，分秒之间即发生作用，但不持久，故又称为快速调节。酶量的调节则通过改变酶的生成与降解速度以改变酶的总活性。在哺乳类动物中，此方式产生效应比酶的结构调节慢，约需几小时至数天，但较为持久，所以又称为慢速调节。

酶在细胞内的分布是区域化的。细胞内催化同一代谢途径的酶通常组成多酶体系。同一多酶体系的酶，又多集中存在于一定亚细胞结构中。如糖原合成、糖酵解、脂肪酸合成等酶系在胞液，而三羧酸循环、脂肪酸 β-氧化、呼吸链的酶集中在线粒体，核酸合成的酶则在细胞核内（表 8-2）。区域化的优点是可避免代谢途径之间相互干扰，利于调节因素对不同代谢途径的特异调节。

表 8-2　多酶体系在细胞中的分布位置

多酶体系	分布	多酶体系	分布
核酸合成	细胞核	尿素合成	线粒体及胞液
糖酵解	胞液	血红素合成	线粒体及胞液
磷酸戊糖途径	胞液	三羧酸循环	线粒体
糖原合成	胞液	氧化磷酸化	线粒体
脂肪酸合成	胞液	脂肪酸氧化	线粒体
蛋白质合成	内质网及胞液	水解酶	溶酶体
胆固醇合成	内质网及胞液		

1. 酶活性调节

某一代谢途径的化学反应速度与方向是由该途径中的一个或几个具有调节作用的关键酶（key enzyme）或调节酶（regulatory enzyme）的活性所决定的。关键酶或调节酶具有如下特点：①这类酶催化的反应速度最慢，其活性大小决定整个代谢途径的总速度，故又称为限速酶；②这类酶催化单向反应或非平衡反应，因此其活性还决定整个代谢途径的方向；③这类酶通常处于代谢途径的起始部位或分支处；④这类酶活性除受底物控制外，还受多种代谢物或效应剂的调节。因此对关键酶活性的调节是细胞代谢调节的一种重要方式。表 8-3 中为部分某些代谢途径的关键酶。

表 8-3　某些代谢途径的关键酶

代谢途径	关键酶（调节酶、限速酶）
糖酵解	己糖激酶、磷酸果糖激酶-1、丙酮酸、激酶
糖有氧氧化	己糖激酶、磷酸果糖激酶-1、丙酮酸、激酶、丙酮酸脱氢酶复合体、柠檬酸合酶、异柠檬酸脱氢酶、α-酮戊、二酸脱氢酶
复合体磷酸戊糖途径	6-磷酸葡萄糖脱氢酶
糖原合成	糖原合酶
糖原分解	糖原磷酸化酶
糖异生	丙酮酸羧化酶、磷酸烯醇式丙酮酸羧激酶、果糖、1,6-二磷酸酶-1、葡萄糖-6-磷酸酶或糖、原合酶
脂肪动员	激素敏感性三酰甘油脂肪酶
脂酸 β-氧化	肉碱脂酰转移酶 I
脂酸合成	乙酰 CoA 羧化酶
胆固醇合成	HMG-CoA 还原酶
胆汁酸生成	7α-羟化酶
血红素合成	δ-氨基-γ-酮基戊酸（ALA）合酶

调节代谢反应的速度与方向通过调节关键酶来实现，即调节这些酶的活性和含量。酶活性的调节主要通过改变酶的结构来实现，包括变构调节和化学修饰调节两种方式。这种调节方式可在几秒或几分钟内发生，称为快速调节。酶含量的调节是通过影响酶蛋白分子的合成和降解速度来改变酶的含量，一般需要数小时或几天才能实现，称为迟缓调节。

（1）变构调节

别构调节又称变构调节，是指某些小分子化合物与酶分子活性中心以外的某一部位特异结合，引起酶蛋白分子构象变化，从而改变酶的活性。受变构调节的酶称为别构酶或变构酶。小分子调节物质称为变构效应剂，能增强酶活性的称为变构激活剂，反之被称为变构抑制剂。变构效应剂可以是反应的底物、产物或其他小分子代谢物。产物作为效应剂对酶的变构调节在生物界普遍存在，是体内快速调节酶活性的主要方式。代谢途径中的关键酶大多数是变构酶。现将一些重要代谢途径中的变构酶和变构效应剂列于表 8-4。

表 8-4　一些重要代谢途径中的变构酶和变构效应剂

代谢途径	变构酶	变构激活剂	变构抑制剂
糖酵解	己糖激酶 磷酸果糖激酶 丙酮酸激酶	AMP、ADP、2,6-二磷酸果糖 1,6-二磷酸果糖	6-磷酸葡萄糖 ATP、柠檬酸 ATP、乙酰 CoA 脂肪酸
三羧酸循环	异柠檬酸脱氢酶 柠檬酸合酶	ADP ADP	ATP ATP、长链脂酰 CoA
糖原合成	糖原合酶	6-磷酸葡萄糖	ATP,6-磷酸葡萄糖
糖原分解	糖原磷酸化酶	AMP	AMP
糖异生	丙酮酸羧化酶	乙酰 CoA、ATP	长链脂酰 CoA
脂酸合成	乙酰 CoA 羧化酶	柠檬酸、异柠檬酸	AMP
氨基酸代谢	L-谷氨酸脱氢酶	ADP、亮氨酸、蛋氨酸	GTP、ATP、NADH
嘌呤合成	PRPP 酰胺转移酶		AMP、GMP
吡啶合成	天冬氨酸氨基甲酰转移酶		CTP、UTP
核酸合成	脱氧胸苷激酶	dCTP、dATP	dTTP

变构酶通常由两个以上的亚基组成,包括催化亚基和调节亚基。底物与催化亚基结合,起催化作用。调节亚基与变构效应剂结合起调节作用(图 8-1)。变构效应剂通过非共价键与调节亚基结合,引起酶蛋白构象改变,变得致密或疏松,导致酶活性的变化(激活或抑制)。有时调节亚基和催化亚基是同一亚基。

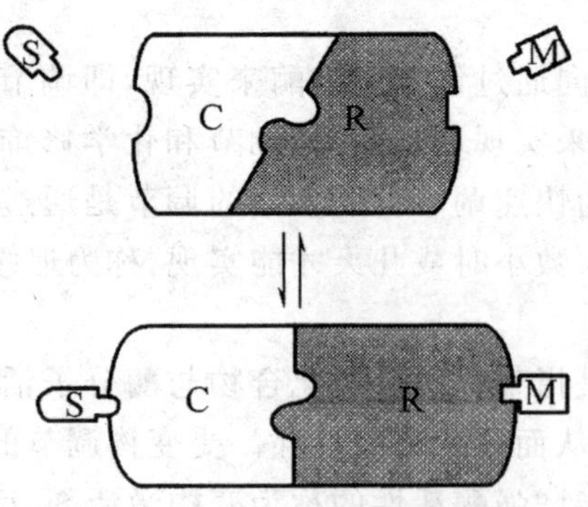

图 8-1　变构调节示意图

C:变构酶催化亚基;R:变构酶调节亚基;S:底物;M:变构激活酶

例如,依赖 cAMP 的蛋白激酶 A(PKA)由两个催化亚基(C)与两个调节亚基(R)构成。当它们处于聚合状态时没有催化活性,而当变构激活剂 cAMP 与调节亚基结合时,调节亚基与催化亚基解聚,游离状态的催化亚基表现催化活性。但也有变构酶,如依赖 cGMP 的蛋白激酶 G,

其催化部位与调节部位处于同一亚基。

变构调节是细胞水平代谢调节中一种较常见的快速调节。其生理意义在于：

①代谢途径的终产物作为变构抑制剂反馈抑制该途径的起始反应的酶，从而既可使代谢产物的生成不致过多，也避免原材料的不必要的浪费。

②通过变构调节，使能量得以有效储存。例如正常情况下，当血糖升高，G-6-P 增多时，G-6-P 变构抑制磷酸化酶使糖原分解减少，同时又激活糖原合酶，使过多的葡萄糖转变为糖原，从而使能量得以有效储存。

③通过变构调节维持代谢物的动态平衡。如 ATP 既可变构抑制 6-磷酸果糖激酶-1，又可变构激活丙酮酸羧化酶、果糖 1,6-双磷酸酶-1，从而在抑制糖分解代谢的同时又促进糖异生作用，这对维持血糖浓度恒定极为重要。

④通过变构调节使不同代谢途径相互协调。如乙酰 CoA 既可抑制丙酮酸脱氢酶复合体，又可激活丙酮酸羧化酶，从而协调糖的分解代谢与合成代谢。再如血糖升高时，柠檬酸生成增多。柠檬酸既可变构抑制 6-磷酸果糖激酶-1，又可变构激活乙酰 CoA 羧化酶，使大量乙酰 CoA 用以合成脂酸，进而合成脂肪。

(2)化学修饰

化学修饰调节又叫共价修饰，是指酶蛋白的某些氨基酸残基在另一种酶的催化下发生可逆的共价修饰，从而引起酶活性的变化。化学修饰调节是体内又一种重要的快速调节方式，主要有磷酸化和脱磷酸化、乙酰化和脱乙酰化、甲基化和脱甲基化等，以磷酸化和脱磷酸化为主。通过化学修饰，酶在有活性和无活性之间互变，见表 8-5。

表 8-5 磷酸化修饰对酶活性的影响

酶	化学修饰类型	酶活性的变化
糖原磷酸化酶	磷酸化/脱磷酸	激活/抑制
磷酸化酶 b 激酶	磷酸化/脱磷酸	激活/抑制
三酰甘油酯酶	磷酸化/脱磷酸	激活/抑制
糖原合酶	磷酸化/脱磷酸	抑制/激活
6-磷酸果糖激酶	磷酸化/脱磷酸	抑制/激活
丙酮酸脱氢酶	磷酸化/脱磷酸	抑制/激活
HMG-CoA 还原酶	磷酸化/脱磷酸	抑制/激活
乙酰 CoA 羧化酶	磷酸化/脱磷酸	抑制/激活

酶促化学修饰是体内快速调节的另一种重要方式，磷酸化是常见的修饰方式。脱辅酶分子中丝氨酸、苏氨酸及酪氨酸的羟基是磷酸化修饰的位点。酶蛋白的磷酸化是在蛋白激酶的催化下，由 ATP 提供磷酸基及能量完成的，而脱磷酸则是由蛋白磷酸酶催化的水解反应。磷酸化与脱磷酸反应均不可逆(图 8-2)。

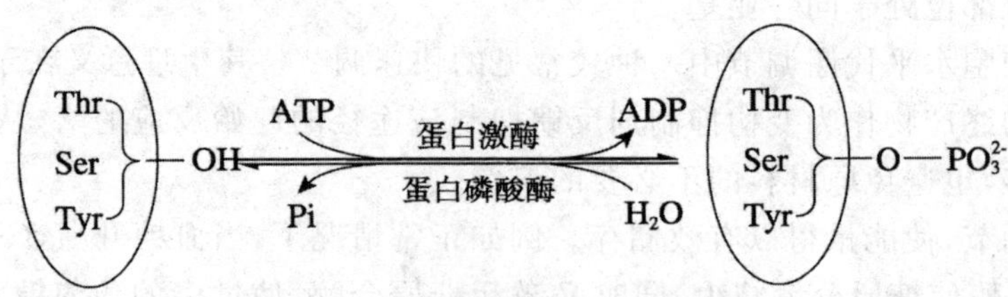

图 8-2 酶的磷酸化与脱磷酸化

促进糖原分解的磷酸化酶的非磷酸化形式，称为磷酸化酶 b。磷酸化酶 b 无催化活性，它可在一种丝氨酸/苏氨酸蛋白激酶，即在磷酸化酶 b 激酶的催化下，被磷酸化成为有催化活性的磷酸化酶 a。磷酸化酶 a 在另一种酶，即磷酸化酶磷酸酶的催化下，将磷酸基水解下来，重新转变为非磷酸化形式的磷酸化酶 b，具体过程见图 8-3。

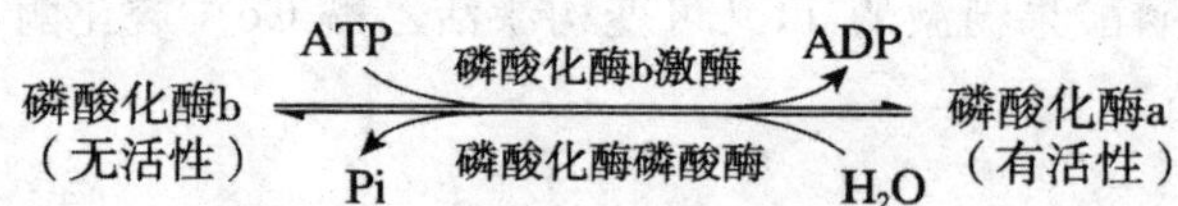

图 8-3 磷酸化酶的激活与失活

糖原磷酸化酶是磷酸化修饰调节的典型例子。糖原磷酸化酶是同二聚体，有高活性的 a 型和低活性的 b 型两种典型构象：糖原磷酸化酶 b 的 Serl4 羟基由糖原磷酸化酶激酶催化磷酸化，转换成高活性的磷酸化酶 a，由 ATP 提供磷酸基。糖原磷酸化酶 a 的 Serl4 由蛋白磷酸酶催化脱去磷酸基，转换成低活性的磷酸化酶 b(图 8-4)。

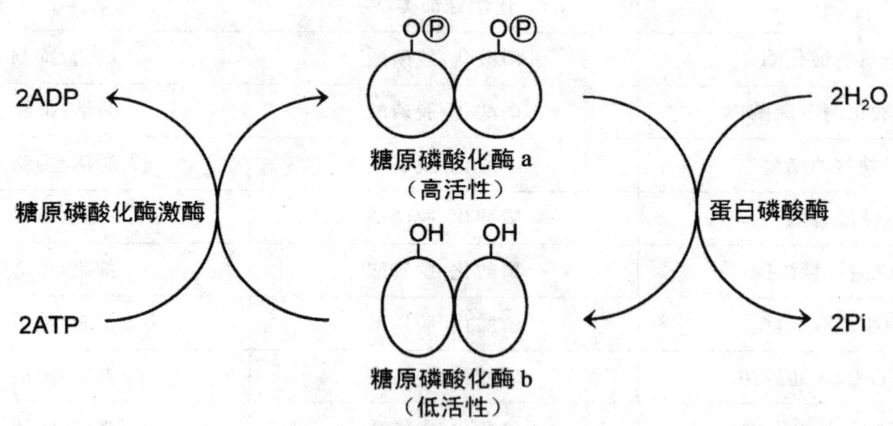

图 8-4 糖原酶的激活与失活

一般来说，可归纳化学修饰的特点如下。

①酶蛋白的共价修饰是可逆的酶促反应，在不同酶的作用下，酶蛋白的活性状态可互相转变。催化互变反应的酶在体内可受调节因素(如激素)的调控。

②具有级联放大效应，提供更多调控位点，效率较高。

③磷酸化是最常见的酶促化学修饰反应，一般是耗能的。如 1 分子亚基发生磷酸化反应通

常需要 1 分子 ATP，但比脱辅酶的合成所消耗的 ATP 要少得多，且作用迅速，又有放大效应，因此是体内调节酶活性较经济有效的方式。

化学修饰调节和变构调节相辅相成，共同维持代谢正常进行，稳定内环境。

①当变构剂太少、不能独立完成调节时，化学修饰调节可以迅速发挥作用。

②许多关键酶可以受变构和化学修饰双重调节，例如糖原磷酸化酶 b，一方面受变构调节，被 AMP 变构激活，被 ATP 或葡萄糖变构抑制；另一方面受化学修饰调节，被磷酸化激活，被去磷酸化抑制。

③化学修饰不只发生于酶活性的调节，也发生于其他蛋白质的调节。真核生物有 1/3～1/2 的蛋白质都会发生磷酸化修饰，例如，转录调节因子、翻译起始因子的化学修饰。

2. 酶量的调节

酶量的调节包括对酶的合成与降解的调节。

(1)酶蛋白合成的调节

酶的合成包括酶的诱导(induction)与阻遏(repression)，具体可见图 8-5。一些底物、产物、激素和药物等都有可能影响某些酶的合成。从转录水平改变酶合成量有增加或减少酶蛋白的合成两种方式。即能加速酶合成的化合物称为诱导剂(inducer)，诱导剂诱发酶蛋白合成的作用称为诱导作用(induction)；能减少酶合成的化合物称为阻遏剂(repressor)，阻遏剂可与无活性的阻遏蛋白结合，调节基因的转录，从而减少酶蛋白的合成称为阻遏作用(repression)。上述调节作用是通过影响从转录到翻译的有关环节实现的，一旦酶被诱导合成之后，由于酶量增加，这时即使除去诱导剂仍可保持酶活性和调节效应。常见的诱导或阻遏方式有底物对酶合成的诱导和阻遏、产物对酶合成的阻遏、激素对酶合成的诱导、药物对酶合成的诱导。

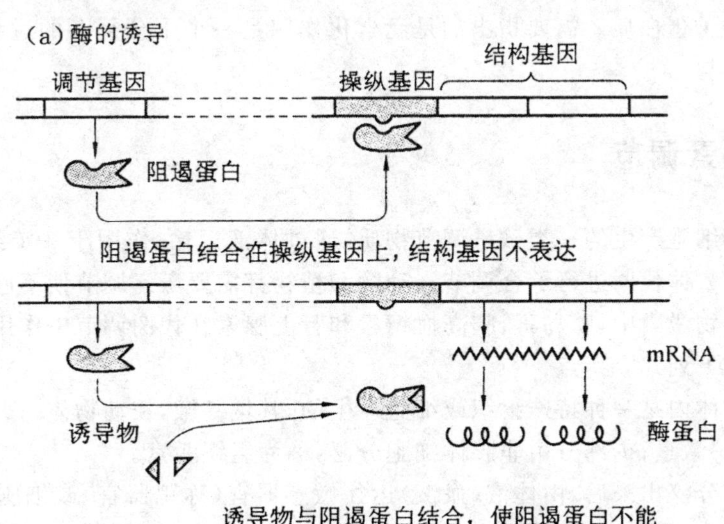

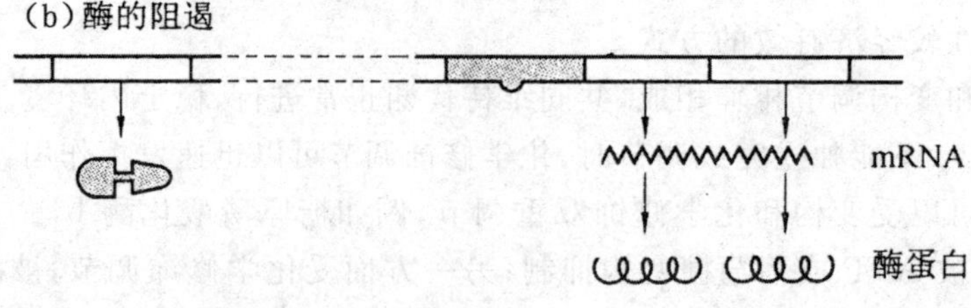

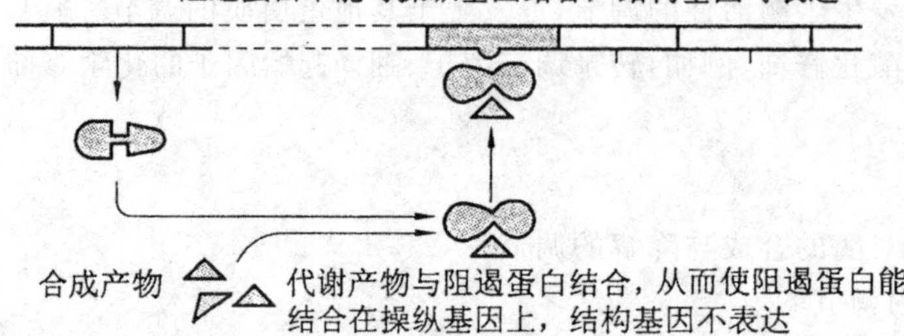

图 8-5　酶合成的诱导和阻遏的模型

(2)酶蛋白降解调节

酶的降解是通过蛋白水解酶的作用实现的。蛋白水解酶主要存在于溶酶体中，所以，凡能影响蛋白水解酶活性或影响蛋白水解酶从溶酶体释放的因素都可影响酶蛋白的降解。通过酶蛋白降解调节酶的含量，远不如酶蛋白的诱导和阻遏重要。

除溶酶体外，细胞中还存在着由多种蛋白酶组成的蛋白酶体，即蛋白酶复合物。蛋白酶体在待降解的蛋白与泛素结合(泛素化)后，即可将酶蛋白降解。泛素是由 76 个氨基酸组成的分子量为 8.5 kDa 的小分子蛋白质。需要指出的是泛素化作用是一个十分复杂的过程，需要多种识别蛋白和连接酶的参与。

8.2.2　激素调节

激素是内分泌细胞产生的一类微量调节物质，通过体液运输，作用于一定组织和细胞(即靶组织和靶细胞)，对整体代谢进行综合调节。动物和植物都需要激素调节使不同组织细胞内的代谢彼此协调。在动物激素中，胰岛素、胰高血糖素和肾上腺素在代谢调节中作用最为突出。

激素一般具有下列几个特点：

①均是动植物体内某一种特殊组织或细胞产生的，其量甚微，在动物体内大多由特异腺体细胞分泌，称为内分泌激素；少部分由非腺体细胞分泌，称为组织激素。

②激素由细胞分泌出来后，由体液(血液)运往敏感器官(称靶器官)或细胞(称靶细胞)而发挥调节作用。

③激素在体内虽然含量少，但作用大、效率高，它作为“化学信使”可引起靶细胞中一系列新陈代谢变化。

激素水平的调节可分为两个阶段：一是细胞通讯，由内分泌腺分泌的激素，通过细胞外液到达靶细胞与受体结合；二是信号传导，激素与受体结合触发相应的信号传导途径，对代谢实施调节，实现激素的调节效应。

1．膜受体激素的调节

存在于细胞膜上的受体则称为膜受体，与激素结合后改变构象及活性，进而启动信号传导途径，引起细胞代谢和行为的改变。它们绝大部分是镶嵌糖蛋白；膜受体根据其分子结构和功能的不同又可分为离子通道型受体、G 蛋白偶联受体和酶偶联受体(图 8-6)。

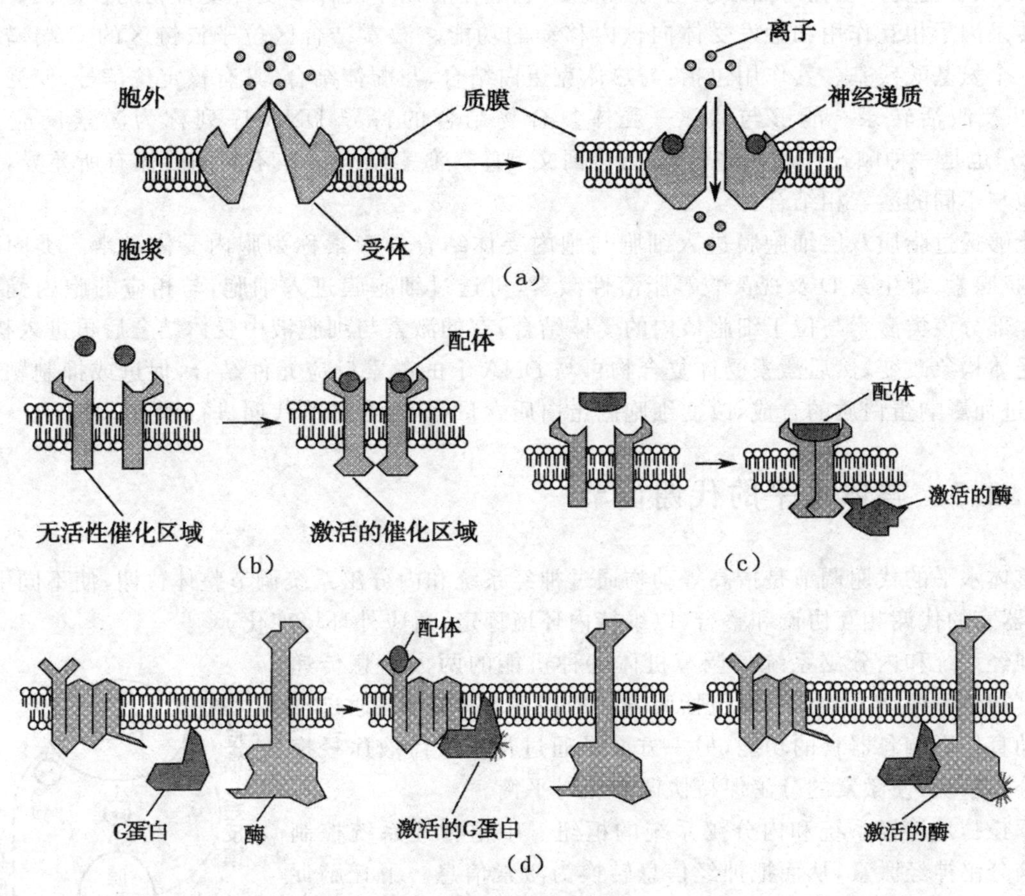

图 8-6　膜受体的种类

(a)离子通道受体；(b)酶偶联受体；(c)结合型酶偶联受体；(d)G 蛋白偶联受体

能与膜受体特异结合的激素称为膜受体激素。这类激素包括胰岛素、生长激素、促性腺激素、促甲状腺激素和甲状旁腺激素等蛋白质类激素，生长因子等肽类及肾上腺素等儿茶酚胺类激素。这些亲水性激素分子不能直接透过脂双层的细胞膜传递信号，而是作为第一信使分子与相应的靶细胞膜受体结合后，由受体将激素的调节信号跨膜传递到细胞内。可以通过第二信使及信号蛋白的级联放大，产生显著的细胞代谢效应。

2．胞内受体激素的调节

细胞内受体位于胞液或细胞核，它们全部为 DNA 结合蛋白。此型受体多为反式作用因子，当与相应配体结合后，能与DNA的顺式作用元件结合，调节基因转录。可与该型受体结合的信息物质有类固醇激素、甲状腺素和维生素D等。胞内受体通常为400～1 000个氨基酸残基组成的单体蛋白质，从N端到C端包括四个区域：高度可变区、DNA结合区、铰链区和激素结合区。

高度可变区的氨基酸序列和长度均高度可变，具有转录激活作用。多数受体的这一区域还是抗体结合部位。DNA结合区位于受体分子的中部，由66～68个氨基酸残基组成，富含半胱氨酸残基，具有两个锌指模体，它能顺DNA螺旋旋转并与之结合使受体二聚化。铰链区为一短序列，该区域可使受体蛋白弯曲或发生构象改变，它通常有助于配体—受体复合物的核定位。可能有与转录因子相互作用和触发受体向核内移动的功能。激素结合区位于铰链区的C端，较大，约250个氨基酸残基。其作用包括：与热休克蛋白结合、与配体结合、具有核定位信号、使受体二聚化以及激活转录。能够与激素—受体复合物结合的特异DNA序列称为激素反应元件(HRE)，也是一种顺式作用元件，通常具有回文顺序。激素结合区在不同的受体有所差异，能选择性地与不同的激素相结合。

能够透过脂质双层细胞膜进入细胞与胞内受体结合的激素称为胞内受体激素。类固醇激素、甲状腺素、维生素D及视黄酸等脂溶性激素，可透过细胞膜进入细胞，与相应的胞内受体结合。大部分该类激素与位于细胞核内的受体结合，有的激素与细胞液中受体结合后再进入核内，引起受体构象改变，然后激素受体复合物再与DNA上的激素反应元件结合，促进或抑制靶基因转录，进而影响蛋白质的合成，改变细胞内蛋白质含量，从而对细胞代谢进行调节。

8.2.3 整体水平的代谢调节

整体水平的代谢调节是指高等动物通过神经系统和内分泌系统调节整体代谢，使不同细胞、组织、器官的代谢相互协调和整合，以维持内环境稳定，适应外环境变化。

神经系统和内分泌系统是调节机体各种机能的两大信息传递系统。神经系统调节整体代谢包括两方面的内容：一方面是通过神经活动直接影响各器官的功能，另一方面是通过神经—体液途径控制内分泌系统，使激素的分泌保持协调和相对平衡。

下丘脑是神经系统和内分泌系统的枢纽。中枢神经系统控制下丘脑分泌神经激素，从而把神经信息转换为激素信息。下丘脑促垂体区肽能神经元能合成分泌九种统称下丘脑调节肽的肽类神经激素，这些激素可以调节腺垂体的分泌活动。腺垂体分泌的促激素进一步调节下一级靶内分泌腺的分泌活动，如此构成下丘脑—腺垂体—靶内分泌腺轴(图8-7)。此外，各内分泌腺之间还有横向的联系和制约及纵向的反馈调节，包括长反馈、短反馈和超短反馈，使神经系统和内分泌系统形成一个整体。当机体内外条件发生变化时，神经系统和内分泌系统统一发挥作用，从整体上调节代谢，协调各组织器官、各代谢物的代谢，满足生理需要。下面将人体处于各种状态下的代谢调节做一简单说明。

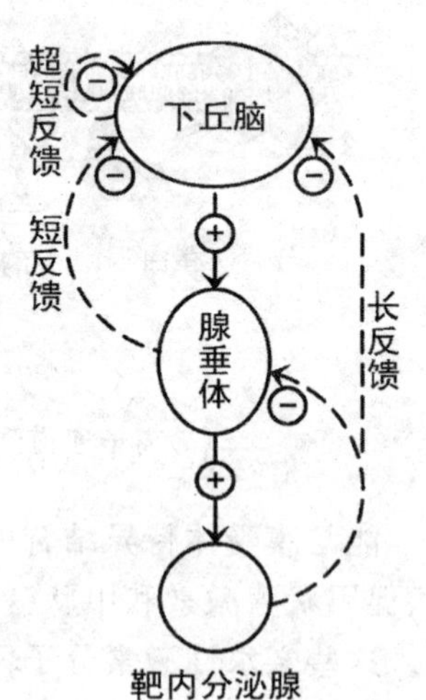

图8-7　神经—体液调节

1. 饥饿状态的代谢

(1)短期饥饿

饥饿的第 1～2 天,机体主要依靠肝糖原分解来维持血糖水平恒定。继之,血糖水平下降至一定程度后,引起胰高血糖素分泌增加和胰岛素分泌减少(图 8-8)。

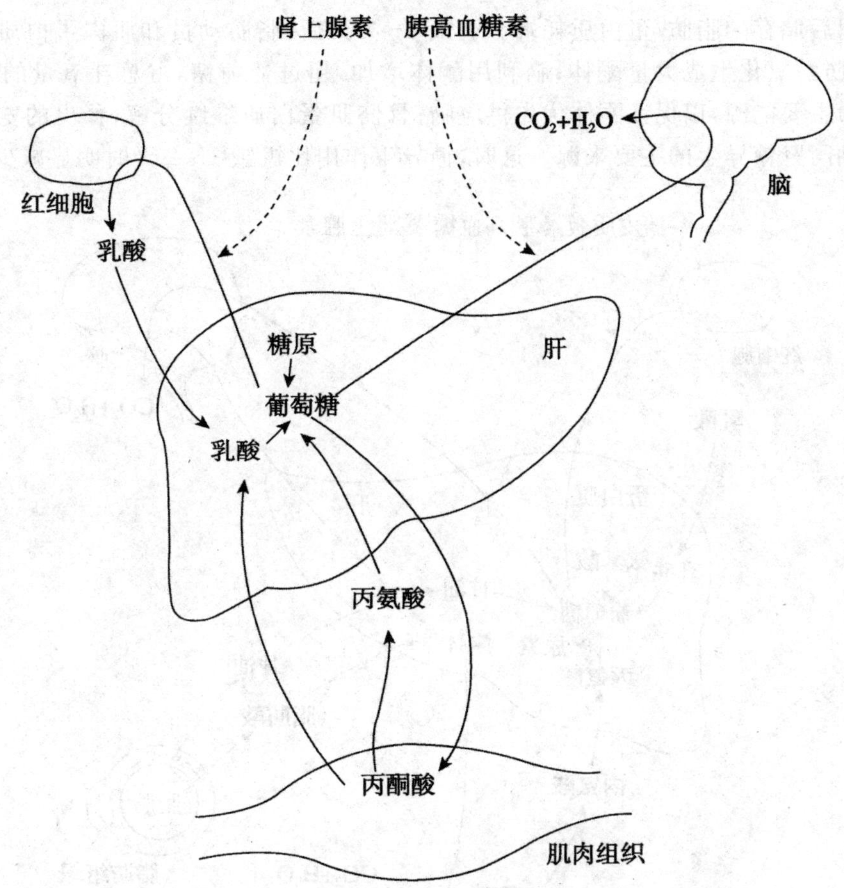

图 8-8　短暂饥饿状态下机体组织间的代谢关系

胰高血糖素分泌增加和胰岛素分泌减少可引起体内的代谢发生如下“三增强一减弱”为主要特征的变化。

①蛋白质分解增强,氨基酸释放增多:释放的氨基酸中主要是转变成丙氨酸(约占输出总氨基酸的 30%～40%)和谷氨酰胺,以便为糖异生提供原料。

②糖异生作用增强:糖异生的原料主要来自蛋白质分解释放的氨基酸,其次是乳酸,还有少部分来自脂肪动员产生的甘油。生成葡萄糖约 150 g/d,其中 80%由肝生成,余下在肾皮质中产生。

③脂肪动员增强,酮体生成增多:脂肪动员释放出的脂酸经 β-氧化后约 25%的乙酰 CoA 在肝转变成酮体。饥饿初期,主要被心、肌、肾所利用。释放出的甘油可被肝异生为葡萄糖。

④组织氧化葡萄糖减弱:由于胰岛素分泌减少,葡萄糖进入组织细胞减少,葡萄糖氧化的关

键酶活性降低，加之，心、肌、肾摄取氧化脂酸和酮体增加，因而葡萄糖的氧化减弱。但饥饿初期，大脑仍以氧化葡萄糖为主。

因此，如果在饥饿初期，及时补充葡萄糖，不仅可以减少酮体生成，降低酸中毒发生，同时也可减少体内蛋白质的消耗（每输入 100 g 葡萄糖约可节省 50 g 蛋白质的消耗），避免造成负氮平衡。

（2）长期饥饿

饥饿一周后储存的脂肪/蛋白质耗竭。饥饿 4～7 天后，脂肪动员和肌肉蛋白质分解进一步加强，肝内脂肪酸氧化生成大量酮体；脑利用酮体增加，超过葡萄糖，占总耗氧量的 60%。肌组织以脂肪酸为主要能源，以保证酮体优先供应脑；骨骼肌蛋白质继续分解，释出的氨基酸转变为丙酮酸，成为肝、肾糖异生的主要来源。这时，糖异生作用比饥饿 1～2 天时明显减少（图 8-9）。

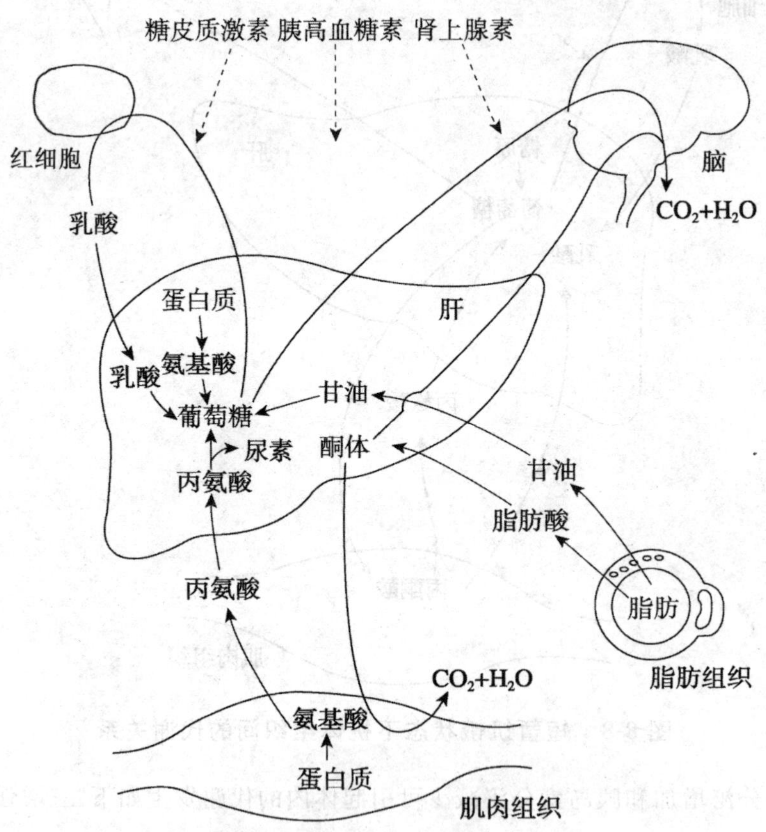

图 8-9 长期饥饿状态下机体组织间的代谢关系

2. 饱和状态的代谢

除夜间睡眠，成人在工作日一日三餐的时间间隔一般为 4～6 小时；12 小时后即处于空腹状态。在正常餐后 2～4 小时内机体处于饱食状态。机体摄取富含能量的食物后，血浆葡萄糖、甘油三酯和氨基酸升高，血浆葡萄糖和氨基酸升高促进胰岛素分泌增加，高血糖促进胰高血糖素分泌减少。胰岛素与胰高血糖素比值升高，使整体代谢呈现以葡萄糖为主要能源和以合成代谢为特征的代谢过程。在饱食状态，胰岛素促进组织细胞摄取葡萄糖，几乎所有的组织器官都利用葡萄糖作为能源，从肠道吸收的葡萄糖，其中一部分进入肝脏合成糖原，大部分输送到脑、骨骼肌和脂肪。脑组织以葡萄糖作为主要能源，进入骨骼肌细胞的葡萄糖可合成糖原储存，进入脂肪细胞的葡萄糖为合成脂肪提供磷酸甘油。过量的葡萄糖可再进入肝脏细胞氧化为乙酰 CoA，用于合成脂肪酸和甘油三酯，通过 VLDL 将甘油三酯转运到脂肪组织储存。

过量的氨基酸也可转变为丙酮酸和乙酰 CoA，用于脂肪的合成。肠道吸收的脂肪通过乳糜微粒运输，释出脂肪酸进入周围组织氧化供能或进入脂肪细胞合成为脂肪储存（图 8-10）。

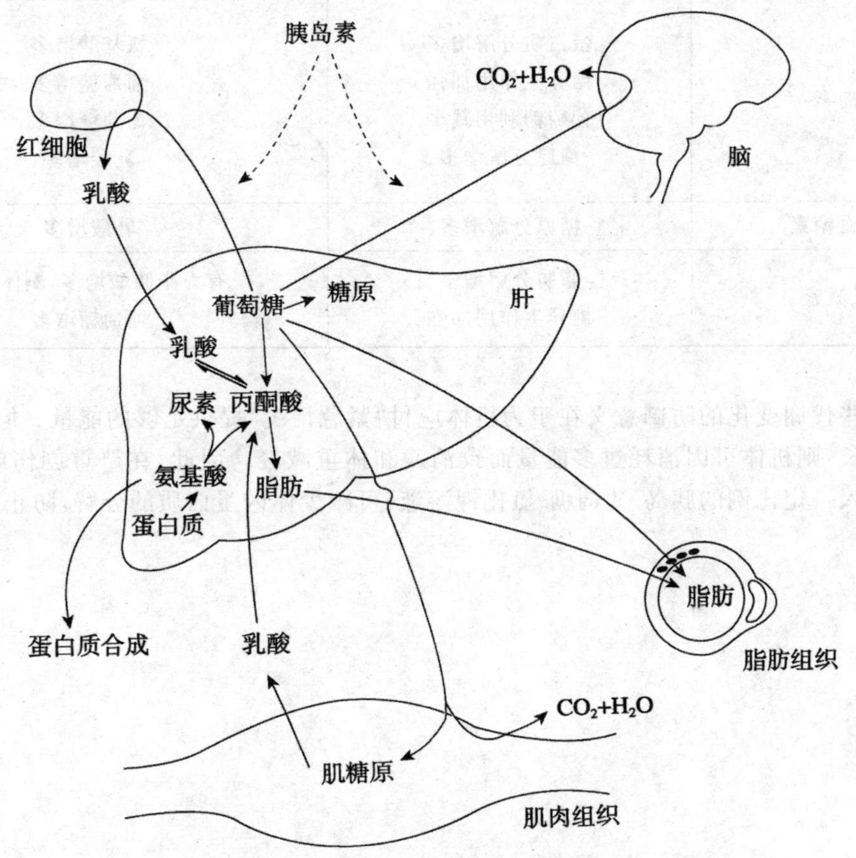

图 8-10　饱和状态下机体主要组织间的代谢关系

3. 应激状态的代谢

应激是人体受到一些强烈的刺激，如创伤、剧痛、缺氧、中毒、感染以及剧烈情绪激动时，机体所做出的一系列反应。应激状态时，交感神经兴奋，肾上腺髓质及皮质激素分泌增多，血浆胰高血糖素及生长激素水平增加，而胰岛素分泌减少，使肝糖原分解和糖异生加速，血糖升高，脂肪动员和蛋白质分解加强，糖原合成和脂肪合成受到抑制，使血中葡萄糖、脂酸、氨基酸、酮体代谢等中间产物增多，以有效地应对紧张状态。应激时物质代谢的特点是分解代谢增强、合成代谢受到抑制。应激状态下，体内代谢的变化见表 8-6。

表 8-6　应激时体内的代谢变化

激素分泌	代谢改变	血中中间代谢产物的含量
肾上腺皮质激素	蛋白质分解增多 糖异生作用增强 葡萄糖利用减少	氨基酸增多 葡萄糖增多 葡萄糖增多
胰岛素	蛋白质分解增多 糖异生作用加强 葡萄糖利用减少 糖原分解增多	氨基酸增多 葡萄糖增多 葡萄糖增多 乳酸增多
胰高血糖素	糖原分解增多	乳酸增多
生长激素	脂肪分解增多 糖异生作用加强	有力脂肪酸增多,酮体增多 葡萄糖增多

上述这些代谢变化的防御意义在于为机体应付“紧急情况”提供足够的能量。但如果应激状态持续时间长,则机体可因消耗过多能量而致消瘦和体重减轻。因此,在严重创伤或大手术后,给予患者输入一定比例的胰岛-葡萄糖-氯化钾溶液,可减少体内蛋白质的分解,防止负氮平衡。

第三部分　遗传信息传递及调控

第9章　DNA的生物合成(复制)

DNA是生物遗传信息的载体。遗传信息以核苷酸排列顺序的方式贮藏在DNA分子中。在细胞分裂时，通过DNA的复制，遗传信息由亲代传递给子代；在子代发育过程中，遗传信息自DNA转录给RNA，并指导蛋白质合成和执行各种生物学功能，使子代表现出与亲代相似的遗传性状。遗传信息的传递方向是从DNA到RNA再到蛋白质。遗传信息也可存在于病毒RNA分子中，由RNA通过逆转录的方式将遗传信息传递给DNA。这是生物界遗传信息传递的中心法则，即所谓的生物学“中心法则”，如图9-1所示。

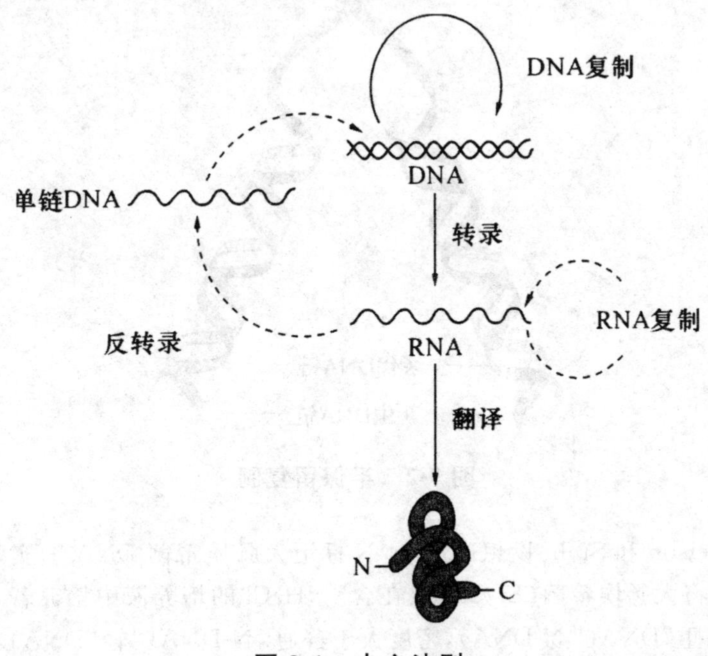

图9-1　中心法则

9.1 DNA复制的基本规律与体系

9.1.1 DNA复制的基本规律

1. 半保留复制

半保留复制是指DNA复制时，两股亲代DNA链解开，分别作为模板，按照碱基配对原则指导合成新的互补链，最后形成两个与亲代DNA相同的子代DNA分子，每个子代DNA分子都含一股亲代DNA链和一股新生DNA链，如图9-2所示。

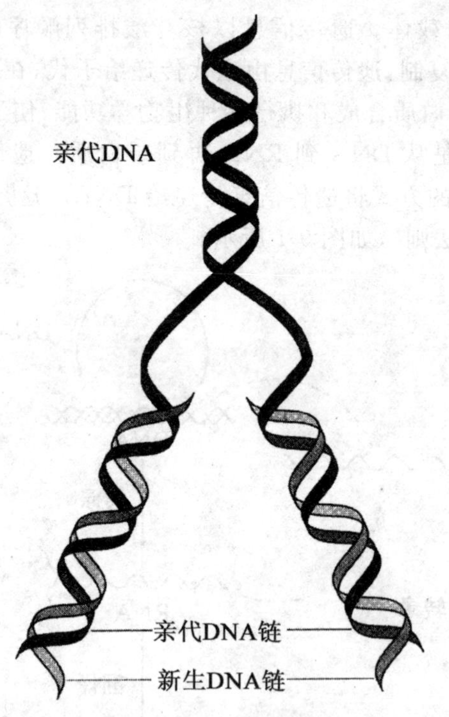

图9-2 半保留复制

1958年，Messelson和Stahl设想通过用^{15}N标记大肠埃希菌DNA的实验证实上述半保留复制的假想。他们将大肠埃希菌(*E. coli*)放在含$^{15}NH_4Cl$的培养液中培养若干代后，DNA全部被^{15}N标记而成为“重”DNA(^{15}N-DNA)，密度大于普通^{14}N-DNA(“轻”DNA)，经CsCl密度梯度超速离心后，出现在靠离心管下方的位置。但如果将含^{15}N-DNA的*E. coli*转移到$^{14}NH_4Cl$的培养液中进行培养，按照*E. coli*分裂增殖的世代分别提取DNA进行密度梯度超速离心分析，发现随后的第一代DNA只出现一条区带，位于^{15}N-DNA(“重”DNA)和^{14}N-DNA(“轻”DNA)之间；

第二代的 DNA 在离心管中出现两条区带，其中上述中等密度的 DNA 与“轻”DNA 各占一半。随着 *E. coli* 继续在$^{14}NH_4Cl$的培养液中进行培养，就会发现“重 DNA”不断被稀释掉，而“轻 DNA”的比例会越来越高。实验过程如图 9-3 所示。

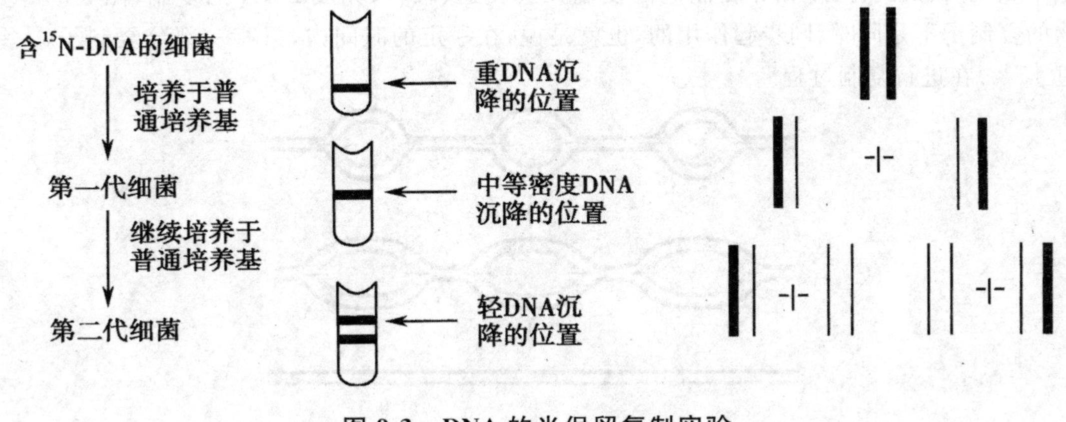

图 9-3　DNA 的半保留复制实验

随后的许多实验研究也证明 DNA 的半保留复制机制是正确的，对于保证遗传信息传代的准确性有着重要的意义。

2. 固定的起始位置与双向复制

复制子(replicon)是指作为一个单位进行自主复制的一段 DNA 序列。复制子含有控制复制起始的特定位点，即复制起始点，复制通常是从这里开始的，以及控制复制终止的终止点。DNA 复制时，双螺旋的两条链在复制起点处解开，形成两条模板链。一旦复制开始，就会在 DNA 分子上形成两个复制叉(replication fork)。复制叉是 DNA 分子上正在进行 DNA 合成的区域，呈分叉状的“Y”形结构。在复制叉处 DNA 聚合酶以两条相互分离的亲本链为模板合成两条新的子链。复制叉沿着 DNA 分子向两个相反的方向移动，绝大多数生物体内的 DNA 复制都是以双向等速的方式进行的。

原核生物的染色体只有一个复制子。很多噬菌体和病毒的 DNA 分子都是环状的，它们作为单个复制子完成复制。大肠杆菌的环状双链 DNA 分子复制到一半时的形状看起来像希腊字母“θ”，因此又称 θ 型复制(图 9-4)。少数 DNA 分子进行的是单向复制，只有一个复制叉。

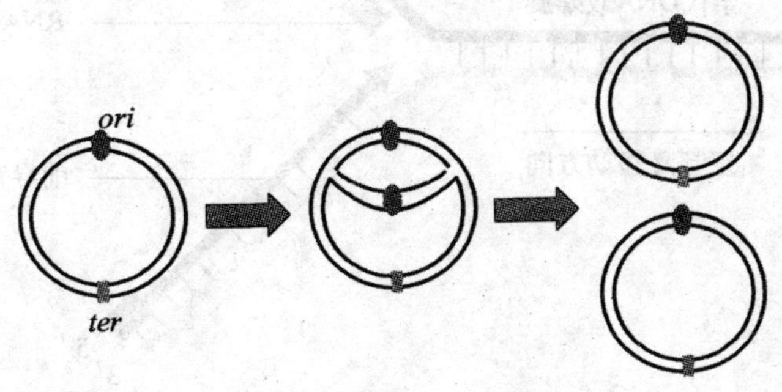

图 9-4　“e”形复制模型

真核生物染色体的复制可以从多个位点开始，有多个复制起始点，因此是多复制子。一个典型的哺乳动物细胞有 50 000～500 000 个复制子，复制子的长度为 40～200 kb。正在复制的真核生物基因组 DNA 分子上会形成许多复制泡。随着复制叉沿着 DNA 分子向两个方向移动，复制泡不断变大，最终，两个相邻复制泡的复制叉会相遇、融合，完成 DNA 的复制（图 9-5）。真核生物的复制子不是同时、同步起作用的，也就是说，在一定的时间内，只有一部分复制子（大约不超过 15%）在进行复制过程。

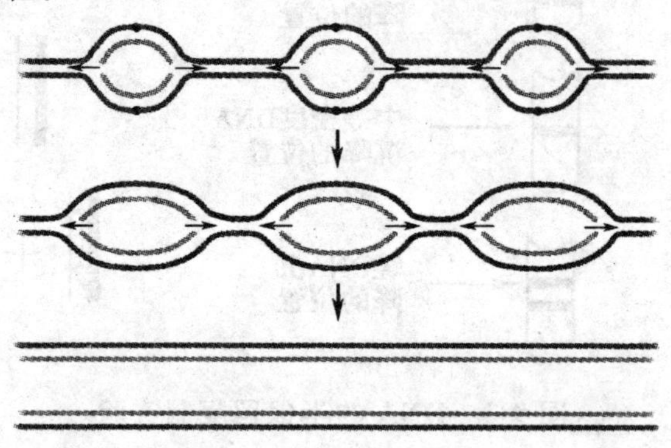

图 9-5　真核生物 DNA 的多个复制叉结构

3. 半不连续复制

DNA 双螺旋的两股链是反向平行的，复制时 DNA 的两股链均作为模板，分别合成两股子代 DNA 链。因为 DNA 合成的方向只能是 5′→3′，所以在复制时，一股子代 DNA 链的合成方向和复制叉的移动方向相同，可以连续复制，这股新合成的链称为前导链；而另一股子代 DNA 链的合成方向与复制叉的移动方向相反，不能连续复制，只能分段分别合成，然后连接起来，称之为后随链。后随链首先合成的是不连续的短 DNA 片段，这种片段称为冈崎片段。前导链连续复制而后随链不连续复制，称为 DNA 的半不连续复制（图 9-6）。

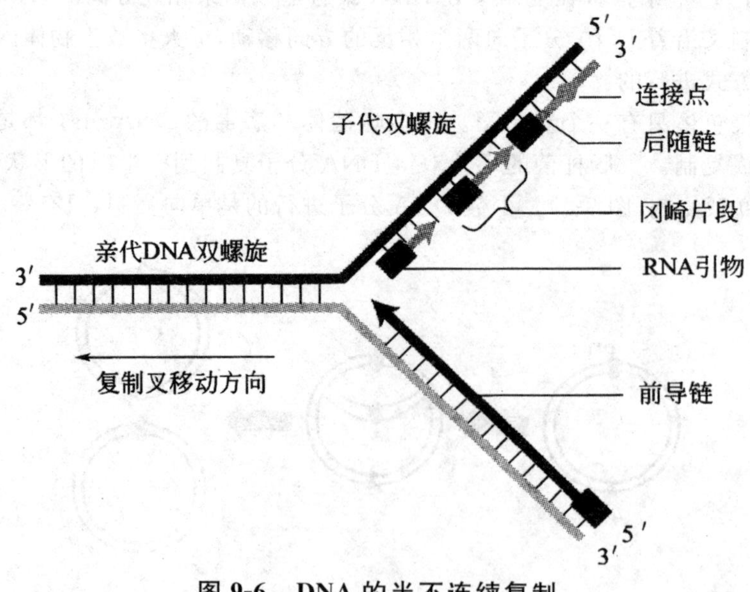

图 9-6　DNA 的半不连续复制

4. 高保真性复制

DNA 复制的半保留性使子代细胞得到和亲代细胞相一致的遗传物质,称为高保真性复制。确保 DNA 复制的半保留性就是确保 DNA 复制的高保真性,这至少需要依赖 3 种机制:①遵守严格的碱基配对规律;②DNA 聚合酶在复制延长中对碱基的选择功能,即 DNA 聚合酶在复制延长中能正确选择底物核苷酸,使之与模板核苷酸配对;③DNA 聚合酶在复制出错时的即时校读功能,即复制偶尔出错时可通过 DNA 聚合酶的 3′→5′外切作用切除错配的核苷酸,掺入正确的核苷酸。

9.1.2　DNA 复制体系

DNA 复制是一个非常复杂的生物合成过程,涉及多种生物分子。除需亲代 DNA 分子为模板外,还需要四种脱氧核苷三磷酸(dNTP)为底物,以及提供 3′-OH 末端的引物。此外还需要许多相关酶和蛋白因子的参与,其中部分酶和蛋白质结合在一起,协同动作,构成复制体(replisome)。原核生物和真核生物 DNA 复制均涉及 DNA 聚合酶、DNA 拓扑异构酶、解旋酶、单链 DNA 结合蛋白、引发酶及 DNA 连接酶等酶和蛋白质的参与。

1. DNA 聚合酶

DNA 聚合酶又称为依赖 DNA 的 DNA 聚合酶。1957 年,Kornberg 首次在大肠杆菌中发现 DNA 聚合酶 I。此后,在原核生物和真核生物中相继发现了多种 DNA 聚合酶。这些 DNA 聚合酶的共同性质是:①需要 DNA 模板;②需要 RNA 或 DNA 作为引物,即 DNA 聚合酶不能从头催化 DNA 的合成;③催化反应具有方向性,催化 dNTP 加到引物的 3′-OH 末端,因而 DNA 合成的方向 5′→3′;④属于多功能酶,有三种催化活性,分别在 DNA 复制和修复过程的不同阶段发挥作用(图 9-7)。

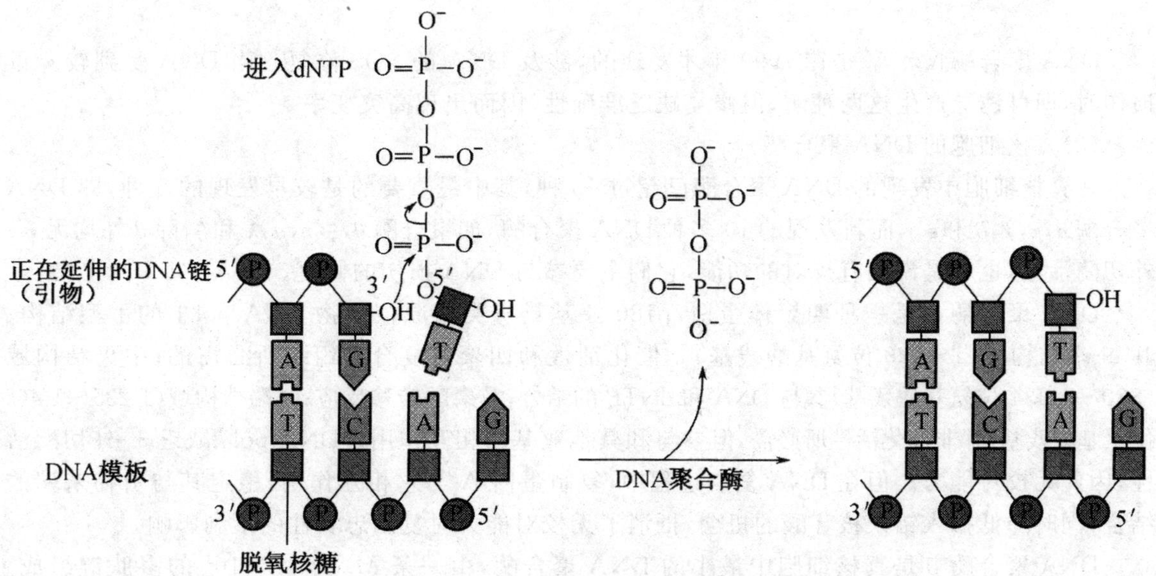

图 9-7　DNA 聚合酶的聚合作用

(1)原核细胞的DNA聚合酶

目前已发现的大肠杆菌DNA聚合酶有五种,目前对DNA聚合酶Ⅰ、Ⅱ、Ⅲ研究比较明确。

DNA聚合酶Ⅰ是由Kornberg于1956年发现的一种多功能酶,它有5′→3′外切酶、3′→5′外切酶、5′→3′聚合酶活性中心三个不同的活性中心。用枯草杆菌蛋白酶水解DNA聚合酶I可以得到两个片段。其中大片段称为Klenow片段,含3′→5′外切酶活性中心和5′→3′聚合酶活性中心(常用于合成cDNA第二股链、标记双链DNA3′端);小片段含5′→3′外切酶活性中心。DNA聚合酶Ⅰ活性低,主要功能不是催化DNA复制合成,而是在复制过程中切除引物,填补缺口。此外,DNA聚合酶Ⅰ还参与DNA修复。

DNA聚合酶Ⅱ是一种多酶复合体,有5′→3′聚合酶活性中心和3′→5′外切酶活性中心,但没有5′→3′外切酶活性中心。DNA聚合酶Ⅱ的功能可能是参与DNA修复。

DNA聚合酶Ⅲ是一种多美复合体,由α、β、γ、δ、δ'、ε、θ、τ、χ和ψ共十种亚基构成,其中α、ε和θ亚甲基构成了全酶的中心。α亚基含5′→3′聚合酶活性中心,ε亚基含3′→5′外切酶活性中心,θ亚基可能起装配作用,其他亚基各有不同作用。DNA聚合酶Ⅲ活性最高,是催化DNA复制合成的主要酶。表9-1所示为大肠杆菌DNA聚合酶的性质。

表9-1 大肠杆菌DNA聚合酶的性质

特性	DNA合酶Ⅰ	DNA合酶Ⅱ	DNA合酶Ⅲ
5′→3′聚合作用	+	+	+
3′→5′外切酶活性	+	+	+
5′→3′外切酶活性	+	—	—
体外实验链延伸速率/(bp/s)	16~20	2~5	250~1000
每个细胞的分子数	约400	100	10~20

DNA聚合酶Ⅳ和Ⅴ是在1999年才发现的,涉及DNA的SOS修复。当DNA受到较严重损伤时,即可诱导产生这两种酶,但修复缺乏准确性,因而出现高突变率。

(2)真核细胞的DNA聚合酶

在真核细胞中发现的DNA聚合酶已超过15种,其中最重要的是较早发现的5种,即DNA聚合酶α,β,γ,δ和ε。而新发现的10多种DNA聚合酶,如聚合酶θ,ξ,η,μ,λ和ξ,除θ外均无3′-外切酶活性,也就是说没有校对的功能,它们主要参与DNA损伤的修复。

DNA聚合酶α是一种四聚体蛋白,p180亚基具有类似原核生物DNA polⅠ的手型结构。其N-端结构域(1~329位氨基酸残基)是催化活性和四聚体复合物组装所必需的;中央结构域(330~1 234位氨基酸残基)参与DNA和dNTP的结合,及磷酸转移反应;C-端结构域(1 235~1 465位氨基酸残基)并非催化活性所必需,但参与和其他亚基的相互作用。DNA polα缺乏3′-外切酶活性,因此无校对能力。但在DNA复制过程中,复制蛋白A与它相互作用,稳定其与引物末端的结合,同时降低掺入错误核苷酸的机会,抵消了无校对能力对复制忠实性的不利影响。

DNA聚合酶β是真核细胞中最小的DNA聚合酶,由一条M_r为39×10^3的多肽链组成。其N-端较小的结构域可与单链DNA结合,且具有5′-脱氧核糖磷酸酶的活性,C-端较大的结构域具有聚合酶的活性。DNA polβ 参与 DNA 损伤的修复，能够填补 DNA 链上的短缺口。

DNA 聚合酶 γ 是一种异源二聚体蛋白，位于线粒体基质，负责线粒体 DNA 的复制和损伤修复。其大亚基具有催化活性，小亚基为辅助亚基，能激活大亚基的催化活性。除了聚合酶活性以外，DNA polγ 还具有 3′-外切酶和 5′-脱氧核糖磷酸酶活性。

DNA 聚合酶 δ 由 3～5 个亚基组成，如哺乳动物的聚合酶 δ 由 p125，p66，p50 和 p12 四个亚基组成。

DNA 聚合酶 ε 由四个亚基组成，人类的 DNA polε 的四个亚基分别是 p261，p59，p17 和 p12。DNApolδ 和 ε 都有 3′-外切酶活性，因此具有校对能力。遗传分析表明，如果基因突变使聚合酶 δ 和 ε 的 3′-外切酶活性降低，可导致生物体突变率的增加。如果转基因小鼠的 DNA 聚合酶丧失 3′-外切酶的活性，则在 12 个月内对肿瘤的易感性显著增强。

如表 9-2 所示为上述五种真核生物的 DNA 聚合酶。

表 9-2　真核生物的 DNA 聚合酶

DNA 聚合酶的类型	α(Ⅰ)①	β(Ⅳ)	γ(M)	δ(Ⅲ)	ε(Ⅱ)
相对分子质量(×10^3)	100～220	45	60	122	
亚基数	4	1	2	3～5	4
聚合酶活性 5′→3′	+	+	+	+	+
外切(校正)酶活性 3′→5′	−	−	+	+	+
引物(合成)酶活性	+	−	−	−	−
持续合成能力	中	高	高	有 PCNA 时高	高
对抑制剂敏感	蚜肠霉素	双脱氧 TTP	双脱氧 TTP	蚜肠霉素	蚜肠霉素
细胞定位	核	核	线粒体	核	核

注：①括弧外是 SV40 病毒 DNA 聚合酶的名称，括弧内是酵母相应 DNA 聚合酶的名称。

2. DNA 拓扑异构酶

复制过程中，DNA 双螺旋的解旋使复制叉前面获得巨大的张力而产生正超螺旋，如果不释放这种张力，复制将无法继续进行。DNA 拓扑异构酶则能够帮助消除这一张力。DNA 拓扑异构酶含 2 个亚基，可以将 DNA 双链切开一个口子，使一条链旋转一周，然后再将其共价连接，从而消除其张力。可见，DNA 拓扑异构酶的作用是调节 DNA 的拓扑结构，促进 DNA 和蛋白质相互作用(图 9-8)。

大肠杆菌中有两类拓扑异构酶，即Ⅰ型拓扑异构酶和Ⅱ型拓扑异构酶。其中，DNA 拓扑异构酶Ⅰ，只对双链 DNA 中的一条链进行切割，产生切口(nick)，每次切割只能去除一个超螺旋，此过程不需要能量；DNA 拓扑异构酶Ⅱ，可以对 DNA 双链的二条链同时进行切割，每次切割可以去除两个超螺旋，需要 ATP 提供能量。

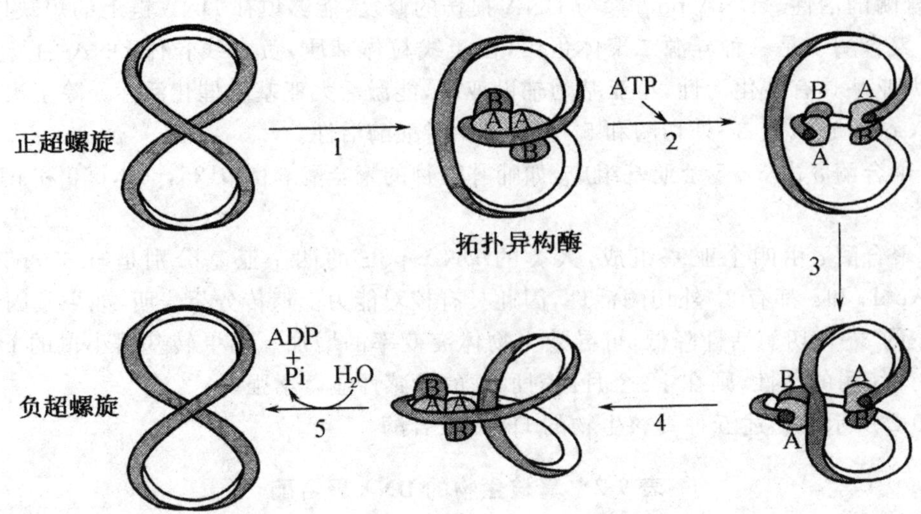

图 9-8 DNA 拓扑异构酶

3. 解旋酶

大多数 DNA 以双螺旋的形式存在于生物体内外。如果要进行复制、修复、重组等,DNA 两条互补链涉及部分必须分开形成单链 DNA 中间体,即解旋。催化解链的过程就是由 DNA 解旋酶进行的。

解螺旋酶是一个至少有两个 DNA 结合位点的寡聚体,它具有 ATP 酶的活性,可以利用 ATP 水解获得的能量打断互补碱基配对的氢键,以 500～1 000 bp/s 的速率沿 DNA 链解旋 DNA 双螺旋。目前在 *E. coli* 细胞中至少发现了 14 种 DNA 解螺旋酶。其中第一个即为 rep 解螺旋酶(Dna B),对其解螺旋的活性有了较为肯定的认识。

4. 单链 DNA 结合蛋白

DNA 解链后,仍有回复双螺旋结构的倾向。单链 DNA 结合蛋白(SSB)能与双链 DNA 解开形成的两条单链 DNA 分别结合,防止单链 DNA 重新形成双螺旋,并保护它们不受核酸酶水解。*E. coli* 中的 SSB 为四聚体,对单链 DNA 具有很高的亲和性,但对双链 DNA 和 RNA 没有亲和力。当 DNA 聚合酶向前推进时,单链 DNA 结合蛋白就脱离 DNA 单链,使之作为模板,DNA 复制得以进行,所以 SSB 不会沿着复制叉向前移动,而是不断与模板结合、脱离,反复发挥作用。

5. 引发酶

引物合成酶亦称引发酶,此酶以 DNA 为模板合成一段 RNA,这段 RNA 作为合成 DNA 的引物。催化引物 RNA 合成的酶对利福平不敏感,而且在一定程度上可用脱氧核糖核苷酸代替核糖核苷酸作为底物,与经典的 RNA 聚合酶不同。大肠杆菌的引物酶为一条单链多肽,相对分子质量为 60 000。引发酶只有与其他蛋白形成引发体时才有活性。

6. DNA 连接酶

在细胞内存在一种酶,它能在 DNA 复制过程中催化链的两个末端之间形成共价连接,这个酶就是 DNA 连接酶。

DNA 连接酶能在 ATP 或 NAD 作为能源的基础上,催化双链 DNA 切口处的 5′-磷酸基和 3′-羟基生成磷酸二酯键,从而连接两条链。不过,DNA 连接酶不能连接两个分子单链的 DNA,只能作用于双链 DNA 分子中一条链上缺口的两个相邻末端。

连接反应消耗高能化合物,原核生物消耗 NAD^+。DNA 连接酶的催化机制如图 9-9 所示。

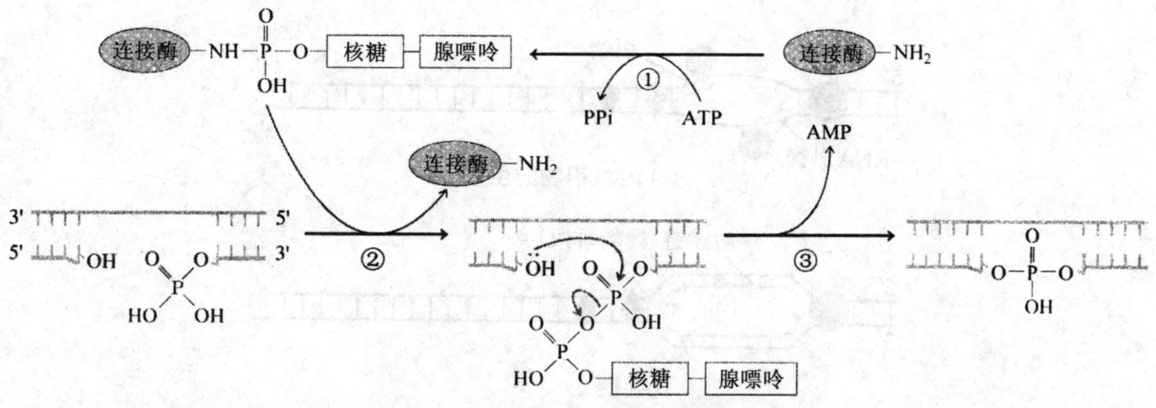

图 9-9　DNA 连接酶的催化机制

①DNA 连接酶与 NAD^+ 或 ATP 反应,形成 DNA 连接酶-AMP,其中 AMP 的磷酸基与活性中心赖氨酸的 ε-氨基结合;②DNA 连接酶-AMP 将 AMP 转移给切口处的 5′-磷酸基,形成 AMP-DNA,将切口处的 5′-磷酸基活化;③切口处的 3′-羟基对活化的 5′-磷酸基进行亲核攻击,形成 3′,5′-磷酸二酯键,同时释放 AMP

DNA 连接酶的作用有如下特点:第一,只能连接 DNA 链上的缺口,而不能连接空隙或称裂口。缺口指 DNA 某一条链上两个相邻核苷酸之间的磷酸二酯键破坏所形成的单链断裂;裂口指 DNA 某一条链上失去一个或数个核苷酸所形成的单链断裂。第二,只能连接碱基互补基础上双链中的单链缺口,而对单独存在的 DNA 单链或 RNA 单链没有连接作用。第三,如果 DNA 两股都有单链缺口,只要缺口前后的碱基互补,也可由连接酶连接。

9.2　原核生物的 DNA 生物合成过程

原核生物双链 DNA 的复制是一个复杂的过程,它包括起始、延伸、终止 3 个阶段。每个阶段的反应和参与作用的酶与辅助因子各不相同。*E. coli* DNA 的复制过程如图 9-10 所示。

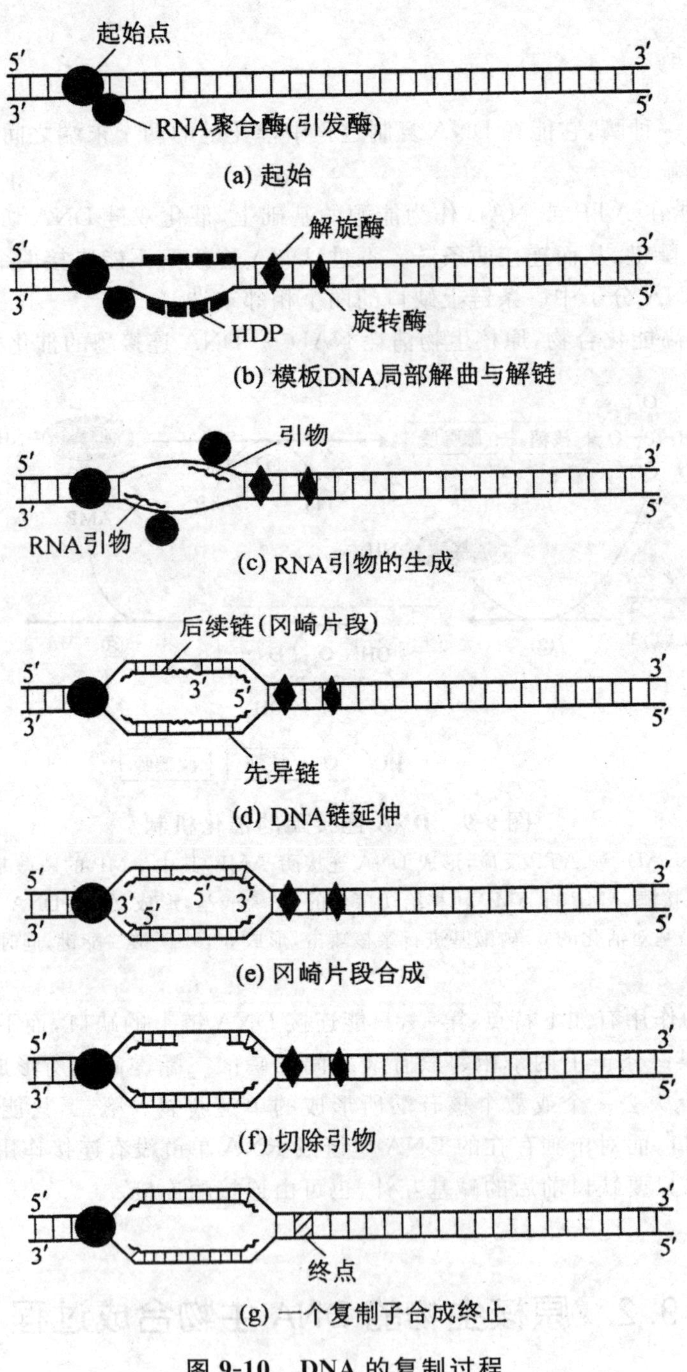

图 9-10 DNA 的复制过程

9.2.1 DNA 复制的起始

复制的起始是较为复杂的一个部分，在这个阶段，DNA 双链解开形成复制叉，然后多种蛋白质参与组成引发体，并合成引物。该阶段需要多种酶和蛋白质，具体包括三个方面的内容：对起始位点的识别、DNA 双螺旋的解开和引物的合成。

1. 识别起始位点

DNA 合成不是从模板的任意部位开始,而是从特定的位点开始的,引发酶识别并结合模板的起始位点,开始引物的合成。*E. coli* 的复制起点称为 ori C,由 256 个碱基对构成,其序列和控制元件在细菌复制起点中十分保守。

2. DNA 双螺旋的解开

识别 DNA 起点的蛋白质与 DNA 结合后,DNA 拓扑异构酶和解旋酶与 DNA 结合,它们松弛 DNA 超螺旋结构,解开一小段双链形成复制叉。为了使解链后的 DNA 单链不再重新生成螺旋,需要有单链结合蛋白参与,单链结合蛋白使解旋后的两条 DNA 链稳定。

3. RNA 引物的合成

在 DNA 复制的起始处双链解开,领头链先引发开始合成 RNA 引物,与其模板形成双链结构。引物合成需要引发酶与引发前体结合形成引发体。引发体在复制叉上移动,识别合成的起始点,引发 RNA 引物的合成。移动和引发均需要由 ATP 提供能量。以 DNA 为模板按 5′→3′的方向,合成一段引物 RNA 链。引物长度约为几个至十几个核苷酸。在引物的 5′端含 3 个磷酸残基,3′端为游离的羟基。

9.2.2 DNA 复制的延伸

复制的延伸阶段主要依靠 DNA 聚合酶Ⅲ起作用。DNA 聚合酶Ⅲ把新生链的第一个核苷酸加到 RNA 引物的 3′羟基上,按照碱基互补配对原则,开始新生链的延伸合成过程。DNA 复制的延伸阶段合成前导链和后随链(图 9-11)。

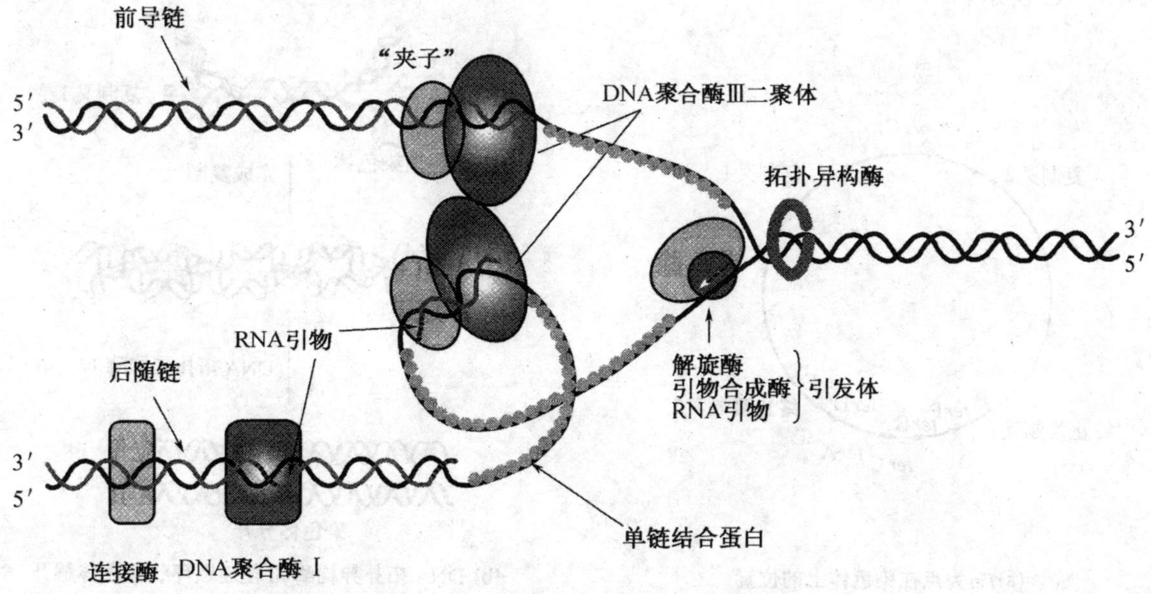

图 9-11 原核生物的 DNA 复制延长

我们知道，DNA 双螺旋的互补双链是反向平行的，并且 3 种 DNA 聚合酶也只有 5′→3′聚合酶的功能，故而，一条 DNA 链的合成是连续的，而另一条则是不连续的，并为日本学者冈崎用放射性实验所证实。所以从整个 DNA 分子水平来看，DNA 两条新链的合成方向是相反的，但都是从 5′→3′方向延伸。

前导链(leading strand)是从 5′→3′方向延伸的链，它是连续合成的。在前导链上，DNA 引物酶只在起始点合成一次引物 RNA，DNA 聚合酶Ⅲ就可开始进行 DNA 的合成。

后随链(lagging strand)是沿 5′→3′方向合成一些片段，然后由 DNA 连接酶连接起来，成为一条完整的链。它是分段合成的。在后随链上，每个冈崎片段的复制都需要先合成一段引物 RNA，然后 DNA 聚合酶Ⅲ才能进行 DNA 的合成。

9.2.3 复制的终止

细菌基因组的复制是从单一位点双向进行的，两个复制叉在复制终止区相遇。大肠杆菌的复制终止区域位于环状染色体上与复制起点相对的一侧。在这一区域存在若干个终止位点(*Ter*)，它们按照特定的方向排列在染色体上，制造了一个复制叉"陷阱"。复制叉可以进入该区域，但不能出去，原因是 *Ter* 位点只在一个方向上发挥作用。当序列特异性 DNA 结合蛋白 Tus (terminus utilization substance)与终止位点结合后，只阻止沿一个方向前进的复制叉，而对沿另一个方向前进的复制叉不起作用。例如，*Ter*B 只阻断沿顺时针方向移动的复制叉，*Ter*A 只阻止沿逆时针方向移动的复制叉。当复制叉在终止位点相遇时，DNA 的复制就停止了。那些位于终止区尚未复制的序列会在两条亲本链分开以后，通过修复合成的方式填补。复制结束时，两个环状子代 DNA 分子以链环体的形式套在一起。在细胞分裂之前，环套在一起的两个 DNA 分子必须分开，然后被分配给两个子细胞。在大肠杆菌细胞中，连环体的拆分由拓扑异构酶Ⅳ完成。拓扑异构酶Ⅳ实际上是一种Ⅱ型的拓扑异构酶，其作用方式类似于旋转酶。*E. coli* 的终止方式如图 9-12 所示。

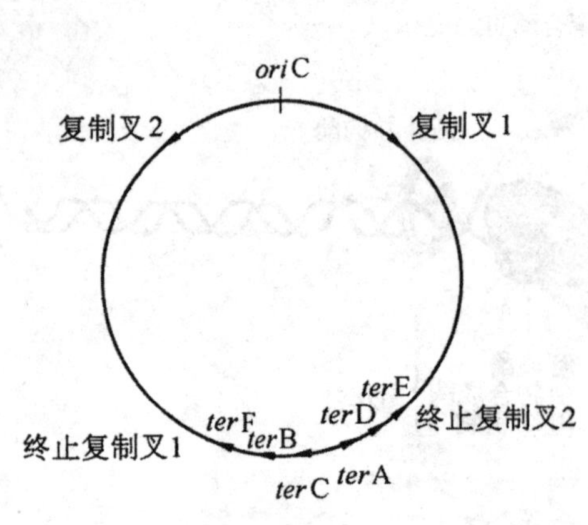

(a)*Ter*为点在染色体上的位置

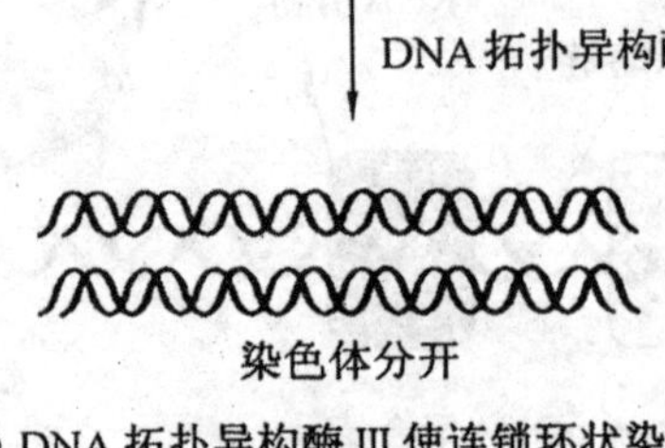

(b) DNA 拓扑异构酶Ⅲ使连锁环状染色体解开

图 9-12 *E. coli* 染色体的复制的终止

9.3　真核生物的 DNA 生物合成过程

真核生物的细胞在分裂之前,它们的染色质已经进行了复制。真核细胞的染色质是由 DNA 和蛋白质组成的纤维状复合物。真核生物基因组 DNA 不仅非常长,而且还形成了紧密的 DNA-蛋白质复合物,因此真核生物 DNA 在复制过程中需要多种酶和调节蛋白参与。人们对酵母、哺乳动物基因组 DNA 的复制进行了广泛的研究,取得了许多有意义的进展。

真核生物与原核生物 DNA 复制的异同:相同的是在复制原点处都需要双链 DNA 的解旋,在 DNA 聚合酶作用下双向合成 DNA,DNA 复制采取半保留复制方式,DNA 的复制具有半不连续性;都需要多种蛋白质和酶参加等;不同的是真核生物基因组 DNA 的存在形式具有特殊性,故复制过程比原核生物复杂得多。

真核生物的 DNA 复制也包括起始、延伸和终止三个阶段。真核细胞线性染色体末端通过修饰来防止 DNA 在复制中丢失。

9.3.1　DNA 复制的起始

真核细胞 DNA 复制的起始过程与原核细胞相似,但详细机制尚不清楚。第一,在结构上,真核细胞 DNA 有多个复制起始点,而且复制起始点的特殊序列比大肠杆菌的 *Ori*C 短,同时需要克服核小体和染色质结构对 DNA 复制的障碍。第二,真核细胞的 DNA 复制起始具有时序性。细胞分裂的时相变化称为细胞周期典型的细胞周期分为 G_1 期、S 期、G_2 期和 M 期。真核生物在细胞周期的 S 期合成 DNA。已发现,转录活性高的 DNA 在 S 期的早期进行复制,高度重复序列 DNA 则在 S 期的晚期进行复制。第三,细胞周期蛋白和细胞周期蛋白依赖激酶(CDK)精确地调节细胞是否进入 S 期以及 DNA 复制起始复合物的活性。第四,复制的起始需要具有引物酶活性的 DNA polα 和具有解旋酶活性的 DNA polδ 参与。PCNA 在复制和延长中起关键作用。

真核生物复制的起始分两步进行,即 ARS 的选择和复制起始点的激活。首先,在 G_1 期,由复制起始点识别复合物(ORC)的 6 个蛋白质识别并结合 ARS,只在 G_1 期合成的不稳定蛋白 Cdc6 和 ORC 结合,并允许 MCM 2～7 蛋白在 DNA 周围形成环状复合体,此时由 ORC、Cdc6 和 MCM 蛋白组装形成前复制复合物(per-RC)。但复制不能在 G_1 期启动,因为 pre-RC 只能在 S 期细胞周期蛋白依赖性激酶(CDK)磷酸化激活后才起始复制。复制起始时,Cdc6 和 MCM 蛋白被替代,Cdc6 蛋白的快速降解可阻止复制的重新起始(图 9-13)。

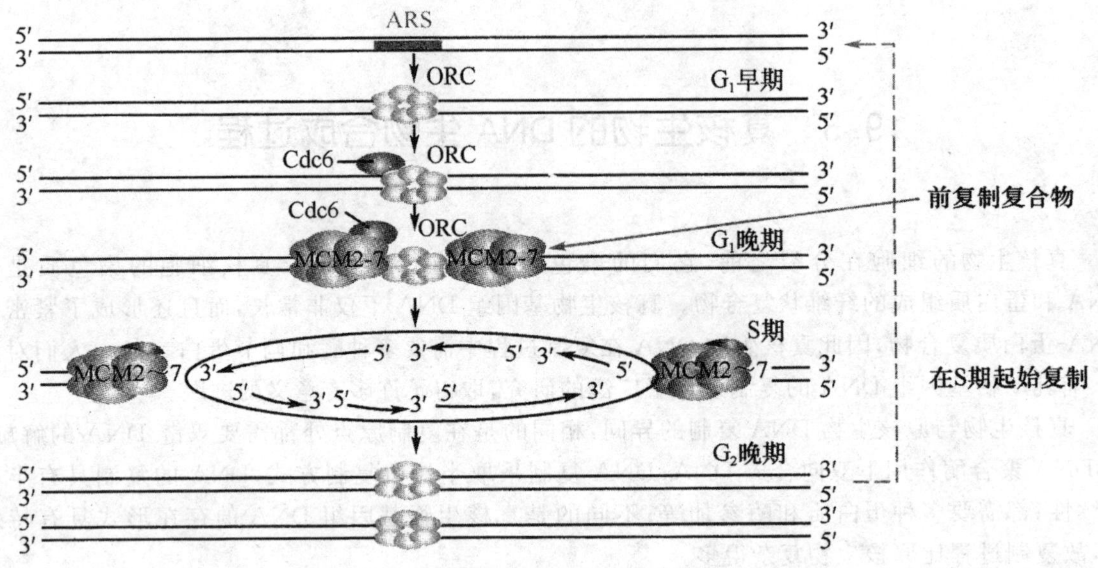

图 9-13 前复制复合物的形成及复制的起始

9.3.2 DNA 复制的延长

真核生物在复制叉和引物生成后，DNA polδ 在 PCNA 的协同作用下，在 RNA 引物的 3′-OH 上连续合成前导链。后随链的冈崎片段也由 DNA polδ 酶催化合成。已经证明，真核生物的冈崎片段的长度大致与核小体的大小(135 bp)或其倍数相当。当随链合成至核小体大小时，DNA polδ 酶脱落，而由 DNA polα 再引发下一个引物的合成。当引物合成后，DNA polδ 继续催化新的冈崎片段合成。与原核生物不同的是，真核生物 DNA 复制时的引物既可是 RNA 也可以是 DNA。

9.3.3 DNA 复制的终止

真核生物染色体 DNA 是线性结构，复制子内部冈崎片段的连接及复制子之间的连接均可在线性 DNA 内部完成。但问题是染色体两端新链的 RNA 引物被去除后留下的空隙如何填补？如果产生的 DNA 单链不填补成双链，就易被核内 DNase 水解，造成子代染色体末端缩短(图 9-14)，这就是所谓的“线性染色体末端问题”。

事实上，大多数真核生物染色体在正常生理状况下复制，是可以保持其应有长度的，这是因为染色体的末端有一特殊结构可维持染色体的稳定性，将这种真核生物染色体线性 DNA 分子末端的特殊结构称为端粒。形态学上，染色体末端膨大成粒状，DNA 和它的结合蛋白紧密结合时，形成像两顶帽子盖在染色体两端，故有时又称之为“端粒帽”(图 9-15)。端粒可防止染色体间末端连接，并可补偿 DNA 5′末端去除 RNA 引物后造成的空缺，可见端粒对维持染色体的稳定性及 DNA 复制的完整性起重要作用。端粒由 DNA 和蛋白质组成，DNA 测序发现端粒的共同结构是富含 T、G 的重复序列。例如，人的端粒 DNA 含有 TTAGGG 重复序列。端粒重复序列的重复次数由几十到数千不等，并能反折成二级结构。

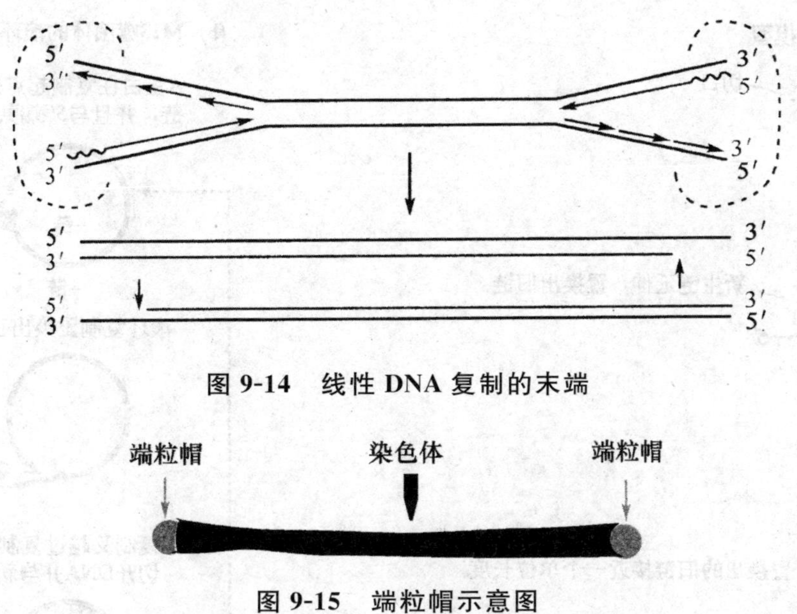

图 9-14　线性 DNA 复制的末端

图 9-15　端粒帽示意图

9.4　其他复制方式和 DNA 的逆转录合成

9.4.1　其他复制方式

1. 滚环复制

细菌环状 DNA 复制是从复制起点开始，双向同时进行，形成 θ 样中间物，故又称“θ”形复制，最后两个复制方向相遇而终止复制。一些简单的环状 DNA 如质粒、病毒 DNA 或 F 因子经接合作用转移 DNA 时，采用滚环复制。

细菌质粒 DNA 在进行滚环复制时，亲代双链 DNA 的一条链在 DNA 复制起点处被切开，5′端游离出来。DNA 聚合酶Ⅲ可以将脱氧核苷酸聚合在 3′-OH 端。这样，没有被切开的内环 DNA 可作为模板，由 DNA polⅢ在外环切口上的 3′-OH 末端开始进行聚合延伸。另外，外环的 5′端不断向外侧伸展，并且很快被单链结合蛋白所结合，作为模板指导另一条链的合成延伸。DNA 聚合酶Ⅰ切除 RNA 引物，并填充间隙构成完整的 DNA 链。但以外环链解开形成的模板，只能使相应的互补链不连续地合成。随着以内环链作模板进行的复制，以及外环单链的展开，意味着整个质粒环要不断向前滚动，最终得到两个与亲代相同的子代环状 DNA 分子(图 9-16)。

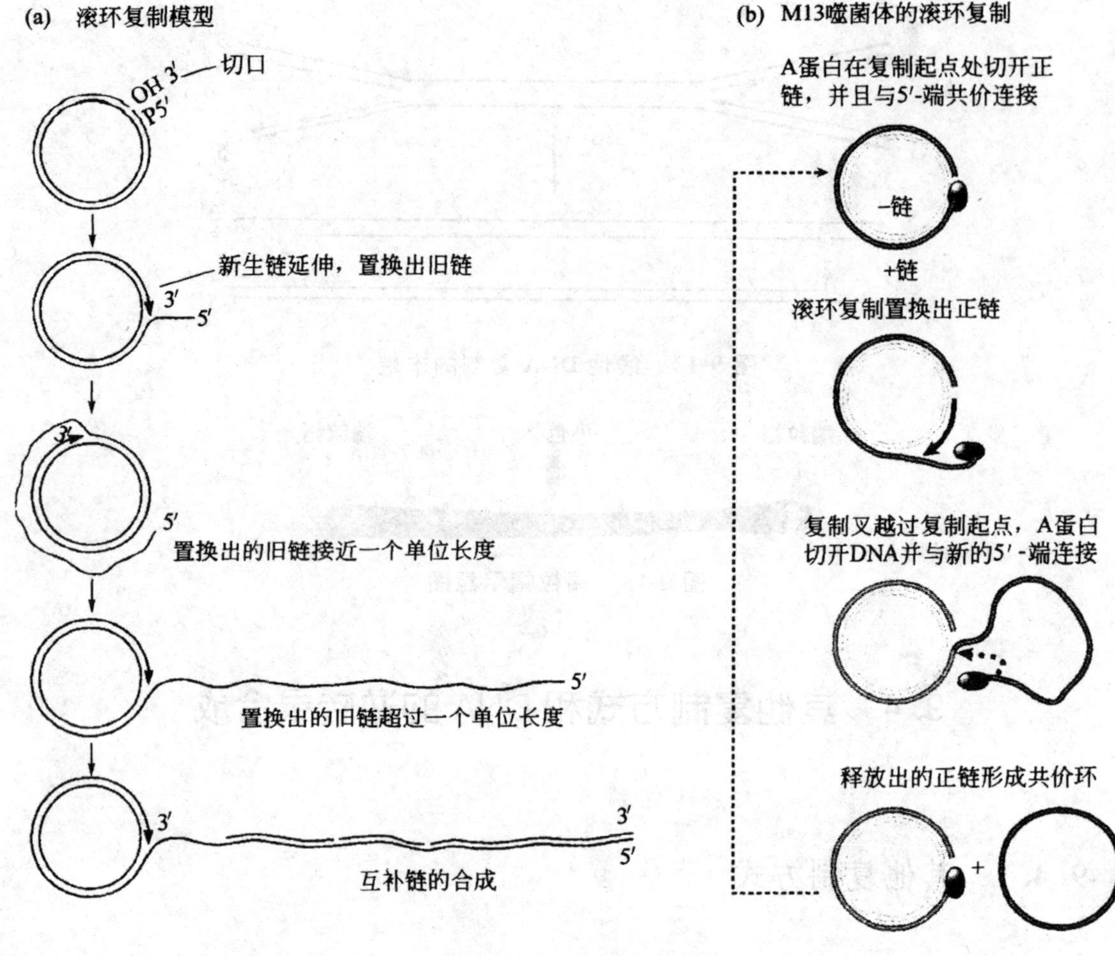

图 9-16 滚环复制

2. D-环复制

线粒体和叶绿体具有双链环状 DNA，在电镜中观察到，线粒体 DNA 的复制叉曾呈现出 D 形。在复制开始时，双链环状 DNA 在特定 ori 位点出现一个复制泡(replieative bubble)，双链解链。复制泡的亲代分子中先以负(-)链作为模板，合成一条新链，并且将亲代分子的部分正(+)链置换出来，新链与它的模板形成部分双链。这样，在线粒体 DNA 的复制过程中，出现一条单链和一条双链组成的三元泡结构，称为置换环(displacement loop)或 D 环(图 9-17)。

9.4.2 DNA 的逆转录合成

将以 RNA 为模板，以 dNTP 为原料，在逆转录酶的作用下合成 DNA 的过程称为逆转录过程。逆转录是一种特殊的 DNA 生物合成方式。

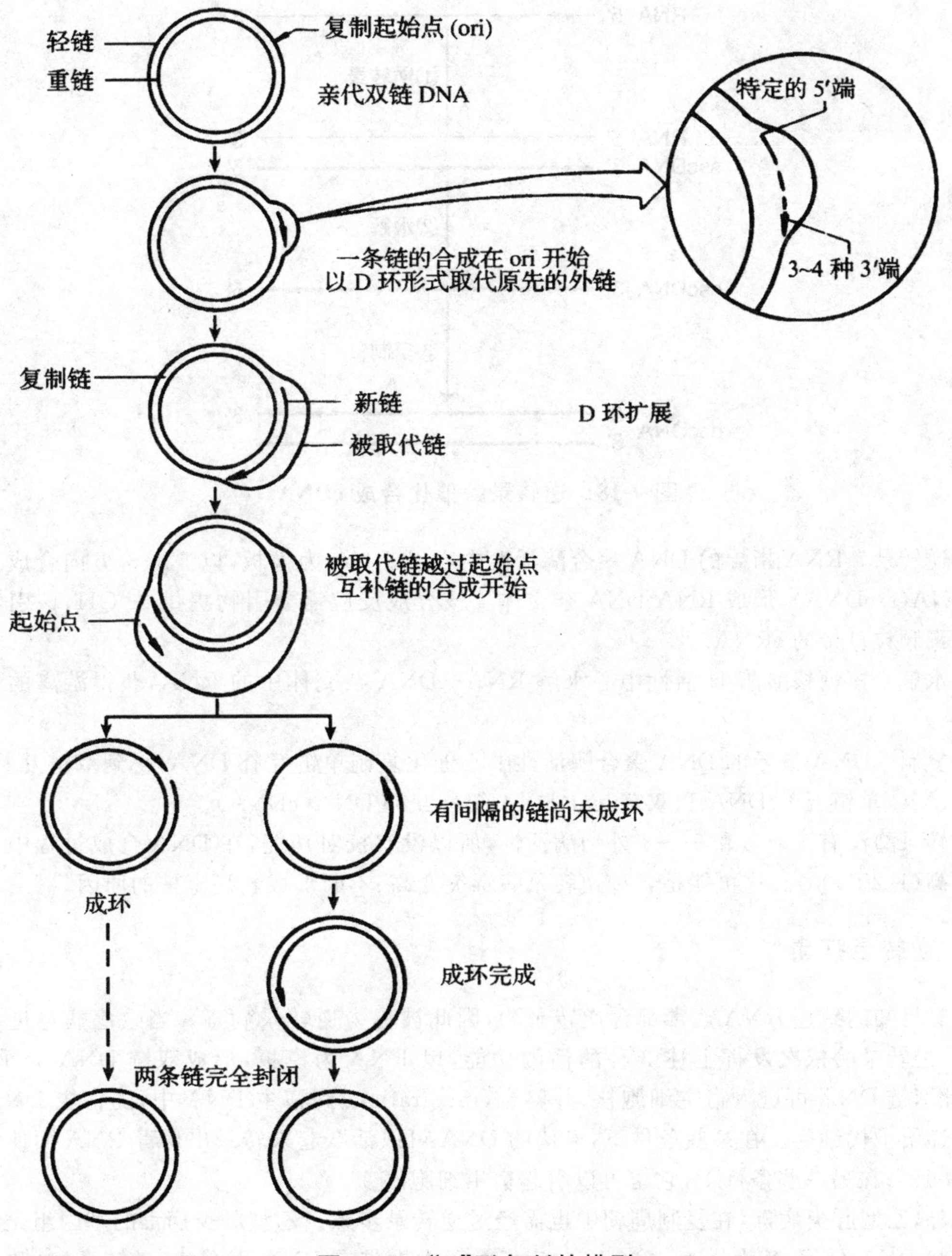

图 9-17 "D"形复制的模型

1. 逆转录酶

1970 年,Baltimore 和 Temin 发现致癌 RNA 病毒能以 RNA 为模板指导合成 DNA,所以这类病毒又称逆转录病毒。逆转录病毒的逆转录过程由逆转录酶催化进行。逆转录酶是由逆转录病毒基因编码的一种多功能酶,有三个不同的活性中心,催化三种反应(图 9-18)。

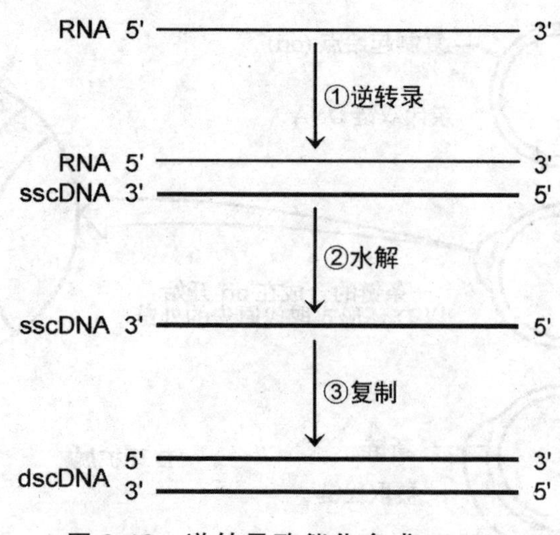

图 9-18 逆转录酶催化合成 cDNA

①逆转录。RNA 指导的 DNA 聚合酶活性中心以 RNA 为模板，以 5′→3′方向合成其单链互补 DNA(sscDNA)，形成 RNA-DNA 杂交体。该合成反应需要引物提供 3′-OH，该引物是逆转录病毒颗粒自带的 tRNA。

②水解。核糖核酸酶 H 活性中心水解 RNA—DNA 杂交体中的 RNA，获得游离的单链互补 DNA。

③复制。DNA 指导的 DNA 聚合酶活性中心催化复制单链互补 DNA，得到双链互补 DNA(dscDNA)。单链互补 DNA 和双链互补 DNA 统称互补 DNA(cDNA)。

逆转录酶没有 3′→5′和 5′→3′外切酶活性，所以没有校对功能，在 DNA 合成过程中错配率相对较高(1/20 000)。这可能是各种逆转录病毒突变高、不断形成新病毒株的原因。

2. 逆转录病毒

所有已知的致癌 RNA 病毒都含逆转录酶，因此被称为逆转录病毒。当致癌病毒进入宿主细胞后，逆转录酶依次发挥上述 3 种酶活的功能，以 RNA 为模板，形成双链 DNA 分子(前病毒)。此双链 DNA 可进入宿主细胞核，并整合(integration)到宿主 DNA 中，随宿主 DNA 一起复制传递给子代细胞。在某些条件下，潜伏的 DNA 可以活跃起来转录出病毒 RNA 而使病毒繁殖(图 9-19)；在另一些条件下，它也可以引起宿主细胞癌变。

另外，乙型肝炎病毒，在复制周朝中也需经过逆转录步骤。乙型肝炎病毒的基因组是一带缺口的环状 DNA 分子，其大小为 3200 bp。病毒粒子中携带有 DNA 聚合酶(逆转录酶)和蛋白质引物。当细胞感染乙型肝炎病毒后，基因组 DNA 的缺口即由 DNA 聚合酶填补，从而形成闭环分子，并转录产生(+)链 RNA。RNA 被组装到核壳内，在那里进行逆转录，最后加上外壳成为成熟的病毒粒子。

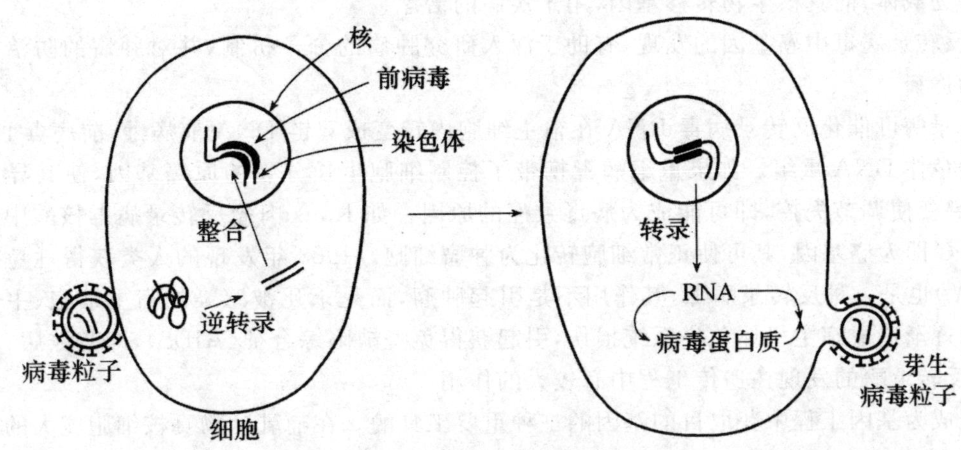

图 9-19　逆转录病毒的生活周期

3. 逆转录过程

以 mRNA 为模板进行的逆转录为例说明。逆转录过程可分为三步。首先，逆转录酶以 dNTP 为底物，以 mRNA 为模板，按 $5'\rightarrow3'$的方向，合成一条与 mRNA 模板互补的第一条 DNA 单链。这条 DNA 单链叫做互补 DNA(cDNA)，它与 mRNA 形成 RNA-DNA 杂交体。随后，在逆转录酶具有的 RNase H 酶活性的作用下，水解掉 RNA—DNA 杂交体中的 RNA 链。再以第一条单链 cDNA 为模板合成双链 cDNA。至此，完成由 RNA 指导的双链 cDNA 合成过程(图 9-20)。

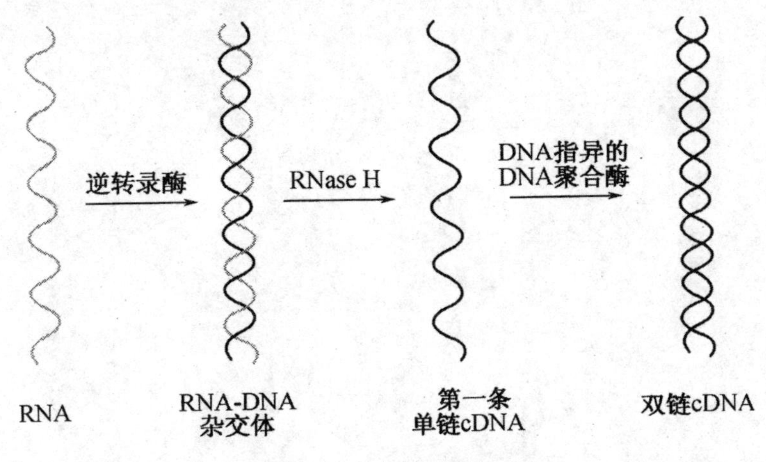

图 9-20　逆转录过程

4. 逆转录研究的意义

(1)反转录酶和反转录现象，是分子生物学领域的重大发现

反转录现象扩展了中心法则，使人们对遗传信息的流向有了新的认识，也说明 RNA 可同时兼有遗传信息传代与表达的功能。

(2)对反转录病毒的认识有利于转基因技术的发展

利用反转录病毒的基因组易于整合到宿主基因组中的机理，可采用反转录病毒或反转录相关病毒作为载体，向真核生物转移基因，用于疾病的治疗。

(3)反转录病毒中癌基因的发现，有助于深入研究肿瘤的分子机制，并对肿瘤的防治提供重要线索和途径

反转录酶可催化反转录病毒 RNA 在宿主细胞内转变成双链 DNA 前病毒，前病毒 DNA 可与宿主染色体 DNA 重组。如果重组病毒携带了控制细胞生长分裂的原癌基因，使其异常高表达，或因突变使调节失控，即可能成为病毒致癌的原因。如 Rous 肉瘤反转录病毒核酸中的一特殊片段 *srC* 即为癌基因，其可使正常细胞转化为肿瘤细胞。1983 年发现的人类获得性免疫缺陷病毒(HⅣ)也是一种反转录病毒，其作用不是引起肿瘤，而是杀死被感染的宿主细胞(主要是淋巴细胞)，逐渐造成宿主机体免疫系统损伤，引起获得免疫缺陷综合征(AIDS)，即艾滋病。

(4)反转录酶的发现在遗传工程中有较大的作用

其已成为基因工程中获取目的基因的一种重要工具酶。在哺乳动物真核细胞庞大的基因组 DNA(3×10^9 bp)中获取某一目的基因，绝非易事。而在某些情况下，对 RNA 进行提取、纯化，较为可行。获取 RNA 后，可以通过反转录方式在试管内操作，用反转录酶催化 dNTPs 在 RNA 模板指引下生成 RNA-DNA 杂化双链，用酶或碱水解除去 RNA，再以 DNA-pol Ⅰ 的大片段催化合成双链 cDNA，此 cDNA 就是编码蛋白质的基因。这种获取目的 DNA 的方法称为 cDNA 法。现已利用该方法建立了多种不同种属和细胞来源的 cDNA 文库，cDNA 文库是基因工程中获取目的基因的一种重要文库。

第 10 章　RNA 的生物合成(转录)

DNA 是遗传信息的贮存者,它通过转录生成信使 RNA,再以 RNA 为模板翻译生成蛋白质来控制生命现象。转录和翻译统称为基因表达(gene expression)。其中基因表达的核心步骤就是转录部分,是指拷贝出一条与 DNA 链序列完全相同(除了 T→U 之外)的 RNA 单链的过程。我们把与 mRNA 序列相同的 DNA 链称为编码链(coding strand)或有义链(sense strand),并把另一条根据碱基互补原则指导 mRNA 合成的 DNA 链称为模板链(template strand)或反义链(antisense strand)。

转录(transcription)离不开 RNA 聚合酶(RNA polymerase,RNA pol),RNA 聚合酶催化了转录过程。当 RNA pol 结合到基因起始处,即启动子(promoter)上时,转录开始进行。最先转录成 RNA 的一个碱基对是转录的起始点(start point)。从起始点开始,RNA pol 沿着模板链不断合成 RNA,这个过程持续到终止子结束。从启动子到终止子的一段序列称为一个转录单位。转录起始点前面的序列称为上游(upstream),后面的序列称为下游(downstream)。起始点为+1,上游的第一个核苷酸为-1,其他的依此类推。一个典型的转录单位结构如图 10-1 所示。

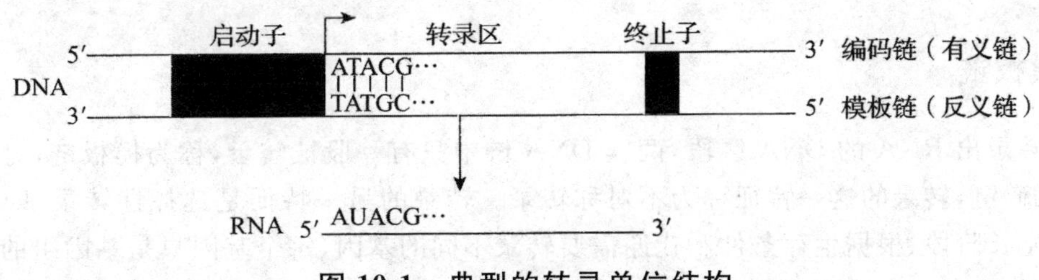

图 10-1　典型的转录单位结构

10.1　RNA 转录的基本规律与体系

10.1.1　RNA 转录的基本规律

RNA 转录为不对称转录。转录的模板是 DNA 单链。转录与复制相比是有选择性的,在细胞的不同发育时期,按生存条件和需要进行转录。在基因组的 DNA 链上,不是任何区段都可以转录,能转录出 RNA 的 DNA 区段称为结构基因。结构基因与转录起始部位、终止部位的特殊序列共同组成转录单位。在原核生物中,一个转录单位可以含有一个、几个或十几个结构基因。

在结构基因的 DNA 双链中,只有一条链可以作为模板,通常将这条能指导转录的链称为模板链与其互补的另一条链则称为编码链。在一个包含多个基因的DNA双链分子中,各个基因的模板链并不总在同一条链上,在某个基因节段以其中某一条链为模板进行转录,而在另一个基因节段上可反过来以其对应单链为模板。转录的这种选择性被称为不对称转录(图10-2)。

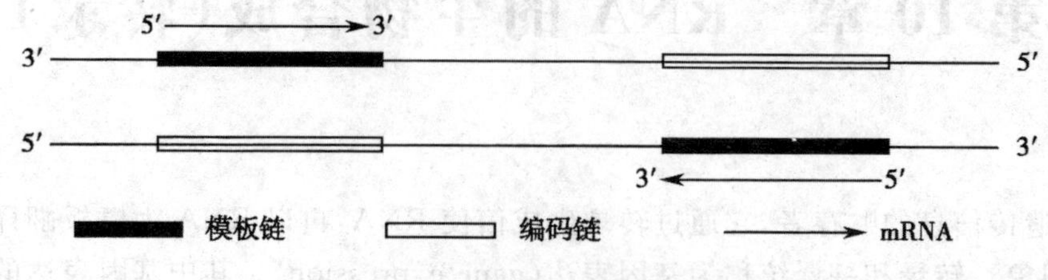

图10-2 不对称转录示意图

转录具有如下特点:

①转录方向的单向性。RNA转录合成时,是以DNA分子双链中的一股链为模板进行的,因此只能向一个方向进行聚合,RNA链的合成方向与解链方向一致为5′→3′,而模板DNA链的方向为3′→5′。

②转录的不对称性。对于某一特定基因来说,只能以DNA双链中的一条链为模板进行转录。

③转录不需要引物形成连续性。RNA聚合酶和DNA的特殊序列——启动子结合,不需要引物就能直接启动RNA的合成,且从起始位点开始转录直到终止位点为止,连续合成RNA链。

10.1.2 RNA转录体系

1. 模板链

在能转录出RNA的DNA区段,两股DNA链中只有一股被转录,称为模板链,另一股不转录,称为编码链,转录的这一特征称为不对称转录。转录的另一特征是选择性转录,即不同细胞在不同的生长阶段,根据生存条件和代谢需要转录不同的基因,每个基因只是基因组的一部分。

2. 原料

RNA聚合酶催化合成RNA是以4种核糖核苷酸(ATP、GTP、UTP和CTP)为原料,还需要Mg^{2+}、Mn^{2+}。四种单核苷酸通过3′,5′-磷酸二酯键连续聚合成RNA长链。

3. RNA聚合酶

转录是在RNA聚合酶的催化和控制下,通过碱基互补配对过程实现的。RNA生物合成的酶学过程的研究始于20世纪50年代末,在动植物和细菌中均发现了RNA聚合酶的存在。20世纪60年代末期,人们便通过SDS-PAGE电泳的方法确定了*E. coli* RNA聚合酶的多肽组成。目前RNA聚合酶的研究发展比较完善,资料也很详细。原核生物与真核生物RNA聚合酶的晶体结构均已获得。

(1)原核生物的RNA聚合酶

目前对原核生物尤其是对大肠杆菌的RNA聚合酶研究比较清楚。大肠杆菌只有一种

RNA 聚合酶，由 α_2、β 和 β' 亚基组成核心酶，其中的 α 亚基是装配核心酶所必需的，而 β 和 β' 亚基则组成酶的催化中心，负责转录延伸。σ 因子对于转录的正确起始是必需的。因此核心酶加上 σ 因子称为全酶。在一个大肠杆菌菌体中，大约有 7 000 个的 RNA 聚合酶，在任何时刻都有 2 000～5 000 个酶分子在合成 RNA，具体数目与细菌的生长状态有关。在生长旺盛时期，参与 RNA 合成的分子较多。大肠杆菌的 RNA 聚合酶合成 RNA 的速度比 DNA 复制速率(每秒 800 碱基对)要慢，在 37℃时约为每秒 40 个核苷酸，需有 Mg^{2+} 激活。大概和蛋白质的翻译速率(15 个氨基酸/每秒)相当。

在转录过程中，RNA 聚合酶还需要与其他蛋白质辅助因子共同作用，才能保证转录的顺利进行，如转录终止时的终止因子和抗终止因子。σ 亚基实际上也可以是一种辅助因子，只是习惯上将其看作是 RNA 聚合酶的一个亚基。转录在延伸过程中同样需要蛋白质辅助因子的参与。所有参加延伸的 RNA 聚合酶亚基都是起始和终止转录所必需的。但在转录起始和终止阶段，不同转录单位对其他肽链的依赖性有所不同。在这些肽链中，有一些是转录所有基因都需要的，而另一些只是在转录某些基因的起始和终止阶段才特别需要。

(2)真核生物的 RNA 聚合酶

1969 年，Robert Roeder 和 William Rutter 利用 DEAE-葡聚糖离子交换层析的方法对真核细胞内的 RNA 聚合酶进行了分离，如图 10-3 所示。发现在真核生物细胞中，共有三类 RNA 聚合酶：RNA 聚合酶Ⅰ、RNA 聚合酶Ⅱ和 RNA 聚合酶Ⅲ，分别负责三类基因的转录。

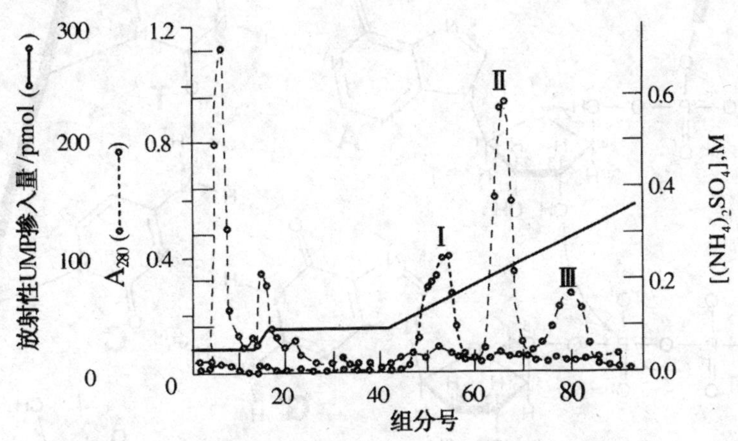

图 10-3　真核生物 RNA 聚合酶的分离(Weaver,2005)

……为 280 nm 处蛋白的光吸收；——为 RNA 聚合酶的活性

(根据将 UMP 掺入 RNA 的能力测定)

在细胞核中，RNA 聚合酶Ⅰ存在于核仁，活性所占比例最大，负责大多数 rRNA 前体的合成。因为 rRNA 占总 RNA 的比例最大，所以 RNA 聚合酶Ⅰ负责了细胞内大部分 RNA 的转录。RNA 聚合酶Ⅱ存在于核质，活性所占比例次于 RNA 聚合酶Ⅰ，负责 mRNA 的前体即核内不均一 RNA 和一些核内小 RNA 的合成。RNA 聚合酶Ⅲ也存在于核质中，活性所占比例最小，负责 5S rRNA 前体、tRNA 前体、一些 snRNA 以及 *Alu* 序列的合成。

真核生物的 RNA 聚合酶的分子质量很大，在 500 kDa 或以上，由 8～14 个亚基组成。经过纯化的 RNA 聚合酶具有以 DNA 为模板合成 RNA 的能力，但不能正确地选择启动子。像原核生物 RNA 聚合酶一样，真核生物的聚合酶也不需要引物，沿 5′→3′方向合成 RNA。与细菌聚合酶不同，它们在与 DNA 结合时需要辅助因子。

除了这些核中的酶外，真核生物在线粒体和叶绿体细胞中还含有其他聚合酶。

10.2 原核生物的 RNA 转录过程

转录是指以双链 DNA 为模板合成单链 RNA 的过程，转录由 RNA 聚合酶催化，它需要双链 DNA 模板与前体核糖核苷酸 ATP、GTP、CTP 和 UTP，如图 10-4 所示。RNA 的合成沿 5′→3′方向进行，通常两条 DNA 链中只有一条会转录成 RNA。其中一条链称为有义链，RNA 的序列就是有义链上脱氧核苷酸序列的直接拷贝（以 U 替代 T）；另一条链称为反义链，或模板链，因为它用作 RNA 合成过程中核糖核苷酸碱基配对的模板。

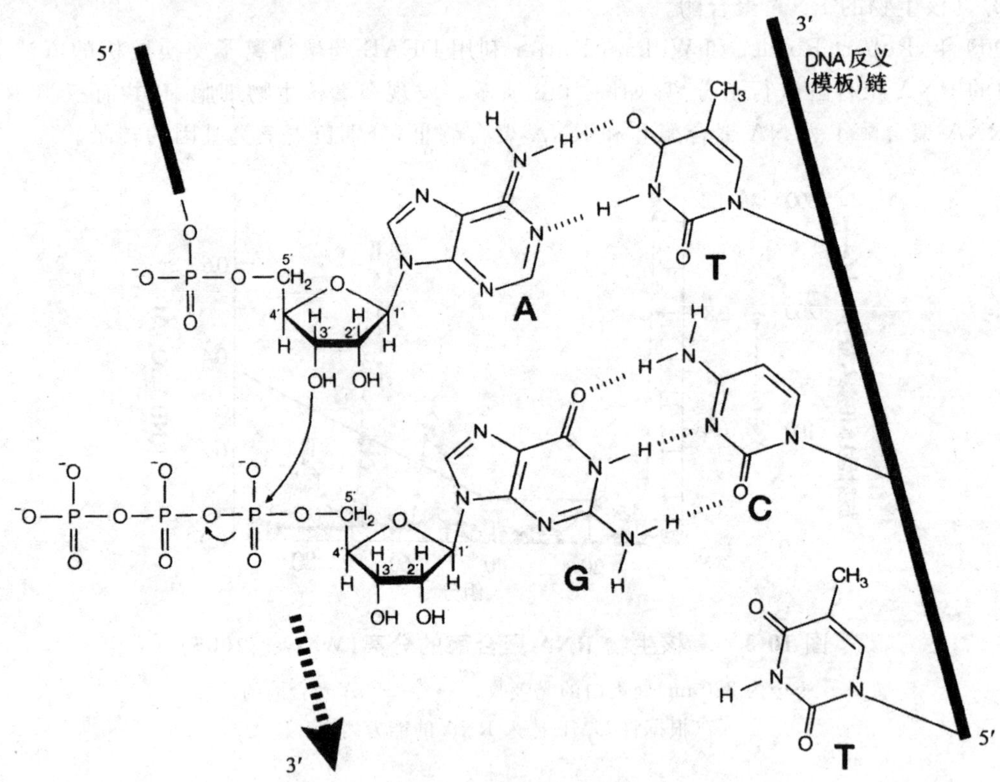

图 10-4　转录过程中磷酸二酯键的形成

转录的过程可分为 3 个步骤：①新 RNA 链转录的起始。②链的延伸。③转录的终止和新生 RNA 链的释放。如图 10-5 所示。其中，起始和延伸的机制比较复杂，转录的调控就是控制转录的起始或终止。

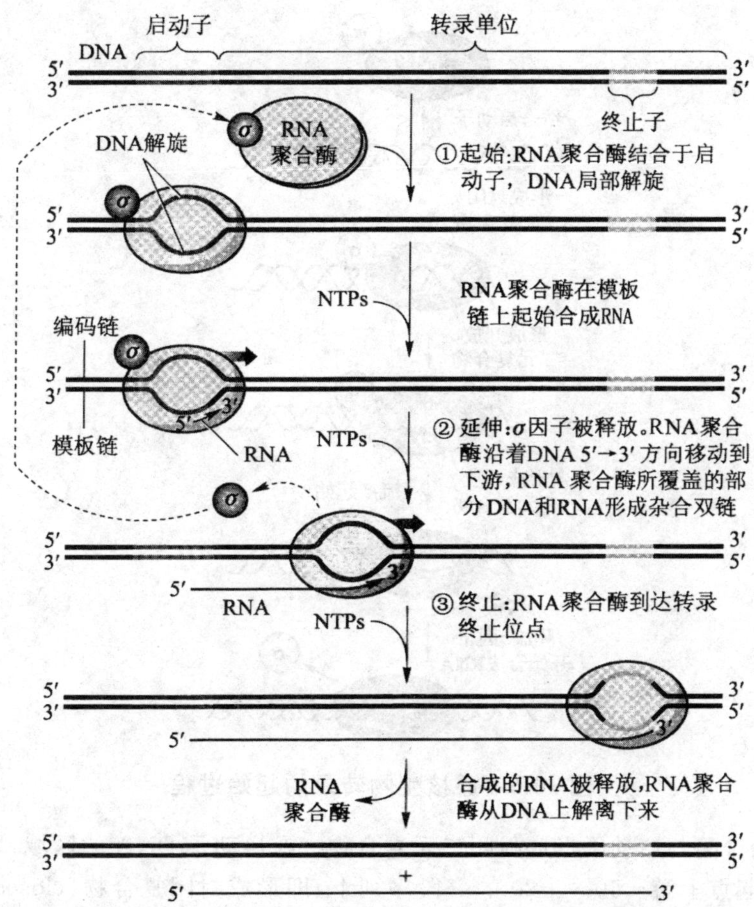

图 10-5　转录有 3 个阶段,每个阶段涉及 RNA 聚合酶和 DNA 之间不同类型的相互作用

RNA 聚合酶结合于启动子上,使 DNA 解链,在起始阶段保持静止,延伸阶段则沿着 DNA 移动,在终止处解离

10.2.1　转录的起始

原核生物转录的起始过程大致分为四个阶段。如图 10-6 所示。

第一阶段:RNA pol 全酶搜索并结合 DNA 特异位点。RNA pol 全酶在转录前先接近自然卷曲构象的 DNA 分子,并做相对的分子运动,通过接触解离再接触,酶分子在 DNA 上搜索启动子序列。当 a 因子发现－35 区识别位点时,全酶与－35 序列紧密接触。因此,RNA pol 全酶是在 σ 因子协助下找到启动子特异序列的 σ 因子,能够引起 RNA pol 对 DNA 亲和性的改变,对非特异位点地结合处于松散状态。直到接触到特异序列,才能使它们紧密结合。

除了酶分子本身的特性外,启动子 DNA 序列结构也决定这种结合的性质。在离体条件下,处于负超螺旋状态的 DNA 和 RNA pol 能更有效地结合并有利于起始转录。负超螺旋结构在形成复合物和 DNA 解旋时需要较少的自由能。

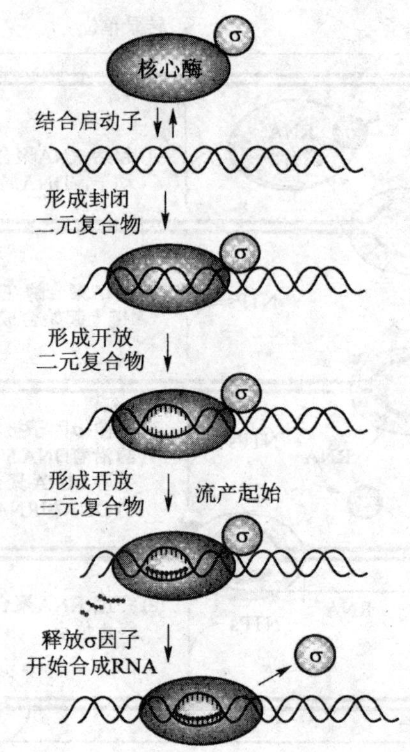

图 10-6　原核生物转录的起始过程

第二阶段:聚合酶与启动子形成封闭二元复合物。在启动子 DNA 的区域,RNA pol 非对称性地结合在转录起点上游－50～＋20 的一段序列上,即形成封闭复合物(closed Complex)。这是酶与启动子结合的一种过渡形式。在此阶段,DNA 并没有解链,聚合酶主要以静电引力与 DNA 结合。该复合物并不十分稳定。

第三阶段:封闭复合物转变成开放二元复合物。σ 因子使 DNA 部分解链。一旦 DNA 解链,DNA 产生一个小的发夹环,导致 DNA 模板链进入活性中心,封闭复合物转变成开放复合物(open complex)。开放复合物也就是起始转录泡(transcription bubble),大小为 12～17 bp。开放复合物十分稳定。

开放复合物的形成是转录起始的限速步骤。聚合酶在与启动子形成复合物过程中,经历了显著的构象变化,σ 因子刺激封闭复合物异构成开放复合物。开放复合物的形成不单是 DNA 两条链的解链,而且 DNA 的模板链还必须进入全酶的内部,以便靠近酶的活性中心。

第四阶段:三元复合物的形成。当前两个与模板链互补的 NTP 从聚合酶的次级通道进入活性中心以后,由活性中心催化第一个 NTP 的 3′-OH 亲核进攻第二个 NTP 的 5′-α-P 而形成第一个磷酸二酯键。一旦有了第一个磷酸二酯键,RNA DNA-RNA pol 的三元复合物(ternary complex)就形成了。

10.2.2　转录的延长

延长阶段也称延伸阶段。从起始到延伸的转变过程,包括 σ 因子由缔合向解离的转变。

DNA 分子和酶分子发生构象的变化,核心酶与 DNA 的结合松弛,核心酶可沿模板移动,并按模板序列选择下一个核苷酸,将核苷三磷酸加到生长的 RNA 链的 3′-OH 端,催化形成磷酸二酯键。

该阶段核心酶沿着 DNA 模板链 3′→5′方向移动,使双链 DNA 保持约 17 bp 解链;同时,NTP 按照碱基配对原则与模板链结合,由核心酶催化,通过仅一磷酸基与 RNA 的 3′→羟基形成磷酸酯键,使 RNA 链以 5′→3′方向延伸(50～90 nt/s)。这时的转录复合体称为转录泡(transcription bubble)。在转录泡上,RNA 的 3′端始终与模板链结合,形成长约 8 bp 的 RNA-DNA 杂交体,而 5′端则脱离模板链甩出,已经转录完毕的 DNA 模板链与编码链重新结合(图 10-7)。

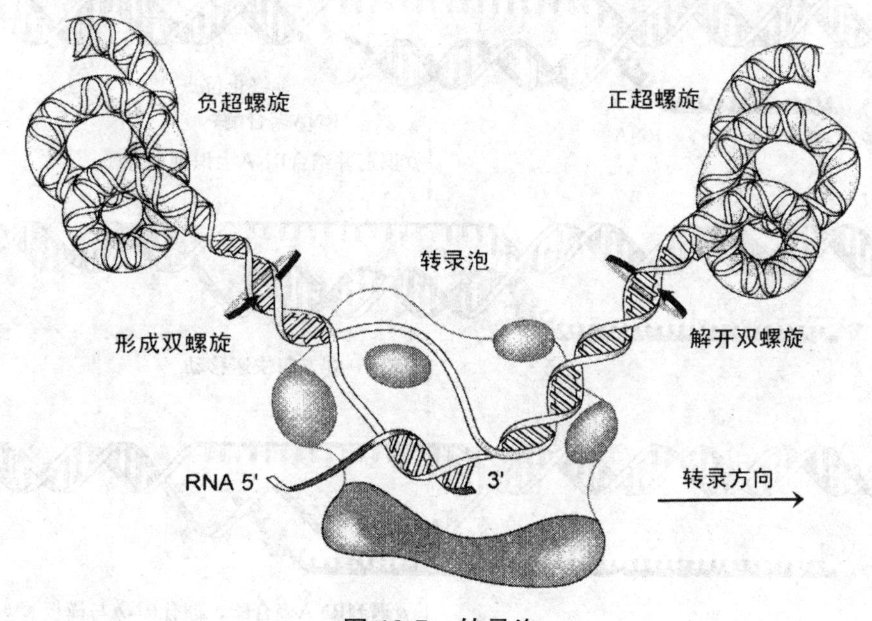

图 10-7 转录泡

10.2.3 转录的终止

原核生物转录终止过程包括:RNA 链延长的停止,新生 RNA 链释放,RNA 聚合酶从 DNA 上释放,当 RNA 聚合酶沿 DNA 模板移动到基因 3′端的终止序列时,转录就停止了,原核生物基因转录终止方式有两种:不依赖 ρ 因子的转录终止和依赖 ρ 因子的转录终止。

1. 不依赖 ρ 因子的转录终止

这种终止子通常有一个富含 AT 的区域和一个或多个富含 GC 的区域,具有回文对称序列。当 RNA 链延伸至终止区时,转录出的 RNA 产物会形成一个鼓槌状的发夹结构,可以改变 RNA 聚合酶的构象,使酶不再向下移动。同时转录复合物局部存在不稳定的 RNA-DNA 杂交链,由于 RNA 分子形成自身双链,使杂交链更不稳定,促使 DNA 双链复性,转录复合体解体,转录终止。

2. 依赖 ρ 因子的转录终止

在依赖于 ρ 因子的转录终止类型中，ρ 因子是一个 6 聚体的 ATP 依赖性 RNA-DNA 解旋酶，使 RNA-DNA 杂合体解旋。首先 ρ 因子识别 RNA 转录物中富含 C 的识别位点，并与该位点结合，一旦结合，ρ 因子就快速地沿着 5′→3′方向移动，直至遇到停在转录终止位点的 RNA 聚合酶。ρ 因子催化 RNA 转录物与模板链解旋，释放出新合成的 RNA 转录物，如图 10-8 所示。

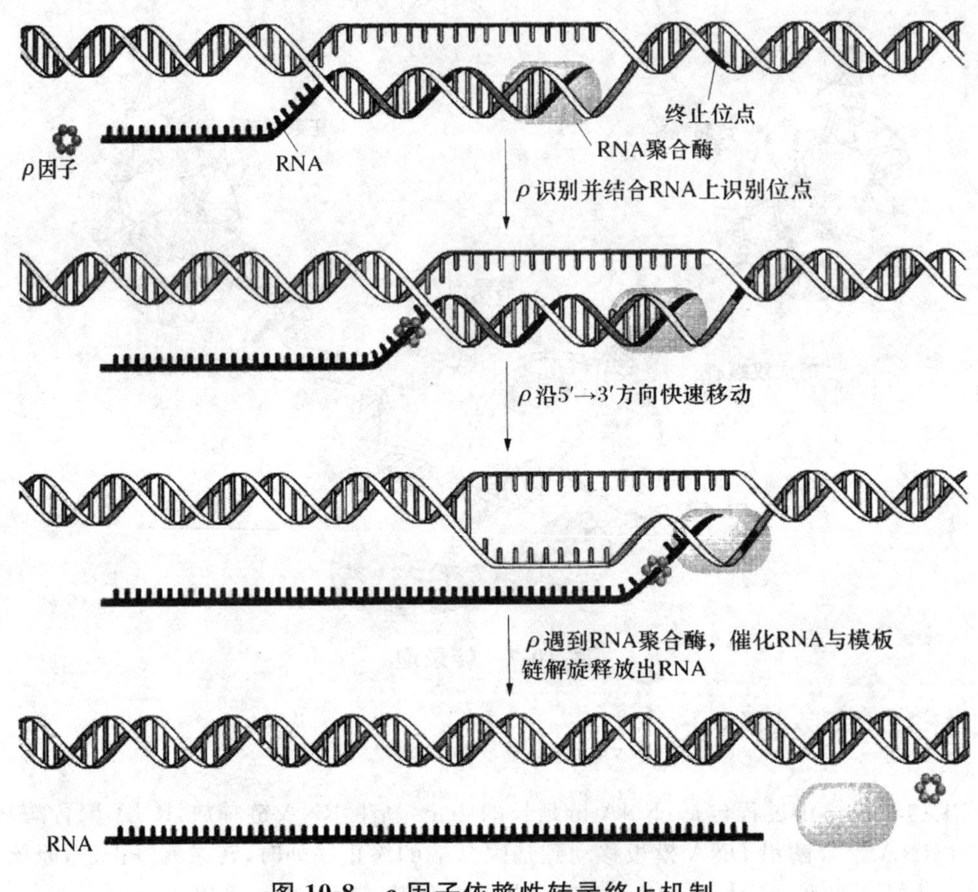

图 10-8 ρ 因子依赖性转录终止机制

10.3 真核生物的 RNA 转录过程

虽然基本原理与原核生物相似，但真核生物的 RNA 聚合酶种类多，转录更复杂，需要 50 种以上的蛋白质识别调控序列和起始转录。真核生物和原核生物的启动子有很多不同，具体表现为如下几个方面：其一，有多种转录因子识别和结合的元件；其二，结构不恒定，不同启动子中各种元件的位置、序列、距离和方向都不完全相同，如图 10-9 所示；其三，有的有远距离的调控元件存在，如增强子；其四，这些元件有起到控制转录效率和选择起始位点的作用；其五，不直接与RNA聚合酶结合，转录时先和其他蛋白质因子相结合，再和RNA聚合酶结合。

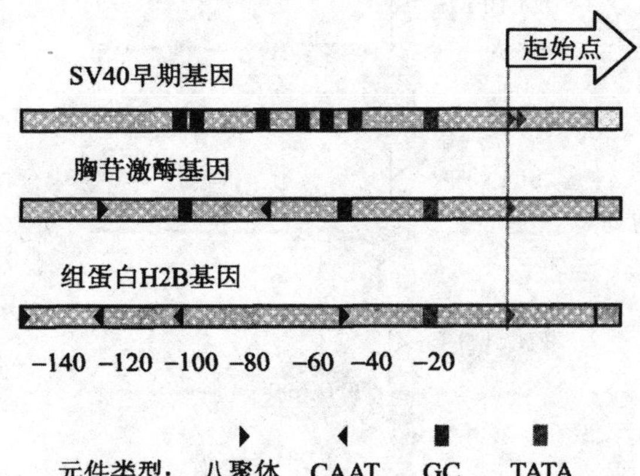

图10-9 真核启动子包含了TATA框、CAAT框、GC框及其他元件的不同组合(B. Lewin,2004)

真核生物中的3种不同的RNA聚合酶，各有不同的启动子，其中以RNA聚合酶Ⅱ的启动子最为复杂。

10.3.1 RNA pol Ⅰ所负责的基因转录

RNA pol Ⅰ只转录rRNA一种基因，包括5.8S、18S和28S rRNA。三种rRNA的基因(rDNA)成簇存在，共同转录在一个转录产物上(45S rRNA)，45S rRNA通过转录后加工反应可分别得到三种rRNA。

转录起始阶段的反应如图10-10所示。大致可分为三步。第一步：两个UBF分别特异性地结合到上游控制元件(UCE)和核心启动子上。通过UBF蛋白质的相互作用，使UCE与核心启动子之间的DNA形成环状结构。第二步：SL1结合到UBF-DNA复合物上。第三步：当SIA和UBF结合后，RNA pol Ⅰ就结合到核心启动子上。原来结合于核心启动子的UBF直接作用于RNA pol Ⅰ，而结合于UCE的UBF再与前一个rRNA基因单元中的UBF接触结合，并发生相互作用，两个位点间的DNA序列成环，具体如图10-10所示。

RNA pol Ⅰ所催化的基因转录终止于一个分散的由18个nt组成的终止子区域，该终止子序列位于编码区末端序列下游约1 000 nt处，需要一个被称为转录终止因子的DNA结合蛋白(小鼠为TTF-1，酵母为Reblp)，目前该机制尚需探索研究。

在小鼠RNA pol Ⅰ遇到与终止子结合的TTF-1以后，终止就发生了：先是TTF-1招募1种释放因子，催化3′端的形成；然后，1种外切酶可能剪切rRNA前体新生的3′端，成熟的3′端即可产生；最后，RNA pol Ⅰ与模板解离。

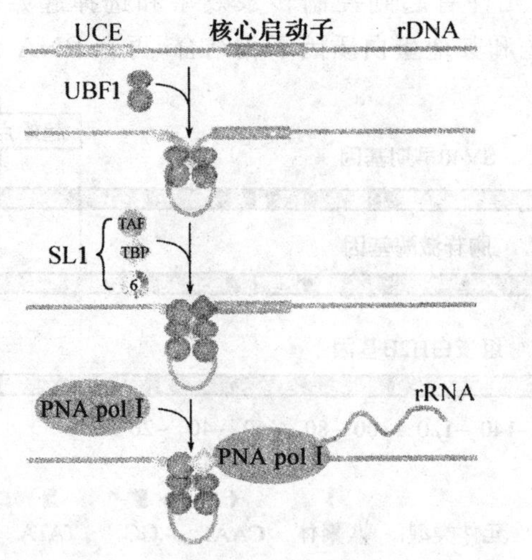

图 10-10　RNA pol Ⅰ负责的转录(Watson et al. ,2005)

10.3.2　RNA polⅡ所负责的基因转录

RNA polⅡ负责催化 mRNA、具有帽子结构的 snRNA 和某些病毒 RNA 的转录。此类基因的转录最为复杂。

转录的起始是各种转录因子和 RNA polⅡ按照一定的次序,通过招募的方式形成预转录起始复合物(preinitiation complex,PIC)的过程。转录因子和 RNA polⅡ与启动子结合的次序可能是:TFⅡD→TFⅡA→TFⅡB→TFⅡF+RNA polⅡ→TFⅡE→TFⅡH,如图 10-11、图 10-12 所示。

RNA polⅡ催化的转录终止于一段终止子区域,终止子的性质以及它如何影响终止还不清楚。但已有证据表明,与 RNA polⅡ最大亚基 CTD 结合的、参与加尾反应的 CPSF 和 CStF 可能在调节终止反应中起作用。

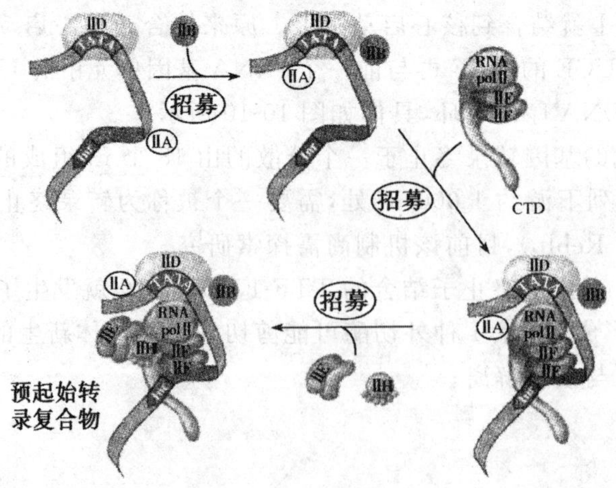

图 10-11　RNA pol Ⅱ催化的基因转录预起始复合物的形成

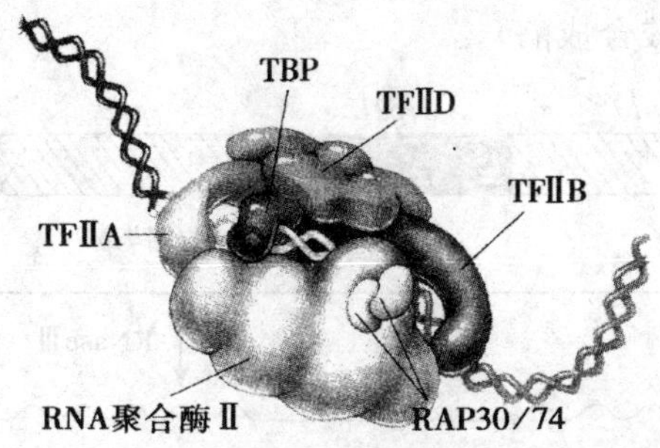

图 10-12　RNA pol Ⅱ催化的转录起始复合物的结构模型

10.3.3　RNA pol Ⅲ所负责的基因转录

RNA pol Ⅲ负责转录结构比较稳定的小分子 RNA，如 tRNA、5S rRNA、7SL RNA、小分子核仁 RNA(small nucleolar RNA，snoRNA)、无帽子结构的小分子细胞核 RNA(small nuclear RNA，snRNA)和某些病毒的 mRNA 等。

①tRNA 基因转录的起始。先是 TFⅢC 结合到启动子上，然后 TFⅢC 招募到 TFⅢB，并与之相互作用，最后 RNA polⅢ结合于 TFⅢB-TFⅢC-DNA 复合物。TFⅢC 而后从复合物中释放出来，进行下一轮循环。

②5s rRNA 基因转录的起始。TFⅢA 先与启动子结合，然后 TFⅢC 被 TFⅢA 招募上来，形成一种稳定的复合物；随后 TFⅢB 被 TFⅢC 招募到转录起始点附近；最后 RNA polⅢ通过与 TBP 的作用被招募到转录的起始复合物中，开始转录。

RNA pol Ⅲ催化的基因转录的终止类似于原核生物不需要 ρ 因子的终止机制，需要 1 段富含 GC 的序列和 1 小串 U，但 U 的长度短于原核生物，4 个 U 就够了，而且富含 GC 区域也不需要形成茎环结构。

10.4　转录后的加工

10.4.1　mRNA 转录后的加工

1. 原核生物 mRNA 前体的加工

原核生物中，mRNA 的转录和翻译不仅发生在同一个细胞空间里，而且这两个过程几乎是同步进行的，往往在 mRNA 刚开始转录，核糖体就结合到新生 mRNA 链的 5′端，蛋白质合成也就随即启动。因此原核细胞的 mRNA 很少经历后加工。大肠杆菌和某些噬菌体 mRNA，也仅仅是经历最简单的内切酶的剪切反应，将多顺反子 mRNA 切割成单顺反子，如大肠杆菌的一个操纵子含有四个结构基因(rplJ、rplL、rpoB 和 rpoC)。在转录出多顺反子 mRNA 前体后，需通过 RNaseⅢ切割，四个基因两两分开，两个成熟的 mRNA 也就得以产生，如图 10-13 所示。但近来发现某些原核生物和某些噬菌体的 mRNA 也含有内含子，需要经过相对复杂拼接反应才能成熟(如 T4 噬菌体编码的胸苷酸合成酶)。

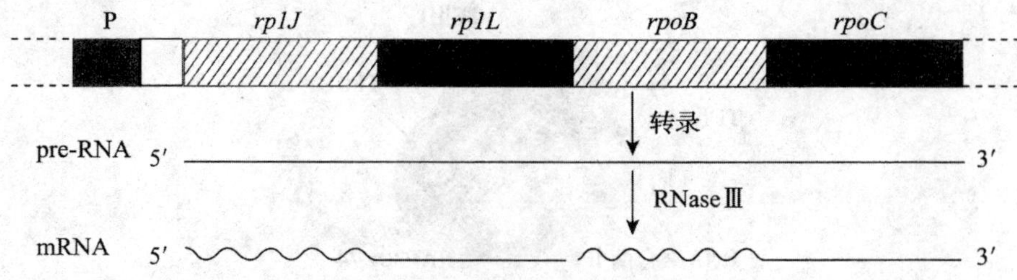

图 10-13 大肠杆菌和某些噬菌体 mRNA 转录后加工

2. 真核生物 mRNA 前体的加工

与原核系统的 mRNA 很少经历后加工相比,真核细胞的细胞核 mRNA 必须经历多种形式的后加工才会成为成熟的、有功能的分子。真核生物的 mRNA 初始转录物是分子质量很大的前体,在核内加工过程中形成分子大小不等的中间产物,它们被称为核内不均一 RNA(hnRNA)。约有 25%的这种分子能转变成成熟的 mRNA。

hnRNA 转变成 mRNA 的加工过程主要包括以下几个方面。

(1)5′-端加帽

真核生物的 mRNA 前体和绝大多数成熟的 mRNA 都具有 5′-端帽子结构(cap structure)。这些分子的 5′-端加帽(capping)修饰需要多种酶催化完成,并且一般从 mRNA 的 5′-端开始添加帽子结构(图 10-14)。

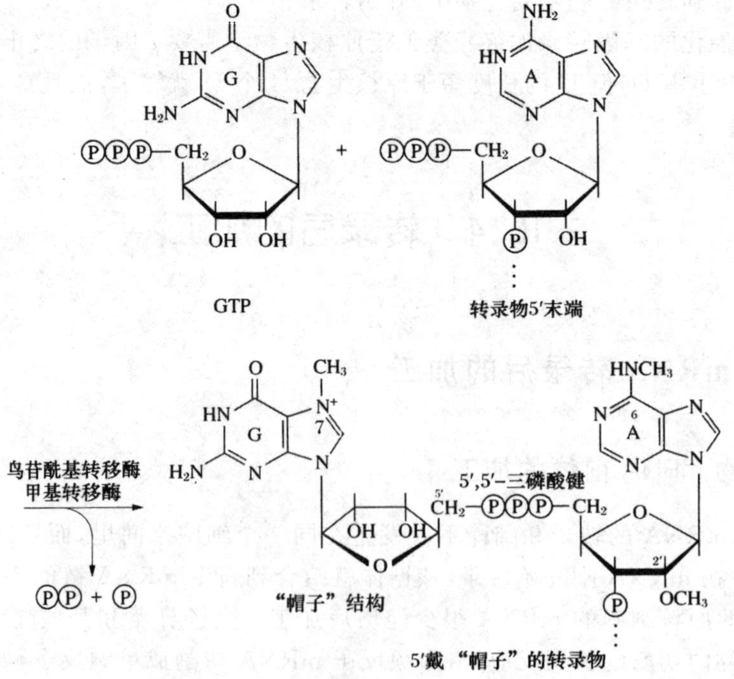

图 10-14 mRNA 的 5′端戴"帽子"

"帽子"结构为 7-甲基鸟苷;与帽子相邻的第一个核苷酸为腺苷酸,

其中 2′处甲基化,嘌呤 N^6 甲基化;含有 P 的圆圈代表磷酸基团。

(2)3′-端加尾巴

真核生物 mRNA 合成后由多聚腺苷酸聚合酶(polyA 聚合酶)在 mRNA 3′端连续加上大量腺苷酸,可多达 250 个腺苷酸,形成所谓的多聚腺苷酸尾巴(polyA)。如高等真核细胞 mRNA 在靠近 3′端有一段保守序列 AAUAAA 作为发生多聚腺苷酸化的信号,当该序列被转录出现以后,一种专一性因子 CPSF(cleavge and polyadenylation specificity factor)与之特异性结合,并与核酸内切酶、polyA 聚合酶相互作用,由核酸内切酶将 mRNA 链从保守序列处切断,由 polyA 聚合酶以 ATP 为底物沿 mRNA 链的 3′端连续加入腺苷酸,释放出焦磷酸。polyA 尾巴具有保护 mRNA 的 3′末端不会被核酸酶降解,并有助于 mRNA 从细胞核向细胞质中转移的功能,具体可如图 10-15 所示。

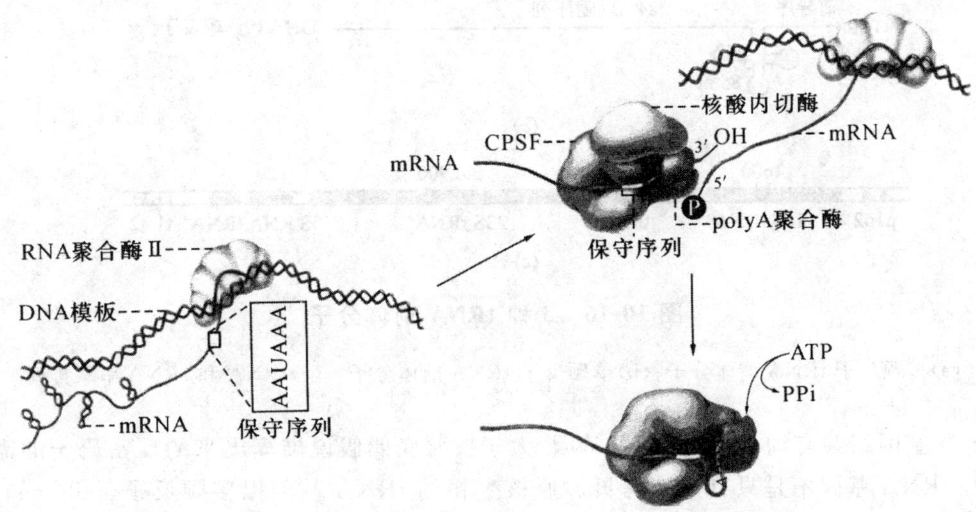

图 10-15 真核生物 mRNA 的 polyA 形成过程

(3)剪接

在各级生物中都存在断裂基因。在低等真核生物的基因中断裂基因仅占很小的一部分,但是在高等真核生物基因组中绝大部分都是断裂基因。断裂基因的初始转录产物称为 pre-mRNA,具有和基因一样的断裂结构。去除初始转录产物的内含子,将外显子连接为成熟 mRNA 的过程称为 RNA 剪接(RNA splicing)。拼接发生在核内,与其他一些修饰同时进行,以产生新合成的 RNA。

(4)编辑

RNA 编辑是通过核酶在转录后或转录中的 RNA 顺序中增加或缺失或替换一个碱基,改变 mRNA 的信息。最终导致 DNA 所编码的遗传信息的改变。RNA 编辑在哺乳动物细胞核基因组存在局部编辑现象。常常发生单个碱基的替换或转换,需要特殊的核苷酸脱氨酶的催化。

10.4.2 tRNA 转录后的加工

1. 原核生物 tRNA 前体的加工

原核生物 tRNA 初始转录本多为多顺反子(polycistron),也就是几个 tRNA 分子串联在一起。可分为3种不同的情况(图10-16):第一种为串联的tRNA分子都是相同的,如27′的$tRNA^{Tyr}$-$tRNA^{Tyr}$。第二种为串联的tRNA分子是不同的,如71′的$tRNA^{Ile}$-tRN^{Ala}-$tRNA^{Thr}$。第三种为由tRNA和rRNA串联组成。

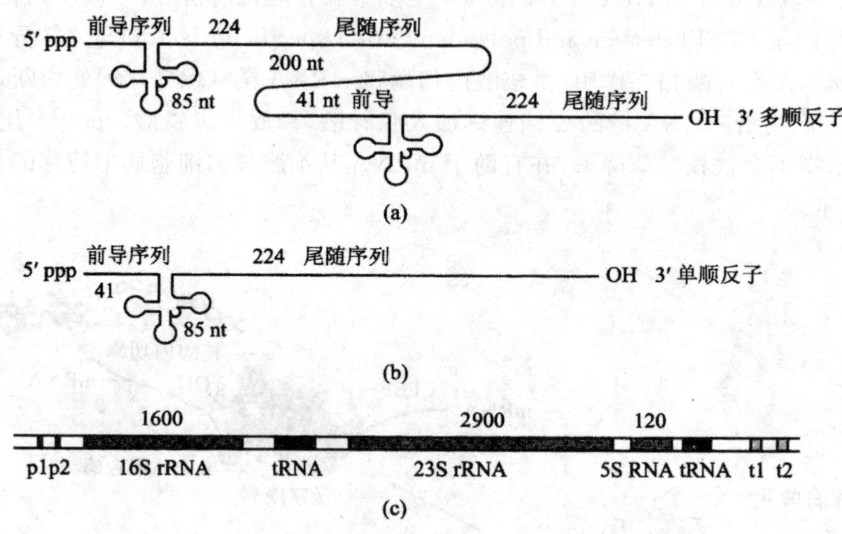

图10-16 3种tRNA前体分子

(a)多顺反子tRNA前体分子;(b)单顺反子tRNA前体分子 (c)tRNA和rRNA串联排列

E. coli 基因组共有约60个tRNA基因,大于按照变偶假说推算出来的反密码子的需求数,说明某些tRNA基因不是只有一个拷贝。原核生物的tRNA基因以多顺反子(poly-cistron)的形式被转录,转录产物都是很长的前体分子。通常由多个相同tRNA基因或不同的tRNA串联排列,或与rRNA的基因,或与编码蛋白质的基因组成混合转录单位。tRNA前体必须经过切割和核苷酸的修饰,才能成为有功能的成熟分子。

tRNA前体的后加工方式包括剪切、修剪和核苷酸的修饰。将tRNA的前体分子加工为成熟的tRNA,需要将多余的序列用核酸内切酶或外切酶去除,如图10-17所示。

tRNA前体分子的3′-端是在多种RNase的共同参与下逐步加工成熟的,在离体条件下,这些酶是RNase P、RNase F、RNase D、RNase BN、RNase T、RNase PH、RNaseⅡ和多核苷酸磷酸化酶(polynucleotide,PNPase)。

$$\text{tRNA}+\text{CTP}\longrightarrow\text{tRNA}-\text{C}+\text{PPi}$$
$$\text{tRNA}-\text{C}+\text{CTP}\longrightarrow\text{tRNA}-\text{CC}+\text{PPi}$$
$$\text{tRNA}-\text{CC}+\text{ATP}\longrightarrow\text{tRNA}-\text{CCA}-\text{OH}+\text{PPi}$$

由RNaseⅢ水解生成的tRNA片段,其5′-端仍含有额外的核苷酸,这些额外的核苷酸由RNase P催化切除。来自细菌和真核细胞细胞核的RNase P结构非常类似,都含有RNA和蛋白质,其中的RNA称为M1 RNA,其M_r约为125×10^3,而蛋白质的M_r只有14×10^3。体外实验发现M1 RNA单独存在时,也有一定的催化活性。tRNA前体分子的5′-端一般都有约40nt的前导序列,可以形成RNase P能够识别的茎环二级结构,使RNase P能将tRNA前体5′-端额外的核苷酸逐个切除。

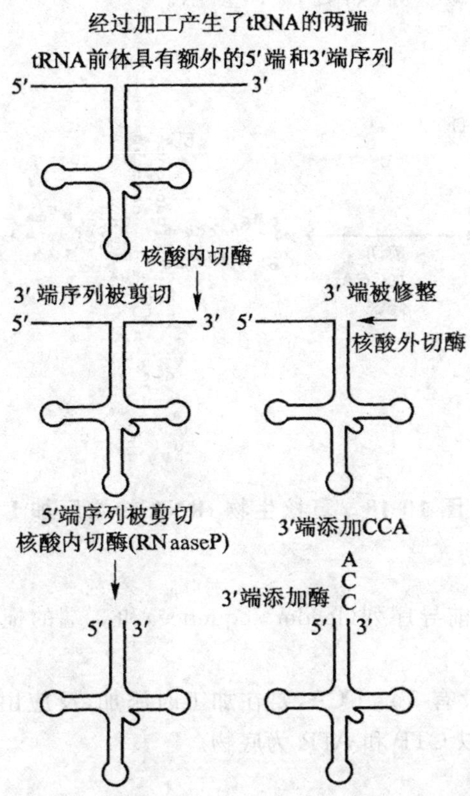

图 10-17 tRNA 前体 3′端通过剪切、修整,再加上 CCA;5′端经剪切而产生成熟 tRNA(B. Lewin,2004)

成熟的 tRNA 分子中存在着许多的修饰碱基等成分,包括各种甲基化碱基和假尿嘧啶核苷。tRNA 修饰酶具有高度特异性,每一种修饰核苷都有催化其生成的修饰酶。tRNA 甲基化酶对碱基及 tRNA 序列均有严格要求,甲基供体一般为 s-腺苷甲硫氨酸(S-adenosyl methionine,SAM)。tRNA 分子中的假尿嘧啶核苷合成酶催化尿苷的糖苷键转移,由尿嘧啶的 N_1 变为 C_5。

2. 真核生物 tRNA 前体的加工

从 tRNA 基因的结构上看,真核生物 tRNA 与原核的差别主要体现在以下几个方面:①真核生物 tRNA 前体是单顺反子,各个 tRNA 基因单独作为独立的转录单位。但在基因组内,tRNA 基因成簇排列,各基因之间有间隔区(spacer)。②真核生物 tRNA 基因数目比原核的多得多。如 *E. coli* 约 60 个基因,酵母有 320~400 个,果蝇有 750 个,爪蟾约 8 000 个。③之所以真核生物 tRNA 基因的前提需要剪接(splicing)是因为有内含子。其内含子的特点是:内含子长度和序列各异,没有共同性,一般有 16~46 个核苷酸,都位于反密码子的下游(即 3′侧),内含子和外显子之间的界面上无保守序列,因而剪接方式不符合一般规律,需要 RNase 参与,内含子与反密码子之间碱基配对,需要形成新的茎环结构。真核生物 tRNA 前体与原核生物 tRNA 之间的主要差异也是由这一点来体现的。

真核生物 tRNA 基因由 RNA 聚合酶Ⅲ催化转录,得到 tRNA 前体,其后加 T 包括剪切 5′和

3′端序列，加3′端CCA，修饰碱基等，如图10-18所示。

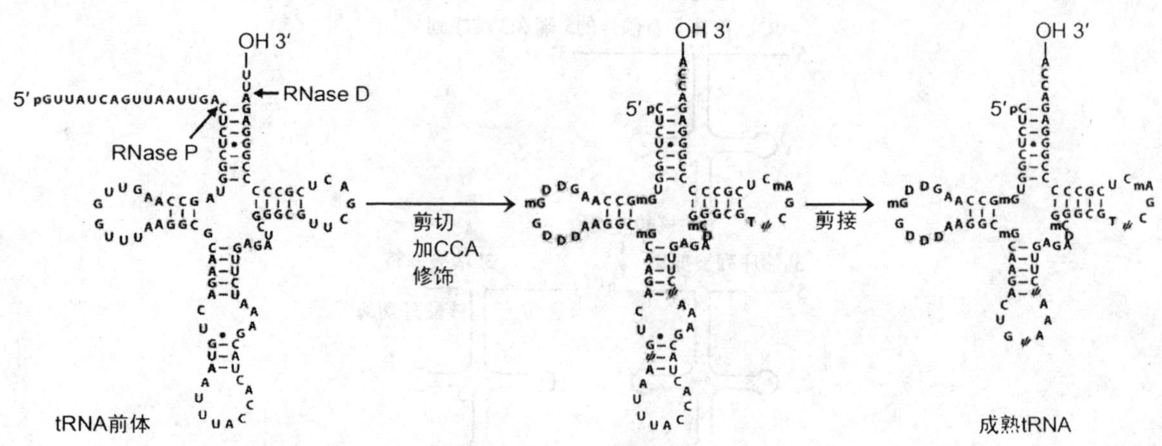

图10-18 真核生物tRNA转录后加I

(1)剪切

切除tRNA前体5′端的前导序列(leader sequence)和3′端的拖尾序列(trailer sequence)。

(2)加3′端CCA

真核生物tRNA前体都没有3′端CCA，要在加工时添加，反应由tRNA核苷酸转移酶(tRNA nueleotidyl transferase)催化，以CTP和ATP为底物。

(3)修饰碱基

tRNA的稀有碱基都是在tRNA前体水平上由常规碱基通过酶促修饰形成的，修饰方式包括嘌呤碱基甲基化成甲基嘌呤、腺嘌呤脱氨基成次黄嘌呤、尿嘧啶还原成二氢尿嘧啶和尿嘧啶变位成假尿嘧啶等。

真核生物某些tRNA前体由一个内含子与两个外显子构成，需要剪接。tRNA的剪接是酶促反应，切除内含子的核酸内切酶由tRNA基因内含子编码。此外，tRNA的转录后加工还包括各种稀有碱基的生成。成熟的tRNA分子中有许多的稀有碱基，tRNA在甲基转移酶催化下，某些嘌呤生成甲基嘌呤，如A→mA、G→mG，有些尿嘧啶还原为二氢尿嘧啶，尿嘧啶核苷转变为假尿嘧啶核苷，某些腺苷酸脱氨基后成为次黄嘌呤核苷酸。在核苷酸转移酶作用下，3′末端除去个别碱基后，换上tRNA分子统一的CCA-OH末端，完成tRNA分子中的氨基酸臂结构。

10.4.3 rRNA转录后的加工

1. 原核生物rRNA前体的加工

在详细介绍原核细胞的rRNA前体加工之前，原核生物的rRNA的基因组织需要对其进行了解。如图10-19所示：原核细胞的三种rRNA和两个tRNA是作为一个共转录物被转录的，像这样的转录单位在*E. coli*基因组中有7个拷贝。转录前体的沉降系数为30S，因此，要分别得到三种rRNA，首先需要剪切(cleavage)，将它们从共转录物中释放出来；然后，还要进行修剪(trimming)，以切除多余的核苷酸序列。除此以外，某些特定的修饰反应在三种rRNA还需要进行。所以原核生物 rRNA 前体的后加工反应主要包括剪切、修剪和核苷酸的修饰(modification)。

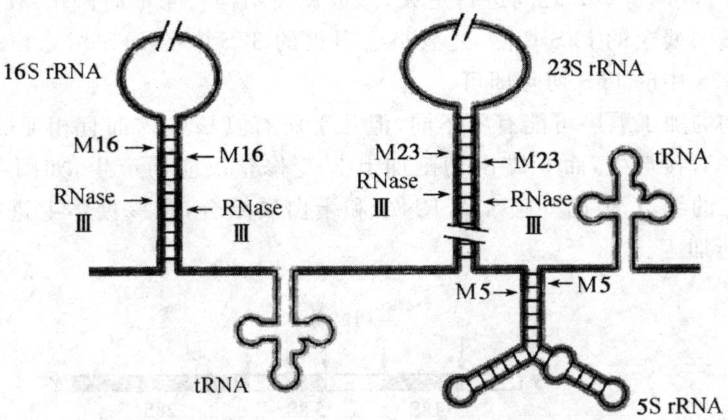

图 10-19　原核细胞 rRNA 前体的后加工

(1)剪切和修剪

此过程中主要包括核酸酶Ⅲ、D、P、F、E、M16、M23 和 M5 等特定的核糖核酸酶来完成催化。其中内切酶行使“粗加工”,从内部催化剪切反应,负责从共转录物的内部将各 rRNA 两侧的多数不需要的核苷酸切除;外切酶进行“细加工”,从 3′端或 5′端催化修剪反应,负责从 RNA 两端水解去除剩余的无用核苷酸序列,发生在 rRNA 与核糖体蛋白结合以后。

rRNA 前体含有 16S rRNA 的片段和含有 13S rRNA 的片段的两侧都是反向重复序列,茎环结构能够在彼此之间能够自发地形成。核糖核酸酶Ⅲ能够识别茎环结构中的茎,进行剪切。然后由核糖核酸酶 M16 和 M23 催化修剪反应,分别产生成熟的 16S rRNA 和 23S rRNA。

5S rRNA 由核糖核酸酶 E 和 M5 释放出来,而 tRNA 由核糖核酸酶 P 和 F 释放出来。

(2)核苷酸的修饰

核糖 2′-OH 的甲基化是核苷酸的修饰的主要形式,一般发生在剪切和修剪反应之前。甲基供体是 S-腺苷甲硫氨酸。修饰的功能可能在于保护 rRNA,使其抵抗某些核酸酶的消化。

2. 真核生物 rRNA 前体的加工

真核生物的 18S、5.8S 和 28S rRNA 基因是串联在一起形成一个转录本,初始转录本为 45S rRNA(低等真核生物如酵母为 35S rRNA)。5S rRNA 同 18S、5.8S 和 28S rRNA 是分开转录的,这和原核生物 rRNA 基因不同。

在真核生物的 rRNA 加工中,通常它没有内含子,但在一些原生动物(如四膜虫)的 rRNA 中存在内含子,因此加工时,无须剪切内含子这一步。真核生物 rRNA 前体的加工过程要通过 4 个阶段,所以速率相对较慢,因此主要的中间产物可从各种细胞中分离出来,从而使哺乳动物的 rRNA 加工过程得以清楚地描述。

人类细胞和鼠细胞中 rRNA 的加工途径如下:①切除 5′端的前导序列,即外部的转录间隔序列(ETS),使 45S 的初始转录本变成 41S 的中间产物。②从 41S 的中间产物中先切下 18S 的片段,但 Hela 细胞途径和 L 途径不同,前者的切点在 18S 和 5.8S 之间内部转录间隔序列(ITS),产物分别为 20S(含 18SrRNA 片段)和 32S;而后者的切点在 18S 序列和 ITS 的交界处,这样 18S rRNA 就已经成熟，无须修整，所以称为先成熟。③部分退火：两种途径中的 32S 和 36S 中间产物中的 5.8S 和 28S 之间进行退火，形成发夹结构。④最后修正：在 Hela 细胞途径通过外切酶等将 20S 中残余的 ITS 切除，还要将已退火的 32S 中的 ITS 切除掉；在 L 细胞途径中只需将已退火的 32S 中的 ITS 切除即可。

不同真核生物的加工顺序可能有些不同，但几乎所有真核生物都有相似的加工反应。多数情况下 5′端由切割直接产生，而 3′端由切割加上 3′-5′修整反应而产生，如图 10-20 所示。我们现在尚不知道加工的细节，但已知道 45S RNA 和蛋白质结合，在核糖体上进行加工，而不是以游离的 rRNA 进行加工。

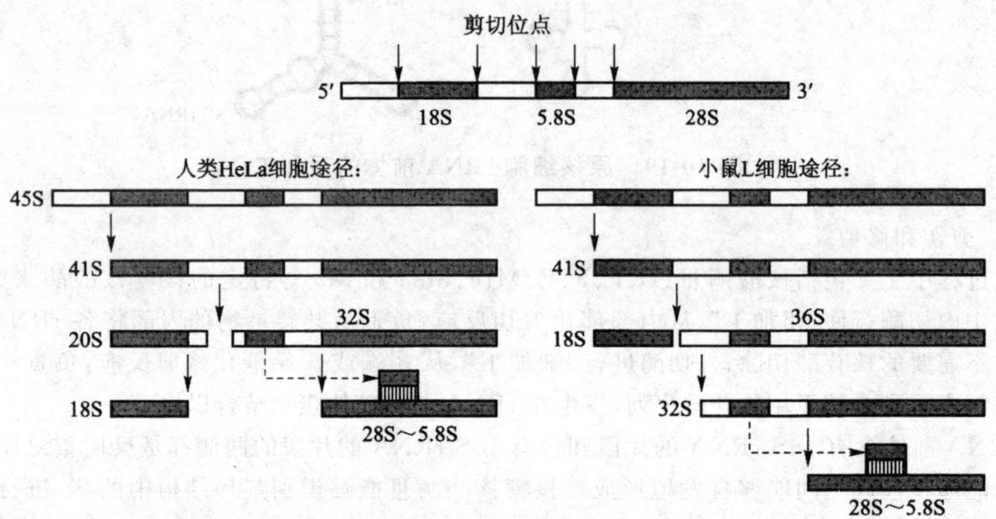

图 10-20 真核生物 rRNA 的加工

真核生物 rRNA 的甲基化程度比原核甲基化程度高。哺乳动物 rRNA 的 45S 前体共有 110 多个甲基化位点，在转录过程中或以后被甲基化。甲基基团主要是加在核糖的 2′-OH 处。这些甲基化位点在加工后仍保留在成熟的 rRNA 中，其中，18S rRNA 上有 39 个；74 个在 28S rRNA 上。这表明甲基化是 45S 前体上最终成为成熟 rRNA 区域的标志。甲基化的位置在脊椎动物中是高度保守的。此外，rRNA 前体中的一些尿嘧啶核苷酸通过异构作用可转变为假尿嘧啶核苷酸。

10.4.4 RNA 的编辑加工

有些基因的蛋白质产物的氨基酸序列与基因初始转录物的序列并不完全对应，因为 mRNA 上的一些序列经过编辑过程发生了改变。这是一种从病毒到高等动物普遍存在的加工方式，经 RNA 编辑扩展了原基因编码 mRNA 的能力，使同一基因能产生不同的 mRNA 并指导多种多肽链的合成。如人类载脂蛋白 B(apolipoproteinB，apoB)基因转录后也发生 RNA 编辑，该基因在肝中表达生成分子量为 513 kD 的 $apoB_{100}$ 而在小肠黏膜细胞中则生成分子量为 250 kD 的 $apoB_{48}$。这是因为该基因转录生成的 mRNA，在小肠黏膜细胞中经编辑后，第 6666 位的胞苷酸发生脱氨转变为尿苷酸，从而使 mRNA 上的 CAA 转变为终止密码 UAA，生成仅含 2153 个残

基的 $apoB_{48}$。

编辑的存在具有一定的生物学意义,主要由以下几个方面来体现。

1. 校正作用

RNA 序列有着戏剧性的改变在锥虫线粒体的几个基因不难发现其踪迹。那就是经编辑在其线粒体细胞色素氧化酶亚基Ⅱ基因(coxⅡ)的 mRNA 中插入了 4 个尿嘧啶,导致了"－1"移框,结果使其氨基酸序列变得和其他生物一致,如图 10-21 所示,从而获得了正常的生物功能。

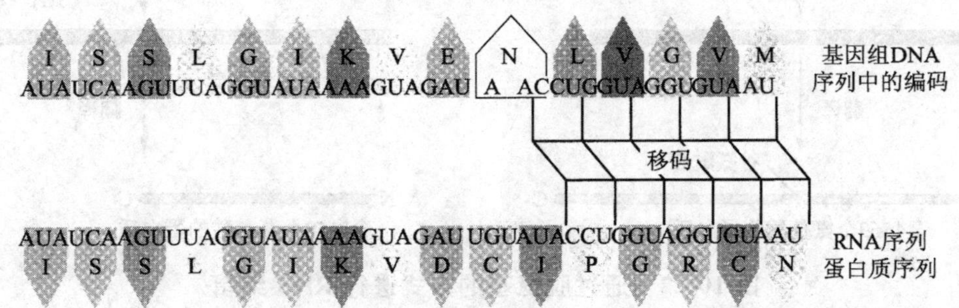

图 10-21 锥虫 coxⅡ基因的 mRNA 相对于 DNA 有一个移码、通过插入 4 个尿嘧啶产生了正确的可读框

2. 调控翻译

起始密码子和终止密码子的构建或去除可通过编辑来实现,如 apo-B 基因在肝和肠中的不同表达。在哺乳动物各种组织中都鉴定出具有单个载脂蛋白-B(apoli poprotein-B,apo—B)基因,但该基因在肝中指令合成相对分子质量为 512×10^3 的蛋白质,而在肠中只指令合成相对分子质量为 250×10^3 的一个较短的蛋白质,仅有全长的一半(N 端)。经检测发现其第 2 153 位的密码子 CAA(Gln)中的"C"变成了"U",这样"CAA"也变成了终止密码子 UAA,如图 10-22 所示。这一改变不是突变引起的:①突变是指 DNA 上的碱基发生改变,而 apo-B 的 DNA 模板并未发生改变;②上述转换的频率远高于突变。原来这种转换是由"编辑"产生的。这类编辑不是特别常见,但 apo-B 并不是唯一的例子。另一个例子是大鼠脑中的谷氨酸受体的编辑。编辑可将 RNA 单个位点上原来编码天冬氨酸(Gln)的密码子变成编码精氨酸(Arg)的密码子,而精氨酸在控制离子流向神经递质中起到重要的作用,因此编辑所具有的生理功能非常明显。

3. 扩充遗传信息

经编辑在锥虫 cox Ⅲ mRNA 的第 158 位插入了 394 个核苷酸;在第 9 位删去了 18 个尿苷酸,实际增加了 376 个核苷酸,使 cox Ⅲ的长度增加了 55%,如图 10-23 所示。因此 cox Ⅲ的基因比成熟的 mRNA 小很多,故称其为隐匿基因。

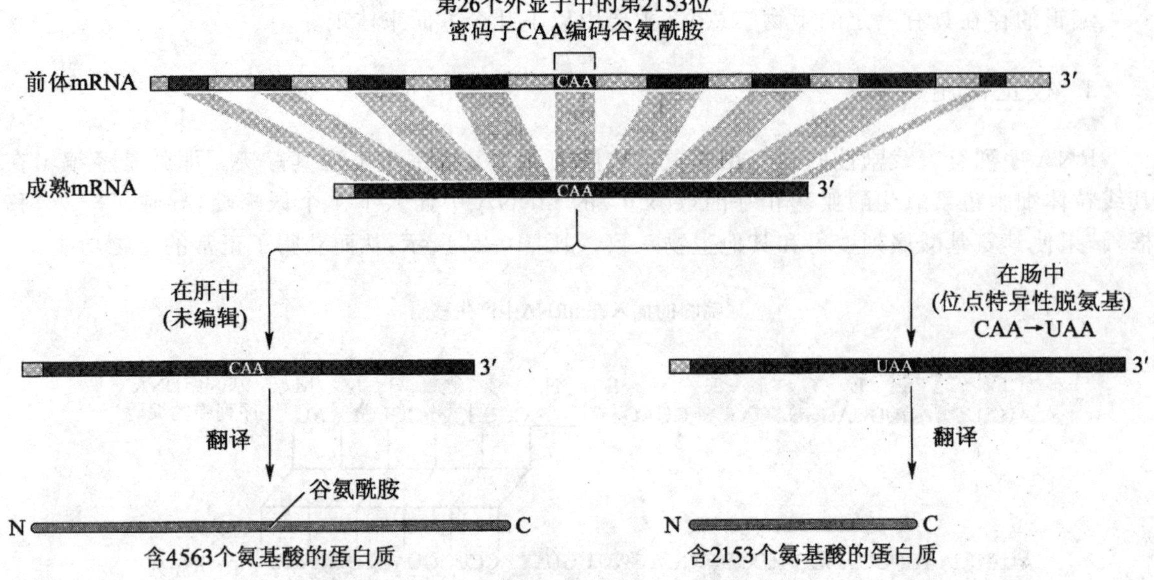

图 10-22 通过脱氨基的方式进行 RNA 编辑

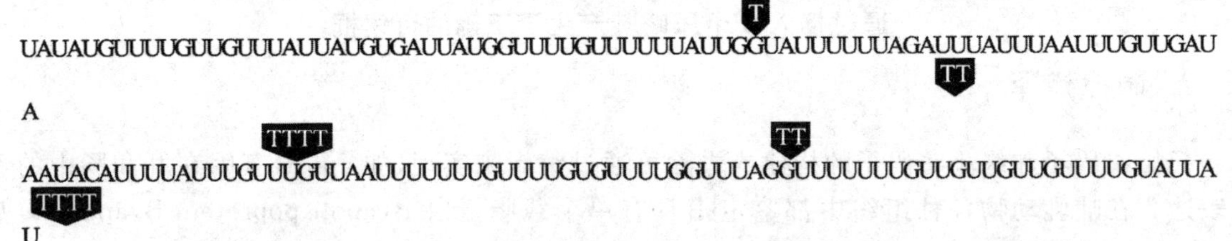

图 10-23 锥虫细胞色素氧化酶 cox Ⅲ 基因部分的 mRNA 序列

很多 U 在 DNA 中未出现，是编辑时插入的，而令一些 T(在框中)在 mRNA 中被删除

10.5 RNA 的复制

RNA 复制是以 RNA 为模板合成 RNA 的过程，它发生在许多 RNA 病毒的生活史中，由依赖于 RNA 的 RNA pol(RNA-dependent RNA polymerase，RdRP)催化。RdRP 又名 RNA 复制酶(replicase)，一般由病毒基因组编码，但有可能还需要宿主细胞编码的辅助蛋白。例如，Qβ 噬菌体的复制酶由 4 个亚基组成，只有 1 个亚基由自身基因组编码，其他 3 个亚基分别是宿主细胞的 S1 核糖体蛋白、翻译延伸因子 EF-Tu 和 EF-Ts。所有的 RdRP 都具有保守的结构基序，只有聚合酶活性，没有核酸酶活性。

RNA 复制的过程与转录相似，但也有一些不同于转录的特点。

①RNA 复制绝大多数发生在宿主细胞的细胞质中，少数在细胞核内。由于基因组 RNA 有

单链和双链之分,而单链 RNA 又有正链和负链两种,其 RdRP 和复制的机制有所不同,但复制的方向均为 5′→3′。RdRP 对放线菌素 D 一般不敏感,但对核糖核酸酶敏感。

②RNA 复制绝大多数在模板的一端从头启动合成,少数需要引物,引物为共价结合的蛋白质或 5′-帽子。

③RdRP 只有聚合酶活性,没有核酸酶活性,缺乏核酸酶提供的校对能力,其错误率比 DNA 聚合酶高约 10^4 倍。如此高的错误率导致 RNA 病毒很容易发生突变,其进化速率比 DNA 病毒快 10^4 倍。RNA 病毒的基因组较小,绝大多数在 5～15 kb,少数大于 30 kb,而基因组越大,复制出错的机会越大。因为 RNA 病毒的基因组序列变化较快,治疗 RNA 病毒的药物和疫苗很容易失效。

由于基因组 RNA 有单链和双链之分,而单链 RNA 又有正链和负链两种,所以不同 RNA 病毒基因组 RNA 复制的细节有所不同。如图 10-24 所示。

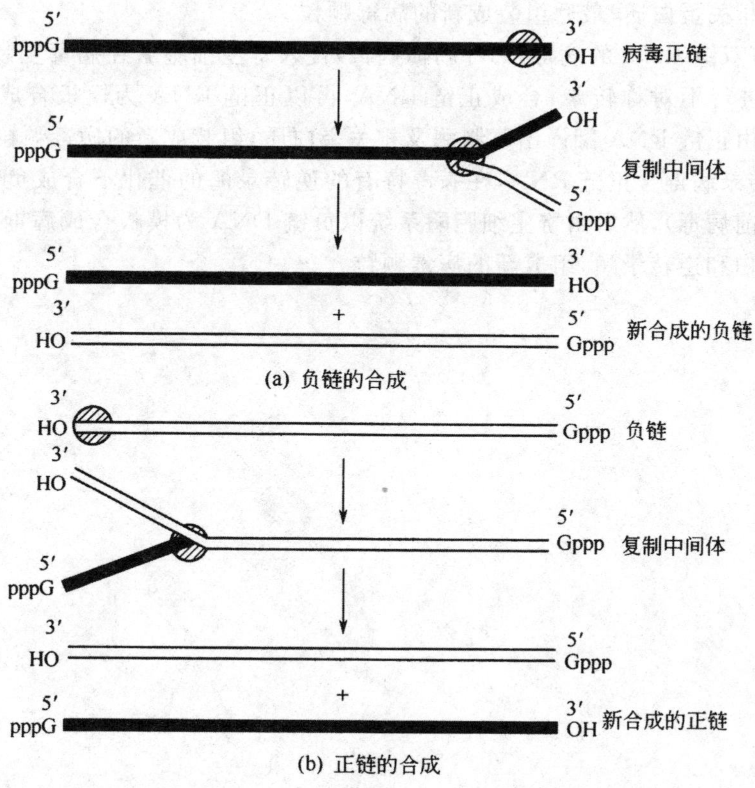

图 10-24 RNA 病毒的复制方式

第一种:含正链 RNA 的病毒进入寄主细胞后,首先合成复制酶和相关蛋白,然后由复制酶以正链 RNA 为模板合成负链 RNA,再以负链 RNA 为模板合成新的病毒 RNA,后者与相应蛋白质组装成病毒颗粒。这类病毒包括脊髓灰质炎病毒和大肠杆菌 Qβ 噬菌体等。噬菌体 Qβ 含 30%的 RNA,其余为蛋白质,其 RNA 约由 4 500 个核苷酸组成,含有编码 3～4 个蛋白质分子的基因。其复制酶由 α、β、γ 和 δ 四个亚基组成。当 Qβ 的 RNA 侵入大肠杆菌后,其 RNA 本身作为有功能的 mRNA 正链,在噬菌体特异的复制酶装配好不久,就吸附到正链的 3′末端,再以负链为模板合成正链,如图 10-25 所示。所以两条链都是按照 5′→3′方向延长的。在最合适的条件下，无论正链或负链的合成速度均为每秒 35 个核苷酸。

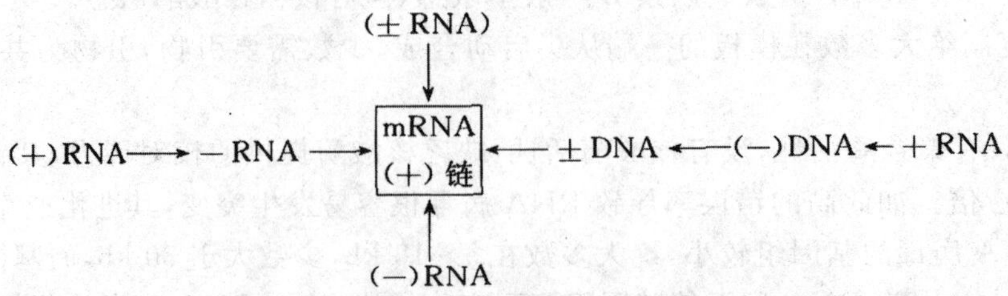

图 10-25　RNA 病毒合成 mRNA 的不同途径

第二种：含有负链 RNA 的病毒（如狂犬病毒和水疱性口炎病毒）侵入寄主细胞后，借助病毒带入的复制酶合成正链 RNA，再以正链 RNA 为模板合成新的负链 RNA，同时由正链 RNA 合成病毒复制酶及相关蛋白质，最后组装成新的病毒颗粒。

第三种：含有双链 RNA 的病毒（如呼肠孤病毒）侵入寄主细胞后在病毒复制酶作用下，以双链 RNA 为模板进行不对称转录，合成正链 RNA，再以正链 RNA 为模板合成负链，形成病毒 RNA 分子，同时由正链 RNA 翻译出复制酶及相关蛋白质，组装成新的病毒颗粒。

第四种：逆转录病毒含正链 RNA，在病毒特有的逆转录酶的催化下合成负链 DNA，进一步生成双链 DNA（前病毒），然后由寄主细胞酶系统以负链 DNA 为模板合成病毒的正链 RNA，同时翻译出病毒蛋白和逆转录酶，组成新的病毒颗粒。

第 11 章　蛋白质的生物合成(翻译)

蛋白质的生物合成即翻译是基因表达的最后一步，通过翻译，核酸分子中由 4 个字母(4 种核苷酸)编码的语言转变成蛋白质分子中由 22 个字母(22 种标准氨基酸)编码的语言。没有翻译，储存在 DNA 分子一级结构之中的遗传信息没有任何意义。与复制、转录相比，翻译过程更加复杂，整个过程牵涉到几百多种不同的生物大分子，这些分子共同组成了一个高效而精确的翻译机器。

蛋白质生物合成是现代生物化学的重要内容。对蛋白质生物合成的深入研究，将为揭示生命奥秘，解决某些医学难题，提供新的线索。

11.1　蛋白质生物合成体系

蛋白质的生物合成与体内其他生物合成相似，均需要原料、能量、场所、酶和蛋白质因子以及必要的无机离子等。蛋白质的合成过程除了需要消耗大量氨基酸和高能化合物 ATP，GTP，还需要多种生物大分子的参与，包括 mRNA，rRNA，tRNA 和一组蛋白因子。

$$\text{氨基酸}\xrightarrow[\text{酶，蛋白因子，ATP，GTP}]{\text{mRNA，tRNA，rRNA}}\text{蛋白质}$$

蛋白质生物合成的原料主要为 20 种由 mRNA 编码的氨基酸，供能物质为 ATP 和 GTP，合成过程主要在核糖体(也称为“核蛋白体”)上完成，其中蛋白质合成所需的许多酶和蛋白质因子本身就是核糖体的基本组分。合成以 mRNA 为模板，tRNA 为搬运工具，最终将核苷酸的排列顺序转换为氨基酸排列顺序，实现遗传信息的“翻译”(图 11-1)。据估计，蛋白质生物合成过程需要 200 多种生物大分子的参加。

11.1.1　蛋白质生物合成的原料和所需的酶

1. 合成原料

蛋白质合成的基本原料是 20 种编码氨基酸。但在某些生物体内，另外两种氨基酸，即吡咯赖氨酸和硒代半胱氨酸也可作为编码氨基酸参与蛋白质的生物合成，它们分别由终止密码子 UAG 和 UGA 所编码，并由特异的 tRNA 携带。合成过程需 ATP 或 GTP 提供能源，并需 Mg^{2+} 和 K^{+} 参与。

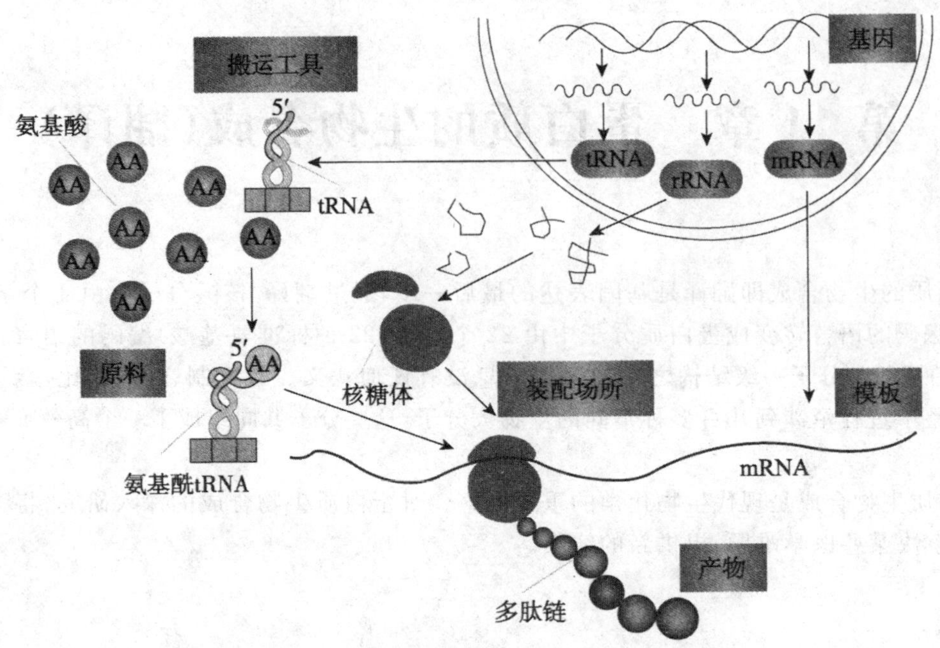

图 11-1　蛋白质生物合成体系的主要组分

2. 酶

(1)转位酶

其活性存在于延长因子 G 中,催化核糖体向 mRNA 的 3 端移动一个密码子的距离,使下一个密码子定位于"A 位"。

(2)转肽酶

转肽酶是核糖体大亚基的组成成分,催化核糖体"P 位"上的肽酰基转移至"A 位"的氨基酰-tRNA 的氨基上,使酰基与氨基缩合形成肽键,它受释放因子的作用后发生变构,表现出酯酶的水解活性,使 P 位上的肽链与 tRNA 分离。

(3)氨基酰-tRNA 合成酶

该酶在 ATP 的存在下,能催化氨基酸的活化以及与对应 tRNA 的结合反应。氨基酰-tRNA 合成酶位于胞液,具有绝对特异性,对底物氨基酸和 tRNA 都能高度特异地识别。因此,在胞浆中至少有 20 种以上的氨基酰-tRNA 合成酶,这些酶的绝对特异性是保证翻译准确性的关键因素。

3. 蛋白因子

蛋白质的生物合成还需要众多蛋白质因子的参与,翻译时它们仅临时性地与核糖体发生作用,之后从核糖体复合物中解离出来,包括起始因子(IF)、延长因子(EF)和释放因子(RF)。

IF 是一些与多肽链合成起始有关的蛋白因子。原核生物中存在 3 种起始因子,分别称为 IF-1,IF-2 和 IF-3。在真核生物中存在 9 种起始因子(elF)。其作用主要是促进核糖体小亚基、起始 tRNA 与模板 mRNA 的结合以及大、小亚基的分离。

延长阶段需要 EF 参与,原核生物存在 3 种延长因子(EF-Tu,EF-Ts,EF-G),真核生物存在 2 种(EF-1,EF-2),其作用主要是促使氨基酰-tRNA 进入核糖体的"A 位",并促进转位过程。

RF 的功能一是识别 mRNA 上的所有终止密码子,二是诱导转肽酶改变为酯酶活性,使肽链从核糖体上释放。在原核生物有 RF-1,RF-2,RF-3 三种,而真核生物只有一种。

11.1.2　蛋白质合成的模板——mRNA

mRNA 是翻译的模板,由它直接指导蛋白质的合成。mRNA 内部至少含有一个由起始密码子开始、以终止密码子结束的一段由连续的核苷酸序列构成的开放阅读框(open reading frame,ORF)。ORF 内的核苷酸序列直接决定翻译出来的多肽链的氨基酸序列。

如图 11-2 所示,mRNA 的 5′-端和 3′-端通常含有一段并不决定氨基酸序列的非编码序列(non-coding sequence,NCS)或称非翻译区(untranslated region,UTR)。原核生物的 mRN A 一般含有多个 ORF 的多顺反子 mRNA。通常至少在第一个结构基因的 5′-端有核糖体结合位点(ribosome binding site,RBS)。RBS 含有富含嘌呤的 SD 序列,能被核糖体识别结合,并起始翻译。每一个 ORF 的上游一般都含有 SD 序列,每一个 ORF 编码一种多肽或蛋白质,而真核生物 mRNA 通常是只有一个 ORF 的单顺反子(monocistron),因此一般只编码一种蛋白质,但是整个 mRNA 序列比编码蛋白质所需的序列要长得多,5′-UTR 一般比较短,通常小于 500 个碱基,而 3′-UTR 一般比较长,有的甚至超过一千个碱基。

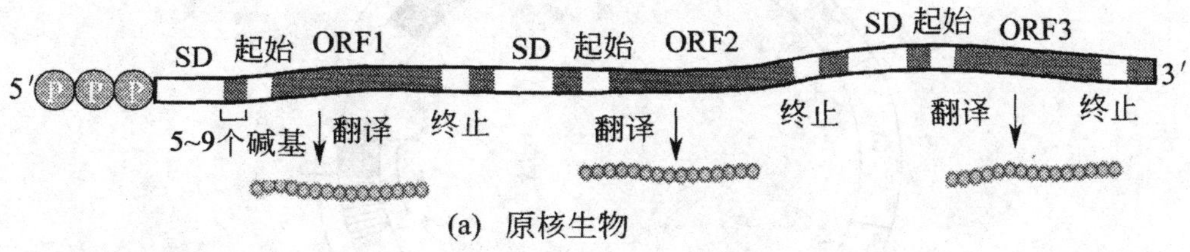

(a) 原核生物

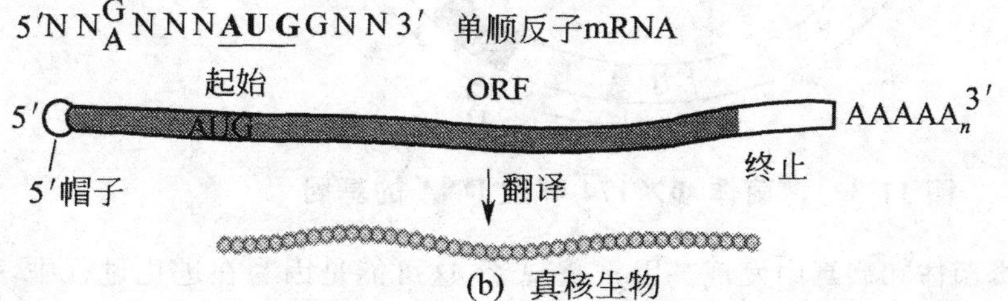

(b) 真核生物

图 11-2　原核生物 mRNA 和真核生物 mRNA 结构的比较

mRNA 链上每三个核苷酸翻译成蛋白质多肽链上的一个氨基酸,这三个核苷酸就称为密码子或三联体密码子。

遗传密码具有如下特性：

(1)方向性

密码子及组成密码子的各碱基在 mRNA 序列中的排列具有方向性(directionality)，即遗传密码阅读方向只能是从 5′→3′，也就是说翻译总是从位于 mRNA 开放阅读框架 5′端的起始密码子开始，一直阅读到 3′终止密码子结束。遗传信息在 mRNA 分子中的这种方向性排列决定了多肽链合成的方向是从氨基端到羧基端[见图 11-2(a)]。

(2)连续性

在 mRNA 链上，从起始信号到终止信号，密码子的排列是连续的，密码子之间既没有重叠也不存在间隔，即无标点。翻译时，必须正确选择阅读起点，依次译读，这样由起始密码子至终止密码子组成的一个区域叫阅读框架，简称阅读框。如果阅读框中缺失 1 个或两个核苷酸，或者跳跃 1 个核苷酸，所有密码子将发生连续改变即移码，从而产生错义的蛋白质。基因发生移码突变会产生严重后果，即此原因。

一般来说，一个阅读框编码一种蛋白质，基因是不重叠的，但在一些病毒中，同一 DNA 碱基顺序可以编码出两条不同的多肽链，这是由于有些基因可以完全埋藏在另一个基因之内或呈现部分重叠。例如，1976 年 Barrel 等发现，噬菌体 Φ×174 环型单链 DNA 为 5 386 nt，编码 9 种蛋白质，其中 E 基因的 237 nt 序列完全包含在长度为 456 nt 的 D 基因之内，但它们的阅读框不同。1977 年，Sanger 又发现 B 基因的 260 nt 完全位于含 1 546 nt 的 A 基因之内。此外，又发现另一个 K 基因跨越在 A 基因和 C 基因之间，基因 E 与基因 D 共用一段相同的碱基顺序，但阅读框不同，如图 11-3 所示。

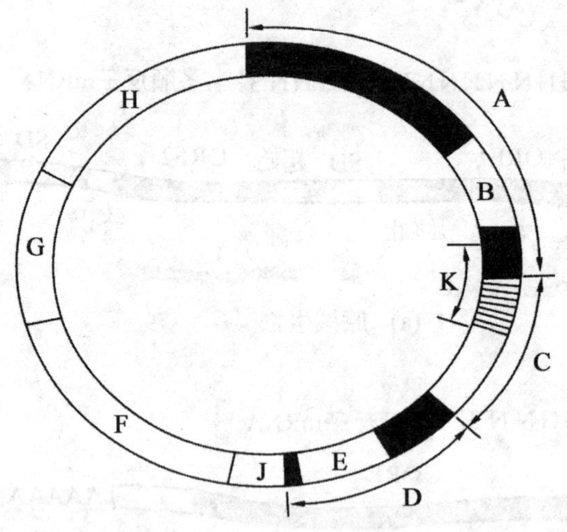

图 11-3 噬菌体 Φ×174 环型 DNA 的基因

迄今为止，只有在噬菌体和病毒中发现基因重叠现象，这可能是因为在进化过程中，它们的基因组很小，而又必须有多种基因产物，这种压力导致了基因重叠现象的发生。

(3)简并性

密码子共有 64 个，其中 61 个编码标准氨基酸。每一个密码子编码一种标准氨基酸，但标准氨基酸只有 20 种，所以一种氨基酸可以由几个密码子编码。只有甲硫氨酸和色氨酸有单一密码子，其余 18 种氨基酸各有 2～6 个密码子。编码同一种氨基酸的不同密码子称为同义密码子

(synonym codon)。同义密码子具有简并性(degeneracy),即不同密码子可以编码同一种氨基酸,并且只编码一种氨基酸。大多数同义密码子的第一、二碱基一样,区别在第三碱基。例如:UUU和UUC是同义密码子,都编码苯丙氨酸,其第一、二碱基都是UU,第三碱基分别是U和C。

密码的简并性具有重要的生物学意义。它可以减少有害的突变。一方面,如果每个氨基酸只有一个密码子,20组密码子就可以应付20种氨基酸的编码了,那么剩下的44组密码子都将会导致肽链合成的终止。由于突变而引起的肽链合成终止的频率也会大大提高。这样合成出来的残缺不全的多肽往往不具有生物活性。另一方面,密码简并使DNA的碱基组成有较大的变化余地,而仍保持多肽的氨基酸序列不变。如亮氨酸的密码子CAU中C突变成U时,密码子UUA决定的仍是亮氨酸,即这种基因的突变并没有引起基因表达产物——蛋白质的变化。

氨基酸的密码子数目与该氨基酸残基在蛋白质中的实用频率有关,频率越大,密码子数目越多。图11-4为大肠杆菌蛋白质中氨基酸的使用频率与各种氨基酸密码子数目之间的关系。

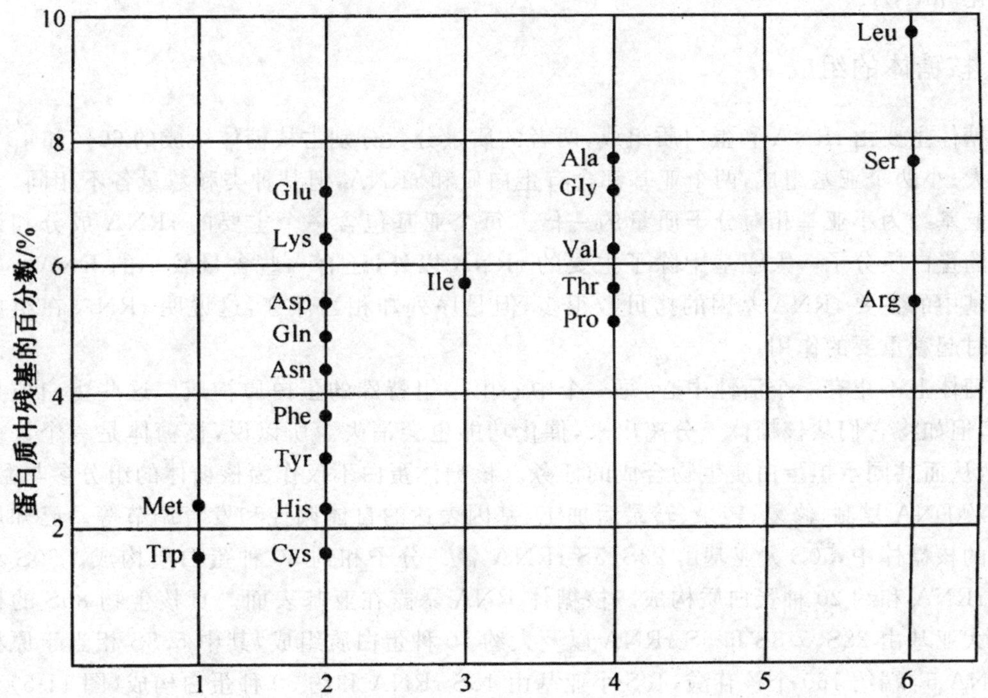

图11-4　大肠杆菌蛋白质中氨基酸的使用频率与各种氨基酸密码子数目

(4)摆动性(wobble)

翻译过程中,氨基酸需要tRNA搬运至mRNA的对应位置,其中位置的正确与否依赖于mRNA上的密码子与tRNA上的反密码子相互辨认。这种辨认主要由碱基互补配对决定,但有时密码子与反密码子的配对并不完全遵照碱基互补规律,尤其是密码子的第三位碱基与反密码子的第一位碱基配对时,即使不严格互补也能辨认配对,这种现象称为摆动。

(5)相对通用性

不论高等或低等生物,从细菌到人类都拥有一套共同的遗传密码,这种现象称密码的通用性。但是近年来发现,线粒体的编码方式与通常遗传密码有所不同。脊椎动物线粒体的特殊摆动性，使其 22 种 tRNA 就能识别全部氨基酸密码子，而正常情况下至少需要 32 种 tRNA。如在线粒体的遗传密码中，AUA、AUG、AUU 为起始密码，AUA 也可为甲硫氨酸密码子，UGA 为色氨酸密码子，AGA、AGG 为终止密码等。

11.1.3 蛋白质合成的场所——核糖体

核糖体是为蛋白质的生物合成提供场所的细胞器，呈颗粒状，在蛋白质生物合成过程中，氨基酸在核糖体中加入到多肽链中。

细菌的核糖体是附着在 mRNA 上的。在真核的胞质中核糖体总是和细胞骨架或粗面内质网的膜相结合。核糖体在细胞中从事翻译时并不是游离的，总是直接或间接地和细胞结构相连接，以上是其共同点。核糖体可以单独产生功能（单核糖体，monosomes），但是更常见的是它们成簇同时结合在一条 mRNA 上（多核糖体，polysomes），多核糖体可以从细胞中抽提而且常常被用来纯化 mRNA。

1. 核糖体的组成

核糖体主要由 rRNA 和蛋白质组成，两者的质量分数分别占核糖体组成的 60％和 40％。核糖体由大、小两个亚基组成，两个亚基都含有蛋白质和 rRNA，但其种类和数量各不相同。

大亚基约为小亚基相对分子质量的一倍。每个亚基包含一个主要的 rRNA 成分和许多不同功能的蛋白质分子。大亚基中除了主要的 rRNA 以外，还有一些含量较小的 RNA。虽然核糖体亚基中的主要 rRNA 基因的拷贝数很多，但是序列却相当保守，这说明 rRNA 在组成功能核糖体时起着重要的作用。

核糖体上不止有一个活性中心，每一个中心由一组特殊的蛋白质构成。这些蛋白质具有催化功能，但如将它们从核糖体上分离出来，催化功能也会消失。所以说，核糖体是一个许多酶的集合体，从而共同承担蛋白质生物合成的任务。核糖体蛋白不仅作为核糖体的组分参与翻译，而且还涉及 DNA 复制、修复、转录、转录后加工、基因表达的自体调控和发育调节等。已知原核生物 70S 的核糖体中，50S 大亚基由 23S、5S rRNA 各一分子和约 30 种蛋白质构成。30S 小亚基由 16S rRNA 和约 20 种蛋白质构成。核糖体 RNA 暴露在亚基表面。真核生物 80S 的核糖体中 60S 大亚基由 28S、5.8S 和 5S rRNA 以及大约 40 种蛋白质组成，其中 5.8S 相当于原核生物 23S rRNA 5′-端约 160 个核苷酸，40S 小亚基由 18S rRNA 和约 30 种蛋白构成（图 11-5）。

2. 核糖体的功能

mRNA 与核糖体的结合是在小亚基靠大亚基的接触面上。在细胞内，一个 mRNA 分子常与一定数目的单个核糖体结合形成念珠状，称为聚核糖体。每个核糖体可独立进行蛋白质肽链的合成全过程，即在多聚核糖体上可以同时进行多条肽链的合成，以提高遗传信息表达的效率。如图 11-6 所示为原核生物中同时进行的 mRNA 转录和多肽的翻译。真核生物的转录和翻译不偶联，核糖体可以自由地存在于细胞质中，或与内质网膜结合。

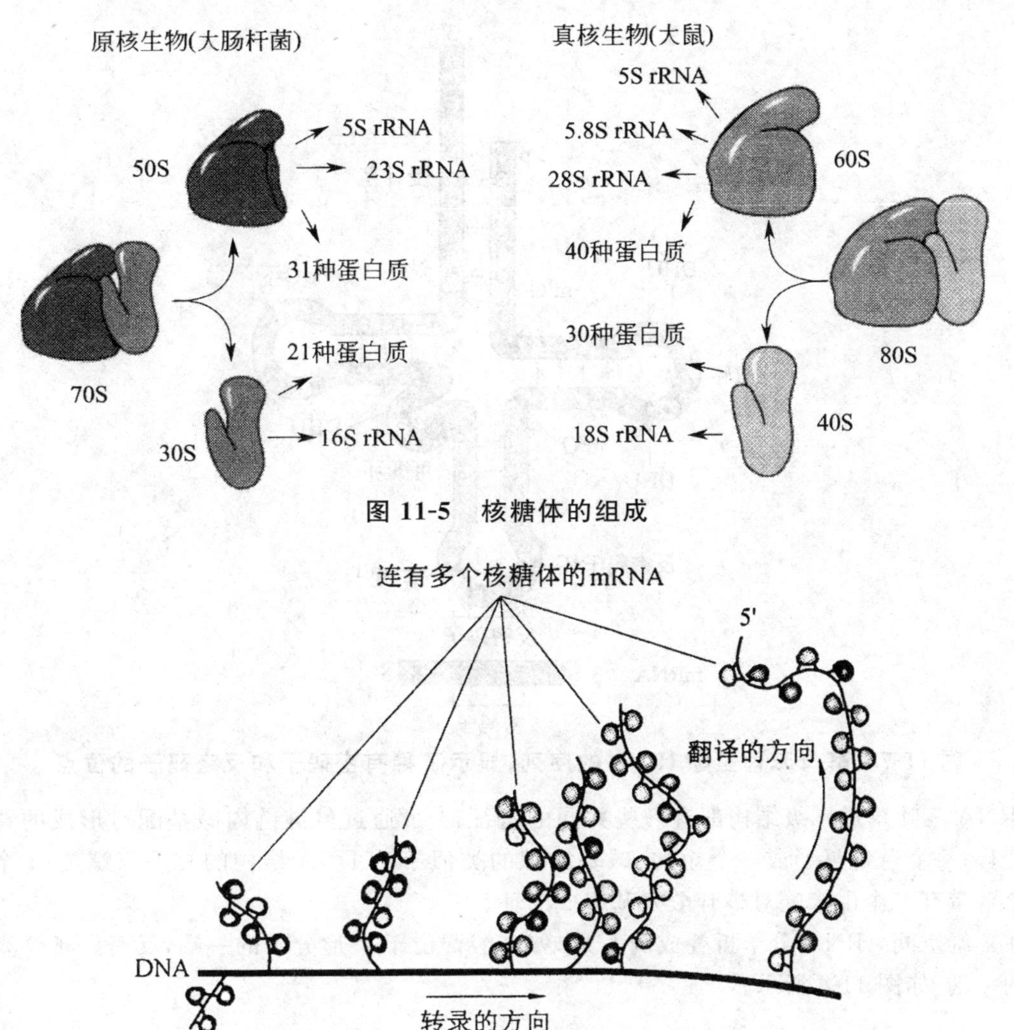

图 11-5　核糖体的组成

图 11-6　大肠杆菌中 mRNA 的转录与多肽的翻译是同时进行的

每一条 mRNA 链上所“串联”的核糖体数目与生物种类有关，核糖体之间的距离也随生物种类而异。多聚核糖体形式是生物体为避免由于合成过量的同种 mRNA 而导致突变的一种适应。

11.1.4　蛋白质合成的搬运工——tRNA

tRNA 是蛋白质合成的搬运工，tRNA 在翻译中的功能有两项：一是将氨基酸运载到核糖体，二是通过其反密码子与 mRNA 上的密码子之间的相互作用对遗传密码进行解码，将其最终转化成多肽链上的氨基酸序列。一个细胞中通常具有 70 多种 tRNA，负责运载 20 余种氨基酸，这就意味着多数氨基酸不止一种 tRNA。携带同一种氨基酸的几种不同 tRNA 分子被称为同工受体 tRNA(isoaccepting tRNA)。

1965 年，tRNA 的结构是由 R. N. Holley 等对酵母丙氨酸 tRNA 的研究首先发现的。几百种来自细菌和真核生物的 tRNA 的序列通过碱基的互补配对都能形成三叶草形(cloverleaf)的结构，如图 11-7 所示。

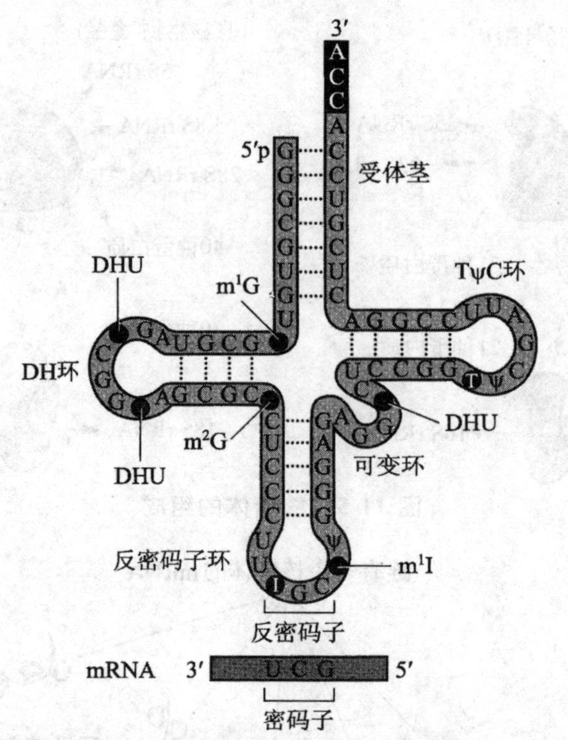

图 11-7 酵母苯丙氨酸 tRNA 的序列,显示了稀有密码子和反密码子的位点

tRNA 三叶草形二级结构都有一些共同的特征:4 个通过氢键链内碱基配对形成的臂和一个可变环;每个臂都可形成一个短的、碱基堆积的类似于 A-DNA 结构的右手双螺旋;4 个臂中有 3 个臂带有一个由未配对核苷酸残基组成的环。

在三维空间,tRNA 分子折叠成倒 L 形,氨基酸臂位于 L 形分子的一端,反密码子臂则处于相反的一端,如图 11-8 所示。

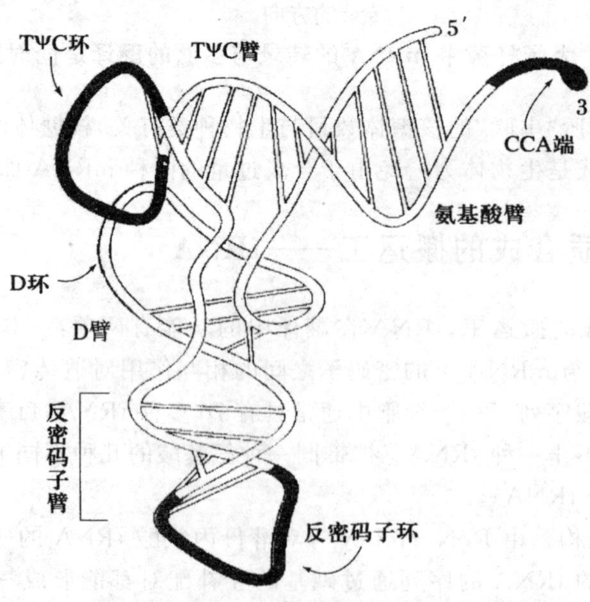

图 11-8 tRNA 的倒 L 形三级结构

tRNA 分子中的大多数核苷酸都处于两个成直角的、堆积的螺旋中。碱基之间堆积的相互作用就像稳定 DNA 双螺旋那样对 tRNA 的稳定性具有重要的贡献。

每一种 tRNA 都有一个反密码子(anticodon),它是 tRNA 反密码子环上的一个三碱基序列,可以识别 mRNA 编码区的密码子,并与之结合(图 11-9)。因此,mRNA 通过碱基配对选择正确的氨酰 tRNA,并允许将氨酰 tRNA 携带的氨基酸连接到肽链上。

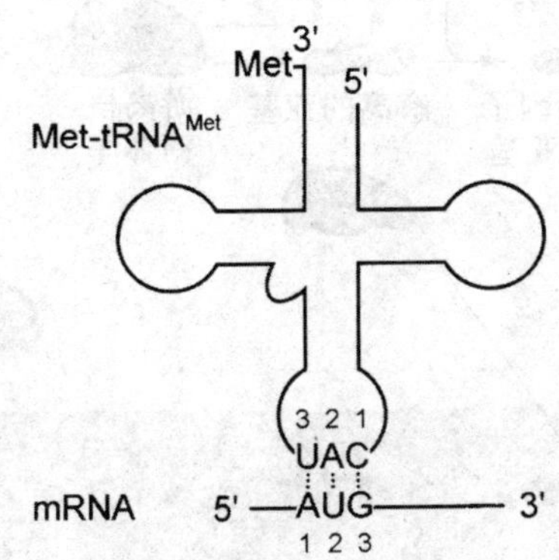

图 11-9　tRNA 读码

tRNA 主要由 4 个功能区组成。在 ATP 和酶的存在下,tRNA 可与特定的氨基酸结合,并通过其分子中的反密码子(anticodon)与 mRNA 上对应的密码子互补配对,将氨基酸准确地搬运至核糖体上 mRNA 的对应密码子处。

tRNA 反密码子的第 1 个核苷酸(5′端核苷酸)与 mRNA 密码子的第 3 个核苷酸(3′端核苷酸)配对时,并不严格遵循碱基配对原则,除 A-U、G-C 配对外,还有 U-G、I-C、I-A 配对,此种配对方式称为不稳定配对(wobble base pair)或摆动性(图 11-10)。

		3 2 1	3 2 1	3 2 1
反密码子	(3′)	G–C–I	C–C–I	G–C–I (5′)
		≡ ≡ ≡	≡ ≡ ≡	≡ ≡ ≡
密码子	(5′)	C–G–A	C–G–U	G–G–C (3′)
		1 2 3	1 2 3	1 2 3

图 11-10　密码子与反密码子的配对

11.2　原核生物翻译过程

蛋白质的合成可分为氨基酸的活化、翻译的起始、肽链的延伸、肽链的终止等阶段(图 11-11)。在细胞质中,mRNA 先与核糖体结合,第一个 tRNA 把一个氨基酸放在肽链起始位置上,另一个 tRNA 带来第二个氨基酸;第一个氨基酸以羧基连到第二个氨基酸上,形成肽键;核糖体向右移三个核苷酸位置,第一个 tRNA 脱落,准备好位置迎接第三个 tRNA 及其所带的氨基酸。如此重复,直到在 mRNA 上出现终止密码子。于是,不再有新的 tRNA 上来,肽链合成结束,核糖体与 mRNA 脱开。翻译过程中,由于每一个氨基酸是严格按照 mRNA 模板的密码序列被逐个合成到肽链上，因此，mRNA 上的遗传信息被准确地翻译成特定的氨基酸序列。

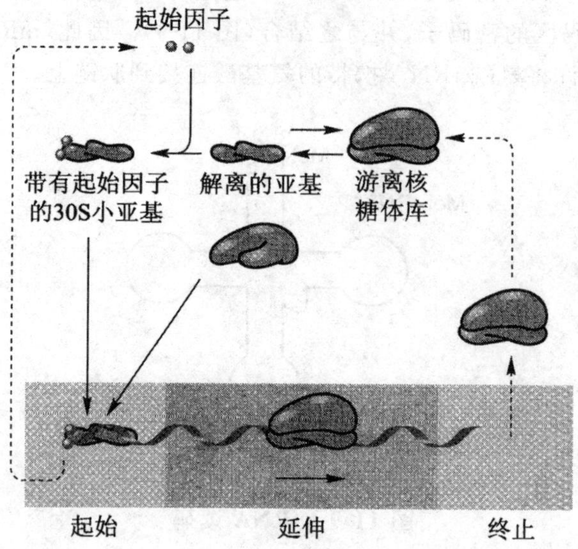

图 11-11　翻译起始需要游离的核糖体亚基

当核糖体在上次翻译终止被释放时，其 30S 小亚基就与起始因子结合，然后解离产生游离的亚基。当亚基重新组合，产生在起始时具有功能的核糖体，释放出起始因子

11.2.1　氨基酸的活化

肽链合成中，氨基酸本身不能进入核糖体，必须结合到特定 tRNA 上，才能被带到 mRNA-核糖体复合体上，该连接是由 AA-tRNA 合成酶催化完成。氨基酸活化后才能连接到 tRNA 分子上，这一过程称为氨基酸活化。反应分两步进行，具体如图 11-12 所示。

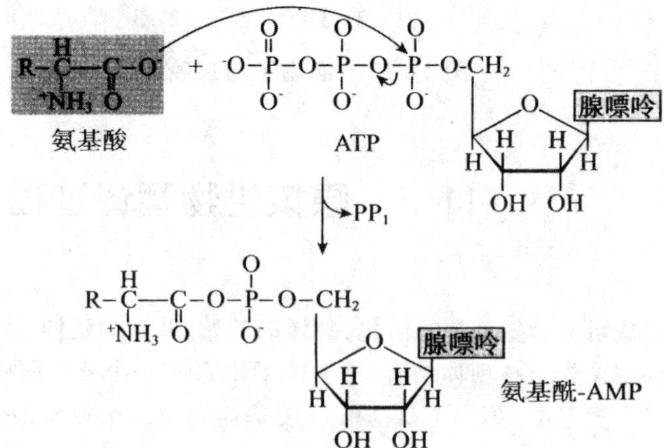

第二步反应:

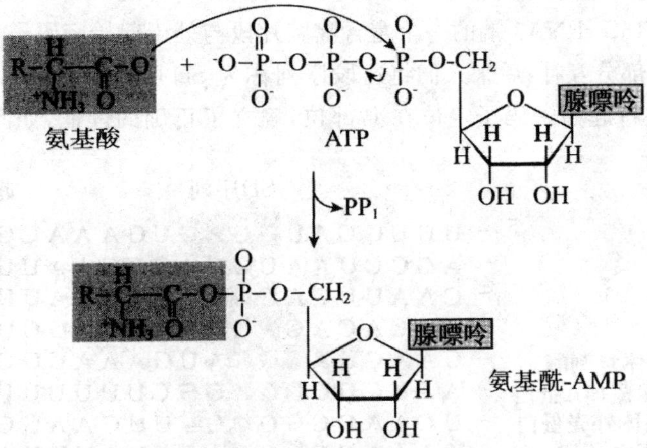

R—CH(⁺NH₃)—COO⁻ + ATP (腺嘌呤) —→ 氨基酰-AMP + PP_i

图 11-12　氨基酰-tRNA 合成酶催化反应

第一步反应:氨基酸活化,由 ATP 提供能量,形成中间产物氨基酰-AMP-酶。

氨基酸＋ATP-酶⟶氨基酰-AMP-酶＋PPi

第二步反应:中间产物氨基酰-AMP-酶与相应的 tRNA 形成氨基酰-tRNA。

氨基酰-AMP-酶＋tRNA ⟶氨基酰-tRNA＋AMP＋酶

氨基酰-tRNA 合成酶对底物氨基酸和 tRNA 都有高度特异性,同时氨基酰-tRNA 合成酶还具有校正活性。

每一种氨基酸都有与之对应的氨基酰-tRNA 合成酶,该酶既能够识别相应的氨基酸,又能识别与此氨基酸相对应的一个或多个 RNA 分子。氨基酰-tRNA 合成酶是通过 tRNA 三维结构(主要是反密码子或副密码子)以及氨基酸结构来识别双方是否是正确的对应关系,如果是,氨基酰-tRNA 合成酶就能够使两者连接起来。许多氨基酰-tRNA 合成酶具有校对功能,如果形成的氨基酰-tRNA 产物不是正确的对应关系,则该酶会立刻启动校对功能活性,将上述氨基酰-tRNA 产物水解。在氨基酰-tRNA 合成酶双重功能的监控下,转译过程的错误频率得以有效降低。

11.2.2　翻译的起始

1. 翻译起始位点

在翻译起始阶段,确立正确的读框对于信息从 mRNA 精确地转移给蛋白质是至关重要的。读框即使只漂移一个核苷酸都会改变整个多肽的序列,导致一个非功能蛋白质的合成。所以翻译机器应当准确定位在作为蛋白质合成的起始位点的起始密码子处。就像我们在前面遗传密码一节所提到的,在几乎所有 mRNA 中翻译的第一个密码子都是 AUG。这个起始密码子不一定就是相应的 mRNA 的头三个核苷酸,事实上它可以位于 mRNA 模板的任何部位。而且翻译机器不是在每一个 AUG 密码子处都可以启动翻译。因为 AUG 也是蛋白质序列内部蛋氨酸残基的密码子,因此翻译机器需要区别起始和内部蛋氨酸的密码子。

在原核生物中,起始密码子的选择不仅取决于 tRNA 的反密码子和 mRNA 密码子的相互作用,也取决于核糖体与 mRNA 的相互作用。1974 年,John Shine 和 Lynn Dalgmo 发现核糖体 30S 亚基中的 16S rRNA3′端的一个富含嘧啶片段与处于起始密码子上游的一段富含嘌呤的 3～10 个核苷酸序列部分互补,后来人们将这段序列称为 SD 序列。mRNA 的 SD 序列与 16S rRNA 之间的碱基配对将起始密码子定位在 P 部位,确立了正确的读框,如图 11-13 所示。

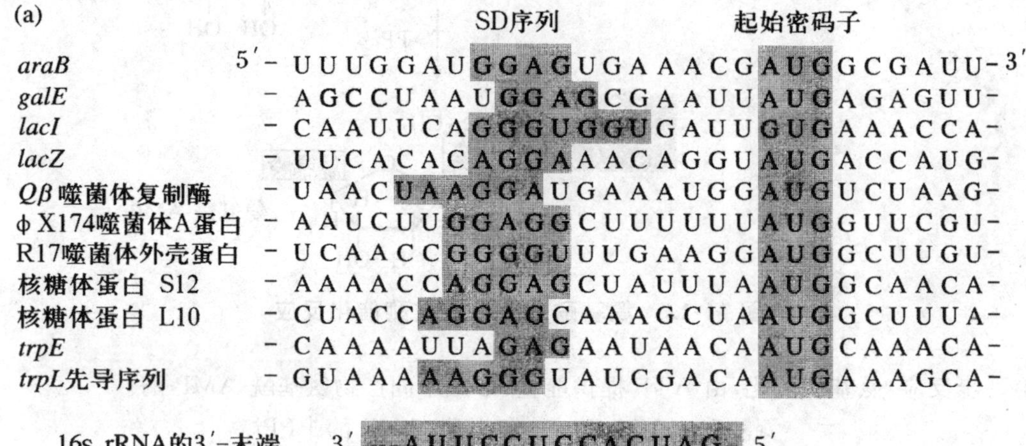

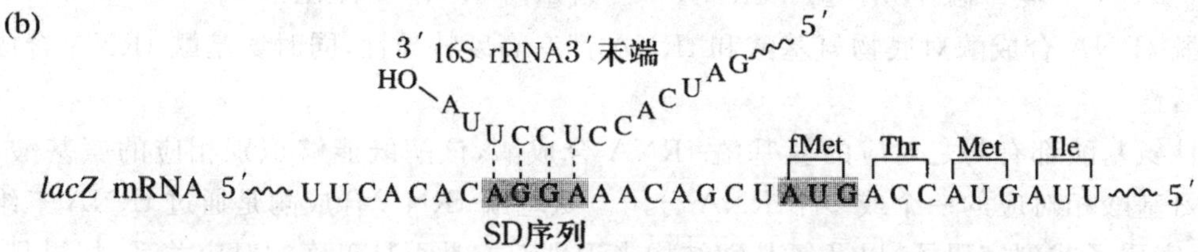

图 11-13 一些被大肠杆菌核糖体所识别的翻译起始序列

(a)一些原核生物转录产物 mRNA 的含 SD 序列和起始密码子的部分序列,
下方为 30S 亚基中识别并与 SD 序列结合的 16S rRNA 的 3′末端序列;
(b)*lacZ* mRNA 的 SD 序列与 16S rRNA 结合的例子

2. 起始复合物的形成

起始子 Met-tRNA$_f$ 结合到 30S mRNA 复合物上的是通过 IF-2 实现的。首先,IF-2 和 30S mRNA 复合物结合,同时 GTP 和 30S mRNA 复合物结合,然后 fMet-tRNA$_f$ 通过 IF-2 结合到 30S mRNA 复合物上,形成起始复合物,IF-2-fMet-tRNA 二元复合物再和 30S mRNA 复合物结合。只有起始 tRNA 才能和 IF-2 结合。其他任何氨-酰 tRNA 都不能参加起始反应。在这一阶段,IF-2 保留在 30S 小亚基上,可以进一步地发挥作用。这个因子具有核糖体依赖性 GTP 酶活性(ribosome-dependent GTPase activity),负责水解存在于核糖体上的 GTP,释放出高能键中储存的能量,如图 11-14 所示。

当 50S 大亚基和 30S 小亚基结合形成完整的核糖体时,GTP 已被水解,如图 11-15 所示。IF-2 本身并不是 GTPase,但带有这种功能的核糖体蛋白可以被有效激活。GTP 的水解可能涉及核糖体构象的改变,这样结合后的亚基变成了有活性的 70S 核糖体。

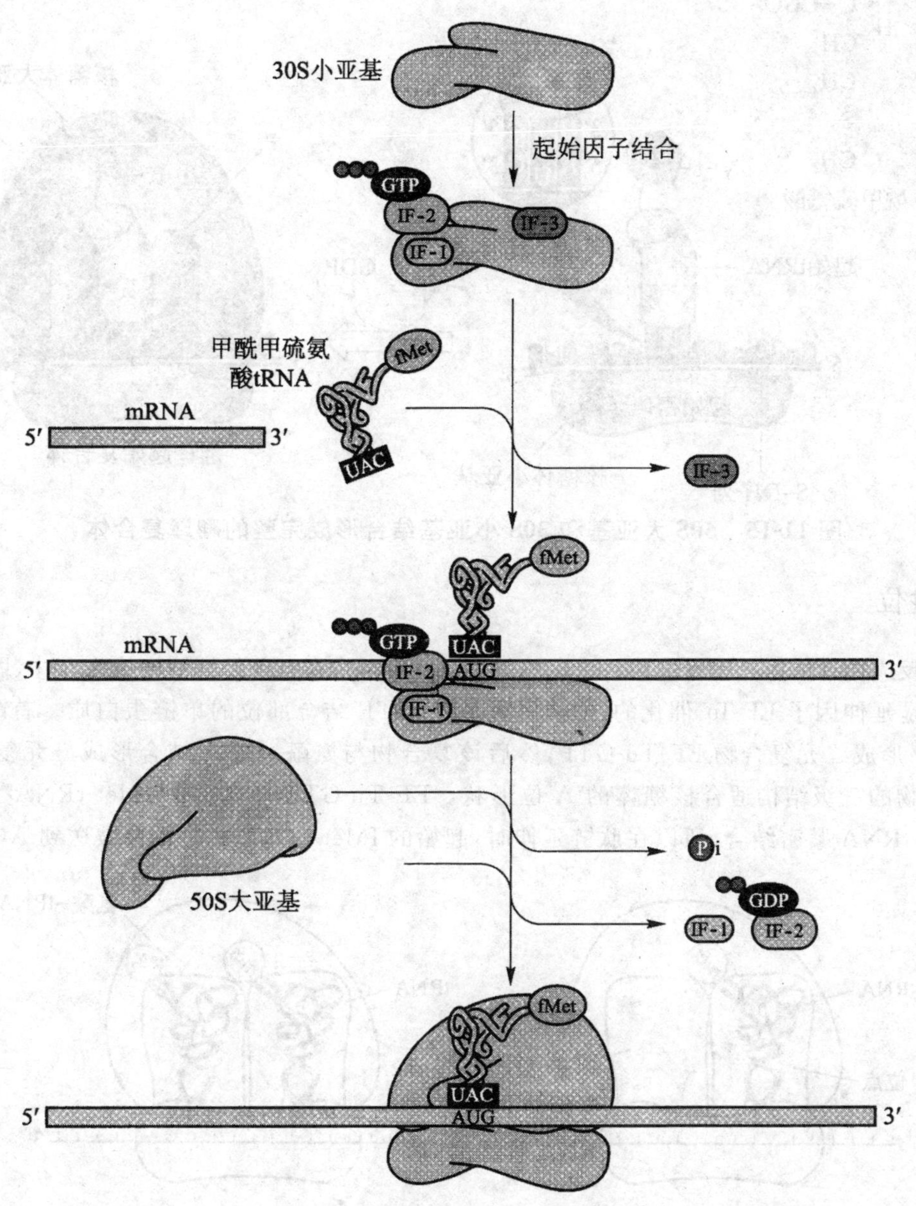

图 11-14　翻译起始的过程

11.2.3　肽链的延伸

肽链的延伸包括进位、转肽和移位 3 个步骤。当起始过程结束后，mRNA 上起始密码子之后的密码子的翻译由这 3 个反应重复进行来完成每个氨基酸的掺入。

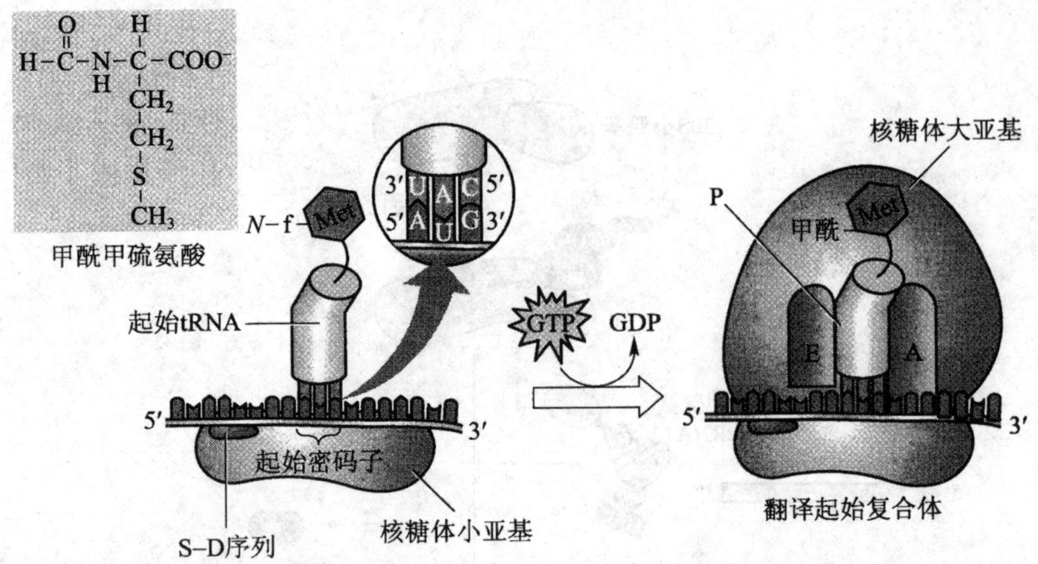

图 11-15　50S 大亚基和 30S 小亚基结合形成完整的翻译复合体

1. 进位

延伸反应循环的第一个反应是将正确的氨酰 tRNA 定位在空着的核糖体的 A 位中(图 11-16)，这步反应是延伸因子 EF-Tu 催化的，EF-Tu 是含有 GTP 结合部位的单链蛋白质。首先 EF-Tu 结合 GTP 形成二元复合物 EF-Tu-GTP，然后该复合物与氨酰-tRNA 结合形成三元复合物，该三元复合物的三级结构适合核糖体的 A 位形状。EF-Tu-GTP 能与除了 fMet-$tRNA_f^{Met}$ 之外的所有氨酰-tRNA 紧密结合，所以在肽链延伸时，起始的 fMet-$tRNA_f^{Met}$ 是不会被送到 A 位的。

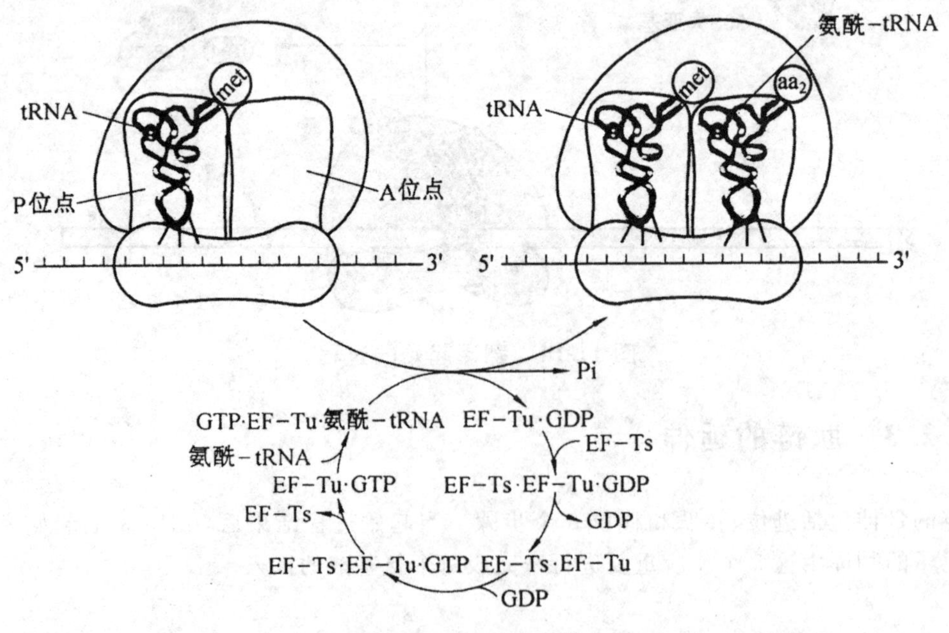

图 11-16　原核生物蛋白质合成中第二个氨酰-tRNA 的加入

当使正确的氨酰-tRNA 定位在核糖体的 A 位后，结合的 GTP 水解为 GDP 和 P_i，导致 EF-Tu-GDP 游离出来，在另一个延伸因子 EF-Ts 催化下，GTP 取代 GDP 重新生成 EF-Tu-GTP，以便能够结合下一个氨酰-tRNA 分子。

2. 转肽

A 位新加入的氨酰-tRNA 上氨基酸的氨基对 P 位 fMet-$tRNA_f^{Met}$(第一个肽键形成后，P 位为肽酰-tRNA)上氨基酸与核糖连接的酯键发动亲核攻击，使酯键转变成肽键，在 A 位形成二肽酰-tRNA，fMet 离开 P 位，P 位上的 $tRNA_f^{Met}$ 变为空载(图 11-17)。

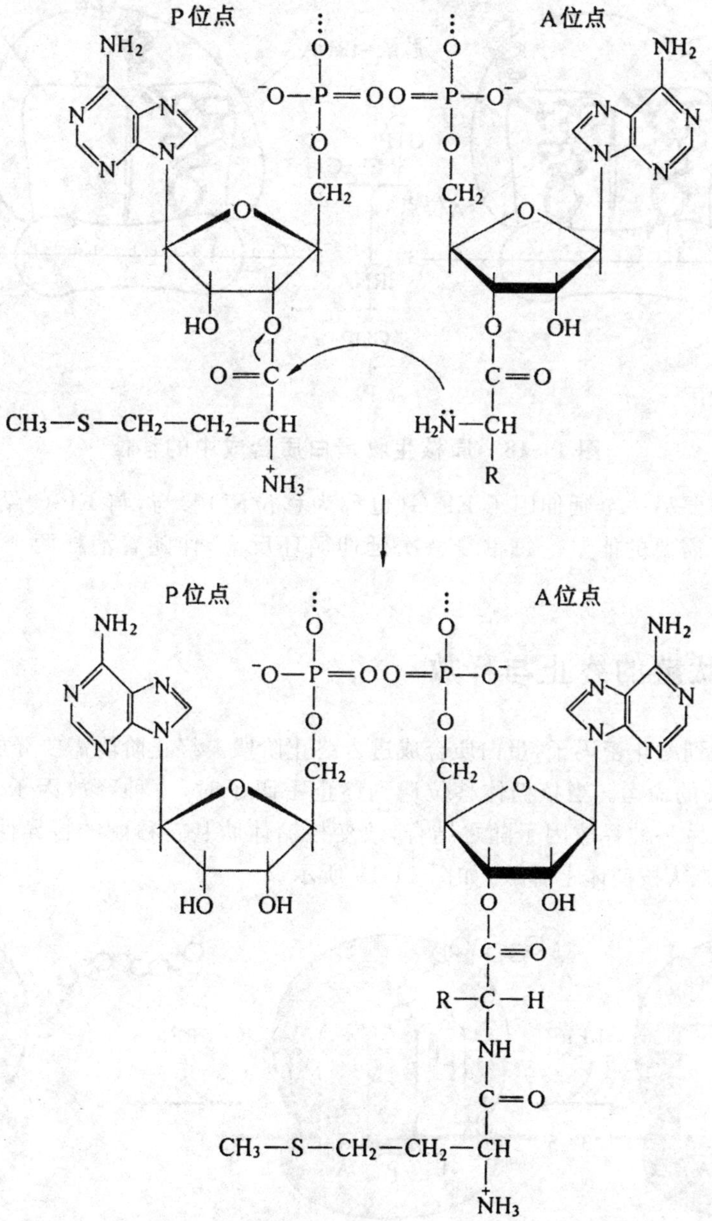

图 11-17　蛋白质合成中第一个肽键的形成

3. 移位

在肽键形成之后，核糖体向 mRNA 的 3′端移动一个密码子的距离，移动导致仍与 mRNA 结合的新合成的二肽酰-tRNA 从 A 位移至 P 位，结果 A 位被空了出来，又可接受下一个氨酰-tRNA。原来位于 P 位的脱去氨酰基的 tRNA 进入 E 位，然后脱离核糖体进入胞浆（图 11-18）。如此反复地进行进位、转肽和移位的“循环”，肽链被延长，直至 mRNA 的终止密码子出现在核糖体的 A 位时为止。

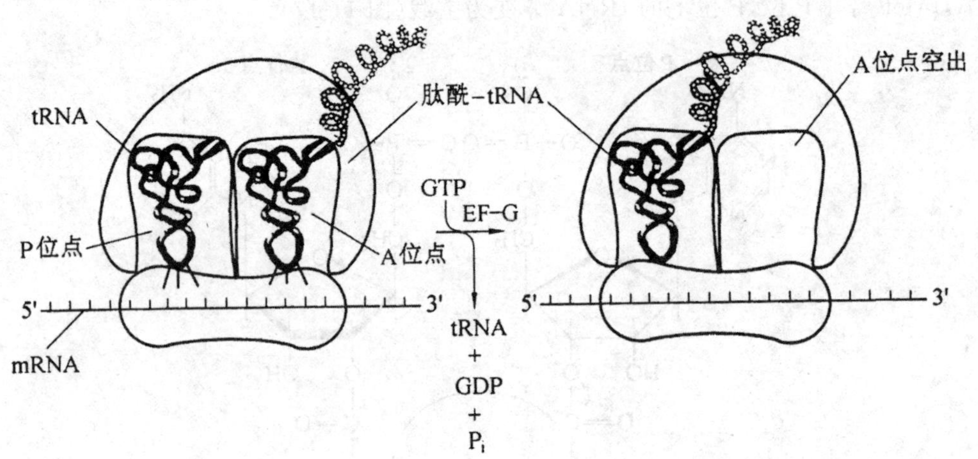

图 11-18　原核生物蛋白质合成中的移位

核糖体移位需要另一个延伸因子 EF-G（也称为移位酶）参与，与 EF-G 结合的 GTP 水解释放能量提供移位所需要的能量。每重复一次延伸循环反应，伴随着消耗两个 GTP，多肽链上就增加一个氨基酸。

11.2.4　肽链的终止与释放

核糖体移位遇到终止密码子，蛋白质合成进入终止阶段。终止阶段需要释放因子决定 mRNA-核糖体-肽酰 tRNA 的命运。当核糖体移位遇到终止密码子时，一种释放因子与终止密码子及核糖体 A 位点结合，另一种释放因子随之结合，改变核糖体肽基转移酶的特异性，催化 P 位点肽酰 tRNA 水解，使肽链从核糖体上释放，如图 11-19 所示。

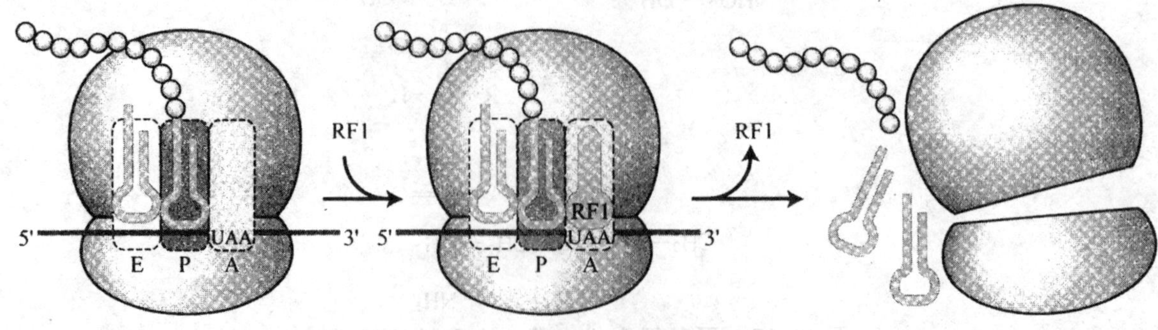

图 11-19　原核生物翻译终止

然后,释放因子进一步促使脱酰 tRNA 脱离核糖体,促使核糖体解离成亚基而脱离 mRNA。核糖体可在 mRNA 的 5′端重新装配,从而开始新一轮蛋白质合成。新生肽链从核糖体上释放之后,经过加工修饰,形成具有天然构象的蛋白质。

11.3 真核生物翻译过程

真核生物与原核生物在翻译起始阶段区别在于:真核生物起始 Met-tRNA$_i$ 不需要甲酰化;真核生物 mRNA 含 Kozak 序列,其包含的起始密码子是翻译起始位点;真核生物 mRNA 没有 SD 序列,核糖体结合位点是其 5′端帽子结构。

真核生物的肽链合成过程与原核生物的肽链合成过程基本相似,只是反应更复杂、涉及的蛋白质因子更多。表 11-1 所示为真核生物翻译起始因子及其对应的功能。

表 11-1 真核生物翻译起始因子

翻译起始因子	功能
eIFl,eIFl A	协同促进 40S 小亚基复合体的形成
eIF2	促使 Met-tRNA^{Met} 与 40S 小亚基结合
eIF2B,eIF3	最早与 40S 小亚基结合,促进后续反应
eIF4A	RNA 解旋酶,使 mRNA 与 40S 小亚基结合
eIF4B	结合 mRNA,协助寻找起始密码子
eIF4E	与帽子结合
eIF4F	帽子结合蛋白,由 eIF4A、eIF4E、eIF4G 组成
eIF4G	与 eIF4E 及 poly(A)尾结合
eIF5	促使其他因子与 40S 小亚基解离以形成起始复合体
eIF6	促使核糖体解离

真核生物翻译起始因子的符号都以 eIF 表示,与原核生物翻译起始因子具有相同功能的真核生物翻译起始因子用同一编号。

11.3.1 翻译的起始

真核生物肽链合成的起始过程如下:

①核糖体大、小亚基的分离。起始因子 eIF-2B、eIF-3 与核糖体小亚基结合,在 eIF-6 参与下,促进 80S 核糖体解离成大、小亚基。

②起始氨基酰-tRNA 结合。起始 Met-tRNA$_i^{Met}$ 和 GTP 的 eIF-2 共同结合于小亚基 P 位的起始位点。

③mRNA 在核糖体小亚基的准确就位起始密码子 AUG 上游无 S-D 序列，mRNA 在小亚基上的定位依赖于帽子结合蛋白复合物。该复合物通过 eIF-4E 结合 mRNA5′-帽子，poly A 结合蛋白(PAB)结合 3′-polyA 尾，使 mRNA 在小亚基准确就位。

④核糖体大亚基结合。已结合 mRNA、Met-$tRNA_i^{Met}$ 的小亚基迅速与 60S 大亚基结合，形成翻译起始复合物。同时，通过 eIF-5 作用和水解 GTP 供能，促进各种 elF 从核糖体释放。

11.3.2　肽链延伸和终止

真核生物的延伸循环非常类似于原核生物，具有同样的肽酰转移和核糖体移位的机制。两者差别是真核生物核糖体中没有 E 位，只有 A 位和 P 位。有 eEF-1 和 eEF-2 两个延伸因子，eEF-1 由 eEF-1A 和 eEF-1B 构成，eEF-1A 和 eEF-1B 的功能分别相当于原核生物中的 EF-Tu 和 EF-Ts 的功能。eEF-2 类似于 EF-G 功能。

真核生物的肽链终止也类似于原核生物，当核糖体移动遇到终止密码子 UAG、UAA 或 UGA 时，也是没有一个 tRNA 分子能够识别。不同的是真核生物有两种释放因子：eRF1 和 eRF3。eRF1 可以识别全部三种终止密码子。eRF3 具有 GTP 酶活性，作用与原核生物的 RF-3 一致。eRF3・GTP 与 eRF1 协同作用，促使肽酰 tRNA 水解释放新生肽链。

11.4　蛋白质的翻译后加工和靶向输送

11.4.1　蛋白质的翻译后加工

不管是原核生物还是真核生物，在细胞中直接翻译出来的产物通常是没有功能的，必须经历适当的后加工以后，才能最终成为有特定三维结构的功能分子。此外，不同的蛋白质在细胞中最后的定位也并非相同，需要通过共翻译或翻译后定向(targeting)与分拣(sorting)才能各就各位、各尽其职。

翻译后加工并不是一定要等到翻译结束以后才可以进行。事实上，很多后加工反应在多肽链还没有从核糖体上释放出来的时候就已经开始。在翻译期间，位于多肽离开通道的多肽片段由于受到核糖体的保护，一般不会受到后加工。一旦它们离开通道就可能经历各种形式的翻译后加工。

1. 一级结构的修饰

(1)N 端和 C 端的修饰

在原核生物中几乎所有蛋白质都是从 N-甲酰甲硫氨酰开始，真核生物从甲硫氨酸开始。当肽链合成达 15～30 个氨基酸残基时，脱甲酰基酶水解除去 N 端的甲酰基，然后氨肽酶再切除一个或多个 N 端氨基酸。但是大多数天然蛋白质 N 端的第一个氨基酸不是上述氨基酸，细胞内的脱甲酰基酶或氨基肽酶可以去掉 N-甲酰基或去掉 N 端的蛋氨酸。另外，在 50％的真核蛋白质中,N 端的氨基被乙酰化。有时,C 端的残基也可被酶切除。

去除 N 端甲酰甲硫氨酰的基本步骤如下:

$$\text{N-甲酰甲硫氨酰} \xrightarrow{\text{脱甲酰基酶}} \text{甲酸} + \text{甲硫氨酰-肽}$$

$$\text{甲硫氨酰} \xrightarrow{\text{氨肽酶}} \text{甲硫氨酸} + \text{肽}$$

(2)氨基酸侧链的化学修饰

氨基酸侧链的修饰作用包括磷酸化(如核糖体蛋白质)、糖基化(如各种糖蛋白)、甲基化(如组蛋白、肌肉蛋白质)、羟基化(如胶原蛋白)和羧基化等。生物体内最普通发生修饰作用的氨基酸残基及其修饰产物,如图 11-20 所示。表 11-2 列出了各种氨基酸常见的修饰。

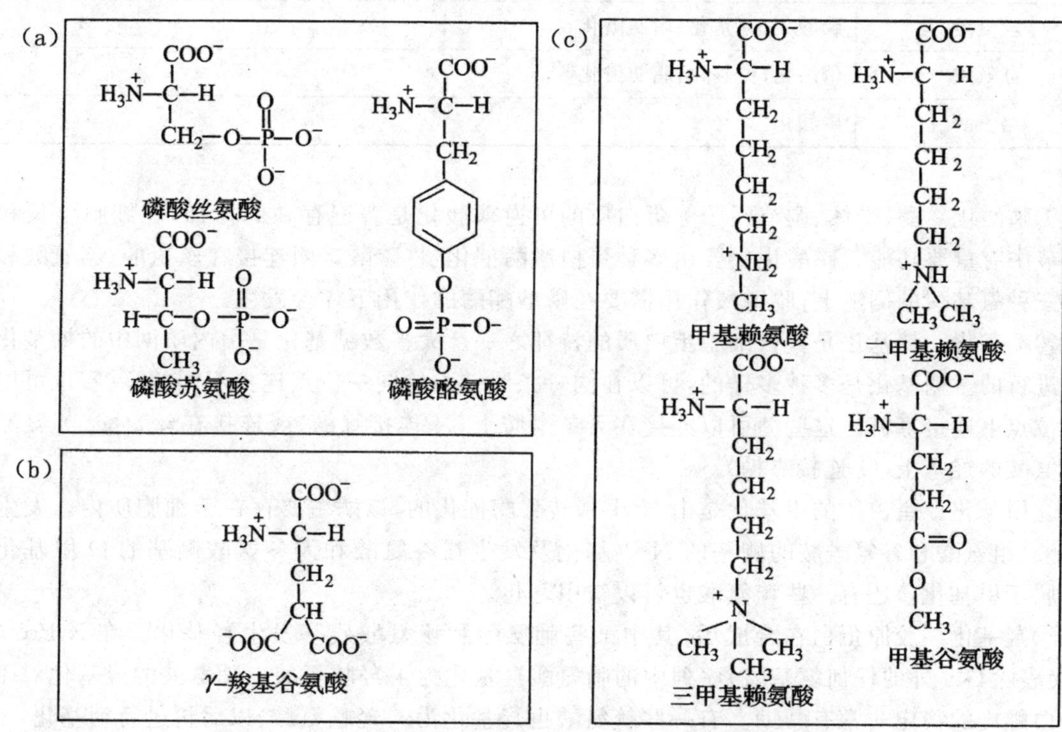

图 11-20　生物体内常见的被修饰的氨基酸及其修饰产物

表 11-2　蛋白质前体加工过程中氨基酸残基的修饰

氨基酸残基	修饰
丙氨酸	氨基端甲化
精氨酸	ADP-核糖基化;氨基端甲基化
天冬酰胺	ADP-核糖基化;糖基化;氨基端甲基化;羟基化
天冬氨酸	羟基化;羧基化
半胱氨酸	二硫键形成;脂肪酰化
谷氨酸	羟基化;甲基化
谷氨酰胺	氨基端甲基化

续表

氨基酸残基	修饰
甘氨酸	氨基端的肉豆蔻酰化
组氨酸	形成白喉酰胺,以后 ADP-核糖基化;氨基端甲基化
赖氨酸	羟基化
甲硫氨酸	氨基端甲基化
苯丙氨酸	氨基端甲基化
脯氨酸	羟基化;氨基端甲基化
丝氨酸	磷酸化;糖基化;脂肪酰化
苏氨酸	磷酸化;糖基化;脂肪酰化
络氨酸	磷酸化

①磷酸化。酶、受体、调节因子等蛋白质的可逆磷酸化是普遍存在的修饰,在细胞生长和代谢调节中有重要功能。磷酸化主要由多种蛋白激酶催化,将磷酸基团连接在丝氨酸、苏氨酸和酪氨酸三种氨基酸的侧链上,脱磷酸作用需要在磷酸酯酶的作用下才会发生。

②糖基化。糖基化是真核细胞蛋白质的特征之一。大多数糖基化是由内质网中的糖基化酶催化进行的。糖基化是多种多样的,可以在同一条肽链上的同一位点连接不同的寡糖,也可以在不同位点上连接寡糖。这些糖可以连接在天冬酰胺上(N-连接寡糖)或连接在丝氨酸、苏氨酸或羟赖氨酸的羟基上(O-连接寡糖)。

③甲基化。蛋白质的甲基化是由 N-甲基转移酶催化的,该酶主要存在于细胞质内。发生在精氨酸、组氨酸和谷氨酰胺的侧基的 N-甲基化及发生在谷氨酸和天冬氨酸侧基的 O-甲基化这些都属于甲基化。还有一些赖氨酸也可以被甲基化。

④羟基化。胶原蛋白在合成后,其中某些脯氨酸和赖氨酸残基发生羟基化。在 X-Pro-Gly(X 代表除 Gly 外的任何氨基酸)序列中的脯氨酸羟基化为 4-羟脯氨酸。脯氨酸的羟基化对于胶原蛋白螺旋的稳定非常有帮助。有一些赖氨酸也羟基化为 5-羟赖氨酸,以后再进行糖基化。

⑤羧基化。有些蛋白质的谷氨酸和天冬氨酸可以发生羧基化作用,如血液凝固蛋白凝血酶原的谷氨酸可以羧基化形成矿羧基谷氨酸,后者可以与 Ca^{2+} 螯合。

⑥ADP-核糖基化。ADP-核糖基化是指一个或多个 ADP-核糖从 NAD^{+} 上转移到受体蛋白质上,核糖与氨基酸残基以 N-或 D-糖苷键结合。例如,单个 ADP-核糖与精氨酸、天冬酰胺残基的 N 以Ⅳ糖苷键结合。多 ADP-核糖基化主要在细胞核内进行,先将一个 ADP-核糖与谷氨酸残基的羧基链或与 C 端赖氨酸的羧基形成 O-糖苷连接,多个 ADP-核糖在以后再进行连接,形成多聚 ADP-核糖侧链。

(3)水解修饰

某些前体蛋白质可以经蛋白酶水解生成有活性的蛋白质。含有 256 个氨基酸的鸦片促黑皮素原(POMC)可以被水解生成 ACTH(39 肽)、β-促黑激素(β-MSH)(18 肽)、β-内啡肽(11 肽)和 β-脂酸释放激素等活性物质(图 11-21)。

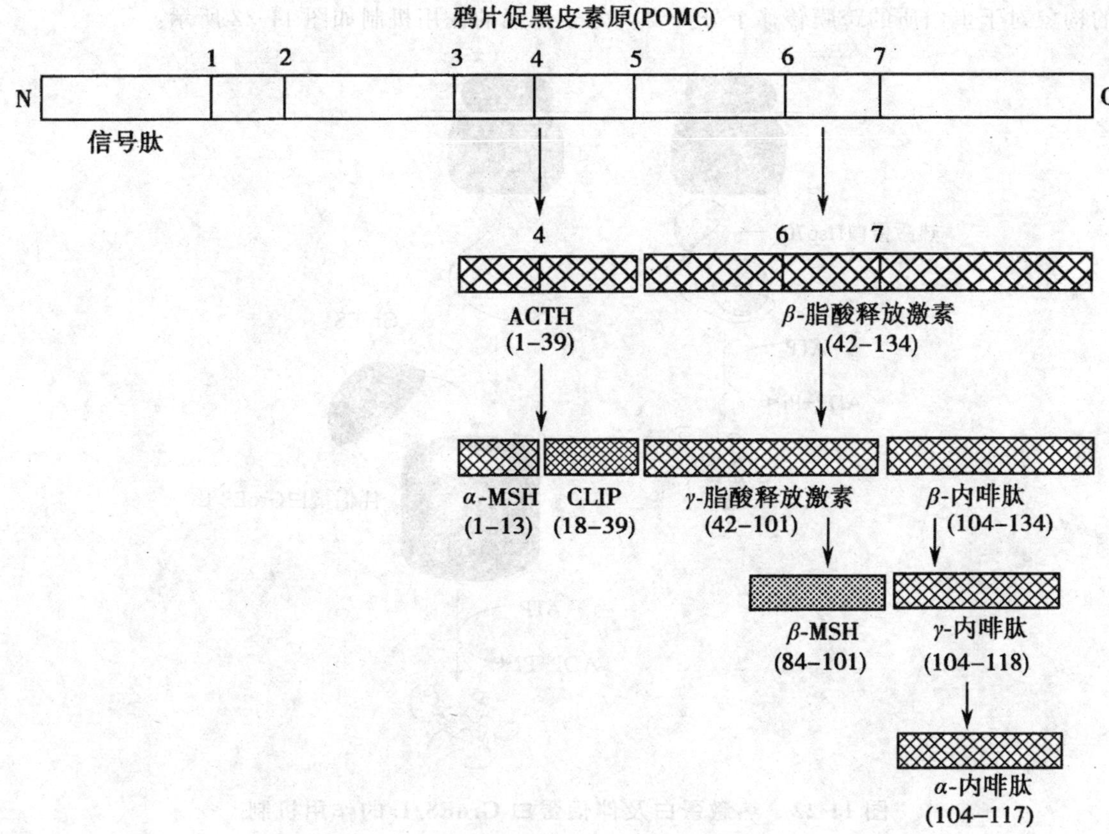

图 11-21　鸦片促黑皮素原的水解加工

2. 空间结构的修饰

(1)肽链折叠

新合成的肽链需经过折叠形成一定空间结构后才有生物活性。新生肽链能够自发折叠,形成稳定的天然构象。不过,大多数新生肽链在体内的折叠是在各种辅助蛋白的协助下进行的。已经阐明的辅助蛋白有折叠酶类和蛋白伴侣等。

①折叠酶类。主要包括蛋白质二硫键异构酶(protein disulfide isomerase,PDI)和肽基脯氨酰顺反异构酶(peptidyl-prolyl cis-trans isomerase,PPI)。蛋白质二硫键异构酶催化多肽链内或肽链之间二硫键的形成,可以识别和水解错配的二硫键,重新形成正确的二硫键,辅助蛋白质形成热力学最稳定的天然构象。肽基脯氨酰顺反异构酶的基本作用是改变脯氨酸肽键的构型,以保证整个蛋白质分子形成正确的构象。肽酰-脯氨酰顺反异构酶是蛋白质三维构象形成的限速酶。

②分子伴侣。分子伴侣是体内许多蛋白质的成功折叠、组装、运输和降解所必需的。其主要功能包括两方面:一方面是防止新生肽链错误的折叠和聚合,分子伴侣能够与不完全折叠或组装的蛋白质结合,通过与多肽链上被暴露的疏水区域结合,防止不完全折叠蛋白质之间非特异性的聚合;另一方面则是帮助或促进这些肽链快速地折叠成正确的三维构象,并成为具有完整结构和

功能的多肽或蛋白质，有时则是暂时阻止多肽链的折叠，以维持多肽链一种伸展的构象，这种伸展的构象对于蛋白质的跨膜转移十分重要。分子伴侣的作用机制如图 11-22 所示。

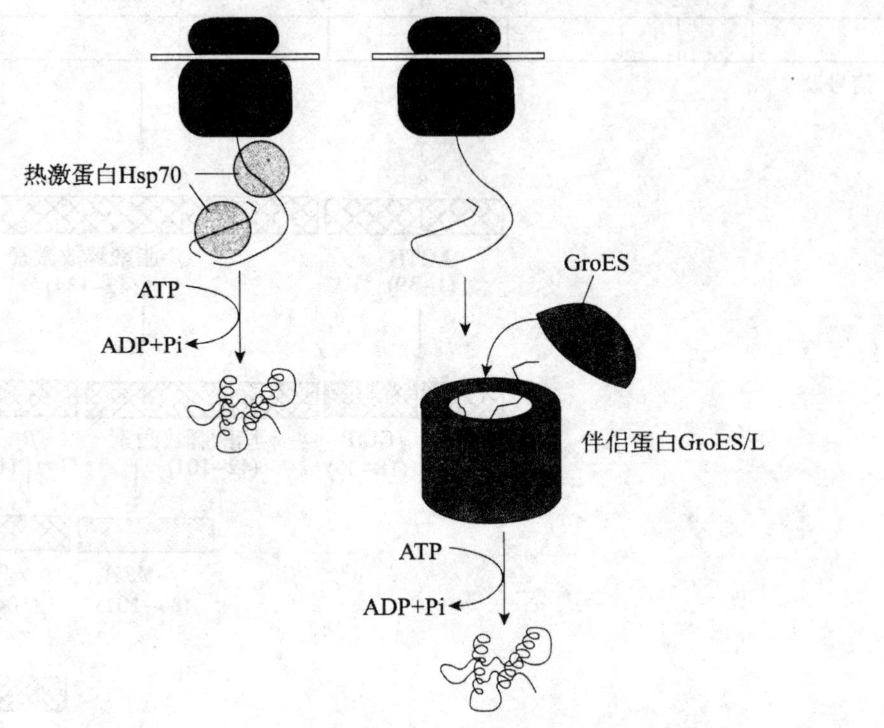

图 11-22 热激蛋白及伴侣蛋白 GroES/L 的作用机制

常见的分子伴侣包括热激蛋白(heat shock protein)和伴侣蛋白(chaperonin)。热激蛋白因在加热时可被诱导表达而得名。热激蛋白 70 是最早被发现的一种热激蛋白(heat shock protein, HSP)，其 C 端具有非折叠肽链结合部位，能与非折叠肽链中的一个很短的疏水片段可逆结合，抑制疏水序列相互作用，使新生肽链的主链能够正确伸展而不发生错误折叠或与其他蛋白质随机结合。此外，在热激蛋白 70 的 C 端还具有 ATP 酶活性，可水解 ATP 从而释放新生肽链。

(2)辅基结合及亚基的聚合

结合蛋白质除多肽链外，还含有各种辅基组成。故其蛋白质多肽链合成后，还需要经过一定的方式与特定的辅基结合。寡聚蛋白质则由多个亚基组成，各个亚基相互聚合时所需要的信息，蕴藏在每条肽链的氨基酸序列之中，而且这种聚合过程通常具有一定的先后顺序，前一步聚合常可促进后一聚合步骤的进行。如成人血红蛋白 HbA 由两条 α 链、两条 β 链及 4 个血红素辅基组成。从多核糖体合成释放的游离链仅可与尚未从多核糖体释放的 β 链相连，然后一起从多核糖体上脱落，再与线粒体内生成的两分子血红素结合，形成 $\alpha\beta$ 二聚体。然后，两个 $\alpha\beta$ 二聚体聚合形成完整的血红蛋白分子，如图 11-23 所示。

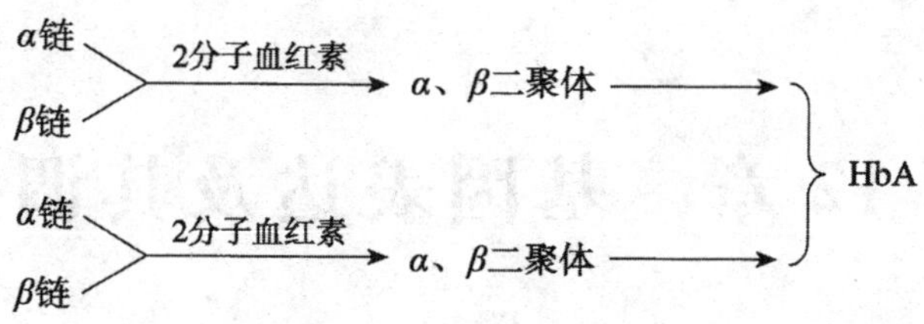

图 11-23　血红蛋白的辅基结合及亚基聚合过程

11.4.2　蛋白质的靶向输送

蛋白质合成后，定向输送到其发挥作用的场所称为蛋白质的靶向输送。蛋白质在核糖体上合成后有 3 个去向：①保留在胞质；②进入细胞器；③分泌至细胞外，输送到其发挥作用的靶器官和靶细胞。第 3 个去向的蛋白质，称为分泌性蛋白质。分泌性蛋白质的 N 端具有以疏水性氨基酸为主的特异氨基酸序列，可以引导分泌性蛋白进入内质网，此序列称为信号肽。信号肽是决定分泌性蛋白质靶向输送的重要信息。分泌性蛋白质合成过程中，首先合成的是 N 端的信号肽，胞液中的信号肽识别颗粒(SRP)是由 7S-RNA 和 6 个多肽亚基组成的复合物，能识别信号肽并与之结合，导致翻译暂停。在内质网膜上有 SRP 受体，能与已结合信号肽和核糖体的 SRP 结合，从而介导核糖体与内质网膜上的核糖体受体结合。核糖体和内质网膜的核糖体受体结合之后，SRP 与信号肽及 SRP 受体分离，翻译又能继续进行。在内质网膜上肽转位复合物的介导下，信号肽引导新生的多肽链穿过内质网膜进入内质网腔，在此之后信号肽被内质网中的信号肽酶切除，分泌性蛋白质的肽链一边合成一边通过内质网，在内质网腔中正确折叠成天然构象后再分泌到胞外，因此成熟的蛋白质 N 端并无信号肽(图 11-24)。

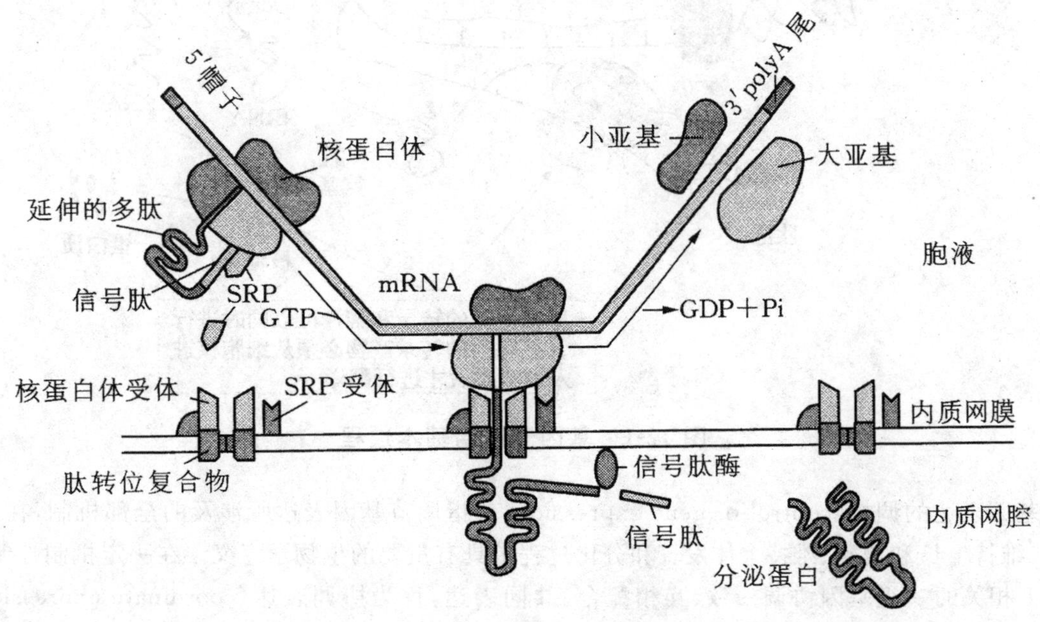

图 11-24　真核生物的信号肽引导分泌性蛋白质进入内质网

第 12 章　基因表达及其调控

基因表达的调控是代谢调控的一个极为重要的方面，在大多数情况下，基因表达的调控是通过特定的蛋白质和 DNA 长链中专一的序列部位相结合来实现的。在真核生物中，基因表达调控的状况比原核生物中要复杂得多。

基因表达(gene expression)是指储存遗传信息的基因经过一系列步骤表现出其生物学功能的整个过程。典型的基因表达是指基因组上结构基因所携带的遗传信息经过转录和翻译转变成蛋白质的过程，即从 DNA 到 RNA 到蛋白质。然而，有些基因经过转录后即可发挥生物学功能，例如，rRNA、tRNA 及微小 RNA(microRNA)等，这也是基因表达。因此，基因表达是指基因经过转录或翻译表现其生物学功能的过程(图 12-1)。基因表达的产物包括蛋白质、rRNA、tRNA 和 snRNA 等。基因表达过程体现了遗传中心法则，即遗传信息从 DNA 到蛋白质的流向，揭示了 DNA 与蛋白质、基因型与表型、遗传与代谢的关系。

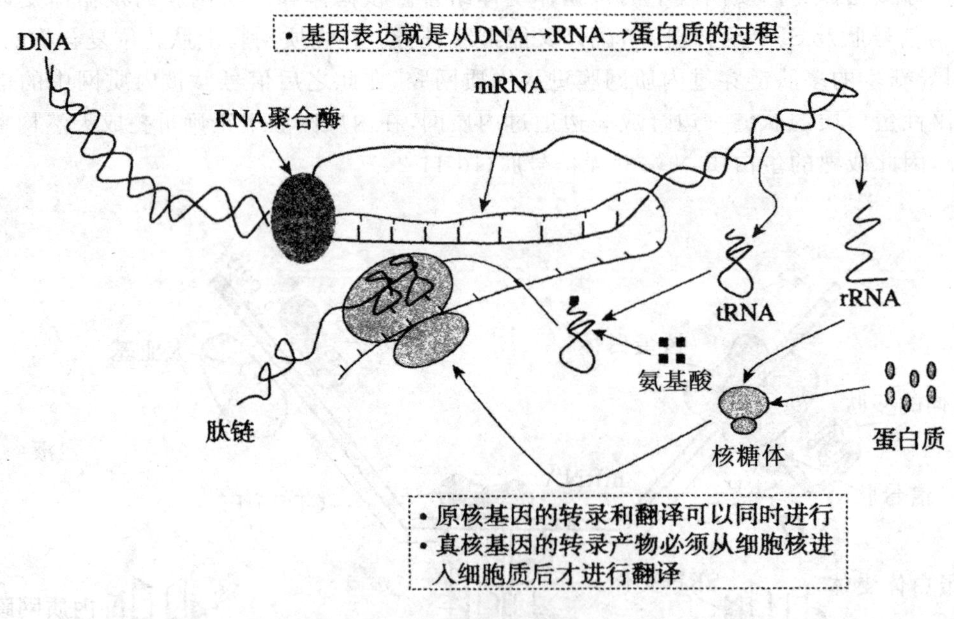

图 12-1　基因表达的基本过程

基因表达的调控(control of gene expression)是指调节基因表达所涉及的全部机制，在适应环境、维持生长和增殖、维持个体发育和分化过程中具有重要的生物学意义。在一定机制控制下，机能上相关的一组基因协调一致、互相配合、共同表达，称为协调表达(coordinate expression)。控制一组基因协调表达的共同机制称为协调调节(coordinate regulation)。协调表达和协调调节对细胞形态、机能等表型的确立、代谢的正常进行具有重要意义。

基因表达的调节可以在不同水平上进行，包括转录水平(转录前、转录中和转录后)或翻译水平(翻译中和翻译后)等(图 12-2)。研究表明它们的确是基因表达的调控环节，可见基因表达调控是在多级水平上进行的复杂事件，其中转录起始是基因表达的基本控制点。因此，下面主要从转录水平来阐述原核生物和真核生物基因表达调控的特点。

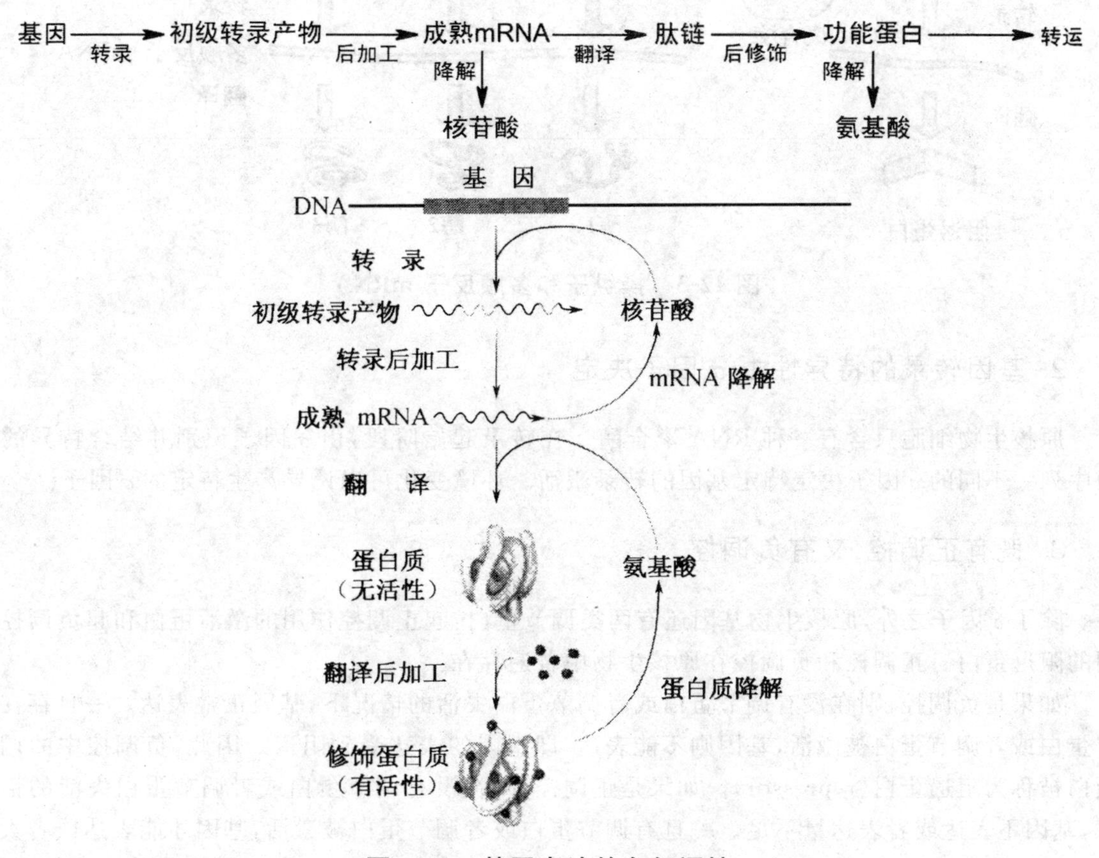

图 12-2　基因表达的多级调控

12.1　原核生物的基因表达调控

12.1.1　原核生物基因表达调控的特点

1. 以操纵子为单位进行转录

操纵子是原核生物绝大多数基因的转录单位，操纵子模型在原核生物具有普遍性。一个操纵子中的结构基因通常为两个或两个以上，受控于一个启动序列。每个结构基因都含有一个独立的开放阅读框，指导合成一种蛋白质。在同一个启动序列控制下，可转录出多顺反子 mRNA。

原核生物基因的协调表达就是通过调控启动子的活性来实现的(图 12-3)。

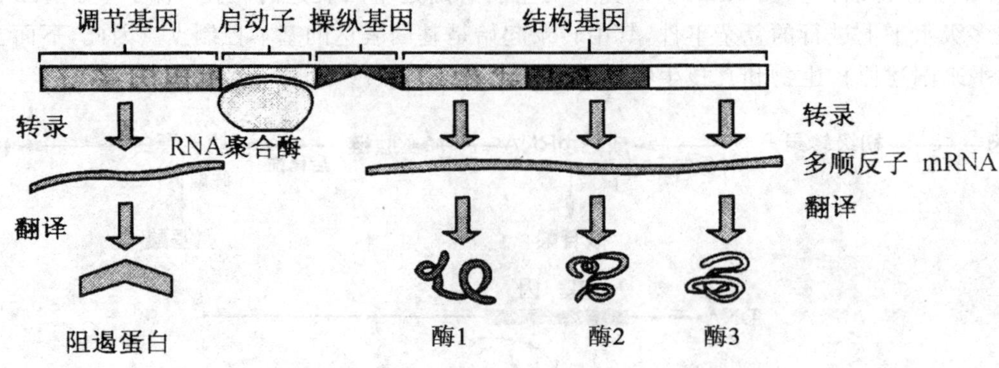

图 12-3　操纵子和多顺反子 mRNA

2. 基因转录的特异性由 σ 因子决定

原核生物细胞只含有一种 RNA 聚合酶。在转录起始阶段,由 σ 因子识别并结合特异的启动序列。不同的 σ 因子决定特定基因的转录激活。环境变化可以诱导产生特定的 σ 因子。

3. 既有正调控,又有负调控

除了 σ 因子之外,原核生物基因还有两类调节蛋白:起正调控作用的激活蛋白和起负调控作用的阻遏蛋白。正调控和负调控在原核生物中普遍存在。

如果是负调控,则在没有调节蛋白或者调节蛋白失活的情况下,基因正常表达。一旦存在调节蛋白或者调节蛋白被激活,基因则不能表达,即基因的表达受到阻遏。因此,负调控中的调节蛋白被称为阻遏蛋白(repressor)。如果是正调控,则在没有调节蛋白或者调节蛋白失活的情况下,基因不表达或者表达量不足。一旦有调节蛋白或者调节蛋白被激活,基因才能表达或者大量表达。因此,正调控中的调节蛋白被称为激活蛋白(activator)。显然负调控通过阻遏蛋白阻止基因的表达,正调控通过激活蛋白激活基因的表达(图 12-4)。

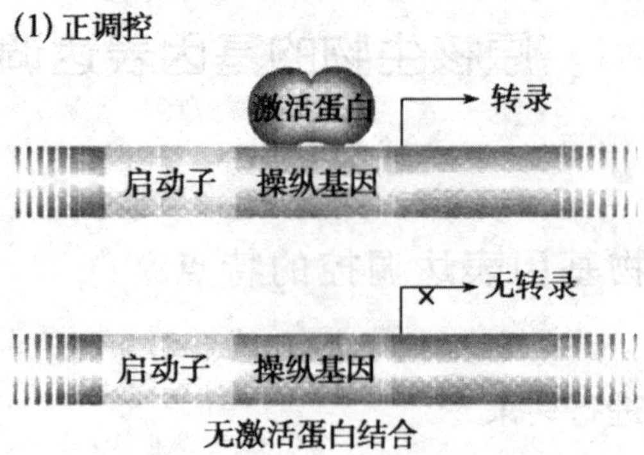

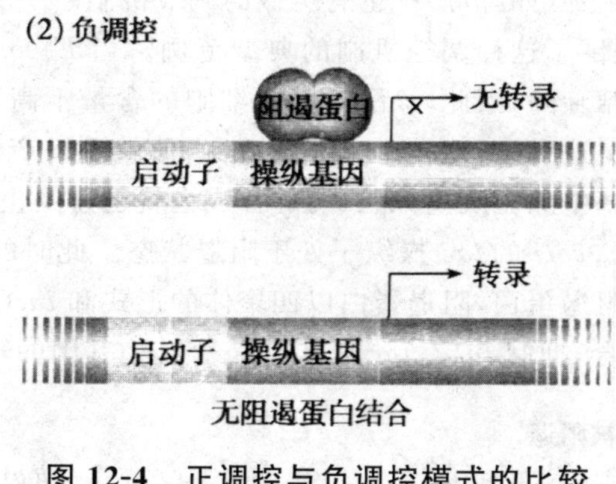

图 12-4　正调控与负调控模式的比较

12.1.2　乳糖操纵子调控机制

1. 乳糖操纵子的结构与功能

乳糖操纵子(The *lac* operon)属于诱导型操纵子，其天然的诱导物是乳糖的异构体——别乳糖(allolactose)，一个操纵子的所有结构基因均由同一启动子起始转录并受到相同调控元件的调节，所以从结构上可以把它们看作一个整体。

乳糖操纵子具有三个与乳糖代谢有关的基因(图 12-5)：*lacZ* 编码 β-半乳糖苷酶(pgalactosidase)，它可将乳糖水解为半乳糖和葡萄糖，除此之外，还能催化很少一部分乳糖异构化为异乳糖。*lacY* 编码乳糖透过酶(permease)，该蛋白插入到细胞膜中，将乳糖转运到细胞内。*lacA* 编码硫代半乳糖苷乙酰转移酶(transacetylase)，该酶的作用是消除同时被乳糖透过酶转运到细胞内的硫代半乳糖苷对细胞造成的毒性。这三个结构基因构成一个转录单元。乳糖操纵子的调控元件包括转录激活蛋白 CRP 的结合位点、启动子 P_{lac} 和一个操纵基因 *lacO*。*lacO* 位于 P_{lac} 和 *lacZ* 基因之间，为阻遏蛋白的结合位点；*lacZ* 基因长 3 510 bp，编码大小为 135 kDa 的多肽。多肽以四聚体形式组成有活性的 β-半乳糖苷酶(*β-galactosidase*)，催化很少一部分乳糖异构化为别乳糖，绝大多数乳糖水解为半乳糖和葡萄糖。

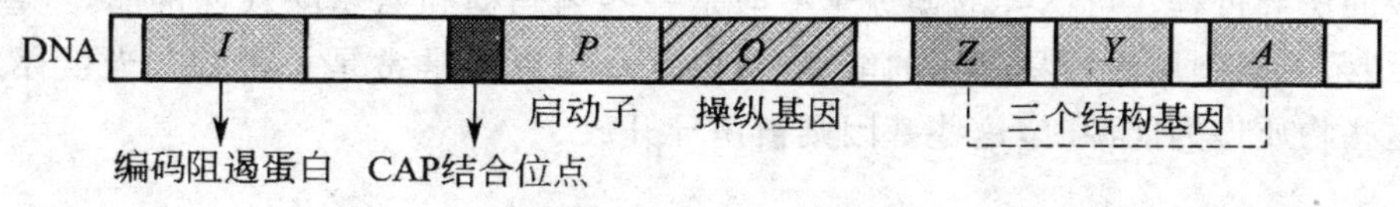

图 12-5　乳糖操纵的结构

2. 乳糖操纵子的负调控

细菌对环境的改变必须做出迅速的反应，以应对营养供给随时都可能发生的变化。比如在缺乏底物时，就不必合成大量与该底物相关的酶类。因此细菌产生了一种调节机制，即在缺乏底物时就阻断相应酶类的合成途径，但同时做好了准备，一旦有底物出现，又立即合成这些酶类。由于特殊底物的出现导致了酶的合成，此现象称为诱导(induction)。这种类型的调控广泛存在于细菌中，在较低等的真核生物(如酵母)中也有类似的调节机制。

E. coli 的乳糖操纵子提供了这种调控机制的典型范例。当 *E. coli* 在缺乏 β-半乳糖苷的条件下生长时，不需要 β-半乳糖苷酶，因此，该酶在每个细胞的含量不高于 5 个分子。当加入底物后，细菌中十分迅速地合成了这种酶，仅在 2～3 分钟之内酶就可以产生，并很快增长到 5000 个分子/每个细胞。如在培养基中除去底物，那么酶的合成也就迅速停止，恢复到原来的状态。

当环境中没有乳糖时，*E. coli* 的 *lac* 操纵子处于阻遏状态。此时的调控机理是：*lacI* 基因在自身的启动子控制下，合成阻遏蛋白，阻遏蛋白以四聚体的形式和 *lacO* 特异性的紧密结合，阻碍 RNA 聚合酶Ⅱ与 P 序列结合，抑制 *lacZ*、*lacY*、*lacA* 三个结构基因的转录，具体如图 12-6 所示。

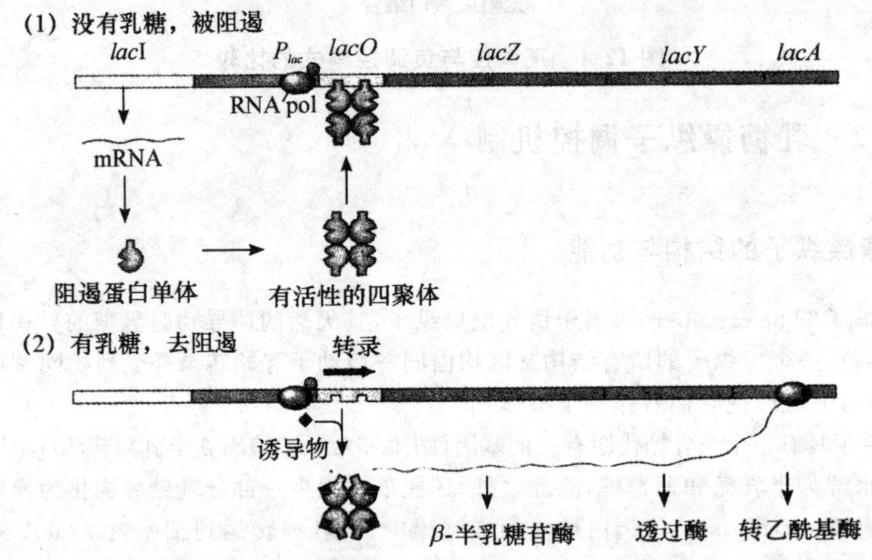

图 12-6 大肠杆菌乳糖操纵子的负调控

操纵子控制的重要特性是阻遏物的双重性，它既能阻止转录，又能识别小分子诱导物。阻遏物有两个结合位点，一个结合诱导物，另一个结合操纵基因。当诱导物在相应位点结合时，改变了阻遏蛋白的构象，干扰了另一位点的活性，这种类型的调控叫变构调控(allosteric control)。

总之，*E. coli* 在乳糖的诱导下开启了乳糖操纵子，表达了与乳糖代谢有关的酶，这个过程也称为酶合成的诱导过程。可诱导的操纵子一般是一些编码糖和氨基酸代谢的酶，这些物质平时含量很少，细菌总是利用最容易利用的能源，所以这些操纵子常常是关闭的。当生存条件改变，必须利用这些物质作为能源时，这些基因则被诱导开放。

3. 乳糖操纵子的正调控

分解(代谢)物基因激活蛋白 CAP 是一个同二聚体，每个亚基都含有两个结构域，即 DNA 结合域和 cAMP 结合域。当缺乏葡萄糖而乳糖存在时，腺苷酸环化酶催化 ATP 生成 cAMP，cAMP 水平增加。cAMP 与 CAP 结合形成复合物，复合物与 CAP 位点结合，促进乳糖操纵子转录。所以，CAP 的激活效应受 cAMP 浓度控制，如图 12-7 所示。

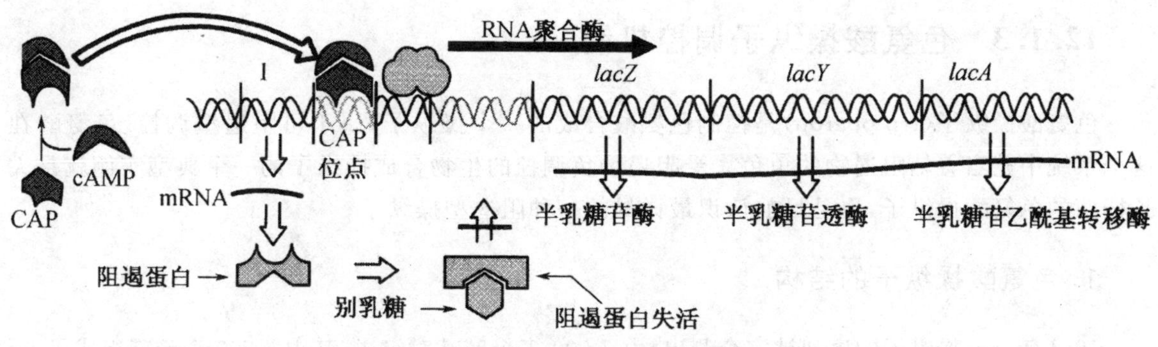

图 12-7 乳糖操纵子的正调控

当有葡萄糖存在时，cAMP 浓度较低，cAMP 与 CAP 不能形成复合物，所以结构基因不能表达。

对于乳糖操纵子来说，CAP 是正调控因素，*lac* 是负调控因素。两种调节机制根据存在的碳源性质及水平协调调节 *lac* 操纵子的表达。当阻遏蛋白与操纵序列结合时，CAP 对该系统不能发挥作用，乳糖操纵子不表达；但是如果没有 CAP 的正调控作用，即使阻遏蛋白不与操纵序列结合，乳糖操纵子的表达仍然很弱。可见，两种机制相辅相成、互相协调、相互制约。如图 12-8 所示，由于野生型 *lacP* 是弱启动子，RNA 聚合酶与之结合的能力很弱，只有 CAP 结合到 CAP 结合位点后，才能促使 RNA 聚合酶与启动子结合，进行有效转录，所以 CAP 是必不可少的。

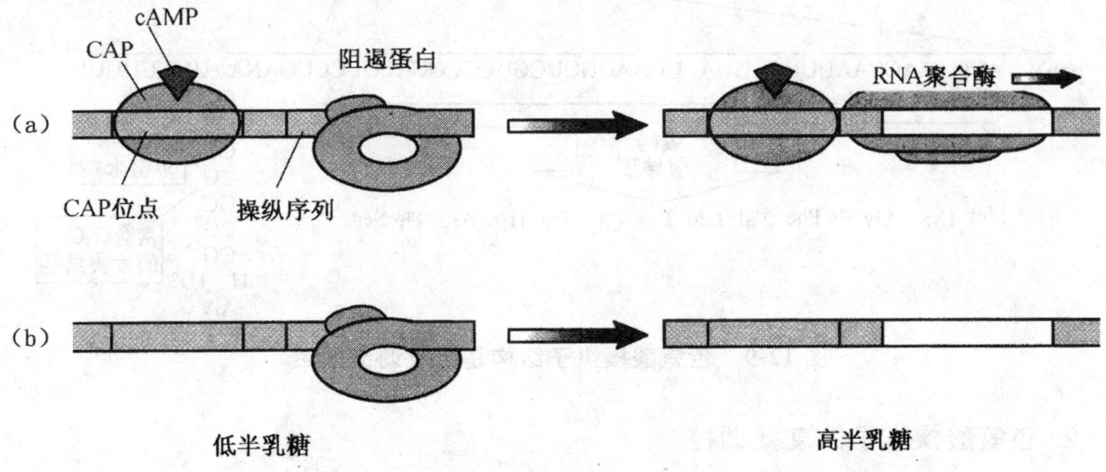

图 12-8 CAP、阻遏蛋白、cAMP 和半乳糖对 *lac* 操纵子的调控

(a)葡糖糖浓度低、cAMP 浓度高；(b)葡萄糖浓度高、cAMP 浓度低

当有葡萄糖和乳糖共同存在时，细菌首先利用葡萄糖。这时，葡萄糖通过降低 cAMP 浓度而抑制乳糖操纵子转录，使细菌只能利用葡萄糖。葡萄糖对乳糖操纵子的阻遏作用称为分解代谢阻遏(catabolic repression)。所以当仅存在乳糖而缺乏葡萄糖时，乳糖操纵子的诱导作用最强。

12.1.3 色氨酸操纵子调控机制

色氨酸操纵子(trp operon)是控制色氨酸合成的一个操纵子,属于可阻遏型调控,色氨酸在这个系统中充当着辅阻遏物的角色。受阻遏物负调控的生物合成操纵子的一个典型实例就是大肠杆菌的色氨酸操纵子,也是目前认识最详尽的一种阻遏型操纵子。

1. 色氨酸操纵子的结构

1981年,trp操纵子的序列被完全测出,由7 000多个碱基对组成,其中6 800个碱基组成了trp操纵子的5个结构基因,编码相关的酶或亚基,经过5步反应从分支酸开始催化合成L-色氨酸。trp操纵子5个结构基因分别是trpE、trpD、trpC、trpB和trpA。其中,trpE编码产生邻氨基苯甲酸合成酶、trpD编码产生邻氨基苯甲酸焦磷酸转移酶、trpC编码产生邻氨基苯甲酸异构酶、trpB编码产生色氨酸合成酶以及trpA编码产生吲哚甘油-3-磷酸合成酶。编码这五种酶的基因彼此相邻,连锁在一起,这五个基因每次被转录在同一条多顺反子mRNA分子上,如图12-9所示。

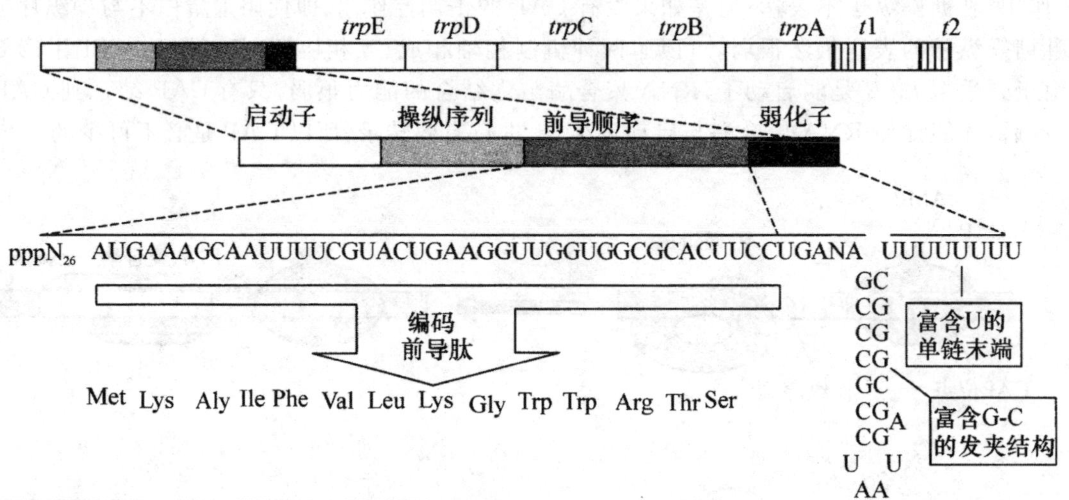

图 12-9 色氨酸操纵子结构基因及调节区域

2. 色氨酸操纵子的衰减调控

衰减调控实质上是通过控制前导肽的翻译来控制转录的进程。色氨酸操纵子的前导序列*trpL*位于结构基因*trpE*与操纵基因*trpO*之间,含有162 nt,包含四个区段,分别用1、2、3、4表示:序列1编码一个称为前导肽(leading peptide)的十四肽,前导肽的第十、十一位氨基酸是两个连续的色氨酸(W);序列2和序列3存在互补序列,可以形成发夹结构;序列3和序列4也存在互补序列,可以形成发夹结构,该发夹结构之后有一段连续的U序列,所以是一个典型的不依赖ρ因子的终止子结构,称为衰减子(attenuator,图12-10)。

当色氨酸缺乏时,色氨酰tRNA供给不足,合成前导肽的核糖体停滞于序列1的色氨酸密码子位点,序列2与序列3形成发夹结构,使序列3不能与序列4形成衰减子结构,下游的结构基因可以被 RNA 聚合酶完全转录(图 12-10①);当色氨酸充足时,色氨酰 tRNA 供给充足,核糖体快速翻译序列 1 合成前导肽,并对序列 2 形成约束,使序列 3 不能与序列 2 形成发夹结构,转而与序列 4 形成转录终止子结构——衰减子,使下游正在转录结构基因的 RNA 聚合酶脱落,终止转录(图 12-10②)。

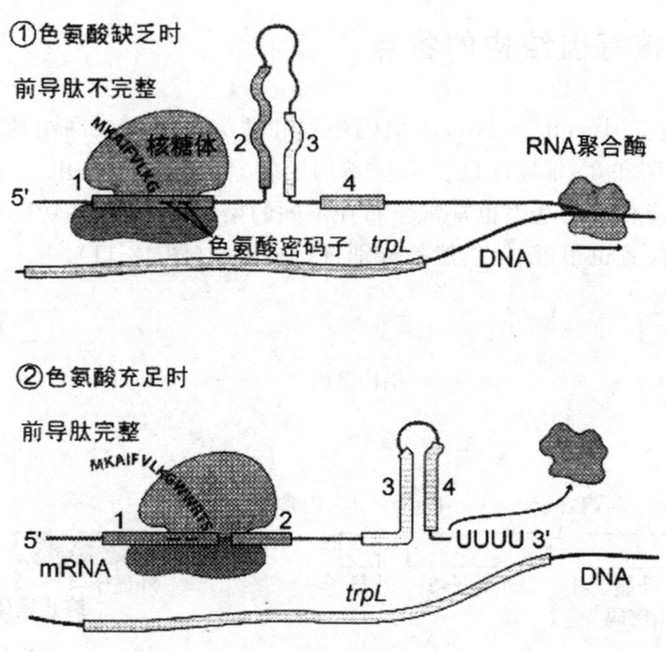

图 12-10　色氨酸操纵子的衰减调控

色氨酸操纵子中的操纵基因和衰减子可以起到双重负调控作用。衰减子可能比操纵基因更灵敏,只要色氨酸一增多,即使不足以诱导阻抑蛋白 *trpR* 与操纵基因结合,也可以使转录提前终止。反之,当色氨酸减少时,即使不再诱导 *trpR* 的阻抑作用,只要还可以维持前导链的合成,就能继续阻止转录,这样可以保证充分消耗色氨酸,使其合成维持在满足需要的水平上,防止色氨酸积累和过多地消耗能量。

转录衰减是原核生物特有的一种基因表达调控机制。多种氨基酸生物合成的操纵子都有类似的衰减机制进行精细调控以满足细胞的需要,例如,苯丙氨酸操纵子前导肽的 15 个氨基酸中含有 7 个苯丙氨酸,组氨酸操纵子的前导肽中含有 7 个相连的组氨酸,亮氨酸操纵子的前导肽中含有 4 个亮氨酸。

12.2　真核生物基因表达的调控

真核生物的基因组庞大,基因结构和功能更为复杂。真核生物和原核生物,在基因表达调控上存在着很大差别,这是由两者基本生活方式的不同决定的。真核基因表达调控可分为两大类:一是瞬时调控,或称可逆性调控,相当于原核生物基因对环境变化所做出的反应,例如,细胞周期中不同阶段酶活性的调节；二是发育调控，或称不可逆调控，是真核基因调控的特征所在，决定了真核生物生长、分化和发育的全部进程。

真核生物的基因表达调控是一个比原核生物还要复杂而精细的多级调控过程，其中转录水平仍然是最主要的调控环节。

12.2.1 真核基因结构的特点

真核基因是断裂基因(split gene)，由编码序列和非编码序列共同组成，非编码序列主要包括内含子、5′-非翻译区和3′-非翻译区。真核基因的转录单位一般是由一个结构基因和其调控元件组成的，即使功能相关的基因也常常分布在不同的染色体上，有些功能相关的基因虽然在一条染色体上，且空间位置也很近，但仍然是分别进行转录的(图12-11)。

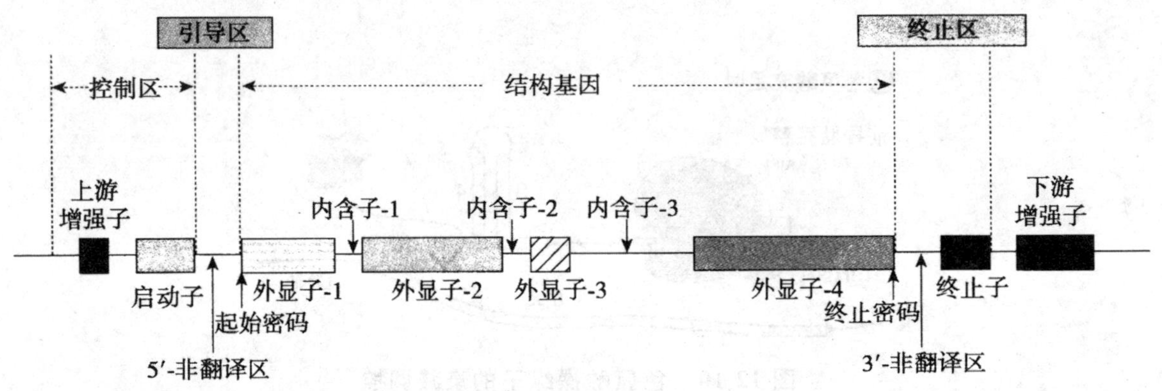

图12-11 真核基因的结构

1. 基因组结构庞大

一个单倍体基因组DNA的总量称该物种的C值(C value)。然而，真核生物中，物种进化的复杂程度与其C值并不完全一致，称C值矛盾(C value paradox)。比如一些植物和两栖类动物，它们的DNA总量可高达10^{10}～10^{11} bp，而哺乳动物的基因组仅为3×10^9 bp，说明基因组大小与生物复杂性之间缺乏必然联系。另外，真核生物基因组DNA的量远远大于编码其蛋白质所需的量。目前已知，人类基因组DNA约由3×10^9个基因组成。人的基因组大约有25 000～35 000个基因，其编码序列仅占全基因组的1.5%左右。此外，还含有大量的非编码序列，没有直接的遗传功能，这一特征明显不同于原核生物。

2. 转录产物是单顺反子mRNA

一个编码基因经过转录生成一个mRNA分子，再翻译生成一条多肽链。所以真核生物的转录产物是单顺反子mRNA。

3. 基因组含大量重复序列

真核基因组中含有大量的重复序列(repetitive sequence)。重复序列的功能主要与基因组的稳定性、组织形式及基因表达调控有关。根据重复序列的频率不同，分为高度重复序列、中度重复序列和单拷贝序列。高度重复序列（highly repeated DNA）重复出现的次数大于 10^6，集中在某一区域串联排列。中度重复序列在基因组中的重复次数可达 10^5，不是串联排列，而是分散在基因组中，常与单拷贝基因交替排列，如编码 rRNA、tRNA、组蛋白的基因都是重复序列。单拷贝序列（unique sequence DNA）在整个基因组中只出现一次或几次，蛋白质的编码基因大都属于单拷贝序列。此外，还有一种重复序列是由两个互补序列在同一 DNA 链上反向排列而成的反转重复序列或回文序列（图 12-12）。

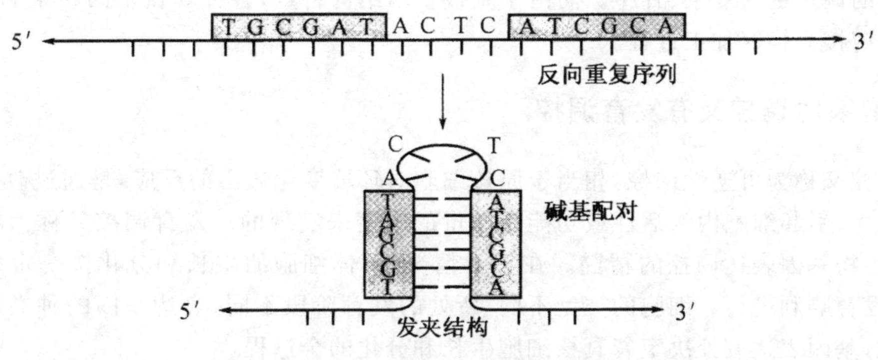

图 12-12　反转重复序列形成发夹结构

4. 断裂基因

真核生物基因是断裂基因（split gene），其编码序列是不连续的，由外显子和内含子交替构成。外显子（exon）是真核生物基因经过转录加工后保留于 RNA 中的序列和相应的 DNA 序列。内含子（intron）是真核生物基因在转录后加工时被切除的 RNA 序列和相应的 DNA 序列。

12.2.2　真核生物基因表达调控的特点

与原核生物相同，真核生物基因表达调控的最基本环节也是转录起始阶段。与原核生物相比，真核生物的基因表达调控的特点可归纳为如下几种。

1. 基因激活与转录区染色体结构的变化有关

真核生物 DNA 与蛋白质形成复杂而有序的染色质结构。当基因被激活时，染色体相应区域发生结构和性质变化。如在调节蛋白结合位点附近出现核酸酶敏感区，局部 DNA 发生拓扑结构变化。另外，处于转录活化状态的基因 CpG 序列一般是低甲基化的，还有该区域的组蛋白可出现二聚体解聚和乙酰化、磷酸化修饰，使核小体变得不稳定或松弛，以暴露特定 DNA 序列。

2. 转录和翻译分隔进行

真核生物的细胞核和细胞质被核膜分隔，转录和翻译分别在细胞核和细胞质中进行，使真核生物可以通过信号转导调控基因表达。

3. 转录后加工更复杂

与原核生物相比，真核生物的 mRNA 前体只是一个初级转录产物，其后加工过程是真核生物基因表达必不可少的环节。mRNA 前体只有经过加工成为成熟 mRNA，才能转运到细胞质指导合成蛋白质，这也是基因表达调控的一个环节。真核生物不同类型的基因由 RNA pol Ⅰ、Ⅱ、Ⅲ分别负责转录，各类基因启动序列有不同特点，各种 RNA 聚合酶有共同亚基也有特有亚基。另外真核细胞有细胞核及胞浆等区域分布，转录和翻译在不同亚细胞结构中进行，这种差别使真核基因的调控更为复杂、有序。而由于真核基因结构特点，各种真核基因转录的 RNA 产物都需要经过剪接修饰等加工过程。

4. 既有瞬时调控又有发育调控

瞬时调控又称为可逆性调控，相当于原核细胞对环境变化做出的反应，是通过改变代谢物水平或激素水平、引起细胞内酶活性或功能蛋白量的改变来实现的。发育调控又称为不可逆性调控，是真核生物基因表达调控的精髓。在正常情况下，体细胞的生长和分化按一定程序严格调控，使个体发育顺利进行。细胞的类型不同，所处的发育阶段不同，表达基因的种类和强度也就不同。因此，基因表达调控决定着真核细胞生长和分化的全过程。

5. 转录调控以正调控为主

真核 RNA 聚合酶对启动子的亲和力很低，仅靠 RNA 聚合酶与启动子序列结合不能启动基因转录，需要依赖多种激活蛋白的协同作用。真核基因调控中虽然也发现了负性调控元件，但其存在并不普遍；真核基因转录表达的调控蛋白主要是以激活蛋白作用为主，即多数真核基因在没有调控蛋白作用时是不转录的，表达时就需要有激活的蛋白质存在促进转录，因此真核基因表达以正性调节为主导。由于调节蛋白与 DNA 特异序列作用特异性强，而多种激活蛋白与 DNA 间同时特异相互作用，使非特异作用更加降低，可使数目巨大的真核基因的调控更特异更精确。另外，正性调控方式避免合成对每个基因特异的大量阻遏蛋白，故正性调控是更经济有效的调控方式。

12.2.3 基因转录水平的调控

真核生物细胞具有高度的分化性以及基因组结构的复杂性，因而在转录水平的调控上除了表现出与原核生物存在相似点外，也具有自身的特点。真核生物基因表达调控具有多层次性，但是转录水平的调控仍是关键阶段。研究表明，真核细胞基因表达得到调节，一方面受控于基因调控的顺式作用元件(cis-acting element)，另一方面同时又受到一系列反式作用因子(transacting factor)的调控，即具有调控作用的蛋白质因子。顺式作用元件的作用是参与基因表达的调控，本身不编码任何蛋白质，仅仅提供一个作用位点，要与反式作用因子相互作用才能够起一定的作用。通常情况下，真核生物基因的转录起始与表达是通过二者的相互作用进行调节的。

1. 顺式作用元件

顺式作用元件是同一 DNA 分子中具有特殊功能的转录因子 DNA 结合位点和其他调控基序(motif),在基因转录起始调控中起关键作用,按功能特性分为通用调节元件(如启动子、增强子、沉默子)及专一性元件(如激素反应元件、cAMP 反应元件)。启动子是启动转录所必需的;增强子介导正调控作用,促进转录;而沉默子介导负调控作用,抑制转录。

(1)启动子

真核生物基因的启动子有三类,三种 RNA 聚合酶各识别一类启动子。RNA 聚合酶Ⅱ识别的启动子通常含有转录起始位点及 TATA 框、GC 框、CCAAT 框等保守序列。

①TATA 框:又称为 Hogness 框,一般位于－25 区核苷酸附近,共有序列是 TATAAAA,是通用转录因子的结合位点。

②CCAAT 框:一般位于－70～－90 区,共有序列是 CCAAT,是特异转录因子的结合位点。

③GC 框:位于－100 核苷酸附近,富含 GC,共有序列是 GGGCGG 和 CCGCCC,是特异转录因子的结合位点(图 12-13)。

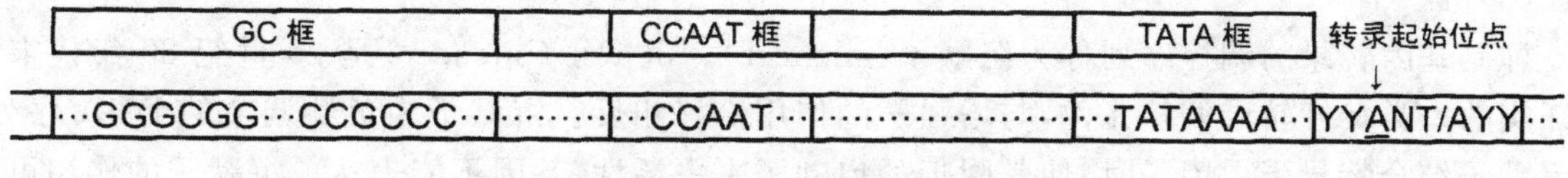

图 12-13 真核生物基因的启动子

(2)增强子

增强子(enhancer)能结合反式作用因子,明显增强某些启动子转录效率的 DNA 序列。增强子最早是在 SV40 病毒中发现的长约 200 bp 的一段 DNA,可使旁侧的基因转录效率提高 100 倍,其后在多种真核生物,甚至在原核生物中都发现了增强子。

增强子是远离转录起始点,基因的时间、空间特异性表达即通过它来决定,增强启动子转录活性的 DNA 序列。增强子的长度通常为 100～200 bp,和启动子一样由若干组件构成,基本核心组件常为 8～12 bp,可以单拷贝或多拷贝串联的形式存在。

增强子与启动子可以相邻、重叠。增强子发挥作用的方式与方向和距离无关,通常可距离转录起始点 1～4 kb,在基因的上游或下游、正向或反向都能发挥作用(图 12-14)。增强子的作用依赖于启动子,只有启动子存在下,增强子才能发挥作用。增强子对启动子没有严格的专一性,同一增强子可以增强不同类型启动子的转录活性。由于增强子必须与调节蛋白结合才能发挥增强转录的作用,因此具有组织或细胞特异性。增强子和启动子在基因表达中相互依存,相互作用,决定基因表达的时空特异性。

增强子在转录起始点远端起作用不外乎以下三种方式:第一种,增强子可以影响模板附近的 DNA 双螺旋结构,如导致 DNA 双螺旋弯折,或在反式因子的参与下,以蛋白质之间的相互作用为媒介形成增强子与启动子之间"成环"连接的模式活化转录;第二种,将模板固定在细胞核内特定位置,如连接在核基质上,有利于 DNA 拓扑异构酶改变 DNA 双螺旋结构的张力,使得 RNA 聚合酶 II 在 DNA 链上的结合和滑动得以有效促进;第三种,增强子区可以作为反式作用因子或 RNA 聚合酶 II 进入染色质结构的"入口"。

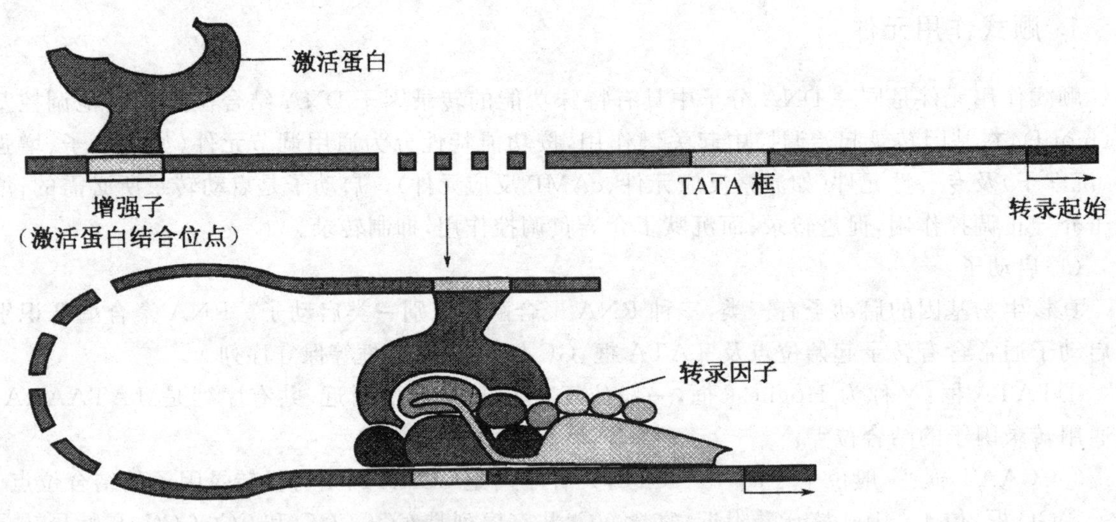

图 12-14 基因远端的增强子促进转录复合体的装配

(3)沉默子

抑制基因转录的调控序列称为沉默子(silencer)。沉默子(silencer)是 20 世纪 80 年代末才被证实的一类负性转录调控元件，与增强子的作用恰好相反。沉默子为负性调节的 DNA 序列，当沉默子结合特异蛋白因子时，使其附近的启动子失去活性，基因不能表达。沉默子的作用可不受序列方向的影响，也能远距离发挥作用，并可对异源基因的表达起作用。在 T 淋巴细胞分化中，α 沉默子对于调节基因的选择性表达和基因重排有重要作用。

沉默子和增强子协调作用，可以决定基因表达的时空顺序。有些 DNA 序列既可以是增强子，也可以是沉默子，这取决于与其结合的调节蛋白的性质。

2. 反式作用因子

当启动子和增强子发挥其功能时，都不外乎是通过与它们特异性结合的蛋白质因子，以蛋白质与蛋白质间相互作用、蛋白质与 DNA 间相互作用的方式，调节真核生物基因转录。这些由不同染色体上基因编码的、直接或间接识别或结合各种顺式作用元件并参与调控基因转录效率的结合蛋白质，称为反式作用因子或转录因子。

(1)反式作用因子的分类

按功能特性可将其分为三类：

①通用转录因子，是 RNA 聚合酶结合启动子所必需的一组蛋白质因子，决定三种 RNA (tRNA、mRNA 和 rRNA)转录的类别，为各类真核细胞所通用。它包括 $TF_{II}A$、$TF_{II}B$、$TF_{II}D$、$TF_{II}E$、$TF_{II}F$ 和 $TF_{II}H$ 等，这些因子对于 TATA 盒的识别及转录起始是必需的，它们的功能特点如表 12-1 所示。

表 12-1　基本转录因子及其功能

蛋白因子	功能特点
$TF_{II}D$	转录结合蛋白(TBP)和 TBP-相关因子(TAFs)的复合物,与 TATA 区结合
$TF_{II}A$	与 TBP 接触,稳定它与 TATA 盒的相互作用
$TF_{II}B$	与 $TF_{II}D$ 结合,延伸 30 bp,帮助 RNA 聚合酶 II 与启动子区结合,决定转录起始
$TF_{II}H$	解旋酶及蛋白激酶活性,转录起始所必需。负责 DNA 损伤修复,突变可导致修复功能紊乱,如着色性干皮病
$TF_{II}E$	回收 $TF_{II}H$ 到起始复合物中,而且也调节 $TF_{II}H$ 的解旋酶和蛋白酶活性
$TF_{II}F$	回收 RNA 聚合酶 II 到前起始复合物(pre-initiation complex)中

②特异转录因子,是通过结合相应的增强子或沉默子,激活或抑制某种特异性的转录,决定该基因的时空特异性表达。特异转录因子中,促进转录激活者称为转录激活因子,抑制转录的则称为转录抑制因子。特异转录因子大部分为转录激活因子,少部分为转录抑制因子。因为在不同组织或细胞中,各种特异转录因子的分布不同,所以基因表达的方式和状态也不同。

③共调节因子,不直接与 DNA 结合,而是通过蛋白质-蛋白质相互作用改变通用转录因子或特异转录因子的构象,从而调控转录。其中促进转录的称为共激活因子,抑制转录的称为共抑制因子。

(2)反式作用因子的结构

所有转录因子至少包括两个不同的结构域:DNA 结合域(DNA binding domain)和转录激活域(activation domain);此外,很多转录因子还包含一个介导蛋白质-蛋白质相互作用的结构域,最常见的是二聚化结构域。

①DNA 结合域——通常由 60～100 个氨基酸残基组成,可识别结合特异的顺式作用元件。最常见的 DNA 结合域结构形式有锌指结构、螺旋-回折-螺旋结构。

锌指结构(zinc finger motif)是 DNA 结合域中最常见的一种形式,该结构含有 30 个氨基酸残基,其中 4 个氨基酸残基(2 个 Cys 和 2 个 His)与一个锌离子相结合。两对氨基酸之间的多肽链成环状突出并折叠成指形结构,锌指结构中含有 1 个 β-折叠与 1 个 α-螺旋单位(图 12-15)。

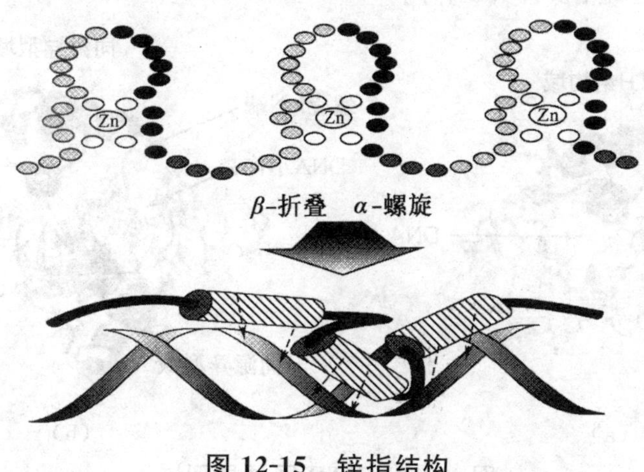

图 12-15　锌指结构

螺旋-回折-螺旋(helix-turn-helix,HTH)是转录因子中常见的DNA结合域,其在原核基因转录调节蛋白中也比较常见,在真核基因的转录调节蛋白中也较多被发现。该结构含有60个左右氨基酸,简称同源异型域。HTH是由两个α螺旋被一个短的伸展的氨基酸链回折连接而成。两个α螺旋通过侧链间的相互作用,维持固定的角度。C末端的α螺旋是识别螺旋,与DNA大沟(DNA major groove)相匹配,在识别特异DNA序列中发挥作用。而N末端的α螺旋则是辅助螺旋,主要在识别螺旋与相应DNA序列结合的准确定位中发挥辅助作用,如图12-16所示。

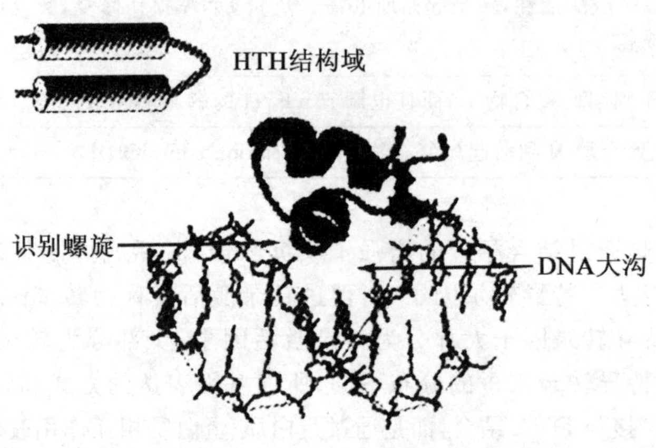

图 12-16 HTH 结构域

含有HTH结构域的各种转录因子在这一结构域外的构造差别很大,提示这类转录因子有着自己独特的作用方式。需要特别强调的是,大多数这类转录因子的螺旋—回折—螺旋结构域外的多肽链的一部分,对于与DNA的接触甚至结合也是十分重要的,有助于精细的蛋门质-DNA间的相互作用。有些转录因子的DNA结合域是一段由大约60个氨基酸组成的保守序列,构成3个α-螺旋,第2个和第3个α-螺旋构成HTH结构域,第3个螺旋结构起识别作用,与DNA分子的大沟紧密接触。而第1个α-螺旋的N端末则与DNA分子小沟的特异碱基相互作用如图12-17所示。上述这种结构即是同源异型域(homeodomain,HD)。在从酵母、植物到人类等的真核细胞中发现了许多含同源异型域的转录因子,构成同源异型域蛋白(homeodomain protein)家族,在发育过程中发挥关键作用。

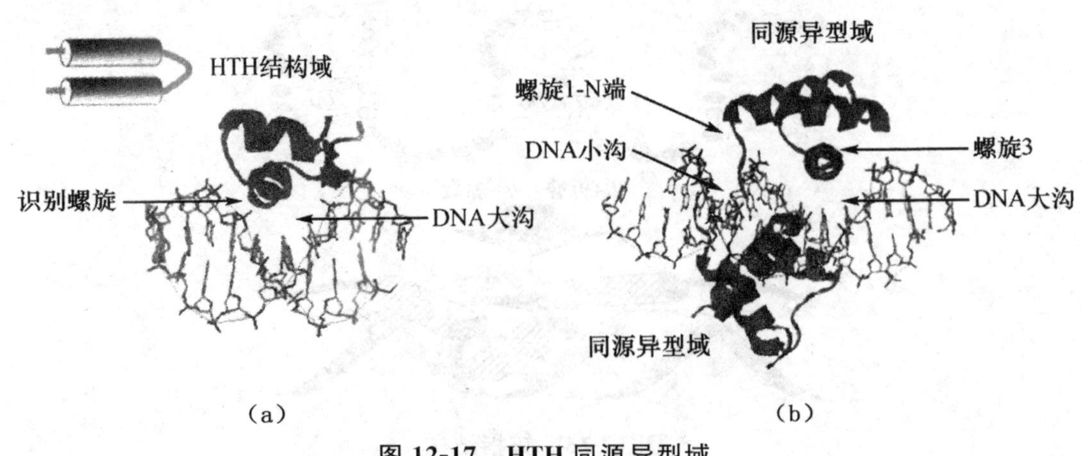

图 12-17 HTH 同源异型域

②转录激活域——由 30～100 个氨基酸残基组成，且含有不同的转录激活域。根据氨基酸组成特点，转录激活域又有酸性激活域、谷氨酰胺富含域及脯氨酸富含域等。

③二聚化结构域——转录因子常通过亮氨酸拉链，螺旋-环-螺旋等模体结构互相作用形成二聚体。

亮氨酸拉链结构域可同时调节与 DNA 的结合以及蛋白质的二聚体化。亮氨酸拉链(leucine zipper)是指由两条平行走向的肽链单体中的 α-螺旋通过规则位点上的亮氨酸残基相互作用在一起所形成的对称二聚体(dimer)结构。每条肽链单体中靠近 C 端的 β-螺旋有一个约由 30 个氨基酸残基组成的序列，螺旋每旋转两周(约 7 个氨基酸残基)，就在同一侧面有规律地出现一个疏水性的亮氨酸残基。而在单体的 N 端，有一段富含碱性氨基酸的亲水区，是 DNA 结合域所在。两个结构相同或相似的转录调节蛋白肽链单体平行排列，依赖侧面多个规则位点上的亮氨酸残基分子间的疏水作用在 C 端形成一个短的卷曲螺旋(coiled-coil)结构，形似拉链，即亮氨酸拉链(图 12-18)。N 端未结合部分相互分开，形成一个倒 Y 字结构。Y 字结构分开的两臂亲水区，骑跨在 DNA 双螺旋的大沟上。

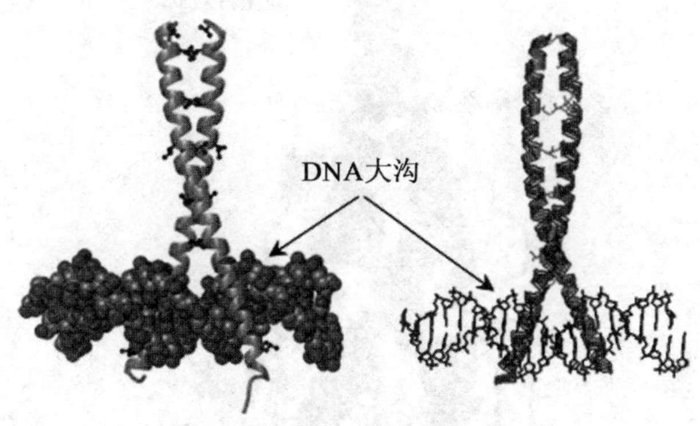

图 12-18 亮氨酸拉链结构

碱性螺旋-环-螺旋结构域也可同时调节与 DNA 的结合以及蛋白质的二聚体化。这是转录因子中常见的另一个重要的结构域，也可以同时调节与 DNA 的结合以及蛋白质的二聚体化(图 12-19)。每一个 bHLH 单体由 3 部分构成：一长一短两个 α-旷螺旋，中间由一个非螺旋的环连接；N 端由碱性氨基酸形成亲水区，与 DNA 结合，即 DNA 结合域；C 端由疏水性氨基酸残基形成疏水区，与另一单体结合，形成二聚体。与亮氨酸拉链相似，bHLH 也骑跨在 DNA 双螺旋的大沟上。非螺旋环有不同的长度，使单体分子易于弯曲折叠。

另外，真核细胞中也存在着抑制基因转录的阻遏蛋白(repressor protein)，不过很少见。从结构上来讲，有些阻遏蛋白既含有 DNA 结合域，同时也含有与其他转录相关蛋白相互作用的所谓的转录抑制结构域。但有些阻遏蛋白缺乏 DNA 结合域，只是通过蛋白质-蛋白质间相互作用，发挥抑制其他转录激活蛋白的功能。

3. mRNA 转录激活及调节

真核 RNA 聚合酶Ⅱ不能单独识别和结合启动子，必须先形成前起始复合物。真核 RNA polⅡ对前体 mRNA 的转录激活过程中，具上述结构功能特点的多种基本转录因子(TFⅡ类)，按一定次序相互作用，促进 RNA pol Ⅱ 结合于 DNA 启动子，形成多亚基的功能性前起始复合物，启动 mRNA 前体的转录（图 12-20）。而转录的速率又可被转录激活因子或转录抑制因子进行正性或负性调节。由于多种类性质、功能不同的蛋白质因子之间，蛋白质-DNA 之间相互作用影响转录激活过程，使真核基因转录激活调节表现高度复杂多样又特异精确。

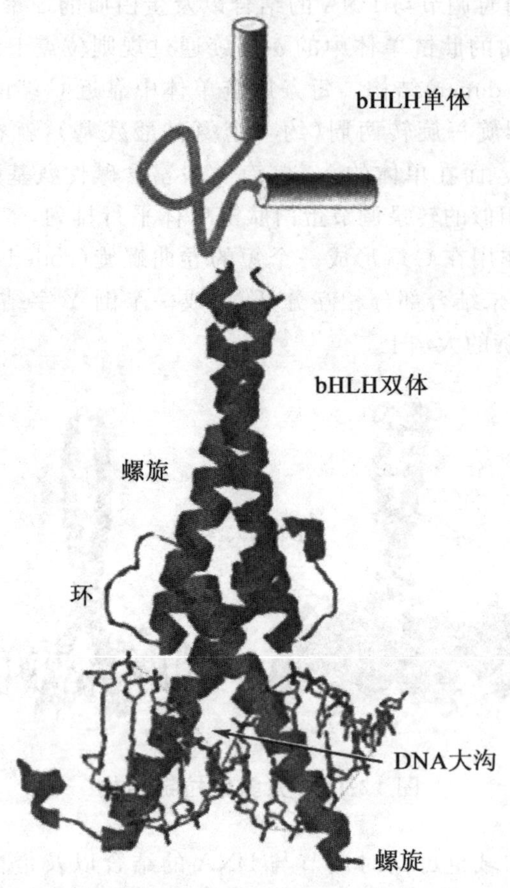

图 12-19　碱性螺旋-环-螺旋结构域及其与 DNA 的相互作用

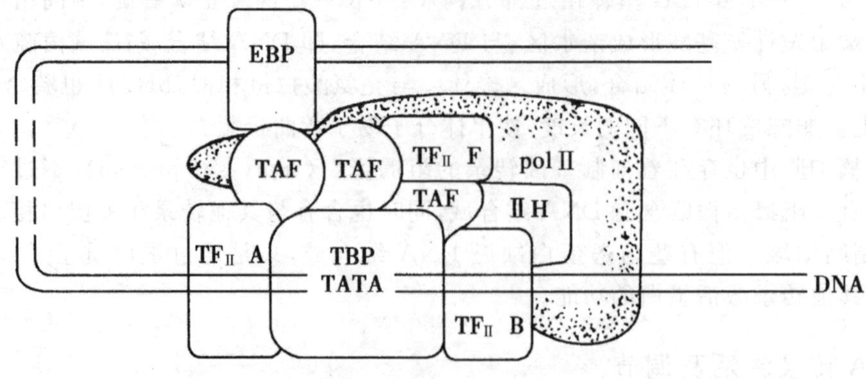

图 12-20　转录起始复合物的形成

12.3　表观遗传对基因表达的调节

经典的孟德尔定律认为表型特征遗传(如豌豆颜色、手指数或者血红蛋白不足)是由于DNA序列突变导致的等位基因不同而造成的。突变是表型特点的基础,突变成为经典遗传学的核心位置。相反,某些非孟德尔定律的继承性,如胚胎生长的异质性、皮肤的嵌合颜色、X染色体的随机失活、植物的副突变等,表现为在同样的环境中细胞核两个等位基因只有一个得到表达。重要的是,这些情况中的DNA序列并没有发生改变。

1975年,Holliday对表观遗传学做出了更为精确的描述。他认为表观遗传学不仅仅在发育过程中,在成体阶段也影响基因表达,这些信息可以通过有丝分裂、减数分裂在个体之间世代稳定的传递,不需要借助于DNA序列的改变,也就是说表观遗传属于非DNA序列差异的和遗传的。

12.3.1　DNA甲基化对基因表达的调控

人们已经用几种方法检测了DNA甲基化对基因表达调控的影响。利用M. HpaⅡ人为甲基化腺病毒报告基因的部分CpG位点注射到蛙卵母细胞核时,可以抑制基因表达。同样地,当转染到培养的哺乳动物细胞时,腺嘌呤磷酸核糖基转移酶基因也由于CpG甲基化而沉默。由于5-氮杂胞苷(5-azacytidine)可以抑制活体细胞DNA甲基化,使DNA甲基化对自然状态的基因组DNA影响的研究成为可能,这种核苷类似物进入DNA代替了胞嘧啶,并与DNA甲基转移酶形成共价复合物,使它不能继续使DNA甲基化。人们已经发现几种基因的沉默,包括病毒基因组和失活X染色体上的基因都与其甲基化相关,5-azacytidine能够使它们恢复表达,这一结果表明DNA甲基化可能对它们的表达起决定性的作用,通过检测5-azacytidine处理过的纯化的细胞提取物,人们证实产生这一效应的原因是DNA甲基化的变化而不是药物的影响。用5-azacytidine处理过的细胞DNA转染其他细胞时,失活X染色体相关的次黄嘌呤磷酸核苷酸糖基转移酶基因得到表达,而对照的没有用5-azacytidine处理过的细胞DNA不能使该基因表达。

DNA甲基化如何干扰基因表达,这里主要分析两种模式。

第一种最明显的可能是DNA大沟中甲基的出现阻碍了与特定基因转录活化的转录因子的结合。许多转录因子识别包含CpG的GC富集序列,当CpG被甲基化时,其中一些转录因子就不能结合DNA,小鼠中CTCF(CCCTC结合因子)蛋白对H19/Igf2印记作用的研究证明了这一机制确实参与基因表达调控。CTCF结合在转录区域边界,它能使启动子不受远处增强子的影响,由于CTCF结合在Igf2启动子和下游增强子之间,因此来自母本的Igf2基因拷贝是沉默的,然而在父本的基因拷贝中CTCF结合的CpG位点是甲基化的,因此CTCF不能结合从而使下游增强子激活Igf2的表达。不过也有证据显示H19/Igf2印记效应的产生也包括其他原因。CTCF代表了DNA甲基化能够调控转录的显著例子。

第二种模式与第一种正好相反。它包含被甲基化CpG吸引而非排斥的蛋白,在能够支持外来基因转录的哺乳细胞提取物中首先检测到了这种抑制模式。加入微量的DNA,允许非甲基化的报告基因转录，而甲基化的报告基因会被抑制；而增加外来 DNA 量则可引起甲基化和非甲基化的模板转录的水平相同，这意味着有限量的 DNA 甲基化特异的转录抑制剂被饱和。

表 12-2 列出了一些甲基化 CpG 结合蛋白的功能。

表 12-2 甲基化 CpG 结合蛋白的功能

甲基化结合蛋白	种属	主要活性	失活后的重要表现
MeCP2	小鼠	结合相邻 AT 的甲基化 CpG，转录抑制子	神经系统缺陷的延迟发作，包括惯性、后肢紧扣、非间歇性呼吸和异常步伐
MECP2	人类	结合相邻 AT 的甲基化 CpG，转录抑制子	出现异质性、显著的神经系统紊乱，主要是运动失能、呼吸和头小畸形
Mbd1	小鼠	通过 MBD 结合甲基化 CpG	无显著表型，但有神经系统发育的微弱缺陷
Mbd2	小鼠	结合零基化 CpG，转录抑制子	能够繁育，但母性发育稳势减弱，调节 T 辅助细胞分化基因产生缺陷，导致对感染反应的改变
Mbd3	小鼠	小鼠与甲基化 CpG 无强结合力	早期胚胎致死
Mbd4	小鼠	小鼠 DNA 修复蛋白，与甲基化 CpG 结合，且在甲基化 CpG 位点发生 T:G 错配	能够繁育，肠癌易感性增高，能将 5 甲基化胞嘧啶的突变减到最低
Kaiso	小鼠	结合 mCGmCG 和 CTGCNA，转录抑制子	无显著表型，对小鼠肿瘤发生有微弱但重要的延缓

12.3.2 X 染色体印记失活的调控

1. X 染色体失活的起始

X 染色体失活需要精密的调控。雄性细胞必须避免其唯一的 X 染色体沉默，雌性细胞也需要避免两条 X 染色体都失活或都活化。已经证明，有两种不同的调控模式。X 染色体印记失活模式沉默来源于父本 X 染色体。而在染色体失活随机模式中，来源于父本和母本的 X 染色体失活概率是相同的。

父本 X 染色体的印记失活最早发现于袋类动物中。后来，Takagi 和 Sasaki 证明 X 染色体的印记失活在小鼠胚胎外滋养叶外胚层（TE）和原始内胚层（PE）细胞系中存在。双亲来源的染色体区域控制它们的地位，即不管出现多少染色体或染色体组，其父本而不是母本的 X 染色体失活。当然，在有 XY 两条染色体的雄性中，一条 X 染色体总是来源于母本，因此它在发生印记的组织中是不失活的。调节 X 染色体顺式失活的 *Xist* 基因研究表明，*Xist* 印记不需要 DNA 甲基化。在受精卵基因激活的起始，父本 *Xist* 开始表达。这表明 Xp 中 *Xist* 等位基因是平衡表达的。然而，在雄性体细胞组织中 *Xist* 的表达被抑制，这就使雄性的生殖细胞必须以一定的方式

重塑 *Xist* 的基因座。与此一致的是在精子发生过程中 *Xist* 的启动子有一个特定区域的 CpG 位点去甲基化。胚胎中存在 X 染色体的非整倍体形式，在早期发育过程中，父本的印记控制 *Xist* 的表达，引起 X 染色体不正确的失活形式。这种现象也发生在雄性单性生殖或孤雌生殖的胚胎中，这些胚胎的染色体都来源于父本或母本。显然，X 染色体不当失活的纠正确保了在所有细胞中都有单条激活的 X 染色体。

Xist 基因是 *Xist* 基因的反义调控子，它是 X 染色体印记失活所必需的。当父本或母本信息传递时，敲除 *Xist* 的主要启动子可导致胚胎早期致死。致死是由于 Xm 中 *Xist* 基因的不适当表达，即 YmX 和 XmXp 在胚胎中保留激活失败。目前对于 *Xist*RNA 的表达是最初的印记还是后来起维持印记的功能仍不清楚。

在 X 染色体随机失活的模式中，细胞利用 $n-1$ 的原则，使每个二倍染色体组中除一条 X 染色体外的所有 X 染色体都失活。尽管受到一些因素的影响，但选择哪条染色体沉默基本上是随机的。X 染色体随机失活中，调控子 *Xist* 受到严密的调控。单个 XX 的胚胎干细胞只有表达单个 *Xist* 等位基因时才被分化，但是 XY 细胞从不表达 *Xist*。

在非整倍或多倍 X 染色体的小鼠胚胎中，X 染色体随机失活和印记失活的结果是不同的。X0 的胚胎是最简单的例子。在印记失活的 X 染色体中，Xm0 的胚胎发育正常，而 Xp0 的胚胎发育迟缓。这是因为细胞试图失活它的单条 X 染色体，从而减缓胚外组织的发育。在随机 X 染色体失活中，细胞计数 X 染色体的数量，并维持一条 X 染色体的活性，这在 Xm 或 Xp 中均不受影响。

X 染色体失活的随机模式需要细胞有一种检测出 X 染色体数量的方法，这通常称为“计数”。Rastan 的封闭因子模型是一个公认的解释计数的模型。这个模型是在所有细胞中，单个 Xic(Xist 等位基因)是封闭的，这就确定了活化的 X 染色体。另外，*Xic* 的表达诱导 X 染色体的失活。Rastan 的封闭因子模型暗示 X 染色体的失活是一种缺省状态，包括维持一条 X 染色体的活性。这个模型可以很好地解释迄今为止大部分实验所观察的现象。

2. 染色体的随机失活的调控——选择

在特定的条件下，两条 X 染色体随机失活的概率可能不同。这可能是最初选择哪条 X 染色体失活时产生了偏差的结果(初期 X 染色体不随机失活)，也可能是对抑制特定 X 染色体活性的细胞进行选择的结果(续发的 X 染色体不随机失活)。在初期 X 染色体非随机性失活中，这一选择受一些因素的影响。如顺式作用序列的差异，或杂合子动物中影响特定 X 染色体激活/失活可能性的突变。根据 Rastan 的屏蔽因子模型，这些差异可以通过改变屏蔽因子与特定等位基因结合的可能性来发挥它们的作用。

在 X 染色体随机失活起始前，*Xist* 的转录伴随着 *Tsix* 的低水平转录，这表示双链 RNA 可以介导选择作用。与此一致的是，通过 *Xist* 的启动子增加正义链的转录水平可挽救 *Tsix* 的抑制作用，使 XX 杂合子细胞中 X 染色体的等位基因更不容易被激活。总之，在提到所有已知影响 X 染色体随机失活和印记失活的不同 *Xic* 元件，经常强调它们在影响计算和选择方面的功能。

第 13 章　细胞信号转导

细胞通讯和细胞信号转导是高等生物生命活动的基本机制。细胞信号转导(cellular signal transduction)是指特定的化学信号在靶细胞内的传递过程。细胞的信号分子通过与存在于靶细胞膜上或细胞内的受体特异性的识别并结合,启动特定的信号放大系统,导致靶细胞产生相应的生物学效应。细胞信号转导的异常与许多常见疾病如肿瘤、内分泌代谢性疾病以及心血管疾病等密切相关。

13.1　细胞通讯的分子基础

13.1.1　信号分子的传递方式

由信号细胞释放的信号分子,需经扩散或转运,才能到达靶细胞产生作用。根据传递距离的远近,可将信号分子的传递方式分为四种,如图 13-1 所示。对于某一特定的信号分子来说,可以通过上述任意一种方式进行信号传递,但也可以同时以两种或三种方式传递信号。

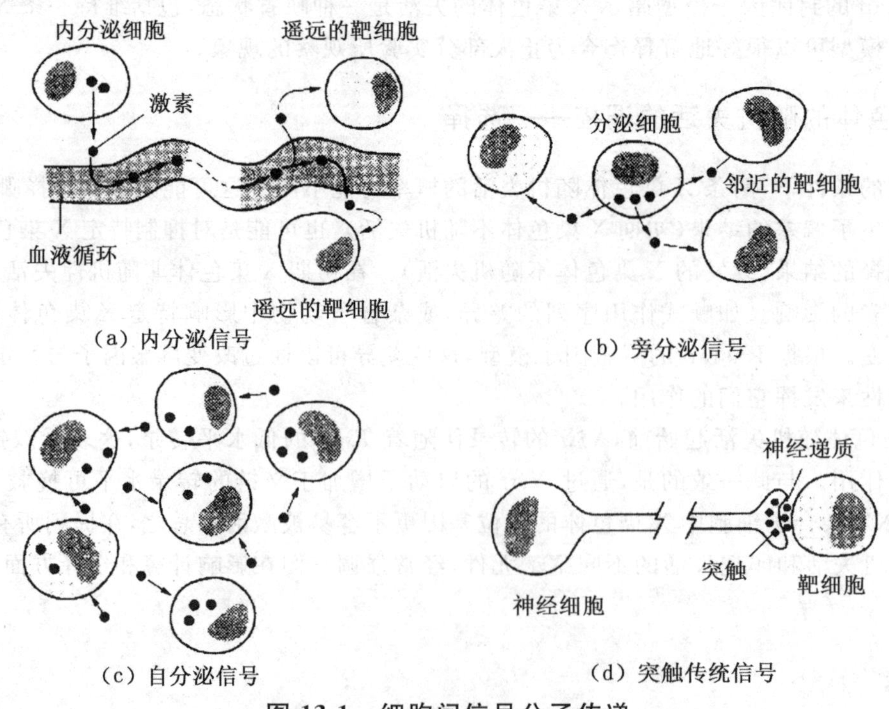

图 13-1　细胞间信号分子传递

内分泌信号传递是一种长距离的信号传递方式，绝大部分的激素通过此方式进行传递。信号分子经血液转运至全身各处的靶细胞而发挥作用。以这种方式传递的信号，其作用缓慢而持久，对受体的亲和力要求较高。

旁分泌信号传递中，信号分子经细胞间液扩散后作用于邻近的靶细胞，绝大部分的生长因子和细胞因子通过此方式进行传递，作用快速而短暂。

自分泌信号传递是指由信号细胞释放的信号分子作用于细胞自身的传递方式。肿瘤细胞也常常产生和释放过量的生长因子，导致肿瘤细胞和邻近的非肿瘤细胞无限制的增殖。许多生长因子以这种方式传递信号。

突触信号传递主要指的是如乙酰胆碱、去甲肾上腺素等细胞间信号传递物质。特点是由神经元细胞分泌，可以通过突触间隙到达下一个神经细胞，作用的时间较短。

13.1.2　细胞外信号分子

细胞间的信息物质，又称为第一信使，就是在细胞间完成分泌细胞对细胞活动的调节信号的传递的物质。依据细胞间通讯途径的多样性及差异，细胞外信号分子分为以下几类：

1. 内分泌激素

内分泌激素一般是由特殊分化的内分泌细胞分泌的化学物质，又称为内分泌信号（endocrine signal）。内分泌激素通常需要经过血液循环转运到靶细胞之后，才能完成信息的传递，从而对靶细胞的代谢活动起到调节作用。按照化学组成的不同，内分泌激素可以分为含氮化合物激素和固醇类激素两大类。前者如氨基酸的衍生物（肾上腺素、甲状腺素等）、肽类和蛋白质类物质（胰岛素、胰高血糖素、甲状旁腺激素、垂体激素等）；后者如肾上腺皮质激素、性激素等。除甲状腺素外，含氮类激素都是水溶性的，很难直接通过细胞膜的脂质双层进入细胞，必须与靶细胞表面的受体结合而引发细胞的应答反应。脂溶性信号分子主要有类固醇衍生物类，如肾上腺皮质激素、性激素等；脂肪酸衍生物类，如前列腺素。脂溶性化学信号分子的主要受体位于胞浆或细胞核内。

2. 局部化学介质

大多数细胞都能分泌一种或多种局部的信息分子，这些信息分子可以称为旁分泌信号和自分泌信号。旁分泌信号和自分泌信号的特点是它们不需要经过血液转运，在组织液中就可以通过扩散作用对周围的靶细胞或自身细胞产生作用。这类分子包括由交感神经组织细胞分泌的神经生长因子、肥大细胞分泌的组织胺、胰岛细胞分泌的生长抑素等。局部化学介质也需与细胞膜受体结合而引发细胞的应答反应，除生长因子外，局部化学介质的作用时间均较短，经常会立刻被靶细胞吸收，或是被细胞外的酶降解。

3. 细胞膜表面结合的信号分子

每个细胞都有众多的蛋白质、糖蛋白、蛋白聚糖等各类分子分布于细胞膜的外表面，这些表面分子可以作为细胞的“触角”与相邻细胞的膜表面分子特异性地识别和相互作用，达到功能上的相互协调。这种细胞通讯方式称为膜表面分子接触通讯，属于这一类通讯的有相邻细胞间黏附因子的相互作用、T 淋巴细胞与 B 淋巴细胞表面分子的相互作用等。

4. 气体信号

气体信号分子包括一氧化氮和一氧化碳。前者是由一氧化氮合酶(No synthase,NOS)通过氧化 L-精氨酸的胍基而产生的,它是结构简单、半衰期短、化学性质活泼的气体信号分子。后者也是具有传递信息作用的气体分子之一,它是由血红素加氧酶催化血红素的氧化过程中产生的,具有与一氧化氮相似的作用。

5. 自分泌信号分子

自分泌信号分子多见于胚胎、新生儿组织和器官发育中以及成人的免疫和炎症应答系统中。一些肿瘤细胞存在着生长因子的自分泌作用以保证持续增殖。

6. 神经递质

神经递质来源于神经细胞,神经递质可以促进信息在神经细胞和靶细胞之间的传递,由突触前膜释放,又称为突触分泌信号(synaptic signal)。目前已发现的神经递质有 30 余种,以脑中最多。按化学本质的不同,神经递质可分为:氨基酸类,如甘氨酸、谷氨酸等;有机胺类,如多巴胺、5-羟色胺等;神经肽类,如脑啡肽、内啡肽等。各种神经递质的分布及作用有较高的组织特异性,如甘氨酸主要在脑干和脊髓起抑制作用,谷氨酸及天冬氨酸则有兴奋作用。

13.1.3 细胞内信号分子

1. 第二信使

在细胞内传递细胞信号转导通路的化学物质称为细胞内信号转导相关分子。细胞内信号转导相关分子主要包括无机离子,如 Ca^{2+};核苷酸,如 cAMP、cGMP;脂类衍生物,如甘油二酯(diacylglycerol,DG)、神经酰胺;糖类衍生物,如三磷酸肌醇(inositol triphosphate,IP3)等。通常将 Ca^{2+}、cAMP、cGMP、DG、IP_3 等在细胞内传递信息的小分子化合物称为第二信使(secondary messenger)。它们有以下共同特点:在完整细胞中,该分子的浓度或分布,在细胞外信号的作用下发生迅速改变;该分子类似物可模拟细胞外信号的作用;阻断该分子的变化可阻断细胞外源信号的反应;作为变位效应剂在细胞内有特定的靶蛋白分子。

第二信使在信号转导过程中的主要变化是浓度变化,其浓度在细胞接收信号后变化非常迅速,可以在几分钟内被检测出来,并且在细胞内会很快被水解它们的酶清除,使信号迅速终止,细胞回到初始状态,再接收新的信号。

2. 信使作用主要靶分子

一些调控细胞生长增殖的信号转导到细胞内后,还需向细胞核传递。负责细胞核内外信息传递的物质有人也称为第三信使。第三信使是一类可与靶基因特异序列结合并能调节基因转录的核蛋白,因此又称为 DNA-结合蛋白。细胞内信息物质在传递信号时绝大部分通过酶促级联反应方式进行,它们最终通过改变细胞内有关酶的活性、开启或关闭细胞膜离子通道及细胞核内基因的转录等,达到调节细胞代谢和控制细胞生长、繁殖与分化的功能。

13.1.4 信号转导受体

受体是指存在于靶细胞膜上或细胞内的一类特殊蛋白质分子，它们能够识别与结合信号分子，并触发靶细胞产生特异的效应。受体的化学本质大多是蛋白质，也有一些受体的本质是糖脂。在细胞膜或细胞内被受体识别的物质称为配体，配体主要包括神经递质、激素、细胞因子等信号分子。受体在细胞的分布数量和分布状况都有所不同，但是都在信号传递的过程中扮演着重要的角色。本节将从受体的结构特征角度来具体研究受体的组成及其作用。

1. 信号转导受体的分类

按照受体存在的亚细胞部位的不同，可将其分为膜受体和胞内受体两大类。

(1)膜受体

膜受体绝大部分是镶嵌糖蛋白；细胞内受体位于胞液或细胞核，它们全部为 DNA 结合蛋白。膜受体根据其分子结构和功能的不同又可分为离子通道型受体、酶偶联受体、G 蛋白偶联受体，如图 13-2 所示。

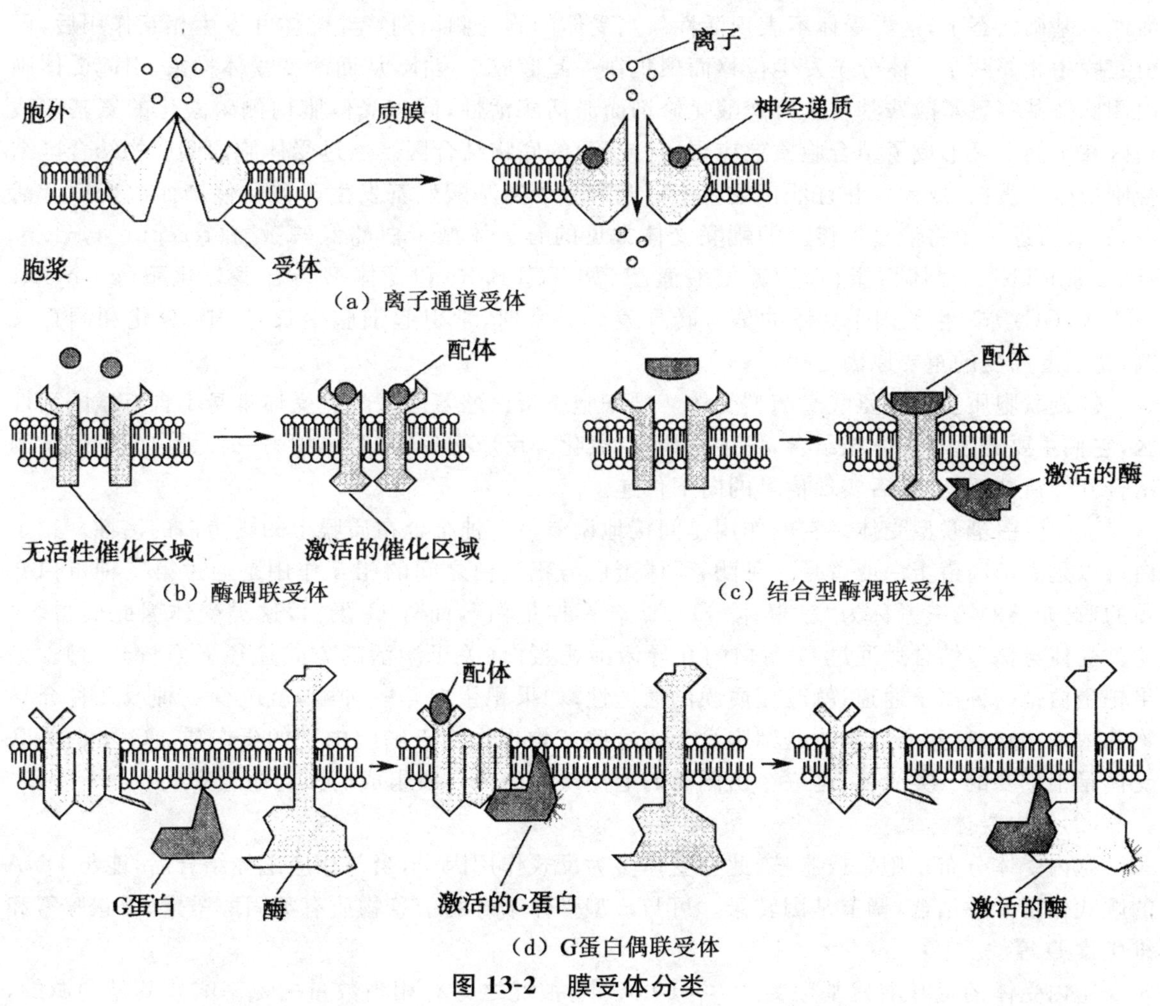

图 13-2 膜受体分类

①离子通道型受体。常见的是位于神经末梢突触后膜的一些神经递质受体，如 N-乙酰胆碱受体(N-Ach-R)、谷氨酸受体亚型之一——N-甲基-D-天冬氨酸受体(NMDA-R)、γ-y-氨基丁酸受体(GABAA-R)、5-羟色胺受体(5-HT_3-R)和甘氨酸受体(Gly-R)等。这些受体属于跨细胞膜的寡聚蛋白，通过各个亚基的肽链跨细胞膜 4～5 次形成环状的亲水性孔道。当神经递质与特异受体结合后，受体构象发生改变，开启专一性离子通道，引起一些无机离子(如 Na^+、K^+、Ca^{2+} 和 Cl^-)的跨膜流动，进而改变突触后细胞(靶细胞)的兴奋性，离子通道型受体如图 13-3 所示。

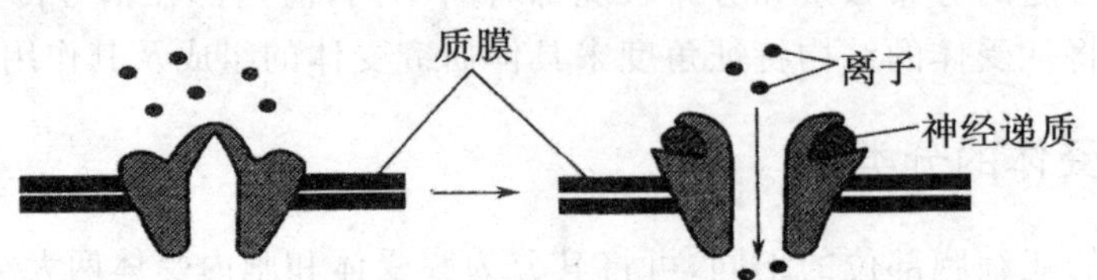

图 13-3 离子通道型受体

②酶耦联受体。这类受体除了胰岛素受体(I-R)是由 2α 亚基和 2β 亚基构成的四聚体外，其他只有一条 α 螺旋肽链横跨细胞膜一次，胞外侧肽链为配体结合部位，胞内侧肽链具有潜在的酶活性。基础状态下，这类受体不表现活性。当受体的胞外侧识别特异配体并发生相互作用后，可引起膜中相邻两个受体分子发生位移而聚集在一起形成二聚体，从而改变受体构象，引起受体胞内侧肽链某些氨基酸残基发生自磷酸化修饰而激活酶活性，同时受体胞内侧磷酸化的氨基酸残基区在空间上又形成了结合胞质效应蛋白(或酶)的底物结合区。通过受体胞内侧底物结合区结合胞质效应蛋白(或酶)，并且催化效应蛋白或酶分子氨基酸残基发生磷酸化修饰而改变后者活性，后者可进一步将信号下传。酶耦联受体常见的有受体型蛋白酪氨酸激酶(receptor tyrosine kinases，RTKs)、受体型蛋白丝/苏氨酸激酶(如 TGFB. R)和受体型鸟苷酸环化酶(guanylate cyclase，GC)等。生长因子受体的信号转导发生异常时，常引起细胞生长、增殖、分化和凋亡失调，是引起癌变的重要原因之一。

③耦联胞质蛋白酪氨酸激酶型受体。耦联胞质蛋白酪氨酸激酶型受体本身不含有激酶活性区，它们主要通过与配体相结合，发生别构、二聚化等反应之后，与胞质中另一种蛋白酪氨酸激酶结合并激活其活性，然后实现信号的向下传递。

④G 蛋白耦联型受体。它的作用是间接地调节另一种结合在质膜上的靶蛋白的活性。靶蛋白可以是离子通道蛋白或者是一种酶，受体蛋白与靶蛋白之间的相互作用是通过第三种蛋白介导的，这介导的第三者称为“三聚体 GTP 结合调控蛋白”，简称 G-蛋白，这类受体因此而得名。这类受体与信号结合后通过 G-蛋白的介导激活靶蛋白(关于激活的方式途径下面将介绍)。如果靶蛋白是一种离子通道，就改变质膜的通透性；如果靶蛋白是一种酶，就改变一种或几种介导物的浓度，通过这些介导物改变细胞行为或这些产物再作用于细胞内别的蛋白质。G-蛋白关联受体是很重要的一类受体，是一个由同源的七次跨膜的蛋白质组成的大的超级家族。

(2)胞内受体

胞内受体分布于胞浆或胞核，此型受体多为反式作用因子，当与相应配体结合后，能与 DNA 的顺式作用元件结合，调节基因转录。可与该型受体结合的信息物质有类固醇激素、甲状腺素和维生素 D 等。

胞内受体的氨基酸残基数为 400～1 000 个，彼此之间有相当数量的氨基酸残基是同源的，它们在一起构成了胞内受体的超家族。胞内受体的共同结构特点在于它们都包含三个重要的结构域，分别是激素结合域、DNA 结合域以及转录激活域。

①激素结合域。激素结合域主要位于胞内受体的 C 端，由大约 250 个氨基酸残基组成，可以同激素发生特异结合，从而引起受体的别构和活化现象的发生。

②DNA 结合域。位于受体分子的中部，距离 C 末端大约 300 个氨基酸残基，含有 66～68 个氨基酸残基，富含半胱氨酸并有锌指结构。平时此区与抑制蛋白结合形成复合物，当受体与信号分子结合时，发生构象的变化，抑制蛋白脱落，暴露出 DNA 的结合区，转移入细胞核内，能顺 DNA 螺旋旋转并与特定 DNA 部位结合，调控转录活性(图 13-4)。

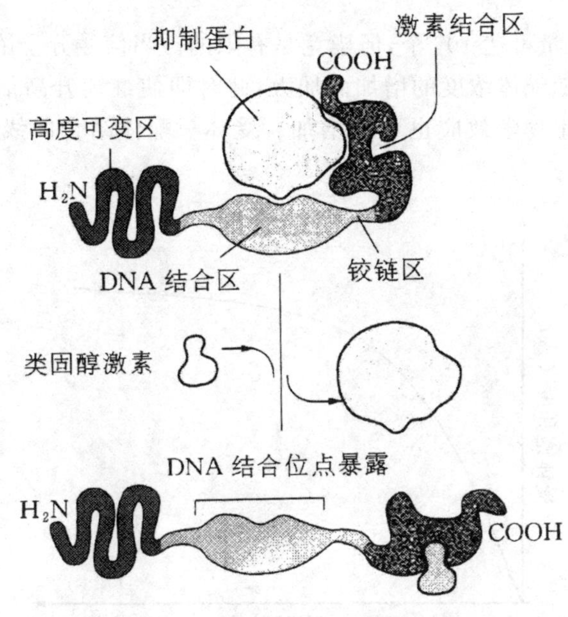

图 13-4 胞内受体的功能域

③转录激活域。转录激活酶是作用于靶基因的一段被称为激素反映原件的特异核苷酸序列，通常还需要其他转录因子的相互作用，转录激活酶的功能是调节基因的转录活性。

2. 信号转导受体作用的特点

不同的信号分子作用在靶细胞上时会产生不同的调节效应，这是由于各种靶组织细胞存在的特异受体导致的。研究数据表明，受体和配体相结合的相互作用同酶和底物之间的相互作用类似，特点主要表现在以下 5 个方面。

(1)高度的亲和力

受体与相应配体的结合反应在极低的浓度下即可发生，表明二者之间存在高度的亲和力。通常用其解离常数来表示亲和力的大小，解离常数越小，则受体与配体结合时所需浓度越低，二者的亲和力越高。

(2)高度特异性

受体选择性地与特定配体结合，呈现出高度的特异性。受体的高度特异性与受体和配体的结合有关，也就是说，受体和配体在构想上存在一定的互补性，而互补程度会直接影响两者发生特异结合的可能,互补程度越高,受体和配体之间发生特异结合的可能性越大。但是受体和配体之间的特异性结合也并非是完全绝对的,在某些情况下同一配体可能存在两种受体,比如说,乙酰胆碱这种配体就有M型和N型两种受体。而相应地,同一种受体也可能与配体的类似物相结合,比如说糖皮质激素受体主要与糖皮质激素结合,但也可与盐皮质激素结合,这种现象称为受体交叉。

(3)可逆性

受体与其配体通常通过非共价键可逆地结合在一起,这些化学键的键能均较低,当环境中的配体浓度进一步降低时,受体—配体复合物也容易发生解离,从而导致信号转导的终止。

(4)可饱和性

一个细胞的膜受体数量可达10^4个,但毕竟是有限的。当信号分子浓度很高时,配体与受体结合达到最大值后,不再随配体浓度的增加而加大,此时即使继续升高信号分子的浓度,也不会显著提高受体的结合率,生物学效应也不再增加。受体—配体结合曲线(Scat-chard 曲线)为矩形双曲线,如图 13-5 所示。

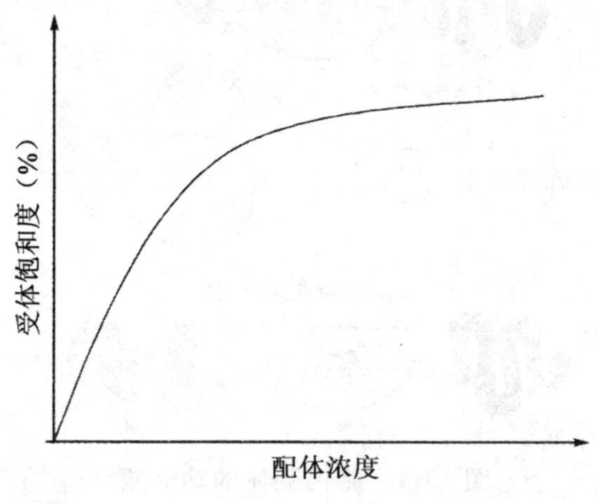

图 13-5 受体—配体结合曲线

(5)特定的作用

模式受体的分布和数量均具有组织和细胞特异性,并呈现特定的作用模式,受体与配体结合后可引起某种特定的效应。

3. 受体的调节

无论位于细胞膜还是细胞内的受体都不是固定不变的,它们不仅需要进行正常的新陈代谢,而且还会不断地发生合成和降解反应,由于生理、病理或药物等因素的影响,受体的数量或活性常常受到调节。受体的调节主要包括两部分内容,一部分是受体数目的调节,另一部分是受体活性的调节。

(1)受体数目的调节

受体数目的调节存在两种情况,一种是向上调节,就是指受体数目会随血液中配体浓度的下降而上调;还有一种是向下调节,就是指受体数目在某些特定信号刺激下,可以随血液中配体浓度的增高而下调。受体数目的调节可看作是细胞维持内环境相对稳定的一种保护措施。当膜受体与配体结合后，还可通过内化（internalization）方式使受体移入胞内被溶酶体降解。

(2)受体活性的调节

受体分子中的丝氨酸/苏氨酸残基或酪氨酸残基被磷酸化修饰后，往往会导致受体的失活或激活，从而减弱或加强信号转导。比如说，横跨细胞膜的胰岛素受体或表皮生长因子受体，它的胞内侧肽链上的酪氨酸残基发生磷酸化修饰后可以使受体的活性被激活，而当被激活的 β_2 肾上腺素受体胞内侧肽链丝氨酸残基发生磷酸化修饰后又会导致受体与 G 蛋白脱耦联，从而降低细胞对外界信号刺激的反应能力，我们称这种现象为受体的脱敏。

13.2　主要细胞信号转导途径及其作用机制

不同的信号分子通过与相应的受体结合，经过不同的信号传递途径，会产生不同的效应。一些亲水性信号分子与膜受体结合之后会产生第二信使，第二信使浆细胞外的信息传入靶细胞内，从而导致细胞内的一系列变化，这是跨膜信息传递；而亲脂性信号分子可以通过简单的扩散直接进行细胞内部，通过与细胞内部受体的结合，实现对基因表达的调节作用。本节将从膜受体和胞内受体两种介导模式入手，分析几种主要的细胞信息传递途径。

13.2.1　cAMP-蛋白激酶途径

环核苷酸依赖的蛋白激酶信号转导途径是细胞信号转导的重要方式，该类信号通路的特征是以小分子环核苷酸 cAMP 或 cGMP 作为第二信使，通过其在细胞内的浓度变化来进行信号转导。

许多激素和神经递质引起的靶细胞内信号转导都是由 cAMP 所介导，如图 13-6 所示为 cAMP-蛋白激酶信号转导途径的级联反应。

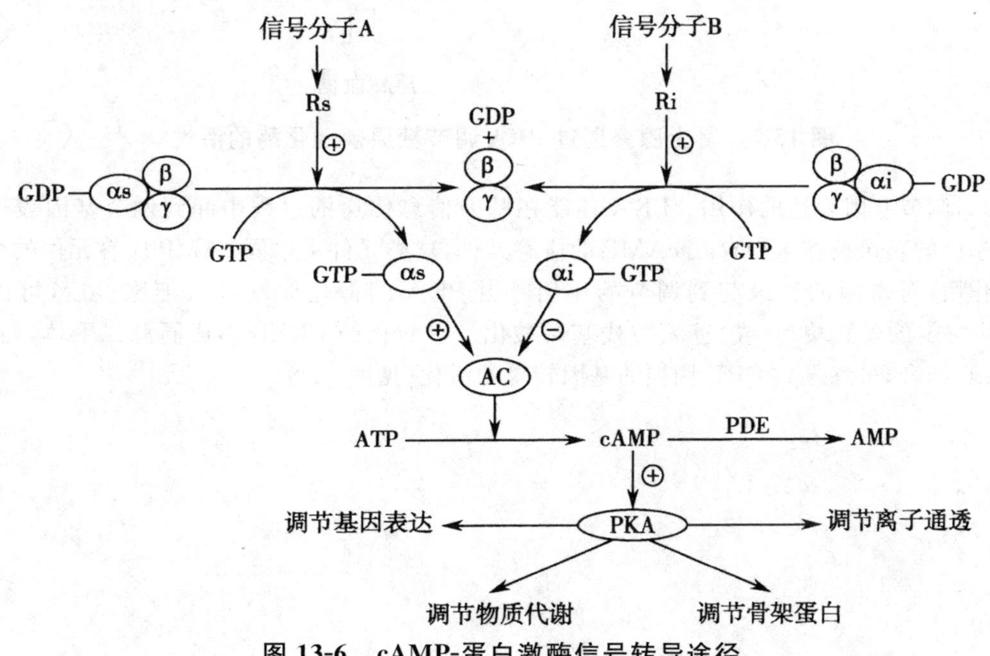

图 13-6　cAMP-蛋白激酶信号转导途径

cGMP-蛋白激酶信号转导途径以鸟苷酸环化酶(guanylate cyclase,GC)催化GTP生成第二信使cGMP,并激活cGMP依赖性蛋白激酶(cGMP-dependent protein kinase,PKG)为主要特征,其信号转导的级联反应一般过程是:信号分子与膜结合鸟苷酸环化酶受体作用,或脂溶性信号分子进入胞内与可溶性鸟苷酸环化酶受体作用,受体构象改变具有催化活性,催化GTP生成cGMP,进一步激活PKG催化底物蛋白磷酸化产生生理效应。

PKA是一种丝(苏)氨酸蛋白激酶,被cAMP激活后,能在ATP存在的情况下使许多蛋白质特定的丝氨酸残基和(或)苏氨酸残基磷酸化,从而调节细胞的物质代谢和基因表达。PKA的作用主要表现在以下两个方面。

第一,调节代谢的作用。PKA可以起到调节代谢的作用,如图13-7所示,肾上腺素与细胞膜上的受体相结合之后,通过激动型G蛋白可以激活Ac,从而催化ATP生产cAMP,cAMP可以进一步激活PKA。PKA能促进没有活性的磷酸化酶激酶b的磷酸化,从而转变为有活性的磷酸化酶激酶a,有活性的磷酸化酶激酶a又可以进一步激活无活性的肝糖原磷酸化酶b,使其成为有活性的肝糖原磷酸化酶a。

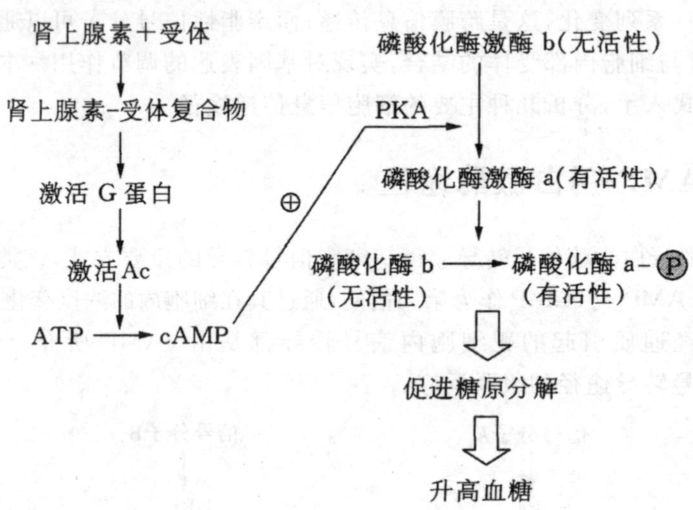

图13-7　肾上腺素通过PKA调节糖原磷酸化酶的活性

第二,调节基因表达的作用。PKA还能在基因信息传递的过程中起到调节基因表达的作用。在基因的转录调控区中存在cAMP的应答元件,这类元件可以同cAMP应答元件的结合蛋白相互作用,对基因的转录起到调节的作用。当PKA的催化亚基进入细胞核后,可以催化CREB中特定的丝氨酸和(或)苏氨酸残基磷酸化。磷酸化的CREB形成同源二聚体,与DNA上的CRE结合,最终导致CRE调控的基因转录的活化(见图13-8)。

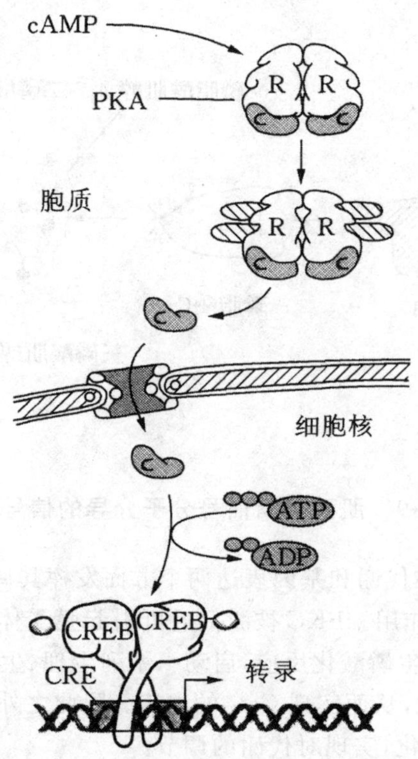

图 13-8 PKA 调节基因表达示意图

13.2.2 Ca^{2+}依赖性蛋白激酶途径

Ca^{2+}是一种重要的第二信使，它可以参与细胞内包括收缩、运动、分泌、分裂等多种生命活动。胞质内 Ca^{2+} 浓度为 0.01～1 μmol/L，比细胞外液中 Ca^{2+} 浓度（约 2.5 mmol/L）要低很多。Ca^{2+} 可以储存在细胞的肌质网、内质网和线粒体中。当细胞外液的 Ca^{2+} 通过钙通道进入细胞内，或者细胞器内储存的 Ca^{2+} 释放到胞质时，都会引发细胞质内 Ca^{2+} 浓度的极速升高，从而对某些酶活性和蛋白功能带来改变，调节生命活动。

肌醇磷脂信号通路以生成脂类衍生物甘油二酯（DG）和三磷酸肌醇（IP_3）两个第二信使为特征，当外界信息分子（如抗利尿激素、去甲肾上腺素等）作用于靶细胞膜上特异性受体后，通过特定 C 蛋白介导激活磷脂酰肌醇特异性磷脂酶 C（phosphatidylinositol phospholipase c，PI-PLC），后者水解膜组分磷脂酰肌醇-4，5-二磷酸（phosphatidylinositol 4，5-biphosphate，PIP_2）生成 DG 和 IP_3 两种第二信使。DG 生成后仍然嵌于质膜上，在磷脂酰丝氨酸和 Ca^{2+} 的参与下激活蛋白激酶 C（protein kinase C，PKC）；而水溶性的 IP，则释放到胞浆中，通过扩散作用于内质网和肌浆网上的 IP，受体，促使钙储库内的 Ca^{2+} 迅速释放，导致胞浆内的 Ca^{2+} 浓度升高。Ca^{2+} 能与胞浆内的 PKC 结合并聚集至质膜，在 DG 和膜磷脂共同诱导下激活 PKC，如图 13-9 所示。

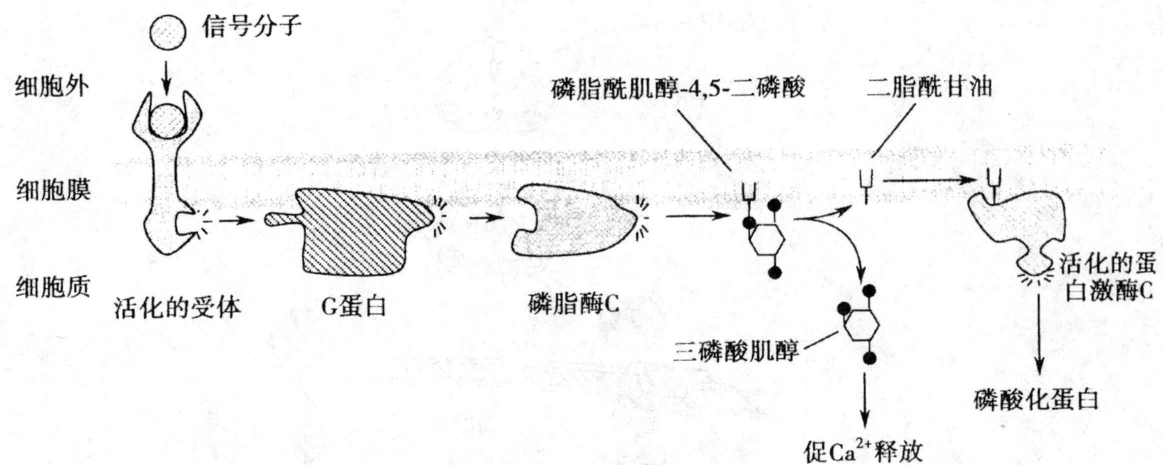

图 13-9　肌醇磷脂信号分子介导的信号途径

PKC 同 PKA 一样,可以在代谢和基因表达两个方面发挥其调节作用。

第一,PKC 对代谢的调节作用。PKC 被激活后可引起膜受体、膜蛋白和多种酶等靶蛋白上的丝氨酸和(或)苏氨酸残基发生磷酸化反应,启动一系列生理、生化反应。比如说,PKC 可以促进质膜当中的 Ca^{2+} 通道磷酸化,从而实现 Ca^{2+} 的内流。除此之外,PKC 也能催化如糖原合酶等代谢途径中的关键酶发生磷酸化,实现对代谢的调节。

第二,PKC 对基因表达的调节作用。PKC 对基因表达产生的调节作用可以分为两个阶段。在第一阶段,PKC 推动立早基因(immediate-early gene)的反式作用因子磷酸化,加速其基因表达。立早基因由于其跨越核膜传递信息的表达功能,因此又被称为第三信使。在第二阶段,第三信使受到磷酸化的修饰,激活晚期反应基因并促使细胞发生增生或核型变化(见图 13-10)。

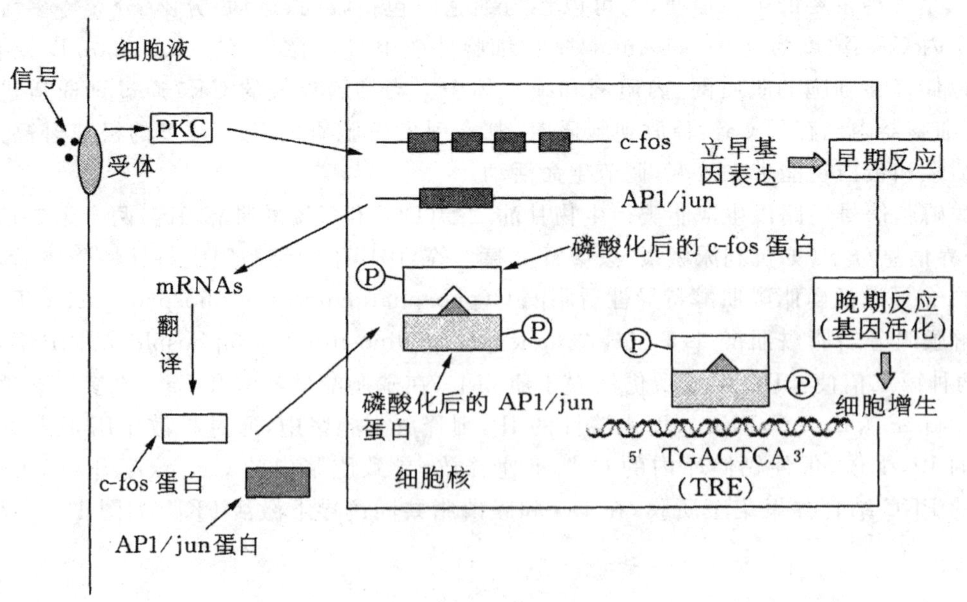

图 13-10　PKC 对基因表达的调节作用

13.2.3　cGMP-蛋白激酶途径

cGMP 是指环鸟苷酸，是细胞中另一种非常重要的环核苷酸信使。cGMP 大量存在于动物的组织中，含量为 cAMP 的 1/10～1/100。GTP 通过在鸟苷酸环化酶的催化下脱去焦磷酸并发生环化，最终形成 cGMP，cGMP 经磷酸二酯酶催化而降解。与 Ac 的激活过程不同，Gc 的激活还间接地依赖于 Ca^{2+}。Ca^{2+} 通过催化磷脂酶 C 和磷脂酶 A2 的活化，使膜磷脂水解成花生四烯酸，再经过氧化生成前列腺素而激活 Gc。

鸟苷酸环化酶(Gc)有两种类型：膜结合型 Gc 以及胞质可溶型 Gc。膜结合型 Gc 是一单体跨膜蛋白，它由胞外段的受体结构域、胞内段的蛋白激酶结构域及靠近羧基端的催化结构域(生成 cGMP 的部位)组成(见图 13-11)，这类受体主要在小肠黏膜、心血管、精子、视网膜杆状细胞等的细胞膜上存在，可以作为诸如心钠素、鸟苷酸、内霉素等信号分子的受体。分布在肾细胞以及血管壁平滑肌细胞表面的受体可以介导 ANP 的反应，ANP 在与受体相结合之后，会直接催化细胞内段鸟苷酸环化酶的活化，将 GTP 转化生成 cGMP，后者作为第二信使将依赖 cGMP 的蛋白激酶 G 结合并活化，从而引起靶蛋白的丝氨酸/苏氨酸残基磷酸化而活化，最终导致血压升高。

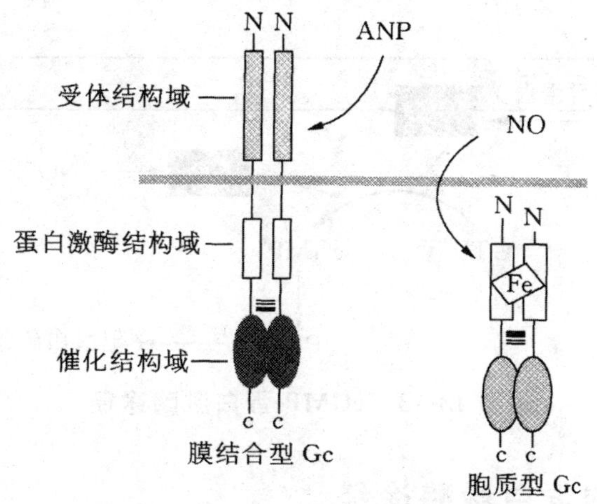

图 13-11　鸟苷酸环化酶的类型及结构

胞质可溶型 Gc 大量分布在肺、肝、大脑等细胞的胞质当中，可以作为 NO 的受体。体内 NO 的形成过程大致是：在 NO 合酶(NOS)的作用下，NOS 接受由 NADPH 提供的电子，还原存在于酶分子中的 FAD/FMN，并且在 Ca^{2+}/CaM 和 O_2 的帮助下完成对 L-精氨酸末端的胍氨基的羟化，羟化之后的 L-精氨酸和 NOS 相结合，经过氧化反应，最终生成瓜氨酸和 NO(见图 13-12)。

PKG 是 cGMP 的靶蛋白之一，广泛分布在人体的小脑、肺、平滑肌、血小板中，其分子中存在两个串联排列的 cGMP 结合位点。cGMP 可以激活 PKG，催化有关蛋白或有关酶类的丝(苏)氨酸残基磷酸化，发生相应的生物学效应(见图 13-13)。此外，PKG 还可以介导心钠素、NO、硝酸甘油等引起的血管平滑肌张力性舒张，也可以在神经系统的信号传输中发挥效用。

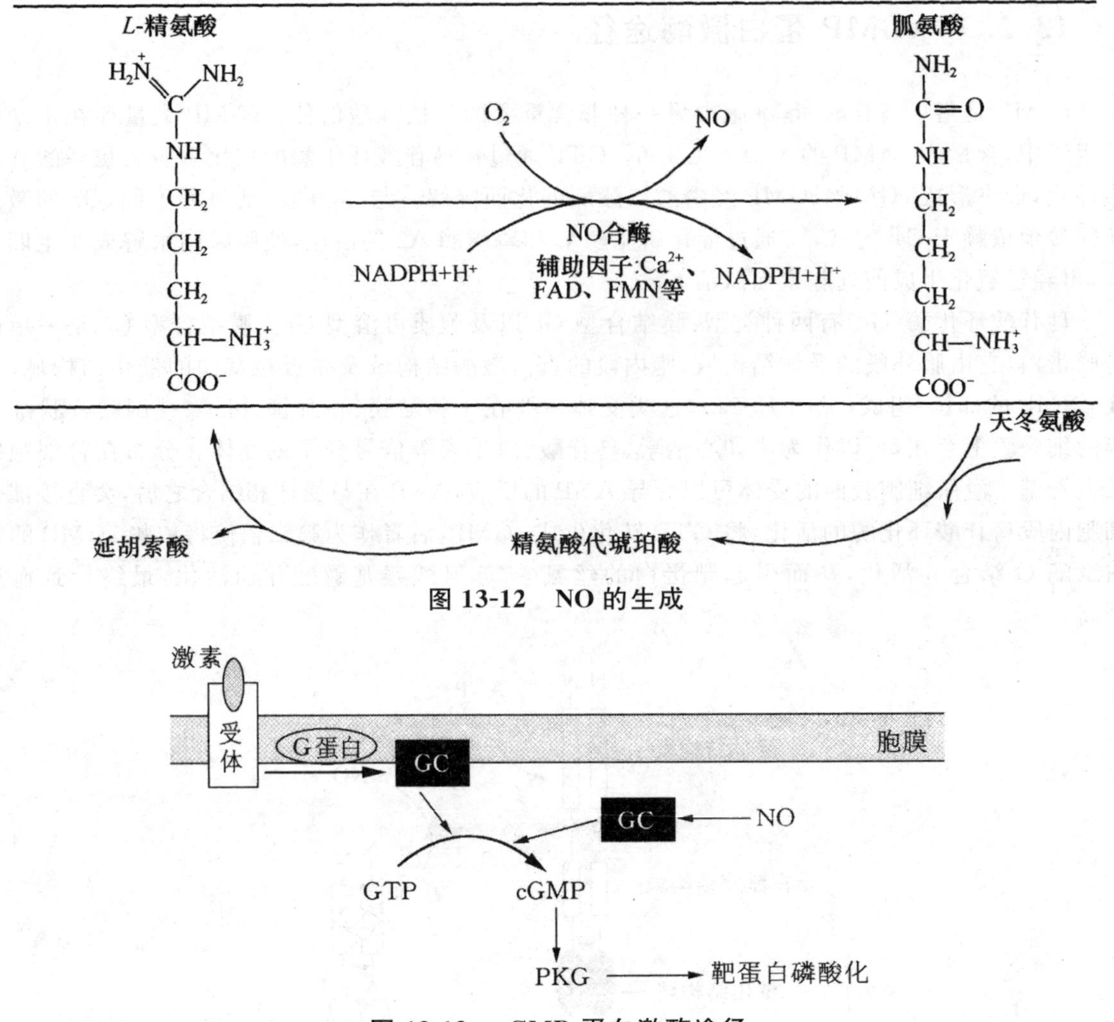

图 13-12 NO 的生成

图 13-13 cGMP-蛋白激酶途径

13.2.4 酪氨酸蛋白激酶途径

酪氨酸蛋白激酶信号转导途径是指信息分子与受体结合后，通过激活酪氨酸蛋白激酶引发的一系列细胞内信息传递的级联反应，从而产生各种生物学效应。细胞因子和一些生长激素都是通过酪氨酸蛋白激酶途径完成信息的传递的，由酪氨酸蛋白激酶介导的信息传递对于细胞的生长、增殖以及分化都发挥着重要的影响和调节作用，该途径与肿瘤的发生有密切关系。

细胞中的酪氨酸蛋白激酶信号转导途径包括受体型酪氨酸蛋白激酶和非受体型酪氨酸蛋白激酶信号转导通路两大类，前者如胰岛素受体、表皮生长因子受体及某些原癌基因(erb-B、kit、fms 等)编码的受体，它们均属于催化型受体；非受体型酪氨酸蛋白激酶信号转导通路，典型的如底物酶 JAK 和某些原癌基因(src、yes 等)编码的 TPK。受体型 TPK 和非受体型 TPK 虽都能使底物蛋白的酪氨酸残基磷酸化，但它们的信息传递途径有所不同，图 13-14 所示为受体型酪氨酸蛋白激酶信号转导途径。

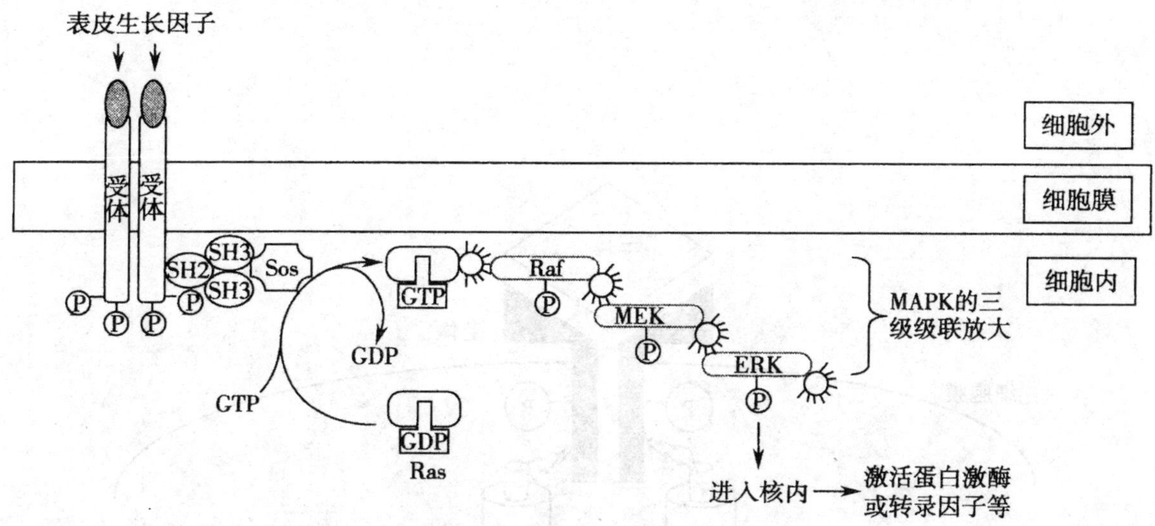

图 13-14　受体型酪氨酸蛋白激酶信号转导途径

干扰素等信号分子与其受体相结合之后，可以激活各自的 JAK。被激活的 JAK 一方面可以磷酸化上游的二聚体受体，另一方面还能识别并磷酸化具有 SH2 结构域的下游蛋白分子。STAT(signal transductors and activator of transcription，STAT)是指转录激活因子，在 JAK 的激活下，信号传递和 STAT 分子中的酪氨酸残基会发生磷酸化而被激活，进入细胞核内，对基因的转录产生调节作用。故将此途径又称为 JAKs-STAT 信号传递通路。图 13-15 为 JAK-STAT 途径示意图。

13.2.5　核因子 κB 途径

核因子 κB(nuclear factor-kappa-B，NF-κB)是细胞中一个重要的转录调节因子，首先发现于 β 细胞。核因子 κB 是由 Rel 蛋白家族的成员以同源或异源二聚体的形式组成的一组转录因子。核因子 κB 途径在全身炎症反应综合征的信号传递过程中发挥着重要的作用。

Rel 家族的同源结构域(rel-homology domain，RHD)存在于其他 Rel 蛋白、DNA、IκB 结合的区域及核定位序列。Rel 家族的成员有哺乳动物的 p105/p50(NF-κB1)、p100/p52(NF-κB2)、p65(Rel A)、Rel C 和 Rel B 五种蛋白以及果蝇的 Dorsal 和 Dif 两种蛋白(图 13-16)。最常见的 NF-κB 是由 p65 和 p50 构成的杂二聚体。

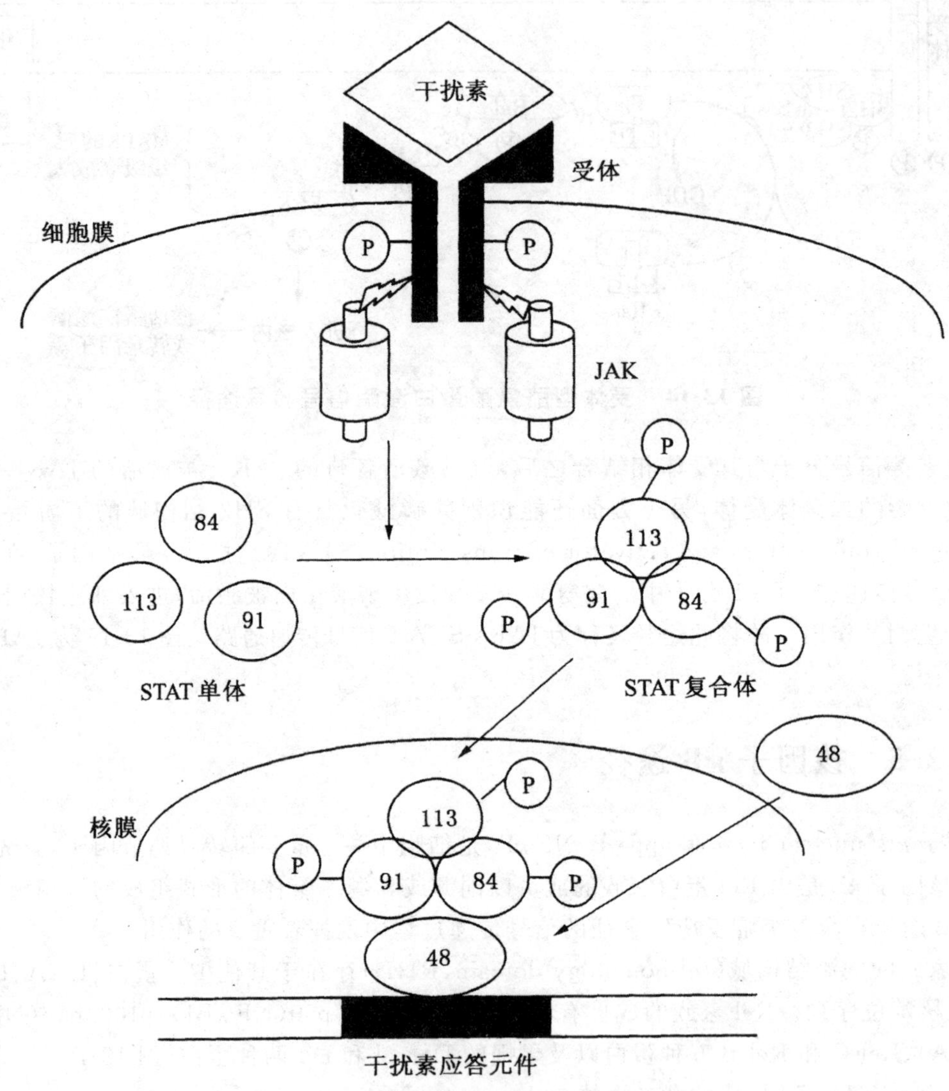

图 13-15　JAK-STAT 途径示意图

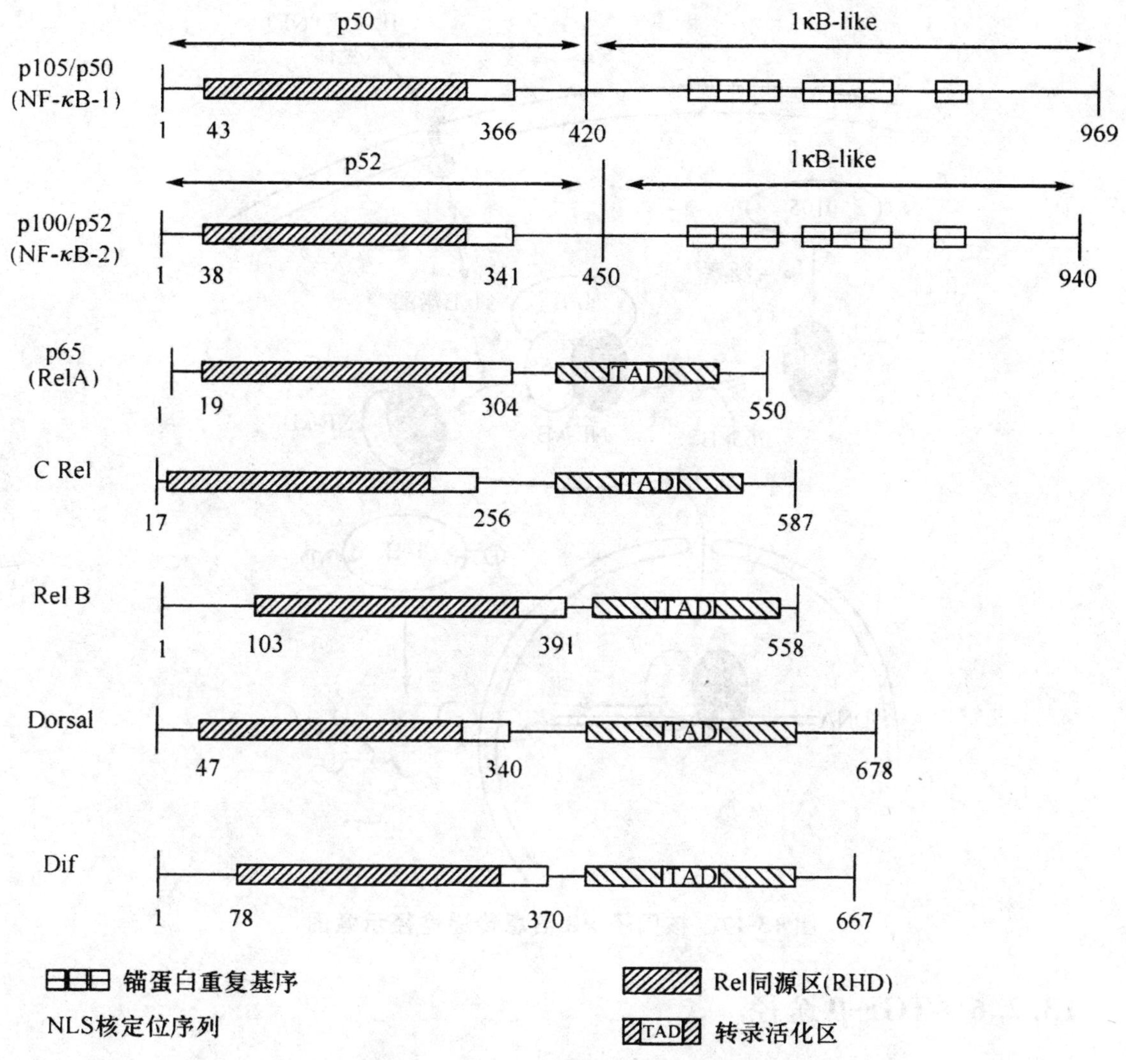

图 13-16　Rel 家族成员及其结构

在静息细胞的胞质中，NF-κB 与抑制蛋白 B(inhibitor-κB，I-κB)结合而呈无活性状态。而且由于 NF-κB 的核定位序列(入核信号)被覆盖，使 NF-κB 滞留在胞质中。当 TNF-α 与细胞膜上相应受体结合后，受体活化，然后通过第二信使神经酰胺(ceramide，Cer)激活 NF-κB 系统。NF-κB 系统的激活是通过 I-κB 激酶(I-κB kinase，IKK)使 I-κB 磷酸化，磷酸化的 I-κB 因其构象改变而与 NF-κB 分离，使 NF-κB 得以活化。活化的 NF-κB 进入细胞核内与 DNA 结合，发挥转录调控作用。

病毒感染、脂多糖、活性氧中间体、TPA、PKC 等都可以直接参与到核因子 κB 的激活系统当中，图 13-17 是核因子 κB 途径的信息传递过程示意图。

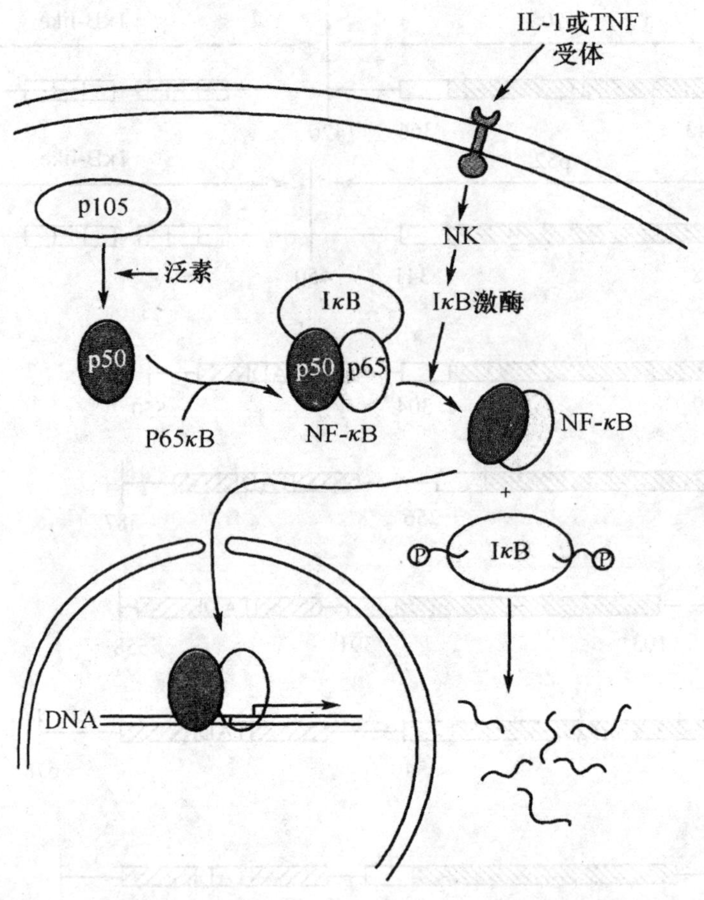

图 13-17 核因子 κB 信息传递途径示意图

13.2.6 TGF-β 途径

TGF 是指转化因子家族中的转化生长因子，它的受体是跨膜丝/苏氨酸蛋白激酶受体。

TGF 受体分为Ⅰ型和Ⅱ型，配体与受体结合后使Ⅰ型和Ⅱ型受体聚合，Ⅱ型受体使Ⅰ型受体胞内区发生磷酸化，进而激活 Smad。Smad 分 Smad 1-8 亚型，Smad 激活可通过不同亚型的相互作用调节基因的表达。图 13-18 所示为 TGF 和 BMP 通过 Smad 的激活将信息向细胞内传递的过程。TGF-β 主要参与调节增殖、分化、迁移和凋亡等多种细胞反应。

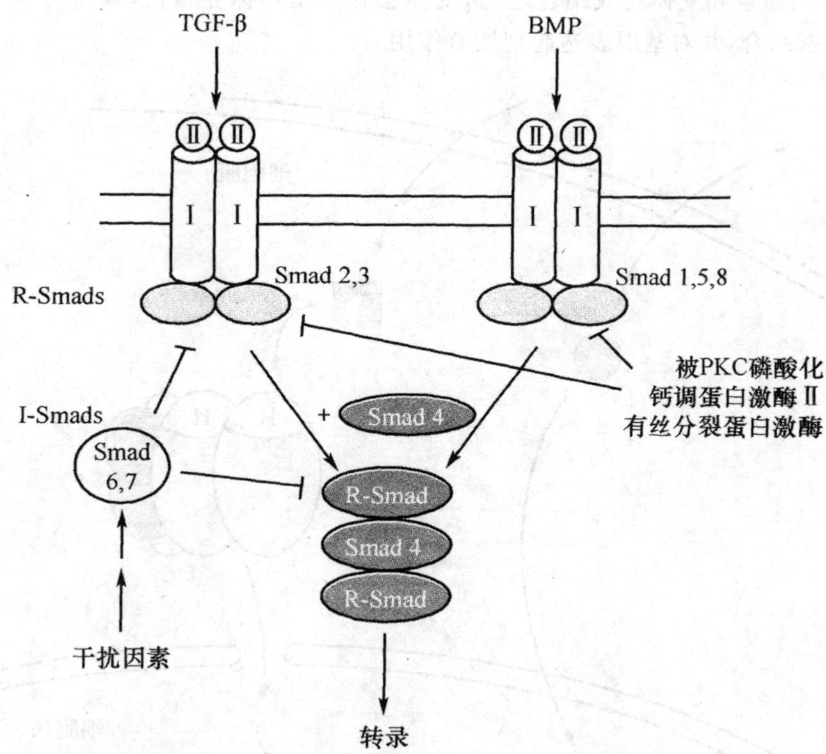

图 13-18　TGF-*β* 超家族受体信号传递和 BMP 信号传递

13.2.7　胞内受体信号传递途径

细胞内受体分为胞浆内受体和胞核内受体两种。通过胞内受体起调节作用的激素有糖皮质激素、盐皮质激素、雄激素、雌激素、孕激素、维生素 D 和甲状腺素等，除甲状腺素外其余均为类固醇化合物。这些信号分子可直接以简单扩散的方式或借助于某些载体蛋白透过靶细胞膜，与位于胞浆或胞核中的胞内受体结合。不同的胞内受体在细胞中的分布不同，糖皮质激素和盐皮质激素的受体位于胞浆中，维生素 D 及维 A 酸的受体存在于胞核内，而雄激素、雌激素、孕激素、甲状腺素的受体则同时存在于胞浆及胞核中。

已经知道的核受体包括上百种，是一个超家族，在细胞的生长、发育、分化过程中起到重要的调节作用。核受体内部存在一段极为保守的区段，即使是不同的激素，它们之间也存在 40%～60%的相似，并且都会形成锌指结构，称为 DNA 结合部位。和很多转录调节的因子相似的地方是，DNA 结合部位的结构一旦被改变，就会失去生物活性，并且会保留 100%的结合特性，这说明这一区域同受体识别激素没有太大的关系。

甾体激素通过其受体在不同的水平上对基因的表达发挥作用。受体首先同甾体激素结合，并通过二聚体形式穿过核孔进入细胞核内部，在细胞核内部与特定基因结合，形成激素应答单元，对基因的转录起到调节作用。图 13-19 所示是细胞核受体的作用，有些甾体激素在还没有和受体完成结合的情况下就进入到了细胞内部，并与热休克蛋白结合，处于静止状态。热休克蛋白对受体和激素的结合起到促进作用，并且能遮蔽受体和 DNA 的结合部位，使受体只能和 DNA

完成疏松结合，当激素和受体完成结合之后，受体会释放出热休克蛋白，暴露与DNA的结合部位，与DNA紧密结合，并对基因表达起到调节作用。

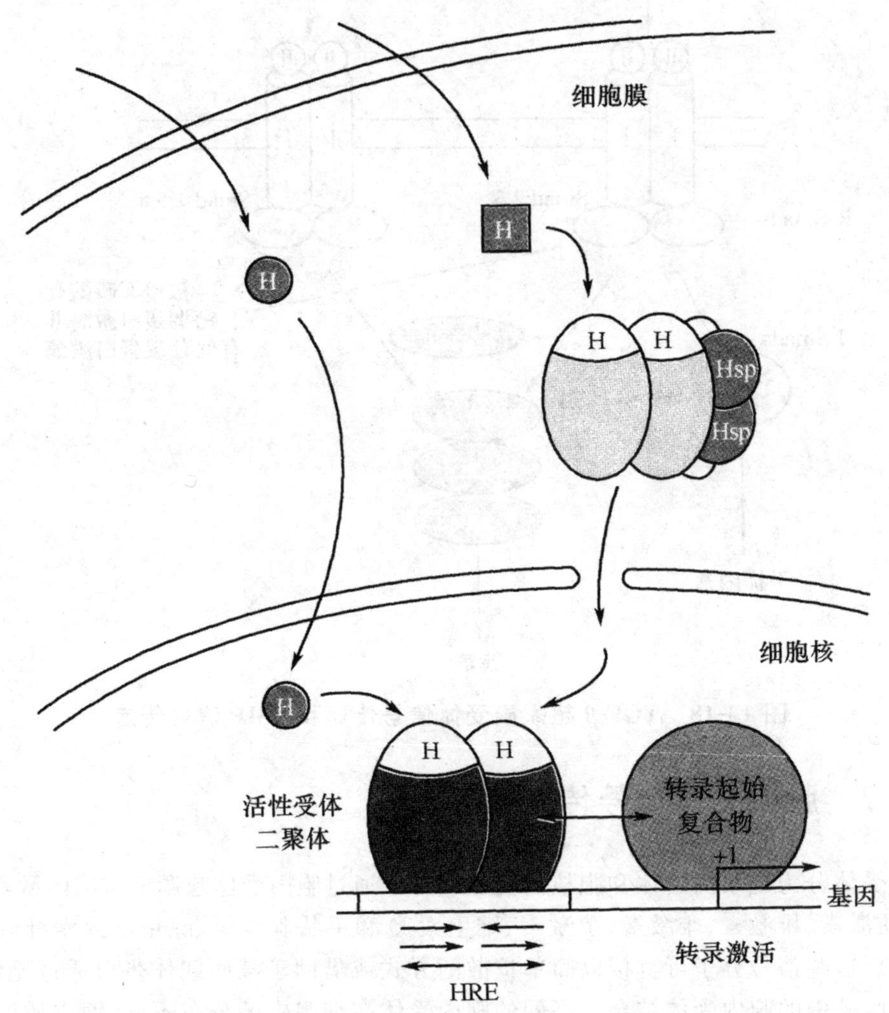

图 13-19　细胞核受体作用以及激素应答单元

13.3　细胞信号转导过程的基本规律

13.3.1　信号转导途径的多样性

随着对信号转导研究的深入，新的、独特的信号分子和转导途径被详细归纳说明。如整合素家族黏附分子就是典型的例子。黏附分子主要介导细胞与细胞外基质之间的黏附。整合素是细胞外基质组分的受体，可诱导细胞增殖、分化与凋亡。其信号表现为双向性，一方面整合素与配体分子结合，将信号传入胞浆，调节细胞的状态与功能，为内向信号传递；另一方面，某些因素引起的细胞功能状态的变化也通过某种途径影响整合素与其特异性配体的结合，后一种方式为外向信号传递。

13.3.2　信号转导途径的交联

事实上这些信号转导途径相互的关系十分密切，各条信号传递途径之间不是各自为政，互相孤立的，而是相互联系，形成网络。某一信号在胞内的传递往往不是局限在某一单独的信息传递系统内，而是涉及其他系统。

1. 一条信息途径的成员可参与另外一条信息途径

当激素等细胞外信息作用于同一细胞上的两种不同受体上，可以起系统促进效应，或者某一细胞外信息激活-传递系统，达到时间和空间的分级控制等。如甲状腺释放激素与靶细胞膜的受体特异性结合后，通过 Ca^{2+} 一磷脂依赖性蛋白激酶系统可激活 PKC，同时细胞内 Ca^{2+} 浓度增高还可通过 Ca^{2+}/CaM 激酶对底物蛋白的磷酸化而调节 AC 和磷酸二酯酶的活性，使 cAMP 生成增多，进而激活 PKA。

2. 一种信息分子可作用于多条信息转导途径

受体 TPK 活化可直接激活 PLC13，也可通过先激活 P13K，再激活 PLCβ，生成 IP_3 及 DAG。DAG 可激活 PKC，转而激活 Raf，启动 Raf-MAPK 途径。此外，PKC 还可使受体 TPK 胞内调节区的丝氨酸或苏氨酸残基磷酸化，而抑制受体 TPK 的活性。

3. 两种不同的信息传递途径可作用于同一种效应蛋白或同一基因调控区

如肌细胞的糖原磷酸化酶 b 激酶，该酶为多亚基蛋白质$(\alpha\beta\gamma\delta)_4$，其 α、β 亚基是 PKA 的底物，PKA 通过催化它们的磷酸化而使之失活。而 δ 亚基属于 CaM，Ca^{2+} 浓度增加可与之结合，并使其激活，进一步激活 Ca^{2+}/ CaM 激酶。PKA 和 Ca^{2+}/CaM(δ 亚基)在细胞核内均可以使转录因子 CREB 的 133 位丝氨酸残基磷酸化而使之激活，活化的 CREB 作用于 DNA 上的 CRE 顺式作用元件，启动多种基因的转录。

13.4　细胞信号转导研究在医学中的意义

细胞生物学和医学与药物学研究有着十分密切的关系，医学和药物学的研究是以人体为对象，研究疾病的发生以及治疗方法的，而细胞是人体生命的基本单位，对细胞的深入研究是探索人体奥秘、促进医学发展的重要前提。细胞之间的信息传递是保障人体生命活动的基本要素，当细胞的信息传递发生异常时则有可能导致疾病的发生，本节将简单介绍细胞间的信息传递同药物学研究的关系。

13.4.1 信息传递和疾病发生的关系

各种疾病的发生都和细胞间信息的传递有着直接或间接的关系。除了第一信使发生异常之外，如激素分泌水平的变化、其他信号传递分子的异常都可能导致疾病的发生。

1. G蛋白偶联受体异常和相关疾病

G蛋白偶联受体的异常会直接导致疾病的发生，多种因素都可能导致G蛋白偶联受体异常。G蛋白偶联受体异常主要表现为G蛋白结构、活性及其表达水平的异常。当G蛋白偶联受体发生异常时，可能会导致以下几种疾病。

(1)心血管疾病

左心室肥厚是高血压时心脏改变的主要特征，表现为心肌细胞的增殖肥大、间质胶原纤维合成增加以及心肌中微血管增生。机械、化学信号启动的PLC-PKC和MAPK等信号通路的活化与左心室肥厚有关。此外，动脉粥样硬化的发生发展与活性氧及其激活的PTK、MAPK等信号通路以及NF-κB和AP-1转录因子有关。

(2)肿瘤

目前研究表明，P21蛋白能激活磷脂酶C，使IP_3增加。由于IP_3及DAG能激活蛋白激酶C，从而促进细胞增殖。raS基因第12位密码子发生突变，P21蛋白仍能结合GTP，但失去水解GTP的能力，导致磷脂酶C的组成型持续激活，产生大量的IP_3。由此可见，G蛋白功能失调可能是造成肿瘤发生的原因之一。

(3)感染

G蛋白偶联受体异常与感染一些细菌感染性疾病的发病机制和GPCR介导的信号转导异常有关，这些细菌通过产生的毒素干扰GPCR介导的信号转导，使受累的细胞出现功能异常。这些疾病包括破伤风、百日咳、霍乱等。图13-20是霍乱毒素对Gα亚单位ADP核苷化的影响。

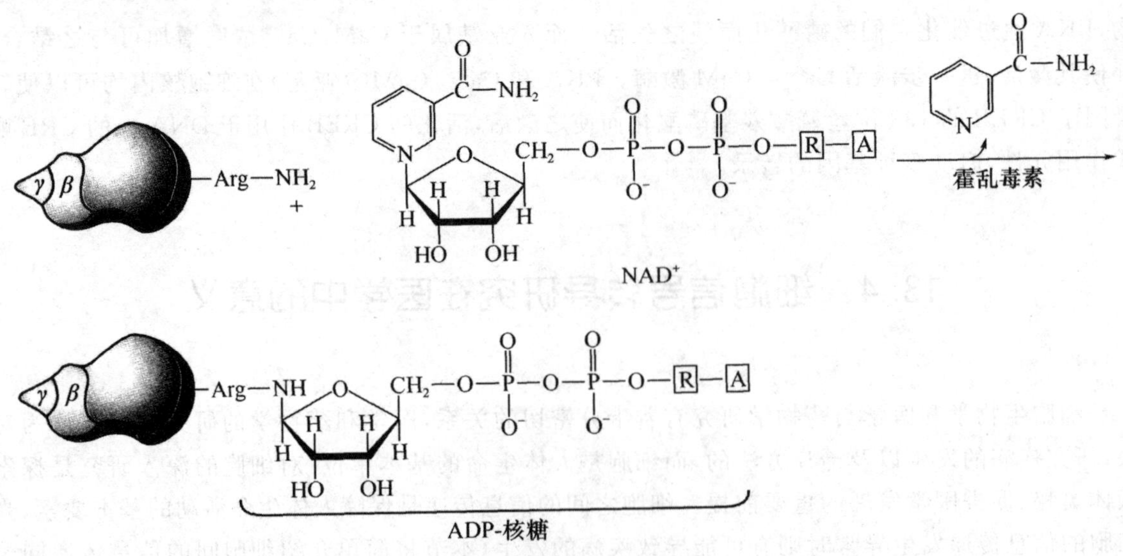

图13-20 霍乱毒素对Gα亚单位ADP核苷化的影响

(4)遗传病

Patten 首先在 1989 年发现了 G 蛋白偶联受体的异常和遗传病的关系，他发现假性甲状腺低下的家族中 Gαs 的翻译不能正常起始。在随后的 1993 年，另一位专家 Polla 发现 G 蛋白偶联受体的异常还会导致家族性钙过低性高血钙症、先天性甲状旁腺素过高症等。

(5)药物成瘾性疾病

吗啡类药物的镇痛作用和成瘾性是通过 GPCR 介导的信号转导实现的。吗啡的耐受和依赖性机制与细胞内 cAMP 浓度升高密切相关。吗啡通过受体偶联的 Gαs 活化，导致 AC 活化，cAMP 浓度升高。细胞中的 G 蛋白长期暴露于吗啡后，原来以 Gαi 抑制效应为主的信号转变为以 Gβγ 激作用为主导的信号。同时，高吗啡还诱导吗啡受体数目的减少。而大量酒精除可增强 G 蛋白偶联的内向整流性钾通道、影响突触传递外，还降低血小板 AC 活性，诱导 Gαi 的高表达。

2. 酪氨酸蛋白激酶受体异常和疾病

酪氨酸蛋白激酶受体异常也会导致疾病的发生，并且由酪氨酸蛋白激酶受体异常导致的疾病种类非常多。比如说，胰岛素受体基因的突变就可能会引发先天性糖尿病；紫外线照射通过损伤 DNA 引起染色体畸变，使一些转录因子活化，引起皮肤癌等。

3. 核受体病

由于核受体基因突变，使受体缺失、减少或结构异常的疾病称为核受体病。核受体异常将导致靶细胞对相应激素的抵抗，临床上称为相应激素抵抗综合征。迄今为止已报道有雄激素、糖皮质激素、盐皮质激素、1,25-$(OH)_2D_3$ 及甲状腺素抵抗症。这类疾病有明显的家族史，其特征为血中相应激素浓度正常或增高，但临床上却表现出相应激素减少或缺乏的症状和体征，用相应激素治疗效果不佳。

13.4.2　信号传递分子与药物研究的关系

随着信息传递的研究不断深入，新的治疗疾病的药物也在不断地出现。研究数据表明，干预信息传递的药物是否能用来治疗疾病可以从两方面进行判断：首先，药物干扰的信息传递途径在人体体内是否广泛的存在，如果药物干扰的信息传递途径在人体体内分布较为广泛的话，则会导致副作用的产生且难以控制；其次，药物对信息传递的选择性，药物对信息传递的选择性会直接影响人体可能发生的副作用的大小。目前，通过对信息传递的研究，研发出来的药物有达沙替尼、伊马替尼等，它们可以被用来治疗慢性粒细胞白血病。

在设计药物作用的靶点时，要注意选择在正常细胞和异常细胞中表达水平差异较大的信号分子，利用其突出的特异的激动剂或抑制剂研发药物，能在纠正异常细胞的同时，不影响正常细胞的活动。

第四部分　生物化学专题

第 14 章　肝的生物化学

肝脏是人体第二大器官、第一大腺体，也是代谢最旺盛的器官。肝脏不仅在糖、脂类、蛋白质、核酸、维生素和激素的代谢过程中起重要作用，是物质代谢相互联系的重要场所，而且还具有转化、分泌和排泄等重要功能，被誉为“物质代谢的中枢器官”、体内最大的“化工厂”等。肝对维持正常人体生命活动具有重要作用，当其发生疾患，人体内的物质代谢会出现异常，多种生理功能都将受到严重影响，重者可危及生命。因此，维持肝脏的正常功能对机体有着举足轻重的意义。

14.1　肝在代谢中的作用

14.1.1　肝在糖代谢中的作用

肝在糖代谢中的作用主要是通过糖原合成、分解及糖异生作用来维持血糖浓度的恒定。肝有较强的糖原合成与分解能力，餐后血糖浓度增高，肝将过剩的血糖合成糖原储存于肝内，降低血糖的浓度。肝糖原的储存量可达肝重的 5%～6%，过多的糖在肝内转变为三酰甘油并部分被氧化利用。空腹血糖浓度下降，肝糖原被迅速分解为葡糖-6-磷酸，在肝葡糖-6-磷酸酶催化下，水解成葡萄糖以补充血糖。肝也是糖异生作用的主要器官，可将甘油、丙氨酸和乳酸等转化为糖原或葡萄糖，作为血糖的补充来源。因此，虽然肝糖原的储存有限(饥饿十几小时后即可消耗尽)，但正常人饥饿十几小时甚至更久并无低血糖现象发生。肝脏严重受损时肝糖原代谢及糖异生能力减弱，难以维持正常血糖水平，因而进食后会出现一过性高血糖，饥饿时则出现低血糖。

14.1.2　肝在脂代谢中的作用

肝在脂类的消化、吸收、转运、分解和合成代谢中起着重要作用。饮食中的脂肪经胃肠道消化及胆汁的作用最终分解成脂酸及甘油，被肠道吸收后通过门静脉进入肝内。

肝所分泌的胆汁中含有胆汁酸盐，是一种界面活性物质，可乳化脂类、促进脂类的消化吸收。肝可利用糖合成三酰甘油，有利于能源储存。肝还是人体中合成胆固醇及磷脂的重要器官，是血液中胆固醇及磷脂的主要来源，肝合成的胆固醇占全身合成胆固醇总量的 80% 以上。同时，肝具有很强的处理胆固醇及一定的脂肪酸 β-氧化能力。胆汁酸盐就是肝处理胆固醇的主要产物。肝内的脂肪酸 β-氧化产生酮体，供肝外组织利用（氧化供能），是肝通过血液向脑、肌肉及心脏等供应能量的补充形式。肝利用三酰甘油、磷脂、胆固醇及载脂蛋白合成极低密度脂蛋白（VLDL）和初生态高密度脂蛋白（HDL），并分泌入血，它们是血浆三酰甘油和胆固醇等的重要运输形式。

肝细胞损伤时（如肝炎、肝癌等肝疾病），会出现脂类的消化、吸收不良，产生厌油腻和脂肪泻等症状。而当人体大量食入脂类，肝合成三酰甘油的量超过其合成与分泌 VLDL 的能力时，三酰甘油在肝内堆积，出现脂肪肝。

14.1.3　肝在蛋白质代谢中的作用

肝脏的蛋白质代谢和氨基酸代谢非常活跃，主要表现在蛋白质合成、氨基酸分解和尿素合成等方面。

肝内蛋白质更新速度较快，肝脏大部分蛋白质的半衰期为 1～8 天，而结缔组织一些蛋白质的半衰期为 180 天。肝合成的蛋白质占机体合成蛋白质总量的 15%。在血浆中，除了 γ-球蛋白之外（主要在浆细胞合成），其余血浆蛋白质主要甚至全部来自肝细胞，例如，白蛋白、凝血酶原和纤维蛋白原。肝脏每日可合成 15～50 g 血浆蛋白质。

肝是处理氨基酸及其代谢产物的重要器官。由于肝含有丰富的与氨基酸分解代谢有关的酶类，所以肝内氨基酸分解也十分活跃。来源于蛋白质消化吸收和组织蛋白质水解产生的氨基酸，很大部分极迅速地被肝摄取，经转氨基、脱氨基、转甲基、脱硫及脱羧基等作用转变为酮酸或其他化合物，进一步经糖异生作用转变为糖，或氧化分解。所以肝也是氨基酸分解代谢的重要器官，除亮氨酸、异亮氨酸及缬氨酸这三种支链氨基酸主要在肝外组织（如肌肉组织）进行分解代谢外，其余氨基酸，特别是酪氨酸、苯丙氨酸和色氨酸等芳香族氨基酸，都主要在肝中进行分解代谢，所以当肝功能障碍时，会引起血中多种氨基酸含量升高，甚至从尿中丢失。

肝是尿素合成的唯一场所。从肠道吸收的氨和各组织氨基酸分解产生的氨在肝脏合成尿素，以解氨毒。肝病导致尿素合成减少，血氨增多，会发生氨中毒，这是肝昏迷的原因之一。

14.1.4　肝在维生素代谢中的作用

肝脏在维生素的吸收、贮存、转化等方面具有重要作用。

肝脏分泌的胆汁酸盐是强乳化剂，有利于脂溶性维生素的吸收。维生素 A、维生素 D、维生素 E、维生素 K、维生素 B_{12} 主要贮存在肝内，肝贮存的维生素 A 约为体内总量的 95%。肝脏还可将维生素 D_3 羟化为 25-羟维生素 D_3，将胡萝卜素转变为维生素 A 等，使无活性的维生素原转变成有活性的维生素。多种维生素在肝内代谢转变为辅酶的组成成分，如肝将泛酸转变为辅酶 A 的组成部分，将尼克酰胺转变为辅酶 Ⅰ（NAD^+）及辅酶 Ⅱ（$NADP^+$）的组成部分，将核黄素转变为 FMN 和 FAD 的组成部分等，对机体的物质代谢起着重要的作用。在运输维生素方面，肝合成维生素 D 结合球蛋白与视黄醇结合蛋白，通过血液循环运输维生素 D 和维生素 A。如果肝脏出现病变，就会影响上述各项作用，例如，发生脂溶性维生素的吸收障碍。

14.1.5 肝在激素代谢中的作用

肝和许多激素的灭活与排泄有密切关系。多种激素在发挥其调节作用后，主要在肝内代谢转化，从而降低或失去活性，此过程称为激素的灭活。灭活过程对于激素作用时间的长短及强度具有调控作用。肝病严重时，由于激素的灭活功能降低，体内雌激素、肾上腺皮质激素、醛固酮和抗利尿激素等水平升高，可出现男性乳房女性化、蜘蛛痣、肝掌（雌激素对小血管的扩张作用）、高血压、水肿和腹水等表现。肝脏还参与激素活化。例如，四碘甲腺原氨酸被肝细胞吸收后脱碘，转化成活性更高的三碘甲腺原氨酸。

14.2 肝的生物转化作用与排泄功能

14.2.1 肝的生物转化作用

在生命活动过程中，体内产生和从体外摄取的某些物质既不能构建组织，又不能氧化供能，常被归为非营养物质。有些非营养物质可以直接排出体外，如二氧化碳，有些则需先进行转化，最终增加其水溶性或极性，使其易于随胆汁或尿液排出体外，这一转化过程称为生物转化（biotransformation）。

肝细胞微粒体、胞液、线粒体等亚细胞部位均存在丰富的生物转化酶类，能有效处理进人体内的非营养物质，是生物转化的重要器官。人体内肝组织的生物转化能力最强，此外肾、胃、肠、肺、皮肤及胎盘等组织也具有一定能力的生物转化作用。

1. 生物转化的主要反应类型

生物转化反应非常复杂，包括多种化学反应类型，可归纳为两相。第一相反应包括氧化（oxidation）、还原（reduction）、水解（hydrolysis），有些物质经过第一相反应后，可使其分子中的某些非极性基团转化为极性基团或使其分解，理化性质改变，易于排出体外；第二相反应为结合（conjugation）反应。有些物质经过第一相反应后，其极性改变不大，不能排出体外，必须进一步进行第二相反应，即与葡萄糖醛酸、硫酸、氨基酸等极性更强的物质结合，以增加其溶解度，才能随胆汁或尿排出体外。

(1)第一相反应

许多非营养物质通过第一相反应，其分子中某些非极性基团转变为极性基团，增加亲水性，或使其分解，改变其理化性质，使其易于排出体外。

①氧化反应。氧化反应是生物转化反应中最常见的反应类型。肝细胞含有参与生物转化的各种氧化酶类，如单加氧酶、脱氢酶和单胺氧化酶等。

单加氧酶系由肝细胞中多种氧化酶系所组成的重要酶类，其中最重要的是存在于微粒体内依赖细胞色素 P_{450} 的单加氧酶，又称混合功能氧化酶，能催化许多脂溶性物质从分子氧中接受一个氧原子，生成羟基化合物或环氧化合物，另一个氧原子被 NADPH 还原为水。单加氧酶的羟化作用不仅增加药物或毒物的水溶性，使其有利于排泄，而且是许多物质代谢不可缺少的步骤。由于一个氧分子发挥了两种功能，故又称混合功能氧化酶。其反应通式如下：

$$\underset{\text{底物}}{RH} + O_2 + NADPH + H^+ \xrightarrow{\text{加单氧酶}} \underset{\text{氧化产物}}{ROH} + NADP^+ + H_2O$$

醇脱氢酶和醛脱氢酶分别存在于肝细胞的胞液及线粒体中。两者均以 NAD^+ 为辅酶，分别催化醇或醛氧化为醛和酸。如乙醇进入体内后，主要在肝的醇脱氢酶催化下氧化为乙醛，乙醛再经醛脱氢酶催化生成乙酸。乙醇在肝内的氧化使肝细胞液 $NADH/NAD^+$ 比值升高，过多的 NADH 可将胞浆中丙酮酸还原成乳酸。严重酒精中毒导致乳酸和乙酸堆积可引起酸中毒和电解质平衡紊乱，还可使糖异生受阻引起低血糖。

$$\underset{\text{醇}}{RCH_2OH} \xrightarrow[NAD^+ \to NADH+H^+]{\text{醇脱氢酶}} \underset{\text{醛}}{RCHO} \xrightarrow[H_2O,\ NAD^+ \to NADH+H^+]{\text{醛脱氢酶}} \underset{\text{酸}}{RCOOH}$$

单胺氧化酶(monoamine oxidase)属于黄素酶类，存在于肝细胞线粒体中的胺氧化酶，可催化肠道吸收的胺类物质如组胺、尸胺、酪胺等，使之氧化脱氨基，生成相应的醛类，从而消除其毒性，例如

$$RCH_2NH_2 + H_2O + O_2 \xrightarrow{\text{单胺氧化酶}} RCHO + NH_3 + H_2O_2$$

②还原反应。主要在肝微粒体中进行，催化还原反应的酶类是硝基还原酶类和偶氮还原酶类，分别催化硝基化合物与偶氮化合物从 NADPH 或 NADH 接受氢，还原成相应的胺类。例如：

$$\underset{\text{硝基苯}}{C_6H_5-NO_2} \xrightarrow{\text{脱氧}} \underset{\text{亚硝基苯}}{C_6H_5-NO} \xrightarrow{\text{加氢}} \underset{\text{苯胲}}{C_6H_5-NHOH} \xrightarrow{\text{脱氧}} \underset{\text{苯胺}}{C_6H_5-NH_2}$$

$$\underset{\text{偶氮苯}}{C_6H_5-N{=}N-C_6H_5} \xrightarrow{\text{加氢}} C_6H_5-NH-NH-C_6H_5 \xrightarrow{\text{加氢}} \underset{\text{苯胺}}{C_6H_5-NH_2}$$

③水解反应。肝细胞的胞液与微粒体中含有多种水解酶类，可对酯类、酰胺类和糖苷类化合物进行水解，以减低或消除其生物活性。这些水解产物通常还需经进一步转化才能排出体外。例如，乙酰水杨酸的生物转化过程中，首先是水解反应，然后是结合反应。

$$\underset{\text{乙酰水杨酸}}{C_6H_4(OCOCH_3)(COOH)} \xrightarrow{\text{水解}} \underset{\text{水杨酸}}{C_6H_4(OH)(COOH)} + CH_3-COOH$$

$$\underset{\text{水杨酸}}{C_6H_4(OH)(COOH)} \xrightarrow{\text{氧化}} \underset{\text{羟基水杨酸}}{C_6H_3(OH)_2(COOH)} \xrightarrow{\text{结合反应}} \text{排出体外}$$

(2)第二相反应

只有少数物质通过第一相反应后即可完成生物转化，大多数非营养物质在经过第一相反应

后，分子极性改变不大，还需进一步与某些极性更强的物质结合，以得到更大的溶解度，并得以改变其活性或毒性。结合反应属第二相反应，是体内最重要的生物转化方式。凡含有羟基、羧基或氨基的药物、毒物或激素等非营养物，均可与葡糖醛酸、硫酸等发生结合反应，或进行甲基化、乙酰化等反应。与葡糖醛酸、硫酸和酰基的结合反应最为重要，尤以葡糖醛酸的结合反应最为普遍。

①葡糖醛酸结合反应。肝细胞微粒体中含有非常活跃的葡糖醛酸基转移酶，它以尿苷二磷酸葡糖醛酸（UDPGA）为供体，催化葡糖醛酸基转移到多种含极性基团的化合物分子（如醇、酚、胺、羧酸等）上。

3-羟苯并芘 + UDP-葡糖醛酸 → 3-羟苯并芘葡糖醛酸酯 + UDP

②硫酸结合反应。这也是较常见的结合方式，提供活性硫酸的供体是 3′-磷酸腺苷 5′-磷酰硫酸（PAPS）。在肝细胞胞液中含有活泼的硫酸转移酶，在其作用下，PAPS 中的硫酸根转移到醇类、酚类的羟基或芳香族胺类化合物的氨基上，生成硫酸酯类化合物。例如，雌酮就是在肝内与硫酸结合进行灭活。

雌酮 ＋PAPS $\xrightarrow{\text{硫酸转移酶}}$ 雌酮硫酸 ＋PAP

③甲基化反应。甲基的供体是 S-腺苷甲硫氨酸（SAM），肝细胞液及微粒体中具有多种转甲基酶，少数含有羟基、巯基或氨基的化合物可进行甲基化反应而被代谢。

尼克酰胺 ＋SAM $\xrightarrow{\text{甲基转移酶}}$ N-甲基尼克酰胺 ＋S-腺苷同型半胱氨酸

④酰基反应。肝细胞胞液中含有乙酰基转移酶，催化乙酰基从乙酰 CoA 转移到芳香族胺分子上，形成乙酰化衍生物。例如，抗结核病药物异烟肼在乙酰基转移酶催化下经乙酰化而失去活性。

异烟肼 + 乙酰CoA（$H_3C-CO\sim SCoA$） → 乙酰异烟肼 + HSCoA

⑤谷胱甘肽结合反应。GSH 在肝细胞胞液谷胱甘肽 S-转移酶催化下，可与多种卤代化合物和环氧化合物结合，生成含 GSH 的结合产物。生成的谷胱甘肽结合物主要随胆汁排出体外，不能直接从肾排出。

⑥甘氨酸结合反应。甘氨酸在肝细胞线粒体酰基转移酶的催化下，可与含羧基的化合物结合。例如，甘氨酸或牛磺酸可与胆酸和脱氧胆酸结合，生成结合胆汁酸。

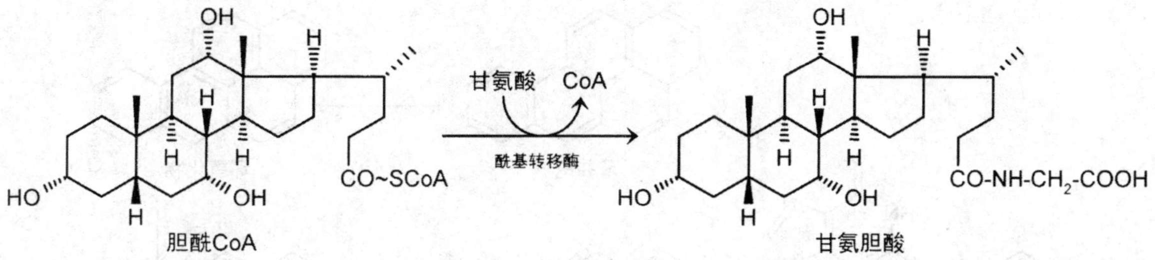

2. 生物转化反应的特点

(1)转化反应的连续性和多样性

非营养物质在体内的生物转化过程是连续进行的——先进行第一相反应，再进行第二相结合反应，增加其极性、水溶性并最终排出体外。如乙酰水杨酸先水解生成水杨酸，然后是与葡萄糖醛酸的结合反应；也可以水解后先氧化成羟基水杨酸，再结合葡萄糖醛酸(图 14-1)。

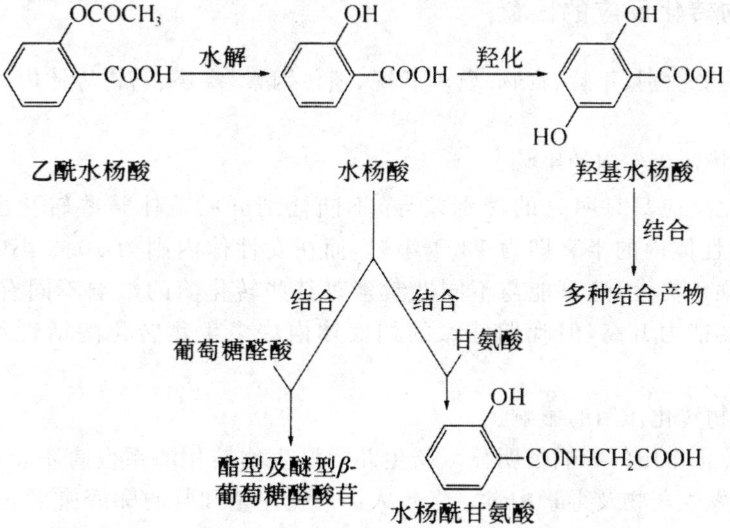

图 14-1　乙酰水杨酸的生物转化

同一类物质可因结构上的差异而进行不同类型的反应，甚至同一种物质在体内也可以进行多种不同的反应，产生不同的产物。如乙酰水杨酸水解后生成的水杨酸，既可氧化成羟基水杨酸，也可与甘氨酸结合生成水杨酰甘氨酸，还可与 UDP-GA 结合生成葡萄糖醛酸苷等。

(2)解毒和致毒的双重性

一种物质在体内经过生物转化后,其毒性可能减弱(解毒),也可能增强(致毒),即生物转化具有解毒与致毒的双重性。例如,烟草中的多环芳烃类化合物苯并芘,其本身没有直接致癌作用,但经过生物转化后生成 7,8-二氢化醇-9,10-环氧化物(图 14-2),是一种强烈的致癌物,可以直接攻击 DNA 的几种碱基。

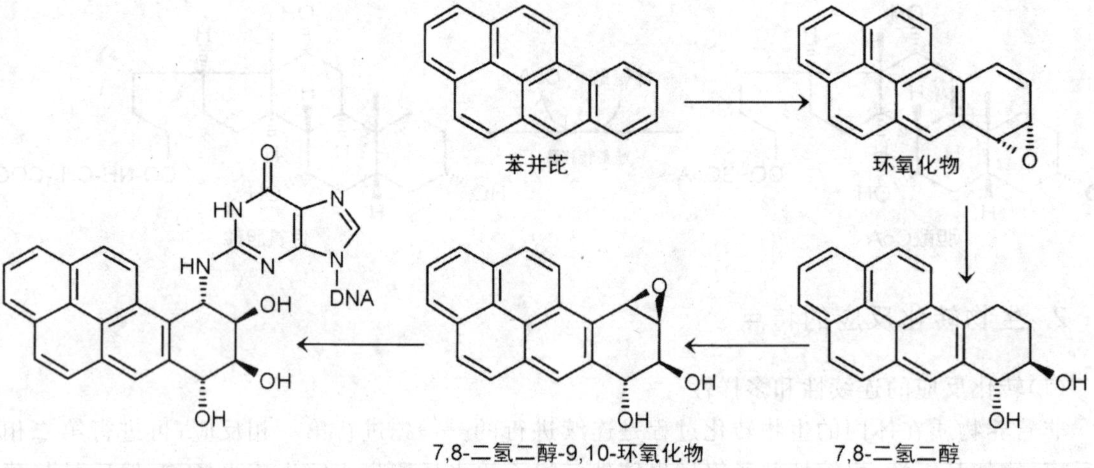

图 14-2 苯并芘的生物转化

3. 影响生物转化反应的因素

生物转化作用受性别、年龄、食物、营养状况、遗传因素、疾病、药物等体内外诸多因素的影响和调节。

(1)性别对生物转化作用的影响

某些生物转化反应具有明显的性别差异,不同性别肝微粒体某些转化酶的活性不同,例如,氨基比林在男性体内的半衰期为 13.4 小时,而在女性体内则为 10.3 小时,说明女性转化氨基比林的能力强于男性,这可能与不同性激素对某些转化酶的影响不同有关。妊娠期妇女肝清除抗癫痫药的能力升高,但晚期妊娠的妇女体内许多生物转化酶活性都下降,故生物转化能力普遍降低。

(2)年龄对生物转化作用的影响

年龄对生物转化作用的影响很明显。新生儿因肝生物转化酶系发育不全,对药物及毒物的转化能力弱,容易发生药物及毒素中毒。老年人因肝血流量和肾的廓清速率下降,使血浆药物的清除率降低,药物在体内的半寿期延长,常规剂量用药后可发生药物作用蓄积,药效强,副作用较大,例如,对氨基比林、保泰松等药物的转化能力降低。所以临床上对新生儿及老年人的药物用量较成人少,很多药物使用时都要求儿童和老人慎用或禁用。

(3)食物对生物转化作用的影响

不同食物对生物转化酶活性的影响不同,有的可以诱导酶合成增加,有的能抑制酶活性。例如,烧烤食物、萝卜等含有微粒体加单氧酶系诱导物;食物中黄酮类成分可抑制加单氧酶系活性;葡萄柚汁可抑制细胞色素 P4503A4 酶的活性,通过避免黄曲霉素 B_1 激活起抗肿瘤作用。

(4)营养状态对生物转化作用的影响

摄入蛋白质可以增加肝的重量和肝细胞酶整体的活性，提高肝生物转化的效率。饥饿数天(7天)肝谷胱甘肽 S-转移酶(GST)作用受到明显的影响，其参加的生物转化反应水平降低。大量饮酒，因乙醇氧化为乙醛、醋酸，再进一步氧化成乙酰辅酶 A，产生 NADH，可使细胞内 NAD/NADH 比值降低，从而减少 UDP-葡萄糖醛酸结合反应。

(5)遗传

生物转化存在明显的个体差异，如 CYP2D6、CYP2C19、CYP2C9 存在遗传多态性。20%的亚裔人几乎完全缺乏 CYP2C19。异喹胍的 4-羟化代谢存在强代谢型和弱代谢型两种人群，弱代谢型可能与肝内 CYP2D6 的缺乏及其基因突变有关。

(6)疾病对生物转化作用的影响

肝脏是生物转化的主要器官，肝实质病变时，生物转化酶类活性下降，使药物、毒物等的灭活速度降低，所以肝病患者应当谨慎用药。

(7)药物对生物转化作用的影响

许多药物或毒物可诱导参与生物转化酶的合成，使肝的生物转化能力增强，称为药物代谢酶的诱导。例如，长期服用苯巴比妥可诱导肝微粒体加单氧酶系的合成，使机体对苯巴比妥类催眠药的转化能力增强，产生耐药性。临床治疗中可利用诱导作用增强对某些药物的代谢，达到解毒的效果，如用苯巴比妥减低地高辛中毒。苯巴比妥还可诱导肝微粒体 UDP-葡萄糖醛酸转移酶的合成，临床上用其增加机体对游离胆红素的结合反应，治疗新生儿黄疸。由于多种物质在体内转化常由同一酶系催化，当同时服用多种药物时可出现竞争同一酶系，使各种药物生物转化作用相互抑制。例如，保泰松可抑制双香豆素类药物的代谢，当两者同时服用时保泰松可使双香豆素的抗凝作用加强，易发生出血现象，所以同时服用多种药物时应注意。

14.2.2　肝的排泄功能

1. 胆汁

胆汁(bile)由肝细胞产生，通过胆道系统流出，平时贮存于胆囊，当人摄入食物后，胆囊内胆汁经胆总管流入十二指肠，或直接从肝脏排出至十二指肠，促进脂类的消化和吸收。

胆汁的作用：作为乳化剂乳化食物脂类，促进其消化吸收；作为排泄液将某些非营养物质特别是生物转化产物排出体外；肝胆汁在十二指肠中和一部分胃酸。

生成胆汁是肝的基本功能之一。正常成人每天分泌胆汁为 300～700 mL。肝细胞初分泌出来的胆汁称为肝胆汁(hepatic bile)，呈金黄色，清澈透明，有黏性和苦味。肝胆汁流入胆囊后，胆囊吸收胆汁中的一部分水和其他一些成分，并分泌出许多黏蛋白掺入胆汁，使胆汁浓缩 5～10 倍，变为胆囊胆汁(gallbladder bile)(表 14-1)。胆囊胆汁呈暗褐色或棕绿色，黏稠不透明。胆囊胆汁中的成分 80%为水分，其余固体物质中主要是胆汁酸盐(占 50%～70%)，其他还有胆色素、胆固醇、磷脂、无机盐及蛋白质等。

表 14-1 肝胆汁与胆囊胆汁成分比较

参数	肝胆汁	胆囊胆汁	参数	肝胆汁	胆囊胆汁
pH	7.5	6.0	总脂肪酸/(g/L)	2.7	24
Na^+/(mmol/L)	141～165	220	胆色素/(g/L)	1～2	3
K^+/(mmol/L)	2.7～6.7	14	磷脂/(g/L)	1.4～8.1	34
Ca^+/(mmoL/L)	1.2～3.2	15	胆固醇/(g/L)	1～3.2	6.3
Cl^-/(mmol/L)	77～117	31	蛋白质/(g/L)	2～20	4.5
HCO_3^-/(mmol/L)	12～55	19	渗透浓度/(mmol/L)	300	300
胆汁酸/(g/L)	3～45	32			

2. 胆汁酸

胆汁酸主要具有以下两大功能。

第一，促进脂类的消化吸收。胆汁酸分子内既含有亲水性的羟基、羧基、磺胺基等，又含有疏水的烃核和甲基。在立体构型上两类基团恰位于环戊烷多氢菲核的两侧，构成亲水和疏水两个侧面，故有很强的界面活性，能降低油/水两相的表面张力，这种结构特性使其成为较强的乳化剂。

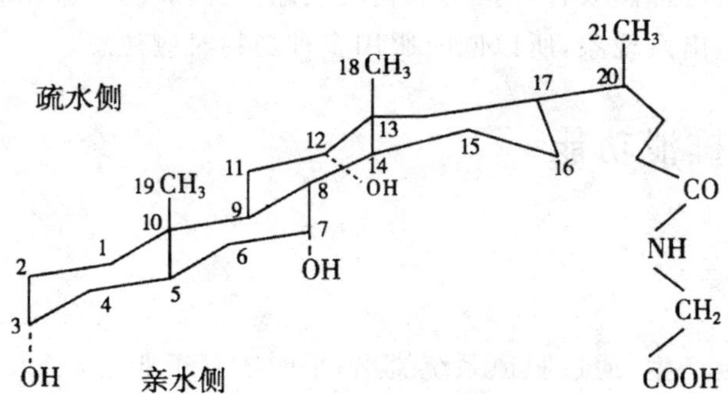

甘氨胆酸的构象式

胆汁酸能和卵磷脂、胆固醇、脂肪和脂溶性维生素等物质形成混合微团(3～10 μm)，使脂类物质能稳定地分散在水溶液中，既有利于酶的作用，又有利于脂类物质通过肠黏膜表面水层，促进脂类物质吸收。

第二，抑制胆汁中胆固醇的析出。人体内约 99%胆固醇随胆汁从肠道排出体外，其中 1/3 以胆汁酸形式、2/3 以直接形式排出体外。胆汁中的胆固醇难溶于水，与胆汁酸及卵磷脂结合形成可溶性的微团，经胆道转运至肠道排出体外。如果肝合成胆汁酸或卵磷脂的能力下降，消化道丢失胆汁酸过多或肠肝循环中的肝摄取胆汁酸过少，以及排入胆汁中的胆固醇过多(如高胆固醇血症病人)，均可造成胆汁酸、卵磷脂与胆固醇比值降低(小于 10∶1)，易引起胆固醇从胆汁中析出沉淀，形成胆结石(gallstone)。临床可根据三者的浓度，利用三角坐标估计成石倾向(图 14-3)。

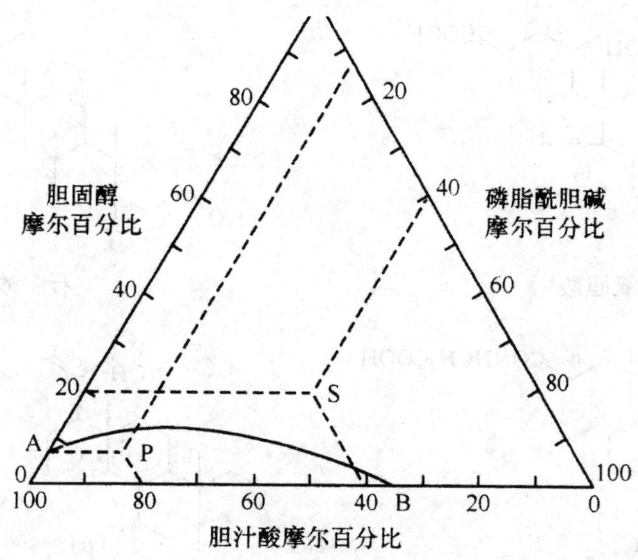

图 14-3　胆汁中三种成分相对浓度的三角坐标

胆汁酸(bile acid)是体内一大类胆烷酸的总称。正常人胆汁中的胆汁酸按结构可分为两大类:一类称为游离型胆汁酸(free bile acid),包括胆酸(cholic acid)、脱氧胆酸(deoxycholic acid)、鹅脱氧胆酸(chenodeoxycholic acid)和少量的石胆酸(lithocholic acid);另一类称为结合型胆汁酸(conjugated bile acid),包括上述各种游离型胆汁酸分别与甘氨酸或牛磺酸结合的产物,主要是甘氨胆酸、牛磺胆酸、甘氨鹅脱氧胆酸及牛磺鹅脱氧胆酸。胆汁酸的大致分类如表 14-2 所示,几种常见的胆汁酸结构如图 14-4 所示。

表 14-2　胆汁酸的分类

按来源分类	按结构分类	
	游离胆汁酸	结合型胆汁酸
初级胆汁酸	胆酸	甘氨胆酸、牛磺胆酸
	鹅脱氧胆酸	甘氨鹅脱氧胆酸、牛磺鹅脱氧胆酸
次级胆汁酸	脱氧胆酸	甘氨脱氧胆酸、牛磺脱氧胆酸
	石阻酸	甘氨石胆酸、牛磺石胆酸

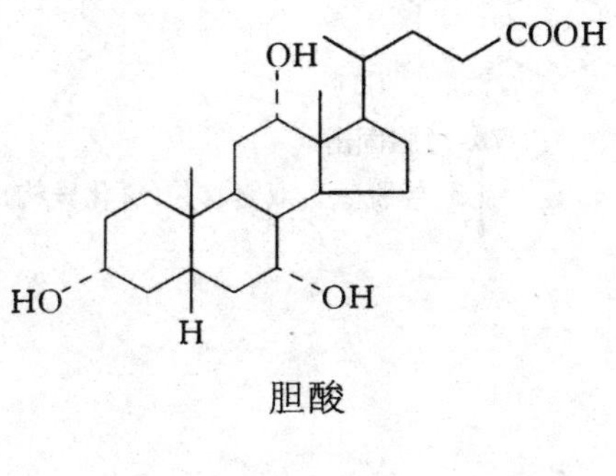

OH　COOH　HO　H　OH

胆酸

COOH　HO　H　OH

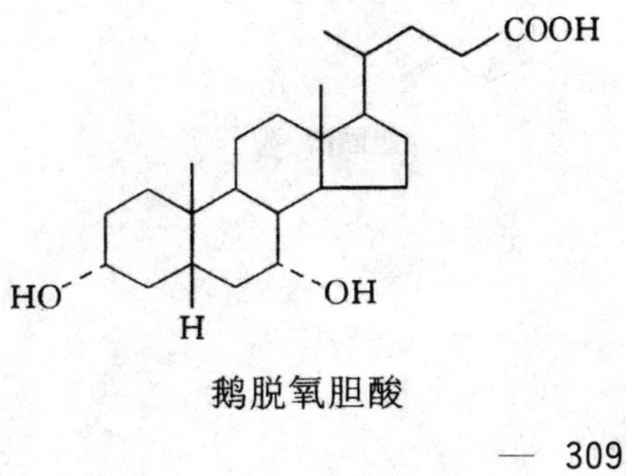

鹅脱氧胆酸

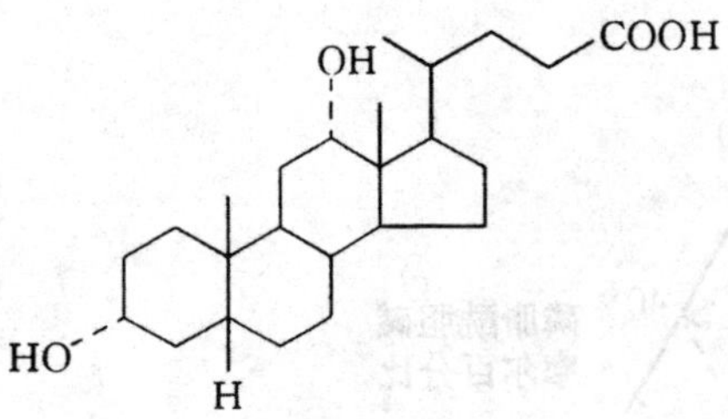

脱氧胆酸 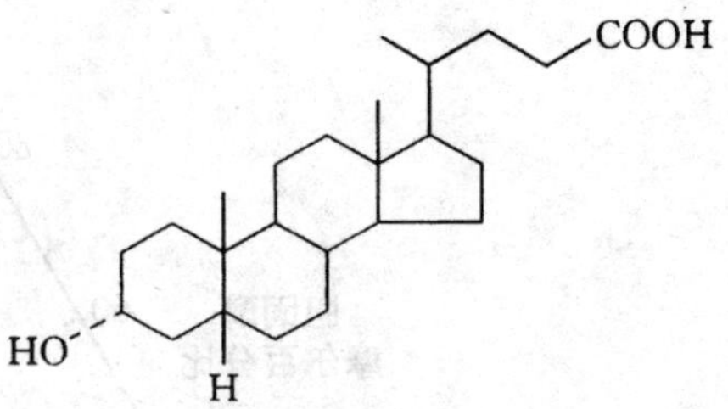　　石胆酸

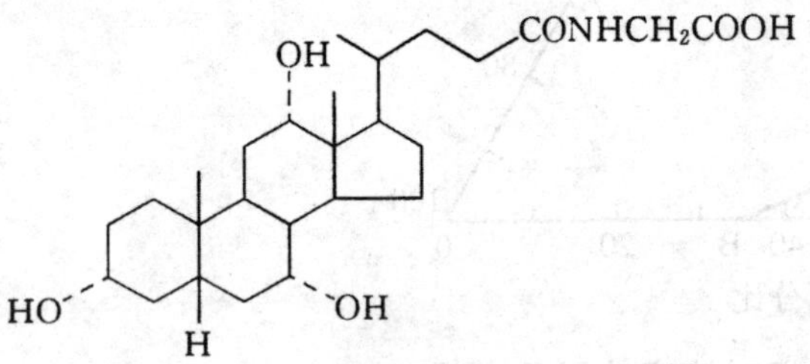

甘氨胆酸 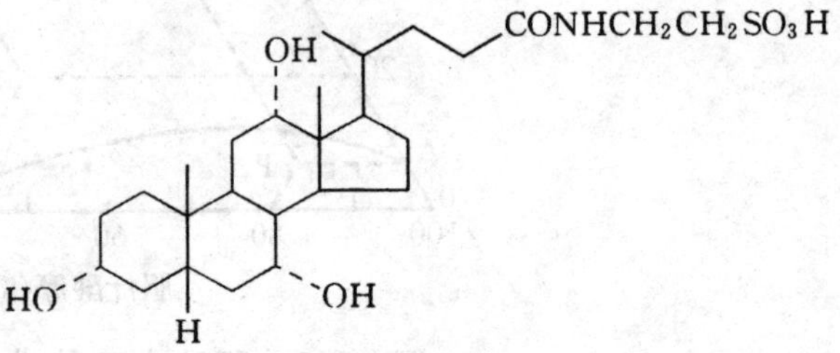　　牛磺胆酸

图 14-4　几种胆汁酸的结构

人胆汁中的胆汁酸以结合型为主。其中甘氨胆汁酸的量多于牛磺胆汁酸的量。胆汁中的初级胆汁酸和次级胆汁酸均以钠盐或钾盐的形式存在，简称胆盐。

3. 胆汁酸代谢

(1)初级胆汁酸的生成

初级胆汁酸在肝细胞内以胆固醇为原料直接合成。肝细胞内合成胆汁酸的反应主要发生在微粒体和细胞液。首先胆固醇在胆固醇 7α 羟化酶(cholesterol 7α-hydroxylase)的催化下生成 7α 羟胆固醇，再在多种酶的作用下，经羟化、还原、侧链氧化断裂和修饰等一系列酶促反应后，生成具有 24 碳的初级游离胆汁酸。初级游离胆汁酸再与甘氨酸或牛磺酸结合(图 14-5)，生成初级结合胆汁酸(图 14-6)。

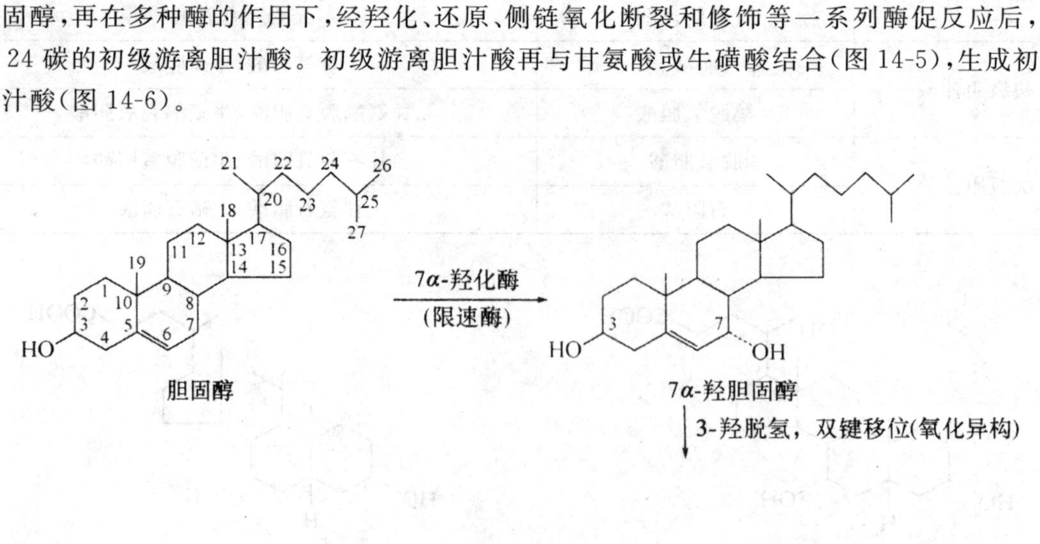

胆固醇 —7α-羟化酶(限速酶)→ 7α-羟胆固醇

↓ 3-羟脱氢，双键移位(氧化异构)

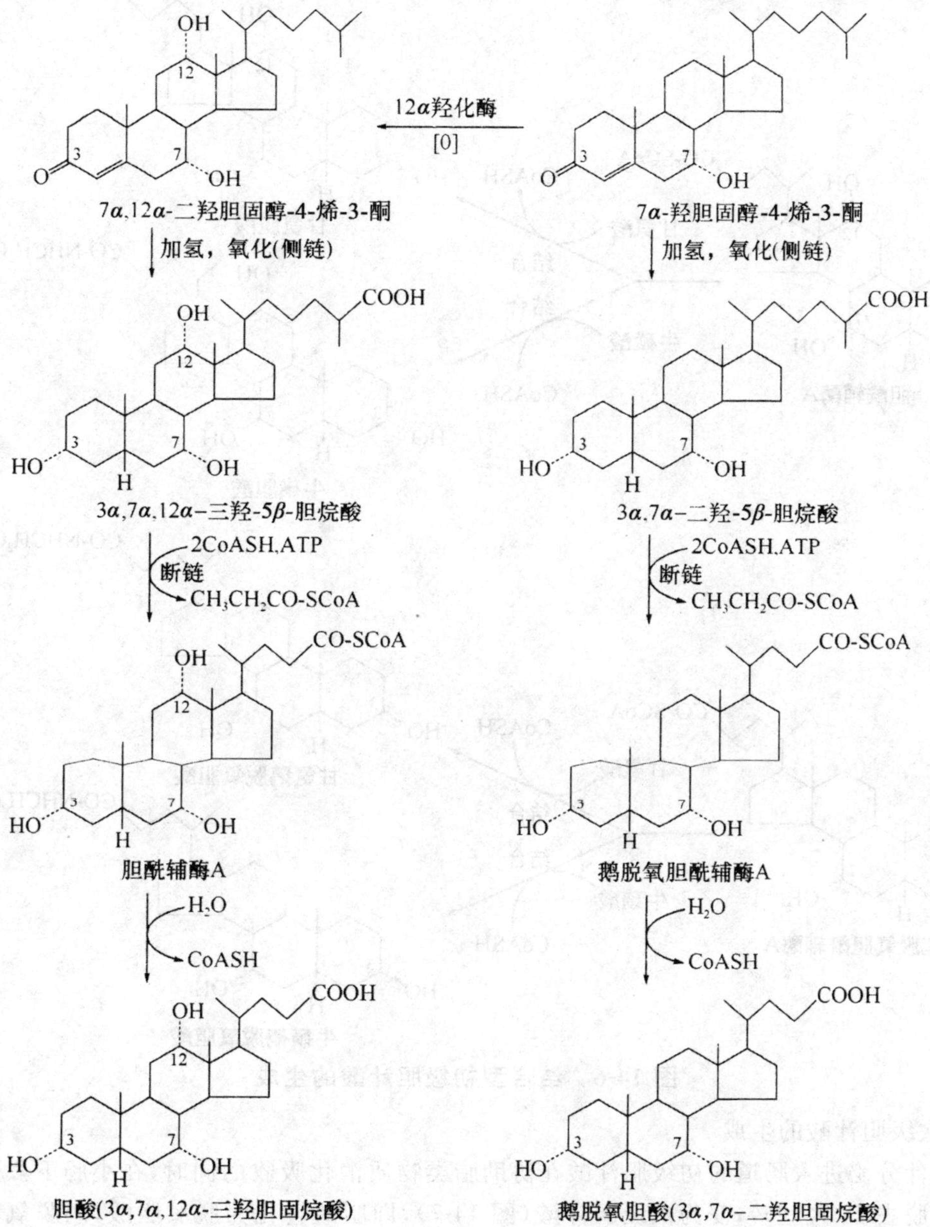

12α羟化酶
[0]

7α,12α-二羟胆固醇-4-烯-3-酮
加氢，氧化(侧链)
3α,7α,12α-三羟-5β-胆烷酸
2CoASH,ATP
断链
$CH_3CH_2CO-SCoA$
胆酰辅酶A
H_2O
CoASH
胆酸(3α,7α,12α-三羟胆固烷酸)

7α-羟胆固醇-4-烯-3-酮
加氢，氧化(侧链)
3α,7α-二羟-5β-胆烷酸
2CoASH,ATP
断链
$CH_3CH_2CO-SCoA$
鹅脱氧胆酰辅酶A
H_2O
CoASH
鹅脱氧胆酸(3α,7α-二羟胆固烷酸)

图 14-5 游离型初级胆汁酸的生成

胆固醇 7α-羟化酶是胆汁酸生成的限速酶，它受产物胆汁酸的反馈抑制，因此，减少胆汁酸的肠道吸收，则可促进肝内胆汁酸的生成，从而降低血清胆固醇。同时，胆固醇 7α-羟化酶也是一种单加氧酶，维生素 C、皮质激素、生长激素可促进其羟化反应。另外，甲状腺素能通过激活侧链氧化的酶系，促进肝细胞合成胆汁酸。所以，甲状腺功能亢进的患者，血清胆固醇浓度偏低，而甲状腺功能低下的患者，血清胆固醇含量偏高。

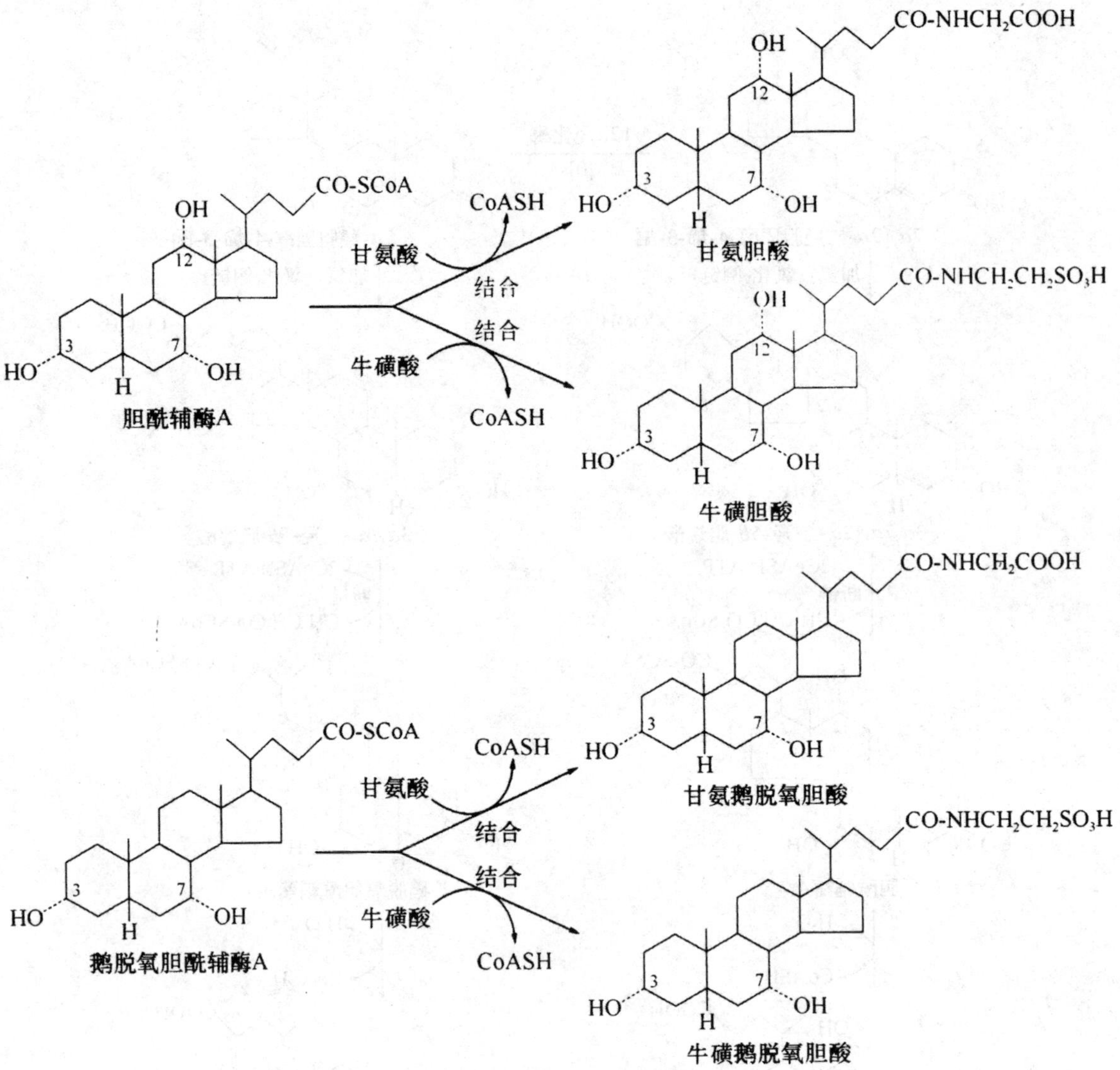

图 14-6　结合型初级胆汁酸的生成

(2)次级胆汁酸的生成

随胆汁分泌进入肠道的初级胆汁酸在协助脂类物质消化吸收的同时，在小肠下段和大肠受细菌作用脱去 7α-羟基转，变为次级胆汁酸(图 14-7)，即胆酸转化为脱氧胆酸，鹅脱氧胆酸转化为石胆酸。一部分结合型胆汁酸先水解脱去甘氨酸或牛磺酸，再经 7α-脱羟基反应生成次级胆汁酸。次级游离胆汁酸可重吸收入血，经血液循环回到肝，再与甘氨酸或牛磺酸结合形成结合型次级胆汁酸。

(3)胆汁酸的肠肝循环

胆汁酸是机体内胆固醇代谢的主要终产物。肝和胆囊的胆汁酸池含胆汁酸 3～5 g，但正常人每天胆汁酸的分泌可高达 30 g，这是由于肠道的各种胆汁酸约有 95%为肠壁重吸收，由肠道重吸收的胆汁酸，经门静脉重新回到肝，肝细胞将游离型胆汁酸再合成为结合型胆汁酸，并将重吸收的及新合成的结合型胆汁酸一同再排入肠道，这一过程称为胆汁酸的肠肝循环(enterohepatic circulation)，如图 14-8 所示。

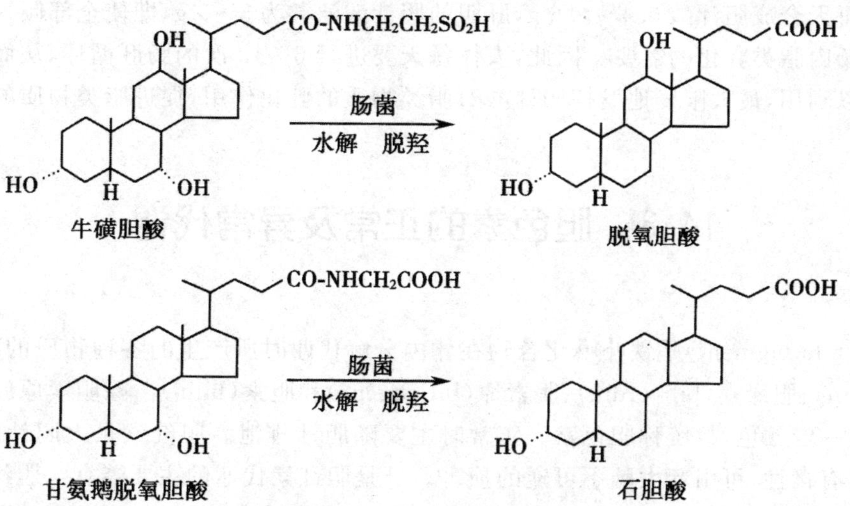

牛磺胆酸 $\xrightarrow[\text{水解　脱羟}]{\text{肠菌}}$ 脱氧胆酸

甘氨鹅脱氧胆酸 $\xrightarrow[\text{水解　脱羟}]{\text{肠菌}}$ 石胆酸

图 14-7　次级胆汁酸的生成

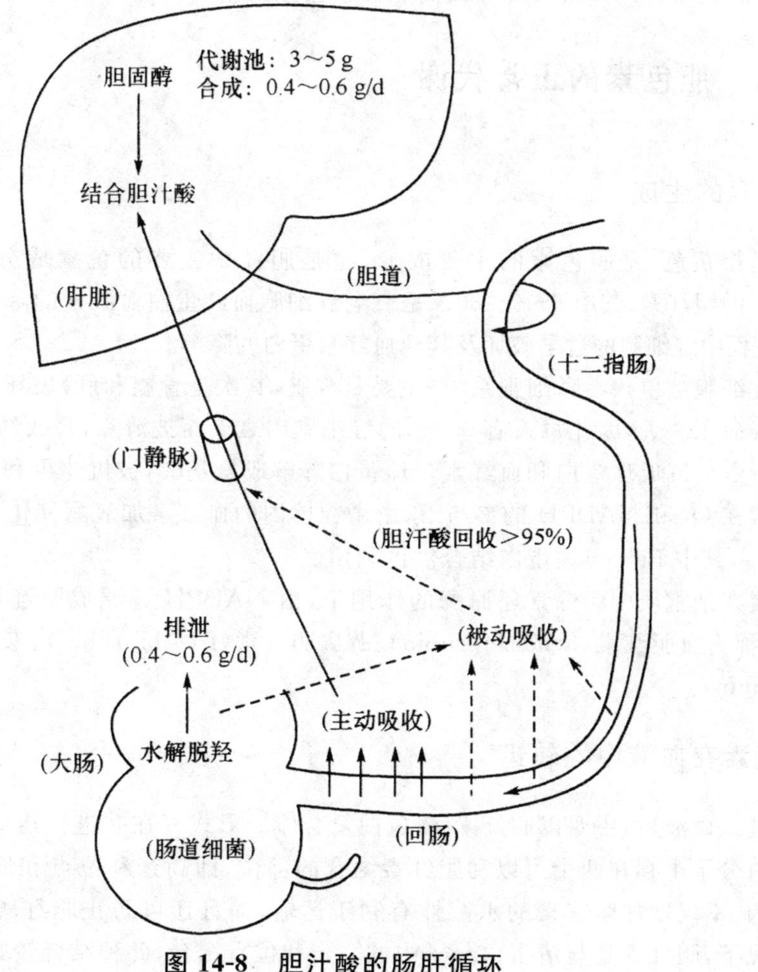

图 14-8　胆汁酸的肠肝循环

由于肝每天合成胆汁酸0.4～0.6 g，肝胆的胆汁酸池共为3～5 g，即使全部倾入小肠也难满足饱食后小肠内脂类乳化的需要。因此，人体每天要进行6～12次的肠肝循环，从而使有限的胆汁酸反复加以利用，最大限度地发挥胆汁酸对脂类物质的乳化作用，促进脂类物质的吸收。

14.3 胆色素的正常及异常代谢

胆色素(bile pigment)是铁卟啉化合物在体内分解代谢时所产生的各种物质的总称，包括胆红素(bilirubin)、胆绿素(biliverdin)、胆素原(bilinogens)和胆素(bilin)。除胆素原族化合物无色外，其余均有一定颜色，故统称胆色素。正常时主要随胆汁排泄。胆红素是人胆汁的主要色素，呈橙黄色，具有毒性，可引起大脑不可逆的损害。肝是胆红素代谢的主要器官。胆红素随胆汁排入肠道后，在肠道细菌的作用下转变为胆素原族化合物，最后氧化成胆素族化合物，随粪便和尿液排出体外。胆色素代谢异常时可导致高胆红素血症(黄疸)。

14.3.1 胆色素的正常代谢

1. 胆红素的生成

胆红素呈橙黄色，是胆色素的主要成分，也是胆汁中主要的色素成分，健康人每日产生250～350 mg的胆红素，其中65%～80%是衰老红细胞血红蛋白血红素的降解产物(图14-9)，其余来自造血过程中红细胞的过早破坏及其他血红素蛋白的降解。

①衰老红细胞被单核吞噬细胞系统(主要是脾脏，其次是骨髓和肝)破坏，释出血红蛋白。健康人红细胞寿命120天，因此每天有0.8%的红细胞因衰老而被清除，释放约6 g血红蛋白。

②血红蛋白分解成珠蛋白和血红素。珠蛋白降解成氨基酸，被机体再利用。

③血红素在O_2和NADPH的参与下，由微粒体内的血红素加氧酶催化裂解成胆绿素，并释出CO和Fe^{2+}，其中Fe^{2+}由铁蛋白结合供再利用。

④胆绿素在细胞质中胆绿素还原酶的作用下，由NADPH还原成胆红素，这种胆红素将直接释放入血，称为血胆红素(hemo bilirubin)、游离胆红素(free bilirubin)、未结合胆红素(unconjugated bilirubin)。

2. 胆红素在血液中的转运

胆红素进入血液后，主要以胆红素-清蛋白复合体的形式存在并进行运输，少量与α_1球蛋白结合。清蛋白分子中存在两个可以和胆红素结合的部位，即高亲和位点和低亲和位点。它们的结合是可逆的，不仅增加胆红素的水溶性有利于运输，而且还可防止胆红素自由透过各种生物膜。一般情况下，胆红素是与清蛋白分子中的高亲和位点结合，此种结合较紧密。当血液中胆红素浓度过高时，清蛋白分子内低亲和位点也可与胆红素结合，但结合得较疏松，这种疏松的结合容易被其他有机阴离子取代，且易受pH下降的影响。

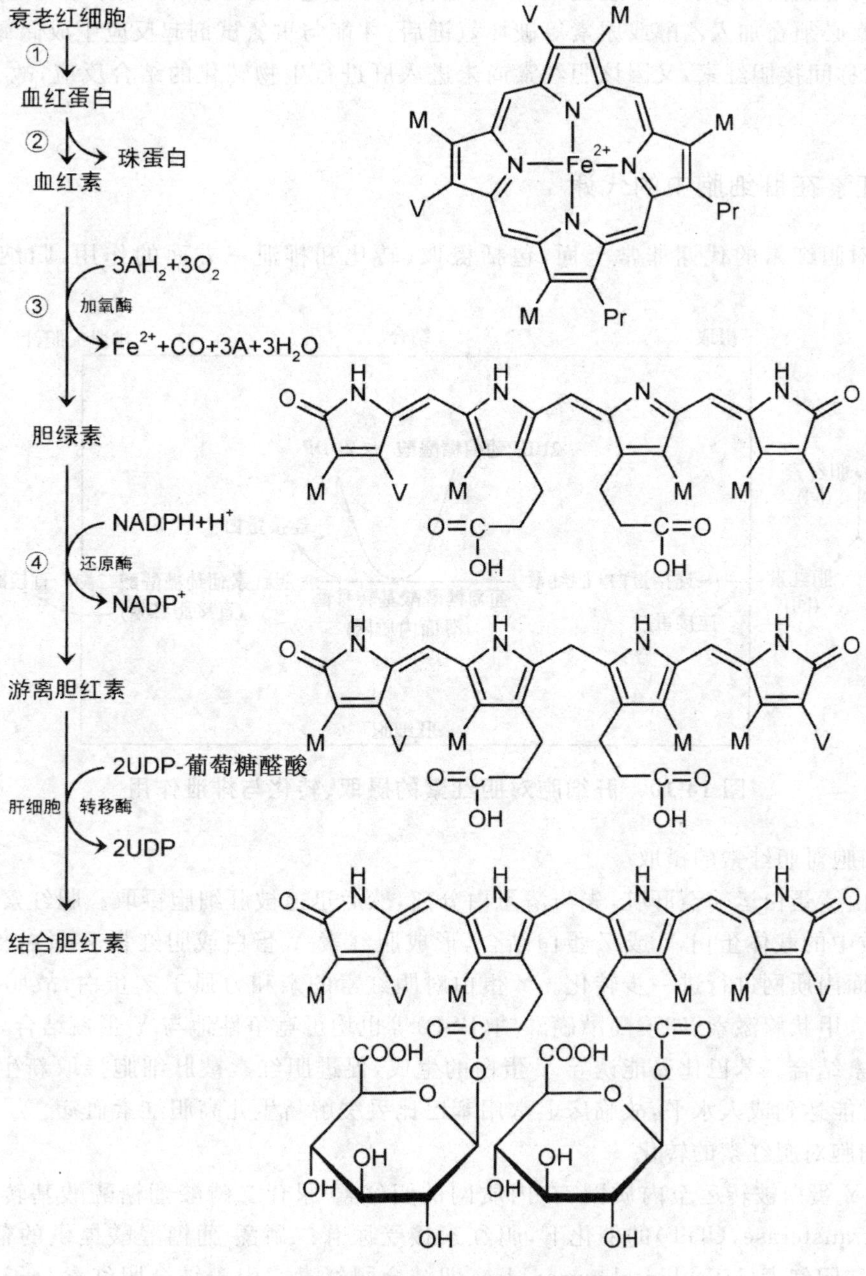

图 14-9　单核吞噬细胞系统胆红素生成

正常人血浆胆红素浓度仅为 3.4～17.1 μmol/L(0.2～1 mg/dL)，血液循环中有足量的清蛋白与之结合，若血浆清蛋白含量降低、结合部位被其他物质所占据或降低胆红素对结合部位的亲和力，均可促使胆红素游离从血浆向组织转移。磺胺类、脂肪酸、胆汁酸、乙酰水杨酸及造影剂等有机阴离子可通过竞争胆红素的结合部位或改变清蛋白的构象，影响胆红素与清蛋白的结合。临床上对高胆红素血症的新生儿输血浆或白蛋白，用碳酸氢钠纠正酸中毒，其目的是防止过多的胆红素游离，减少核黄疸发生。

胆红素与清蛋白结合后分子量变大,不能经肾小球滤过而随尿排出,故尿中无此胆红素。由于此种胆红素必须在加入乙醇或尿素等破坏氢键后,才能与重氮试剂起反应生成偶氮化合物,所以,此胆红素称间接胆红素,又因该胆红素尚未进入肝进行生物转化的结合反应,故又称为未结合胆红素。

3. 胆红素在肝细胞中的代谢

肝细胞对胆红素的代谢非常全面,包括摄取、转化和排泄三方面的作用,归纳如图 14-10 所示。

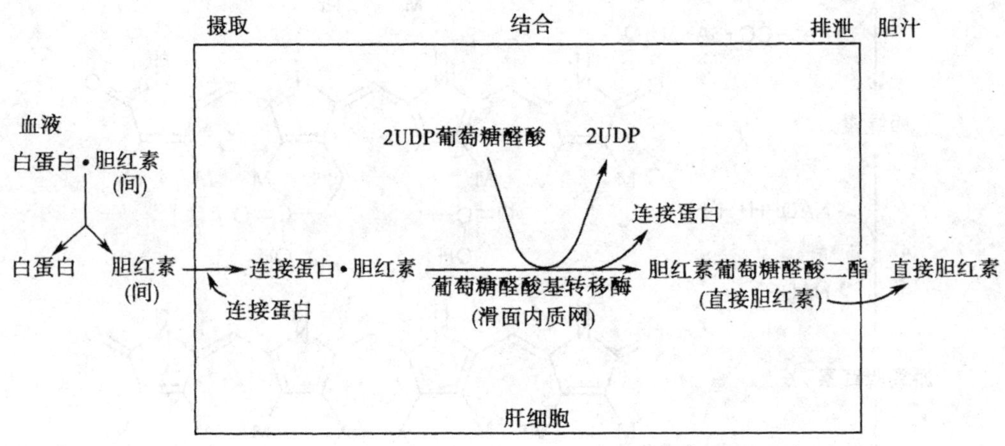

图 14-10 肝细胞对胆红素的摄取、转化与排泄作用

(1)肝细胞对胆红素的摄取

胆红素由清蛋白运输至肝脏,先与清蛋白分离,然后迅速被肝细胞摄取。胆红素进入肝细胞后,即与胞质中的载体蛋白 Y 或 Z 蛋白结合,形成胆红素-Y 蛋白或胆红素-Z 蛋白复合物,复合物运输至滑面内质网进行进一步转化。Y 蛋白对胆红素的亲和力强于 Z 蛋白,故胆红素优先与 Y 蛋白结合。甲状腺激素、四溴酚酞磺酸钠(BSP)等也均可竞争性地与 Y 蛋白结合,从而抑制 Y 蛋白与胆红素结合。苯巴比妥能诱导 Y 蛋白的生成,促进胆红素被肝细胞摄取新生儿出生后 7 周,Y 蛋白才能达到成人水平,故临床上常用苯巴比妥缓解新生儿高胆红素血症。

(2)肝细胞对胆红素的转化

胆红素 Y 蛋白被转运至内质网,在内质网的胆红素-尿苷二磷酸葡糖醛酸基转移酶(UDP-glucuronyl transferase,UGT)的催化下,胆红素接受尿苷二磷酸-葡糖醛酸提供的葡糖醛酸基,生成葡糖醛酸胆红素(bilirubin glucuronide),即结合胆红素。由于结合胆红素分子中含有两个羧基,每分子胆红素可至多结合 2 分子葡糖醛酸,可生成胆红素葡糖醛酸二酯和胆红素葡糖醛酸一酯,在人体内胆红素葡糖醛酸二酯是其主要结合产物,只有少量胆红素葡糖醛酸一酯生成(图 14-11)。此过程既有解毒作用,又利于随胆汁排入小肠。另外,还有少量胆红素可与硫酸、甲基、乙酰基等结合。

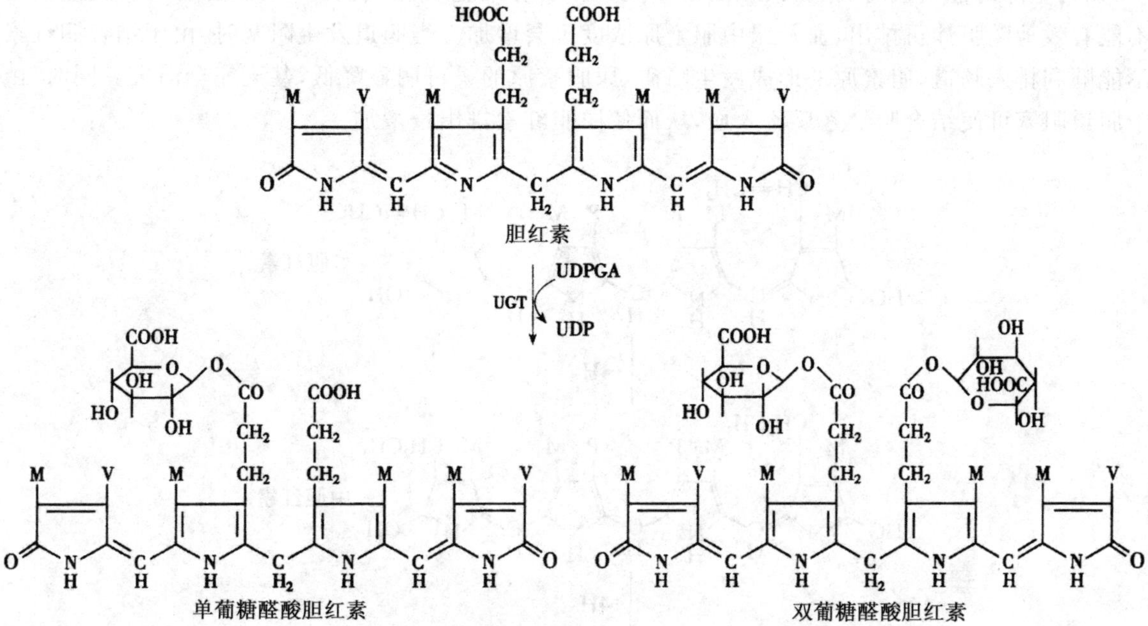

图 14-11 葡糖醛酸胆红素的生成及其结构

M:$-CH_3$ V:$-CH=CH_2$

结合胆红素因其能与重氮试剂直接迅速起反应,所以又被称为直接胆红素。结合胆红素极性较强、溶于水、不易透过细胞膜进入其他组织,可通过肾小球滤过,主要随胆汁排泄。正常人血液中结合胆红素含量甚微。

(3)肝对胆红素的排泄

结合胆红素在滑面内质网形成后,经高尔基体的分泌与排泄,最终被排入毛细胆管中。毛细胆管上有主动转运载体,能将结合胆红素转运到胆汁中。正常人每天随胆汁排入肠道的胆红素为 250~300 mg,其中仅有不到 0.2 mg/dL 进入血液循环,故尿中结合胆红素含量极微。

4. 胆红素在肠道中的代谢

结合胆红素随胆汁排入肠道后,在肠菌作用下,由 β-葡糖醛酸酶催化水解脱去葡糖醛酸基,生成未结合胆红素。后者再逐步还原成为多种无色的胆素原族化合物,包括中胆素原、粪胆素原及尿胆素原,总称胆素原(图 14-12)。肠中生成的胆素原大部分(80%~90%)随粪便排出。在结肠下段或随粪便排出后,无色的粪胆素原经空气氧化成黄褐色的粪胆素,是正常粪便中的主要色素。成人一般每天排出胆素原 40~280 mg。当胆道完全梗阻时,结合胆红素不能排入肠道中转变为粪胆素原及粪胆素,粪便呈灰白色,临床上称之为白陶土样便。新生儿肠道中的细菌较少,粪便中的胆红素未被细菌作用而使粪便呈橘黄色。

尿胆素原的排出量与尿液的 pH、胆红素的生成量、肝细胞的功能及胆道的通畅状态等因素有关。在酸性尿中,尿胆素原可生成不解离的脂溶性分子,易被肾小管重吸收,从而尿中排出量减少;反之亦然。当胆红素来源增加时,如溶血过多,随胆汁排入肠腔的胆红素增加,在肠道形成的胆素原族增加,重吸收并进入体循环,故自尿排出的尿胆素原量也增多;反之,当胆红素形成减少，如再生障碍性贫血时，尿胆素原的含量减少。当肝细胞功能损伤时，从肠道重吸收的胆素原不能有效地随胆汁再排出，血及尿中胆素原浓度也会增加。当胆道发生阻塞时，由于结合胆红素不能顺利排入肠道，胆素原的形成发生障碍，尿胆素原的量可明显降低，甚至完全消失。同时，由于胆道阻塞可使结合胆红素反流入血，从而使尿胆红素排出量增加。

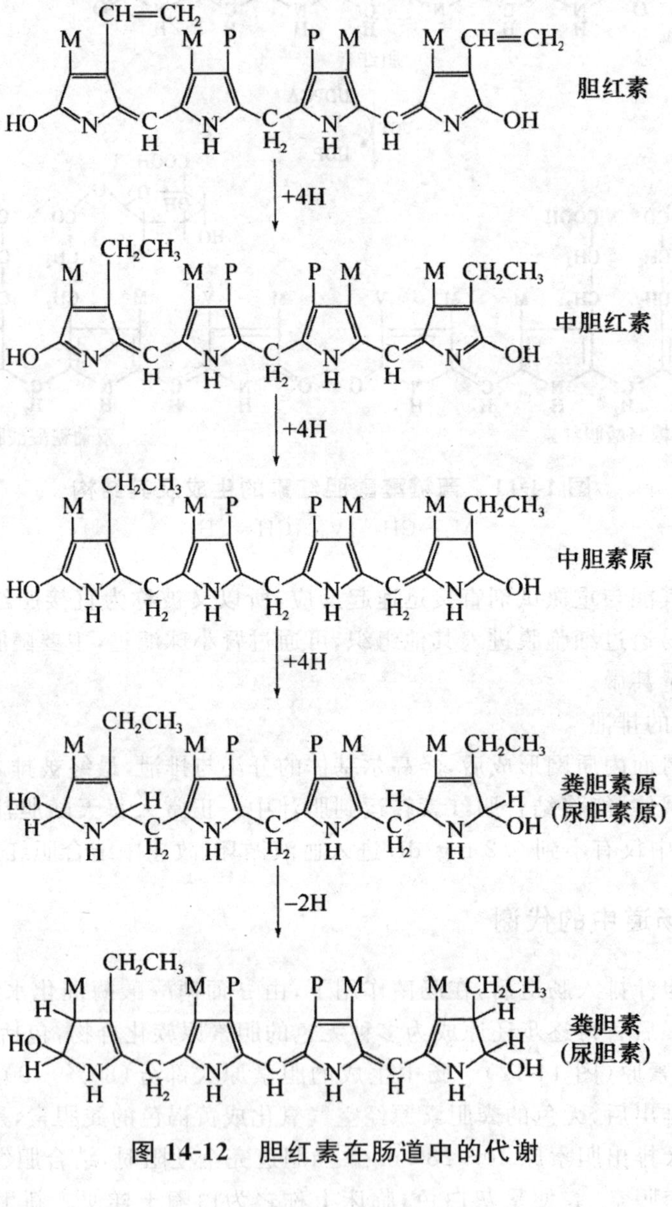

胆红素

+4H

中胆红素

+4H

中胆素原

+4H

粪胆素原（尿胆素原）

−2H

粪胆素（尿胆素）

图 14-12　胆红素在肠道中的代谢

14.3.2　黄疸

正常人由于胆色素正常代谢，血清中胆红素含量很少，其总量为 0.1～1.0 mg/d。其中间接胆红素约占 4/5，剩下为直接胆红素。凡能引起胆红素生成过多，或使肝细胞对胆红素摄取、结合、排泄过程发生障碍的因素，均可使血中胆红素浓度升高，称为高胆红素血症。胆红素在血清中含量过高,则可扩散入组织,组织被染黄,称作黄疸(jaundice)。由于巩膜或皮肤含有较多的弹性蛋白,后者与胆红素有较强的亲和力,故易被染黄。一般胆红素浓度在 2.0 mg/dL 以上时肉眼才能观察到巩膜或皮肤被染黄的现象,即临床所称黄疸。如胆红素浓度超过 1.0 mg/dL,肉眼尚不能观察到巩膜或皮肤黄染,则称为隐性或亚临床性黄疸。

黄疸的发生是胆红素代谢异常的结果,根据代谢异常环节分为溶血性黄疸、肝细胞性黄疸和阻塞性黄疸。

(1)溶血性黄疸(hemolytic jaundice)

溶血性黄疸也称肝前性黄疸,是由于红细胞大量破坏,在肝吞噬细胞内生成胆红素过多,超过肝摄取、结合与排泄的能力。因此,血清间接胆红素浓度异常增高,直接胆红素浓度改变不大,血清凡登白试验间接胆红素阳性,尿中胆红素阴性,尿胆素原升高,粪便和尿液中胆素原族增多,颜色加深。感染(如恶性疟疾)、药物、自身免疫反应等各种引起大量溶血的原因都可造成溶血性黄疸。

(2)肝细胞性黄疸(hepatocellular jaundice)

肝细胞性黄疸又称为肝源性黄疸,是因为肝细胞功能受损害,肝对胆红素的摄取、转化、排泄能力下降导致的高胆红素血症。其特点是血中非结合胆红素和结合胆红素都可能升高。由于肝功能障碍,结合胆红素,在肝内生成减少,粪便颜色变浅。肝细胞受损程度不同,尿胆素原的变化也不一定。由于病变导致肝细胞肿胀,压迫毛细胆管,或造成肝内毛细胆管阻塞,使已生成的结合胆红素部分反流入血,血中结合胆红素含量也增加。结合胆红素能通过肾小球滤过,故尿胆红素检测呈阳性反应。

(3)阻塞性黄疸(obstructive jaundice)

阻塞性黄疸又称肝后性黄疸,是多种原因(如胆结石、胆道蛔虫或肿瘤压迫)引起胆红素排泄的通道胆管阻塞,使胆小管或毛细胆管压力增高或破裂,胆汁中结合胆红素逆流入血引起的黄疸。主要特征是血中结合胆红素升高,非结合胆红素无明显改变;尿胆红素阳性;由于排入肠道的胆红素减少,生成的胆素原也减少,粪便的颜色变浅,大便甚至呈灰白色。

第 15 章　血液的生物化学

血液不断地与各器官、组织之间进行物质交换，各种物质不断进出血液，所以血液的化学成分非常复杂。在生理情况下，血液中各种化学成分的含量相对恒定，仅在一定范围内波动，但在病理情况下，血液中某些化学成分的含量可能会发生改变。因此，分析血液的化学成分，对一些疾病的诊断、治疗及预后估计均有一定的帮助。

15.1　血浆蛋白质

15.1.1　血液的组成与功能

1. 血液的组成

血液(blood)是由血细胞和血浆组成、分布于心血管系统内的流体组织。血细胞以红细胞为主(占细胞总数的 99%)，此外还有少量白细胞和血小板等。血浆(plasma)成分包括血浆蛋白质、小分子晶体物质和水(表 15-1)，占全血体积的 55%～60%，可以通过离心抗凝血制备(不包括外加抗凝剂成分)。血清(serum)是指血液在体外凝固后析出的淡黄色透明液体。血清和血浆的主要区别是血清中不含纤维蛋白原及部分凝血因子，因为在血液凝固过程中，纤维蛋白原(fibrinogen)转化成纤维蛋白，凝固于血块中。

表 15-1　血浆的主要物质成分

血浆成分		含量
气体和电解质	Cl^-	95～103 mmol/L
	K^+	3.8～5.0 mmol/L
	Ca^{2+}(总)	2.3～2.74 mmol/L
	Mg^{2+}	0.65～1.23 mmol/L
	Na^+	136～142 mmol/L
	HCO_3^-	21～28 mmol/L
	静脉 CO_2	24～30 mmol/L
	动脉 CO_2	21～28 mmol/L
	动脉 PO_2	95～100 mmHg

续表

血浆成分		含量
蛋白质	总蛋白	60～80 g/L
	清蛋白	32～56 g/L
	α_1-球蛋白	1～4 g/L
	α_2-球蛋白	4～12 g/L
	β球蛋白	5～11 g/L
	γ球蛋白	5～16 g/L
代谢物	尿素氮	2.9～8.2 mmol/L
	尿酸	0.16～0.51 mmol/L
	脂类(总)	400～800 mg/L
	葡萄糖(空腹)	3.9～6.1 mmol/L
	肌酸酐	53～106 μmol/L
	胆酸	0.3～3 mg/dL
	胆红素(总)	2～20 μmol/L
	氨	47～65 μmol/L
	丙酮	50～340 μmol/L
	乙酰乙酸	20～100 μmol/L

2. 血液的基本功能

血液在全身血管不断流动，联系各种组织器官，维持机体内环境的相对稳定。血液的生理功能主要表现在以下几个方面：

(1)运输功能

血液具有运输 O_2、CO_2、营养物质、代谢产物及代谢调节物的功能。除部分小分子无机化合物及中分子有机化合物可直接溶于血液被运输外，大多数物质以特异结合形式存在于血液中。例如，O_2 和 CO_2 通过与红细胞中的血红蛋白结合而被血液运输。血浆中的清蛋白能与多种物质结合而起运输作用。来自体外的多种药物也多是与血浆中某些蛋白质相结合而被运输的。

(2)免疫功能

血液中的白细胞如粒细胞和单核细胞具有吞噬功能，淋巴细胞则与特异性抗体的生成和细胞免疫有关。血液中的补体系统是蛋白酶系，被激活后参与免疫反应的效应阶段作用。因此，血液是机体免疫系统的重要组成部分，有防御异物、预防感染的作用。

(3)平衡功能

血液中的血浆蛋白质以弱酸或弱酸盐的形式存在，血液中大量无机化合物如 H_2CO_3/HCO_3^-、$H_2PO_4^-/HPO_4^{2-}$ 等构成血液的主要缓冲体系，参与机体酸碱平衡的调节，维持恒定的 pH。血浆中的蛋白质，特别是清蛋白是维持血浆胶体渗透压的主要成分。另外，血液还参与体温调节，在中枢神经系统控制下，与肺、肾及皮肤等组织器官配合，共同维持体温的恒定。

(4)凝血与抗凝血功能

血液中的各种凝血因子参与血液凝固，防止大出血；抗凝血因子可以防止血管阻塞，保证血流通畅。

15.1.2 血浆蛋白的分类

血浆中含 1 000 多种蛋白质，统称血浆蛋白质。健康成人血浆含蛋白质 60～80 g/L，含量仅次于水。各种血浆蛋白质含量多寡不同，多至每升数十克，少至每升几毫克。除白蛋白之外，几乎所有血浆蛋白质均为糖蛋白。

1. 按来源不同分类

血浆蛋白质按其来源不同可分为两大类：血浆功能性蛋白质和血浆非功能性蛋白质，前者是指由各种组织细胞合成后分泌入血浆，并在血浆中发挥作用的蛋白质，这类蛋白质量和质的变化可以反映机体代谢的变化。后者指在细胞更新或损伤时溢入血浆的蛋白质，这些蛋白质在血浆中的出现或增多可以反映有关组织的更新、损伤或细胞通透性的改变。

2. 按分离方法分类

最初采用盐析法，将血浆蛋白分为清蛋白（又称白蛋白，albumin）、球蛋白（globulin）和纤维蛋白原（fibrinogen）。正常人清蛋白（A）含量为 38～48 g/L，球蛋白（G）为 15～30 g/L，清蛋白与球蛋白的比值（A/G ratio）为 1.5～2.5。临床上一般采用简便快速的醋酸纤维薄膜电泳，将血清蛋白分为清蛋白、α_1 球蛋白、α_2 球蛋白、β 球蛋白和 γ 球蛋白（图 15-1）。人体血浆蛋白质的分子量、等电点及浓度如表 15-2 所示。

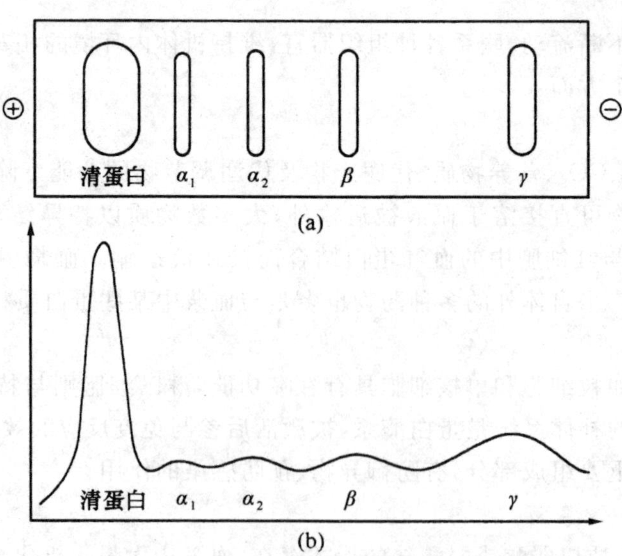

图 15-1 血清蛋白质的醋酸纤维素膜电泳

(a)染色后的图谱；(b)光密度扫描后的电泳峰

表 15-2　人血浆蛋白质的分子量、等电点及含量

蛋白质	分子量（$\times10^3$）	等电点（pI）	血浆浓度/（g/L）
前白蛋白	55	4.7	0.2～0.4
白蛋白	66.3	4～5.8	35～55
α_1 球蛋白	51	4.8	0.9～2.0
α_2 球蛋白	85～400	4.1	0.3～2.0
β球蛋白	79.5	5.7	2.0～3.5
纤维蛋白原	340	5.5	2.0～4.0
γ球蛋白	160～900	6～7.3	0.7～4.0

采用超速离心法（根据蛋白质的密度将其分离），可将血浆脂蛋白分为乳糜微粒、极低密度脂蛋白、低密度脂蛋白和高密度脂蛋白。

3. 按功能不同分类

用分辨率更高的聚丙烯酰胺凝胶电泳或免疫电泳则可分成更多组分，目前已分离出约百种血浆蛋白质。按其生理功能分类如表 15-3 所示。

表 15-3　人血浆蛋白质的功能分类

种类	血浆蛋白质
载体蛋白	白蛋白、脂蛋白、运铁蛋白、铜蓝蛋白等
免疫及补体系统	IgG、IgM、IgA、IgD、IgE 和补体 C1～C9 等
凝血和纤溶系统	凝血因子Ⅶ、Ⅷ、凝血酶原、纤溶酶原等
酶	卵磷脂：胆固醇酰基转移酶、胆碱酯酶等
蛋白抑制剂	α_1 抗胰蛋白酶、α_2 巨球蛋白、血液凝固抑制剂、纤溶酶抑制剂、激肽释放抑制剂、内源性蛋白酶等
激素	胰岛素、促红细胞生成素等
参与炎症应答蛋白	C-反应蛋白、α_1-酸性糖蛋白等

15.1.3　血浆蛋白的特点与性质

尽管血浆蛋白质种类繁多功能各异，但多数具有以下几个共同的特点：

①绝大多数血浆蛋白质在肝合成，如清蛋白、纤维蛋白原等。还有少量蛋白质由其他组织细胞合成，如γ球蛋白是由浆细胞合成的。

②除白蛋白外，多数为糖蛋白。糖蛋白中的糖链具有许多重要的作用，如血浆蛋白质合成后

的定向转移；细胞的识别功能，此外血浆蛋白质糖链与该蛋白的半寿期有关，若切除糖链，其半寿期缩短。

③一般由粗面内质网结合的核糖体合成，首先合成蛋白质前体，经翻译后的修饰和加工，如信号肽的切除、糖基化、磷酸化等而转变为成熟蛋白质。

④许多血浆蛋白呈现多态性。最典型的是ABO血型物质，另外α_1抗胰蛋白酶、结合珠蛋白、铜雀蛋白和免疫球蛋白等均具有多态性。研究血浆蛋白的多态性对遗传学、人类学和临床医学均具有重要的意义。

⑤每种血浆蛋白具有其半衰期，一般为5～20天。

⑥在急性炎症或一些类型的组织损伤时，某些血浆蛋白水平会增高，它们被称为急性时相蛋白质(acute phase protein，APP)，包括C-反应蛋白(CRP)和纤维蛋白原等。这些急性时相蛋白在人体炎症反应时发挥一定的作用。

15.1.4 血浆蛋白的生理功能

1. 维持血浆胶体渗透压

正常人血浆胶体渗透压的大小，取决于血浆中蛋白质的摩尔浓度。而血浆中含量最多的蛋白质是清蛋白，并且清蛋白的分子量小(69 kDa)、在血浆内的总含量大、摩尔浓度高，所以清蛋白在维持血浆胶体渗透压方面起着非常大的作用，清蛋白所产生的胶体渗透压占血浆胶体总渗透压的75%～80%。当血浆蛋白质浓度，特别是清蛋白浓度降低时，血浆胶体渗透压下降，导致水分在组织间隙潴留，出现组织水肿。

2. 凝血、抗凝血与纤维蛋白溶解作用

多数凝血因子和抗凝血因子属于血浆蛋白质，通常以酶原的形式存在，在一定条件下被激活后发挥生理功能。血浆中存在着非常多的凝血因子、抗溶血及纤溶物质，它们在血液中相互作用、相互制约，保持循环血流通畅。一旦发生血管损伤、血液流出血管现象，就会发生血液凝固，以防止血液的大量流失。

3. 维持血浆正常 pH

正常血浆pH为7.40±0.05。血浆大多数蛋白质的等电点在pH 4～6之间。在生理pH下，血浆蛋白质可以弱酸或部分以弱酸盐的形式存在，组成缓冲体系，参与维持血浆pH的相对恒定。

4. 营养作用

每个成人3 L左右的血浆中约有200 g蛋白质，它们起着营养储备的作用。体内的某些细胞，如单核吞噬细胞系统，吞饮血浆蛋白质，然后由细胞内的酶类将吞入细胞的蛋白质分解为氨基酸渗入氨基酸池，用于组织蛋白质的合成，或转变成其他含氮化合物。此外，蛋白质还能分解供能。

5. 运输作用

血浆中一些难溶于水的物质以及一些易被细胞摄取或易随尿液排出的物质，常与血浆中的一些载体蛋白结合在一起，以利于它们在血液中运输和参与代谢调节。此外，血浆蛋白还能结合和运输某些药物，对这些药物具有解毒和促进排泄的功能。

(1)前清蛋白运输视黄醇

脂溶性维生素A以视黄醇形式存在于血浆中，它先与视黄醇结合蛋白形成复合物，再与前清蛋白以非共价键缔合成视黄醇-视黄醇结合蛋白-前清蛋白复合物。这种复合物一方面可防止视黄醇的氧化；另一方面防止小分子量的视黄醇-视黄醇结合蛋白复合物从肾丢失。

(2)运铁蛋白运输铁

体内运铁蛋白是运输铁的主要物质，运铁蛋白属于岛球蛋白，是一种分子质量为76 kDa的糖蛋白，已发现该蛋白约有20种多态性。铁是体内含量最多的一种微量元素，每天血红蛋白分解释出25 mg左右的铁，游离的铁具有毒性，它与Tf结合后不仅可以降低毒性，还可以将铁运到需铁部位，每分子Tf可结合两个Fe^{3+}。运铁蛋白与细胞膜上的运铁蛋白受体结合后，通过胞吞作用进入细胞，供细胞利用。

(3)甲状腺素结合球蛋白运输甲状腺素

体内1/2～1/3的三碘甲状腺氨酸(T_3)和四碘甲状腺氨酸(T_4)存在于甲状腺外，大多数在血中与两种特异的结合蛋白，即甲状腺结合球蛋白(TBG)和甲状腺结合前清蛋白(TBPA)结合。TBG为一种糖蛋白，通常TBG与T_3、T_4结合的亲和力为TBPA的100倍。正常状态下，TBG以非共价键与血浆中的T_3、T_4结合，在血液中游离的甲状腺素与结合的甲状腺素含量处于动态平衡。

归纳起来结合运输具有以下作用：防止血液中小分子物质由肾流失；增加难溶物质的水溶性，使其能够运输；解除某些药物的毒性并促进排泄；调节组织细胞摄取被运输物质。

6. 催化作用

血浆中有许多种酶，按其来源和功能可将其分为三类。

(1)血浆功能性酶

这类酶绝大多数由肝脏合成后分泌入血，主要在血浆中发挥催化功能，如凝血及纤溶系统的蛋白水解酶、假胆碱酯酶、卵磷脂、胆固醇酰基转移酶和脂蛋白脂肪酶等。

(2)外分泌酶

外分泌酶分泌的酶类包括胰淀粉酶、胰脂肪酶、胰蛋白酶、碱性磷酸酶和胃蛋白酶等，在生理条件下，这些酶少量逸入血浆，它们的催化活性与血浆正常生理功能无直接关系。但当脏器受损时，逸入血浆的酶量增加，血浆中相应的酶活性增高，具有临床诊断价值。

(3)细胞酶

存在于细胞和组织内参与物质代谢的酶。正常时，血浆中含量甚微，随着细胞的不断更新，这些酶可释放入血。这类酶大部分无器官特异性，小部分来源于特定的组织，测定这些酶在血浆中的活性有助于疾病的诊断。

7. 免疫作用

机体对入侵的病原微生物或异体蛋白(抗原)能产生特异的抗体,即免疫球蛋白(immunoglobulin,Ig),由浆细胞产生,电泳时主要出现于γ球蛋白区域。Ig 分为五大类,即 IgG、IgA、IgM、IgD 及 IgE,主要参与体液免疫。

补体(complement)是参与免疫反应的蛋白酶体系,共有 11 种成分,抗原抗体复合物可激活补体系统,其具有酶活性的补体构成的活性复合物从而杀伤靶细胞、病原体或感染细胞。

15.2 红细胞代谢

红细胞是血液中最主要的细胞,由骨髓中的造血干细胞定向分化而成。在红细胞发育过程中,经历了原始红细胞、早幼红细胞、中幼红细胞、晚幼红细胞、网织红细胞等阶段,最终才发育成为成熟红细胞。在成熟过程中,红细胞发生一系列形态和代谢的变化。这些变化总结如表 15-4 所示。早、中幼红细胞有细胞核、线粒体等细胞器,可以合成核酸和蛋白质,能通过有氧氧化供能,并且能分裂增殖。晚幼红细胞则失去合成 DNA 的能力,不再进行分裂。网织红细胞无细胞核和 DNA,但仍残留少量 RNA 和线粒体,故仍可合成蛋白质及通过有氧氧化供能。成熟红细胞除细胞膜和胞质外,无其他细胞器,丧失了核酸、蛋白质的合成及有氧氧化能力,只保留了糖酵解、磷酸戊糖途径及谷胱甘肽代谢系统,这些代谢反应可为红细胞提供能量,保护红细胞及保证红细胞的气体运输作用。

表 15-4 红细胞成熟过程中的代谢变化

代谢能力	有核红细胞	网织红细胞	成熟红细胞
分裂增殖能力	+	—	—
脂类合成	+	+	—
DNA 合成	+*	—	—
三羧酸循环	+	+	—
RNA 合成	+	—	—
RNA 存在	+	+	—
氧化磷酸化	+	+	—
蛋白质合成	+	+	—
糖酵解	+	+	+
血红素合成	+	+	—
磷酸戊糖途径	+	+	+

注:“+”、“—”分别表示该途径有或无,* 晚幼红细胞为“—”。

15.2.1 糖代谢

人体内的红细胞每天约消耗30 g葡萄糖，其中90%～95%经糖酵解途径和2,3-二磷酸甘油酸旁路进行代谢，5%～10%通过磷酸戊糖途径进行代谢。

1. 糖酵解和2,3-二磷酸甘油酸(2,3-BPG)支路

红细胞中存在催化糖酵解所需要的所有酶和中间代谢物，糖酵解的基本反应和其他组织一样。糖酵解是红细胞获得能量的唯一途径，每摩尔葡萄糖经酵解生成2 mol乳酸的过程中，产生2 mol ATP和2 mol NADH＋H^+。

红细胞内的糖酵解途径还存在旁支循环——2,3-二磷酸甘油酸支路(图15-2)。2,3-二磷酸甘油酸支路的分支点是1,3 —二磷酸甘油酸(1,3-BPG)。2,3-二磷酸甘油酸支路仅占糖酵解的15%～50%。2,3-BPG的主要功能是调节血红蛋白的运氧功能。

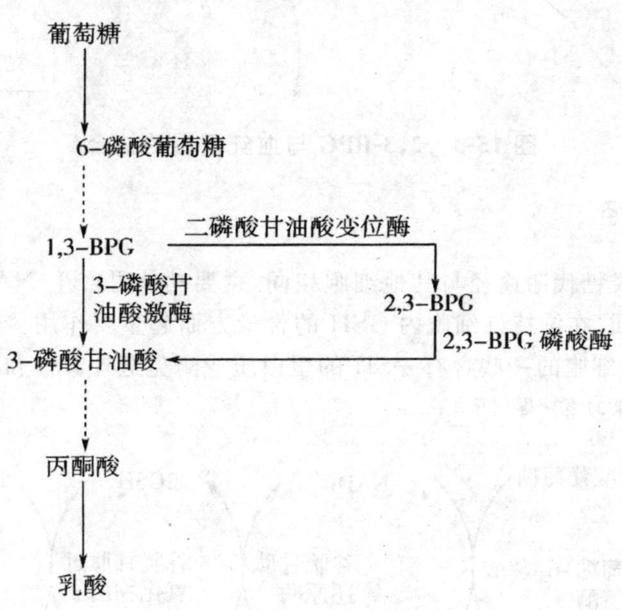

图15-2 2,3-BPG旁路

2,3-BPG支路的生理意义表现在两个方面：

第一，支路中生成的2,3-BPG可降低血红蛋白对氧的亲和力，促进Hb放出O_2，有利于组织细胞获得氧。2,3-BPG分子带有5个负电荷，负电性很高，能进入血红蛋白分子对称中心的空穴，以1∶1的比例和空穴侧壁的2个β亚基上的正电基团形成离子键，紧密结合(图15-3)。这样，当血液流入组织时，2,3-BPG就能显著地促进红细胞释放O_2，供组织需要。

第二，可以减少糖酵解中能量的产生，使ATP、1,3-BPG不致堆积，ADP、Pi不会太少，从而有利于糖酵解不断进行。

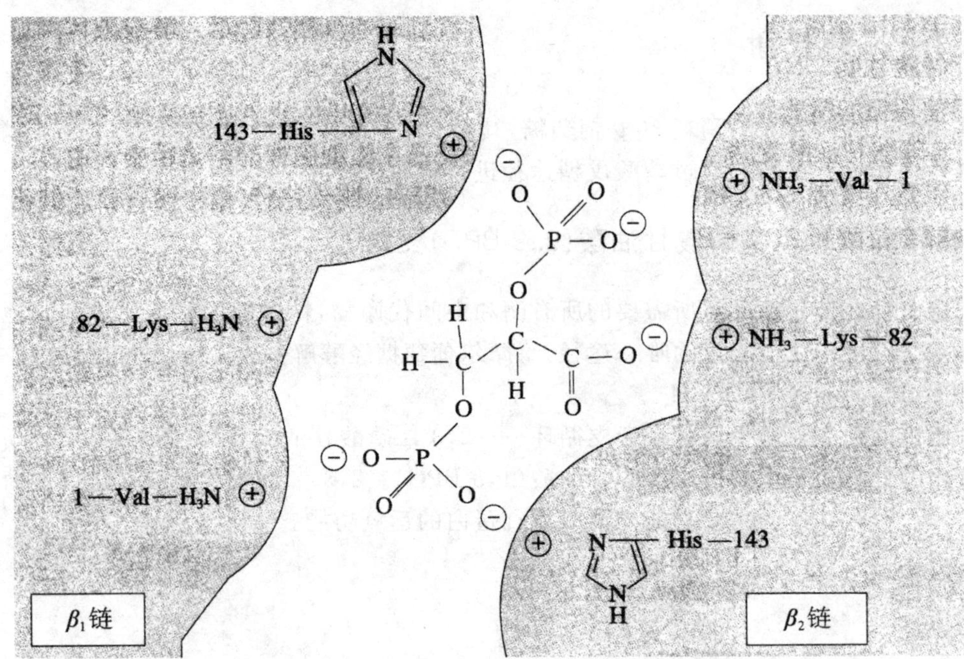

图 15-3 2,3-BPG 与血红蛋白的结合

2. 磷酸戊糖途径

红细胞内的磷酸戊糖代谢途径与其他细胞相同，主要功能是产生 NADPH。NADPH 是红细胞内重要的还原物质，在维持红细胞内 GSH 的含量方面起重要作用。GSH 是红细胞内重要的抗氧化剂，可以使红细胞的一些含有—SH 的蛋白质或酶免遭外源性和内源性氧化剂的损害，从而维持红细胞的正常功能(图 15-4)。

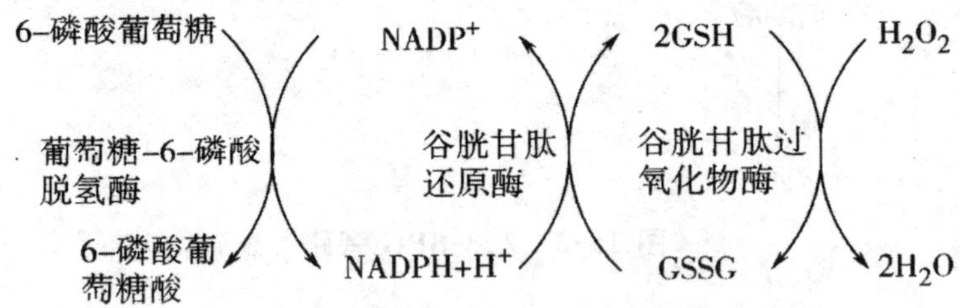

图 15-4 谷胱甘肽的氧化还原反应及其相关代谢

3. 红细胞内糖代谢的生理意义

红细胞内经糖酵解和 2,3-二磷酸甘油酸(2,3-BPG)支路产生的 ATP 可用于维持红细胞膜上钠泵(Na^+-K^+-ATPase)的运转。钠泵通过消耗 ATP，将 Na^+ 泵出、K^+ 泵入红细胞以维持红细胞的离子平衡、细胞容积和双凹盘状形态。可用于维持红细胞膜上钙泵(Ca^{2+} ATPase)的运行，将红细胞内的 Ca^{2+} 泵入血浆以维持红细胞内的低钙运氧功能的重要因素。它可与血红蛋白结合，使血红蛋白分子的构象更加稳定，从而降低血红蛋白与 O_2 的亲和力。当血流经过肺部

时，由于 O_2 浓度较高，因而 2，3-BPG 对 O_2 的释放影响不大，当血流流过 O_2 浓度较低的组织时，红细胞中 2，3-BPG 的存在可明显增加 O_2 释放，供组织用氧。

由糖酵解和磷酸戊糖途径产生的 $NADH+H^+$ 和 $NADPH+H^+$ 是红细胞内重要的还原当量。磷酸戊糖途径是红细胞产生 $NADPH+H^+$ 的唯一途径。红细胞中的 $NADPH+H^+$ 能使细胞内谷胱甘肽还原，以维持细胞内还原型谷胱甘肽的含量，使红细胞免遭氧化剂的氧化。

15.2.2　脂代谢

成熟红细胞已没有合成脂肪酸的能力，但脂类物质的不断更新却是红细胞生存的必要条件。红细胞可通过 ATP 供能等方式使红细胞膜上脂质与血浆脂蛋白中的脂质进行交换，以保证红细胞膜脂类组成、结构和功能的正常。

15.2.3　血红蛋白的合成与调节

血红蛋白是红细胞中的主要成分，占红细胞内蛋白质总量的 95%，主要功能是运输氧气和二氧化碳。血红蛋白是在红细胞成熟之前合成的，先合成血红素（Berne）和珠蛋白（globin），然后两者再缔合成血红蛋白。

1. 血红素的生物合成

血红素的生物合成过程可分为四个阶段：

第一阶段：δ-氨基-γ-酮戊酸（ALA）的合成。在线粒体内，首先由琥珀酰 CoA 与甘氨酸缩合成 8δ-氨基-γ-酮戊酸（δ-aminolevulin. ic acid，ALA）（图 15-5）。

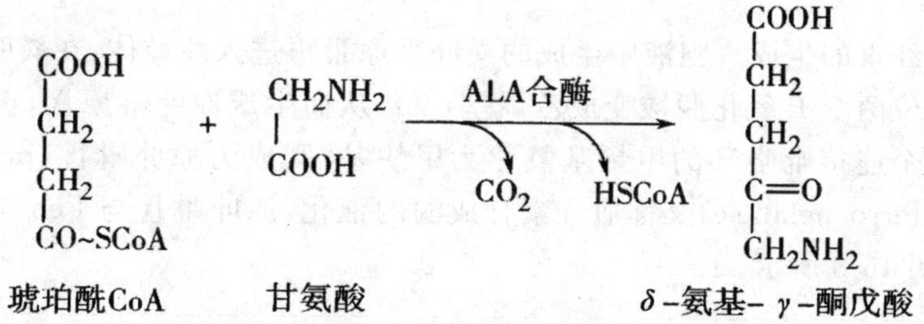

$$\underset{\text{琥珀酰CoA}}{\text{COOH-CH}_2\text{-CH}_2\text{-CO}\sim\text{SCoA}} + \underset{\text{甘氨酸}}{\text{CH}_2\text{NH}_2\text{-COOH}} \xrightarrow{\text{ALA合酶}} \underset{\delta\text{-氨基-}\gamma\text{-酮戊酸}}{\text{COOH-CH}_2\text{-CH}_2\text{-C(=O)-CH}_2\text{NH}_2} + CO_2 + \text{HSCoA}$$

图 15-5　δ-氨基-γ-酮戊酸（ALA）的合成

第二阶段：胆色素原的合成。ALA 从线粒体进入胞液，两分子 ALA 在 ALA 脱水酶催化下，脱水缩合成 1 分子胆色素原（porphobilinogen，PBG）（图 15-6）。ALA 脱水酶含巯基，对铅等重金属敏感。

第三阶段：尿卟啉原及粪卟啉原的合成。在胞液内，4 分子胆色素原在尿卟啉原Ⅰ同合酶催化下脱氨缩合成 1 分子线状四吡咯，再在尿卟啉原Ⅲ同合酶作用下生成尿卟啉原Ⅲ。线状四吡咯不稳定，无尿卟啉原Ⅲ同合酶时，可自然环化为尿卟啉原Ⅰ。所以在尿卟啉原Ⅲ的生成过程中，尿卟啉原Ⅰ同合酶与尿卟啉原Ⅲ同合酶起了协同催化作用。尿卟啉原Ⅲ在脱羧酶催化下生成粪卟啉原Ⅲ。反应过程如图 15-7 所示。

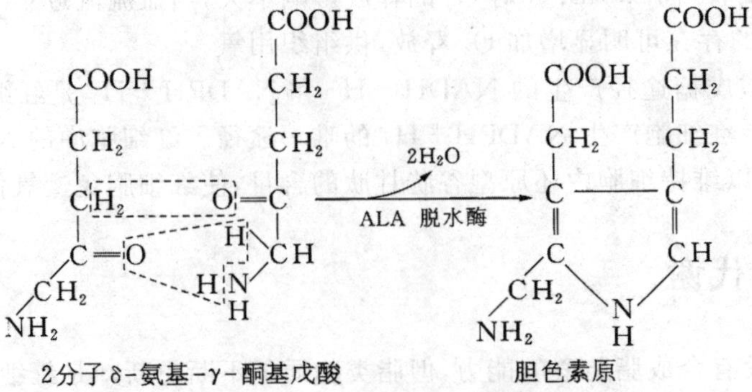

2分子δ-氨基-γ-酮基戊酸　　胆色素原

图 15-6　胆色素的合成

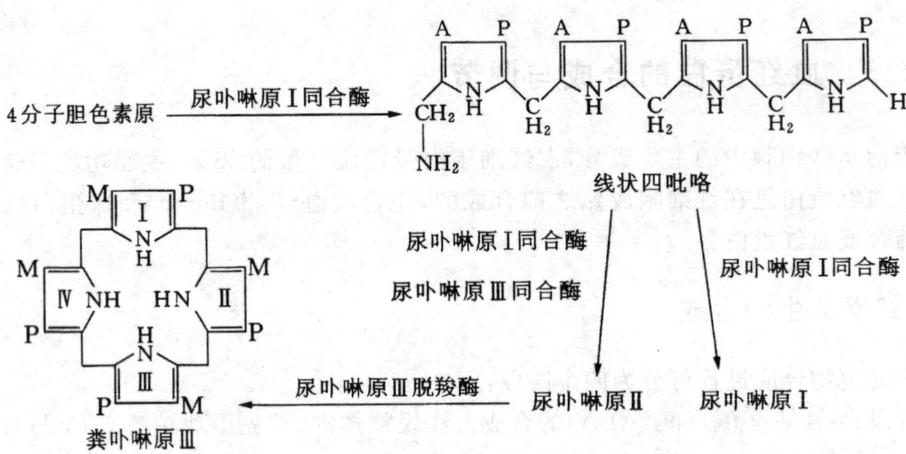

图 15-7　粪卟啉原Ⅲ的生成

第四阶段：血红素的生成。胞液中生成的粪卟啉原Ⅲ再进入线粒体，在粪卟啉原Ⅲ氧化脱羧酶催化下，其 2，4 位两个 P 氧化脱羧变成乙烯基（V），从而生成原卟啉原Ⅸ，再由原卟啉原Ⅸ氧化酶催化，使其 4 个连接吡咯环的甲烯基氧化为甲炔基，则成为原卟啉Ⅸ（protoporphyrinⅨ）。通过亚铁螯合酶（ferrochelatase）又称血红素合成酶的催化，原卟啉Ⅸ与 Fen 结合，生成血红素。血红素的合成如图 15-8 所示。

2. 珠蛋白的合成

珠蛋白的生物合成机制与一般蛋白质的合成机制相同，在核糖体上合成，需起始因子的参与。发育中的红细胞合成珠蛋白的速率很高，珠蛋白的合成受血红素的调控。血红素的氧化产物高铁血红素能促进珠蛋白的合成，其机制如图 15-9 所示。cAMP 激活蛋白激酶 A 后，蛋白激酶 A 能使无活性的 eIF-2 激酶磷酸化。磷酸化的 eIF-2 激酶再磷酸化 eIF-2 而使之失活，eIF-2 失活后蛋白质合成受到抑制。而高铁血红素有抑制 cAMP 激活蛋白激酶 A 的作用，使 eIF-2 处于去磷酸化的活性状态，能促进珠蛋白的合成。

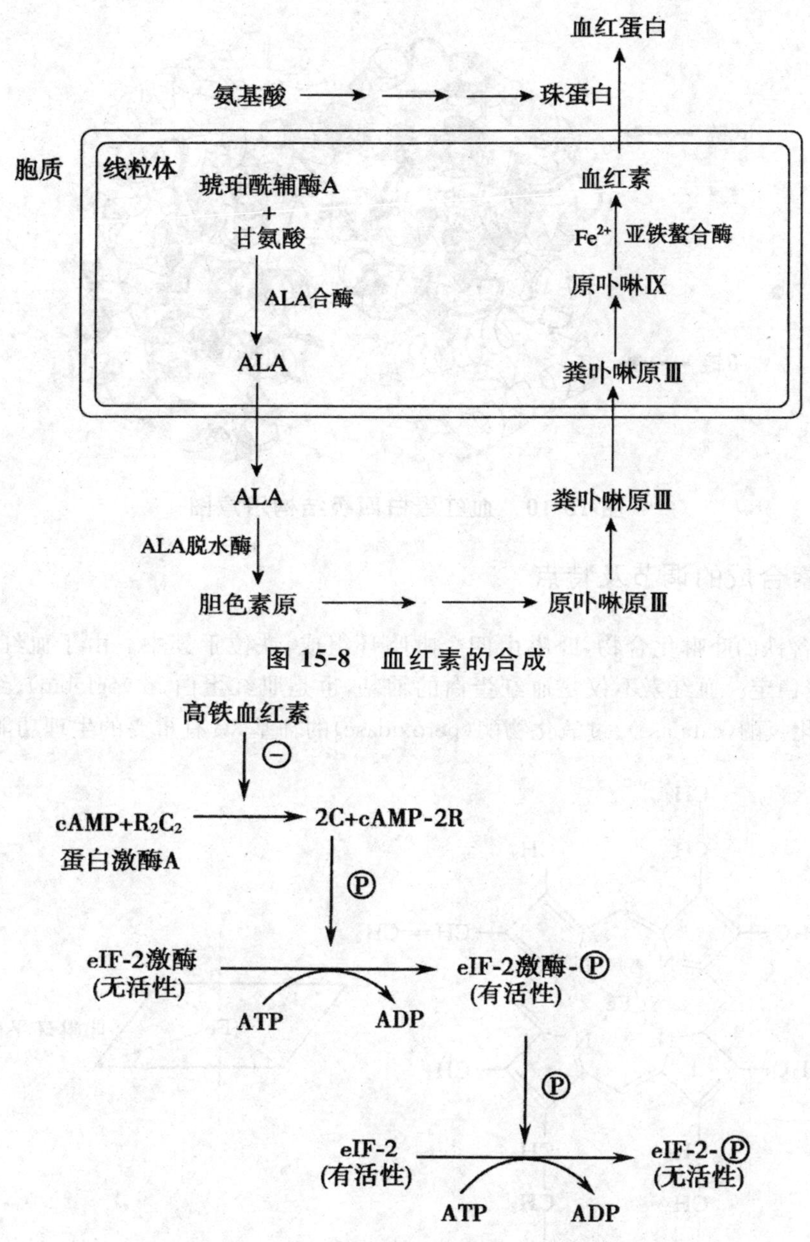

图 15-8　血红素的合成

图 15-9　高铁血红素对起始因子 2 的调节

3. 血红蛋白的合成

成年型血红蛋白分子大多由两条 α 链和两条 β 链聚合而成。α 链含 141 个氨基酸残基，β 链含 146 个氨基酸残基，两种肽链的氨基酸序列虽然相差很大，但都能卷曲成相似的球状立体结构，都有一个空隙容纳一个血红素。在珠蛋白合成后，一旦容纳血红素的空穴形成，立刻有血红素与之结合，并使珠蛋白折叠成最终的立体结构，再形成稳定的 $\alpha\beta$ 二聚体，最后形成两个二聚体构成有功能的 $\alpha_2\beta_2$ 四聚体的血红蛋白(图 15-10)。

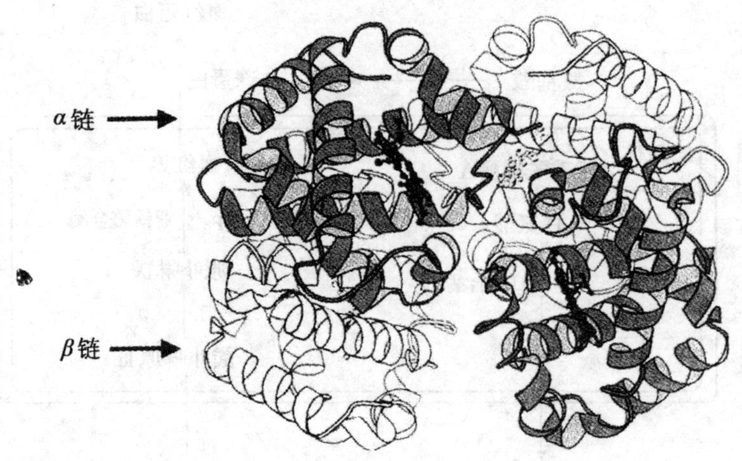

图 15-10　血红蛋白四级结构示意图

4. 血红素合成的调节及特点

血红素是含铁的卟啉化合物,卟啉由四个吡咯环组成,铁位于其中。由于血红素具有共轭结构,因此性质较稳定。血红素不仅是血红蛋白的辅基,也是肌红蛋白(myoglobin)、细胞色素(cytochrome)、过氧化氢酶(catalase)、过氧化物酶(peroxidase)的辅基,具有重要的生理功能(图 15-11)。

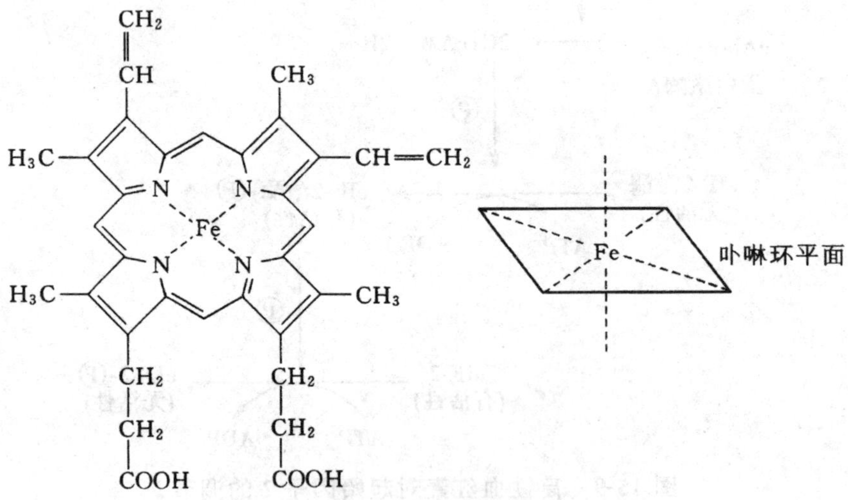

图 15-11　血红素的结构

(1)血红素生物合成的调节

血红素的合成受多种因素的调节,其中最主要的调节步骤是 ALA 的生成。ALA 合酶是血红素合成过程的限速酶,其活性受下列因素影响。

①血红素。血红素对 ALA 合酶有反馈抑制作用。正常情况下,血红素合成后迅速与珠蛋白结合形成血红蛋白,没有过多的血红素堆积。过量的血红素可以抑制 ALA 合酶的合成,还可以抑制 ALA 合酶的活性,另外还通过氧化生成高铁血红素强烈抑制 ALA 合酶,从而减慢血红素的生成速度。

②促红细胞生成素。促红细胞生成素(erythropoietin,EPO)是由肾产生的一种糖蛋白,由 166 个氨基酸残基组成,分子量为 34 000,含糖量 30%。促红细胞生成素的生成量受机体对氧的需要及氧的供应情况的影响,当循环血液中血红细胞比容减低或机体缺氧时,促红细胞生成素的分泌量增加。其释放入血并到达骨髓,作用于骨髓成红细胞上的受体,与其他的造血因子如白细胞介素-3 和胰岛素样生长因子共同促进红细胞的分化与成熟。EPO 是红细胞生成的主要调节剂。目前临床已用基因工程生产的促红细胞生成素治疗肾脏疾病所引起的贫血。

③某些固醇类激素。雄激素睾丸酮在肝内还原生成的 β-氢睾酮,能诱导 ALA 合酶的合成,从而促进血红素和血红蛋白的生成。

④杀虫剂、致癌物及药物。这些物质可诱导 ALA 合酶的合成。原因是这些物质在肝细胞内进行生物转化时,需要细胞色素 P450,它含有血红素辅基,在此情况下 ALA 合酶合成增多,可促进血红素合成,使这些物质更好地进行生物转化。

此外,铅可抑制 ALA 脱水酶及亚铁螯合酶,导致血红素生成的抑制。

(2)血红素合成的特点

①体内大多数组织具有合成血红素的能力,但合成主要部位是骨髓和肝。红细胞血红素从早幼红细胞开始合成,到网织红细胞阶段仍可合成,成熟红细胞不含线粒体,故不能合成血红素。

②血红素合成的原料是琥珀酰辅酶 A、甘氨酸及 Fe^{2+} 等,中间产物的转变主要是吡咯环侧链的脱羧和脱氢反应。

③血红素合成起始和终末阶段均在线粒体中进行,中间过程则在胞液中进行,这种定位对终产物血红素反馈调节作用具有重要意义。

15.3　白细胞代谢

白细胞无色,呈球形,直径在 7～20 μm,如图 15-12 所示,是机体防御系统的一个重要组成部分。白细胞根据其形态、功能和来源可分为粒细胞、单核细胞和淋巴细胞三大类。粒细胞又可分为中性粒细胞、嗜酸粒细胞和嗜碱粒细胞。白细胞的功能主要表现在机体发生炎症时的抵抗作用,白细胞的代谢与其功能密切相关。

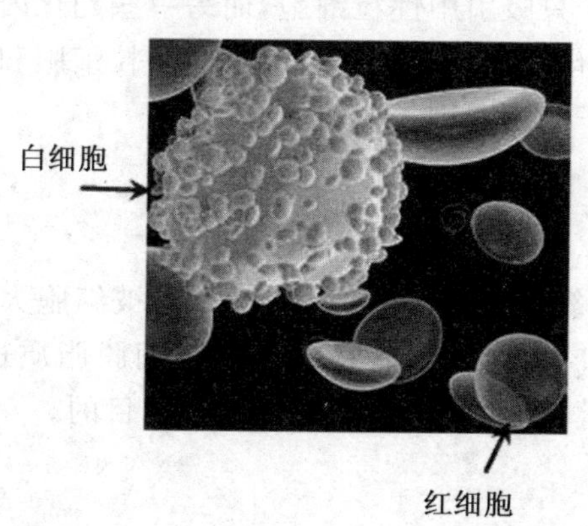

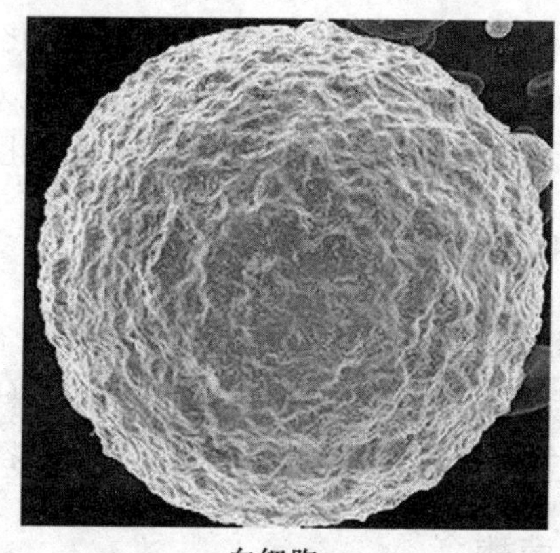

图 15-12　白细胞

15.3.1 白细胞代谢特点

1. 糖代谢

各种白细胞糖原合成、储存较多。由于粒细胞的线粒体很少，糖酵解是主要的糖代谢功能途径。为保证为吞噬等功能提供能量，白细胞必须合成和储存有充足的糖原，中性粒细胞中10%的葡萄糖通过磷酸戊糖途径进行代谢。中性粒细胞和单核吞噬细胞被趋化因子激活后，细胞内磷酸戊糖途径被激活，产生大量的NADPH。经NADPH氧化酶递电子体系可使O_2接受单电子还原，产生大量的超氧阴离子。超氧阴离子再进一步转变成H_2O_2、OH·等自由基，起杀菌作用。

2. 脂类代谢

中性粒细胞不能从头合成脂肪酸。单核吞噬细胞受多种刺激因子激活后，可将花生四烯酸转变成血栓烷和前列腺素。在脂氧化酶的作用下，粒细胞和单核/巨噬细胞可将花生四烯酸转变成白三烯，它是速发型过敏反应中产生的慢反应物质。

3. 蛋白质和氨基酸代谢

粒细胞中，氨基酸的浓度较高，尤其含有较高的组氨酸代谢产物——组胺，组胺释放参与变态反应。由于成熟粒细胞缺乏内质网，故蛋白质合成量很少。而单核-吞噬细胞的蛋白质代谢很活跃，能合成多种酶、补体和各种细胞因子。

15.3.2 特异分子的作用

1. 趋化作用

趋化作用主要指白细胞沿着炎症区域的化学刺激物定向移动，这些化学刺激物称为趋化因子。趋化因子的作用是有特异性的，有些趋化因子只吸引中性粒细胞，而另一些趋化因子则吸引单核细胞，或嗜酸粒细胞等。此外，不同细胞对趋化因子的反应能力也不同。粒细胞和单核细胞对趋化因子的反应较显著，而淋巴细胞对趋化因子的反应则较弱。

2. 呼吸爆发

呼吸爆发是指吞噬细胞在吞噬过程中大量耗氧的生理现象，反映了氧正被细胞大量快速利用。由此产生大量衍生物，如：O_2^-、H_2O_2、OH^-和OCl^-。这些物质能使细菌膜脂质过氧化，使其损伤，达到杀菌目的。活性氧还可以激活溶酶体酶，两者协同作用达到杀菌目的。

3. 溶菌酶

中性粒细胞的吞噬能力较强，细胞内含有酸性水解酶、中性蛋白酶、髓过氧化物酶(MPO)、溶菌酶及磷脂酶A2等。这些酶使细菌被杀伤和降解，溶菌酶可水解细菌胞壁的*N*-乙酰胞壁酸和*N*-乙酰-*D*-葡糖胺之间的连接键。

4. 血管活性胺

血管活性胺包括组胺和5-羟色胺(5-HT)。组胺主要存在于肥大细胞及嗜碱粒细胞的颗粒中。肥大细胞释放组胺又称之为脱颗粒。组胺可使细小动脉扩张、细静脉通透性增加。

5. 许多白细胞可产生致热原

20世纪40年代初，Beeson首先从家兔灭菌性腹腔渗出液中得到来自白细胞的致热分子，开始称之为白细胞致热原(LP)。实验证明，单核细胞、中性粒细胞产生的IL-1，活化T细胞产生的肿瘤坏死因子(TNF)，单核细胞及淋巴细胞产生的干扰素(IFN)，白细胞介素-6(IL-6)，巨噬细胞炎症蛋白(MIP-1)都属于内生致热原。

第 16 章　癌基因与抑癌基因

正常情况下，细胞增生与细胞死亡这两个相反的生理过程都有严密的调控机制，以保证胚胎发育、个体成长及成体中新生的细胞替代衰老、死亡的细胞。成体中的细胞增生与死亡达成平衡，一旦这一平衡遭到破坏就有可能导致肿瘤。

肿瘤细胞的显著特征是细胞自主性分裂不受体内生长调节系统的控制，失去细胞与细胞间及细胞与组织之间的正常关系，因而肿瘤细胞可侵袭周围正常组织并发生转移。肿瘤发生与癌基因(oncogene)和抑癌基因(tumor suppressor gene)有关，癌基因能促进细胞增殖、抑制细胞分化和细胞凋亡，抑癌基因作用则与之相反。正常状态下，这两类基因相互作用维持细胞正常的生长、分化和凋亡，当某种原因使原癌基因(proto-oncogene)激活或抑癌基因失活，均可导致细胞过度增殖，分化，凋亡受阻，最终引起肿瘤的发生。

肿瘤细胞增生的核心问题是基因突变，未能保正修复的 DNA 损伤可能产生基因突变。若基因发生突变将造成以下后果：调节细胞增生的原癌基因活化或抑癌基因失活；调节细胞凋亡的促凋亡基因失活或抑制凋亡基因功能增强；DNA 修复基因失活，使突变的细胞内积累，并且累及到调节细胞增生及细胞凋亡的基因时，就可能使细胞增生及凋亡失去平衡，导致细胞发生恶性变化而形成肿瘤，图 16-1 所示为促进正常细胞向肿瘤细胞转化的因素。

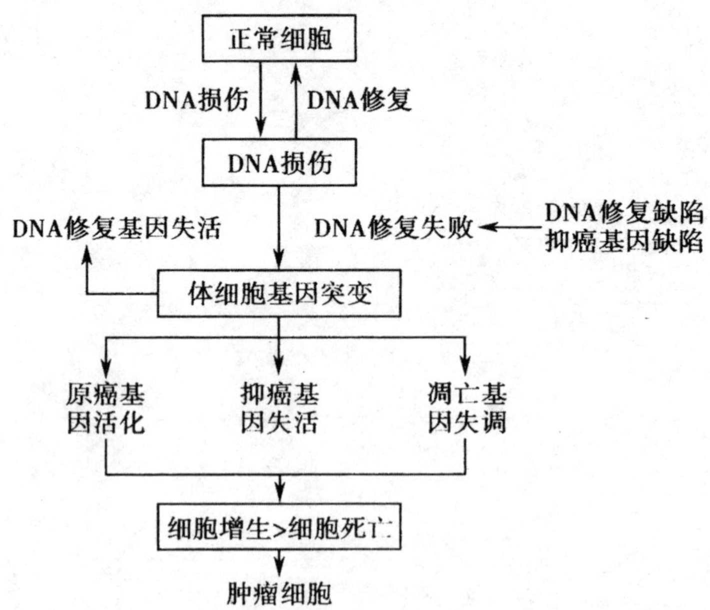

图 16-1　促进正常细胞向肿瘤细胞转化的因素

16.1　癌基因

16.1.1　癌症

癌症(cancer)不是一种疾病,而是一类疾病。癌症能在身体的不同组织出现,一些恶性生长,一些缓慢生长。有些类型的癌症能够被合适的治疗所控制,而其他的则不能。对中国两性癌症发病的不同及癌症的发病率和死亡率进行分析发现,肺癌是男性最常见的癌症,很大一部分原因是由抽烟引起的。女性最常见的癌症是乳腺癌,其成因与女性的生活习性有着一定关系。另外,胃癌、肠癌、肝癌也是比较常见的癌症。

最常见的癌症都是起源于那些分裂旺盛的细胞,例如,肠道、肺和前列腺的上皮细胞。不常见的癌症通常是发生在那些不常分裂的组织,如肌肉或者神经细胞。

尽管癌症的死亡率非常高,但是许多癌症的检测和治疗方法都有长足的进步。分子遗传学的技术可以帮助科学家们充分地认识癌症,也使他们能想出治疗癌症的新的策略。毫无疑问对于基础癌症研究的大量投资是值得的。

用于实验研究的癌细胞能从切除的癌组织中分离获取。在适当的营养条件下,分离的癌细胞能够体外培养,有时这些细胞是永生化的。癌细胞也能通过将培养的正常细胞用药物处理诱变成癌细胞而获得。辐射、化学致畸物和某些类型的病毒能不可逆转的转化正常细胞,这些物质称之为致癌物质(carcinogens)。

所有癌细胞的一个共性是不受控制的生长。体外培养的正常细胞通常会在培养皿表面形成一层单细胞层。而癌细胞则会无限制的生长,在培养皿表面堆积形成细胞团。这些不受控制的细胞堆积是因为癌细胞对于抑制细胞分裂的化学信号没有响应,且它们彼此之间不能形成稳定的连接。

体外培养的癌细胞中明显的外部异常和细胞内部的异常紧密相关。癌细胞通常没有正常的细胞骨架,它们能合成异常的蛋白质并且暴露在细胞表面,它们的染色体数目也常常是异常的,即非整倍体。

16.1.2　癌基因

癌基因是指可引起体外培养的细胞发生恶性转化,在敏感宿主体内诱发肿瘤的一类基因,因此又称为转化基因(transforming gene)。癌基因一般用三个小写的字母(斜体)表示,如 *src*,*myc*,*ras* 等。癌基因最早发现于 RNA 病毒中。

1. 病毒癌基因

多种引起肿瘤的病毒(DNA 肿瘤病毒和 RNA 肿瘤病毒)中都存在癌基因,即病毒癌基因(viral oncogene,*v-onc*)。病毒癌基因通常以反转录病毒株结合其所转化的宿主细胞命名,如 *abl* 癌基因是由 Abelson 鼠白血病病毒转化的小鼠中提取。目前已发现的反转录病毒中的癌基因有

30多种。

病毒包括DNA病毒和RNA(反转录)病毒两种。1910年Peyton Rous发现,从鸡肉瘤中分离得到的劳氏肉瘤病毒(Rous sarcoma virus,RSV)在体外能使鸡胚成纤维细胞转化,在体内能使鸡患肉瘤。比较具备转化和不具备转化特性的RSV,发现野生RSV中存在着一个与病毒生活史无关,但是能够转化鸡胚成纤维细胞,并使鸡患肉瘤的基因*src*。以后又在其他反转录病毒中陆续发现了一些具有在体外转化细胞,在体内使宿主发生肿瘤的基因,将这一类基因称为病毒癌基因(virus oncogene,*v-ortc*),如图16-2所示。

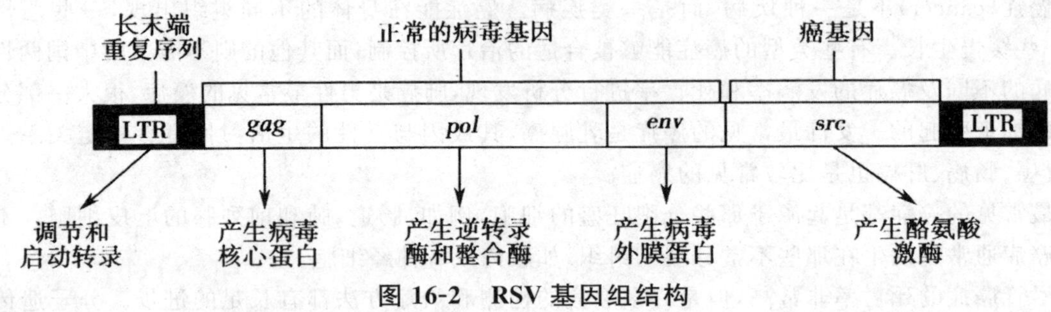

图16-2 RSV基因组结构

现在认为,病毒癌基因来自宿主细胞本身,如反转录病毒感染宿主细胞后,可以自身RNA为模板,由反转录酶催化产生携带病毒遗传信息的双链DNA(前病毒),前病毒DNA随即整合进入宿主细胞基因组,当前病毒DNA从宿主基因组切离时,部分宿主原癌基因被同时切下,从宿主细胞中释放的病毒将带有原癌基因的转导基因,经过重排或重组转变为病毒癌基因,使病毒获得致癌性质,如图16-3所示。

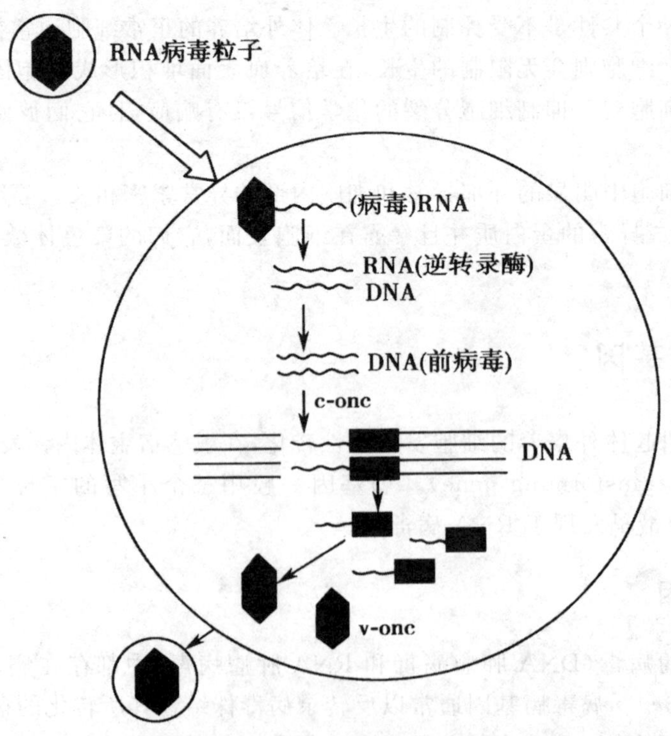

图16-3 RNA病毒与宿主细胞基因组整合过程示意图

病毒原癌基因有的与细胞编码生长因子的基因有关。例如，*v-sis*，一种来自猿肉瘤病毒的原癌基因，编码一种血小板来源生长因子（PDGF）（platelet-derivedgrowth factor，PDGF）。PDGF 通常由血小板产生，可以刺激伤口细胞的生长，从而促使伤口愈合。但也能使培养的细胞转化成为癌变的状态，通过产生大量的 *v-sis* PDGF，引发细胞无限制生长。此外，携带 *v-sis* 基因的猿肉瘤病毒能够诱导猴子产生肿瘤。

其他的病毒原癌基因也都编码类似于生长因子或激素受体的蛋白。例如，来源于鸟类成红细胞瘤病毒的 *v-erbB* 编码的蛋白就与细胞表皮生长因子（EGF）（epidermal growth factor. EGF）的受体相似，来源于猫肉瘤病毒的 *v-fms* 编码的蛋白就与集落刺激因子Ⅰ（CSF-1）（colony-stimulating factor，CSF-1）的受体相似。这些生长因子受体都是跨膜蛋白，具有胞外的生长因子结合域和胞内的蛋白激酶结构域。胞内结构域能够磷酸化特定的氨基酸，通常是其他蛋白质的酪氨酸。

许多病毒原癌基因（uiral oncogenes），包括 *v-src*，编码一种不跨膜的酪氨酸激酶。这些蛋白位于细胞膜的内表面，发挥磷酸化功能。不同的 *v-ras* 原癌基因编码能结合 GTP 的蛋白，类似细胞 G 蛋白，在调节 cAMP 水平中扮演重要作用。

其他的一些病毒原癌基因编码的蛋白具有明显的转录因子功能。包括 *v-jun*、*v-fos*，*v-erbA* 和 *v-myc*，这些都由不同的逆转录病毒携带。这些蛋白与细胞结合 DNA 和调控转录的蛋白相类似。

每一种病毒原癌基因编码的蛋白理论上都能调控细胞基因的表达，包括细胞生长和分裂相关的基因。一些蛋白可能作为刺激某种细胞活动的信号分子；其他的可能作为受体接收这些信号或者作为从细胞膜传递信号至细胞核的信号传递物质；还有其他类的原癌基因编码的蛋白可能作为转录因子刺激基因转录。

2. 细胞癌基因

在正常细胞的基因组中，普遍存在着与病毒癌基因高度同源的相应序列，称为细胞癌基因（cellular oncogene，*c-onc*）或原癌基因（proto-oncogene，*pro-onc*）。原癌基因对促进细胞的正常生长、增殖、分化和发育等有重要作用，一般处于相对静止或低水平的稳定表达状态。原癌基因在进化上高度保守。当受到致癌因素，如化学致癌剂（烷化剂和多环芳烃类等）、物理辐射和病毒感染等作用后，原癌基因被激活，其表达产物的数量、结构和功能异常改变，并转变成导致肿瘤发生的癌基因。

为什么 *c-oncs* 有内含子而 *v-oncs* 没有？最有可能的答案是 *v-oncs* 起源于 *c-oncs*，它们通过将成熟的 *c-oncs* mRNA 插入到逆转录病毒的基因组中。包装有重组分子的病毒颗粒就可以在侵染细胞时产生 C-OHC 基因。在侵染阶段，重组 RNA 反转录为 DNA，然后整合到细胞染色体中。对于病毒来说，是获得一个促进宿主细胞分裂的基因有利呢？还是整合到宿主基因组中搭乘便车更有利呢？答案自然是后者。

细胞癌基因种类繁多，大部分癌基因依据其基因结构与功能特点可归于下列几个家族。

①*src* 家族包括 *abl*、*fes*、*fgr*、*fps*、*fym*、*kck*、*lck*、*lyn*、*ros*、*src*、*tkl* 和 *yes* 等基因。该家族种类很多，功能多样，蛋白质产物多具有酪氨酸蛋白激酶活性以及同细胞膜结合性质，蛋白质产物之间大部分氨基酸序列具有同源性。

②*ras* 家族包括 H-*ras*、K-*ras*、N-*ras*。其表达产物多属小 G 蛋白，能结合 GTP，有 GTP 酶

活性。它们核苷酸序列的同源性小，但编码蛋白质的分子量均为21kD，即p21。

③*myc* 家族包括 *c-myc*、*l-myc*、*n-myc*、*fos*、*myb*、*ski* 等基因，所表达的蛋白质产物定位在细胞核，属于DNA结合蛋白类，或是转录调控中的反式作用因子，对其他多种基因的转录有直接的调节作用。

④*sis* 家族编码产物与血小板源生长因子(PDGF)结构功能相似。

⑤*erb* 家族包括 *erb*-A、*erb*-B、*fms*、*mas*、*trk* 等基因，其表达产物是生长因子和蛋白激酶类。

⑥*myb* 家族包括 *myb*、*myb-ets* 复合物等基因，所表达的蛋白质产物为核内转录调节因子，可与DNA结合。

细胞癌基因广泛存在于生物界，是细胞的必需基因，对维持细胞正常生理功能，调节细胞生长与增殖起重要作用。其蛋白质产物可以是生长因子、生长因子受体、信号转导分子、转录因子等(图16-4)。

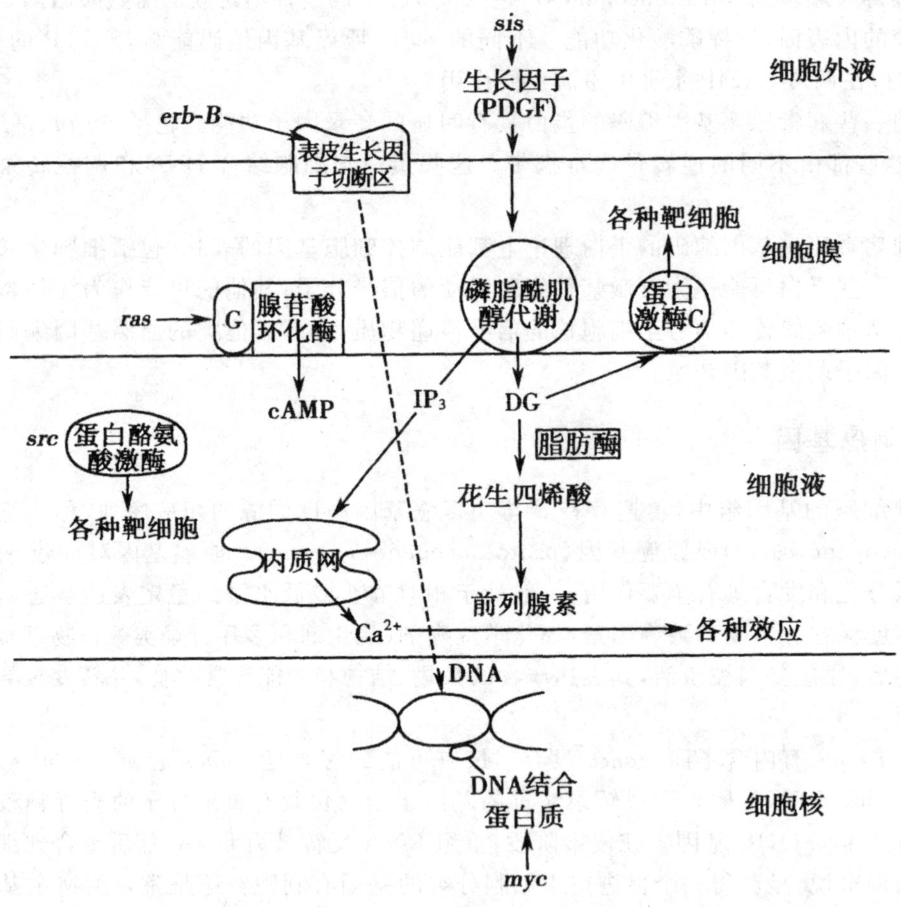

图16-4 癌基因与生长因子信号的转导

从酵母到人类各级进化程度不同的生物中都有细胞癌基因，并且在进化过程中基因序列高度保守，功能也相同。表16-1所示为细胞癌基因产物及其功能。

表 16-1 细胞癌基因产物及其功能

细胞癌基因	产物及其功能
c-sis	血小板源生长因子(PDGF)β链。PDGF 调节靶细胞正常生长与增生,相应的 *c-sis* 发现于猴肉瘤病毒中,产生 p^{28sis} 蛋白,能使靶细胞过度增生
EGF 受体基因	EGF 受体与 EGF 结合后转导细胞增生信号,相应的病毒癌基因 *v-erb*B 的产物为 gp^{65erbB}。缺失配体结合域,无须与 EGF 结合就可转导细胞增生信号
ras 基因家族 H-*ras*,K-*ras*,N-*ras*	产物 Ras 蛋白属于小 G 蛋白,与 GTP 结合后有活性,能转导细胞生长增生信号。突变的 Ras 蛋白不具有 GTPase 活性,结合 GTP 后持续活化
c-src	产物为 60kD 的胞质酪氨酸蛋白激酶,转导细胞生长与增生信号,*v-src* 产物能使细胞转化
c-myc	产物为 19kD 的核内转录因子,与 Max 蛋白形成异二聚体,与特异的顺式作用元件结合,活化靶基因转录

3. 癌基因活化的机制

细胞癌基因在物理、化学及生物因素的作用下发生突变,表达产物的质和量的变化,表达方式在时间及空间上的改变,都有可能使细胞转化。从正常的原癌基因转变为具有使细胞转化功能的癌基因的过程称为原癌基因的活化,原癌基因激活的机制主要有以下几类。

(1)点突变

在致癌因素的作用下,原癌基因编码序列上的单个碱基被替换,即点突变(point mutation),使所编码的氨基酸发生改变,而导致表达蛋白的结构和功能异常。现已经发现,多种肿瘤,如30%~50%的肺癌和结肠癌及 90%的胰腺癌有 *ras* 基因的点突变。点突变位置可出现在第 12、13 和 61 位密码子中。其中,较常见的是第 12 位密码子突变,由正常的 GGC(编码甘氨酸)突变为 GTC(编码缬氨酸)。氨基酸的替换使 GTP 酶活性丧失。利用体外基因定点突变对该密码子进行其他氨基酸替换,也可使 GTP 酶活性在不同程度上降低或丧失。

(2)获得启动子和增强子

在原癌基因中插入外源性启动子和增强子,使原癌基因表达水平异常增加,是病毒致癌的一个常见方式。逆转录病毒感染后,其 LTR 具有启动子和增强子作用,能通过与宿主细胞基因组的整合,插入到某些原癌基因邻近,使该基因过度表达,导致肿瘤的发生。如禽类白细胞增生病毒(avian leukocytosis virus,ALV)的前病毒整合到宿主细胞 *c-myc* 基因的上游后,LTR 使 *c-myc* 基因过度表达。

(3)DNA 易位或重排

原癌基因从它所在染色体的正常位置易位(translocation)至另一个染色体上,使其转录的调控环境发生改变而被激活。例如,慢性粒细胞白血病(chronic myelocytic leukemia,CML)患者染色体的易位为 t(9;22)(q34;q11),具体如图 16-5 所示。

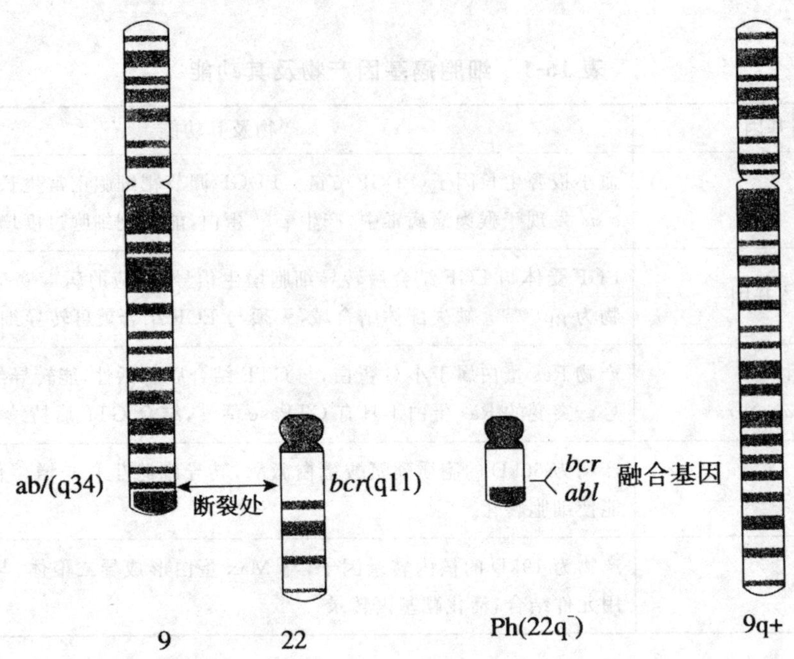

图 16-5　慢性粒细胞白血病的 Ph 染色体和 *bcr-abl* 融合基因

(4)基因扩增

基因扩增(gene amplification)激活原癌基因是指原癌基因拷贝数异常大量增加,导致编码产物过度表达,进而引起细胞增殖失控。在人类恶性肿瘤中,癌基因扩增现象较常见。*c-myc* 基因在肝癌、结肠癌、乳腺癌及小细胞肺癌等多种肿瘤细胞中均有不同程度的扩增。利用荧光原位杂交(FISH)进行染色体核型分析,可观察到由于基因扩增而在原癌基因的染色体基因位点附近出现匀染色区(HSR)及染色体外的双微体(DMS)。

(5)甲基化程度降低

DNA 转录调控区的 CpG 岛,常被 DNA 甲基化酶(DNMT)甲基化为 5-甲基胞嘧啶(m_5C)。高甲基化(hypermethylation)使基因组稳定并使基因沉默,而低甲基化(hypomethylation)是基因转录激活的特征之一。乳腺癌、宫颈癌、卵巢癌等有基因组整体水平的低甲基化。虽然原癌基因的低甲基化与碱基序列改变无关,但可促进基因转录。乳腺癌 *c-myc* 的低甲基化还与乳腺癌的转移能力和临床分期有关。不同的癌基因被激活的方式不同,而一种癌基因也可有多种激活方式。

16.2　肿瘤抑制基因

抑癌基因是一类抑制细胞增殖的基因,其失活可引起细胞转化。抑癌基因又称肿瘤易感基因(tumor susceptibility gene)。20 世纪 60 年代开始的杂合细胞致癌性研究中将肿瘤与正常细胞融合,或在肿瘤细胞中导入正常细胞的染色体,都可获得无致癌性的杂合细胞,提示正常的细胞中有抑制肿瘤发生的基因,即抑癌基因。

抑癌基因也是细胞基因组中的正常成员。抑癌基因的存在是通过细胞杂交证实的。当肿瘤细胞与正常细胞融合后，所获杂交细胞如果保留某些正常细胞的染色体，就不表现肿瘤恶性表型；而当染色体丢失后则又可重新出现肿瘤恶性表型。这一现象提示了正常细胞的染色体上存在某些抑制肿瘤恶性表型的基因。进一步确定某种组织或细胞中的抑癌基因常需具有以下条件：该基因在正常组织或细胞中有稳定表达；在发生肿瘤的相应组织中有缺失或突变；将该基因导入此种肿瘤细胞中可抑制肿瘤恶性表型。

16.2.1 常见的抑癌基因

目前已确定的抑癌基因有 30 余种。抑癌基因通常用 1～4 个字母（斜体）来表示，有时还包括了所编码蛋白质产物分子量的大小。表 16-2 所示为一些常见的抑癌基因。

表 16-2 一些常见的抑癌基因

基因	染色体定位	基因产物及功能	主要相关肿瘤
APC	5q21	β-链接素的抑制蛋白	结肠癌
BRCA	17q21	转录因子	乳腺癌、卵巢癌
DCC	18q21	细胞表面黏附分子	结肠癌
*NF*1	17q12	GTP 酶抑制剂	神经纤维瘤
*m*23	17q3	肿瘤转移抑制分子	胃癌、骨肉瘤
*MLH*1	3p23	DNA 错配修复分子	畸胎瘤、黑色素瘪
*p*16	9p21	p16 蛋白（CDK4、6 抑制剂）	乳腺癌、黑色素瘤
*p*16	18q21	细胞表面黏附分子	结肠癌
*p*21	6q21	p21 蛋白（CDK4、6 抑制剂）	前列腺癌
*m*53	17p13	p53（转录因子）	结肠癌等多种肿瘤
PTEN	10q23	磷酸磷脂酶	胶质细胞瘤、前列腺癌
Rb	13p14	p105（转录因子）	视网膜母细胞瘤
Rb	11p13	转录因子	Wilms 瘤

经专家的研究表明，几乎一半的人类肿瘤均存在抑癌基因的失活。抑癌基因常见的失活途径有：基因缺失或自身突变，使表达产物失去活性；表达蛋白质的磷酸化状态；抑癌基因与癌基因的表达蛋白相互作用，对细胞增殖有正调控作用的原癌基因活性异常增加，同时抑制细胞增殖的抑癌基因缺失或失活，最终可引起细胞转化和癌变。

肿瘤发生（tumorigenesis）是一个多步骤过程，这一过程在家族性多发性腺瘤样息肉病（FAP）和甲状腺癌中研究得较为详细。下面给出了从多发性腺瘤样息肉转变为结肠癌可能需要的以下几个步骤或更多的基因突变步骤：

①FAP 因胚系变化，*APC* 基因的一个等位基因已失活，另一个野生型等位基因如果也发生突变就能使抑癌基因 *APC* 丧失功能，导致结肠上皮细胞增生。

②在此基础上如果基因突变而使 DNA 甲基化程度降低，上皮细胞增生可转变为早期腺瘤。

③原癌基因 K-*ras* 的活化进一步促进腺瘤生长。

④抑癌基因 *DCC*(deleted in colorectal carcinoma)丧失功能后腺瘤进展到晚期。

⑤抑癌基因 *p*53 失活后腺瘤转变为腺癌。

在结肠癌发生过程中,上述基因突变的顺序也可能会有变化,在其他的肿瘤发生过程中涉及的基因突变也不局限于上述基因。

16.2.2 抑癌基因的作用机制

视网膜母细胞瘤(retinoblastoma,*Rb*)基因和 *p*53 基因是两个重要的具有普遍抑癌作用的基因,它们对细胞周期起负调控作用。*Rb* 基因是第一个被证实的抑癌基因。*Rb* 基因位于 13 号染色体 q14、全长 200 kb,含 27 个外显子。*Rb* 基因在各种组织中普遍表达,产物是位于细胞核内的 105 kD 的蛋白质 pRb^{105}。pRb^{105} 只有一条肽链,肽链中部有一个可折叠成口袋状的 AB 口袋结构域(AB pocket domain),它能与一些病毒的蛋白质及细胞蛋白质结合,肽链中还有可被磷酸化修饰的位点。pRb 的磷酸化状态及其与其他蛋白质的结合与它的功能密切相关。

将 *Rb* 基因导入 *Rb* 基因失活的细胞中可使 G_1 期的细胞停留在 G_1 期,S 期及 M 期的细胞则可进展到 G_1 期,然后停留在 G_1 期,因此 pRb 是对 G_1 期有作用的蛋白质。当细胞从 G_1 期进入 S 期时可发现 pRb 磷酸化程度增加,细胞通过 M 期进入 G_1 期时 pRb 迅速去磷酸化,使细胞停留在 G_1 期,因此低磷酸化的 pRb 使细胞不能通过 G_1/S 细胞周期关卡。此外也发现许多种类的细胞分化与低磷酸化的 pRb 增加有关。pRb 负向调节细胞周期的作用是通过与转录因子 E2F-1 结合而实现的,低磷酸化的 pRb 的口袋结构域能与 E2F-1 结合使之失活,高磷酸化的 pRb 不能与 E2F-1 结合,使 S 期必需的基因产物如二氢叶酸还原酶,胸苷激酶,DNA 聚合酶仪等(图 16-6)合成受限,细胞周期的进展受到抑制。

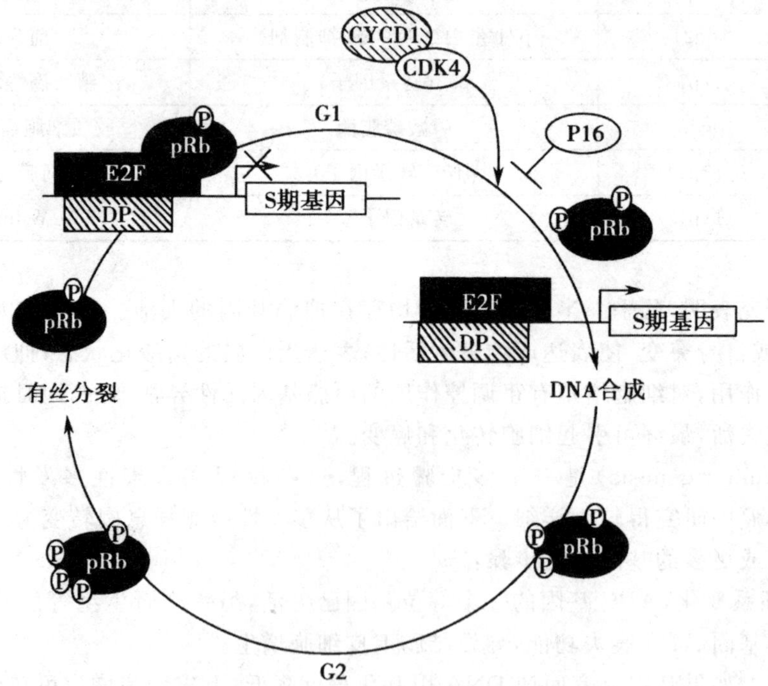

图 16-6 pRb 的磷酸化与细胞周期

16.2.3　*p*53基因和 *p*16基因

将正常的抑癌基因导入肿瘤细胞中，以补偿和代替突变或缺失的抑癌基因，达到抑制肿瘤的生长或逆转其表型的抑癌基因治疗策略，必将成为肿瘤基因治疗中的一种重要的治疗模式。

1979年，Lane和Grawford在SV40大T抗原基因转染的细胞中发现了 *p*53基因，这是目前研究最为广泛和深入的抑癌基因。*p*53能与DNA结合而起到转录因子的作用，*p*53蛋白的C端对其与DNA结合的能力起着重要的调控作用。野生型 *p*53不仅能抑制那些促进失控细胞生长和增殖相关的基因的表达，并且还可以活化抑制失控细胞异常增殖的基因。野生型 *p*53的缺失、突变或失活可能会使细胞发生转化。迄今为止已发现的10 000种人类肿瘤的2 500种基因突变中，*p*53蛋白的393个氨基酸就有280个以上发生了突变。由于这种点突变，直接的后果是导致氨基酸的改变，最终产生没有活性的 *p*53蛋白，从而丧失了抑癌的作用。

由于人类恶性肿瘤 *p*53基因突变率较高，因此以正常 *p*53基因治疗肿瘤就成为专家们研究的热点。大量的体内外试验已证实，引入 *p*53基因确实可以起到抑制肿瘤细胞生长，诱导细胞凋亡的作用。利用电穿孔的方法，把野生型 *p*53基因导入人类前列腺癌细胞PC-3中，发现肿瘤细胞形态改变，细胞生长速度降低，裸鼠致瘤性消失，进一步研究发现肿瘤抑制是因为其凋亡增加所致。从裸鼠尾静脉每隔10～12天注射脂质体与 *p*53的复合物，用于治疗接种于裸鼠皮下的人恶性乳腺癌（含p53突变），结果大多数p53治疗组的肿瘤消失（8/15），而对照组只有1只消失（1/22）；停止治疗后，8只已消失的肿瘤1个月后无一复发。将 *p*53基因相继导入肝癌、口腔癌、肺癌、头颈部肿瘤等肿瘤细胞，同样发现类似的结果。但对于不同的细胞类型，*p*53基因的抑制作用各不相同。

除了直接的抑瘤作用外，正常 *p*53基因的导入还可以诱导癌细胞对化疗药物及放疗的敏感性，加快肿瘤细胞的死亡。腺病毒介导的 *p*53基因与放射线对小鼠皮下异体移植SW260结直肠癌有协同抑制的作用，小鼠再生的肿瘤受到5Gy的放射治疗后需要15天才能长至1 000 mm^3（一般小鼠仅需2天），如果再对其使用 *p*53基因治疗，则需要37天，从这里就可以看出 *p*53基因确实可以提高小鼠对放射线的敏感性。

*p*16基因是另一个研究较多的抑癌基因。由于其对细胞周期G1期有特异性调节作用，因此又被称为多肿瘤抑制基因1（multiple tumor supperssor 1，MTS-1），INK4a（inhibitor of cyclin dependent kinase 4）。正常情况下，*p*16与细胞周期素D（cyclin D）竞争CDK4、CDK6，抑制它们的活性，使其一系列底物（如Rb）保持持续去磷酸化高活性，而不能解除Rb对转录因子E2F等的抑制，从而阻止细胞G1期进入S期，直接抑制细胞的增殖。相反，当 *p*16基因发生异常改变时，细胞增殖失控导致其向癌变发展。

*p*16基因异常的表现为，以基因缺失为主，在肿瘤中可达80%以上。基因异常的总发生率高于其他已知的抑癌基因，而且 *p*16基因异常分布的瘤谱范围很广。用腺病毒介导 *p*16基因导入肺癌细胞，可抑制癌细胞的生长和克隆形成，造成细胞周期G1期阻滞。对乳腺癌细胞（MCF-7）、膀胱癌细胞等，也会产生类似的结果。

*p*16作为一种新型的抑癌基因，具有多个优点，如可特异地阻抑CDK4或CDK6，与恶性肿瘤的联系更加广泛，抑癌机制比较明确，较之有间接作用的 *p*53，*p*16基因对细胞周期有肯定的直接作用。而且，*p*16基因相对分子质量较小，仅为 *p*53的1/4，易于基因治疗的操作。所以，

*p*16 在肿瘤的研究领域及基因治疗方面的作用日益受到关注。

为了探讨 *p*16 与 *p*21、*p*53 之间的协同作用，Ghaneh 等将 Ad-*p*53 与 Ad-*p*16 共转染到 5 种前列腺癌细胞中，从而发现无论在体内或体外，在体或离体，与单独治疗相比，两者联合可诱发大量的肿瘤细胞凋亡，肿瘤细胞生长受到严重的抑制。

16.2.4 肿瘤免疫基因治疗

从广义上来说，凡是应用基因转移技术治疗免疫性疾病或根据免疫学原理和技术而建立的基因治疗方案，都属免疫基因治疗（immune gene therapy 或 immuno-gene therapy）。

1. 针对肿瘤细胞的免疫基因治疗

将细胞因子和免疫相关基因导入肿瘤细胞中，可以制备各种瘤苗以增强机体的抗肿瘤免疫功能。用含 IFN-γ 的逆转录病毒进行膀胱癌切除后的免疫基因治疗，可以增加肿瘤细胞在局部产生 IFN-γ，以诱导淋巴细胞的反应而达到治疗的目的。用电穿孔的方法介导 IL-12 基因对肝细胞癌的基因治疗，发现肿瘤受到抑制不仅局限于电穿孔处，对远端的肿瘤也有抑制的作用；而且经过电穿孔处理的肿瘤，肺转移的发生率会降低，肿瘤内发现有大量的免疫功能细胞浸润。用逆转录病毒介导 IFN-γ 基因和用牛痘病毒载体联合导入 IL-1 和 IL-12 基因治疗胶质瘤，发现都可以抑制肿瘤的发生。

肿瘤抗原需要与 MHC-I 类分子结合，被 $CD8^+$ CTL 识别，被 APC 摄取加工后与 MHC-Ⅱ类分子结合，再被 $CD4^+$ Th 识别，就可以激活肿瘤免疫。而 MHC-I 和 MHC-Ⅱ 途径都需要 B7 共刺激。肿瘤细胞低表达或不表达 MHC-I 或 MHC-Ⅱ 及共刺激分子是其抗原呈递发生障碍，最终逃脱机体免疫的重要原因。将人乳头瘤病毒（HPV-16）的 *E*7 基因转染黑色素瘤细胞株 K1735，以期通过 *E*7 基因的表达来增强肿瘤细胞的免疫原性，发现单纯转染了 *E*7 基因的肿瘤细胞在体内 100％成瘤，但同时转染了 *E*7 和 *B*7 共刺激分子的肿瘤细胞在体内完全丧失了致瘤能力。将共刺激分子 CD40 基因的重组腺病毒直接注入小鼠黑色素瘤、结肠癌及 Lewis 肺癌等实体瘤内，发现 60％以上的小鼠黑色素瘤及结肠癌得以治愈，而免疫原性极弱的 Lewis 肺癌也有部分被治愈。

2. 针对免疫应答细胞的基因治疗

该方法使用的原理是，将细胞因子导入抗肿瘤效应细胞中以增强抗肿瘤作用，并以免疫应答细胞为载体细胞将细胞因子基因携带至体内靶细胞，使细胞因子局部浓度提高，从而更有效地激活肿瘤局部及周围的抗肿瘤免疫功能。

常用的免疫效应细胞有自然杀伤细胞（NK）、淋巴因子激活的杀伤细胞（LAK）、肿瘤浸润淋巴细胞（TIL）等，可供选择的目的基因有白细胞介素、干扰素、肿瘤坏死因子、集落刺激因子、趋化因子等。IL-2 激活的 NK 细胞可以选择性地聚集在某些实体瘤组织中起到杀伤作用。IFN-γ 基因转染至 LAK 细胞也可以增强杀死肿瘤的活性。

树突状细胞（dendritic cell，DC）是人体最有效的抗原呈递细胞（APC），能致敏和激活静止 T 细胞和 B 细胞。T 细胞直接或通过分泌细胞因子，B 细胞通过分泌抗体，作用于靶细胞或病原体上，最终消灭靶细胞或病原体。最近几年，DC 作为肿瘤生物治疗和基因治疗的方案已经获得了 FDA 的批准并进入Ⅲ期临床。该疗法比传统的 LAK 细胞疗法具有更特异和更强大的杀瘤活性，被誉为当前肿瘤生物治疗和基因治疗最有效的手段。比较成熟的制备 DC 细胞的方法是采用抗原基因、抗原和细胞因子来转染和修饰 DC。常用的有抗原肽刺激和各种抗原基因，如宫颈癌-*E7*、*E6*，前列腺癌-PSA 等；肿瘤提取物及细胞因子。多项动物实验结果表明，转导肿瘤特异性抗原基因的 DC 可使肿瘤组织减小。用小鼠肝癌总 RNA 转染的 DC 体外诱导特异性细胞毒 T 淋巴细胞的研究发现，转染的 DC 其组织相容性分子(MHC-I、MHC-II)及共刺激分子(B7-1、B7-2)表达明显增高，刺激同基因型小鼠 T 细胞可使增殖能力增强，且还能诱导肝癌细胞特异性的 CTL 产生。甲胎蛋白 AFP-DC 瘤苗不仅能产生和分泌 AFP，而且还能上调自身的 B7 分子和 MHC 分子，明显刺激 T 细胞增殖及提高 CTL 的杀伤作用。

DC 增强抗肿瘤免疫反应的另一个机制是编码 CD40 配体的基因转录。CD40 配体的表达可以通过 DC 表达的 CD40 之间的相互作用自动激活，这可直接刺激抗原特异性的 $CD8^+$ T 细胞而无须 $CD4^+$ T 细胞的介导。在小鼠黑色素瘤中，这种机制可使肿瘤退化，延长生存期限。同时向肿瘤内注射表达有 CD40 的腺病毒载体和改造过的 DC，可引发肿瘤特异性的免疫反应，抑制肿瘤生长，并增加肿瘤 CD40 配体的表达。因此，肿瘤细胞转基因 CD40 配体的表达可明显增强 DC 表达 CD40，从而增强其抗肿瘤活性。

16.3　生长因子

生长因子(growth factor，GF)是一类能促进细胞增殖的多肽类，种类极多，通过与质膜上的特异受体结合发挥作用。它们在体液中浓度很低，它们参与了机体内的多种生理和病理过程，例如，胚胎发育、创伤修复、免疫调节以及纤维增生性疾病和肿瘤发生等。

16.3.1　生长因子的作用方式及常见种类

生长因子发挥作用的方式有三种。

①内分泌(endocrine)。生长因子从细胞分泌后，通过血液运输作用于远处靶细胞，如 PDGF。

②旁分泌(paracrine)。细胞分泌的生长因子作用于邻近的其他类型细胞。

③自分泌(autocrine)。生长因子作用于自身细胞。各类生长因子、癌基因产物都涉及细胞增殖和癌变的过程。

各类生长因子、癌基因产物都涉及细胞增殖和癌变的过程，常见的生长因子如表 16-3 所示。

表 16-3　常见的生长因子及其功能

生长因子	来源	功能
上皮生长因子(EGF)	鼠唾液腺	刺激多种上皮和内皮细胞生长
红细胞生长素	肾、尿液	调节早成红细胞增生
成纤维细胞生长因子(FGFs)(至少9个家庭成员)	各种细胞	促进多种细胞增生
白细胞介素1(IL-1)	条件培养基	刺激T细胞生成白介素2
白细胞介素2(IL-2)	条件培养基	刺激T细胞生长
神经生长因子(NGF)	鼠唾液腺	对交感及某些感觉神经原有营养作用
血小板衍生生长因子(PDGF)	血小板	促进间充质及胶质细胞生长
转化生长因子α(TGFα)	转化细胞或肿瘤细胞的条件培养基	类似于EGF
转化生长因子β(TGFβ)	肾、血小板	对某些细胞同时有促进和抑制作用

16.3.2　生长因子的作用机制

细胞合成、分泌的生长因子到达靶细胞后，作用于细胞膜相应的生长因子受体，这些受体是具有酪氨酸蛋白激酶活性的膜蛋白，可介导复杂的信号转导级联过程的发生，最终导致细胞增殖。存在于细胞内的某些有生长因子功能的分子可与胞内受体结合成复合物，进入细胞核，激活特定基因转录表达，促进细胞生长。某些癌基因表达产物属于生长因子或生长因子受体的类似物，它们由于过度表达或功能异常，可导致细胞失控的过度生长、增殖，引起癌变。如图16-7所示为生长因子作用机制示意图。

16.3.3　生长因子与肿瘤

各种生长因子都与细胞增殖有关。细胞合成、分泌的生长因子到达靶细胞后，作用于细胞膜相应的生长因子受体，这些受体是具有酪氨酸蛋白激酶活性的膜蛋白，可介导复杂的信号转导级联过程的发生，最终导致细胞增殖。EGF可促进多种细胞有丝分裂，刺激细胞增殖促进创伤愈合。在肿瘤发生发展中，肿瘤细胞通过自分泌、旁分泌的EGF刺激细胞酪氨酸蛋白激酶(TPK)活性，使细胞不断分裂增殖。PDGF主要促进结缔组织相关细胞分裂增殖，参与胚胎发育、创伤修复、肿瘤形成和纤维化等多种过程。HGF介导肿瘤组织与间质的作用，促进肿瘤的浸润及转移。TGFβ受体无TPK活性而有Ser/Thr激酶活性，能够抑制多种正常细胞及肿瘤细胞增殖，TGFβ结合受体可促进肿瘤抑制基因表达，因此TGFβ受体突变常是肿瘤的遗传因素之一。

癌基因/生长因子信号途径与肿瘤发生密切相关。在肿瘤组织中，一些蛋白激酶(如TPK、PKA、PKC等)活性都有不同程度的上升。除每种蛋白激酶的特异性底物，这些激酶可能有相同的底物；一个信号途径被激活后又可能影响另一个信号途径，形成复杂的信号转导网络，因而有可能在同一细胞内促进细胞增殖的各种信号同时被促进。此外，在肿瘤细胞中常表现为促进增殖的信号加强，例如：癌基因分泌更多的生长因子；生长因子受体数量增多；信号途径分子异常激活等。

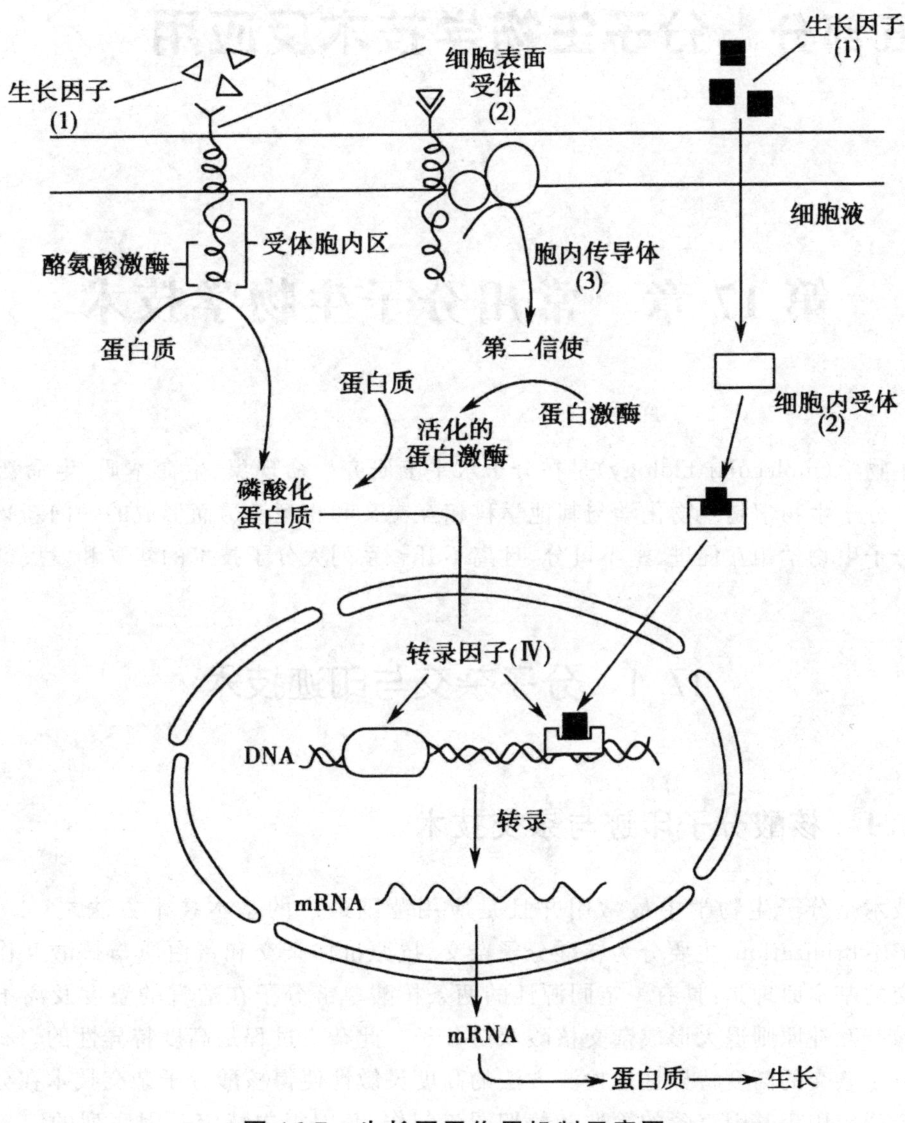

图 16-7　生长因子作用机制示意图

第五部分 分子生物学技术及应用

第17章 常用分子生物学技术

分子生物学(molecular biology)是在分子水平上研究生命现象、生命本质、生命活动及其规律的科学。分子生物学是生物化学与其他学科相互交叉和相互渗透而形成的一门新兴学科。生物化学与分子生物学相互促进、密不可分,且离不开一系列大分子技术的建立和发展。

17.1 分子杂交与印迹技术

17.1.1 核酸分子印迹与杂交技术

杂交技术是分子生物学中最常用并且是应用范围最广的基本技术方法之一。分子杂交(molecular hybridization)主要分为核酸分子杂交、抗原抗体杂交和蛋白质与核酸互作杂交。核酸分子杂交的基本原理是:具有一定同源性的两条核酸单链分子在适宜的温度及离子强度等条件下可按碱基互补原则退火形成杂交核酸双链分子。此杂交过程是高度特异性的。

核酸分子杂交的高度特异性及检测方法的高度灵敏性使得核酸分子杂交技术在分子生物学领域中被广泛应用于基因克隆的筛选和酶切图谱制作、基因组中特定基因序列的定量和定性检测、基因突变分析及疾病的诊断等方面。分子生物学的迅猛发展也得益于核酸分子杂交技术的不断应用。分子生物学得以发展到今天这种水平,核酸分子杂交技术起着重要的作用。

核酸分子杂交有多种类型,核酸分子杂交的双方是探针和待测核酸序列。探针(probe)是用于检测的已知核酸片段。为了便于示踪,探针必须用一定的手段加以标记,以利于随后的检测。常用的标记物是放射性核素,近年来也发展了一些非放射性标记物。检测这些标记物的方法都是极其灵敏的。待测核酸序列可以是克隆的基因片段,也可以是未克隆化的基因组 DNA 和细胞总 RNA。将核酸从细胞中分离纯化后可以在体外与探针进行膜上印迹杂交,也可直接在组织切片上进行荧光原位杂交,分子信标也是比较常见的杂交技术。

1. Southern 印迹杂交

1975 年，Edward Southern 提出了建立并使用 Southern 印迹杂交。利用 Southern 印迹杂交可以检测靶 DNA 分子中是否存在与探针序列相同或相似的序列。进行 Southern 印迹杂交时，首先利用限制性内切酶将靶 DNA 切割成较小的片段，再将酶切后的 DNA 片段通过琼脂糖凝胶电泳按大小分离。用 NaOH 溶液浸泡凝胶使 DNA 片段在原位变性后，通过电流或者毛细管作用将单链 DNA 转移到一张尼龙膜上，并通过烘烤或紫外线照射将单链 DNA 牢固地结合在膜上。然后将此膜放入含有放射线同位素标记的探针分子的溶液中。随着溶液在滤膜表面来回晃动，探针分子与结合在膜上的同源序列互补配对形成杂交体。漂洗除去多余的探针分子，经放射自显影，与探针的核苷酸序列同源的待测 DNA 片段便可被成功鉴定出来，如图 17-1 所示。

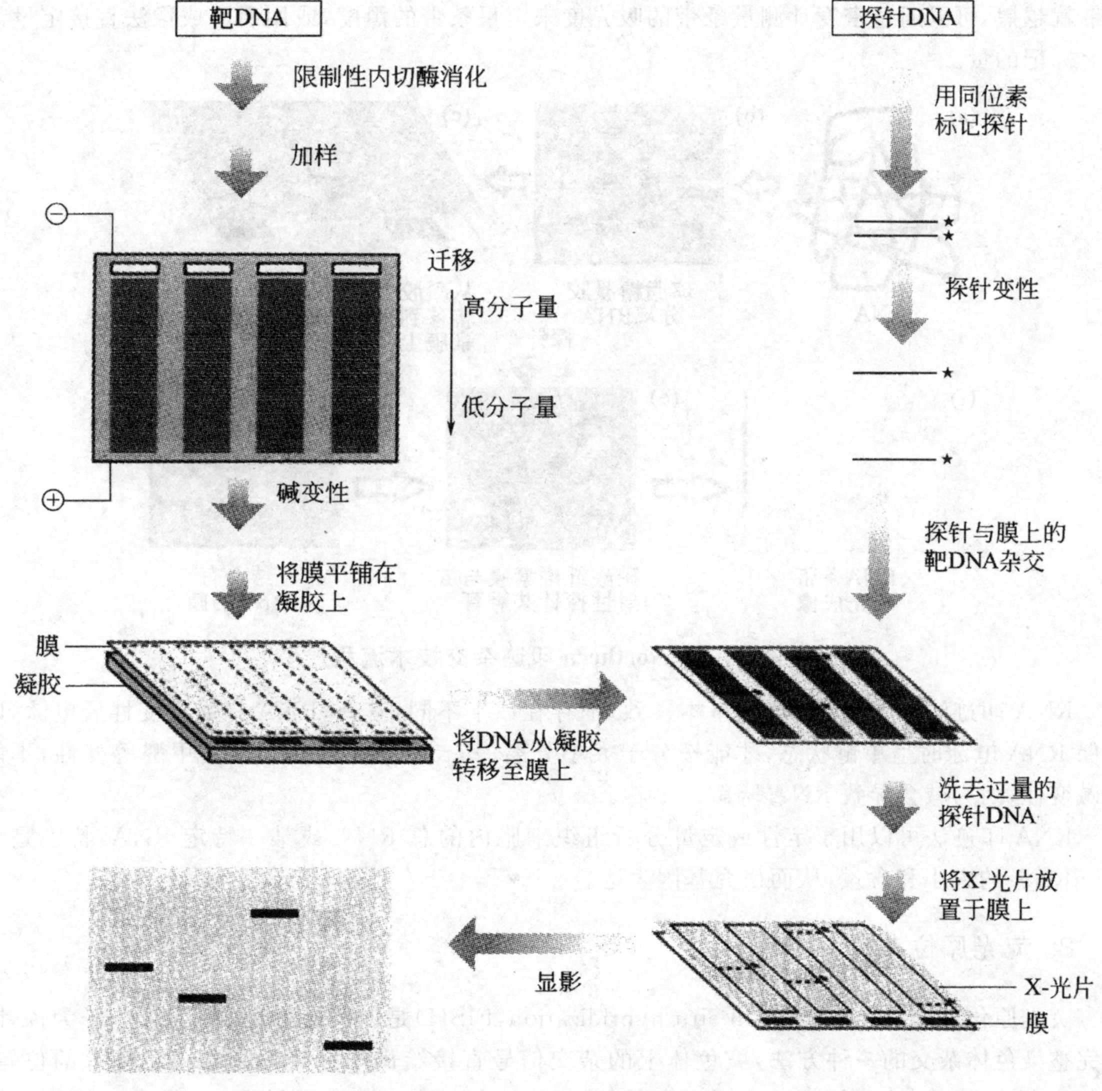

图 17-1　Southern 印迹杂交

DNA 探针与固定在膜上的 DNA 的杂交是 Southern 印迹杂交的核心。相应地,将来自特定细胞或组织中的 RNA 样品进行凝胶电泳分离后,从电泳凝胶转移到支持物上进行核酸杂交的方法称为 Northern 印迹杂交。

2. Northern 印迹杂交

RNA 印迹法又称 Northern blotting,1977 年由美国斯坦福大学的 Alwine 等人发明,其分析的待测核酸是 RNA。Northern 印迹是一种将 RNA 从琼脂糖凝胶中转印到硝酸纤维素膜上的方法,其流程如图 17-2 所示,将 Northern 印迹膜与标记的 cDNA 探针杂交,印迹膜上与探针互补的 mRNA 杂交,所产生的带标记的条带可用 X-光胶片检测。如果未知 RNA 旁边的泳道上有已知大小的标准 RNA,就可以知道与探针杂交发亮的 RNA 条带的大小。Northern 印迹还可以告诉我们基因转录物的丰度,条带所含 RNA 越多,与之结合的探针就越多,曝光后胶片上的条带就越黑,可以通过密度计测量条带的吸光度来定量条带的黑度,或用磷屏成像法直接定量条带上标记的量。

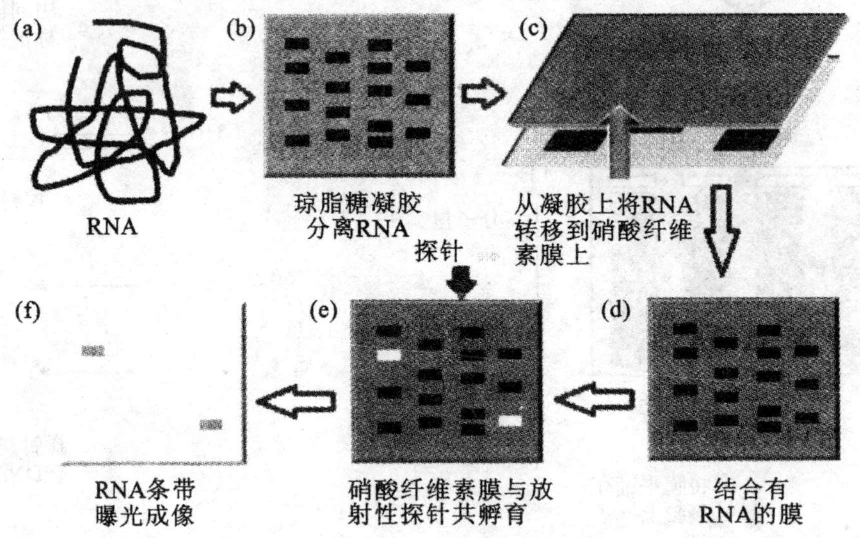

图 17-2 Northern 印迹杂交技术流程

RNA 印迹法与 DNA 印迹法基本一致,但存在以下不同:其一,RNA 样品先变性后电泳,以确保 RNA 电泳时呈单链状态,才能按分子大小分离;其二,RNA 样品只能用甲醛等变性,不能用碱变性,因为碱会导致 RNA 降解。

RNA 印迹法可以用于定性或定量分析组织细胞内的总 RNA 或某一特定 RNA,特别是分析 mRNA 的大小和含量,从而研究基因表达。

3. 荧光原位杂交

荧光原位杂交(fluorescent in situ hybridization,FISH)是以荧光标记的 DNA 分子为探针,与完整染色体杂交的一种方法,染色体上的杂交信号直接给出了探针序列在染色体上的位置。进行原位杂交时,需要打开染色体 DNA 的双螺旋结构使其成为单链分子,只有这样染色体 DNA 才能与探针互补配对,如图 17-3 所示。使染色体 DNA 变性而又不破坏其形态特征的标准方法是将染色体干燥在玻璃片上，再用甲酰胺处理。FISH 最初用于中期染色体。中期染色体高度凝缩，每条染色体都具有可识别的形态特征，因此对于探针在染色体上的大概位置非常容易确定。使用中期染色体的缺点是，由于它的高度凝缩的性质，只能进行低分辨率作图，两个标记至少相距 1 Mb 以上才能形成独立的杂交信号而被分辨出来。

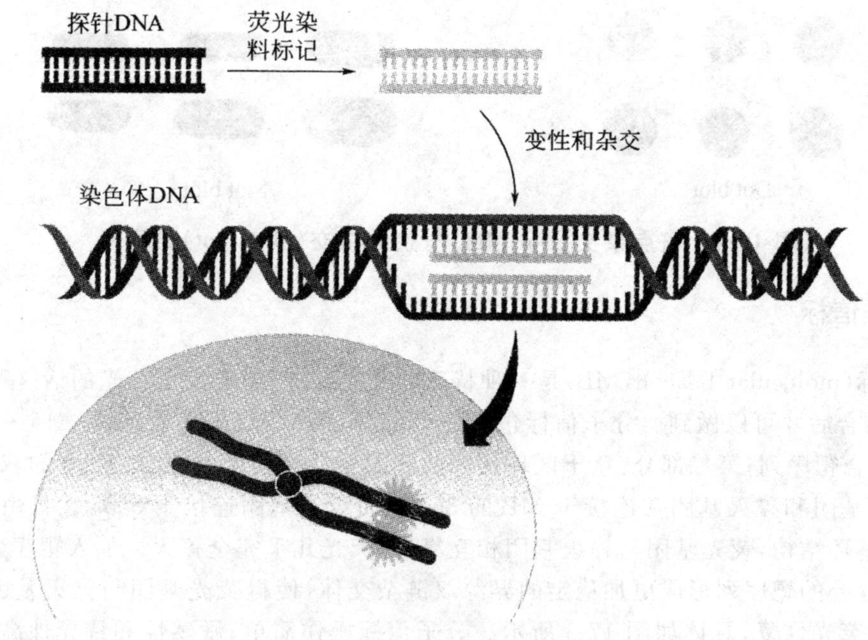

图 17-3　荧光原位杂交的原理

最新发展起来的纤维荧光原位杂交（fiber fluorescent in situ hybridization，Fiber-FISH）将探针直接与拉直的 DNA 纤维杂交。Fiber-FISH 技术需要用碱或者其他的化学手段破坏染色体结构，使 DNA 分子与蛋白质分离，再将游离的 DNA 纤维拉直并固定在载玻片上用作 FISH 的模板。与使用染色体作为模板进行荧光原位杂交的普通 FISH 技术相比，Fiber-FISH 的优势非常明显，主要体现在以下几点：第一，分辨率大大提高，为 1～2 kb；第二，线性 DNA 分子在 FISH 中展示的长度（μm）可直接转换为序列的长度（kb），为高精度物理图谱的构建提供了一种新的手段；第三，可以直接确定探针在不同 DNA 序列之间的排列关系，并且具有快速、直接、准确的优点，为利用 FISH 技术开展比较基因组研究提供了便利。

4. 斑点印迹杂交和狭线印迹杂交

斑点印迹杂交（dot bloting）和狭线印迹杂交（slot blotting），是在 Southern 印迹杂交的基础上发展而来的两种类似的快速检测特异核酸（DNA 或 RNA）分子的杂交技术。两种方法的基本原理和操作步骤基本相同，即通过特殊的加样装置将变性的 DNA 或 RNA 样品，直接转移到适当的杂交滤膜上，然后与核酸探针分子进行杂交以检测核酸样品中是否存在特定的 DNA 或 RNA。两者区别主要是点样点形状不同。斑点印迹杂交和狭线印迹杂交较 Southern blot 或 Northern blot 减少了琼脂糖凝胶电泳和印迹过程。因此这种方法操作简便，耗时短，可做半定量分析，且一张膜可同时检测多个样品，对于核酸粗提样品的检测效果较好。缺点是不能鉴定所检测基因或 mRNA 的分子大小。Dot blot 与 Slot blot 杂交结果图如图 17-4 所示。

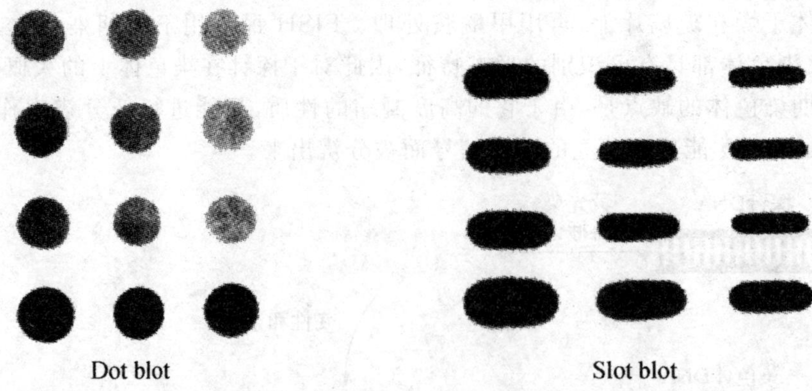

图 17-4　斑点杂交(Dot blot)与狭缝杂交(Slot blot)结果图

5. 分子信标

分子信标(molecular beacon,MB)是一种特殊的荧光探针,想要发出荧光的话这种探针只有与靶 DNA 结合后才可以做到。分子信标包括三个部分:第一部分:环状区为一15～30 nt 的序列,可特异结合靶序列;第二部分:茎干区环状区两侧的互补序列形成的 5～8 bp 的双螺旋区;第三部分:荧光基团和猝灭基团常连接于 MB 的 3′-端,而荧光基团连接于 5′-端。自由状态时,分子信标为一茎环结构,荧光基团与猝灭基团相互靠近,荧光几乎完全猝灭。加入靶序列后分子信标可与完全互补的靶序列形成更加稳定的异源双链杂交体,使得荧光基团与猝灭基团之间的空间距离增大,荧光恢复,具体如图 17-5 所示。分子信标操作简单,敏感性和特异性高,甚至可用于单个碱基突变的检测。

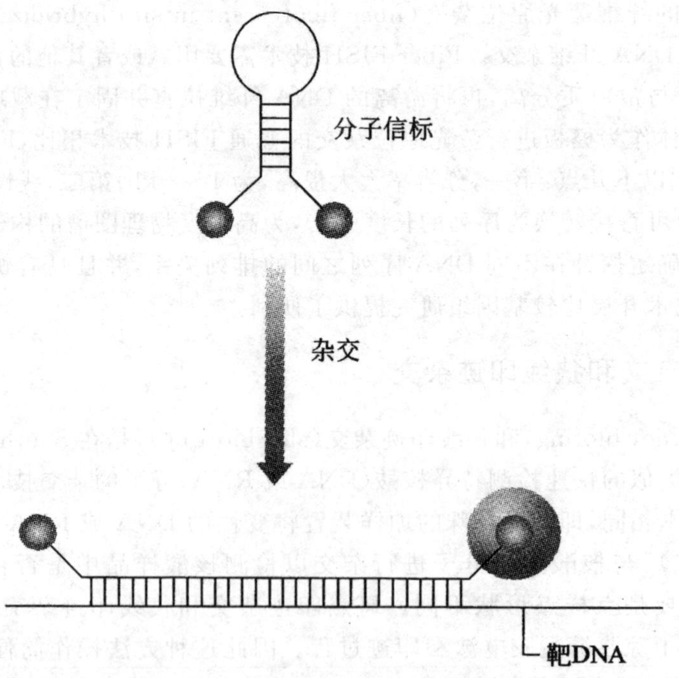

图 17-5　分子信标与靶 DNA 杂交后,茎环被破坏,探针发出荧光

17.1.2　蛋白质印迹技术

蛋白质印迹法又称免疫印迹法(immunoblotting)，其分析的样品是蛋白质。蛋白质印迹法包括以下两种方法：

一种为 Western blotting，是将 SDS-聚丙烯酰胺凝胶电泳(SDS-PAGE)凝胶中的蛋白质转移到固相膜上进行免疫学分析，1979 年由瑞士米歇尔研究所的 Towbin 等发明。

另一种为 Eastem blotting，是将等电点聚焦电泳(IEF)凝胶中的蛋白质样品进行印迹分析，用于研究蛋白质的翻译后修饰，1982 年由美国宾夕法尼亚大学的 Reinhart 等发明。

除此之外，蛋白质印迹法也包括电泳、印迹和杂交等基本操作，但有以下不同：其一，只能用聚丙烯酰胺凝胶电泳分离样品；其二，只能用电转移法印迹；其三，“探针”是能与目的蛋白特异性结合的标记抗体。

蛋白质印迹法综合了聚丙烯酰胺凝胶电泳分辨率高和固相免疫分析特异性高、灵敏度高等优点，可以用于定性和半定量分析混合物中的蛋白质。

17.2　聚合酶链反应(PCR)技术的原理与应用

PCR 技术即聚合酶链反应技术，它是一种通过无细胞化学反应体系选择性扩增 DNA 的技术，可以将微量 DNA 样品在短时间内扩增几百万倍。

PCR 体系由 DNA 聚合酶、DNA 引物、dNTP、目的 DNA(待扩增 DNA 及其扩增产物)和含有 Mg^{2+} 的缓冲溶液等组成。PCR 与细胞内 DNA 半保留复制的化学本质一致，但更简便，只包括变性、退火、延伸三个基本步骤，这三个基本步骤构成 PCR 循环，每一循环合成的 DNA 都是下一循环的模板，因而每一循环都使目的 DNA 拷贝数翻番。若经过 30 次循环后理论上可以使目的 DNA 扩增 2^{30} 倍，约为 10^9 倍，实际上可以扩增 10^6～10^7 倍。

17.2.1　PCR 技术的基本原理

PCR 是一种通过无细胞化学反应体系选择性扩增 DNA 的技术，待扩增 DNA 及其扩增产物称为目的 DNA。PCR 与细胞内 DNA 半保留复制的化学本质一致，但更简便，只包括变性、退火、延伸三个基本步骤，如图 17-6 所示。

1. 变性

细胞内 DNA 半保留复制过程中的解链是由一组解旋酶类作用的结果，但是依据 DNA 高温变性的原理实现了 PCR 过程中的解链，将反应体系温度上升 94～98℃，使双链目的 DNA 解离成单链，以便作为模板与引物结合。

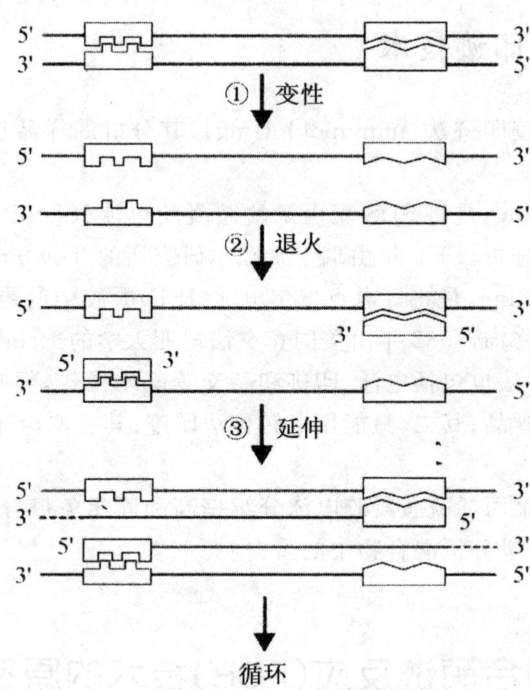

图 17-6 聚合酶链反应

2. 退火

如果适当降低温度，序列互补的单链 DNA 可以结合形成双链结构，PCR 技术中的这一步骤称为退火。在半保留复制过程中，由引物酶催化合成的 RNA 片段就是与 DNA 模板结合的引物；而在 PCR 过程中，与目的 DNA 模板结合的引物是人工合成的 DNA 片段。当反应体系温度降至 50～65℃时，引物与目的 DNA 模板的 3′端序列结合。因为引物本身短而不易缠绕，并且引物量远多于模板量，所以目的 DNA 模板与引物的退火（杂交）大大超过目的 DNA 模板之间的退火（复性）。因此，通过控制退火条件，引物可以与目的 DNA 模板准确结合，为下一步延伸做好准备。

3. 延伸

将反应体系温度升至 70℃～75℃，DNA 聚合酶遵循碱基配对原则在引物 3′端以 5′→3′方向催化合成目的 DNA 模板新的互补链。

以上变性、退火、延伸三个基本步骤构成 PCR 循环，每一循环的产物都是下一循环的模板，这样每循环一次目的 DNA 的拷贝数就增加 1 倍。整个 PCR 过程一般需要循环 30 次，理论上能将目的 DNA 扩增 2^{30}（$\approx 10^9$）倍，但 PCR 的扩增效率平均约为 75%，循环 n 次之后的扩增倍数约为 $(1+75\%)^n$。PCR 循环一次需要 2～3 分钟，不到 2 天将目的 DNA 扩增几百万倍的工作即可完成。

图 17-7 是 PCR 产物示意图，从图中可以看出：如果考虑一个初始 DNA 分子的 PCR 产物，在第一循环得到两条长链 DNA，其两股新生链的 5′端是确定的，3′端是不确定的；在第二循环得

到四条长链 DNA，有两股新生短链 DNA 就是要扩增的目的 DNA 序列，另外两股新生链 3′端依然是不确定的；在第三循环得到八条 DNA，有两条短链 DNA 是最终要得到的目的 DNA 双链。

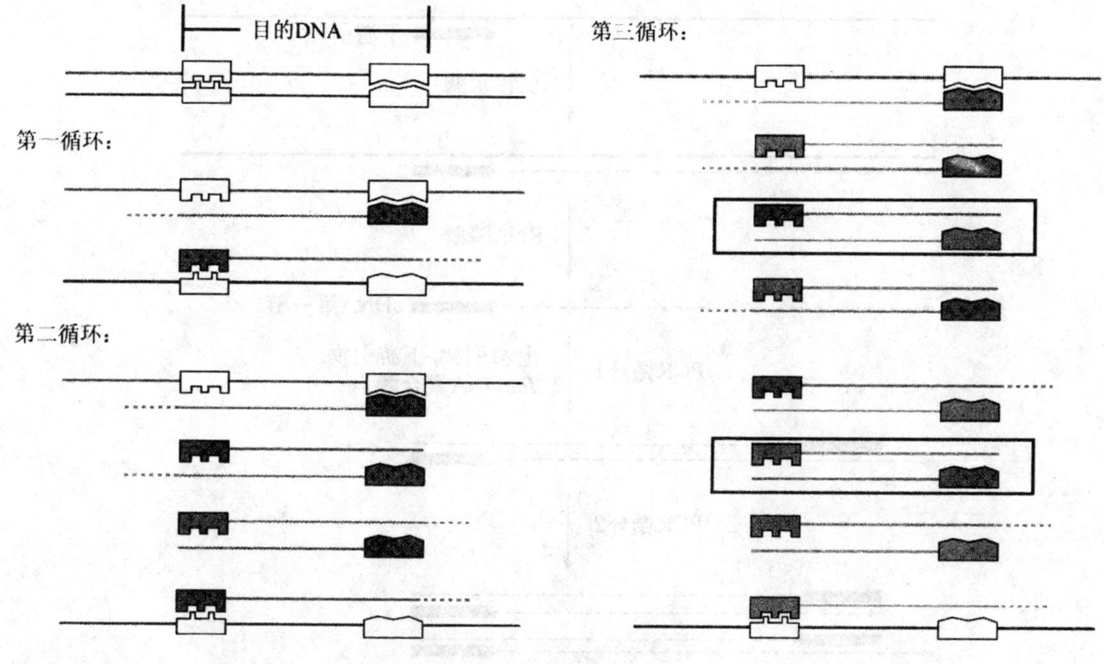

图 17-7　PCR 产物

从理论上讲，随着循环次数的增加，长链 DNA 双链以 2n 倍数扩增，而短链目的 DNA 双链以(2^n-2n)倍数扩增。因此，循环 30 次之后得到的几乎都是短链目的 DNA，而长链 DNA 只有 60 条，这样的结构用电泳法分析 PCR 产物时根本不会检出。

17.2.2　PCR 衍生技术

1. 逆转录 PCR(reverse transcriptase PCR，RT-PCR)

RT-PCR 技术是一种从 RNA 扩增 cDNA 拷贝的方法。反转录 PC 是指首先将 mRNA 反转录成 cDNA，再利用特异性引物以 cDNA 为模板进行 PCR 扩增反应(图 17-8)。反转录的模板可以是细胞的总 RNA 或者总 mRNA，反转录产生的单链 cDNA 可以直接作为 PCR 的模板，而不必合成双链 cDNA。RT-PCR 的具体操作通常可以分为一步法和两步法，一步法是指反转录和 PCR 在同一反应体系中完成；两步法是指在反转录完成之后，取出少量产物作为下一步 PCR 反应的模板。RT-PCR 为分离基因的 eDNA 序列提供了一种通用、快速的实验手段。

2. 实时定量 PCR

实时定量 PGR(Q-PCR)是一种实时检测 PCR 进程的方法，即在 PCR 体系中加入一种荧光探针，随着 PCR 的进行产生荧光信号，信号强度与 PCR 产物水平成正比，所以可以利用对荧光信号的实时检测来跟踪 PCR 进程，最后通过标准曲线定量实现对起始模板水平的分析。

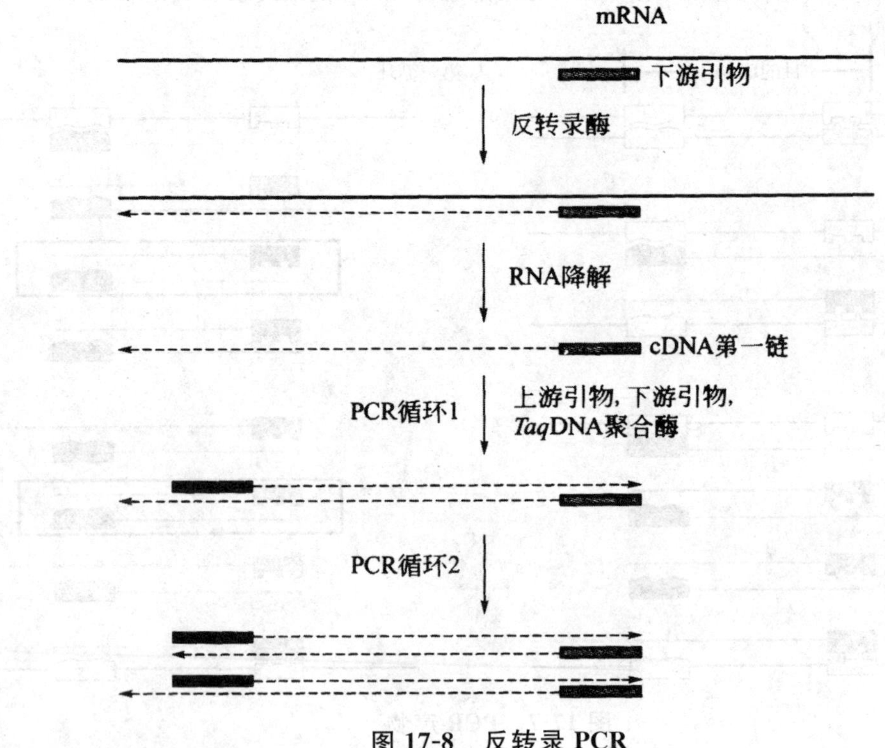

图 17-8　反转录 PCR

(1)实时定量 PCR 探针

在 PCR 反应体系中加入一种特异性荧光探针(50～150 nt)可以说是实时定量 PCR 的关键，该探针的 5′端标记有一个荧光报告基团(fluorophore，R，例如 6-FAM，$\lambda_{ex}=490$ nm，$\lambda_{em}=530$ nm)，3′端标记有一个荧光淬灭基团(quellcher，Q，例如 TAMRA)。探针完整时，报告基团发射的荧光信号被淬灭基团吸收。PCR 扩增时，DNA 聚合酶的 5′→3′外切酶潘性将探针降解，报告基团和淬灭基团分离，报告基团发射荧光，每扩增一条 DNA 链就释放一个发射荧光的报告基团，荧光信号累积与 PCR 产物合成的同步化也就得以实现，如图 17-9 所示。

在实时定量 PCR 中，荧光探针也可以用溴化乙啶(EB)或荧光染料 SG：①溴化乙啶不灵敏，并且与单链 DNA 也有结合，仅用于半定量；②荧光染料 SG 灵敏，并且只与双链 DNA 结合，但没有特异性。

(2)实时定量 PCR 特点

充分利用 PCR 的高效性、核酸分子杂交的特异性、荧光技术的高灵敏度和可计量性、Taq DNA 聚合酶的外切酶活性。在封闭条件下，实时定量 PCR 能够有效检测扩增产物，没有污染，灵敏度高，特异性高，自动化程度高，能实现多重反应。

(3)实时定量 PCR 应用

与逆转录联合可以定量分析 mRNA 以研究基因表达，从而应用于基础研究(等位基因、细胞分化、药物作用、环境影响)与临床诊断(肿瘤、遗传病、病原体)。

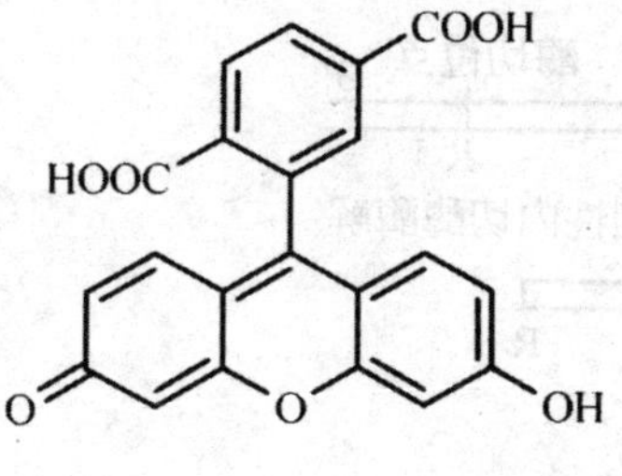

6-FAM

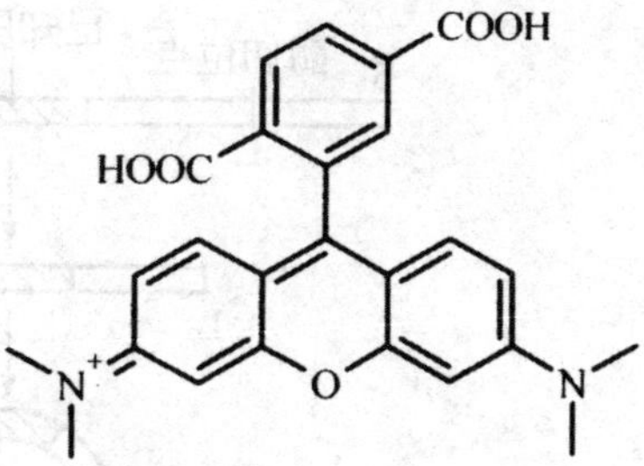

TAMRA

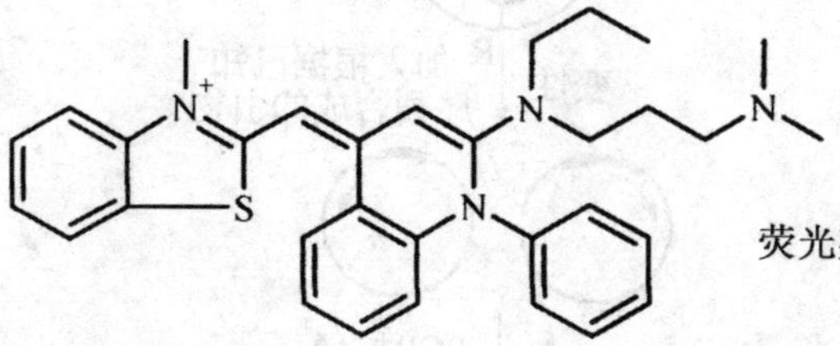

荧光染料 SG

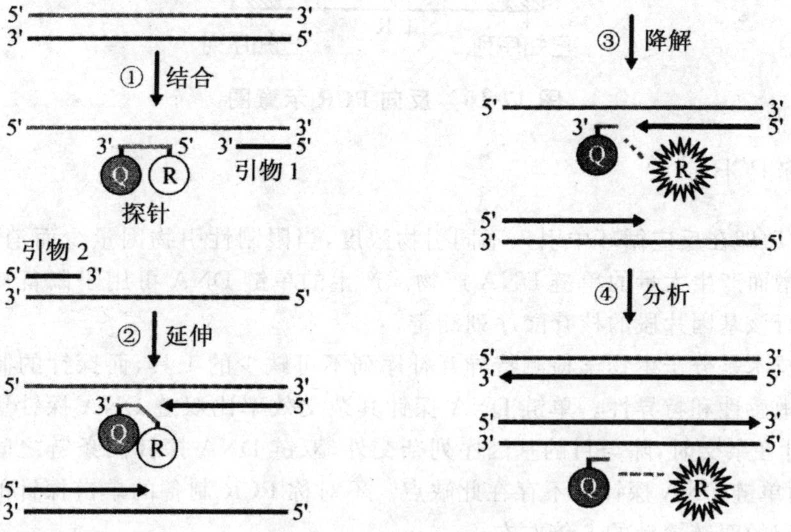

图 17-9　实时定量 PCR

3. 反向 PCR

在获知一段 DNA 序列的基础上，进一步得到其两侧未知的 DNA 序列的一种有效手段为反向 PCR。其基本操作程序如下：先用一种在已知序列上没有切点的限制性核酸内切酶消化大分子量的 DNA，最好使带有已知 DNA 区段的消化片段大小在 2～3 kb 范围内；再将这些片段通过连接酶形成分子内连接的环状 DNA 分子；根据已知 DNA 序列设计一对向外延伸的引物，PCR 扩增的产物即是位于已知 DNA 区段两侧的未知的 DNA 序列，其长度取决于切割位点与已知 DNA 区段的距离；重复进行反向 PCR 便可实现染色体步移(图 17-10)。

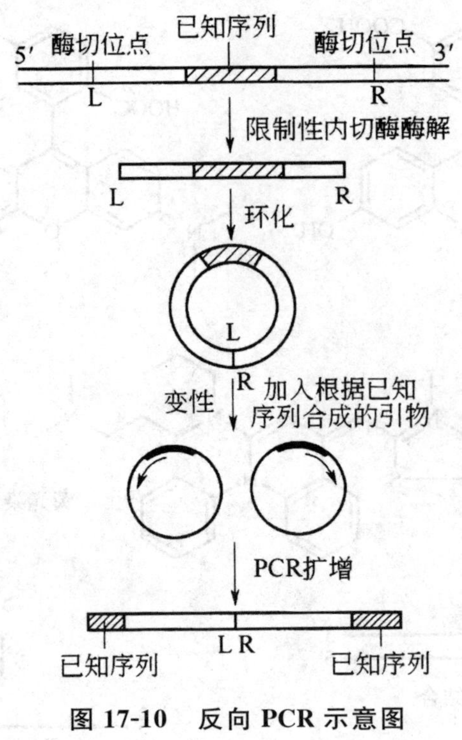

图 17-10 反向 PCR 示意图

4. 不对称 PCR

不对称 PCR 即在反应循环中引入不同引物浓度，当限制性引物因量少而消耗完后，非限制性引物继续扩增而产生大量的单链 DNA 产物。产生的单链 DNA 可用于制备特定基因的核酸探针及直接进行该基因片段的核苷酸序列测定。

核酸杂交技术是分子生物学检测特异互补序列不可缺少的工具，而探针的制备和标记将直接影响检测的敏感性和特异性。单链 DNA 探针其杂交效率比双链 DNA 探针更高。其原因是双链 DNA 探针在杂交时，除与目的基因序列杂交外，双链 DNA 探针两条链之间还会形成自身的无效杂交，而单链 DNA 探针则不存在此缺点。不对称 PCR 制备的单链探针的敏感性至少是随机引物法标记的双链探针的 8 倍左右。

5. 修饰引物 PCR

对特定 DNA 序列进行定向克隆、定点诱变、体外转录等研究时，需要其末端带有限制位点、突变序列、启动子等 DNA 元件，为此可以在 PCR 引物的 5′端加接这些元件进行扩增，这就是修饰引物 PGR。例如，在引物 5′端加接限制位点，扩增产物的切割可以用限制酶来实现，形成黏端，从而与有互补黏端的载体 DNA 重组，这就是克隆 PCR。克隆 PCR 效率较高，并且如果给两个引物加接不同的限制位点，可以进行定向克隆，如图 17-11 所示。

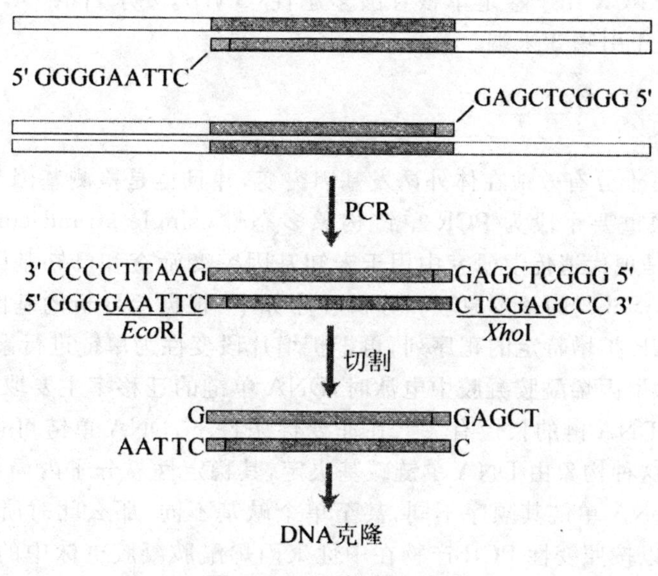

图 17-11　克隆 PCR

6. 等位基因特异性 PCR

等位基因特异性 PCR(AS-PCR)用于检测点突变。原理:同时设计一个正常引物对和一个突变引物对,两个引物对的下游引物完全一样,上游引物几乎完全一样,只是 3′末端的碱基存在一定的差异。针对目的 DNA 分别建立两个 PCR 体系,各加入一个引物对,进行扩增,通过控制扩增条件,使错配引物不能扩增,则只有一个体系得以扩增,这样一来,目的 DNA 是否存在点突变就得以确定,如图 17-12、表 17-1 所示。

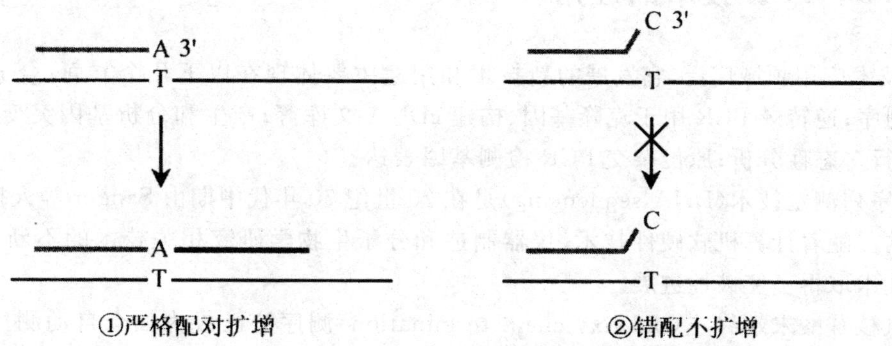

图 17-12　等位基因特异性 PCR

表 17-1　AS-PCR 结果分析

基因	正常引物对	突变引物对
野生型基因	+	−
点突变基因	−	+

等位基因特异性 PCR 用于鉴定单核苷酸多态性(SNP),要求目的 DNA 序列已知,单核苷酸多态性明确并且位于引物 3′末端。

7. PCR-SSCP

PCR 技术不仅可十分有效地在体外诱发基因突变,并且也是检测基因突变的灵敏手段。基因突变分析中的一项重要手段为 PCR-单链构象多态性(single strand conformation polymorphism,SSCP)技术,是现代遗传学研究中用于未知基因突变筛查和已知基因突变检测的一种非常有用的工具。PCR-SSCP 的基本原理和分析程序如下:根据要分析的基因核苷酸序列设计合成合适的引物,用 PCR 扩增特定的靶序列,再把扩增片段变性为单链进行聚丙烯酰胺凝胶电泳。在不含变性剂的中性聚丙烯酰胺凝胶中电泳时,DNA 单链的迁移率主要取决于 DNA 单链所形成的构象,另外还与 DNA 链的长短有关。在非变性条件下,DNA 单链可自身折叠形成具有一定空间结构的构象,这种构象由 DNA 单链碱基决定,其稳定性靠分子内局部顺序的相互作用来维持。相同长度的 DNA 单链其顺序不同,甚至单个碱基不同,那么此时所形成的构象不同,电泳迁移率也不同,所以按照变性 PCR 产物在中性聚丙烯酰胺凝胶电泳中的泳动位置差异,就可将小至单个碱基改变的 DNA 与正常 DNA 序列区别开来。

PCR-SSCP 分析技术可研究基因的外显子和 cDNA 中小至单个碱基的变异。研究人员采用 PCR-SSCP 方法对癌组织和癌旁正常组织进行 p53 蛋白以及 p53 基因第 5、第 8 外显子突变的检测,比较各组蛋白表达和基因突变的不同。另外,对环境因子诱导的 DNA 损伤的检测,PCR-SSCP 分析技术显示了其独特的优越性。

随着研究的深入,通过改进单链的生成率、荧光标记引物、变换多种电泳条件及与其他方法结合使用等,PCR-SSCP 技术更可有效地提高对突变的分析效率。

17.2.3 PCR 技术的应用

PCR 技术应用领域广泛,它发展的新技术和用途主要体现在以下几个方面:合成特异的探针;DNA 测序;逆转录 PCR 用于克隆基因、构建 cDNA 文库等;产生和分析基因突变;基因组序列比较,进行多态性分析;原位杂交 PCR 检测基因表达。

DNA 序列测定技术(DNA sequencing)是在 20 世纪 70 年代中期由 Sanger 等人提出并逐渐完善起来的。随着计算机软硬件技术、仪器制造和分子生物学研究相关技术的不断发展,DNA 自动测序技术取得了突破性进展。

双脱氧核苷酸末端终止(dideoxy chain termination)测序法已成为如今自动测序的最佳选择方案。在 DNA 聚合酶作用下进行引物延伸反应,这点体现了该技术的独特性;双脱氧核糖核苷三磷酸(ddNTP)作为链终止剂,采用聚丙烯酰胺区分长度仅差一个碱基的单链 DNA,在操作程序上只是把 DNA 片段或 ddNTP 以荧光标记而替代了手工测序的同位素标记。大肠杆菌 DNA 聚合酶、DNA 模板、引物和四种 2′-脱氧核糖核苷三磷酸(dNTP)是完成 DNA 复制所需要的。在这一反应过程中,引物在 DNA 聚合酶的作用下,依照碱基配对的原则,分别将四种 dNTP 底物加入到引物的 3′-羟基,与 DNA 链的 5′-磷酸基团形成磷酸二酯键。如果在这一反应体系中掺入标记有荧光素的 2′,3′-双脱氧核糖核苷酸底物(2′,3′-ddNTP),由于这种 2′,3′-ddNTP 在脱氧核糖的 3′位置上缺少一个羟基,虽然可以在 DNA 聚合酶的作用下通过其 5′-磷酸基团掺入到正在延伸的DNA链中。但由于没有3′-羟基，它们就无法同后续的dNTP形成磷酸二酯键，使得正在增长的DNA链就此终止。由于产生这样一种ddNTP与dNTP的竞争，所以反应产物是一系列长度不同的、以ddA为结尾的一组片段。同理，以G、T或C为结尾的片段也可以顺利得到。电泳之后，经激光扫描仪在扫描这些条带的同时激发各条带发出荧光，检测仪同时记录下各条带荧光的不同颜色，根据每个荧光峰代表一个条带就可以直接“读出”碱基顺序，具体如图17-13所示。

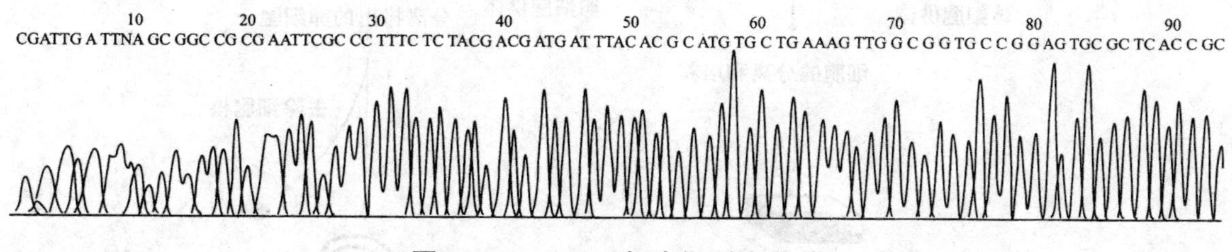

图 17-13　DNA 自动化测定结果

17.3　基因转移和基因剔除技术

基因转移和基因剔除技术是在基因同源重组技术和胚胎干细胞(embryonic stem cell，ESC)技术的基础上建立起来的新型分子生物学技术。ES细胞分离和体外培养的成功及哺乳动物细胞中同源重组的存在奠定了基因剔除的技术基础和理论基础。基因转移和基因剔除已成为当前医学和生物学研究的最热点与最前沿，并已对生物学和医学的许多研究领域产生了深刻的影响。

17.3.1　核转移技术

核转移技术(nuclear transfer)也称为体细胞克隆技术，是用显微操作、电融合等方法将动物体细胞的细胞核全部导入另一个体的去除细胞核的卵细胞内，使之发育成为个体。1997年，英国罗斯林研究所的Wilmut等人利用绵羊乳腺细胞进行核转移试验，并成功地获得了世界上第一只体细胞克隆绵羊——多莉(Dolly)，成为生命科学发展中的重要事件。其基本过程如图17-14所示。核转移技术可以使一个细胞变成一个个体，这样产生的个体所携带的遗传物质与细胞核供体的遗传物质完全一样，是一种无性繁殖的过程，故称为克隆(clone)。通过核转移技术可以产生很多个遗传相同的个体。

17.3.2　基因剔除技术

基因剔除(gene knockout)又称基因打靶(gene targeting)，是一种通过分子生物学的方法定向地敲除动物体细胞内的某个基因的技术，目前主要在小鼠胚胎干细胞(ES细胞)中进行。

基因剔除的基本原理是：通过DNA定点同源重组，使ES细胞特定的内源基因被破坏而造成其功能丧失。这种基因剔除技术可以在细胞水平进行，从而建立基因剔除细胞系，也可以用显微注射的方法将 ES 细胞移入小鼠囊胚中，再移植到假孕母鼠内使其发育成为嵌合体小鼠，经过适当的交配，获得基因剔除小鼠。

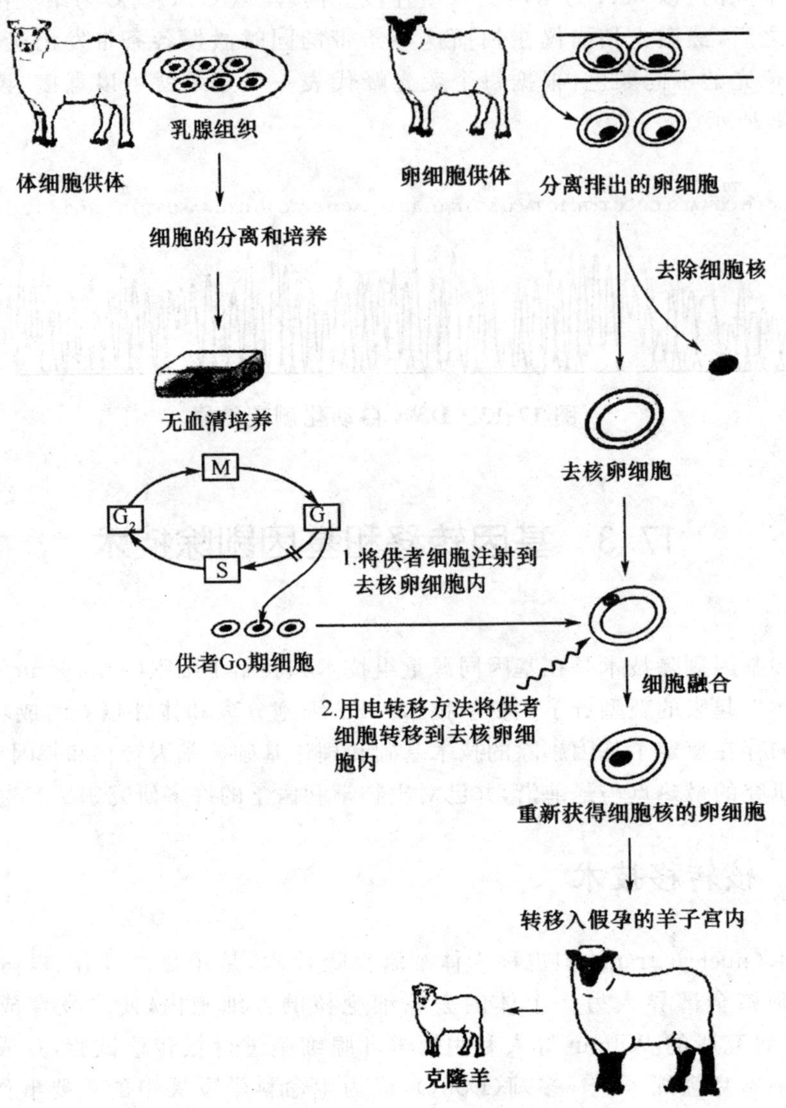

图 17-14 核转移技术的基本原理

基因剔除的基本过程包括：

①应用同源基因 DNA 片段构建含有失活的目的基因的载体；

②用显微注射法将含有失活目的基因的载体导入 ES 细胞，在细胞核内与 ES 细胞染色体的相应基因发生同源重组，替代 ES 细胞中原有的正常基因，从而得到基因剔除（含有失活基因）的 ES 细胞；

③将 ES 细胞注射入小鼠的囊胚中，使其与囊胚中的细胞共同组成囊胚内的细胞团；

④将含有基因剔除 ES 细胞的囊胚移植到假孕小鼠的子宫中，使之发育成一种既含基因剔除细胞又含正常细胞的嵌合体小鼠；

⑤将嵌合体小鼠与正常小鼠交配，最终筛选出基因剔除的纯合子小鼠。

基因剔除技术自出现以来，从载体构建、细胞的筛选到动物模型的建立各方面均得到了飞速发展，各种方法也层出不穷，近年来发展起来的 Cre-LoxP 系统、Flp-FRT 系统、转座子系统和基因捕获技术是比较成熟的基因剔除技术。其中 Cre-LoxP 系统能够有效地控制靶细胞的发育阶段和组织类型，实现特定基因在特定时间和(或)空间的功能研究；转座子系统具有高通量(可以同时进行多基因功能研究)、易于操作和所需时间短的特点；基因捕获技术能够高效获得基因剔除小鼠，有利于进行小鼠基因组文库的研究。此外，还有进退策略法、双置换法、标记和交换法、重组酶介导的盒子交换法等基因剔除技术均在不同程度上补充和完善了基因剔除技术。

基因剔除技术的诞生是分子生物学技术上继转基因技术后的又一革命。尤其是条件性、诱导性基因打靶系统的建立，使得对基因靶位时间和空间上的操作更加明确，效果也更加精确和可靠，它的发展将为发育生物学、分子遗传学、免疫学及医学等学科提供一个全新的、强有力的研究和治疗手段，具有广泛的应用前景。

通过基因剔除技术可以定点地引入优良基因，提高外源基因的稳定性和表达效率，从而改变动植物的遗传特性，提高动植物的生产性能，增强其抗病力，最终育成满足人们需要的高产、抗病、优质新品种。

随着分子生物学的发展，多种基因载体的构建方法的发展使基因剔除技术得到了快速发展，如将传统载体上的抗性标记基因用荧光基因替代，并结合单细胞的分离技术大大缩短了靶细胞的筛选时间，加快基因剔除的进程。

17.3.3 基因转移和基因剔除技术的应用

基因转移技术和基因剔除技术是研究基因功能的生物技术，目前已经在医学领域得到了广泛应用。

1. 建立疾病动物模型

人类的遗传病及许多复杂性状疾病(糖尿病、心血管疾病、肿瘤、神经系统疾病等)与体内遗传物质的结构发生改变密切相关。通过转基因技术和基因剔除技术建立人类疾病的各种动物模型，可以在整体水平研究基因在动物中的表达调控规律及其产物与疾病发生的关系。

目前已建立的动物疾病模型包括地中海贫血、动脉硬化症、阿尔茨海默病(AD)、帕金森病(PD)、糖尿病(DM)等。此外，转基因或基因剔除动物还常用作药效评价、药物筛选的动物模型，为寻找新的治疗药物提供一种有效评价和筛选手段。

2. 生物制药

转基因动物的一个非常重要的用途是作为医用或食用蛋白的生物反应器，用于生物制药，生产出具有医药价值的多肽或蛋白质、抗体、疫苗等。通过使目的蛋白在特定的组织中表达，可以获得目的蛋白。

3. 生产人体器官

用细胞核移植技术可获得具有增殖分化潜能干细胞，诱导分化为特定的细胞、组织或器官后，再移植到病人体内治疗疾病，称为治疗性克隆。此外，通过转基因动物还可以改造异种来源器官的遗传性状，使之能适用于人体器官的移植，生产人体器官移植时所需的器官。但是目前这些还存在伦理、法律、安全性等问题。

17.4 RNA 干扰技术

RNA 干扰是指由双链 RNA 诱导的同源 mRNA 降解，导致该基因表达沉默的过程。RNAi 现象广泛地存在于植物、线虫、果蝇和脊椎动物，甚至所有的生物中，是生物在进化过程中发展起来的一种古老的抵抗外来基因侵入的防御方式。RNAi 现象的发现为人类研究基因功能，进行病毒感染性疾病和肿瘤的基因治疗提供了快速、可靠的技术方法。

17.4.1 RNAi 过程中的重要成员

1. 双链 RNA 或小分子干涉 RNA

RNAi 现象离不开双链 RNA(dsRNA)或小分子干扰 RNA(small interfering RNA，siRNA)。在正常情况下，细胞内不存在 dsRNA，病毒感染、转座子或转基因等都能使 dsRNA 进入细胞。进入细胞的 dsRNA 并不直接诱导 RNAi、而是先被 Dicer 酶降解成 21～23 nt 的 siRNA。正是这些 siRNA 分子直接诱导 RNAi 的产生。

2. Dicer 酶

Dicer 酶是核糖核酸酶(RNase)Ⅲ类的 ATP 依赖性核酸内切酶。它有一个解旋酶结构域，一个 PAZ 结构域(PAZ 为 Piwi Augonaute、Zwill/pichead 蛋白的缩写，Augonaute 2 是 RISC 的主要成分)，两个 RNase 催化域和两个双链 RNA(dsRNA)结合结构域。Dicer 在 RNAi 中的作用是将 dsRNA 降解成 21～23 nt 的干扰小 RNA(siRNA)。双链 RNA 是 Dicer 酶的激活剂。

3. 依赖 RNA 的 RNA 聚合酶

依赖 RNA 的 RNA 聚合酶(RNA-dependent RNA polymerase，RDRP)以 siRNA 为引物，以信使 RNA(mRNA)或病毒单链 RNA 为模板，合成 dsRNA。

4. RNA 诱导的沉默复合物

RNA 诱导的沉默复合物(RNA-induced silencing complex，RISC)由 siRNA 和多种蛋白质组成，具有核酸内切酶、核酸外切酶和解旋酶的活性，是介导 mRNA 序列特异性裂解的复合酶。其中的 siRNA 通过碱基配对与 mRNA 中的同源序列结合，引导 RISC 在结合部位降解 mRNA。

17.4.2　RNAi 的发生机制

外源 dsRNA 进入细胞后，被 Dicer 酶切割成 21～23 nt 的 siRNA。这些 siRNA 一部分直接和蛋白质等结合，形成 RISC。RISC 中的解旋酶将 siRNA 解旋成单链，其中的反义 siRNA 链通过碱基互补与 mRNA 形成局部双链，引导 RISC 中的核酸内切酶在结合位点切断 mRNA，核酸外切酶继续降解被切断的 mRNA，破坏掉 mRNA 的模板作用，使基因表达沉默（图 17-15）。另一部分 siRNA 作为引物，以 mRNA 或病毒单链 RNA 作为模板，在 RDRP 催化下合成新的 dsRNA。这些新合成的 dsRNA 在 Dicer 的作用下被切割成更多的 siRNA，从而形成更多的 RISC，更有效地降解靶 mRNA。由 RDRP 介导的这种放大机制赋予了 RNAi 高效性和持续性。

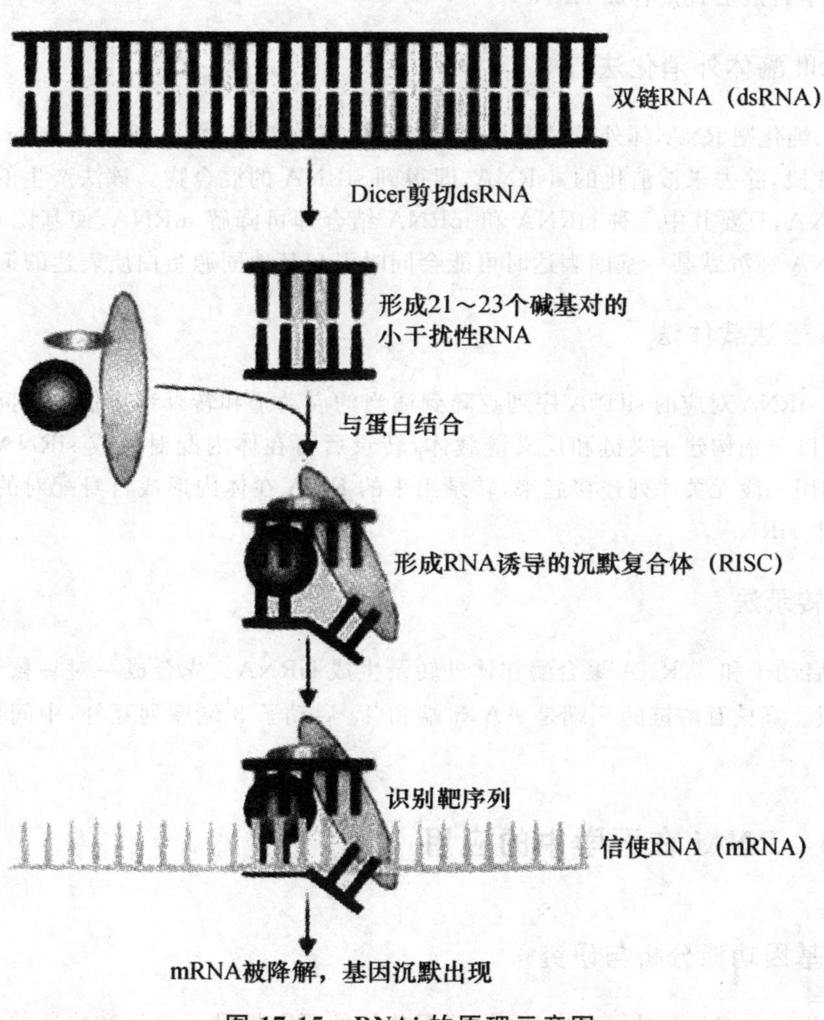

图 17-15　RNAi 的原理示意图

17.4.3 干扰小RNA(siRNA)的制备方法

RNA干扰(RNAi)技术的主要程序包括目标RNA的确定、干涉靶点的选择、siRNA的制备、siRNA导入细胞等。siRNA是直接启动RNAi的结构单元,用siRNA产生RNAi能够避免dsRNA激活蛋白激酶诱发对蛋白质合成的非特异性抑制。这一特点对用RNAi进行基因治疗尤为重要,为避免抑制不相关基因表达奠定了基础。

常用的siRNA的制备方法包括:

1. 化学合成法

化学合成的siRNA质量可靠,纯度高,可进行各种修饰,但费用较高。在siRNA结合靶点确定后可用化学合成法直接合成siRNA。

2. RNaseIII酶体外消化法

首先选择、纯化靶RNA,体外转录成dsRNA。用大肠埃希菌RNaseⅢ或人Dicer消化dsRNA,产生siRNA片段,除去未被消化的dsRNA,即得到siRNA的混合物。该法产生的siRNA能覆盖整个靶mRNA,只要其中一种siRNA和mRNA结合即可降解mRNA,使基因表达沉默。这样获得的siRNA在沉默某一基因表达时可能会同时引起其他同源蛋白质表达的抑制。

3. siRNA表达载体法

该法是将siRNA对应的siDNA序列克隆到适当的启动子和转录终止信号之间,构建siRNA表达载体。可以分别构建正义链和反义链载体,转录后再在体内配对形成siRNA;也可以将正义链和反义链用一段无关序列连接起来,转录出来的RNA在体内形成自身配对的发卡结构,经Dicer酶切产生siRNA。

4. 体外转录法

利用T_7启动子和T_7RNA聚合酶在体外转录生成siRNA。先合成一对寡核苷酸作为生成siRNA的模板。寡核苷酸链的5′端是AA,3′端和T_7启动子3′端序列互补,中间部分是正义链或反义链。

17.4.4 RNAi在医学中的应用

1. 用于基因功能分析与研究

RNAi作为反向遗传学的一种方法,为基因功能的研究提供了可靠和快速的应用平台。传统的转基因和基因剔除技术因需建立动物模型,过程烦琐,实验周期长,要求的技术条件苛刻,不易为一般实验室所掌握。RNAi在细胞内沉默基因,以其快速、可靠、经济的特点在基因结构研究中显示出优越性。利用脂质体和质粒将相关的 siRNA 转染到线虫、果蝇、真菌和植物细胞内，得到了与基因剔除法相一致的结果。

2. 用于肿瘤的治疗

肿瘤是多个基因结构突变和(或)表达异常及其互相作用的结果，反义 RNA 技术只封闭单一的基因表达，不易完全抑制和逆转肿瘤的生长。选择癌基因同源序列的保守区段作为结合靶点设计 siRNA，可同时抑制多种癌基因的表达，提高基因治疗的作用。

3. 用于病毒性疾病的治疗

病毒基因与人类基因缺少同源性。利用 RNAi 沉默病毒基因，不会对人类基因的表达产生影响，因而没有毒副作用。用 siRNA 抑制人类免疫缺陷病毒(HIV)某些基因的表达，可阻碍 HIV 在细胞内的复制；用 siRNA 抑制 HIV 受体或辅助受体的表达，可阻碍 HIV 感染细胞。siRNA 抑制乙型肝炎病毒、脊髓灰质炎病毒、人乳头瘤病毒等基因表达也已见报道。

17.5　生物芯片技术

生物芯片技术是近年出现的一种分子生物学与微电子技术相结合的最新 DNA 分析检测技术。生物芯片也称为生物微阵列，是指通过微电子、微加工技术，用生物大分子(例如核酸、蛋白质)或细胞等在数平方厘米大小的固相介质表面构建的微型分析系统，用以对生物组分进行快速、高效、灵敏的分析与处理。该项技术是随着“人类基因组计划”的进展而发展起来的，具有深远的影响。

生物芯片包括基因芯片、蛋白质芯片、组织芯片、微流控芯片和芯片实验室等(图 17-16)，用以对基因、抗原或活细胞、组织等生物组分进行快速、高效、灵敏的分析与处理，具有高通量、微型化和集成化的特点。使用生物芯片可以同时检测样品中的多种成分，检测原理是利用分子之间相互作用的特异性(例如核酸分子杂交、抗原—抗体相互作用、蛋白质—蛋白质相互作用等)，将待测样品标记之后与生物芯片作用，样品中的标记分子就会与芯片上的相应探针结合。通过荧光扫描等并结合计算机分析处理，最终获得结合在探针上的特定大分子的信息。制备生物芯片常用硅芯片、玻璃片、聚丙烯膜和尼龙膜等固相支持物。

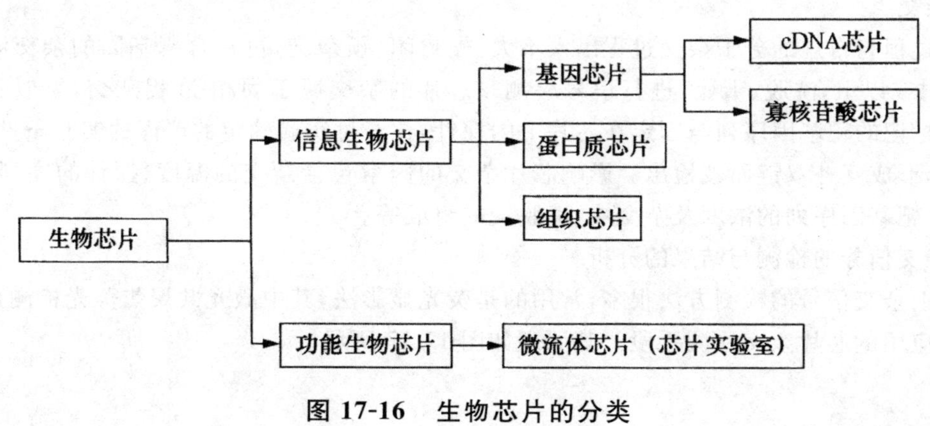

图 17-16　生物芯片的分类

生物芯片技术是一项重要的生物技术，在农业、医学、环境科学、生物、食品、军事等领域有着广泛的应用前景。

17.5.1 基因芯片

基因芯片(gene chip)又称为 DNA 芯片，它是最早开发的生物芯片。基因芯片还可称为 DNA 微阵列(DNA microarray)、寡核苷酸微阵列(oligonucleotide array)等，是专门用于检测核酸的生物芯片，也是目前运用最为广泛的微阵列芯片。

基因芯片技术是近年来发展和普及起来的一种以斑点杂交为基础建立的高通量基因检测技术。其基本原理是：先将数以万计的已知序列的 DNA 片段作为探针按照一定的阵列高密度集中在基片表面，这样阵列中的每个位点(cell)实际上代表了一种特定基因，然后与用荧光素标记的待测核酸进行杂交。用专门仪器检测芯片上的杂交信号，经过计算机对数据进行分析处理，获得待测核酸的各种信息，从而得到疾病诊断、药物筛选和基因功能研究等目的。

1. 基因芯片的制作

基因芯片技术的实验流程包括 4 个步骤：探针的设计、合成与芯片的制作；靶基因样品的制备；杂交；杂交信号的检测与结果的分析。

(1)探针的设计、合成和芯片的制作

①cDNA 微阵列。其原理是通过 PCR 扩增 cDNA 文库以获得基因片段，将基因片段点样、固定于芯片上，再与用不同荧光标记的对照样品 mRNA 反转录的 cDNA 片段同时杂交，对比不同标记杂交信号的变化，实现对基因表达水平的变化的有效检测。

②寡核苷酸微阵列。表达型芯片检测原理是针对基因的保守区段设计多对完全匹配的寡聚核苷酸探针(PM)和与之相应的中心单碱基错配的寡核苷酸探针(MM)，固定于芯片的相邻的位置上，与样品来源制备的标记靶序列杂交。

(2)靶基因样品的制备

运用常规手段从细胞和组织中提取模板分子，进行模板的扩增和标记。对细胞内 mRNA 表达水平的定量检测，其靶基因的制备一般采取 RT-PCR 方法。以寡聚 dT 作引物，加入标记的 dNTP 或在引物末端标记，进行扩增。

(3)杂交

杂交过程与常规的分子杂交过程出入不大，先封闭、预杂交，再在含靶基因的杂交液中杂交 3～24 小时或以上，洗脱、干燥，进行信号检测。芯片的杂交属于固相-液相杂交，类似于常规的膜杂交。标记的靶基因序列与固定在芯片上的探针，在经过实验确定的严谨的实验条件下，进行分子杂交，形成互补双链而被检出。影响芯片杂交的因素包括杂交的温度、探针的序列组成、探针的浓度、靶基因序列的浓度及杂交液、洗脱液的组成等。

(4)杂交信号的检测与结果的分析

芯片上杂交信号的检测方法很多，常用的是荧光显影法，其中激光共聚焦荧光检测系统是近年来广泛应用的芯片杂交检测手段。其原理如图 17-17 所示。

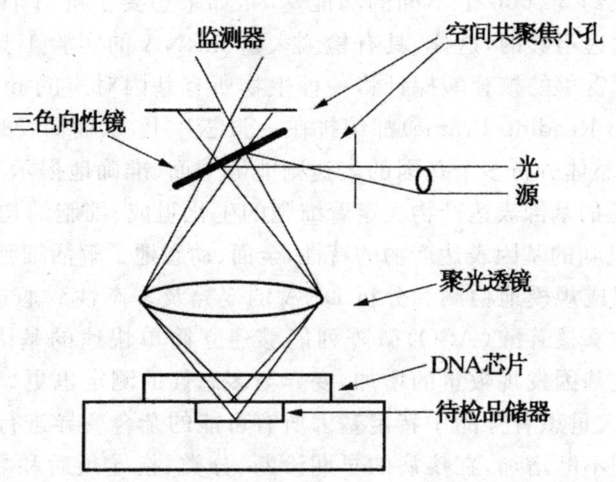

图 17-17　激光共聚焦荧光检测系统工作原理

2. 基因芯片的应用

基因芯片技术自诞生以来，在生物学和医学领域的应用日益广泛，已经成为一项现代化检测技术。该技术已在 DNA 测序、基因表达分析、基因组研究（包括杂交测序、基因组文库作图、基因表达谱测定、突变体和多态性的检测等）、基因诊断、药物筛选、卫生监督、法医学鉴定、食品与环境检测等方面得到广泛应用。

基因芯片的测序原理是 DNA 分子杂交测序方法，即基因芯片技术通过大量固化的探针与生物样品的靶序列进行分子杂交，产生杂交图谱，排列出靶 DNA 的序列，这种测序方法称为杂交测序（sequencing by hybridization，SBH）。其原理（图 17-18）是在基因芯片上固定了已知序列的八核苷酸探针，一个 12 nt 的靶序列 AGTACGCCTTGA 与芯片探针杂交后，通过确定荧光强度最强的探针位置，获得一组序列完全互补的探针序列。据此可重组出靶核酸的序列。

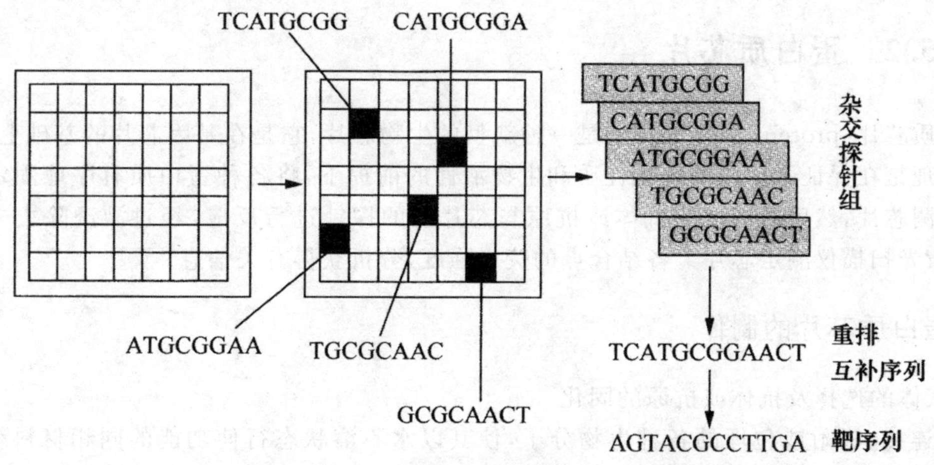

图 17-18　基因芯片测序原理示意图

人类基因组编码大约35 000个不同的功能基因,如果想要了解每个基因的功能,仅仅知道基因序列信息资料是远远不够的,这样,具有检测大量mRNA的实验工具就显得尤为重要。基因芯片能够依靠其高度密集的核苷酸探针将一种生物所有基因对应的mRNA或cDNA或者该生物的全部ORF(Open Reading Frame)都编排在一张芯片上,从而简便地检测出每个基因在不同环境下的转录水平。整体分析多个基因的表达则能够全面、准确地揭示基因产物和其转录模式之间的关系。同时,细胞的基因表达产物决定着细胞的生化组成、细胞的构造、调控系统及功能范围,基因芯片可以根据已知的基因表达产物的特性,全面、动态地了解活细胞在分子水平的活动。

基因芯片技术可以成规模地检测和分析DNA的变异及多态性。通过利用结合在玻璃支持物上的等位基因特异性寡核苷酸(ASO)微阵列能够建立简单快速的基因多态性分析方法。随着遗传病与癌症等相关基因发现数量的增加,变异与多态性的测定也更显重要了。DNA芯片技术可以快速、准确地对大量患者样品中特定基因所有可能的杂合变异进行研究。

基因芯片使用范围不断增加,在疾病的早期诊断、分类、指导预后和寻找致病基因上都有着广泛的应用价值。例如,它可以用于产前遗传病的检查、癌症的诊断、病原微生物感染的诊断等,可以用于有高血压、糖尿病等疾病家族史的高危人群的普查、接触毒化物质者的恶性肿瘤普查等,还可以应用于新的病原菌的鉴定、流行病学调查、微生物的衍化进程研究等方面。

药物筛选一般包括新化合物的筛选和药理机理的分析。利用传统的新药研发方式,需要对大量的候选化合物进行一一的药理学和动物学试验,这导致新药研发成本居高不下。而基因芯片技术的出现使得直接在基因水平上筛选新药和进行药理分析成为可能。基因芯片技术适合于复杂的疾病相关基因和药靶基因的分析,利用该技术可以实现一种药物对成千上万种基因的表达效应的综合分析,从而获取大量有用信息,大大缩短新药研发中的筛选试验,降低成本。它不但是化学药物筛选的一个重要技术平台,还可以应用于中药筛选。国际上很多跨国公司普遍采用基因芯片技术来筛选新药。

目前,基因芯片技术还处于发展阶段,其发展中存在着很多亟待解决的问题。相信随着这些问题的解决,基因芯片技术会日趋成熟,并必将为21世纪的疾病诊断和治疗、新药开发、分子生物学、食品卫生、环境检测等领域带来一场巨大的革命。

17.5.2 蛋白质芯片

蛋白质芯片(protein microarray)是一种新型的生物芯片,它是在基因芯片的基础上开发的,其基本原理是在保证蛋白质的理化性质和生物活性的前提下,将各种蛋白质有序地固定在基片上制成检测芯片,然后用标记的抗体或抗原与芯片上的探针进行反应,经过漂洗除去未结合成分,再用荧光扫描仪测定芯片上各结合点的荧光强度,分析获得有关信息。

1. 蛋白质芯片的制作

(1)载体的选择及抗体或抗原的固化

用于连接、吸附或包埋的各种生物分子,使其以水不溶状态行使功能的同相材料统称为载体。以下几个要求是制作蛋白芯片的载体材料必须满足的:

①载体表面必须有可以进行化学反应的活性基团,以便于蛋白分子进行偶联。

②载体应当是惰性的并且有足够的稳定性,包括物理、化学和机械的稳定性。

③使单位载体上结合的蛋白分子达到最佳容量。

④载体具有良好的生物兼容性。

目前适合于做蛋白芯片载体的材料包括玻璃片、硅片、金片、聚丙烯酰胺凝胶膜、尼龙膜等。理想的载体表面是渗透滤膜(如硝酸纤维素膜)或包被了不同试剂(如多聚赖氨酸)的载玻片。载体上的生物分子固定化方法主要有两种:化学性、生物性。化学性配基包括疏水基 III、阴离子、阳离子、金属离子、混合离子等;生物性配基包括受体、配体、酶、抗体、抗原等。配体、受体、底物、抗原、抗体结合蛋白是它们的检测对象。载体外形可制成各种不同的形状。待固定的生化分子(配基)可通过化学键直接固定(例如通过戊二醛固定在已活化的玻片表面),也可不直接通过化学键固定于载体上,而是先将能与之特异结合又不干扰其活性的分子偶联在载体上,再通过专一性、高亲和力作用间接固定配基。如第 2 抗体-第 1 抗体系统、蛋白 A-抗体系统、生物素亲和素系统等。

下面将根据不同的载体介绍蛋白固定化方法。

①玻璃片。玻璃片受到许多研究者的重视,载玻片来源方便、玻片廉价、处理简便而且具有足够的稳定性和惰性是它被重视的原因。因为尽管载玻片有吸附非特异性蛋白的性质,但通过几种预处理和使用阻断剂可以减少背景信号。因此在准备蛋白阵列的时候,表面化学是很关键的。载玻片表面羟基可以用 N,N-二乙氧基氨丙基三乙氧基硅烷作表面处理,然后能够偶联核酸、酶、抗体(抗原)、受体、多肽等各种生物分子。用巯基标记的生物分子可直接固定在玻璃表面。另一方面多数生物芯片需要采用发光的检测方法,而玻片适应这一要求。

②聚丙烯酰胺凝胶膜。利用聚丙烯酰胺凝胶能够吸附容纳 4 000 ku 大小的蛋白质分子,而且其吸附的蛋白能够保持原来的活性,通过光致聚合作用制备聚丙烯酰胺凝胶膜,然后用戊二醛等进行膜的活化。活化膜上的醛基和蛋白质中的氨基反应形成酰胺键,蛋白质的固定也就得以完成。但有反应速率较低和芯片准备步骤复杂等缺点。

③金膜。通过金表面分子自组装技术固定抗体。洁净的金膜用 N-乙酰半胱氨酸溶液进行自组装,形成自组膜后冲洗。然后用碳二亚胺盐酸盐(EDC)及 N-羟基磺基琥酰亚胺(NHS)活化自组膜上的羧基形成活泼酯。活泼酯与蛋白质反应形成酰胺键从而固定蛋白质。

(2)抗原或抗体的标记

①酶标记。常用的标记酶有辣根过氧化物酶(HRP)、碱性磷酸酶(AP)、葡萄糖-6-磷酸脱氢酶(G6PD)、β-D-半乳糖苷酶(β-Gal)等。其中 HRP 由于比活性高、价廉易得,因而是酶标记中最常用的酶。酶标记抗原(抗体)可通过直接法和交联法两种方法实现。直接法是用过碘酸钠使酶分子表面的多糖羟基氧化成醛基,醛基可以和抗体(抗原)中的游离氨基反应形成 Schiff 碱,然后用硼酸化钠终止反应,从而实现酶与抗原(抗体)的结合。这种方法仅适用于含糖基酶的标记物的制备。交联法是通过双功能交联剂将酶与抗原(抗体)连接在一起。根据交联剂上反应基团是否相同,可将交联剂分为两种:一类是同源双功能交联剂如戊二醛、苯二马来酰胺,另一类是异源双功能交联剂如羟琥珀酰亚胺酯。

②荧光物标记。荧光免疫分析中常用的荧光物质有异硫氰酸荧光素、丹磺酰氯、若丹明 β-异硫氰酯等。由于普通的荧光标记的缺点比较多,如荧光团的荧光寿命短,本底荧光干扰大,检测时不能将发射光中散射的激发光有效地去掉,而时间分辨荧光免疫分析(TRFIA)技术以镧系元素为标记物,利用波长和时间两种分辨方法,普通荧光标记的不足得以有效克服,使得分析的灵敏度得以提高。目前在蛋白质芯片的检测中常用的荧光标记物是 Cy3 及 Cy5 两种物质。

③化学发光物质标记。常用的化学发光物有吖啶酯，吖啶酯可共价结合于抗原(抗体)上，标记好的抗原(抗体)与对应物结合后，起动发光试剂($NaOH+H_2O_2$)与吖啶酯作用从而产生可检测的光信号。

(3)封闭

含小牛血清白蛋白(BSA)的缓冲液通常被选为封闭液，其目的不仅是封闭芯片上未结合配基的醛基，同时也在芯片表面形成一层BSA的分子层，减少了以后步骤中其他蛋白的非特异性结合。

(4)探针蛋白的制备

对以阵列为基础的蛋白芯片来说，所应用的抗体或蛋白的收集是很关键的。蛋白芯片的探针，可根据研究目的不同，选用某些特定的抗原、抗体、酶和受体等。由于具有高度的特异性和亲和性，单克隆抗体是一种非常理想的探针蛋白。用其构筑的芯片可用于检测蛋白质的表达丰度及确定新的蛋白质。低密度蛋白质芯片的探针包括特定的抗原、抗体、酶、亲水或疏水蛋白、结合某些阳离子或阴离子的化学基团、受体和免疫复合物等具有生物活性的蛋白质。制备时常常采用直接点样法，这样一来蛋白质的空间结构改变就得到有效避免。保持它和样品的特异性结合能力。高密度蛋白质芯片一般为基于表达产物，如一个cDNA文库所产生的几乎所有蛋白质均排列在一个载体表面，其芯池数目高达1 600个/cm^2，呈微矩阵排列，点样时需用机械手进行，可同时检测数千个样品。

(5)抗原抗体的反应

蛋白芯片上的抗原抗体分子之间的反应是芯片检测的关键一步。通过优化合适的反应条件使生物分子间反应处于最佳状况中，可以减少生物分子之间的错配比率。

(6)蛋白质芯片的检测与分析

截至目前，对于吸附到蛋白质芯片表面的靶蛋白的检测主要有直接检测法和间接检测法。前者是以质谱技术为基础的，直接检测模式是将待测蛋白用荧光素或同位素标记，结合到芯片的蛋白质就会发出特定的信号，检测时用特殊的芯片扫描仪扫描和相应的计算机软件进行数据分析，或将芯片放射显影后再选用相应的软件进行数据分析。如使用表面增强激光解析离子化-飞行时间质谱技术，可以使吸附在芯片表面的靶蛋白离子化，在电场力的作用下飞行，通过检测离子的飞行时间计算出质量电荷比，用以分析蛋白质的分子量和相对含量。类似于ELISA方法就属于间接检测法，标记第二抗体分子，即蛋白质标记法，样品中的蛋白质预先用荧光物质或同位素等标记，结合到芯片上的蛋白质就会发出特定的信号，用CCD照相技术及激光扫描系统等对信号进行检测。以上两种检测模式均为基于阵列的芯片检测技术。该方法操作简单、成本低廉，在单一测量时间即可内完成多次重复性测量。还有原子力显微(AFM)技术、表面等离子共振(SRP)技术、多光子检测(MPD)技术、MALDI-TOF-MS技术等用于信号检测。常用的芯片信号检测是将芯片置入芯片扫描仪中，通过采集各反应点的荧光位置、荧光强弱，再经相关软件分析图像，即可以获得有关生物信息。

2. 蛋白质芯片的应用

蛋白质芯片技术是近年来出现的一种蛋白质的表达、结构和功能分析的技术，它比基因芯片更进一步接近生命活动的物质层面，有着比基因芯片更加直接的应用前景。蛋白质芯片技术可以用于研究生物分子相互作用，并且还广泛用于基础研究、临床诊断、靶点确证、新药开发等多个领域。

蛋白质芯片可以研究生物分子相互作用，例如，蛋白质—蛋白质相互作用、蛋白质—核酸相互作用、蛋白质—脂类相互作用、蛋白质—小分子相互作用、蛋白质—蛋白激酶相互作用、抗原—抗体相互作用、底物—酶相互作用、受体—配体相互作用等。

蛋白质芯片还广泛用于基础研究、临床诊断、靶点确证、新药开发，特别是检测基因表达。例如，可以用抗体芯片(antibody microarray)在蛋白质水平检测基因表达；可以用不同的荧光素标记实验组和对照组蛋白质样品，然后与抗体芯片杂交，检测荧光信号，分析哪些基因表达的蛋白质存在组织差异。检测基因表达可以用于研究功能基因组，寻找和识别疾病相关蛋白，从而发现新的药物靶点，建立新的诊断、评价和预后指标。

随着科学的不但发展，蛋白质芯片技术不仅能更加清晰地认识到基因组与人类健康错综复杂的关系，从而对疾病的早期诊断和疗效监测等起到强有力的推动作用，而且还会在环境保护、食品卫生、生物工程、工业制药等其他相关领域有更为广阔的应用前景。相信在不久的将来，这项技术的发展与广泛应用会对生物学领域和人们的健康生活生产产生重大影响。

17.5.3　组织芯片

组织芯片(tissue microarray)是近年来发展起来的以形态学为基础的分子生物学新技术。它是将数十到上千种微小组织切片整齐排列在一张基片上制成的高通量微阵列，可以进行荧光原位杂交(FISH)或免疫组化(immunohistochemistry)分析。传统的核酸原位杂交或免疫组化分析一次只能检测一种基因在一种组织中的表达，而组织芯片一次可以检测一种基因在多种组织中的表达。因此，组织芯片是传统的核酸原位杂交或免疫组化分析的集成。

1. 组织芯片的制作

组织芯片与基因芯片、蛋白质芯片在芯片制备、样本处理及检测等方面有很多不同。

(1)组织芯片制作

要用组织芯片制备仪。组织芯片制备仪通常由样本架、打孔采样装置、定位装置等组成。具体过程如下：制备供体蜡块(donor block)(组织蜡块)，标记采样点；用打孔采样装置的微细穿刺针在受体蜡块(recipient block)(空白蜡块)上有序打孔；用微细穿刺针钻取供体蜡块上标记的采样点组织(圆柱形小组织芯，tissue core)，整齐安插入受体蜡块的相应孔位；按常规方法制作组织芯片蜡块切片，转移到玻片上制成组织芯片(图 17-19)。

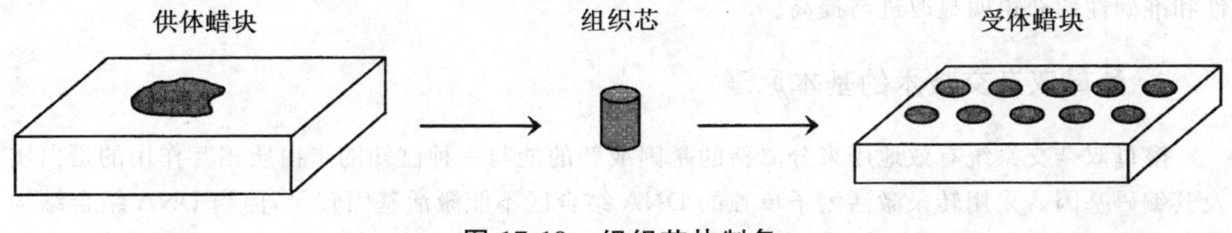

图 17-19　组织芯片制备

(2)样品选择

组织芯片上的组织点能否反映标本的真实情况是组织芯片技术成败的关键,并不是每张芯片所含组织点数量越多越好。在制作肿瘤分化程度差异大或异质性明显的组织芯片时更得注意,采样时要考虑代表性,可在供体蜡块上进行多点采样。

(3)检测分析

常用组织芯片检测方法有 HE 染色、免疫组织化学、原位杂交等。

2. 组织芯片的应用

组织芯片技术是以形态学为基础的分子生物学新技术,可与其他很多常规技术如免疫组织化学、核酸原位杂交(ISH)、荧光原位杂交(FISH)、原位 PCR 等结合应用,在生命科学研究领域具有广阔的应用前景。

组织芯片技术使科技工作者有可能同时对数十到上千种正常组织样品、疾病组织样品以及不同发展阶段的疾病组织样品进行一种或多种特定基因及相关表达产物的研究。作为生物芯片的新秀,组织芯片的发展很快,应用领域不断扩展,有望应用于常规的临床病理检验,特别是肿瘤诊断。

17.6 蛋白质相互作用研究技术

蛋白质是各种生物学功能执行者,蛋白质与蛋白质之间的相互作用是细胞生命活动的基础和特征。几乎所有的重要生命活动都离不开蛋白质分子之间的相互作用。研究细胞内蛋白质分子之间相互作用的机制及蛋白质相互作用网络,将有助于理解生命活动的分子机制。目前常用的研究蛋白质相互作用的技术包括酵母双杂交系统、各种亲和分析(亲和色谱、免疫共沉淀等)、噬菌体展示、生物传感芯片质谱、定点诱变等。

17.6.1 酵母双杂交系统

最早的酵母双杂交系统(yeast two-hybrid system)由 Fields 和 Song 等在研究真核基因转录调控中建立。它是研究蛋白质之间相互作用的手段,自提出以来迅速发展成为一种常规的分子生物学技术,它不仅成功地揭示了许多蛋白质间存在的相互作用,而且其自身的有效性、可行性和准确性均获得明显改进与提高。

1. 酵母双杂交技术的基本原理

酵母双杂交系统有效地用来分离新的基因或新的能与一种已知的蛋白质相互作用的蛋白质及其编码基因。采用转录激活因子单独的 DNA 结合区不能激活基因转录,但当 DNA 结合结构域与激活结构域物理性结合时,即能够发挥其转录激活功能。

典型的真核生长转录因子如 GAIA、GCN4 等都含有两个不同的且相对独立的结构域:DNA 结合结构域(DNA-binding domain,BD)和转录激活结构域(transcription-activating domain,AD)。BD

和 AD 单独分别作用并不能激活转录反应，但是当二者在空间上充分接近时，则呈现完整的 GAL4 转录因子活性并可激活 UAS 下游启动子，使启动子下游基因得到转录，如图 17-20 所示。

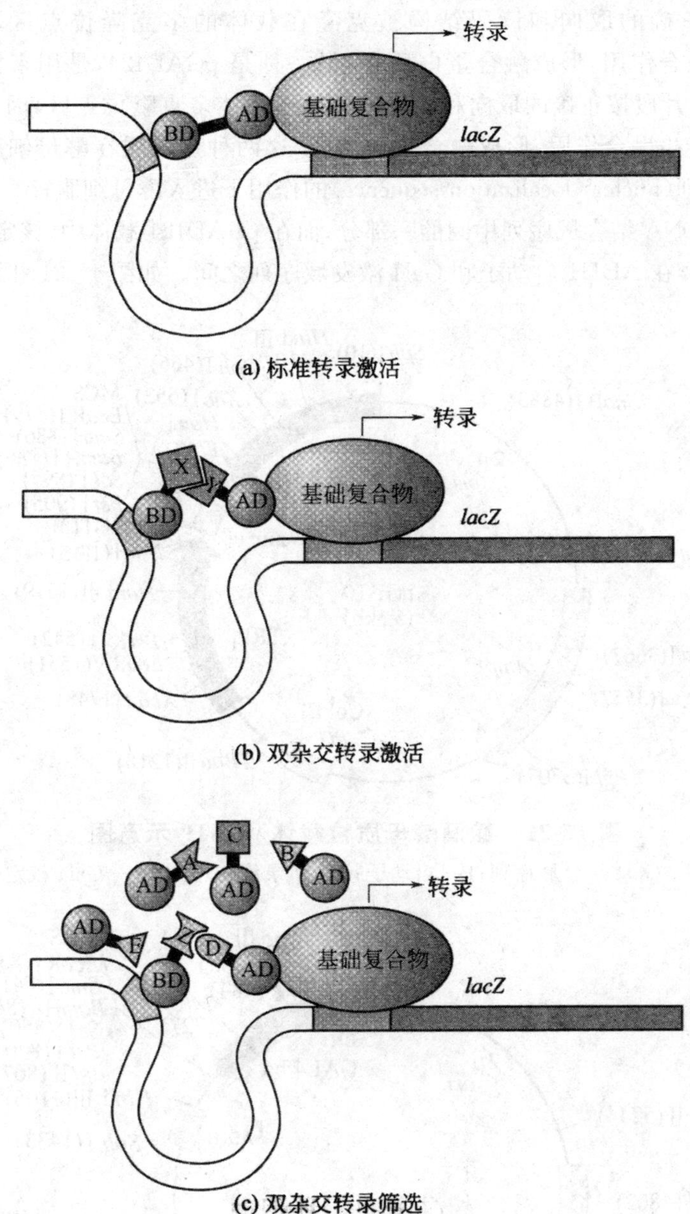

图 17-20　酵母双杂交原理示意图

（引自：Robert F. Weaver 分子生物学．第 5 版．郑用琏等译．科学出版社，2013）

2. 酵母双杂交体系的寄主菌株及质粒载体

人们将酿酒酵母基因组中的 Gal4 的编码基因删除掉，发展成转化系统的宿主菌株，以此来达到构建酵母双杂交体系的转化系统的目的。常用的这种缺陷型的酵母菌株有 SFY526 和 HF7c，它们带有特定的报告基因 *lacZ*、*his* 3 和 *leu* 2 等，但丧失了表达内源 Gal4 转录激活因子的能力，因此适于用来检测外源 Gal4 转录激活因子的功能与活性。

此外，人们还构建了两种在大肠杆菌和酿酒酵母细胞中自主复制的穿梭质粒载体：一种是 pGBT9。靶基因按正确的取向和读码结构被克隆在载体的多克隆位点区，于是在靶蛋白和 Gal4-BD 之间产生融合作用，形成融合蛋白质Ⅰ；另一种是 pGAD424，是用来构建 cDNA 文库的载体。克隆的 cDNA 片段按正确的取向和读码结构插入载体多克隆位点区，因此 cDNA 编码的蛋白质和 Gal4-AD 间产生融合作用，形成融合蛋白质Ⅱ。这两种蛋白质在酵母细胞中都能高水平表达，并且在核定位序列（nuclear localization sequence）的作用下进入酵母细胞核。在 pGBT9 载体中，核定位序列是 Gal4 DNA 结合域序列中间的一部分；而在 pGAD424 载体中，核定位序列是 SV40 的 T 抗原序列，它被克隆在 ADH1 启动子和 Gal4 激发域序列之间。如图 17-21 和图 17-22 所示。

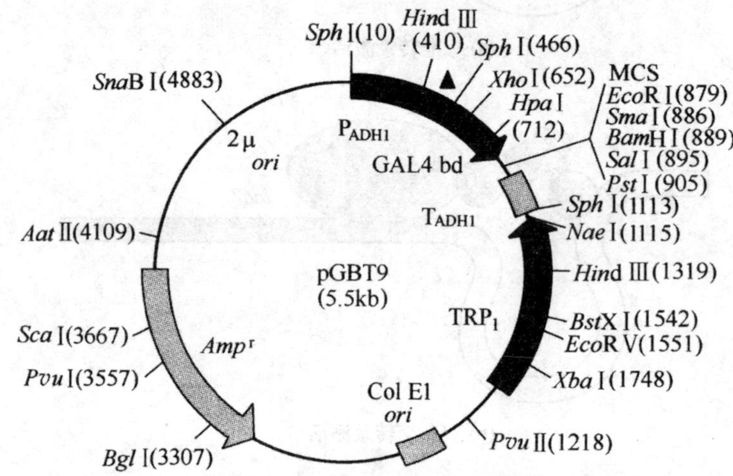

图 17-21　酿酒酵母质粒载体 pGBT9 示意图

GAL4 bd—Gal4 结合域序列；P—启动子；T—转录终止序列；▲—Gal4 核定位序列

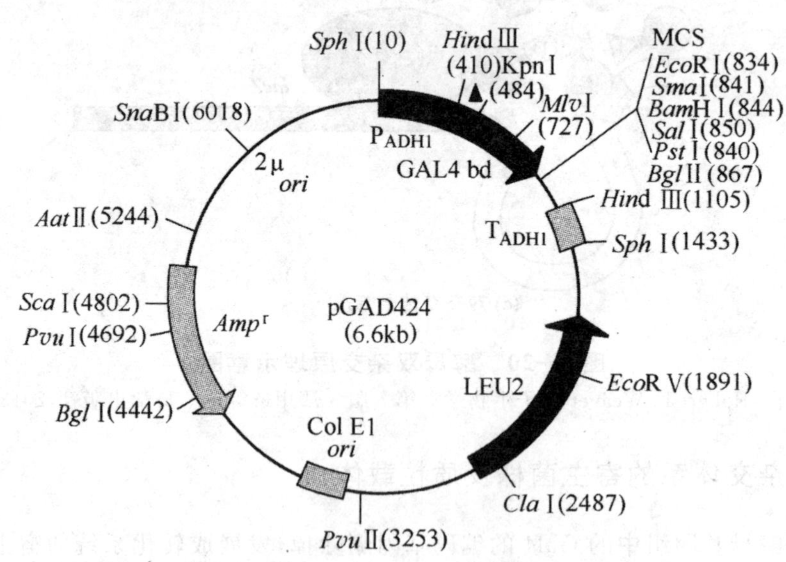

图 17-22　酿酒酵母质粒载体 pGAD424 示意图

GAL4 bd—Gal4 激活域序列；P—启动子；T—转录终止序列；▲—SV40 大 T 抗原核定位信号

3. 酵母双杂交系统的操作程序

(1)构建 X 蛋白表达质粒

将 X 蛋白基因与 BD 质粒重组,转化大肠埃希菌,用 Amp 抗性标记筛选阳性克隆,测序验证,并通过 SDS-PAGE 和 Western Blot 检测融合蛋白。

(2)构建 Y 蛋白表达质粒或预转文库

如 Y 蛋白是已知蛋白,则将 Y 蛋白基因与 AD 质粒重组。如 Y 蛋白是未知蛋白,则需用 AD 质粒构建 cDNA 文库。要求文库含有足够的转化子,数量在 10^7 以上,保证文库内含有研究所感兴趣的蛋白。

(3)从大肠埃希菌中提取两种重组质粒共转化酵母细胞

将此共转化细胞涂布在缺少 Trp、Leu 和 His,含有 X-gal 的培养基上,只有共转化细胞才能在缺少 Trp、Leu 的培养基上生长,只有报告基因得到表达的细胞才能在缺少 His,含有 X-gal 的培养基上生长并产生蓝色菌落。在此培养基上生长的细胞必定是质粒共转化,两个报告基因得到表达的细胞,证明蛋白质 X 和 Y 之间存在相互作用。

为排除 X 蛋白自主激活转录的能力,可将表达 X 蛋白的 BD 质粒与 AD 空载体质粒共转染酵母细胞,涂布于 Trp、Leu、His 缺陷培养基上。如细胞在此培养基上生长,证明 X 蛋白具有自主激活转录的活性,不能生长则排除 X 蛋白自主激活转录的活性。

4. 酵母双杂交系统的应用

随着技术的发展,酵母双杂交系统在生命科学研究中得到了广泛的应用。如鉴定已知蛋白之间是否相互作用、蛋白质相互作用图谱的构建、筛选特异克隆、研究疾病的发生机制和药物开发以及细胞内抗原和抗体的相互作用的研究等。我们相信,它必将在研究蛋白质功能、转录调节、基因功能定位和信号转导等领域发挥重要作用,使我们对细胞活动的机制和功能有更深入的理解。

(1)确定两个蛋白质之间的相互作用和相互作用的结构域或活性区

这是酵母双杂交系统最基本的用途。将两种已知蛋白质的编码基因分别克隆到 BD 载体和 AD 载体上,共同转染酵母细胞。若报告基因得到表达,则证明两种蛋白质之间在细胞内存在相互作用。如果将 AD 载体融合的已知蛋白编码基因替换成要筛选的 cDNA 库克隆,利用酵母双杂交系统就能筛选出能与已知蛋白质相互作用的新蛋白质。

在证明两个蛋白质之间在体内存在相互作用之后,将一个蛋白质突变或缺失掉不同的片段,再检测两种蛋白质在双杂交系统中还能否保持转录激活作用,从而确定蛋白之间相互作用的结构域或活性区。

(2)建立基因组蛋白连锁图

众多的蛋白质之间在许多重要的生命活动中都是彼此协调和控制的。基因组中的编码蛋白质的基因之间存在着功能上的联系。通过基因组的测序和序列分析发现了很多新的基因和 EST 序列,HUA 等利用酵母双杂交技术,将所有已知基因和 EST 序列为诱饵,在表达文库中筛选与诱饵相互作用的蛋白质,从而找到基因之间的联系,建立基因组蛋白连锁图。对于认识一些重要的生命活动(如信号传导、代谢途径等)有重要意义。

(3)筛选药物的作用位点以及药物对蛋白质之间相互作用的影响

酵母双杂交的报告基因能否表达在于诱饵蛋白与靶蛋白之间的相互作用。对于能够引发疾病反应的蛋白质相互作用可以采取药物干扰的方法,阻止它们的相互作用以达到治疗疾病的目的。

(4)发现新的蛋白质和蛋白质的新功能

将已知基因作为诱饵,在选定的 cDNA 文库中筛选与诱饵蛋白相互作用的蛋白质,从筛选到的阳性酵母菌株中可以分离得到 AD-library 载体,并从中进一步克隆得到相应的 cDNA 片段,并将其在 GenBank 中进行比较,研究其与已知基因在生物学功能上的联系。另外,也可作为研究已知基因的新功能或多个筛选到的已知基因之间功能相关性的主要方法。

(5)在细胞体内研究抗原和抗体的相互作用

虽然利用酶联免疫、免疫共沉淀技术可以研究抗原和抗体之间的相互作用,但它们都是基于体外非细胞的环境中研究蛋白质与蛋白质的相互作用。而在细胞体内的抗原和抗体的聚积反应则可以通过酵母双杂交进行检测。

17.6.2 噬菌体展示技术

噬菌体展示技术是将外源蛋白或多肽与菌体外壳蛋白融合并呈现于噬菌体表面的技术。将编码外源肽或蛋白的 DNA 片段与噬菌体表面蛋白的编码基因融合后,以融合蛋白的形式出现在噬菌体的表面,被展示的多肽或蛋白可保持相对的空间结构和生物活性,而不影响重组噬菌体对宿主菌的感染能力。通过与特定的靶标结合(如抗体、受体、配基、核酸,以及某些碳水化合物等)可以使展示特定蛋白的噬菌体从表达有各种外源性蛋白的噬菌体肽库中筛选出来,再通过感染大肠埃希菌使选择出来的噬菌体扩增,然后进行序列测定,可获得相应的结构和功能。

该技术的特点是实现了表型与基因型的统一,是一种高通量筛选功能性多肽或蛋白质的分子生物学技术。因此,噬菌体展示技术在抗原表位分析、分子间相互识别、新型疫苗及药物的开发研究等方面有广泛的应用前景。

17.6.3 基因定点诱变技术

基因定点突变是对基因或 DNA 序列中特定碱基实施取代、插入或缺失等操作,是人们在实验室中改造/优化基因常用的手段。这一技术能使基因的有效表达和定向改造成为可能。这项技术一方面可对某些天然蛋白质进行定向改造,另一方面还可以确定多肽链中某个氨基酸残基在蛋白质结构及功能中的作用,明确有关氨基酸残基线性序列与其空间构象及生物活性之间的对应关系,为设计制作新型的突变蛋白提供理论依据。

1. 基因定点诱变的方法

目前已发展的定点突变方法通常有盒式诱导突变、寡核苷酸引物诱变及 PCR 扩增诱变等。

(1)盒式诱导突变

盒式诱导突变(cassette mutagenesis)是利用一段人工合成的、具有突变序列的寡核苷酸片段,取代野生型基因中的相应序列,将改造后的质粒导入寄主细胞,筛选得到突变体。这些合成的突变片段就好像不同的盒式录音磁带，可随时插入制备好的质粒（“录音机”）中，所以称为盒式突变。

用合成简并寡核苷酸的方式进行盒式突变，一次实验可得到一组随机突变的片段。该方法不仅可以通过改变几个氨基酸序列研究蛋白质的功能和结构之间的关系，也可以产生嵌合蛋白，如图 17-23 所示。

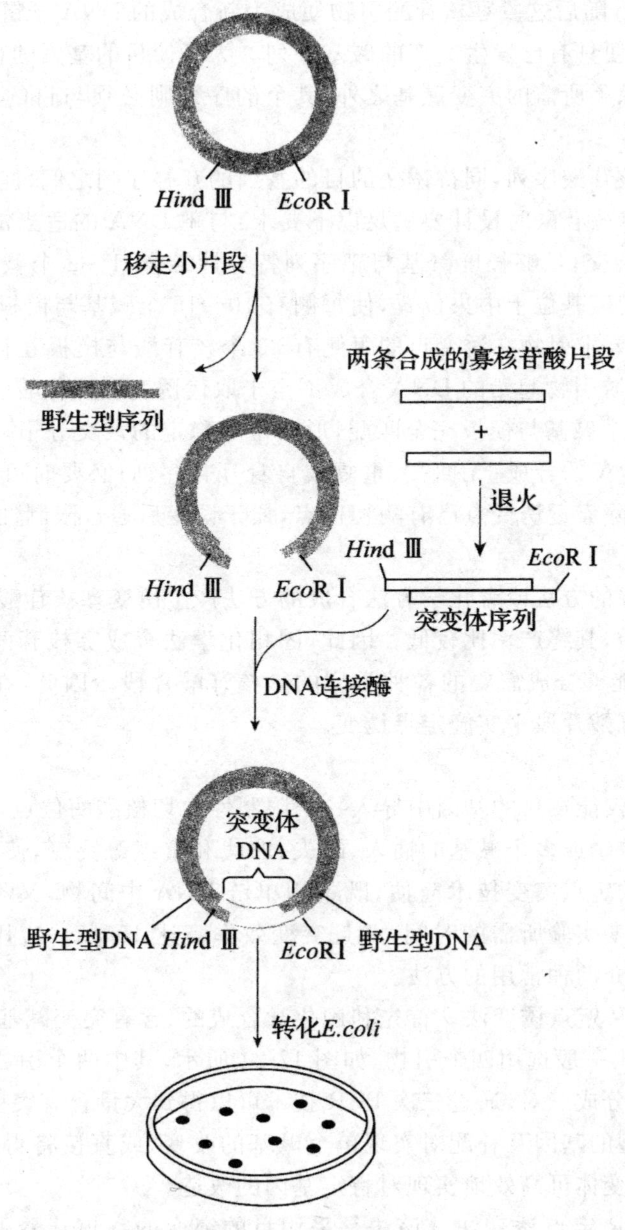

图 17-23　盒式诱变

进行盒式诱导突变需要解决两个关键问题：第一，在目标基因序列中要有适当的限制性内切酶识别位点，使得用以取代天然 DNA 序列的盒式突变序列可以有效地插入，为了在目标基因的特定位置产生合适的酶切位点，可以利用遗传密码的简并性，在不改变氨基酸序列的前提下通过改变某些寡核苷酸的序列，产生合适的限制性内切酶位点；第二，为确保盒式突变序列能按正确的方向插入，突变序列的两端必须分别具有不同的限制性内切酶识别位点，易于定向插入。

(2)寡核苷酸引物诱变

寡核苷酸引物诱变的原理是：用化学合成的含有突变碱基的寡核苷酸短片段作引物，启动单链 DNA 分子进行复制，随后这段寡核苷酸引物便成为新合成的 DNA 子链的一个组成部分。因此，所产生出来的新链便具有已发生突变的碱基序列。为了使目的基因的特定位点发生突变，所设计的寡核苷酸引物除了所需的突变碱基之外，其余的序列则必须与目的基因编码链的相应区段完全互补。

作为诱变剂的寡核苷酸序列，同待诱变的目的基因的互补序列之间，能够形成一种稳定的唯一的双链结构。诱变寡核苷酸时设计要满足以下要求：与靶 DNA 的适当链互补，并注意与模板的其他区域不能错误杂交；足够长度碱基与靶序列特异性结合，1～2 个碱基改变的引物要求至少 25 个碱基长度；错配碱基位于中央位置，使每侧有 10～15 个碱基与模板链完全匹配。有效引入 3 个核苷酸突变时，要求引物在诱变点的每侧有 30 个核苷酸与模板互补；含有与模板完全杂交的 5′端区，这样从上游引物起始的 DNA 合成不至于取代诱变寡核苷酸引物；诱变寡核苷酸引物的 3′区域有 10～15 个碱基与模板完全匹配，形成足够稳定的杂交分子，以有效地从诱变寡核苷酸引物 3′端引发 DNA 的合成；无回文、重复或自身互补序列；必要时可在诱变寡核苷酸上加上新的酶切位点，或消除靠近诱变点已有酶切位点，便于诱变后通过限制性内切核苷酸酶切消化筛选候选突变子。

可以使用酶促合成的方法或者化学方法合成的方法产生诱变寡核苷酸分子。但用酶促合成的方法产生的寡核苷酸，其终产率比较低。因此，固相化学法合成寡核苷酸的方法使用较多，应用 DNA 自动合成仪，能够合成需要的各种类型的寡核苷酸片段。因此，在大多数情况下，都是采用化学法合成寡核苷酸片段来实施定点诱变。

(3)PCR 扩增诱变

利用 PCR 技术不仅能在目的基因中导入一个限制性内切核酸酶位点，还能在目的基因上预先确定的位置处引入单个或多个碱基的插入、缺失、取代和重组等突变，使得定向诱变变得更为容易。它比上述传统的定点突变技术简便，既不用单链 DNA 中间物，又不用 M13 系列的噬菌体载体，大大缩短了突变实验所需的时间，并且突变效率高达 100%。应用 PCR 点突变技术的方法有很多种，这里简介两种常用的方法。

第一种为引物 PCR 定点诱变法。首先利用化学合成的、含有突变碱基的寡核苷酸片段作为引物，进行 DNA 复制。一般选用四个引物，如图 17-24 所示，其中两个引物含有突变碱基，并且序列互补，将四个引物分成三对，通过三次 PCR 技术可以得到大量含有突变碱基的核苷酸片段，将得到的片段与野生型的基因互补配对实现单个碱基的改变，或直接将得到的片段置换野生型基因片段，通过筛选突变体可高效地实现对特定基因的改造。

第二种为重组 PCR 定点诱变法。该法是采用目的突变的寡核苷酸引物，以靶基因的质粒 DNA 为模板操作加到 PCR 引物 5′端的核苷酸序列掺入 PCR 产物的末端，使产物序列相重叠。这段重叠序列可以作为引物被 DNA 聚合酶所延伸，并产生一个重组分子。重组分子是在 *E. coli* 通过体内重组，使产生具有目的突变的同源 DNA 末端的 DNA 片段，转化 *E. coli* 后可在菌体内重组成环状并携有点突变序列的质粒(图 17-25)。

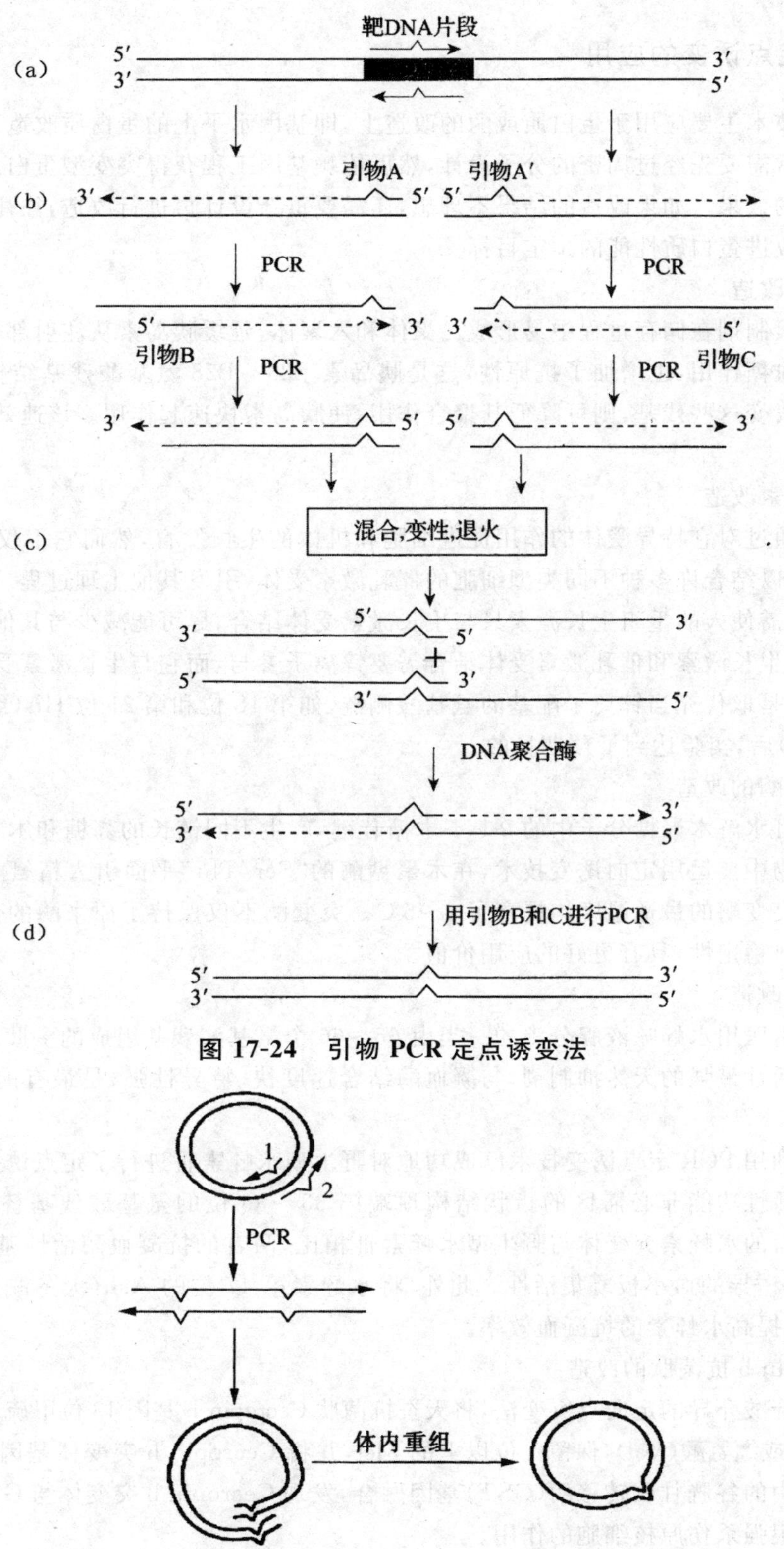

图 17-24　引物 PCR 定点诱变法

图 17-25　重组 PCR 定点诱变法

2. 基因定点诱变的应用

定向诱变技术主要应用于蛋白质或酶的改造上，即基因水平上的蛋白质改造，也称为第二代基因工程。通常需要先经过周密的分子设计，然后依赖基因工程获得突变型蛋白质，以检验其是否达到了预期的效果。如果改造的结果不理想，还需要重新设计再进行改造，往往经历多次实践摸索才能达到改进蛋白质性能的预定目标。

(1)胰岛素改造

天然胰岛素制剂在储存过程中易形成二聚体和六聚体，延缓胰岛素从注射部位进入血液，从而延缓了其降血糖作用，也增加了抗原性，这是胰岛素 B23～B28 氨基酸残基结构所致，利用蛋白质工程技术改变这些残基，则可降低其聚合作用，使胰岛素快速起作用。该速效胰岛素已通过临床试验。

(2)生长激素改造

生长激素通过对它特异受体的作用促进细胞和机体的生长发育，然而它不仅可以结合生长激素受体，还可以结合许多种不同类型细胞的催乳激素受体，引发其他生理过程。在治疗过程中为减少副作用，需使人的重组生长激素只与生长激素受体结合，尽可能减少与其他激素受体的结合。研究发现，生长激素和催乳激素受体结合需要锌离子参与，而它与生长激素受体结合则无须锌离子参与，于是取代充当锌离子配基的氨基酸侧链，如第 18 位和第 21 位 His(组氨酸)及第 17 位 Glu(谷氨酸)后，实验达到了预期目的。

(3)木聚糖酶的改造

木聚糖酶可水解木聚糖分子中的 β-1,4-木糖苷键，产生不同链长的寡糖和木糖，该酶广泛存在于各种微生物中。运用定向诱变技术，在木聚糖酶的“Ser/Thr”平面引入精氨酸，产生两个突变木聚糖酶。突变酶的最适温度均提高了 2～5℃。突变酶不仅保持了原来酶的优良性质，而且进一步提高了热稳定性，具有更好的应用价值。

(4)水蛭素改造

水蛭素是由医用水蛭唾液腺分泌的一类由 65～66 个氨基酸残基组成的多肽，是迄今为止发现的对凝血酶活性最强的天然抑制剂，与凝血酶结合速度快，特异性强，是最有前景的治疗血栓疾病的特效药。

研究人员利用 PCR 定点诱变技术已成功地对野生型水蛭素Ⅲ进行了定点诱变，将野生型水蛭素Ⅲ分子的活性功能非必需区的指状结构顶端第 33～36 位的氨基酸残基替换为 RGDS 序列。结构变化后的水蛭素突变体与野生型水蛭素Ⅲ相比，两者的抗凝血酶活性基本一致且具有显著的抗 ADP 诱导的血小板凝集活性。此外，将水蛭素第 47 位的 Ash(天冬酰胺)转变为 Lys(赖氨酸)，可以提高水蛭素的抗凝血效率。

(5)Cecropin b 抗菌肽的改造

采用寡核苷酸介导的定向点突变法，将天蚕抗菌肽 Cecropin b 基因 13 位甲硫氨酸(Met)诱变为亮氨酸(Leu)或缬氨酸(Val)，保留 1 位以上的 Met，并将 Cecropin b 突变体基因与 pGEX-4T-2 融合表达载体中的谷胱甘肽转移酶(GST)基因融合，发现 Cecropin b 突变体与 GST 基因融合表达后仍然具有很强杀伤原核细胞的作用。

17.6.4　DNA 与蛋白质互作的免疫沉淀分析

1. 与蛋白质特异结合的 DNA 免疫沉淀分析

基本原理与方法：

①提取目标生物的总 DNA，用特定限制性内切核酸酶消化总 DNA，形成带有特定黏性末端的 DNA 片段，并利用黏性末端接上特定接头。

②将接上接头的 DNA 片段混合物与特定转录因子基因原核或真核表达的融合蛋白一起温育，使转录因子与 DNA 结合。

③使用融合蛋白上的标签蛋白抗体与融合，再用沉淀法分离复合体，与转录因子蛋白结合的 DNA 片段被免疫共沉淀。

④用苯酚氯仿法去除蛋白质，释放结合的 DNA，用根据接头设计的引物进行 PCR 扩增获得与转录因子结合的 DNA 片段的扩增产物，电泳、回收并测序，可分析转录因子控制的下游效应基因。

2. 染色质免疫沉淀技术

真核生物的基因组 DNA 以染色质的形式存在。因此，研究蛋白质与 DNA 在染色质环境下的相互作用对于阐明真核生物基因表达调控机制具有重要意义。

染色质免疫沉淀技术（chromatin immunoprecipitation，CHIP）是目前唯一研究体内 DNA 与蛋白质相互作用的方法。其基本原理和步骤（图 17-26）如下：用甲醛在体内将 DNA 结合蛋白与 DNA 交联，在活细胞状态下固定蛋白质-DNA 复合物；分离染色质，并将其随机切断为一定长度范围内的染色质小片段，剪切后的 DNA 小片段仍与染色体片段结合；用特异性抗体与 DNA 结合蛋白结合，用沉淀法分离复合体，反向交联操作释放出 DNA，并消化蛋白质；用 PCR 扩增特异 DNA 序列，以确定是否与抗体共沉淀。

CHIP 不仅可以检测体内反式因子与 DNA 的动态作用，还可以用来研究组蛋白的各种共价修饰与基因表达的关系。而且，通过与其他方法的结合，CHIP 的应用范围也进一步扩大，例如，CHIP 与基因芯片相结合建立的 CHIP-on-chip 方法已广泛用于特定转录因子靶基因的高通量筛选；CHIP 与体内足迹法相结合，用于寻找转录因子的体内结合位点；RNA-CHIP 用于研究 RNA 在基因表达调控中的作用。相信，随着 CHIP 的进一步完善，它必将会在基因表达调控研究中起到关键性的作用。

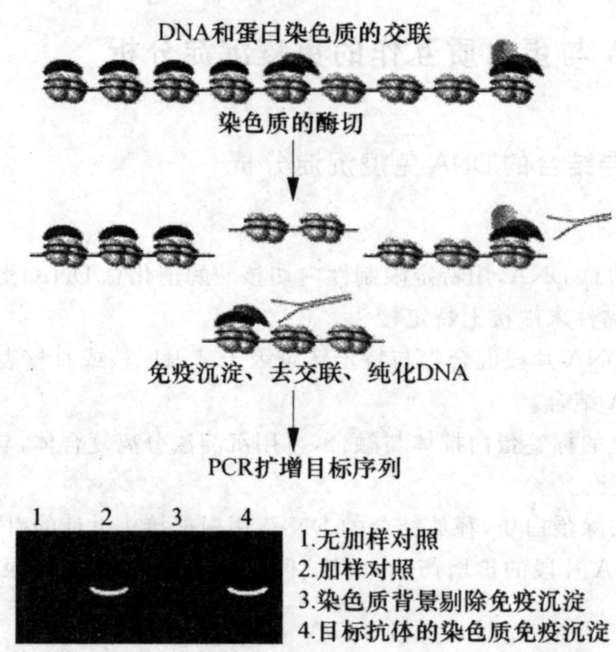

图 17-26　染色质免疫沉淀技术原理示意图

第18章 组学与医学

基因组学是研究生物体基因组的结构、结构与功能的关系以及基因之间相互作用的科学。基因组学包括结构基因组学和功能基因组学两大部分。结构基因组学以全基因组测序为目标，功能基因组学以基因功能鉴定为目标，又称为后基因组学。随着人类基因组计划的实施与提前完成，基因组研究进入了以破译、解读、开发基因组功能信息为主要研究内容的后基因组时代。

由于功能基因组学研究还不能真正揭示基因的功能与生命的活动规律，因此诞生了转录组学、蛋白质组学、代谢组学、生物信息学等新兴学科。转录组学是一门在整体上从RNA水平研究基因表达及其调控规律的学科。蛋白质组学是从整体水平研究生物体或组织细胞内蛋白质的组成、结构及其活动规律的科学。代谢组学是效仿基因组学和蛋白质组学的研究思想，是对某一生物或细胞在一特定生理时期内所有低分子量代谢产物同时进行定性和定量分析的一门新学科，是系统生物学的组成部分。生物信息学是在生命科学的研究中，以计算机为工具对生物信息进行储存、检索和分析的科学。其研究重点主要体现在基因组学和蛋白质组学两方面，具体来说就是从核酸和蛋白质序列出发，分析序列中表达的结构功能的生物信息。

基因组学、转录组学、蛋白质组学、代谢组学、生物信息学相继兴起，在医学上也发挥着越来越重要的作用。

18.1 基因组学

一个基因组的序列到底有什么用途？如下为基因组学最重要的两个方面的应用：一是研究特定细胞在特定时期里的表达模式；二是寻找那些与遗传特征有关的基因，特别是与遗传疾病有关的基因。尽管在知晓一种生物完整的基因序列之前，也可完成上述两项研究，然而了解基因组的序列无疑会促进上述两项研究。

18.1.1 基因组

基因组(genome)一词最早出现于1922年，指的是单倍体细胞中所含的整套染色体。随后，基因组被定义为整套染色体中的全部基因。随着对不同生物基因组DNA的测序，人们发现，对基因组这个名词需要做出更精确的定义。20世纪70年代，DNA测序技术的出现，使得大规模的测序计划得以实现，分子生物学家能够获得整个基因组的碱基序列。现在认为，基因组是指一个物种全套染色体所携带的DNA分子，包括所有的基因和基因之间的间隔序列。第一个完成基因组测序的是$\Phi\times174$噬菌体，它一共包含了5 386 bp，编码11个基因，如图18-1所示。

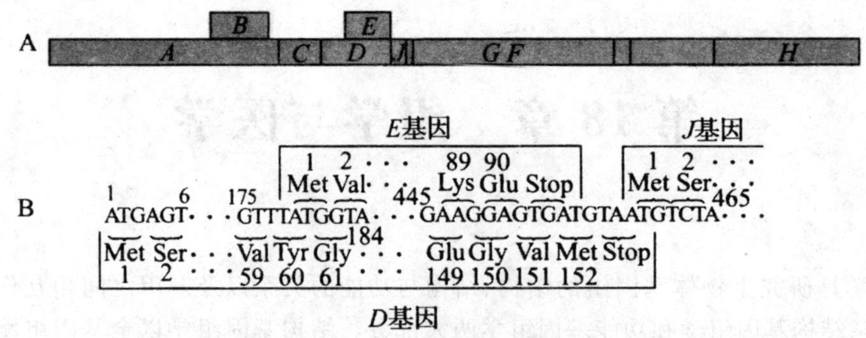

图 18-1 Φ×174 噬菌体的遗传图谱(Weaver,2009)

A. 每个字母代表一个噬菌体基因。B. ΦX174 的重叠可读框。基因 *D* 从图中所标的 1 号碱基开始一直到 459 号碱基结束,对应于氨基酸 1~152 位,外加一个终止密码子 TAA。图中的点表示未标出的碱基或氨基酸,而且该图只显示了非模板链。基因 *E* 从 179 位碱基开始到 454 位结束,对应于氨基酸 1~90 位,外加一个终止密码子 TGA。基因 *E* 的可读框比基因 *D* 向后移动了一个碱基。基因 *J* 从 459 号碱基开始,其可读框只在左边与基因 *D* 有一个碱基的重叠

1. 病毒的基因组

病毒体主要是由核酸和蛋白质组成,包围在基因组外的蛋白质称为衣壳(capsid),如图 18-2 所示。有些病毒被包在脂质膜内,此脂质膜称为包膜(envelope)。基础蛋白质与基因组结合在一起称为核心。基础蛋白质一般是由病毒基因组编码的。有些病毒蛋白质是由宿主细胞的基因组编码的。

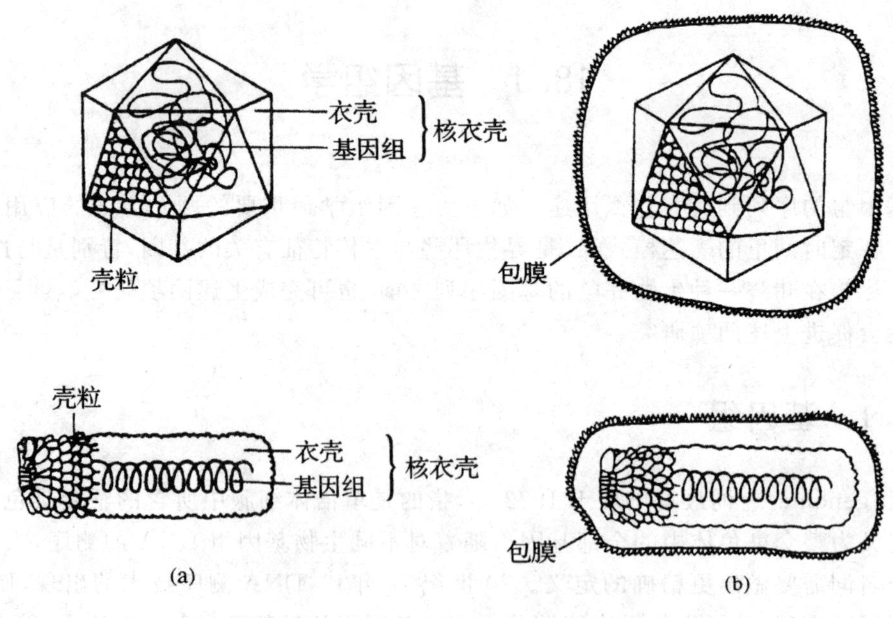

图 18-2 病毒的结构

根据病毒基因组的核酸类型可以将病毒分为 DNA 病毒和 RNA 病毒；根据宿主的不同也可以将病毒分为动物病毒、植物病毒、真菌病毒和噬菌体等。不同类型的病毒，有不同的复制方式。目前已知的病毒有数千种，能够侵染包括细菌、真菌、植物及人类等各种生物。

(1)RNA 病毒基因组

HIV 能够引起人类的获得性免疫缺陷综合征，即艾滋病。HIV 能够破坏宿主的免疫系统，从而使得其他病原生物乘虚而入导致疾病，对人类是致命的。艾滋病的感染人数正以大约每年 3%的速度增长。

已经发现的艾滋病毒有两种，即 HIV Ⅰ 和 HIV Ⅱ。HIV 基因组由两条单链正义 RNA 组成，每个 RNA 基因长 9.2 kb。在 RNA 的 5′端有甲基化帽，3′端有 polyA 尾巴，主要结构基因有种群特异性抗原基因(group specific antigen，*gag*)、聚合酶基因(polymerase，*pol*)和被膜蛋白质基因(envelope，*env*)，两端还有长末端重复序列基因(long terminal repeat，*LTR*)。除了这三个结构基因，还有 *tat*、*rev*、*nef*、*vif*、*vpr* 和 *vpu* 六个调节基因，编码六种调控蛋白，如图 18-3 所示。

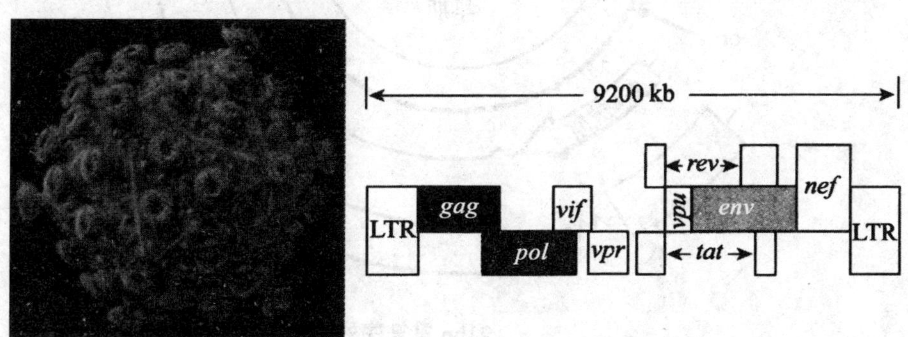

图 18-3　HIV 模式图以及基因组结构图

(2)DNA 病毒基因组

SV40 是猴子病毒，最初在猴肾细胞中分离出来。SV40 病毒对于研究真核生物基因表达，了解病毒致癌机制而言是一个不错的选择。因为 SV40 基因组只有 5 个基因，完全需要依靠哺乳动物细胞内的机构进行它的 DNA 复制和基因表达。此外，它的启动子和增强子被广泛地用于真核生物基因表达性载体的构建。

SV40 病毒的结构是这样的：外壳为二十面对称体的球状颗粒，中心包含有全长 5 243 bp 的双链环状 DNA。该 DNA 在体外如果与组蛋白相连，可以形成 24 个核小体，称为微小染色体，是真核细胞染色质的最小模型。如图 18-4 所示，SV40 基因组分为大小相近的两个基因区域，转录方向相反。大 T 和小 t 基因以逆时针方向转录，发生在 DNA 复制之前，称为早期基因以及早期转录。Vp1、Vp2、Vp3 基因以顺时针方向转录，发生在 DNA 复制之后，称为晚期基因和晚期转录。在早期和晚期基因之间是 SV40 基因组的调控区，约 400 bp，在体外构建核小体时，处于微小染色体的无核小体内。在这个区域内，早期和晚期基因的调控序列以及 DNA 复制起始位点等大部分是重叠使用的。

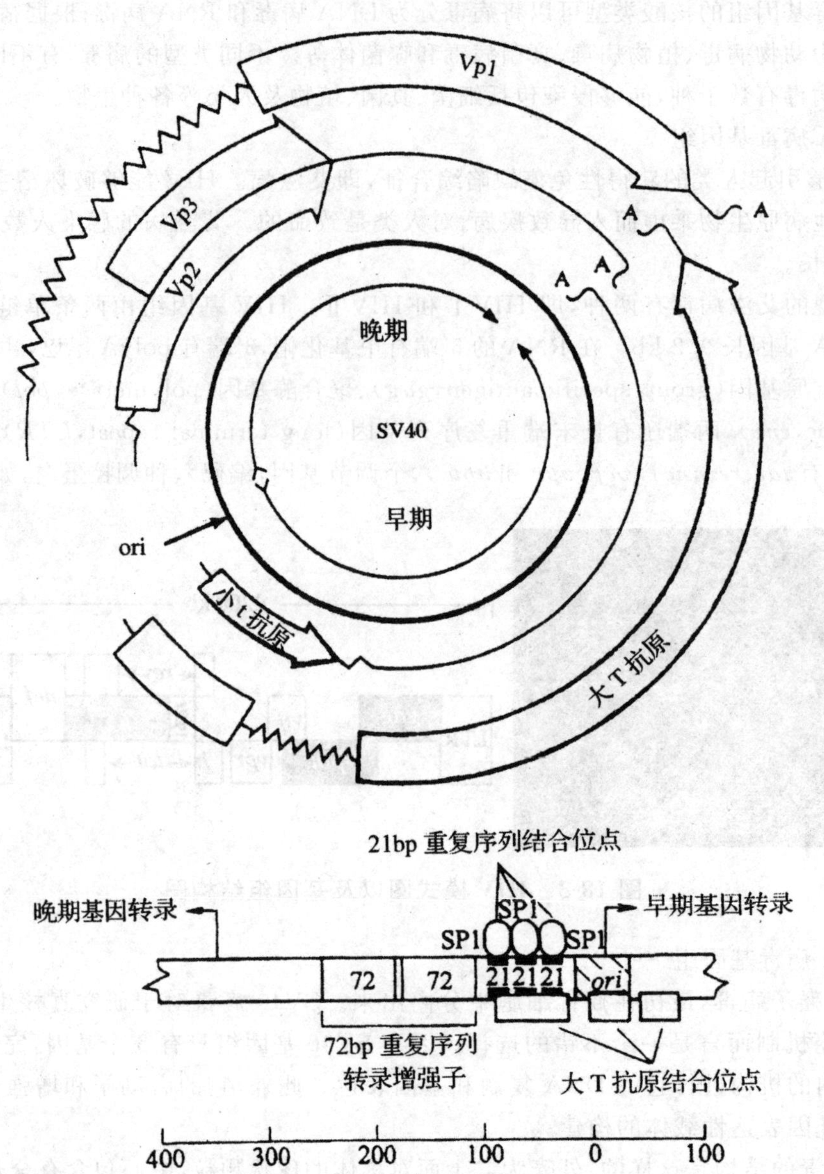

图 18-4　SV40 病毒基因组

λ 噬菌体是 *E. coli* 的一种温和性噬菌体，头部为直径 55 nm 的二十面体，颈部与尾部(15 nm×135 nm)相连，尾端再与尾丝(75 nm×2 nm)相连。λ 噬菌体的基因组大小为 4.85×10^4 bp，包括 46 个基因，分为头部基因、尾部基因、调控(免疫)区、复制控制区和晚期基因调控区等区域，如图 18-5 所示。

λ 噬菌体的裂解生长的特性，可构建重组 DNA 分子，在基因工程和基因文库构建方面有广泛的应用。换句话说，λ 噬菌体是基因工程中广泛使用的克隆载体。

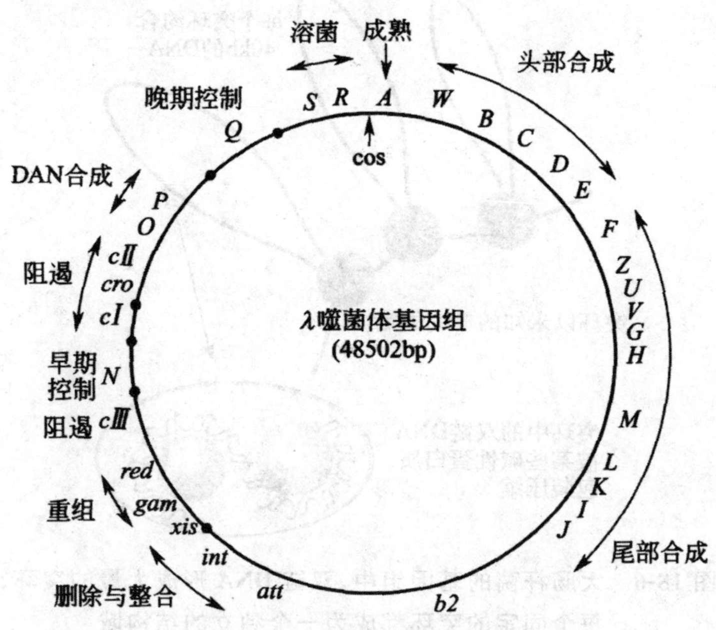

图 18-5　λ 噬菌体的基因组(杨建雄,2009)

2. 原核生物的基因组

据估计,细菌占地球生物总量的 60%,是典型的原核生物。原核生物的细胞内没有明显的细胞核形态,遗传物质均为 DNA,DNA 与蛋白质结合形成类核(nucleoid),类核无核膜,中央部分由 RNA 和支架蛋白组成,外围是双链闭环的 DNA 超螺旋。

原核生物的基因组大小在 10^6 bp 以上,在双链 DNA 的两条链上均有基因的编码序列。除类核构成的主基因组外,原核生物还有许多独立的 DNA 小分子,称作质粒。例如,布氏疏螺旋体的线性染色体长 910 kb,至少含 853 个基因,此外还有 17 个线形或环形的质粒,共长 53 kb,含有 430 个基因,其中对宿主细胞有必要的基因也属于基因组的成分。

原核生物一般以细菌为代表,这类生物可以进行自我繁殖,具有复杂的细胞结构和代谢过程,细菌基因组比病毒大得多,更复杂,此节主要介绍细菌的染色体基因组。

细菌没有细胞核形态,其遗传物质形成的类核约占细胞体积的 1/3。类核中央由骨架蛋白和 RNA 组成,外围是双链闭环的 DNA 超螺旋。DNA 与细胞膜相连,连接点数目随生长周期而变化。细胞分裂时无纺锤丝形成,DNA 随着生长的细胞膜分配到两个子细胞的核样结构内。

以大肠杆菌(*E. coli*)为例。大肠杆菌的染色体 DNA 呈环状,周长 1.6 mm。大肠杆菌基因组约 4.2×10^6 bp,有 3500～4000 个基因。大肠杆菌染色体 DNA 在细胞内形成一个致密区域,称为类核或拟核(nucleoid)。类核能够从细胞中单独分离出来,其中央部分由 RNA 和支架蛋白组成,外围是双链 DNA 形成的突环,如图 18-6 所示。每个突环的两端以某种方式固定于类核的蛋白质核心上,成为一个独立的结构域。突环中的 DNA 保持了超螺旋结构,借助电子显微镜能够清晰地观察到超螺旋,超螺旋有助于 DNA 的压缩。经过蛋白酶或 RNA 酶的处理,类核致密的结构变得松散,这说明蛋白质和 RNA 在其中起到了稳定类核的作用。

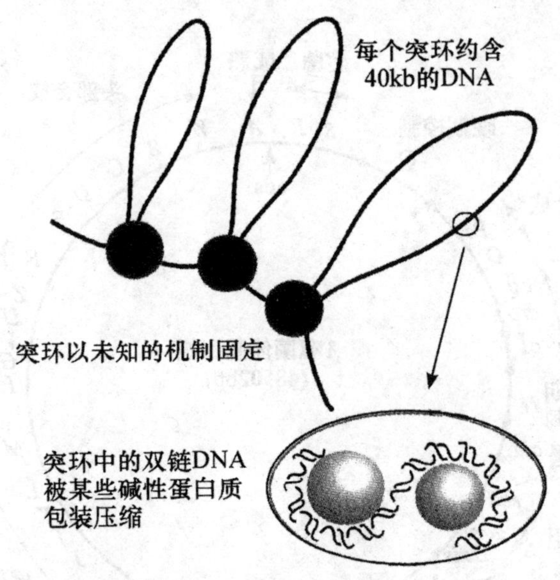

图 18-6　大肠杆菌的基因组中，双链 DNA 形成大量的突环，每个固定的突环都成为一个独立的结构域

从 *E.* coli 中分离的几种类似于真核细胞染色体蛋白质的 DNA 结合蛋白，称为类组蛋白(histonelike protein)。含量最多的是一种 IIU 蛋白二聚体，这种能使 DNA 密集凝缩的 DNA 结合蛋白，可将 DNA 绕成串珠状结构。HU 蛋白还参与 *E.* coli 中 λ 噬菌体的整合、切割等特异性重组反应。还有一种二聚体蛋白质宿主整合因子(IHF)，其复合物能使有活性的 DNA 序列定位在细胞内的特异位点。研究发现，缺失以上某种蛋白质时，不会对 *E.* coli 的核样结构造成严重影响，但都缺失时会干扰核样结构。

3. 真核生物的基因组

真核生物的细胞结构和功能远比原核生物复杂，其基因组也比原核生物复杂得多。真核生物是具有由膜包被的核结构和细胞骨架的单细胞或多细胞生物。真核生物的基因组比较庞大，并且不同生物物种间差异很大，如人的单倍体基因组有 3.16×10^9 bp。

与原核生物相比，其基因组具有如下特点：基因组大；真核生物的绝大多数结构基因都含有内含子，属于断裂基因，基因组转录后的绝大部分前体 RNA 必须经过剪接才能形成成熟的 mRNA；含有大量重复序列和可移动序列；基因的调控复杂，基因表达的各个阶段都有特定的调控机制。

(1)真核生物基因组的重复序列

在对生物的基因组进行大规模测序之前，人们主要是通过基因组 DNA 复性动力学来认识基因组序列的组成，从而估计真核生物的总体特征。

DNA 复性过程遵循二级反应动力学，可用 Cot 曲线来描述。据复性动力学可以鉴定出真核生物基因组有两种类型的序列：非重复序列和重复序列。非重复序列(unique DNA)是指基因组中只有一份拷贝的序列；重复序列(repetitive DNA)是指在基因组中有不止一份拷贝的序列。

不同生物基因组中非重复序列所占比例变化较大，图 18-7 总结了一些有代表性生物的基因组组成。

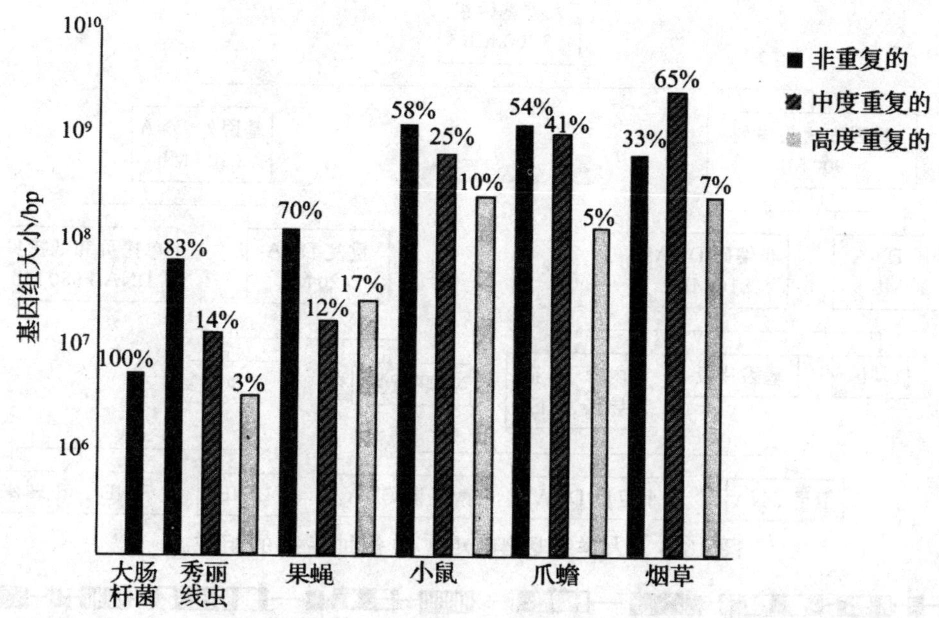

图 18-7　不同生物的基因组组成(卢因,2007)

真核生物基因组 DNA 由重复不等的序列组成,有些重复序列成簇集中在染色体 DNA 的某些部位,如染色体的着丝粒或异染色质。有些重复序列分散存在于基因组的各个部位。

①单拷贝序列。绝大多数编码蛋白质的基因都是单拷贝序列。基因组中的基因在某一时空条件下并不同时全部表达。除了脑细胞外,一个细胞中大约只有 1×10^4 种不同的蛋白质,其中 80%是维持生命所必需的基本蛋白质。一般将生物体内所有细胞所共同具有的蛋白质称为持家蛋白质。人体至少有 250 种不同的细胞,每种细胞一般表达 300～400 种自身特有的蛋白质,这些蛋白质的基因大多数都是单拷贝的。

图 18-8 显示了人类基因组 DNA 的各种序列类型,框内数字表示该种序列的大约碱基对数,真核生物基因组中各种序列的排列如图 18-9 所示。

②低度重复序列。低度重复序列(slightly repetitive sequence)在基因组中一般有 2～10 个拷贝,通常是一些编码蛋白质的基因,其氨基酸序列具有很高的同源性。例如,tRNA 基因和一些组蛋白基因。

③中度重复序列。中度重复序列(moderately repetitive sequence)在基因组内重复数十次至数十万次,平均长度 6×10^5 bp,通常是非编码序列,分散存在于基因组内。目前认为,大部分的非编码中度重复序列与基因表达的调控相关。

大多数中度重复序列与其他序列间隔排列,称作分散重复序列(dispersed repetitive sequence)。少数中度重复序列成串排列在一定的区域,称作串联重复序列(tandem repetitive sequence)。

分散重复序列分为两类。短分散元件(short interspersed elements,SINEs)的典型代表是 Alu 序列,其长度约为 300 bp。如图 18-10(a)所示,Alu 序列由两个 130 bp 的串联重复顺序组成,其中一个重复顺序有 30 bp 的插入序列,这个插入序列来自 7S L RNA,在 170 bp 处有一个 *Alu* I 的酶切位点(AGCT/TCGA),因此而得名。分散重复序列的生物学功能目前研究并不详细,但在基因组学研究中,可以作为分子标记,用于染色体作图。

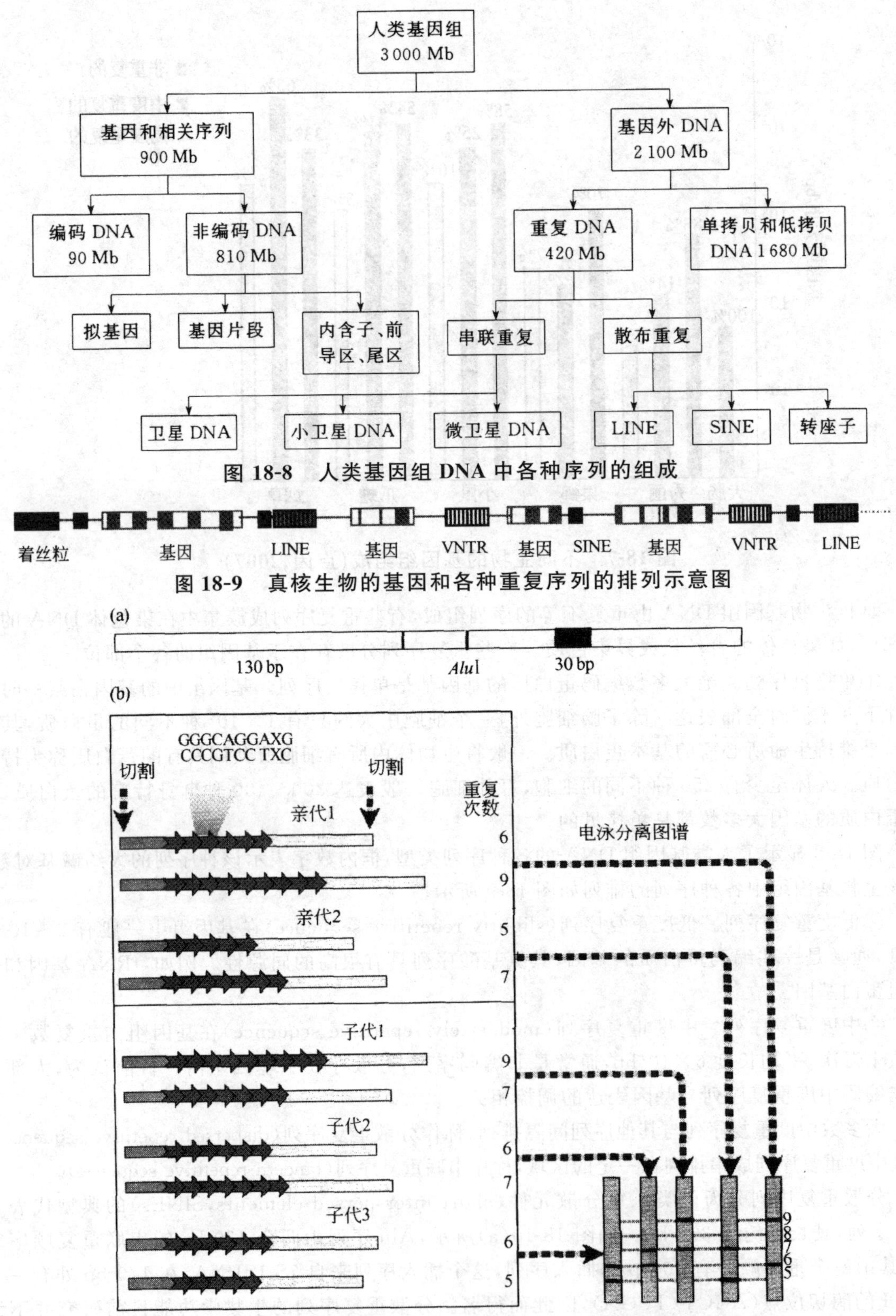

图 18-8 人类基因组 DNA 中各种序列的组成

图 18-9 真核生物的基因和各种重复序列的排列示意图

图 18-10 Alu 序列的结构及小卫星 DNA 用于亲子的鉴定图解

串联重复序列包括小卫星 DNA 和微卫星 DNA，编码组蛋白、per-rRNA、5S rRNA 及各种 tRNA 家族的基因，有人将着丝粒序列和端粒序列（卫星 DNA）也看作串联重复序列。

小卫星 DNA（minisatellite DNA）通常由大约 15 bp 的串联重复序列组成，大多位于邻近染色体末端的区域，也有一些分散存在于基因组的多个位置上。小卫星 DNA 的拷贝数存在很大的个体差异，长度多态性以孟德尔方式遗传。因此，小卫星 DNA 可用于 DNA 的指纹图谱分析，亲子鉴定，基因定位和遗传病的诊断分析。

微卫星 DNA（microsatellite DNA）是由更简单的串状重复单位组成的，重复单位只有 2～5 bp，分散存在于基因组中。大多数重复单位是二核苷酸，也有少量三核苷酸或四核苷酸的重复单位。由于重复单位比小卫星序列更短，因而称为微卫星序列，也可被称作短串联重复（short tandem repeats，STR）。可以作为基因组作图的遗传和物理标记。

④高度重复序列（highly repetitive sequence）。它是指在基因组中重复频率高达 10^6 以上的 DNA 序列。其特点为复性速度很快。例如，人类的 ALU 家族约有 30 万种类型，而其他物种的 ALU 类似家族共有 50 万种。高度重复序列大多数都集中在异质染色区，尤其在着丝粒和端粒附近。这类重复序列较为简单，不具备转录的能力。

(2)细胞基因组

①线粒体基因组。一个细胞内通常会有许多个线粒体，它存在于细胞核染色体之外，具有自我复制的能力，在细胞内具有多个拷贝。但是其复制的速度缓慢，每秒约 10 个核苷酸，全过程需要相当长时间。线粒体有自己的 DNA，即为线粒体 DNA（mitochondrial DNA，mtDNA），它是一个封闭的双链环状分子，没有组蛋白包装。线粒体 DNA 呈 D-环复制。

动物细胞线粒体基因组比较小，人、鼠和牛的线粒体基因组都只有 16.5 kb。与核 DNA 相比，线粒体 DNA 所占的比例不到 1%。酵母线粒体基因组很大，酿酒酵母的线粒体基因组为 84 kb，而且每个线粒体中有 4 个拷贝。图 18-11 显示了人类线粒体和酵母线粒体基因组的结构。酿酒酵母的 mtDNA 为 84 kb，正在生长的细胞中 mtDNA 的比例高达 18%。酵母线粒体基因组最显著的特征是图上座位比较分散。两个最主要的座位是断裂基因 *box*（编码细胞色素 b）和 *oxi3*（编码细胞色素氧化酶的亚基 1）。这两个基因加起来与哺乳动物线粒体基因组的总长度相当。这些基因中大多数较长的内含子具有与第一个外显子一致的开放阅读框，在某些情形下，内含子可以被翻译，使这两个基因能够生成多个蛋白质产物。其余的基因是非断裂基因，编码细胞色素氧化酶的另两个亚基，ATP 酶的亚基以及线粒体核糖体蛋白质。酵母线粒体基因组中大约 24%的 DNA 由富含 A-T 碱基对的短序列（图中空白处）构成，这些序列尚未发现编码功能。

线粒体基因组中的基因与线粒体的氧化磷酸化密切相关。近年来科学发现，人的一些神经肌肉变性疾病，如 Leber 遗传性视神经病、帕金森病、早老痴呆症、线粒体脑肌病、母系遗传的糖尿病和耳聋等，都与线粒体基因有关。

②叶绿体基因组。叶绿体是植物细胞中重要的一种半自主性细胞器，20 世纪 60 年代初期发现叶绿体含有自己的 DNA，即叶绿体基因组 DNA（chloroplast DNA，ctDNA）。一般，一个叶绿体中会包含一个到几十个叶绿体基因组。

叶绿体基因组通常为闭合环状双链 DNS 分子，长度为 37～45 μm。每一个叶绿体中一般含有多拷贝 DNA，其拷贝数目在 20～900 之间，因物种而异。DNA 分子存在于叶绿体的基质中，常以 10～20 个分子聚成一簇，与叶绿体的内被膜或类囊体膜结合。叶绿体中的 DNA 量占叶片中全部 DNA 的 10%～20%。

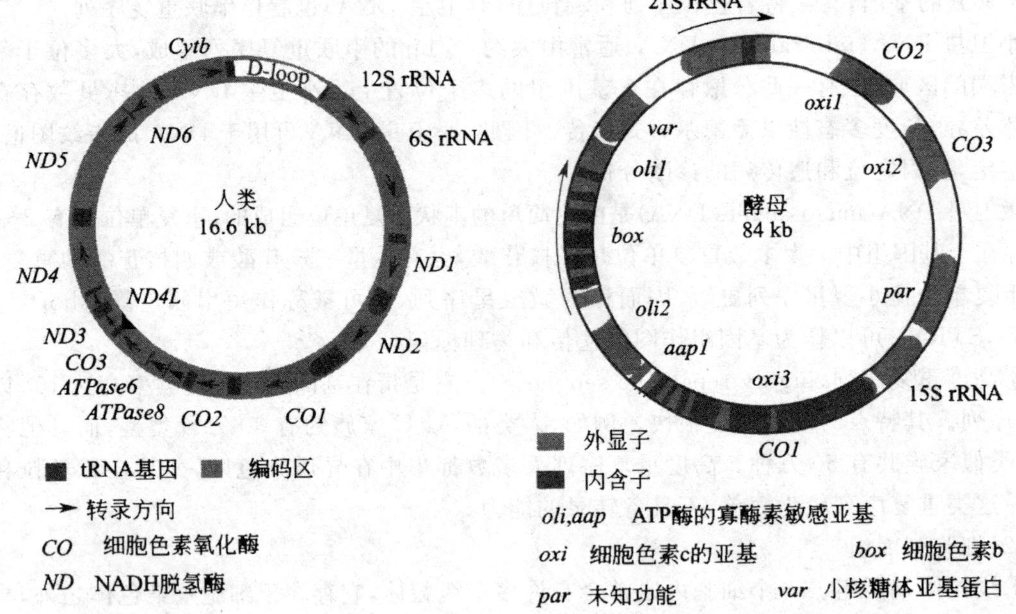

图 18-11 人类和酵母线粒体基因组的结构

最早被测序的是地钱(图 18-12)和烟草。烟草的叶绿体 DNA 比较大(156 kb)包含 150 个基因。含有 4 种 rRNA 基因,30 种 tRNA 基因,49 种蛋白质基因和 38 种含 70 个密码子以上的 ORF。蛋白质双向电泳表明,烟草叶绿体基因组中半数以上的蛋白质是由核基因编码,并在细胞质中合成后输入叶绿体中的。地钱基因数目的最佳评估则是 134 个。

叶绿体的作用是进行光合作用,大多数叶绿体基因产物是类囊体膜的成分或与氧化还原反应有关。有些复合物与线粒体复合物一样,一部分亚基由细胞器基因组编码,而另一部分亚基由核基因组编码。

叶绿体基因组虽然可以进行自主复制,但仍需要细胞核遗传系统提供遗传信息。例如,光合系统Ⅱ中的 Chla/b 蛋白质是在细胞质内的 80S 核糖体上合成后再转运进叶绿体的。

18.1.2 基因组学

人们将基因组的研究发展过程分为两个阶段:前期的结构基因组学和后期的功能基因组学。也就是说,结构基因组学代表着基因组分析的早期阶段,以建立生物体高分辨率转录、遗传和物理图谱为主;而功能基因组学代表着基因分析的新阶段,是利用结构基因组学所提供的信息和产物,发展和应用新的实验手段。

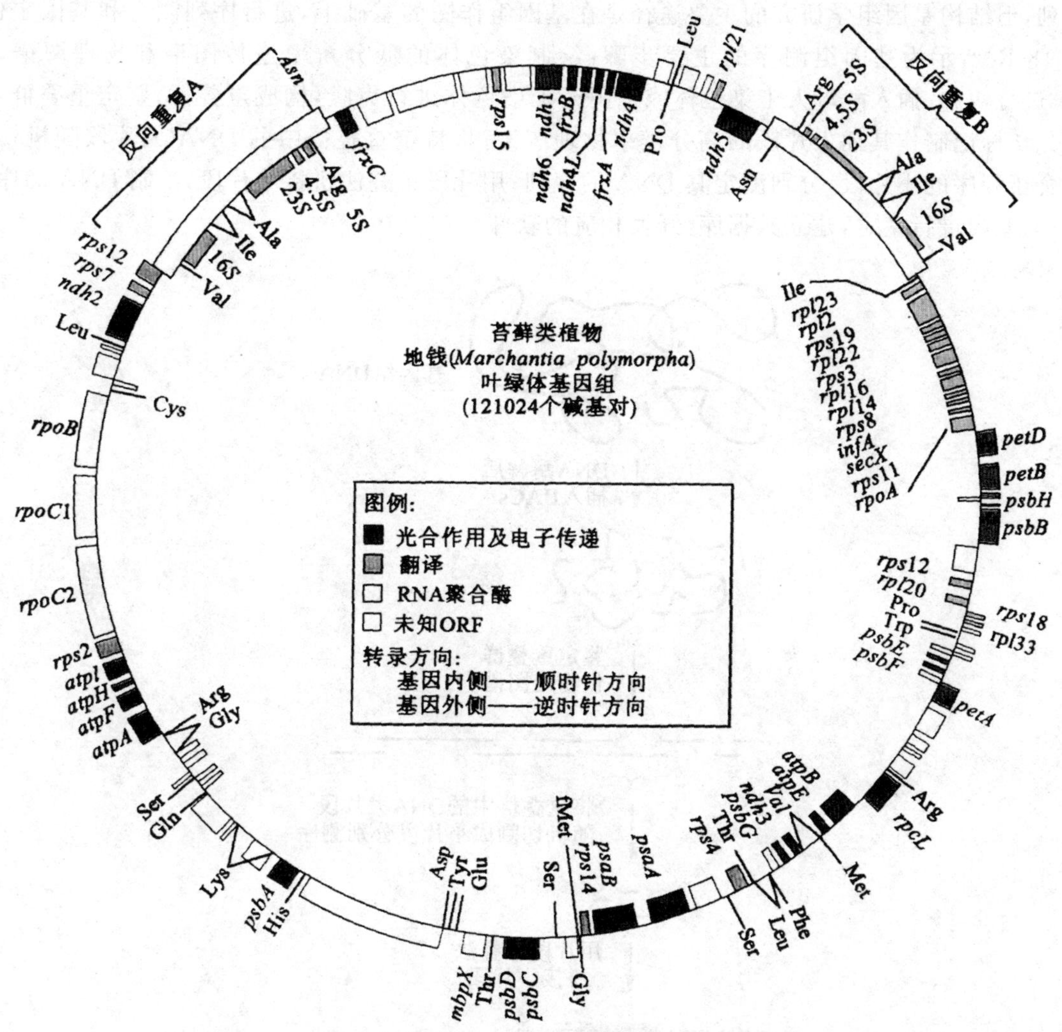

图 18-12　地钱叶绿体基因组遗传组合方式图(乔中东,2011)

1. 结构基因组学

结构基因组学(structural genomics)是基因组学的一个重要组成部分和研究领域,是一门通过基因作图、核苷酸序列分析确定基因组成、基因定位的科学。结构基因组学的内容包括基因组作图和基因组测序,它的研究将会带动生物科学各个领域及医药、农业、酶工程等许多方面的新发展。

人类的单倍体基因组分布在 22 条常染色体和 X、Y 性染色体上,最大的 1 号染色体有 263 Mb,最小的 21 号染色体也有 50 Mb。人类基因组计划的首要目标是测定全部 DNA 序列,但由于人的染色体不能直接用于测序,因此人类基因组计划的首要任务是要将基因组这一巨大的研究对象进行分解,将其分为容易操作的小的结构区域,这个过程就简称为染色体作图。

基因组测序的方法有双脱氧链终止法、化学降解法、热循环法和焦磷酸法等。虽然焦磷酸测序方法有可能将较小的基因组随机切割成小片段,进行直接的序列测定,经过拼接得到基因组的全序列，但结构基因组学研究的主要途径是在基因组作图的基础上，进行序列测定和基因定位。如图 18-13 所示为基因组测序的主要步骤：绘制染色体的低分辨率遗传图谱和物理图谱，对 DNA 进行切割，插入酵母人工染色体或细菌人工染色体进行克隆，构成重叠群；鉴定重叠群，用各种分子标记制作其插入片段的高分辨率物理图谱；将特定重叠群中的 DNA 大片段随机切割成适合于测序的小片段，分别测定其 DNA 的序列；用片段重叠法拼接小片段，绘制 DNA 的序列图谱；对基因进行鉴定，建立数据库，开发相应的软件。

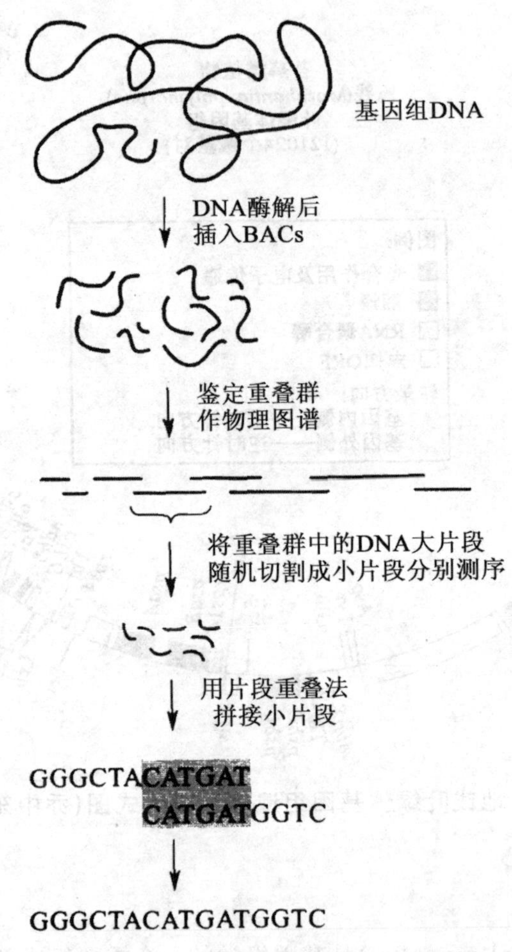

图 18-13　基因组测序的主要步骤

目前，基因组测序的技术路线主要分为两种形式：一种是逐步克隆策略，首先通过寻找沿每条染色体均匀分布的标记来绘制全基因组图谱，并同时收集各标记相应的克隆群，再对每一个克隆测序便可按照正确的顺序将这些序列拼凑在一起。另一种是鸟枪法测序策略，是构建一个含有不同大小插入片段的克隆文库，随机进行测定，然后利用计算机程序发现序列之间的重叠区从而将它们拼接在一起。这两种策略通常组合在一起使用，人类基因组测序就是这样完成的。

(1)遗传图谱和物理图谱

①遗传图谱。遗传学图谱(genetic map)，也称连锁图(linkage map)，是以已知性状的基因座位和多种分子标记的座位，经过计算连锁的遗传标记之间的重组频率，来确定它们之间的相对

距离，将编码该特征性状的基因定位于染色体的特定位置。

构建遗传学图谱是人类基因组研究的第一步。其原理是真核生物遗传过程中会发生减数分裂，此过程中染色体要进行重组和交换，重组和交换的概率会因染色体上任意两点间相对距离的远近而发生相应变化。

遗传学图谱上的连锁距离单位用厘摩(cM)表示，重组率 1% 即为 1 cM，1 cM 大约相当于 100 万个碱基的长度。人类基因组共约 3 600 cM。遗传图谱(图 18-14，左)的绘制是根据基因之间的重组频率，将重组频率为 1% 的图距定为 1 cM。有标志物间隔的高密度遗传图谱通常使用分子标志物，如不同长度的酶切片段(限制性片段长度多态性，RFLPs)来绘制。细胞图谱(图 18-14，中)是根据不同染色后显微镜下观察到的染色体结合形式来绘制的。

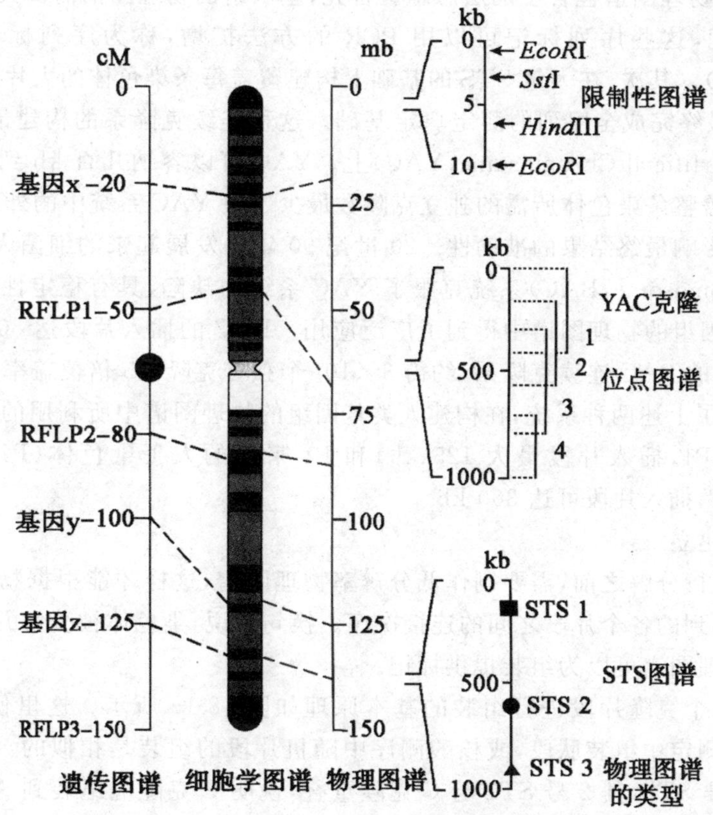

图 18-14　染色体的遗传图谱、细胞学图谱和物理图谱的相关分析

仅仅使用已知定位的少数几个基因作遗传标记，是很难绘制成完整的连锁图谱的。人类基因组 DNA 中存在大量的“微卫星”，它们长约 2～6 bp，在染色体的某一位点上可重复几次至几十次，称为短串联重复(STR)。不同个体的 STR 重复次数不同，这称为短串联重复的多态性(STRP)。STR 的存在，为绘制遗传学图谱提供了大量可用的遗传标记。采用 PCR 技术，以 STR 两侧的基因作定点标记的完整连锁图。一次杂交可以分析多个 STR，并可对复杂表型(如衰老)的多基因作图。遗传学图谱是为染色体 DNA 打标记，这种标记越密越好，以后在 YAC 文库中，通过这些标记找到某一克隆在染色体 DNA 上的特定座位。

②物理图谱。在对染色体进行分解之前,需要制作低分辨率的物理图谱,以确定染色体分解得到的各个片段之间的连接次序。物理图谱(physical map)是利用各种分子标记确定片段间的连接顺序,以及遗传标志之间用千碱基(kb)或兆碱基(Mb)表示的物理距离。用在基因组中分布较多的分子标记,可以做出精细的物理图谱。

遗传图谱反映的是DNA序列上两点之间的连锁关系,而物理图谱则反映的是DNA序列上两点之间的实际距离。遗传图谱与物理图谱并非一定是相对应的,在DNA交换频繁的区域,两个物理位置相距很近的基因或DNA片段可能具有较大的遗传距离,而两个物理位置相距很远的基因或DNA片段,则可能因该部位在遗传过程中很少发生交换而具有很近的遗传距离。

人类基因组的物理图谱包含了两层意思。首先,基因组的物理图谱需要大量定位明确、分布较均匀的序列标记,这些序列标记可以用PCR的方法扩增,称为序列标签位点(Sequence Tagged Sites,STS)。其次,在大量STS的基础上构建覆盖每条染色体的大片段DNA的连续克隆系(Contig),为最终完成全序列的测定奠定基础。这种连续克隆系的构建最早建立在酵母人工染色体(Yeast Artificial Chromosome,YAC)上。YAC可以容纳几百kb到几个Mb的DNA插入片段,构建覆盖整条染色体所需的独立克隆数最少。但YAC系统中的外源DNA片段容易发生丢失、嵌合而影响最终结果的准确性。20世纪90年代发展起来的细菌人工染色体(Bacterial Artificial Chromosome,BAC)系统克服了YAC系统的缺陷,具有稳定性高,易于操作的优点,在构建人类基因组的物理图谱中得到了广泛应用。BAC的插入片段达80～300 kb,构建覆盖人类全部基因组的BAC连续克隆系,约需3×10^5个独立克隆(15倍覆盖率,BAC插入片段平均长150 kb)。除了上述两种系统,在构建人类基因组的物理图谱中所利用的系统还有P1噬菌体(Bacteriophage P1,插入片段最大125 kb)和P1来源的人工染色体(P1-derived Artificial Chromosome,PAC,插入片段可达300 kb)。

(2)重叠群的建立

在对染色体进行分解之前,需要制作低分辨率物理图谱,这样才能根据物理图谱上的标记,确定染色体分解得到的各个片段之间的连接次序。换句话说,染色体被分解并完成测序后,需要组装,低分辨率物理图谱可以为组装提供标记。

对重叠群的各个克隆片段进行组装的基本原理如图18-15所示。这里使用的是片段重叠法,与蛋白质序列测定中组装肽段,或核酸测序中随机片段的组装是相似的。比如A克隆中有2号、11号和12号STS,其2号STS与C克隆重叠,说明C克隆应组装到A克隆之前。A克隆的12号STS与D克隆重叠,说明D克隆应组装到A克隆之后。需要说明的是,这里只是一个示意图,实际工作中的克隆数和STS更多,组装会更复杂,所以我们可以通过计算机帮助完成类似的工作。

(3)高分辨率物理图谱的制作

重叠群克隆中的大片段通常要被分解成较小的片段,用BAC进行亚克隆。亚克隆中的片段才被用来通过随机切割进行测序。由于亚克隆中的片段也需要组装,在分解大片段之前,需要制作大片段的高分辨率物理图谱。制作高分辨率物理图谱,可以采用多种不同的分子标记。

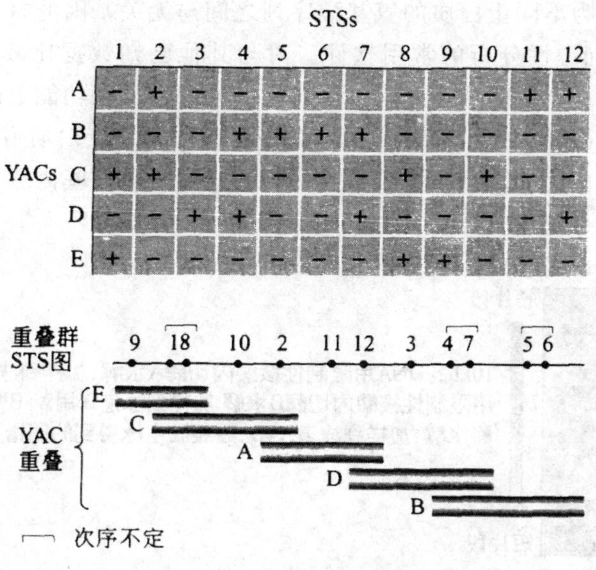

图 18-15　重叠群的建立

限制性片段长度多态性(restriction fragment length polymorphism,RFLP)是第一代分子标记,由于限制性内切酶可特异性切割 DNA 链,DNA 的点突变可能影响酶切位点。酶切后 DNA 片段的长度,可用凝胶电泳分析。RFLP 可用于基因突变分析、基因定位和遗传病基因的早期检测等方面。

用限制性核酸内切酶切位点制作 DNA 的物理图谱,需要配合使用多种限制性核酸内切酶,图 18-16 说明了这种方法的基本原理,随着片段长度的增加,实验过程的难度和结果分析的复杂性会明显增加。因而这种方法主要用于较简单基因组的物理图谱制作。

2. 功能基因组学

功能基因组学(functional genomics)又称后基因组学(post genomics),是利用结构基因组学所提供的信息,发展并应用新的实验手段,在基因组或系统水平上对基因功能进行的全面研究。从对单一基因或蛋白质的研究,转向对多个基因或蛋白质同时进行系统的研究。研究内容包括基因表达分析及突变检测,基因表达产物的生物学功能,如蛋白质激酶对特异蛋白质进行磷酸化修饰,参与细胞间和细胞内的信号传递途径,参与细胞的形态建成等。基因的功能直接或间接与基因转录有关,因此,狭义的功能基因组学是研究细胞、组织或器官在特定条件下的基因表达。广义地讲,功能基因组学是结合基因组来定量分析不同时空表达的 mRNA 谱、蛋白质谱和代谢产物谱,所有对基因组功能的高通量研究,都可归于功能基因组学的范畴。

可以从基因水平和蛋白质水平两个方面来进行基因功能的研究。基因水平主要指基因表达的模式;蛋白质水平是指基因产物的功能分析。

基因表达是比较不同组织和不同发育阶段,正常状态和疾病状态,以及体外培养的细胞中基因表达模式的差异。传统的 RT-PCR、RNase 保护实验、RNA 印迹杂交等方法也能做到这一点。但这些方法具有普遍的不足,即一次只能研究一个或几个基因。

同源性检测可以用 DNA 序列进行,也可以用氨基酸序列进行。在氨基酸序列上得到假阳性的可能性会减少。因为不同蛋白质的氨基酸序列之间与无关基因的氨基酸序列表现出更大的差异。BLAST 是用于同源性分析的常用软件。对与其他已知数据比较后得到的阳性匹配，可能对所要检索的新基因有一定的功能提示。结构上的同源性反映功能上的相似性。有时检索的序列中只有一小段表现出同源性。这表明，虽然基因无关，但其蛋白质有某些相似的功能，或者其中部分结构域行使相似的功能。因此，通过同源性分析，可以在基因或蛋白质中寻找到部分已知功能的结构域。

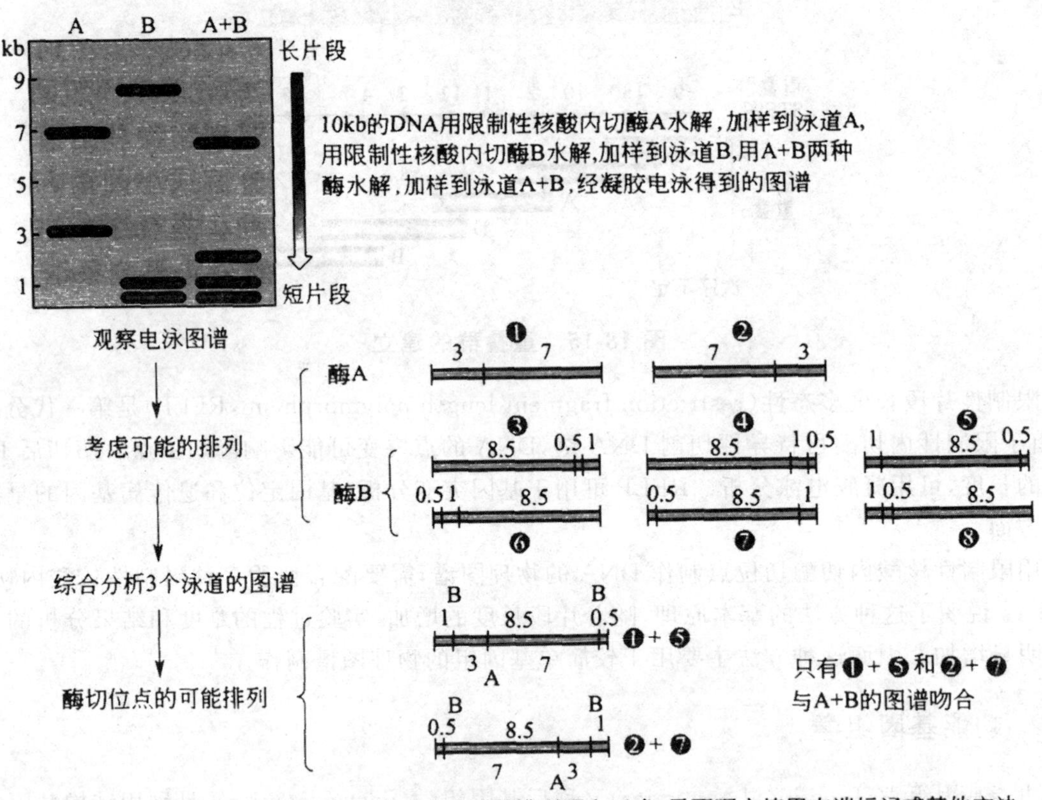

图 18-16　限制性核酸内切酶图谱的制作

在基因水平上研究基因功能还有反义核酸技术、基因敲除和基因嵌入技术、反向遗传学，等等。

功能基因组学与转录组学、蛋白质组学和生物信息学等密切相关，同时在功能基因组学的基础上还产生出许多不同的分支，如药物基因组学、比较基因组学、进化基因组学等。

18.2　转录组学

利用 DNA 芯片或类似技术，测定生物体所有基因在任何时候的表达及水平为基因组学一个重要的应用。这种功能性基因组学研究是基于细胞在某一特定时间的基因转录。若将一个细胞一生的转录物集中考虑，采用类似于基因组的概念可称之为转录组，而将测定基因某一时候表达水平的功能基因组研究方法称为转录组学。

转录组学是一门在整体水平上研究细胞中基因转录的状态及转录调控规律的科学。广义的转录组是指从一种细胞或者组织的基因组所转录出来的RNA的总和,包括编码蛋白质的mRNA和各种非编码RNA(rRNA、tRNA、snoRNA、snRNA、miRNA和其他非编码RNA等)。狭义的转录组是指所有参与翻译蛋白质的mRNA总和。这些转录本和所编码的蛋白质在不同细胞生理状态下(如干细胞和分化细胞)和不同病理状态下(如癌细胞和病毒感染细胞)的分布和功能的关联性是基因调控和功能研究的重要基础。转录组谱可以提供任何条件下全部基因表达的信息,并据此推断相应未知基因的功能,揭示特定调节基因的作用机制。

简而言之,转录组学是从RNA水平研究基因表达的情况。转录组即一个活细胞所能转录出来的所有RNA的总和,是研究细胞表型和功能的一个重要手段。

18.2.1 转录组学发展的原因

转录组学是从蛋白质组学、基因组学和环境科学等已有的一些技术和领域发展而来的。自从20世纪90年代中期以来,随着微阵列技术被用于大规模的基因表达水平研究,转录组学研究技术作为一门新技术开始在生物学前沿研究中崭露头角,并逐渐成为生命科学的研究重点。

转录组学之所以快速发展,可以归结为以下几个基本原因:

第一,蛋白质组和基因功能的系统性研究对转录组信息的需求不断增加,蛋白质组研究需要更多的转录组信息,由于通过单一的蛋白质组数据不足以清楚地鉴定基因的功能,因此蛋白质组的数据需要转录组的研究结果加以印证。

第二,作为广义转录组重要组成部分的非编码转录单元研究不断发展,其概念和分子机制都在不断更新,使基因网络调控的研究进一步复杂化。

第三,由于受到来自技术(主要是DNA测序)方面的限制,转录组的深度挖掘进展缓慢,过去常用取样量仅仅是预期数据(50万到100万)的1%～2%,一直没有形成主流发展方向和提炼出重要的科学问题。随之而来的将是更加深入的转录组研究,科学命题将会非常多。随着新一代高通量测序技术运用到转录组研究中,提供的数据量呈现爆炸式的扩增,极大地拓宽了转录组研究所解决的科学范围。

第四,以细胞为主体的转录组研究将取代粗框架的以组织或器官为主体的研究,而且会细化到不同的生理和病理状态。

第五,转录组是系统生物学研究的一个基本部分,它上承基因组,下接蛋白质组,又与细胞的功能和代谢过程息息相关。

18.2.2 转录组学的主要研究内容

转录组学主要从以下4个水平进行研究:其一,对特定细胞的转录与加工研究,包括转录因子在启动区的组装、序列特异的激活剂的结合、重建复合体的招募和作用、乙酰化复合物的招募和作用以及组蛋白磷酸化对染色质结构的影响;转录前体mRNA;RNA加帽;剪接体的形成及剪接机制;snRNA分子在剪接反应和其他加工反应中的作用;转录物加尾等。其二,由于转录物的多样性,对转录物编制目录便于进一步归纳分析。其三,绘制动态的转录组图谱。其四,转录物的网络式调节。

18.2.3 转录组学的主要研究方法

就研究目的而言，转录组研究可分为两个基本阶段：一是细胞内基因转录本的发现；二是细胞间和细胞在不同状态下已知转录本表达差异的研究。尽管人类基因组的序列已知，理论上是可以用基因组序列（如所有外显子的代表序列）来探求基因表达和绘制基因表达谱，但实际上低表达基因的研究还是受到基因微阵列方法的限制，很难得到可信的结果，而且很多基因还没有得到很好的功能诠释。因此，理解各种用于转录组研究的技术和方法有助于对转录组数据的理解。

1. DNA 微阵列技术

DNA 微阵列技术是指将几百甚至几万个寡核苷酸或 DNA 片段密集地排列在硅片、玻璃片、聚丙烯或尼龙膜等固相支持物上作为探针，把要研究的样品（称为靶 DNA）标记后与微阵列进行杂交，用激光共聚焦显微镜或其他手段对芯片进行扫描，根据杂交信号强弱及探针的位置和序列确定靶 DNA 的表达情况以及突变和多态性的存在。

该技术的突出特点在于高度并行性、多样性、微型性和自动化等，可用于测序、转录情况分析、不同基因型细胞的表型分析以及基因诊断、药物设计等领域。目前被广泛应用于基因表达差异的研究、基因药物的筛选、临床诊断及预后检测、环境生物学检测等。

微阵列包括 DNA 芯片（DNA chip）、cDNA 微阵列等。cDNA 微阵列具有很高的灵敏度，通过使用几种不同颜色的荧光染料标记探针，在同一张膜上一次杂交实验就可以分析不同细胞或不同生理条件下基因表达的差异。但是由于它的成本太高，并且在技术和设备上还存在一定的难度，因此在推广上有一些困难，应用还不够广泛。

2. 基因表达系列分析(SAGE)和 MPSS 技术

SAGE 是由 Victor Velculescu 等人开发的一种用于分析特定细胞中基因表达强度的新策略，它是同时、定量分析大量转录本的一种方法。SAGE 技术路线见图 18-17，它的主要理论依据是，来自 eDNA 3′端一段 9～11 bp 的短序列包含了能代表该转录本的足够信息，能区分基因组中 95％的基因。这一段特定序列称为 SAGE 标签（SAGE tag）。根据 GenBank 数据库有某一物种 DNA 序列足够的资料，通过对 eDNA 制备 SAGE 标签，将这些标签串联起来。SAGE 为人们研究在特定组织中有哪些基因表达以及它们表达的程度提供了一种方法。

MPSS 是一种基于磁珠（bead）和接头（adaptor）连接和解码的复杂技术，测定结果短，多用于转录组测序，测定基因表达量，它是 SAGE 的改进版。MPSS 技术首先是提取实验样品 RNA，并逆转录为 cDNA，接着将获得的 cDNA 克隆至具有各种 adaptor 的载体库中，并将 PCR 扩增克隆至载体库中的不同 cDNA 片段，然后在 T4 DNA 聚合酶和 dGTP 的作用下将 PCR 产物转换为单链文库，最后通过杂交将其结合在带有 anti—adaptor 的微载体上进行测序。MPSS 技术对于功能基因组研究非常有效，能在短时间内捕获细胞或组织内全部基因的表达特征。MPSS 技术是鉴定致病基因并揭示该基因在疾病中的作用机制等的重要工具。

3. 基于新一代高通量测序技术的转录组测序

自从 2005 年第二代测序设备投入使用以来，第二代测序技术对基因组学的研究产生了巨大的影响，已被广泛运用到基因组测序工作之中。转录组测序也被称为全转录组鸟枪法测序(whole transcriptome shot gun sequencin9，WTSS)，简称 RNA-seq，就是把 mRNA、smallRNA 和 non-coding RNA 全部或者其中一些用高通量测序技术进行测序分析。其原理是把高通量测序技术应用到由 mRNA 逆转录生成的 cDNA 上，从而获得来自不同基因的 mRNA 片段在特定样本中的含量，这就是 mRNA 测序或 mRNA-seq，同样原理，各种类型的转录本都可以用深度测序技术进行高通量检测，统称为 RNA-seq(图 18-18)。

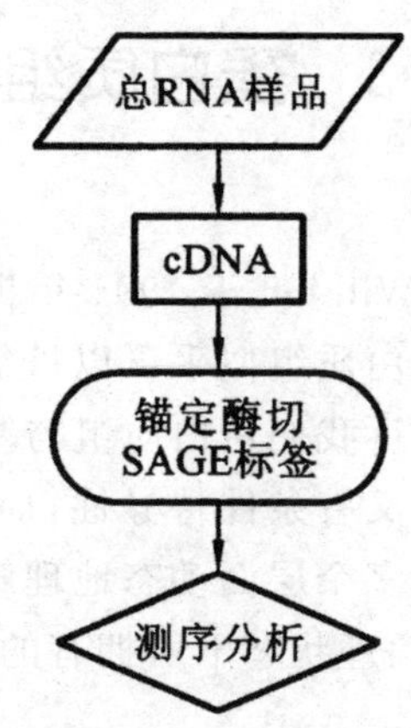

图 18-17　SAGE 技术路线图

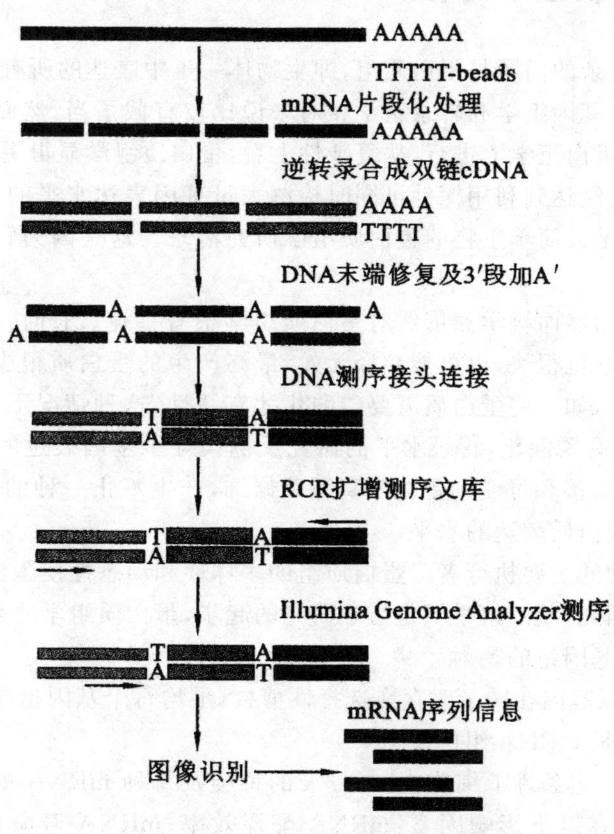

图 18-18　RNA-seq 技术流程图

随着高通量测序技术的迅猛发展,转录组研究从以前的微阵列技术、SAGE及MPSS技术的低通量模式切换至RNA-seq的高通量模式。作为蛋白质组研究的基础,RNA-seq可以识别比蛋白组高一至两个数量级的基因,从而帮助科学家构建完整的基因表达谱和蛋白质相互作用网络。RNA-seq对于真核生物的基因表达调控、癌症等疾病的发生机制和新治疗方案确定、遗传育种等方面的研究具有不可估量的潜力。

18.3 蛋白质组学

蛋白质组的概念由澳大利亚学者Wilkins于1994年提出,并仿造了一个合成词proteome。因为蛋白质是基因编码的产物,所以蛋白质组似乎可以被简单地理解成是由一个基因组编码的全部蛋白质。然而,至少有一个事实告诉我们蛋白质组与基因组绝不是简单的对应关系:蛋白质组既有细胞特异性甚至细胞器特异性,又有条件特异性;而基因组只有物种特异性,没有细胞特异性,更没有条件特异性。因此应该从多个层面动态地理解蛋白质组,即一个个体、一种组织、一种细胞或一种细胞器在一定的生理或病理状态下所拥有的全部蛋白质。

18.3.1 蛋白质组学的特点

一个类似和更为复杂的问题是蛋白质组,即生物体一生中表达的所有蛋白的活性和特性,该领域称为蛋白质组学。基因组学和转录组学相对来说比较直截了当,然而生命功能的最终诠释还是在蛋白质水平,即蛋白组学上进行,从复杂性上看,蛋白质组学显得更为简单。然而,即使在转录组学的研究水平已经达到利用探针可同时检测大量基因表达水平的情况下,以我们目前的技术,还不可能将哪怕是最简单生物的蛋白质组学研究清楚。这是因为转录水平的高低只是大致反映了基因的表达。

即使存在很多困难,然而科学家依然对蛋白质组学很有兴趣。有时,一个基因的mRNA可能大量产生,但可能降解也很快,也可能翻译无效,最终产生的蛋白质很少;另一种情况,很多蛋白质存在翻译后的修饰,如一些蛋白质需要磷酸化才有活性,这种情况下,即使细胞产生了大量的mRNA,但蛋白质没有磷酸化,转录水平的研究反倒误导了基因表达的研究;此外,很多mRNA翻译时存在RNA剪接和可变的蛋白质翻译后修饰,产生不止一种的蛋白质。所以,转录的水平并不能确切代表蛋白质表达的水平。

蛋白质是生命活动的主要执行者。蛋白质组的多样性和动态性使蛋白质组学研究要比基因组学研究复杂得多。因此,基因组学只是组学研究的起步,蛋白质组学才是组学研究的核心。

(1)蛋白质组不是基因组的映射

人类基因组有60%基因在转录时存在选择性剪接,平均每个基因指导合成三种mRNA。

(2)蛋白质组也不是mRNA组的映射

mRNA组展示了一定条件下细胞内mRNA的种类及每种mRNA的相对丰度。它并不与蛋白质组一致,因为存在以下影响因素:mRNA翻译效率;mRNA寿命;蛋白质翻译后修饰效率;蛋白质寿命。

(3)蛋白质组具有动态性

一种组织细胞的蛋白质组在不同发育阶段、不同代谢条件下不尽相同,并且直接决定了组织细胞的形态和功能的差异,这是因为基因表达具有时间特异性、条件特异性。相比之下,基因组具有稳定性。

(4)蛋白质组具有多样性

不同组织细胞的蛋白质组不尽相同,因为基因表达具有组织特异性。相比之下,基因组具有均一性,同一个体不同组织细胞的基因组完全一样。

(5)蛋白质组学研究更接近生命活动的本质和规律

蛋白质是生物体的结构基础,是生命活动的执行者和体现者。蛋白质组的变化直接反映了生命现象的变化。研究蛋白质组可以更全面、更细致、更直接地揭示生命活动的规律。

(6)蛋白质组包含翻译后修饰信息

蛋白质的翻译后修饰对蛋白质的功能至关重要,所有蛋白质在合成之后一直经历着各种修饰,许多代谢调控也是通过调节蛋白质的翻译后修饰实现的。与蛋白质有关的许多信息可以通过分析蛋白质组来获得。

18.3.2　蛋白质组学的研究内容

蛋白质组学是在整体水平上研究细胞内蛋白质组成、数量及其在不同生理条件下变化规律的科学。它主要研究细胞内所有蛋白质在生命活动过程中的时空表达、蛋白质分子间的相互作用、翻译后的各种修饰等。与传统的针对单一蛋白质进行的研究相比,蛋白质组学的研究不仅在研究手段上是全新的、大规模和高通量的,而且由于一个细胞蛋白质的复杂性、多样性和可变性,对其分析分离都要相对困难得多。

目前,蛋白质组学的研究大致可分为组成蛋白质组学(compositional proteomics)研究和比较蛋白质组学(comparative proteomics)研究两大方向。组成蛋白质组学是采用高通量的蛋白质组研究技术从大规模、系统性的角度分析生物体内尽可能多乃至接近所有的蛋白质,建立蛋白质表达谱,从而获得对生命活动的全景式认识的蛋白组学研究。比较蛋白质组学研究以生命活动或疾病为研究对象,选取生命活动或疾病发生、发展过程中的几个相继的重要阶段,分别进行蛋白质作图,系统地进行蛋白质种类和数量的比较,筛选有差异表达的关键蛋白和导致疾病发生的标志性蛋白后,进一步研究蛋白质组成员间的相互作用、相互协调的关系,并深入了解蛋白质的结构与功能的相互关系,以及基因结构与蛋白质结构、功能的关系,从而确定生命活动或疾病发生、发展的蛋白质基础。比较蛋白质组学研究是蛋白质功能模式的研究,是蛋白质组学研究的最终目标。蛋白质组学研究的核心内容包括两个方面:蛋白质组研究体系的建立、完善和重要的生物学问题相关的功能蛋白质组研究。

蛋白质组学高通量、全方位、多层次、动态研究蛋白质组。

(1)揭示蛋白质结构

阐明蛋白质功能的一个重要前提是阐明其空间结构。蛋白质组学应用质谱技术、X射线衍射技术和核磁共振技术等在蛋白质组水平研究蛋白质的空间结构信息,建立数据库,通过信息分析阐明一级结构决定空间结构的规律。

(2)分析蛋白质丰度

利用双向凝胶电泳技术、蛋白质印迹技术、蛋白质芯片技术、抗体芯片技术、免疫共沉淀技术,分析特定细胞在特定时间和特定条件下的蛋白质组图谱,即所含蛋白质的种类和丰度,研究基因表达的特异性及疾病相关性。

(3)阐明蛋白质功能

系统应用中和抗体、小分子化合物等方法干预蛋白质的活性或使蛋白质失活,观察对某一生命活动过程的影响,从而阐明蛋白质功能模式。

(4)研究蛋白质作用

几乎所有生命活动的化学本质都是蛋白质作用,既包括辅基的结合、亚基的装配,更包括蛋白质—蛋白质、蛋白质—核酸、酶—底物、抗体—抗原、受体—配体等相互作用。因此,蛋白质组学利用酵母双杂交技术、表面展示技术等研究蛋白质作用,可以绘制蛋白质作用图谱,阐明蛋白质在代谢途径和调控网络中的作用,以获得对生命活动的全景式认识。

18.3.3 蛋白质组学的研究技术体系

要研究基因的表达,必须要在蛋白质水平上进行。为了分析生物体的蛋白质,我们必须做到如下两件事情:第一,必须将蛋白质分离;第二,要有鉴定和测量每种蛋白质活性的方法。

1. 蛋白质分离技术

蛋白质分离技术主要包括双向凝胶电泳、双向高效柱层析、二维差异凝胶电泳、毛细管电泳技术、蛋白质芯片技术等。

(1)双向电泳

20 世纪 70 年代发明的双向电泳为最好的分离方法。双向电泳(2-DE)是基于不同蛋白质的等电点和分子量不同的特性,第一向采用等电聚焦(IEF)进行第 1 次分离,第二向沿垂直方向用十二烷基硫酸钠-聚丙烯酰胺凝胶电(SDS-PAGE)进行第 2 次分离(图 18-19)。双向电泳可以分辨上千个点,如何对这些点进行有针对性的分析,方法的选择至关重要。根据分离的目的,有多种检测方法。目前蛋白质组研究中经常结合两种染色方法进行分析,首先经银染分析寻找出有意义的点,再加大上样量,用考马斯蓝染色,再用作进一步质谱鉴定。双向电泳在蛋白质组分离技术中起到了关键作用。

虽然此方法很强大,但还没达到能将细胞中成千上万种蛋白质全部分离的水平,一个双向电泳平均能分离 2 000 个蛋白质,最好的电泳结果也只能达到 11 000 个左右;双向电泳还存在重复性不高的问题,电泳结果往往不能预测;另外还有一个问题,即很多人们感兴趣的蛋白,特别是膜蛋白疏水性很高,很难溶于用于双向电泳的缓冲液中,电泳出来根本不可见;另外,很多蛋白质的含量太低,双向电泳检测不到。到目前为止,上述问题还难以解决,但研究人员对不同细胞成分进行分离再进行研究,在一定程度上解决了这些问题。例如,可只研究核蛋白,甚至只研究核仁或是核孔复合物的蛋白。需要分离的蛋白质更少,溶解就不会成为一个严重问题。不过,这些受限制的研究离真正的蛋白质组学研究还很遥远。

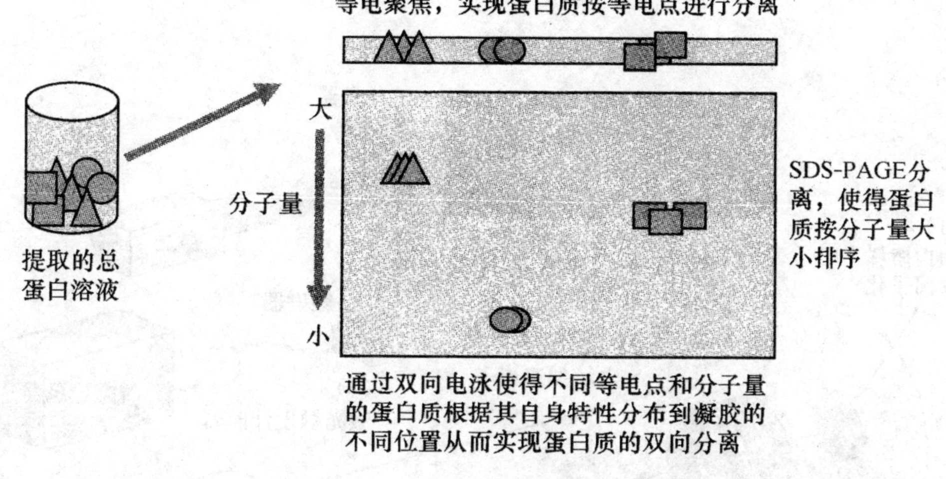

图 18-19　双向凝胶电泳示意图

(2)二维差异凝胶电泳

这是在二维电泳技术的基础上发展起来的定量分析凝胶上蛋白质点的新方法。该技术应用不同的荧光染料 Cy2、Cy3 或 Cy5，分别标记不同的蛋白质样品后将两种样品等量混合，在同一 2-DE 中分离。通过加入内标(Cy2、Cy3 或 Cy5 标记的已知量的某种蛋白质)可保证定量结果的可靠性和操作的可重复性。可比较两种状态下特定蛋白质丰度变化、也可发现缺失或新出现的蛋白质。

(3)双向高效柱层析

它是先将蛋白质混合样品进行凝胶过滤(分子筛)层析，再利用蛋白质表面疏水性质进行反向柱层析分离。该法的优点是可以适当放大，分离得到较多的蛋白质以供鉴定。层析柱流出的蛋白峰可直接连通进入质谱进行测定(一维色谱与质谱联用技术，多维色谱与质谱联用技术)，这在分析复杂混合物时很有优势。

2. 蛋白质分析技术

一旦蛋白质可被分离和定量，那么如何进行分析？首先，它们要得到鉴定，目前最好的方法是双向凝胶电泳-质谱技术，即通过双向凝胶电泳将蛋白质分离，然后利用质谱对蛋白质逐一进行鉴定。质谱技术是目前蛋白质组研究中发展最快，也最具活力和潜力的技术。它通过测定蛋白质的质量来判别蛋白质的种类。质谱技术是通过测定样品离子的荷质比(m/z)来进行成分和结构分析的分析方法。

现在所使用的质谱技术有基质辅助激光解析电离飞行时间质谱(MALDI-TOF MS)和电喷雾离子化质谱(ESI-MS)。MALDI-TOF MS 用一定波长的激光打在样品上，使样品离子化，然后在电场力作用下飞行，通过检测离子的飞行时间(TOF)计算出其质量电荷比，从而得到一系列酶解肽段的分子量或部分肽序列等数据，最后通过相应的数据库搜索来鉴定蛋白质(图 18-20)。该技术精度高、分析时间短，可同时处理许多样品，是高通量鉴定的首选方法。ESI-MS 是在喷射过程中利用电场完成多肽样品的离子化，离子化的肽段转移进入质量分析仪，根据不同离子的质荷比差异分离，并确定分子质量。此法分析肽混合物、鉴定蛋白质时，可对每一肽段进行序列分析，综合 MS 数据鉴定蛋白质，大大提高了鉴定的准确度。

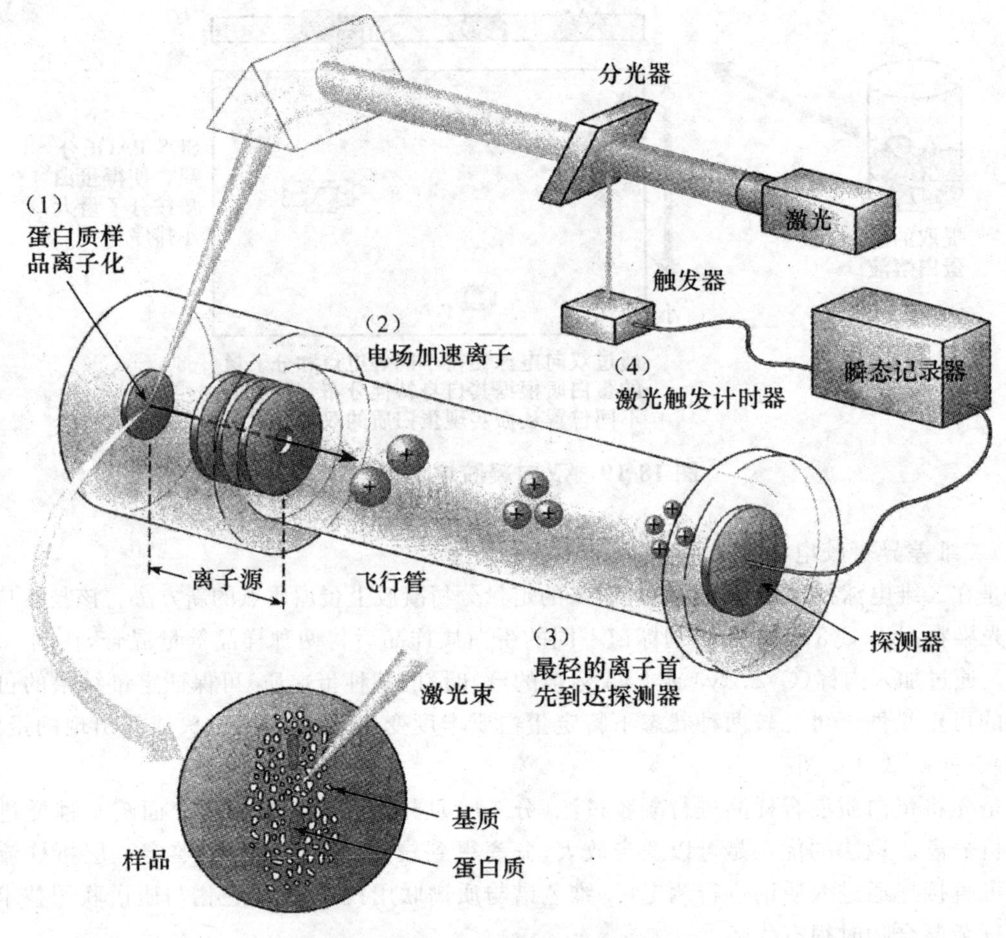

图 18-20 MALDI-TOF 质谱

18.4 代谢组学

继基因组后，转录组、蛋白质组等相继出现，并形成基因组学、转录组学和蛋白质组学等。但是基因与功能的关系非常复杂，转录组、蛋白质组还不能用来表达生物体的全部功能。生物体内存在着十分完备和精细的调控系统以及复杂的新陈代谢网络，它们共同承担着生命活动所需的物质与能量的产生以及调节。在这一复杂体系中，既有直接参与物质与能量代谢的糖类、脂肪及其中间代谢物，也有对新陈代谢起重要调节作用的物质，这些物质在体内形成相互关联的代谢网络。起调节作用的代谢物，从生理功能上来说，主要包括神经递质、激素和细胞信号转导分子等，从化学组分上来说，主要包括多肽、氨基酸及其衍生物、胺类物质、脂类物质和金属离子等，这些调节物质绝大部分都是小分子物质，在植物与微生物中还存在着大量的次生代谢产物。这些分子广泛分布于体内，对多种生理活动都具有重要的调节作用。不同活性的分子或协同、或拮抗、或修饰而相互影响，在生物学效应以及信号转导和基因表达调控上形成复杂的网络，承担着维持生物有机体稳态的重要任务，是神经内分泌和免疫网络调节的物质基础和自稳态调节的重要成分。基因组、转录组和蛋白质组的研究很难涵盖这些非常活跃而且非常重要的生命活性物质，如果对这类物质的生理活性和病理生理学意义不能充分认识，就不可能真正阐明生命活动的本质。

18.4.1　代谢组和代谢组学

代谢组(metabolome)和代谢组学(metabonomics 或 metabolomics)就是在这种情况下诞生的。代谢组是指某一生物或细胞在一特定生理时期内所有的低分子质量代谢产物。代谢组学则是通过组群指标分析，进行高通量检测和数据处理，研究生物体整体或组织细胞系统的动态代谢变化，特别是对内源代谢、遗传变异、环境变化乃至各种物质进入代谢系统的特征和影响的学科，即关于生物体内源性代谢物质的整体及其变化规律的科学。代谢组学的中心任务包括检测、量化和编录生物内源性代谢物质的整体及其变化规律，联系该变化规律与所发生的生物学事件或过程的本质。代谢处于生命活动调控的末端，因此，代谢组学比基因组学、蛋白质组学更接近表型。

18.4.2　代谢组学的研究方法

代谢组学研究一般包括样品采集和制备、代谢组数据的采集、数据预处理、多变量数据分析、标志物识别和途径分析等步骤。生物样品可以是尿液、血液、组织、细胞和培养液等。具体如下(图 18-21)：样品采集后首先进行生物反应灭活、预处理；然后运用核磁共振、质谱或色谱等检测其中代谢物的种类、含量、状态及其变化，得到代谢轮廓或代谢指纹；再使用多变量数据分析方法对获得的多维复杂数据进行降维和信息挖掘，识别出有显著变化的代谢标志物，并研究所涉及的代谢途径和变化规律，以阐述生物体对相应刺激的响应机制，达到分型和发现生物标志物的目的。

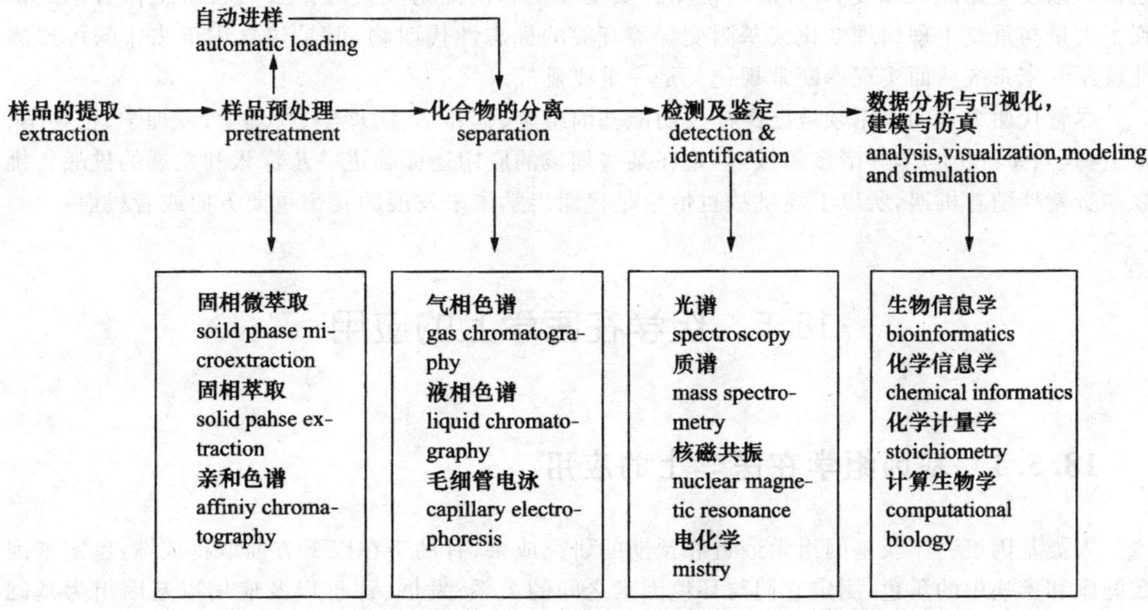

图 18-21　大规模代谢组学研究的技术路线(引自邱德有，2004)

理想的代谢物检测分析方法必须具备同步检测的无偏向性、不依赖检测者的客观性、良好的分辨率和重现性、高灵敏度和系统或整体性、分子结构信息的丰富性和原位定量研究的可行性、样品制备的简易性和高通量分析可操作性、较低的先验性、知识依赖性、活体或原位检测分析的可能性和便捷性、劳动力低耗性、重复回头检测率低、较低的每个样品检测分析成本，等等。现有的分析方法基本上可以归为三类：色谱—质谱联仪方法、磁共振波谱法和色谱—核磁—质谱联仪法。

用于代谢组数据分析处理的化学计量学方法很多，但大体包括两类：非指导性（unsu-pervised）和指导性（supervised）方法。最常见的非指导性方法为主成分分析（principal component analysis，PCA）；最常见的指导性方法为偏最小二乘法为基础的分析（partial least square，PLS）。这两种方法常常以所谓的 scores plot 和 loadings plot 的形式输出分析结果，前者表征对比代谢组之间的区别和相似程度；而后者给出导致其区别（或相似性）的有贡献变量及其贡献程度。

18.4.3 代谢组学的发展

从目前的总体情况来看，代谢组学研究仍然处于发展阶段，在方法学和应用两方面均面临着很大的挑战。

从方法学的角度讲，无论是现有的分析仪器和分析技术还是数据处理和挖掘方法都需要进一步发展。目前代谢组学研究一方面在分析检测和数据分析技术方面都对相关的专业技术和经验有很强的依赖性；另一方面其总目的是要回答生物学问题。因此，学科交叉是代谢组学进一步发展的根本出路。而代谢组检测、代谢物定性、数据分析挖掘，甚至代谢途径分析的自动化、高效率和可视化是代谢组学的根本前途。

从代谢组检测分析角度看，生物体系的复杂性决定了生物体液以及生物组织代谢物组成的复杂性，这是对分析方法的分辨率和通量以及物质归属和精确定量的巨大挑战。代谢组中各代谢物的浓度差异巨大，对现有方法的检测灵敏度和动态范围构成挑战。虽然科研工作者已经得到了大量与重要生理病理变化或基因变异等有关的标志性代谢物，但是建立用于临床的可预测性诊断专家系统从而实现诊断常规化又是一重要挑战。

尽管代谢组学的应用领域已经涉及功能基因组学、营养学、病理学、药理学、毒理学、植物学、微生物学、系统生物学等诸多领域，但是在某些领域的应用还面临进一步深入和发展的挑战。挑战本身就伴随着机遇，所以上述挑战也恰恰是代谢组学未来发展的几个重要方向或者机遇。

18.5 组学在医学上的应用

18.5.1 基因组学在医学上的应用

人类基因组测序及基因组学最近和预期的研究成果，有助于在以下方面取得成绩：鉴定基因在健康和疾病中的角色，测定它们与环境因素之间的关系；发展、评价以及应用以基因组为基础的诊断方法来预测对疾病的易感性，预测药物反应等。

1. 用于人类基因相关基因鉴定

人类所有疾病或健康状态都与基因直接或间接相关，每种疾病都有其相应的致病基因或易感基因存在。人类疾病相关基因是人类基因组中结构与功能完整性至关重要的信息，疾病的发生过程是相关基因与内外环境相互作用的结果。人类基因组研究的一个主要目标是寻找人类疾病相关基因。科学家认为，至少有 4 000 多种基因与人类疾病的发生有直接关系。因此，以人类基因组为大背景研究疾病发生、发展过程中基因型的变化规律，将是揭示基因组功能奥秘的最佳途径，由此建立了疾病基因组学。

采用“定位克隆”和“定位候选基因”的策略，已发现了包括遗传性结肠癌、囊性纤维化和乳腺癌等一大批单基因遗传病致病基因，为这些疾病的基因诊断和基因治疗奠定了基础。1998 年，我国夏家辉教授课题组在《Nature Genetics》发表了人类神经性高频耳聋的致病基因(GJB3 的突变体)，实现了我国在单基因遗传病致病基因研究“零的突破”。2001 年，我国科学家发现遗传性乳光牙本质的致病基因，从而在国际上首先鉴定出遗传性牙本质发育不全的致病基因为 DSPP。2003 年，我国科学家在《Science》发表文章，发现了引起家族性心房颤动(房颤)的致病基因，这是迄今为止发现的第一个引起家族性房颤的致病基因。

有些疾病的发生涉及多个基因的变异和环境的影响，常称之为“多基因病”。由于基因组研究成果的不断出现和统计分析方法的进展，糖尿病、老年性痴呆、心血管疾病、肿瘤、精神分裂症、自身免疫性疾病等多基因疾病成为目前疾病基因研究的重点。在疾病相关基因的研究中，由单基因病向多基因病的重点转移已成为必然趋势。已知多基因疾病是由多个基因的累加作用和某些环境因子作用所致，这些基因的 SNP 及其特定组合可能是造成疾病易感性的重要原因。因此，对疾病相关候选基因进行 SNP 的关联研究，可能是多基因疾病研究取得突破的希望所在。

2. 用于了解遗传因素在人类健康和疾病中作用的研究

传统上大部分人类遗传的研究倾向于找出致病基因，但很少研究遗传因素在维护良好健康中所起的作用。人类基因组学将鉴定出那些在维护健康方面十分重要的遗传变异，尤其是那些在抵抗已知外部环境危险因素时产生的某些等位基因变异。这些等位基因变异可能使健康人群避免患上糖尿病、癌症、心脏病等。我们对这些等位基因变异和某种特定疾病具有高发病率风险但却并不染上该疾病的人进行严格的遗传变异检测、寻找差异，有可能提高人类的健康水平。如肥胖但却没有心脏病的吸烟者，或者是具有 HNPCC 突变但却没有结肠癌的人。

3. 用于基因与环境相互作用研究

由于基因具有多态性，不同个体对环境致病因素的易感性也存在差异。鉴定 DNA 修复基因、有毒物质代谢和解毒基因、代谢基因等与环境因素发生相互作用蛋白的编码基因的等位片段多态性(allelic polymorphism)，并确定它们在环境暴露引起疾病的危险度方面的差异，同时在疾病流行病学中，研究基因与环境的相互作用。这将有助于发现特定环境因子致病的风险人群，并制定相应的预防措施和环境保护策略。

4. 用于个体化治疗和新药开发研究

不同的病人对同一种药物有不同的反应,这说明药物疗效和毒副作用存在个体间的差异。许多疾病都有共同的临床症状,但可能有不同病因及发病机制,因此对治疗和药物的反应也是不同的。HGP 的完成为研究基因变异提供了理论基础,而药物研究则获得了不同人群对药物反应的信息,两者的结合使药物基因组学的研究成为可能。

药物基因组学与药物遗传学类似,其目的是研究药物疗效和安全性变化的分子遗传基础,但是药物基因组学拓宽了药物遗传学"某一时刻单基因"的研究方式,它涵盖了人类基因组内的所有基因。基因多态性是药物基因组学的基础和重要研究内容,主要包括药物代谢酶的多态性、药物转运蛋白的多态性和药物作用靶点的多态性等。基因多态性决定了病人对药物的不同反应,随着对疾病以及药物作用与 DNA 多态性之间关系认识的深入,特别是对药物代谢相关基因的 SNP 研究,将可能阐明不同病人间药物代谢及药效差别的遗传基础,指导和优化临床用药,并可根据不同病人的基因组特征优化治疗方案,实现个体化治疗和最佳治疗效果。

目前药物基因组学的发展趋势,就是侧重了解有重要功能意义和控制药物代谢与处理的基因多态性,以探明药理学作用的分子机制以及各种疾病发生、发展的遗传学机制,从而最终达到精确指导个性化药物开发的目的。

5. 用于传染性疾病的研究

科学家们正在进行的重要传染病病原体感染相关基因的研究,有助于搞清与传染病感染相关的人类易感基因的组成及其特点,从而决定个体是否对某种病原体易感。在此基础上研制出特异性预防和治疗疫苗,因人施药。搞清楚病人的基因组成,不但能阐明各种药物对个体不同基因的作用方式,突破传统的药物治疗模式,而且对于针对基因特异性筛选药物、对传染病进行有效的个体化治疗(individualized therapy)以及对传染病的临床合理用药、发展基于中国人群特点的生物制药产业都有促进作用。

18.5.2 转录组学在医学上的应用

目前转录组测序及分析技术可以解决新基因的深度发掘、低丰度转录本的发现、转录图谱绘制、可变剪接的调控、代谢途径确定、基因家族鉴定及进化分析等各方面的问题。转录组研究是基因功能及结构研究的基础和出发点,已经被广泛应用于生物学、医学、农学等许多领域。目前,转录组测序数据正在用于人类、斑马鱼等多种模式生物的功能基因组注释。

1. 用于人类疾病研究

在细菌和病毒侵染时,细胞内的基因表达模式会发生显著变化。在癌变和其他复杂疾病发生和发展过程中,细胞内的基因表达模式也会发生显著变化。这些变化对机体的抗感染功能至关重要。RNA-seq 可以通过对照正常样本和疾病样本中表达模式发生显著变化的基因并进行功能分析,对该疾病的诊断和治疗提供重要解决策略。

有研究者曾利用转录组测序技术分析了 15 例前列腺癌样本的结果,发现其中有两例前列腺癌样本的ETS基因没有发生融合，进一步的研究表明存在于Raf信号途径中的BRAF和RAF1基因会发生融合现象，同时利用q-PCR和FISH技术验证了上述现象的存在。此项成果证明了RAF信号途径在一系列癌症如前列腺癌、胃癌和黑色素瘤发病过程中起到了非常重要的作用，同时研究成果也表明了RAF信号途径中的融合基因有潜力成为抗肿瘤治疗与抗肿瘤药物筛选的靶标。

2. 用于生物医学研究

转录组学在生物医学中已有较为广泛的应用。到目前为止，研究者对HEK细胞系和B细胞系进行转录组高通量测序，经生物信息学分析，50%的序列比对到了单拷贝的基因组位置，其中80%的位置与已知外显子相匹配，66%带poly(A)尾的转录本比对到已知基因，34%没有注释到具体的基因组位置。对基因的差异表达进行分析，发现55个基因在淋巴细胞中过表达，271个基因在B细胞系中高度活跃。

在对单个细胞的转录组研究中，研究人员仅对一个小鼠卵裂球细胞的mRNA-seq进行检测分析，发现了相对微阵列技术多出75%(5 270)的表达基因，并确定了1 753个前所未知的剪切位点。这种单细胞mRNA-seq检测将大大提高我们对单个细胞在哺乳动物发育中转录复杂性的分析能力，尤其是胚胎发育早期和干细胞这类在体内罕见的细胞群。转录组高通量测序使直接全面探索人类转录组的复杂性和动态性成为可能。该研究的细胞内和细胞间选择性剪接的对比研究，以及对基因表达的同步分析是前所未有的，其研究成果远超出现有哺乳动物基因组注释图。

大鼠是非常重要的模式生物，在毒理学、精神病学、细胞生物学等众多领域的研究之中都具有重要意义。在这些研究领域中，作为基因功能的第一表现形式，针对转录组水平的研究是其应用优势最为显著的方向。在毒理学的研究方面，GEO数据库中已记录的实验数据集为652个，远多于小鼠的160个。就大鼠的转录注释情况而言，除RGD手工注释和Ensembl的自动注释以外，MAQCⅡ32中AceView也对大鼠基因进行了自动化注释。在这几种注释系统中对大鼠和小鼠进行比较可以发现，目前已注释的大鼠转录组远少于小鼠转录组，转录本的注释数目差一倍以上。据此，对于大鼠进行高通量的转录组测序研究，并重建转录组结构注释，有望将大鼠基因组功能及转录组的认识提高到一个全新水平，进而从剪接位点到功能注释的多个水平上为大鼠转录组水平研究提供更加完整的数据资源。但是目前这些数据很不完善，还具有很大的提升空间。

如今，对转录组中单个碱基差异的分析涉及甚少，尤其是植物。在过去的几十年里，水稻因其农业价值而被广泛研究，研究者运用RNA高通量双向深度测序技术，首次展现了水稻8个组织部位的转录本表达图谱全貌，并且能够精确检测到非常低丰度的转录产物，获得相当完善的全新转录本、外显子、非编码区。高通量测序技术极大地丰富了水稻转录组信息，帮助研究者更全面地认识转录本的多样性和复杂性，拓展了未来农业研究的领域。

近年来研究人员采用转录组高通量测序技术对拟南芥进行可变剪接分析，发现42%以上具有内含子的基因具备可变剪接形式，这个数据远远高于EST测序方法(20%～30%)。可变剪接转录本多数具有提前终止密码子(PTC)，PTC可作为无义介导的mRNA降解监控机制(NMD)的靶标，或通过调控非预期剪接和转录机制(RUST)来调控功能转录本水平。该研究还发现在不同环境因素影响下，PTC及相关剪接变体的相对比例会随之发生转变。研究成果还提示，与动物体内类似，NMD 和 RUST 同样在植物体内的基因表达中广泛存在并扮演非常重要的角色。

3. 用于微生物研究

白色念珠菌是一种感染人类的主要真菌病原体，通过表面黏膜感染扩大疾病范围，也可通过血液传播，引起系统性感染从而引发多种疾病，通常危及生命。研究人员通过对 9 种不同环境下的白色念珠菌转录组进行高通量测序，定量覆盖所有被测区域，构建了不同条件下的白色念珠菌转录组高分辨率图谱，确定了 602 个新的转录活跃区域，以及众多不在目前基因组中所标注出的内含子。有趣的是，这些转录活跃区域的表达受特定环境调控。研究人员将获得的数据进行了聚类分析和功能富集分析，并用实时荧光定量 PCR 的方法对其中的 41 个基因(包括 26 个新转录本和 15 个已注释转录本)进行了验证。这种综合性的转录分析方法不仅显著增加了对白色念珠菌现有基因组信息的注释，也为更全面地了解这一重要真核病原体发病的分子机制提供了重要依据和框架。

简而言之，这类研究证明了用 RNA 深度测序的方法分析病原菌与宿主之间的相互作用和病原菌的转录组比以前使用的方法要更加完整和全面。把 RNA 深度测序技术应用到用细胞溶解型病原菌或非细胞溶解型病原菌侵染不同类型的细胞(包括休眠细胞)的研究中，将会有很大的科研空间和科研价值。

4. 用于农业相关研究

在植物的正常生长，抗旱、抗逆以及优良品系培育等过程中细胞的基因表达模式会发生显著变化。RNA-seq 可以通过对照正常样本和感兴趣样本中表达模式发生显著差异的基因，快速全面掌握具有重要功能的基因，推动相关农业应用研究的进程。

RNA-seq 是最近发展起来的利用高通量测序技术进行转录组分析的一种技术，可全面、快速地获得特定细胞或组织在某一状态下的几乎所有的成熟 mRNA 和 ncRNA。相对于传统的基因芯片技术，RNA-seq 技术不需要针对已知序列设计探针，即可检测细胞或组织的整体转录水平。RNA-seq 技术具有更灵敏的数字化信号、更高的通量以及更广泛的检测范围。在疾病的机制研究以及疾病治疗领域，RNA-seq 技术作为一个有力的工具已经被广泛使用。

新一代高通量测序技术的应用面非常广，RNA-seq 只是其中一个方面。除此之外，基因组的从头测序和重测序、染色质免疫沉淀测序(CHIP-seq)、甲基化测序(Methyl-seq)等技术都同样有着广泛的应用。尤其是用 ChIP-seq 研究蛋白质与 DNA 的相互作用，能够得到高分辨率的转录因子结合数据和组蛋白修饰等表观遗传学数据。发展有效的生物信息学方法，将 ChIP-seq 数据与 RNA-seq 得到的转录组数据进行综合分析，将大大推进人们对复杂的基因转录调控系统的认识。

18.5.3 蛋白质组学在医学上的应用

蛋白质组学具有重要的应用价值。在新药研究中，蛋白质组研究技术可对由于药物作用所诱导的基因产物以及其翻译后修饰进行同步鉴定和定量，以寻找药物作用的专一靶点，从而简化新药发现过程。在疾病诊断中，可通过疾病与正常细胞中蛋白质的分离和对两者电泳图谱的比较，发现一些疾病相关蛋白质，这些蛋白质可成为相关疾病的分子标记物。

蛋白质组学在肿瘤研究中的应用主要表现在以下几个方面：

第一，诊断方面。鉴定出肿瘤特异标志物，可为肿瘤的诊断，特别是早期诊断提供重要的工具。

第二，预防方面。通过蛋白质组学的研究，鉴定出肿瘤特异的具有高免疫学活性的新蛋白质，有助于抗肿瘤疫苗的研究和开发。

第三，治疗方面。通过蛋白质组学的研究，找到疾病时期的标志物，有助于设计作用于特异靶位的新药，为开发抗肿瘤新药打下基础。

第四，有助于肿瘤的预后分析。通过蛋白质组学的研究，获得与原发性肿瘤及其转移性相关性的信息，这对肿瘤的预后分析具有重要的意义。

第五，有助于肿瘤的发病机制的研究。通过蛋白质组学的研究，发现与疾病相关的蛋白质的异常表达情况，进一步研究这些异常蛋白质在疾病发展过程中所起的病理作用，进而有助于从分子水平揭示肿瘤的发病机制。

18.5.4　代谢组学在医学上的应用

代谢组学自从出现以来，引起了各国科学家的极大兴趣，经过近 10 年的研究与发展，方法和技术日趋成熟，其应用也已经涉及基础生命科学、疾病诊断、药物研发、病理生理、植物代谢组学、微生物代谢组学、营养科学和环境科学等诸多方面，正日益彰显出强劲的应用潜力。

1. 用于基因功能研究

代谢组变化的分析可以与基因表达改变的后果联系起来，从而认识相关基因的功能。并且，通过分析敲除未知功能基因所引起的代谢组变化，即比较代谢组学思路也可能认识未知基因的功能。Raamsdonk 等利用 FANCY(functional analysis by Coresponses in yeast)方法对野生型 FY23 及 6 种选择性剔除了 PFK26、PFK27、PET27、PETl91、COX5a 和 r 的酵母突变体进行了研究。通过分析指数生长中期的酵母代谢组，发现代谢组学方法能对具有相关生物活性的基因进行分类，能正确地区分性质上相似、程度上不同的表型突变，甚至基因表型缄默的几种突变体也能够被明显区分为呼吸缺陷突变体、部分呼吸缺陷突变体和控制组三类。目前有关动物宿主代谢和体内菌群代谢相关性的整合研究已经成为哺乳动物系统生物学研究的一个重要趋势和未来方向。同时需要指出，代谢组分析用于植物和动物功能基因组学的研究有待于进一步开展。

2. 用于疾病研究

机体在病理状态下所出现的代谢紊乱性变化，往往会在尿液和血液等体液的代谢组得到表现。因此，对尿液和血液等体液代谢组进行检测和分析，就有可能对疾病发生和发展过程伴随的生物化学变化进行了解和认识，就有可能发现相关疾病发生的早期代谢组标志物簇并认识相关的病理发生的分子机理，就有可能对疾病在其早期，甚至发生之前进行诊断，为疾病的预防性诊断建立预测性诊断专家系统。目前，代谢组学方法也应用于包括高血压、糖尿病、肿瘤、老年骨质疏松、风湿性关节炎、肝炎、肠炎、克朗氏病、可传染性脑病、血吸虫病、衰老以及先天性代谢疾病等多种疾病的研究。

3. 用于药物药理研究

理论上讲，无论是药物的毒性还是疗效均是通过药物或者药物代谢物影响基因表达、改变蛋白质活性或功能、调控内源性代谢而对机体产生作用。药物或其代谢物通过血液分布到一些组织器官和细胞，进而对血液、尿液和组织代谢组产生影响。因此，分析这些体液或组织的代谢组就有可能获取丰富的药物效应的信息。

在药物毒理代谢组学的研究方面规模最大、投资最多而且最有影响的是国际 COMET 计划，该计划由英国帝国理工学院 Nicholson 研究组牵头联合六家国际制药公司，用磁共振分析了毒素对啮齿动物模型的尿液、血液和部分组织代谢组的影响，其主要目标有：

①对实验对象（老鼠的尿液、血清和组织）中代谢物的病理和生化变化进行详细的多维描述；

②建立加入有毒药物后代谢产物的 NMR 谱图数据库；

③建立毒性预测的专家系统；

④寻找各类生物标记物；

⑤通过对有毒和无毒类似物的分类，测试所建立的专家系统。

他们通过对约 150 种标准毒素进行代谢组学研究，证明了代谢组学方法在药物毒理方面研究的可行性、可靠性和稳定性，证明了磁共振方法在不同实验室的高度重现性，发展产生了一批新的代谢组学研究新方法，而且建成了第一个大鼠肝脏和肾脏毒性的计算机预测的专家系统。COMET 计划二期工作目标是研究标准毒素的分子机理，进而建立可预测性的构效关系专家系统。

4. 用于植物基因型和表型研究

植物代谢组学主要是通过研究植物细胞中的代谢在基因变异或环境因素变化后的相应变化，探讨基因型和表型的关系以及揭示一些沉默基因的功能，进一步阐明植物的代谢途径。

根据研究对象的不同，植物代谢组学的研究主要包括：

①某些特定种类植物的代谢组学研究。这类研究通常以某一植物为对象，选择某个器官或组织，对其中的代谢物进行定性和定量分析。

②不同基因型植物的代谢组学表型研究。一般需要两个或两个以上的同种植物，然后应用代谢组学对所研究的不同基因型的植物进行比较和鉴定。

③某些生态型植物的代谢组学。这类研究通常选择不同生态环境下的同种植物，研究生长环境对植物代谢物产生的影响。

④受外界刺激后的植物自身免疫应答。植物代谢组学研究最具代表性的是 Fiehn 等的研究工作，通过利用 GC/MS 技术对不同表型葫芦钐皮部的 433 种代谢产物进行代谢组学分析，结合化学计量学方法对这些植物的表型进行分类，找到了 4 种在分类中起着重要作用的代谢物质：苹果酸、柠檬酸、葡萄糖和果糖。该分类结果与线粒体和叶绿体的基因型结果一致。

另外，代谢组学在微生物代谢、中医药现代化、营养科学以及环境科学中也发挥着重要的作用。

参考文献

[1]唐炳华.生物化学[M].北京:中国中医药出版社,2012.
[2]赵宝昌,关一夫.生物化学[M].北京:科学出版社,2016.
[3]高国全.生物化学[M].3版.北京:人民卫生出版社,2012.
[4]周克元,罗德生.生物化学[M].2版.北京:科学出版社,2010.
[5]姚文兵.生物化学[M].7版.北京:人民卫生出版社,2011.
[6]张宁,张惟杰.生物化学[M].北京:科学出版社,2013.
[7]刘国琴,张曼夫.生物化学[M].2版.北京:中国农业大学出版社,2011.
[8]赵瑞巧.生物化学[M].2版.北京:科学出版社,2017.
[9]童坦君,李刚.生物化学[M].2版.北京:北京大学医学出版社,2009.
[10]王希成.生物化学[M].3版.北京:清华大学出版社,2010.
[11]查锡良.生物化学[M].2版.上海:复旦大学出版社,2008.
[12]温进坤.生物化学[M].北京:中国中医药出版社,2008.
[13]马文丽.生物化学[M].北京:科学出版社,2012.
[14]李盛贤,刘松梅,赵丹丹.生物化学[M].哈尔滨:哈尔滨工业大学出版社,2005.
[15]张春玉,王中华.生物化学[M].北京:化学工业出版社,2017.
[16]潘文干.生物化学[M].6版.北京:人民卫生出版社,2009.
[17]黄纯.生物化学[M].3版.北京:科学出版社,2017.
[18]王镜岩,朱圣庚,徐长法.生物化学[M].3版.北京:高等教育出版社,2002.
[19]周受儒,查锡良.生物化学[M].5版.北京:人民卫生出版社,2001.
[20]刘进元,刘文颖.分子生物学[M].北京:科学出版社,2011.
[21]李钰,马正海,李宏.分子生物学[M].武汉:华中科技大学出版社,2014.
[22]杨建雄.分子生物学[M].2版.北京:科学出版社,2015.
[23][美]韦弗(Weaver,R.F).分子生物学[M].5版.郑用琏,马纪,李玉花,等译.北京:科学出版社,2013.
[24]乔中东.分子生物学[M].北京:军事医学科学出版社,2011.
[25]马文丽,德伟.医学分子生物学[M].北京:北京大学医学出版社,2013.
[26]田余祥,秦宜德.医学分子生物学[M].北京:科学出版社,2017.
[27]唐炳华.医学分子生物学[M].北京:中国中医药出版社,2014.
[28]唐炳华.分子生物学[M].北京:中国中医药出版社,2011.
[29]蒋继志,王金胜.分子生物学[M].北京:科学出版社,2011.
[30]赵武玲.分子生物学[M].北京:中国农业大学出版社,2010.
[31]赵亚华.分子生物学精要[M].北京:科学出版社,2013.

[32]臧晋，蔡庄红．分子生物学基础[M]．2版．北京：化学工业出版社，2011．

[33]袁红雨．分子生物学[M]．北京：化学工业出版社，2012．

[34]郜金荣，叶林柏．分子生物学[M]．武汉：武汉大学出版社，2007．

[35]杨荣武．分子生物学[M]．南京：南京大学出版社，2007．

[36]杨岐生．分子生物学[M]．杭州：浙江大学出版社，2004．

[37]何凤田，李荷．生物化学与分子生物学（案例版）[M]．北京：科学出版社，2017．

[38]魏文祥，王明华，何凤田．医学生物化学与分子生物学[M]．4版．北京：科学出版社，2017．

[39]查锡良，药立波．生物化学与分子生物学[M]．北京：人民卫生出版社，2013．

[40]黄诒森．生物化学与分子生物学[M]．3版．北京：科学出版社，2015．

[41]贾弘禔，冯作化．生物化学与分子生物学[M]．2版．北京：人民卫生出版社，2011．

[42]冯作化，药立波．生物化学与分子生物学[M]．北京：人民卫生出版社，2015．

[43]叶纪诚．生物化学与分子生物学[M]．北京：中国医药科技出版社，2014．

[44]宋方洲．生物化学与分子生物学[M]．北京：科学出版社，2015．